“十四五”时期国家重点出版物出版专项规划项目
新基建核心技术与融合应用丛书

人造地球

卫星轨道理论及应用

赵文策　张　平　高家智　等编著

机械工业出版社

本书首先介绍了人造地球卫星的轨道及运动规律，在深入分析二体问题的基础上，通过详细的理论推导，建立了卫星运行的摄动运动方程，并研究了摄动运动方程的一阶分析解；然后，系统探讨了卫星运动理论的应用，对满足各种任务要求的卫星轨道和发射段弹道设计提出了解决方案，并介绍了卫星组网常用构型和编队飞行问题；最后，分别介绍了冲量假设和有限推力情况下，为完成特定任务，卫星轨道所发生的有意改变。

本书适用于航天工程专业技术方向教学科研及工程实践，可作为飞行力学、总体设计和飞行控制等专业高年级本科及硕士教材，也可作为航空航天总体及设计、航天发射场测试发射等领域工程技术人员的参考用书。

图书在版编目（CIP）数据

人造地球卫星轨道理论及应用/赵文策等编著. —北京：机械工业出版社，2021.1（2023.1 重印）

ISBN 978-7-111-66908-1

Ⅰ.①人…　Ⅱ.①赵…　Ⅲ.①人造地球卫星－卫星轨道　Ⅳ.①V412.4

中国版本图书馆 CIP 数据核字（2020）第 224545 号

机械工业出版社（北京市百万庄大街 22 号　邮政编码 100037）
策划编辑：王　欢　责任编辑：王　欢
责任校对：樊钟英　封面设计：严娅萍
责任印制：单爱军
北京虎彩文化传播有限公司印刷
2023 年 1 月第 1 版第 3 次印刷
184mm×260mm · 26 印张 · 641 千字
标准书号：ISBN 978-7-111-66908-1
定价：99.00 元

电话服务　　网络服务
客服电话：010-88361066　　机　工　官　网：www.cmpbook.com
010-88379833　　机　工　官　博：weibo.com/cmp1952
010-68326294　　金　书　网：www.golden-book.com
封底无防伪标均为盗版　　机工教育服务网：www.cmpedu.com

前　言

自 1957 年第一颗人造地球卫星升空以来，人类逐渐开启了探索无尽宇宙，筑梦浩瀚太空的伟大征程。迄今，研究人造地球卫星运动规律和提升轨道理论应用水平，已经成为拓展卫星探测能力、强化人类与宇宙联系的一条重要途径。

对人造地球卫星运动的研究，沿用了经典天体力学中的级数展开法。在级数展开时，通常认为表征地球扁率的二阶带谐系数为一阶小量，而其他摄动为二阶小量。与经典的行星运动理论一样，人造卫星的运动理论也有一阶理论、二阶理论、三阶理论等之分。事实上，由于卫星运动快，长期摄动的影响非常显著，因此人造地球卫星的一阶运动理论，通常是指包含了二阶长期摄动和一阶周期摄动的理论。同时，相较于数值方法，用分析方法来研究人造卫星的运动理论，可以直接得到卫星的轨道根数，物理意义更加明确。

不过，人造地球卫星与所有的天然天体毕竟是不同的，它是人工研制和发射到运行轨道上的一种空间飞行器（或航天器），是按照人的意志、为了人们的某种目的沿轨道运行的特殊天体。其中，人造地球卫星的运行轨道直接决定了空间任务的观测几何、运行环境，往往也决定了有效载荷的性能。所以，为了实现特定的空间任务目标，人们通常结合人造卫星的一阶运动理论，根据其任务和应用要求来选择轨道。

随着卫星应用领域的逐步扩展，越来越多的空间任务仅依靠单颗卫星已经不能完成。于是，将多颗卫星按一定的模式组成卫星星座方案开始受到重视并开展研究，成为许多空间任务的首选。卫星编队飞行作为一种比较特殊的星座，能够使系统的某些性能指标得到突破性的改善，可以完成某些单一卫星系统无法完成的航天任务。

利用运载火箭将卫星送入预定的轨道后，有时候，一颗卫星为了完成不同的任务，需要实现不同的运行轨道，即利用冲量方法或制导方法使卫星轨道发生有意改变，这就需要卫星在推力作用下进行机动变轨。

本书从人造地球卫星的运动规律和理论应用两个方面出发，详细讲解了卫星的二体问题、摄动运动方程的建立及摄动运动方程的一阶分析解，逐步引导读者熟悉为实现具体任务需求的卫星轨道设计、星座构型、编队飞行和发射段弹道设计，深入分析了冲量假设和有限推力两种情况下，为完成特定任务，卫星轨道所发生的有意改变。

全书共 10 章。第 1 章为绪论，概要地介绍了人造地球卫星的分类及应用、轨道理论的基本内容和研究方向。第 2 章详细论述了与人造地球卫星相关的坐标系定义和时间系统，讨论了坐标系间的转换方法。第 3 章从日月摄动、行星摄动等出发，讨论了岁差、章动和极移现象，分析了岁差、章动对时间系统和坐标系的影响。第 4 章则讨论了二体运动，即在地球密度均匀、卫星为一个质点的假设前提下，卫星的运动微分方程及其解，并探讨了星历计算、初轨确定等问题。第 5 章则详细推导了高斯型和拉格朗日型摄动运动方程，并简要介绍了各种摄动力。第 6 章主要讨论了地球形状摄动下的一阶分析解。第 7 章是关于卫星轨道设计的内容，首先介绍了星下点轨迹的概念，然后分析了轨道设计应该考虑的地面覆盖、轨道复现、星下点太阳照明、卫星受晒等问题，最后介绍了几种典型的卫星轨道，讨论了星座构型和编队飞行的设计方法。第 8 章对卫星的发射进行了研究。第 9 章和第 10 章介绍的是卫星轨道机动方面的内容。其中，第 9 章基于冲量假设，讨论了轨道调整、轨道改变、轨道转移和轨道拦截问题；第 10 章则在有限推力前提下，研究了卫星轨道机动的制导方法。

本书编写得到了有关领导和广大技术人员的大力支持。在此，对提供技术支持和对本书编写提供宝贵意见的同志，以及在编写本书中做了许多组织指导工作的领导同志表示衷心的感谢。参与本书编写工作的还有李利群、李彬、董富治、叶正茂、崔杰、安学刚、田鹏、舒传华、卢建新、白永强、荆晓荣、张其阳、彭杰、孙琦、樊文平、苗岩松、李飞晟、张正娟、田学敏、孙晨、夏红根、李正旭。

由于作者的水平所限，书中错误与欠妥之处在所难免，敬请读者批评指正。

作　者

目　录

第 1 章 绪论

当今时代，随着多领域的多元化的快速发展，人类已经不再满足于在我们所生活的这颗星球上探索。从中国古代认知所提出的“天圆地方”，再到古希腊数学家毕达哥拉斯提出的“大地是圆形”，及至后世哥白尼的“日心说”理论，人类的认知在随着时间的推移而深入改变，并开始了对于宇宙以外那些未知进行不断实践和求索。

迄今为止，人类与宇宙最多的联系就是卫星探测。1957 年 10 月 4 日，苏联发射了世界第一颗人造地球卫星“斯普特尼克一号”（代号 PS-1），从此开始了人类向往已久漫游太空的旅程；1958 年 1 月 31 日，美国在佛罗里达州卡纳维拉尔角成功地发射了人造卫星“探险者一号”；1965 年 11 月 26 日，法国成功地发射了人造卫星“阿斯特里克斯号”（Asterix）；1970 年 2 月 11 日，日本成功地发射了该国第一颗人造卫星“大隅号”；1970 年 4 月 24 日，我国成功地发射了自己的第一颗人造卫星“东方红一号”；1971 年 10 月 28 日，英国成功地把第一颗人造卫星“普罗斯帕罗号”送入了太空……

出现于 20 世纪 50 年代的航天技术，开辟了人类探索外层空间活动的新时代，人类的活动范围，在经历了从陆地到海洋、从海洋到大气层后，终于实现了从大气层到外层空间的进一步拓展。截至 2018 年 11 月，根据美国优思科学家联盟卫星数据库的统计，世界各国累计发射了 5000 多个航天器，而全球在轨卫星数目也已达到 1957 颗。其中，美国为 830 颗，我国为 280 颗，俄罗斯为 147 颗，如图 1.1 所示。根据该数据库，截至 2020 年 3 月 31 日，美国为 1327 颗，我国为 363 颗，俄罗斯为 169 颗。

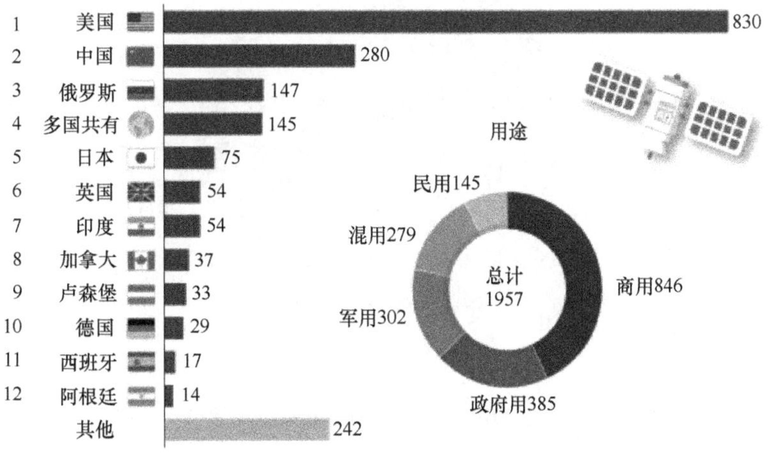

图 1.1　截至 2018 年 11 月世界卫星分布图

这些卫星的成功升空，不仅体现了世界科学技术的高速发展水平，表明了人类航天活动取得的巨大成就，而且还极大地促进了生产力的发展和社会的进步，产生了重大而深远的影响。航天技术已成为当今世界高技术群中对现代社会最具影响的高技术之一，不断发展和应用航天技术已成为世界各国现代化建设的重要内容。

1.1 人造地球卫星的分类

1.1.1 基于用途的分类

人造地球卫星用途广泛、种类繁多，按用途大致可分为三大类：科学卫星、技术试验卫星、应用卫星。

1. 科学卫星

科学卫星，是用于科学探测和研究的卫星，主要包括空间物理探测卫星和天文卫星，用来研究高层大气、地球辐射带、地球磁层、宇宙线、太阳辐射等，并可以用来观察其他星体。

2. 技术试验卫星

技术试验卫星，是进行新技术试验或为应用卫星进行试验的卫星。航天领域不断出现新原理、新材料、新仪器，能否使用，必须在天上进行试验；一种新卫星的性能如何，也只有发射到天上去实际“锻炼”，试验成功后才能应用；在送人上太空之前必须先进行动物试验等，这些都是技术试验卫星的使命。

3. 应用卫星

应用卫星是直接为人类服务的卫星。它的种类最多，数量最大，包括通信卫星、气象卫星、侦察卫星、导航卫星、测地卫星、地球资源卫星、截击卫星等，如图 1.2 所示。

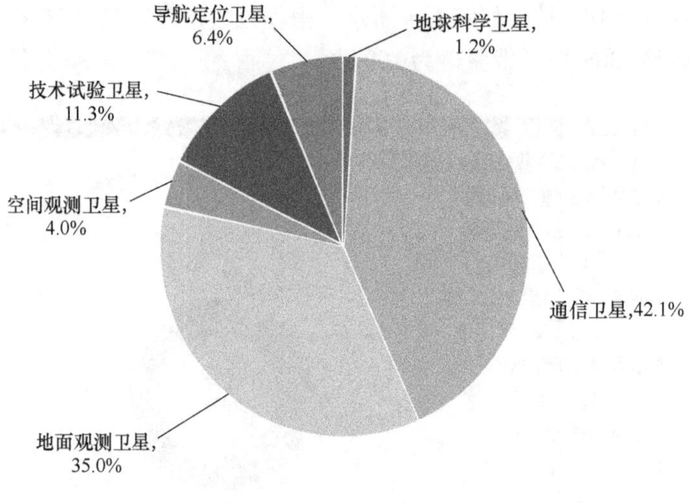

图 1.2 截至 2018 年 4 月在轨卫星根据用途分类情况

1.1.2 基于功能的分类

如果按照航天器在轨道上的功能来进行分类，就人造地球卫星而言，又可分为四类，即观测站、中继站、基准站和轨道武器。每一类又包括了各种不同用途的航天器。

1. 观测站

卫星处在轨道上，对地球来说，它站得高，看得远（视场大），用它来观察地球是非常有利的。此外，由于卫星在地球大气层以外不受大气的各种干扰和影响，所以用它来进行天文观测也比地面天文观测站更加有利。这种功能的卫星有下列几种类型。

（1）侦察卫星

在各类应用卫星中，侦察卫星发射最早（1959 年发射），发射数量也最多。侦察卫星有照相侦察卫星和电子侦察卫星两种。

照相侦察卫星是用光学设备对地面目标进行拍照的卫星。20 世纪 50 年代以来，苏联和美国每年发射的军用卫星中，约有 1/3 的卫星用于各种形式的照相侦察，它们在近地轨道上进行普查和详查。

电子侦察卫星利用星载电子设备截获空间传播的电磁波，并转发到地面，通过分析和破译，获得敌方的情报。电子侦察的目的是确定他方的飞机、雷达等系统的位置和特征参数，窃听他方的无线电和微波通信。电子侦察卫星以无线电探测和记录设备完成这些使命。

总之，无论是军事战略侦察，还是军事战术侦察，侦察卫星所提供的情报信息，起着不可忽视的作用，如曾为美国和苏联政策的制定和军事行动提供了依据。据报道，美国和苏联将近 70% 的军事情报来源于侦察卫星。

（2）气象卫星

气象卫星利用所携带的各种气象遥感器，接收和测量来自地球、海洋和大气的可见光辐射、红外线辐射和微波辐射信息，再将它们转换成电信号传送给地面接收站。气象人员根据收集的信息，经过处理，得出全球大气温度、湿度、风等气象要素资料；利用几小时就可得到的全球气象资料，做出天气预报，确定台风中心位置和变化情况，预报台风和其他风暴。气象卫星对于保证航海和航空的安全，保证农业、渔业和畜牧业生产，都有很大作用。

气象卫星，已由单纯的气象试验，发展到多学科和多领域的综合应用；由低轨道系统，发展到高轨道系统，形成了全球气象卫星观测网。气象卫星在军事活动中的应用也日益加强，有的国家已建立了全球性的军事气象资料收集系统，向军事单位提供实时或非实时的气象资料。

随着航天技术的进一步发展，气象卫星将向多样化、高精度方向发展，大大丰富了气象预报的内容和提高了预报精度。同时，气象卫星提供的云图由静态云图向动态云图方向发展，引起气象卫星发展的一次重大突破。

（3）地球资源卫星

资源卫星是在侦察卫星和气象卫星的基础上发展而来的。利用星上装载的多光谱遥感器获取地面目标辐射和反射的多种波段的电磁波，然后把信息传送到地面，再经过处理，变成关于地球资源的有用资料。它们包括地面的、地下的、陆地的和海洋的等。

地球资源卫星可广泛用于，地下矿藏、海洋资源和地下水源调查；土地资源调查、土地利用、区域规划；调查农业、林业、畜牧业和水利资源合理规划管理；预报农作物长势和收成；研究自然植物的生成和地貌；考查和监视各种自然灾害，如病虫害、森林火灾、洪水等；环境污染、海洋污染；测量水源、雪源；铁路、公路选线，港口建设，海岸利用和管理，城市规划。地球资源卫星具有重大的经济价值和潜在的军事用途。

（4）海洋卫星

海洋是生命的摇篮和风雨的故乡，海洋与人类的密切关系正逐渐被认识。海洋控制着自然界中水的循环和大气的运动，主导调节大陆的气候，提供廉价的运输条件和高质量的水产食物。另外，海洋蕴藏着巨大的能源和矿物资源。

对海洋、海岸线的调查、研究、利用和开发，虽然可以利用气象卫星、地球资源卫星获得一些资料和数据，但不解决根本问题。例如，资源卫星遥感器波段主要在可见光和近红外波段，而海洋遥感器波段主要在红外和微波波段。我国既是一个大陆国家，又是一个海洋国家，发展海洋卫星是国民经济和军事部门之必需。

海洋卫星的任务是海洋环境预报，包括远洋船舶的最佳航线选择，海洋渔群分析，近海与沿岸海洋资源调查，沿岸与近海海洋环境监测和监视，灾害性海况预报和预警，海洋环境保护和执法管理，海洋科学研究，以及海洋浮标、台站、船舶数据传输，海上军事活动等。

当然，作为观测站的卫星远不止以上几种，预警卫星、核爆炸探测卫星、天文预测卫星（如美国的“哈勃”太空望远镜）等均属于这一类。虽然它们的功能各有侧重，但基本观测原理都是相似的。

2. 中继站

中继站是一种在轨道上对信息进行放大和转发的卫星。具体分为两类：一类用于传输地面上相隔很远的地点之间的电话、电报、电视和数据；另一类用于传输卫星与地面之间的电视和数据。这种卫星有下列几种。

（1）通信卫星

与平常的地面通信相比，利用卫星进行通信具有下列优点：通信容量大、覆盖面积广、通信距离远、可靠性高、灵活性好、成本低。通信卫星一般采用地球静止轨道，相当于静止在天空上。若有3颗地球静止轨道卫星，彼此相隔120°，就可实现除地球两极部分地区外的全球通信。

通信卫星已用于国际、国内和军事通信业务，同时开展了区域性通信和卫星对卫星的通信。卫星通信技术已赋有很浓的军事色彩，它在战略通信和战术通信中占有绝对的优势。各国已有的国际、国内卫星通信系统都承担着军事通信任务。

通信卫星已进入相当成熟的实际应用阶段，特别是随着地球静止轨道卫星通信技术的发展，它的应用日益广泛。它可用于传输电话、电报、电视、报纸、图文传真、语音广播、时标、数据、视频会议等。

（2）广播卫星

广播卫星是一种主要用于电视广播的通信卫星。这种广播卫星不需要经过任何中转就可向地面转播或发射电视广播节目，供公众团体或个人直接接收，因此又称为直播卫星。普通的家庭电视机配一架直径不大的天线和机顶盒就可以直接接收直播卫星的电视广播节目。

（3）跟踪和数据中继卫星

跟踪和数据中继卫星，是通信卫星技术的一个重大发展。它利用卫星来跟踪与测量另一颗卫星的位置，其基本思想是把地球上的测控站搬到地球同步轨道上，形成星地测控系统网。这样，可大大增加对近地轨道卫星，如气象卫星、侦察卫星、资源卫星、海洋卫星、通信卫星等的跟踪测轨弧段，提高测轨精度，减少地面站的设置数量。换句话说，跟踪和数据中继卫星就是利用地球同步轨道卫星实现地面测控中心对低轨道卫星的跟踪和数据中继。

发展跟踪和数据中继卫星将改变航天活动对地面测控的过分依赖，同时也可以克服在国外无法设置地面站的困难，所以受到了世界各航天大国的普遍重视。我国也在积极地发展这种卫星技术。

除上述各中继站卫星系统外，各国还研制和发射了其他类型的专用通信卫星和无线电业余爱好者卫星，如海事卫星、卫星商业系统、搜索和营救系统等。

3. 基准站

这种卫星是轨道上的测量基准点，所以要求对它测轨非常准确。属于这种功能的卫星包括下列几种。

（1）导航卫星

这种卫星发出一对频率非常稳定的无线电波，海上船只、水下的潜艇和陆地上的运动体都可以通过接收卫星发射的电波信号来确定自己的位置。利用导航卫星进行导航是航天史上的一次重大技术突破，卫星可以覆盖全球进行全天候导航，而且导航精度高。

卫星导航定位有三种类型：（a）双频多普勒测速定位系统，如美国的“子午仪”导航卫星系统。该类卫星为两维导航定位系统，只能用于舰船，定位精度为 30 ~ 50m。“子午仪”卫星研制始于 1958 年，1964 年开始投入使用，起初是为水下核潜艇定位服务的，目前已退出现役。（b）全球定位系统（Global Positioning System，GPS）。GPS 采用伪随机码测距，能进行全天候、全天时、实时三维导航定位，定位精度在 10m 以下，可用于舰船、飞机和陆上活动目标等。该系统需要 18 ~ 24 颗卫星组网。俄罗斯亦有类似美国的两代导航卫星系统；（c）区域性导航定位系统。

（2）测地卫星

卫星测地的原理与卫星导航的原理相似。由于地面上的测量站是固定的，所以测量精度比对舰船导航定位的精度高。卫星测地达到的精度比常规大地测量的精度高几十倍以上。

测地卫星可完成大地测量、地形测定、地图测绘、地球形状测量，以及重力和人造地球卫星地磁场测定。

卫星测地在军事、科学研究和民用方面均受到了重视，许多国家研制和发射了测地卫星系统。利用卫星进行测地，为测绘工作提供了现代化手段，其工作周期短、测量精度高，大大节省了人力、物力和财力。特别是要建立精确的全球性地理坐标系或三维地图，利用卫星测地是唯一可行的测量手段。随着科技水平的不断提高，测地卫星的应用也日益广泛，如人们利用测地卫星测量地壳移动从而监视和预报地震等。

测地卫星有主动和被动之分，可采用三角测量、激光测距、多普勒系统等多种手段达到测地目的。

4. 轨道武器

这是一种积极进攻的航天器，具有空间防御和空间攻击的职能。它主要有下列几种。

（1）拦截卫星

卫星作为一种武器在轨道上接近、识别并摧毁敌方空间系统，这种卫星被称为反卫星卫星。反卫星卫星的拦截方式可以有多种：使拦截卫星在空间与目标卫星相遇，然后自爆摧毁目标；从拦截卫星上发射反卫星武器，如激光、粒子和微波等定向高能束射武器；拦截卫星用自身携带的小型火箭助推器加速，与目标卫星碰撞；设法使目标卫星失去工作能力，如利用核辐射击毁目标卫星的电路与结构、向目标卫星相机镜头上喷射物质等。

早在20世纪50年代末期，美国和苏联就开始研究拦截卫星。目前俄罗斯已经掌握了1000km以下拦截卫星的技术，美国也在20世纪90年代成功地进行了在轨反卫星试验。

（2）轨道轰炸系统

轨道轰炸系统是一种空间对地的进攻型武器。其任务是将武器部署在地球轨道上，当它绕地球运行到指定位置时，用反推减速火箭使其减慢速度，降低轨道，按地面指令射向目标。

1.2 卫星在军事航天中的发展

1.2.1 发展历程

与很多技术出现后首先应用于军事目的一样，人造卫星出现后，其潜在的军事应用价值便立即受到各国重视。多年来，以美国、苏联/俄罗斯为代表的军事航天大国不遗余力地发展各种军用航天系统，用于支援战场作战行动和武器装备发展。回顾卫星在军事航天领域的发展过程，大致可分为三个阶段。

（1）探索试验阶段

20世纪50年代后期到60年代末，军事航天系统由试验验证起步走向初步应用。人造地球卫星问世后，美国和苏联竞相开展了各类军用卫星的研制和试验，并开始了空间攻防技术的研究。

1958年12月18日，美国发射了世界上第一颗军事试验性通信卫星——“斯科尔号”（SCORE），之后又陆续开展了“信使”（Courier）、“降临”（Advent）、“西福特”（West Ford）及“林肯”（Lincoln）等试验研究卫星计划。1966年，美国国防部组织了初始国防通信卫星计划（Initial Defense Communication Satellite Program，IDCSP），开始将通信卫星用于军事应用。1960年4月13日，美国发射了世界上第一颗导航试验卫星“子午仪1B”。1963年12月，第一颗实用导航卫星“子午仪5B-2”发射成功。1967年子午仪卫星导航系统开始允许民用。1959年2月28日，美国发射了世界上第一颗试验性照相侦察卫星“发现者号”。1960年8月11日，首次回收成功“发现者号”，标志这军用卫星从试验阶段开始进入实用阶段。1960年10月，美国发射了第一颗无线电传输型照相侦察卫星。1961年7月12日，美国成功发射MIDAS3卫星，成为世界上第一个拥有预警卫星的国家。1962年10月31号，美国成功发射世界上第一颗专用测地卫星“安娜1B”。1963年10月，美国发射了世界上第一颗核爆探测卫星“维拉”（Vela）。1965年1月，美国发射了世界上第一颗实用型军用气象卫星。到1967年，电子侦察、导航、导弹预警、军事气象、军事通信、海洋监测等军用卫星相继面世，实用型军用卫星系列初步形成。与此同时，美国还开展了天基武器的技术试验。苏联于20世纪60年代初开始发展军用航天系统，自1962年4月26日发射第一颗照相侦察卫星以后，又陆续发射了气象卫星、通信卫星、导航卫星和海洋监视卫星。1966年11月，开始试验了部分轨道轰炸系统和截击卫星等天基武器。从20世纪60年代中至70年代初，美、苏两国的军用通信卫星、照相侦察卫星、导航卫星、核爆探测卫星等，已经逐步从试验阶段进入实用阶段。

（2）以战略应用为主的完善实用性系统阶段

20世纪70年代初到80年代末的近20年间，美、苏空间军备竞赛升级，推动军事航天系统进入快速发展和广泛应用阶段。

在军用卫星方面，双方不惜耗费巨资，相继建立了功能齐全、性能较先进的军用卫星系统，军用卫星体系基本形成。拥有了运行于多种轨道的电子侦察卫星，既可以进行普查又可以进行详查；光学成像侦察卫星由返回型发展到传输型，并成功发射了微波成像侦察卫星，形成了全天候侦察能力；通信卫星初步形成相对完备的战略、战术通信体系，并建成了天基测控与数据中继网；开始构建全球定位系统（GPS）和全球卫星导航系统（GLONASS）两大全球卫星导航定位系统，初步实现导航应用；陆地观测卫星、海洋环境卫星面世，气象卫星性能进一步提高，具备了全维战场环境探测能力。

在空间攻防方面，两国加紧进行各种天基反卫星、反导弹武器技术试验，空间攻防技术得到试验验证。美国于1975年部署带核弹头的地基反卫星系统，1977年转向研究空基微型动能反卫星技术，并在1985年9月13日成功摧毁了一颗在轨卫星。1983年3月，提出了“战略防御倡议”（Strategic Defense Initiative，SDI），俗称“星球大战”计划。20世纪80年代后期开始研究地基动能反卫星和地基激光反卫星技术。1988年8月，开始研制名为“智能卵石”（Brilliant Pebble，BP）的小型天基动能杀伤反卫星武器，并于1990年首次进行亚轨道拦截空间飞行目标的试验。1986年，美国在“跨大气层飞行器”基础上提出研制可完全重复使用、单级水平起降的“国家空天飞机”，代号X-30。2004年X-43A试验飞机成功完成速度为Ma10的飞行。1982年6月，苏联曾利用“宇宙-1379”反卫星卫星成功摧毁了“宇宙-1375”靶星。

（3）以战术应用为主的阶段

20世纪90年代至21世纪初，军事航天技术日臻完善，进入实战应用阶段。在1991年的海湾战争中，美国首次全面使用航天系统支援部队作战，动用了50多颗军用、民用卫星，为多国部队赢得战争胜利发挥了重要作用。之后的科索沃战争、阿富汗军事行动，特别是2003年的伊拉克战争中，开始由战略应用全面转向战役、战术应用，军用卫星系统以其强大的信息支援能力在战争中发挥了至关重要的作用。美、俄分别于1995年和1996年建成了卫星导航定位系统，1998年11月美国的低轨道通信卫星星座“铱星”系统正式投入运行。之后，各类新一代卫星系统也在持续建设之中。欧盟于1999年2月正式宣布建立“伽利略”（Galileo）全球导航卫星系统计划，并于2005年年底发射第一颗试验卫星。法国、德国、以色列、印度、日本等也都拥有了侦察卫星。这一时期，空间攻防技术快速发展，动能、定向能武器接近实战水平。进入21世纪，美国先后启动了“试验卫星系统”（Experiment Satellite System，XSS）微卫星演示验证项目和“近场红外试验”（Near Field Infrared Experiment，NFIRE）等计划。发射了XSS-10和XSS-11卫星，并完成轨道交会机动和近距离会和试验。

1.2.2　发展现状

数十年来，军用航天系统的迅速发展极大地提高了武器装备的整体作战效能，已经成为直接支援作战行动不可替代的手段。因此，发展军用航天系统，特别是卫星侦察、卫星通信和卫星导航系统，越来越受到世界许多国家的青睐。

各类军用卫星的发展水平大致如下。

（1）侦察监视卫星

目前，国外拥有成像侦察卫星的国家有美国、俄罗斯、法国、以色列和印度。

美国的KH-12数字图像传输型侦察卫星，地面分辨率最高达0.1m，且机动变轨能力很强；“长曲棍球”雷达成像卫星可进行全天时和全天候实时侦察，具有一定的识别伪装或地下目标的能力，地面分辨率达0.3m，设计寿命为8年。

俄罗斯的光学侦察卫星已发展了五代，分为胶卷回收型和图像传输型。前者的地面分辨率可达0.2m，后者为1~3m。

法国、西班牙和意大利联合研制的“太阳神-1A”光学成像侦察卫星，地面分辨率为1m。法国研制的第二代“太阳神-2B”成像侦察卫星分辨率达0.5m。以色列已投入使用的“地平线-5”光学成像侦察卫星分辨率优于0.5m，“合成孔径雷达技术验证卫星”（TecSAR）的雷达成像侦察卫星分辨率优于1m。印度目前光学成像侦察由“制图卫星”（Cartosat）系列承担，最高分辨率优于0.7m；雷达成像侦察由“雷达成像卫星”（RISAT）系列卫星承担，最高分辨率优于1m。日本部署了由光学成像和雷达成像卫星组成的侦察卫星星座，光学分辨率达到0.4m，雷达分辨率为1m。德国研制的“卢皮合成孔径雷达”（SAR-Lupe）卫星星座，分辨率优于1m。

迄今为止，只有美、俄两国大量部署使用电子侦察卫星、海洋监视卫星、导弹预警卫星。美国主要使用两种轨道的电子侦察卫星，即运行在大椭圆轨道的“折叠椅”（Jumpseat）卫星和定点在同步轨道上的“大酒瓶”（Magnum）卫星。俄罗斯使用的是“处女地”（Tselina）电子侦察卫星，每年发射1或2颗。海洋监视卫星大多采用由几颗卫星组网的体制，部署在低地球轨道上覆盖广阔海域，探测和侦察海上活动目标，如美国的“白云”（White Cloud）计划海洋监视卫星和俄罗斯的电子侦察型海洋监视卫星。美国目前使用的导弹预警卫星是第三代“国防支援计划”（Defense Support Program，DSP）卫星，对来袭的洲际弹道导弹和潜射弹道导弹可分别提供25~30min和10~15min的预警时间。美国正在部署的“天基红外系统”（Space Based Infrared System，SBIRS）预警卫星逐步取代DSP预警卫星，可提供更长的预警时间和更高的导弹落点预报精度。俄罗斯使用运行在大椭圆轨道和同步轨道的两种类型预警卫星，对洲际弹道导弹的预警能力与美国现有的预警能力相当。为了从空间探测核爆炸，美国曾在20世纪60年代到70年代发射过Vela系列核爆炸探测卫星，之后就没有发射专用的核爆炸探测卫星，而是把核爆炸探测设备搭载在预警卫星或导航卫星上。此外，法国、日本和印度也在研究和发展空间电子侦察技术。

（2）通信卫星

美国建立了世界上最庞大的军用通信卫星系统，包括舰队卫星通信（Fleet Satellite Communication，FLTSATCOM）系统、特高频后继（UHF Follow-on UFO）卫星系统、卫星数据系统（Satellite Data System，SDS）、国防卫星通信系统（Defense Satellite Communication System，DSCS）、“军事星”（Milstar）通信卫星系统和跟踪和数据中继卫星系统（Tracking and Data Relay Satellite System，TDRSS）等。这些卫星通信系统所承担的主要任务各不相同，有的为某一军种或各军种提供战术通信，有的为国防部和国家指挥当局提供战略通信。TDRSS则用于为成像侦察卫星转发数据，确保不管卫星处在任何位置，美国的军事和情报部门都能近实时地得到侦察卫星所获得的情报。

俄罗斯的军用通信广播卫星主要有“闪电-Ⅰ”型和“闪电-Ⅲ”型卫星系统、“宇宙”通信卫星系统、“急流”卫星通信系统，以及“虹”“地平线”“荧光屏”通信广播卫星系统等。其中，“闪电-Ⅰ”型和“闪电-Ⅲ”型卫星系统用于战略通信；“宇宙”通信卫星系统包括用于舰艇、飞机与军事基地间的战术通信卫星系统和与特定用户远距离通信的转储型卫星系统；“急流”卫星通信系统用于为俄侦察卫星提供数据中继。

北约拥有“纳托”（NATO）系列军用通信卫星系统。英国拥有“天网”（Skyne）系列军用通信卫星系统。法国拥有“锡拉库萨”（Syracuse）军用通信卫星系统。

（3）导航定位卫星

目前，全球只有美国、俄罗斯、我国、欧洲具有独立发展全球卫星导航定位系统的能力。其中，美国的GPS和俄罗斯的GLONASS于20世纪90年代中期完成部署，是世界上广泛应用的两种现役全球卫星导航系统，既提供军事服务，也为民用、商用和科学用户提供服务。伽利略系统是欧洲独立发展的全球导航定位系统，目前与GPS性能水平相当。上述系统均采用时间测距导航原理，其中美国GPS的定位精度可达3m，测速精度为0.2m/s，授时精度为20ns；俄罗斯GLONASS的定位精度可达5m，测速精度为0.2m/s，授时精度为30ns。日本、印度也正在发展自主的区域卫星导航系统。其中，印度区域导航卫星系统（IRNSS）服务于印度及其周边区域，定位精度达20m；日本的准天顶卫星系统（QZSS）既提供自主导航服务，又提供GPS增强服务，是区域导航与导航增强的结合性系统。

（4）气象与测绘卫星

目前，美国、俄罗斯、欧洲航天局、日本和印度等都有自己的气象卫星系统，均可为军队提供气象服务。美国国防部还拥有专门的军用气象卫星，即“国防气象卫星计划”（Defense Meteoroogical Satellite Program，DMSP）卫星。早期，美国、苏联和法国曾先后发射过测地卫星，目前已经不再发射专用的测地卫星，一些成像卫星和导航卫星也可以用于完成测地任务。美国国防部在2002年2月曾利用航天飞机搭载合成孔径雷达对全球70%的陆地表面进行了三维高精度数字地形测绘。这些数据具有极其重要的军事价值，特别是对提高精确制导武器的精度具有重要作用。

（5）天基武器系统

拥有从地球轨道上攻击地面、水上、空中和外层空间目标的能力，一直是美国、苏联/俄罗斯发展和应用航天技术的一个目标。两国曾相继提出多种天基武器系统概念或方案，如“轨道轰炸器”“部分轨道轰炸器”、天雷、天基反导武器、反卫星卫星等。当时，苏联还对“部分轨道轰炸器”进行过多次试验。20世纪90年代中期以来，美国国防部提出控制外层空间的思想。实际上，美国航天飞机已经具备利用遥控机械臂或航天员直接破坏、俘获敌方某些低地球轨道卫星的能力。

1.2.3 发展趋势

20世纪以来，人造地球卫星在高技术局部战争中发挥了越来越重要的作用，引起世界各国的高度关注，并呈现出如下发展趋势：一是活动范围不断向深空和近空间拓展，运行轨道多样化，飞行任务更加复杂；二是应用领域日益广泛，应用程度不断深入，从利用空间发展到控制空间，从战略应用延伸到战术应用；三是网络化、集成化趋势明显，部署在不同轨道、执行不同任务的卫星及地面系统构成天地一体化的信息化网络；四是系统的快速响应能力和对抗条件下的生存能力进一步增强；五是军用小卫星将成为军用卫星的一支生力军；六是军用、民用和商用卫星综合使用。

未来，侦察卫星成像监视将会向着高空间分辨率、高时间分辨率和高光谱分辨率发展，瞬时成像幅宽不断增大，动目标监测能力不断增强；电子侦察的工作波段越来越宽，测向定位精度越来越高，能够侦收和识别越来越复杂的无线电信号。

通信卫星的工作范围将会更广，除了下达作战命令、战况报告、后勤保障等的电报电话，还将包括卫星云图、卫星气象、卫星侦察照片、多光谱遥感图像、数字地图等的数据和图像传输；通信容量将会更大，以应对未来战场千变万化的作战环境；同时，还将会普遍采用高数据率通信、宽带通信和调频技术，从而提高抗干扰和生存能力。

未来，导航卫星的定位、定时精度将会在米和纳秒基础上进一步提升，导航范围将覆盖全球地面、空中及部分临空区域，达到全球全域覆盖。

预警卫星将进一步改进星载红外敏感器，包括高轨卫星采用的扫描/凝视敏感器和低轨卫星采用的捕获/跟踪敏感器；在保持对战略导弹预警能力的基础上，扩展对战术导弹的预警能力，并具备同时发现跟踪战略、战术导弹的能力。预警卫星系统将增加星座数量，改进敏感器的预警范围，通过增加大椭圆轨道卫星来确保全球尤其是两极地区的导弹预警能力，通过增加同步轨道卫星来增强重点区域的导弹预警能力。未来，预警卫星系统还将采用复合型星座配置，结合改进后的红外敏感器，提高对各种导弹的发现能力，扩展跟踪导弹弹道的范围，增强飞行中段跟踪能力，实现对导弹发射全过程的监视与预警。

军用气象测绘等卫星的环境探测手段日益多样，信息要素日趋精准、完备；天基动能定向能等武器将更加机动灵活、反应迅速、低成本、高可靠和强突防。

1.3 世界主要卫星系统简介

随着卫星应用领域的逐步扩展，越来越多的空间任务仅依靠单颗卫星已经不能完成。于是，将多颗卫星按一定的模式组成卫星星座方案开始受到重视和研究，并成为许多空间任务的首选。早在20世纪60年代初，国外就开展了相关的研究，三十多年来出版及发表了众多的文献，关于卫星星座的设计方法、对地面的覆盖性能指标及这些指标的计算方法等都有了严格的论述。在这方面做出重要贡献的专家有英国的 J. C. Walker 及美国的 L. Rider、A. H. Ballard 等。

但是，由于星座卫星数目众多、成本高昂、建设周期长、运行管理复杂，只有少数国家具有这样的经济和技术实力发展卫星星座。因此，在20世纪相对于卫星技术的突飞猛进发展而言，作为大系统的星座，其发展较为平稳。由于星座在导航和通信方面具有其他手段不可替代的优势，因此，星座系统主要集中在导航和通信领域。这些星座相继投入使用，向人们展示了巨大的社会、经济和军事效益，也极大地推动了星座技术的发展。近年来，随着技术的不断进步，空间的战略地位日益突出，各国都积极地把先进基础设施转向空间，星座也呈现出迅猛发展的态势。星座获取、传递信息的连续性和时效性，使其在军事上具有无可替代的优势。从支持语音通信的移动通信系统到宽带多媒体移动网络系统，从提供情报支援作战的信息系统到直接参与作战的武器系统，一个个星座计划相继提出，载荷类型涵盖了目前所有的卫星载荷类型，轨道类型覆盖了 LEO、MEO、HEO、IGSO、GEO 等，无不在展示星座巨大的潜力和应用前景。

本节主要介绍导航和通信领域的几个典型卫星系统。

1.3.1 导航系统

1.3.1.1 “子午仪”卫星导航系统

“子午仪”（Transit）卫星导航系统是第一个中低轨道的星座。1958 年 12 月，以美国霍普金斯大学为首的“子午仪”卫星导航小组成立；1960 年 4 月成功发射第一颗“子午仪”卫星，1964 年 7 月 4 颗“子午仪”卫星组网成功，形成实用导航系统，并正式交付美国海军使用。“子午仪”星座由 6 颗卫星组成，其中 5 颗为工作星，1 颗为备份星，卫星运行在轨道倾角为 80°～90°的极轨道上，轨道高度约为 1075km，卫星以 7.3km/s 的速度绕地球旋转，运行周期约为 107min。“子午仪”星座虽然由多颗卫星组成，但实际上，由于一次导航需要至少 4 颗星才能够实现，因此，星座中的多颗卫星是同时完成一次任务的，在时间和空间上没有互补作用，相当于 GPS 等全球导航星座的一个功能单元。海湾战争开始时，在轨有 12 颗“子午仪”卫星（含工作星和备份星）。海湾战争后，“子午仪”系统退出现役，转为民用。

1.3.1.2 美国 GPS

美国的 GPS（见图 1.3）是第一个真正意义上的全球卫星星座导航系统，在交通运输、基础测绘、工程勘测、资源调查、地震监测、气象探测和海洋勘测等领域得到了广泛应用。该系统从 1973 年开始研制，1993 年 12 月开始服务，1995 年 7 月达到满站位运行。GPS 星座初始设计为 24 颗卫星分布在 3 个轨道面上的空间构型，轨道高度为 1/2 恒星日的回归轨道，轨道倾角为 55°。后来由于经费、风险等原因，在实际部署时，改成了由 18 颗工作卫星均匀地分布在 6 个轨道面上的 Walker-δ 构型，同时还部署了 3 颗备份卫星。由于系统的成功，迅速扩充到 21 颗工作卫星和 3 颗备份卫星。目前提供导航服务的 GPS 构型已经变成了 24 颗工作卫星和 3～5 颗备份卫星的构型。GPS 星座在轨道内不是均匀间隔的，而且轨道面间的相位差也不是严格按照 Walker 星座的定义选取的，因此，可以认为 GPS 是一个经定制的 Walker 星座。GPS 是一个真正意义上的全球星座，它保证了全球任何地方在任意时刻能同时可见 4 颗以上的卫星进行定位导航。GPS 的卫星已经从第一颗 Block Ⅰ，到第一代 Block Ⅱ、第二代 Block ⅡA 再发展到第三代 Block ⅡR，GPS 卫星的能力也逐步得到了很大提高。由于 Block ⅡR 具有星间测距和在轨处理导航数据的能力，GPS 星座将逐渐具有自主生存能力。同时，美国正在考虑设计新的星座构型，通过增加 GPS 卫星数目以更加有效地利用目前的在轨卫星，并提出了 6 轨道面和 3 轨道面两种方案。

1.3.1.3 俄罗斯 GLONASS

俄罗斯的 GLONASS（见图 1.4）是一个和 GPS 对等的系统。该系统从 20 世纪 70 年代开始研制，到 1996 年 1 月完成了 24 颗工作卫星和 1 颗备份卫星的部署。随后许多早期发射的卫星很快失效，整个星座迅速退化。从 1996 年到 2001 年，俄罗斯仅发射了两组卫星，每组 3 颗，这对于维持整个星座的正常运行是不够的。到 2003 年 11 月，只剩 8 颗在轨工作卫星，已经不能独立组网。GLONASS 采用的是 24/3/1 的 Walker-δ 星座构型，卫星轨道为 8 天 17 圈的回归轨道，轨道高度为 19129km，轨道倾角为 64.8°。GLONASS 星座的一个重要特点是所有卫星重复星下点轨迹，这给测控和管理带来了很大的方便。受制于俄罗斯的经济状况，GLONASS 发展一直不顺利。2007 年 12 月 25 日，俄罗斯将 3 颗 GLONASS-M 卫星送入轨道，使得在轨工作卫星增加到了 18 颗。

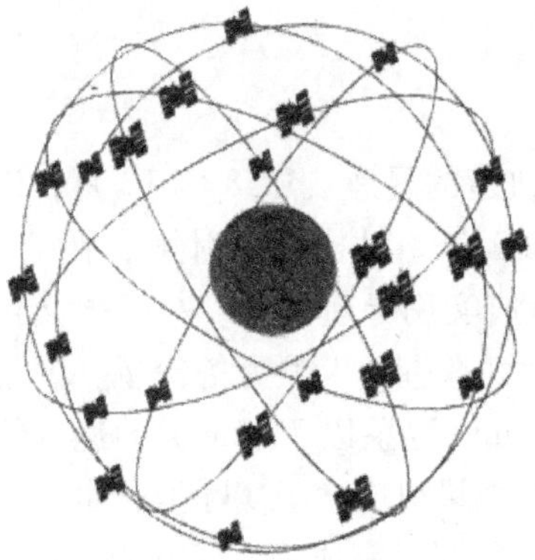

图 1.3　美国 GPS 卫星星座示意图

图 1.4　俄罗斯 GLONASS 卫星星座示意图

1.3.1.4　欧洲伽利略卫星导航系统

2001 年 4 月，欧盟启动了伽利略卫星导航系统计划，确定用 30 颗卫星提供全球导航服务。系统由轨道高度为 23616km 的 30 颗卫星组成，其中 27 颗工作卫星，3 颗备份卫星，位于 3 个倾角为 56°的轨道平面内，即星座构型为 27/3/1 的 Walker-δ 星座，卫星轨道为 10/17 恒星日的回归轨道。每次发射将会把 5 或 6 颗卫星同时送入轨道。伽利略的目标是能提供比 GPS 和 GLONASS 更高的服务质量。2005 年 12 月 29 日，第一颗试验卫星"GLOVE-A"发射升空，标志着伽利略计划已经进入实质性实施阶段。按照计划，全部 30 颗卫星（调整为 24 颗工作卫星，6 颗备份卫星）将于 2020 年发射完毕。

1.3.1.5　我国北斗卫星导航系统

北斗卫星导航系统（见图 1.5）（简称北斗系统）是我国着眼于国家安全和经济社会发展需要，自主建设、独立运行的卫星导航系统，是为全球用户提供全天候、全天时、高精度的定位、导航和授时服务的国家重要空间基础设施。

按照"三步走"发展战略，2009 年，启动了北斗三号系统建设；2020 年 7 月，全面建成了北斗三号系统。北斗三号系统继承北斗有源服务和无源服务两种技术体制，能够为全球用户提供基本导航（定位、测速、授时）、全球短报文通信、国际搜救服务，中国及周边地区用户还可享有区域短报文通信、精密单点定位等服务。

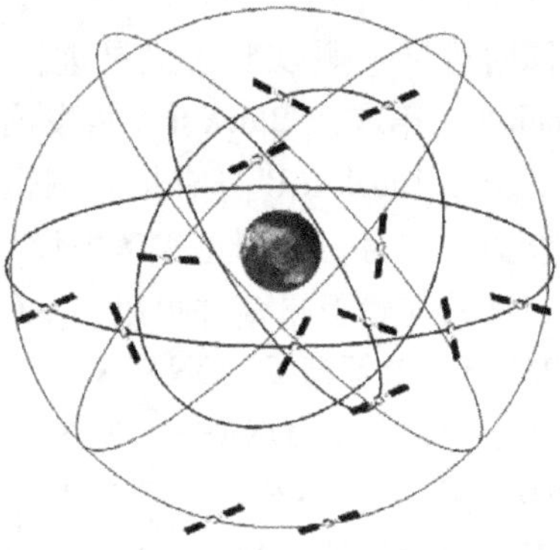

图 1.5　我国北斗卫星星座示意图

北斗卫星导航系统的空间段计划由 35 颗卫星组成，包括 5 颗静止轨道卫星和 30 颗非静止轨道卫星。非静止轨道卫星由 27 颗中圆轨道卫星和 3 颗倾斜同步轨道卫星组成。其中，中圆轨道卫星运行在 3 个轨道面上，轨道面之间相隔 120°且均匀分布。

至 2012 年年底北斗区域导航正式开通时，共发射了 16 颗卫星，其中 14 颗组网并提供服务，分别为 5 颗静止轨道卫星、5 颗倾斜地球同步轨道卫星、4 颗中圆轨道卫星。相关数据如下：

1）静止轨道卫星的轨道高度为 35786km，分别定点于东经 58.75°、80°、110.5°、140°

和 160°。

2）倾斜地球同步轨道卫星的轨道高度为35786km，轨道倾角为55°，分布在3个轨道面内，升交点赤经分别相差 120°。其中，3 颗卫星的星下点轨迹重合，交叉点经度为东经118°；其余2颗卫星的星下点轨迹重合，交叉点经度为东经95°。

3）中圆轨道卫星轨道高度为21528km，轨道倾角为55°，回归周期为7天13圈，相位从 Walker24/3/1 星座中选择，第一轨道面升交点赤经为0°。4 颗 MEO 卫星位于第一轨道面7、8 相位和第二轨道面3、4 相位。

1.3.2 卫星互联网

根据国际电信联盟（International Telecommunication Union，ITU）对卫星通信业务的划分，卫星通信业务可分为固定、移动和广播三类。从近 10 年的发展来看，互联网和宽带多媒体通信已成为推动卫星通信向宽带化、网络化发展的主要动力，传统的卫星固定业务、卫星移动业务界限越来越模糊，宽带卫星通信已成为卫星通信发展的主流。当前，无论是传统的卫星通信公司还是新兴的互联网商业公司均极大关注宽带卫星通信发展，基于不同轨道的宽带卫星通信系统或已投入运营，或正在建设，或提出方案设想。这些系统均全面提供卫星互联网接入服务，积极抢占互联网宽带接入新入口。

而所谓新兴卫星互联网星座，指新近发展的能提供数据服务、实现互联网传输功能的巨型通信卫星星座。它面向互联网的蓬勃发展，针对地面网络的不足（如覆盖受限、难以支持高速移动用户应用、广播类业务占用网络资源较多、易受自然灾害影响等），利用卫星通信覆盖广、容量大、不受地域影响、具备信息广播优势等特点，作为地面通信的补充手段实现用户接入互联网，可有效解决边远散、海上、空中等用户的互联网服务问题。

新兴卫星互联网星座具有以下特点：从星座规模看，是由成百上千颗卫星组成的巨型星座；从星座构成看，是由运行在 LEO 的小卫星构成；从提供的服务看，主要是宽带的互联网接入服务；从发展卫星互联网星座的企业看，主要是非传统航天领域的互联网企业。

下面分别从高、中、低轨（工作在 HEO、MEO、LEO）三个方面介绍国外卫星互联网的发展现状。

1.3.2.1 高轨宽带卫星通信系统

典型的高轨宽带卫星通信系统，主要包括早期面向企业级用户的 IPSTAR、宽带全球区域网（Broadband Global Area Network，BGAN）、“太空之路-3”（Spaceway-3）等高轨宽带卫星通信系统，以及后期面向大众需求快速发展起来的以 ExeDe 互联网项目为代表的一系列高通量宽带通信卫星。

（1）IPSTAR 卫星通信系统

IPSTAR 是 2005 年 8 月发射的当时世界上容量最大的通信卫星，可为亚太地区 22 个国家和地区的用户提供多媒体广播、宽带网接入、视频会议等高轨宽带业务。卫星使用 Ku/Ka 混合频段，可为亚太地区提供 Ku 频段点波束（84 个）、Ku 频段赋形波束（3 个）、地区广播波束（7 个）以及 18 个 Ka 频段点波束覆盖。系统总容量为 45Gbit/s，其中 12G 覆盖中国全境。

（2）BGAN 系统

BGAN 系统是基于 Inmarsat[⊖]-4 卫星的全球卫星宽带局域网，是一个支持移动业务的卫星通信网络。系统工作频段在 L 频段，下行速率为 216 ~ 432kbit/s，上行速率为 72 ~ 432kbit/s，实现了从模拟向数字、从传统电路交换向互联网业务、从窄带话音数据向宽带高速数据的转换。该卫星系统可覆盖全球 85% 陆地范围，可为移动用户提供视频直播、宽带网络接入等多种服务。

（3）“太空之路-3”卫星通信系统

“太空之路-3”卫星通信系统是由美国休斯网络系统公司研制并运营，于 2007 年发射升空，是世界上首颗具有在轨切换和路由能力的卫星。“太空之路-3”通过采用 Ka 频段、多波束及星上快速包交换技术，大大缩短网络传输时延，可覆盖美国全部和加拿大大部分地区。系统总通信容量为 10Gbit/s，可容纳 165 万个用户终端，容量是 Ku 频段通信卫星的 5 ~ 8 倍。

（4）ExeDe 互联网项目

ExeDe 互联网项目由美国卫讯（ViaSat）公司的 ViaSat-1 和 ViaSat-2 宽带通信卫星组成，分别发射于 2011 年和 2017 年，是目前容量最大的高轨宽带卫星通信系统。ViaSat-1 采用 Ka 波段点波束技术，总容量为 140Gbit/s，下载速率为 12Mbit/s，可满足 200 万以上用户的卫星互联网接入需求。ViaSat-2 卫星是迄今为止美国波音公司发射的最大卫星，整星容量 300Gbit/s，覆盖面积为 ViaSat-1 的 7 倍，可为 250 万用户提供高达 25Mbit/s 的宽带服务。

1.3.2.2 中轨卫星互联网星座

中轨卫星互联网星座主要以“其他 30 亿”（Other 3 billion，O3b）计划为代表。

O3b，为解决由于地理、经济等因素而全球剩余 30 亿未能接入互联网人群的上网问题，互联网巨头美国谷歌公司、美国媒体巨头约翰·马龙（John Malone）旗下的海外有线电视运营商自由全球（Liberty Global）及汇丰银行联合组建了 O3b 网络（O3b networks）公司。O3b 网络公司从 2013 年 6 月开始陆续成功部署了 8 颗 MEO 卫星，共覆盖 7 个区域，采用 Ka 频段，单星吞吐量约为 12Gbit/s。2014 年 9 月，8 颗卫星全面运营，提供中继容量为 600Mbit/s、时延不超过 150ms 的服务能力。2014 年 10 月 18 日，最后 4 颗卫星被发送入轨，形成 12 颗 MEO 卫星星座。

1.3.2.3 低轨卫星通信系统

自 20 世纪 90 年代以来，欧美等发达国家相继掀起了两次低轨星座发展热潮。20 世纪 90 年代初期，面向个人移动通信服务低轨卫星迎来第一次发展热潮，美国摩托罗拉、劳拉、阿尔卡特、波音等公司相继提出二十多种低轨星座方案，陆续建成极具代表性的铱（Iridium）卫星、轨道通信（ORBCOMM）、全球星（Globalstar）等低轨卫星通信系统。

但是，由于市场定位不准、建设成本高昂，投入运营的铱卫星、ORBCOMM、Globalstar 系统均于 2000 年前后破产，其他项目也都相继宣布终止。近几年，在互联网应用、微小卫星制造和低成本发射等技术发展的驱动下，面向卫星互联网接入服务，低轨星座研究迎来规模更大、更猛烈的第二次发展热潮，典型的新型低轨星座有一网（OneWeb）、星链（Starlink）、低轨星（LeoSat）等。

[⊖] 它指国际海事卫星（International Maritime Satellite）。

（1）铱卫星通信系统

铱星系统是全球唯一的采用星间链路组网、全球无缝覆盖的低轨星座系统。一代铱星系统在1998年建成并开始商业运营，1999年宣告破产，后被美国“新铱星”公司收购。

铱卫星星座轨道高度为780km，由分布于6个轨道面的66颗卫星组成，用户链路采用L频段。铱卫星二代通过对一代卫星的逐步升级，如L频段配置48波束的收发相控阵天线、用户链路增加Ka频段、配置软件定义可再生处理载荷等方式，实现了更高业务速率、更大传输容量及更多功能。从2017年1月开始至2019年1月11日铱卫星二代已完成全部组网发射，部署后传输速率可达1.5Mbit/s，运输式、便携式终端速率分别可达30Mbit/s、10Mbit/s。二代系统还具备对地成像、航空监视、导航增强、气象监视等功能。

（2）ORBCOMM系统

ORBCOMM星座于1996年正式启动面向全球的数据通信商业服务。星座系统由约40颗卫星及16个地面站组成，轨道高度740～975km，共7个轨道面。星座内部无星间链路，用户链路采用VHF频段。相比于第一代系统，二代ORBCOMM卫星质量增加3倍，接入能力提升了6倍。当前拥有全球最大的天基AIS（船舶自动识别系统）网络服务。

（3）Globalstar系统

Globalstar系统于1999年开始商业运营。系统采用玫瑰星座设计（高度为1400km），由48颗卫星组成，用户链路为L、S频段，通过无星间链路、弯管透明转发的设计，降低建设成本。Globalstar二代系统进一步提高了系统传输速率，增加了互联网接入服务、ADS-B（广播式自动相关监视）、AIS等新业务。

（4）OneWeb系统

OneWeb系统卫星互联网星座由O3b公司创始人之一格雷格·惠勒（Greg Wyler）创建的英国OneWeb公司提出，计划部署近三千颗低轨卫星，初期采用Ku频段，后续向Ka、V频段扩展。星座初期计划发射720颗卫星，轨道高度为1200km，采用设计简单的透明转发方式，通过地面关口站直接面向用户提供互联网接入服务。OneWeb系统卫星单星重量不超过150kg，单星容量为5Gbit/s以上，可为配置0.36m口径天线的终端提供约50Mbit/s的互联网宽带接入服务。同时，OneWeb公司获得了美国联邦通信委员会授权，批准其在美国提供互联网服务。之后，OneWeb初期星座规模缩减至600颗，以降低实现全球覆盖成本。目前，OneWeb已进入部署阶段，2019年2月27日发射了首批6颗卫星。

（5）Starlink卫星互联网星座

Starlink卫星互联网星座由美国Space X公司提出。Space X公司计划建设一个由近1.2万颗卫星组成的卫星群，由分布在1150km高度的4425颗低轨星座和分布在340km左右的7518颗甚低轨星座构成。低轨星座选择了Ku/Ka频段，有利于更好地实现覆盖；甚低轨星座使用V频段，可以实现信号的增强和更有针对性的服务。Space X公司计划让这样的网络覆盖地球任何地点。Space X公司预计该系统到2025年将有4000多万用户，营收达到300亿美元。Space X公司在星座运营的同时，更专注于卫星制造。因此，Space X公司需要进行更大的融资，预计需要融资100～150亿美元。有消息称，该公司还准备再增加3万颗卫星，使卫星总量达到约4.2万颗。

（6）LeoSat卫星互联网星座

LeoSat卫星互联网星座由美国LeoSat公司提出，计划构建由108颗卫星组成的卫星星座，提供全球高速数据传输服务。星座部署在1400km的低轨，采用6个轨道面，每个轨道面上部署18颗卫星。LeoSat卫星采用Ka频段，为用户提供1.6Gbit/s的容量。LeoSat星座将会使用星间链路，并采用光通信。与OneWeb公司和Space X公司不同，LeoSat公司主要为政府及企业提供数据传输服务，计划为3000余家大型企业及机构用户提供高速数据接入服务。

1.4 常用人造地球卫星轨道

人造地球卫星的轨道，就是卫星质心的运动轨迹。它包括卫星从起飞到入轨的发射轨道，卫星进入入轨点，以及卫星入轨后开始的运行工作，一直到工作寿命结束。通常，又把卫星绕地球运行的运动路径称为人造地球卫星的轨道，它可以用轨道长半轴、轨道偏心率、轨道倾角、升交点赤经、近点角角距和近点时刻这六个轨道根数来描述。这样定义的卫星轨道是一条封闭曲线，而这条封闭曲线形成的平面称为人造地球卫星的轨道平面。轨道平面总是过地心的。

人造地球卫星的轨道通常有下述几种分类和特殊类型。

1.4.1 按卫星运行轨道的偏心率分类

根据卫星运行轨道的偏心率，卫星轨道分为如下三类：

1）圆轨道，偏心率等于0。

2）近圆轨道，偏心率小于0.1。

3）椭圆轨道，偏心率大于0.1，而小于1。

圆或近圆轨道有同地球表面保持等距离的优点，所以观察地球、通信广播、导航定位和大地测量的卫星常采用这种轨道。但也有一些卫星采用椭圆轨道，如俄罗斯的“闪电”通信卫星运行在大椭圆轨道，这是因为俄罗斯国土纬度较高，如果采用地球静止轨道卫星则不能覆盖高纬度地区，而“闪电”通信卫星远地点高度为40000km，近地点在470km处，倾角为63°，即远地点在北半球上空。这样，卫星可缓慢通过北半球上空，与地面测控站失去联系的时间很短。不过，为了保证俄罗斯境内不间断通信，需要多颗“闪电”通信卫星协作。另外，如果为了科学研究，如研究地球不同高度上磁场的强度，大气压力、温度、密度，宇宙空间辐射的强度分布等，要使探测范围更大一些，可以采用椭圆轨道。我国1971年3月3日发射的“实践”-1科学卫星，其轨道近地点为266km，远地点为1826km。

1.4.2 按卫星运行的高度分类

根据卫星运行的高度，卫星轨道分为如下三类：

1）低轨道，卫星飞行高度小于1000km。

2）中高轨道，卫星飞行高度在1000～20000km。

3）高轨道，卫星飞行高度大于20000km。

为了完成预定的任务，不同的卫星在轨道高度上有明显差异。卫星轨道高度的选择又与许多因素有关。比如，近地点高度的选择要考虑运载火箭能力大小，高度对卫星运行寿命的影响、任务需求的地面分辨率和覆盖范围等。我国第一颗人造卫星“东方红一号”运行在近地点为439km、远地点为2384km、倾角为68.5°、运行周期为114min的近地椭圆轨道上，由于其近地点高度较高，因此该星目前仍在轨道上运行。

1.4.3 按卫星运行轨道的倾角分类

根据卫星运行轨道的倾角，卫星轨道分为如下三类：

1）赤道轨道，倾角等于0°或180°。

2）极地轨道，倾角等于90°。

3）倾斜轨道，倾角不等于90°、0°或180°

其中，在极地轨道上运行的卫星，每一圈内都可以经过任何纬度和南北两极的上空。由于卫星在任何位置上都可以覆盖一定的区域，因此，为覆盖南北极，轨道倾角并不需要严格为90°，只需在90°附近就行。在工程上常把倾角在90°左右，但仍能覆盖全球的轨道也称为极地轨道。近地卫星导航系统（如美国海军导航卫星系统）为提供全球的导航服务采用极地轨道。许多地球资源卫星、气象卫星及一些军事侦察卫星采用太阳同步轨道，它们的倾角与90°只相差几度，所以也可以称其为极地轨道。还有一些研究极区物理的科学卫星也采用极地轨道。

1.4.4 特殊类型轨道

为了空间有效改善任务的观测几何、人造卫星的运行环境，进而提升有效载荷的性能，人造地球卫星通常又采用下述几种特殊轨道形式。

1.4.4.1 地球同步轨道

卫星在顺行轨道上绕地球运行时，其运行周期（绕地球一圈的时间）与地球的自转周期相同，这种卫星轨道叫地球同步轨道。

地球同步卫星常用于通信、气象、广播电视、导弹预警、数据中继等方面，以实现对同一地区的连续工作。在遥感应用中，除了气象卫星外，一个突出的应用就是通过地球同步轨道上的4颗跟踪和数据中继卫星系统高速率地传送中低轨道地球观测卫星或航天飞机所获取的地球资源与环境遥感数据。

要将同步卫星发射到同步轨道上，是相当困难和复杂的。因为受火箭运载能力的限制和发射场一般不处于赤道上的影响，多数的运载火箭不能将卫星直接送到同步轨道上，必须分为三个阶段才能入轨。

第一阶段，运载火箭将卫星送到距地面200～300km的停泊轨道；

第二阶段，以停泊轨道的环绕速度将卫星加速送到转移轨道与同步轨道相切处，即转移轨道的远地点；

第三阶段，在远地点上点燃发动机，使卫星进入地球同步轨道，并用卫星上的小发动机调整卫星的姿态，使卫星完全进入同步轨道。

世界上第一颗地球同步卫星是1964年8月19日美国发射的“辛康”（syncom）3号。我国于1984年4月8日、1986年2月1日和1988年3月7日分别发射了3颗用于通信广播的地球同步卫星。1990年，我国“长征三号”火箭首次发射美国休斯公司的“亚洲1号”通信卫星，卫星的入轨精度居当时该公司自己生产、发射的32颗同步卫星之首；1992年和1994年，我国的“长征二号E”捆绑式火箭再次发射了该公司的“澳星B1”“澳星B2”通信卫星，所有入轨参数的精度比合同规定值高出了几倍甚至几十倍。

1.4.4.2 地球静止卫星轨道

如果地球同步轨道卫星在地球赤道上空离地面 35786km 的轨道上绕地球运行，那么，它绕地球运行的角速度将会与地球自转的角速度相同，从地面上看去该卫星好像是静止不动的，这样的卫星轨道叫地球静止卫星轨道。也就是说，要实现地球静止卫星轨道，需满足下列条件：

1）卫星运行方向与地球自转方向相同。

2）轨道倾角为 0°。

3）轨道偏心率为 0，即轨道是圆形的。

4）轨道周期等于地球自转周期，即静止卫星的高度为 35786km。地球静止卫星轨道是地球同步轨道的特例，它只有一条。

静止卫星上的天线所辐射的电波，对地球的覆盖区域基本稳定，在其覆盖区内，任何地球站之间均可以实现 24 小时不间断通信。因此，同步轨道静止卫星主要用于陆地固定通信，如电话通信、电视节目的转播等，也用于海上移动通信，不过，它不像陆上蜂窝移动通信那样有那么多基站，而只有卫星这么一座大的基站。

1.4.4.3 太阳同步轨道

由于地球扁率（地球不是圆球形，而是在赤道部分隆起的），卫星轨道平面绕地球自转轴旋转。如果卫星轨道平面绕地球自转轴的旋转方向和角速度与地球绕太阳公转的方向和平均角速度相同，则这种卫星轨道叫太阳同步轨道。

气象卫星、资源卫星等对地观测卫星都采用这种轨道，其优点是不仅可以使卫星覆盖包括地球两极地区在内的整个地球表面，而且卫星每次经过特定区域时，其光照条件基本不变，从而有利于获取高质量的地面目标图像。资源卫星的轨道较低，一般运行于 700 ~ 900km 高的圆形太阳同步轨道，目的是提高对地观测分辨率，一般 10 ~ 30 天可观测全球一遍。

1.4.4.4 停泊轨道

停泊轨道，是航天器为了转移到另一条轨道而暂时停留的椭圆（圆）轨道，所以又称为驻留轨道。

按中心体不同停泊轨道分为地球停泊轨道、月球停泊轨道和行星停泊轨道。地球停泊轨道是发射月球探测器、登月载人飞船、空间探测器和离地球较远的人造地球卫星（如静止卫星）的一个阶段，用于选择进入过渡轨道的入轨点，以弥补地面发射场地理位置固定的缺点，满足过渡轨道的要求。月球和行星停泊轨道用于选择进入轨道的起点，以保证航天器降落在天体表面的指定地区。对于返回地球的航天器，同样可以选择返回轨道的起点，以保证航天器能够准确进入再入走廊。此外，安排停泊轨道还为飞往新轨道之前提供最后全面检查航天器各系统可靠性的机会。

1.4.4.5 回归轨道

回归轨道，是星下点轨迹周期性出现重叠现象的人造地球卫星轨道。重叠出现的周期称为回归周期。在工程中，回归周期的大小根据卫星的使命确定。同一个回归周期对应很多条轨道。如回归周期为一天时，运行的轨道周期可近似为 24 小时、8 小时等，从中可以选出合适的运行周期以满足卫星任务使命的要求。

在回归轨道上运行的卫星，每经过一个回归周期，卫星重新依次经过各地上空。这样可以对卫星覆盖的区域进行动态监视，借以发现这一段时间内目标的变化。在轨道设计中，回归轨道仅限制轨道运行周期，若再选择其他参数，则可设计出太阳同步回归轨道。这样的轨道兼有太阳同步轨道和回归轨道的特性。选择合适的发射时间，可使卫星在经过某些地区时这些地区有较好的光照条件。以获取地面图像为目的的卫星，像侦察卫星、气象卫星、地球资源卫星大都选择这种轨道。回归轨道要求轨道周期在较长时间内保持不变，因此，卫星必须具备轨道修正能力，以便能够克服入轨时的倾角偏差、周期偏差和补偿大气阻力引起的周期衰减。

1.4.4.6 冻结轨道

冻结轨道是轨道倾角为 $i = 63.43°$ 或 $i = 116.57°$ 的一类具有拱线静止特性的椭圆轨道，它的近地点指向和形状在轨道面内不变，又称为临界轨道。

对椭圆轨道的光学卫星而言，由于其轨道高度变化，对地球上不同位置的目标的成像分辨率不一致，而采用拱线静止轨道，则可保证对同一目标不同时间成像时的高度相同，满足遥感影像时序分析时对分辨率一致性的要求；对于高时间分辨率的区域覆盖卫星而言，采用冻结轨道，将近地点置于需要侦察的目标（或区域目标中心）上空，可以提高目标成像的空间分辨率；对于通信卫星而言，将远地点置于目标上空，可以保证卫星在较高的高度运行较长的时间，从而保持充分的通信时间。俄罗斯的“闪电”通信卫星就是采用了大偏心率的冻结轨道，卫星远地点始终在俄罗斯领土上空。

1.5 卫星轨道理论及其应用概述

如果地球是一个密度均匀的正球体，又没有大气阻力和其他天体的摄动，人造地球卫星的运动就是简单的椭圆运动。然而，实际上卫星的运动要受到地球非球形摄动、大气阻力摄动、太阳光压摄动、日月引力摄动等诸多因素的影响，这是现代天体力学的一个重要的研究课题。

对人造地球卫星运动的研究，沿用了经典天体力学中的级数展开法。在级数展开时，通常认为表征地球扁率的二阶带谐系数为一阶小量，而其他摄动为二阶小量。与经典的行星运动理论一样，人造卫星的运动理论，也有一阶理论、二阶理论、三阶理论等之分。不过，由于卫星运动快，长期摄动的影响非常显著，几天之后摄动量就相当大。因此，人造卫星的一阶运动理论，通常是指包含了二阶长期摄动和一阶周期摄动的理论；而二阶运动理论是指包含了三阶长期摄动及二阶周期摄动的理论等。在20世纪60年代，人们研究的是一阶运动理论，其距离精度约为10m（速度为1cm/s），这与当时的观测精度是相适应的。采用激光测距和多普勒测速技术之后，卫星观测精度大大提高，人造卫星激光测距的精度已达几厘米，多普勒测速精度也已达0.1mm/s。为了能从这样高精度的观测中提取全部信息，人造卫星的运动必须准确到1cm的精度。这就需要人造卫星的二阶运动理论，甚至三阶运动理论。

人造卫星的一阶运动理论，通常采用分析方法进行研究，并可将各种摄动因素分开处理。对于地球非球形摄动，1959年古在由秀采用平均轨道根数法，首先提出了一阶运动理论。后来，巴特拉科夫又利用人造卫星的能量积分，进一步完善了这个理论，布劳威尔则采用蔡佩尔变换成功地解决了这个问题。此外，一些学者还研究了大气阻力摄动、太阳光压摄动和日月引力摄动等问题。

二阶运动理论的分析方法，一般都局限于地球非球形摄动。1962 年古在由秀首先创立了二阶运动理论，把运动理论的精度提高到了一个新的水平。1970 年阿克斯内斯用包含了部分一阶影响的轨道作为中间轨道，推出了二阶运动理论。他采用了希尔变量并利用堀源-李变换，所以他的表达式要比古在由秀的简洁很多。由于二阶运动理论的公式繁复、推导困难，人们开始使用电子计算机来帮助解决这个问题，在计算机上建立了泊松级数的运算程序，并用以推导天体力学中的繁复的公式。1977 年，木下宙建立了三阶运动理论。

与此同时，其他摄动的计算也更精细了，如考虑大气密度的周日变化、半年变化、扁球效应及日月引力摄动的短周期项、潮汐项等。这些研究提高了卫星运动理论的精度，但是，由于没有解决联合摄动问题，分析方法所用的物理模式始终是某种简化了的模式，精度不够高；而且分析方法推导繁复，即使用电子计算机，要推出几万项甚至几十万项的摄动，计算量也很大。因此，很多实用部门就干脆使用天体力学数值方法来解决人造卫星的运动问题。然而，数值方法计算时间太长，积累误差也较大，因此，人们又开始使用半分析、半数值的方法：短周期摄动用分析方法计算；长期、长周期摄动用数值方法计算。这样的方法，对于得到分米级精度的运动理论是合适的。

事实上，人造地球卫星与所有的天然天体是不同的，它是人工研制和发射到运行轨道上的一种空间飞行器（或航天器），是按照人的意志、为了人们的某种目的沿轨道运行的特殊天体。为了实现特定的空间任务目标，人们通常结合人造卫星的一阶运动理论，根据其任务和应用要求来选择轨道。例如，对地面摄影的地球资源卫星、照相侦察卫星常采用圆形低轨道；若为了尽量扩大空间环境探测的范围，卫星可采用扁长的椭圆形轨道；为了节省发射卫星的能量，卫星常采用赤道轨道和顺行轨道；对固定地区进行长期连续的气象观测和通信的卫星，常采用地球静止卫星轨道；需对全球进行反复观测的卫星可采用极地轨道，而要使卫星始终在同一时刻飞过地球某地上空（即卫星始终在相同的光照条件下经过同一地区）则需要采用太阳同步轨道，等。

近年来，为适应通信、导航和地球观测领域的广泛需求，大量的卫星星座正在研制和开发中，尤其随着（微）小卫星技术的逐步成熟和运载发射能力的提高，卫星星座的应用正在成为许多国家的研究重点。而卫星编队飞行则可以认为是一种比较特殊的星座，它由两颗（或以上）的卫星组成，卫星在绕地球运动的同时，主要按照轨道自然特性近距离伴随飞行，并彼此间形成特定构型的卫星群。卫星在编队运行过程中，保持较近距离，彼此密切联系，相互协调工作，与单颗卫星相比，卫星编队能够合成足够长的天线基线（虚拟天线），而在单颗卫星上安装如此大的物理天线是不可能的。所以说，编队星座在整体功能上相当于一颗大的“虚拟卫星”。

利用卫星运动理论，结合任务目标，选择合适的轨道后，需要用运载火箭将卫星送入设计的轨道，这属于人造地球卫星的发射问题；卫星由发射点到入轨点的飞行轨迹，就是卫星的发射段弹道。但是，卫星的飞行任务是复杂的，有时候，一颗卫星为了完成不同的任务，需要实现不同的运行轨道，即要求卫星改变已有的轨道运动参数，从而获得能够完成飞行任务的另一组轨道参数，这属于卫星轨道机动的内容。研究卫星轨道机动的方法通常有两大类。一类是冲量法，这类方法假设发动机的推力充分大，能在瞬间使卫星获得需要的速度增量。该假设使问题的研究大为简化。在20世纪60年代到70年代初，这一方法得到了充分的研究，主要的研究内容包括轨道调整、轨道改变和轨道转移等。冲量法具有良好的近似效果，多用于方案论证和初步设计阶段。另一类是制导方法，它考虑发动机推力是一个有限量，轨道根数的改变不是瞬间完成的，而是需要有一个时间过程，所以制导方法就是研究在轨道根数改变过程中发动机的工作程序。

本书将人造地球卫星视为有控（或无控）的质点，在介绍完坐标系和时间系统之后，主要讨论二体问题、卫星摄动运动方程、卫星运动方程的一阶分析解，以及卫星轨道的设计、发射和轨道机动等问题。

第 2 章 天球坐标系和时间系统

2.1 天球

在晴朗的日子里，当人们抬头仰望，总觉得天似穹庐，日、月、星辰都仿佛位于一个巨大圆球的内壁上。而且，不管人们走到哪里，总觉得自己始终处于这个半球的中心。

实际上，这种圆球并不存在，人们产生这种感觉是因为人的双眼不过相距六七厘米，根本无法区别遥远天体的实际距离，总是以为所有天体都分布在以自己为中心的球面上。

虽然，现在已经知道各个天体并不在同一个球面上，而且与地球上的观测者之间的距离很远，但由于利用球面确定天体相对观测者的位置和运动比用一般的直角坐标系要简单得多，为此，天文学中仍保留这个假想的圆球，并引入天球的概念：以空间任一点为中心，以任意长为半径（或把半径看成数学上的无穷大）的圆球称为天球。必须指出以下几点：

1）天体在天球上的投影，即天球中心和天体的连线与天球相交之点，称为天体在天球上的位置，也叫作天体的视位置。

2）天体在天球上的视位置是天体沿视线方向在天球上的投影，因而天球的半径完全可以自由选取，而不影响研究问题的实质。

3）天球上任意两个天体之间的距离一般都是指它们之间的角距离，即它们对于观测者的张角。在天球上，线距离是没有意义的。

4）一般说来，天体离地球的距离都可以看作是数学上的“无穷大”。因此，在地球上不同地方看同一天体的视线方向可以认为是互相平行的。或者，也可以反过来说，一个天体发射到地球上不同地方的光互相平行。因此，所有平行的方向将在天球交于一点。

5）一般情况下，天球的中心就是观测者的眼睛，但有时为了研究问题的方便，需要把球心移到地球中心或太阳中心。这样的天球则分别称为“地心天球”和“日心天球”，以示与一般天球的区别。

以天球作为辅助工具可以帮助人们建立空间的概念。因此，人们不仅保留了天球的概念，并在此基础上发展了一整套的数学公式，而且还出现了与此有关的天球模型——天球仪，以及表示星空的天象仪。

2.2 球面三角初步

2.2.1 球面的基本性质

确立了天球概念以后，便能把天体看成是分布在天球表面上的点，所以有必要了解球面的一些最基本性质。

2.2.1.1　球面上的圆

从几何学得知，用一个平面去截球面，所得的截口是一个圆。如果这个平面通过球心，那么所得圆的圆心就是球心，这种以球心为圆心的圆称为大圆。如果这个平面不通过球心，那么所截圆的圆心不是球心，这种不以球心为圆心的圆称为小圆。通过球面上不在同一直径两端的两个点，能作并且只能作一个大圆。例如，通过图 2.1 所示的任意两点 A 和 B，可以作也仅可以作一个大圆 $ABCD$。A、B 两点间的大圆弧（通常总是取小于 180°的角度）可以用弧长来计量，也可以用角度来计量。天文学上常用角度来计量，叫作 A、B 间的角距，记作$\overset{\frown}{AB}$。它等于大圆弧所对的圆心角 $\angle AOB$。

2.2.1.2　球面上的极

通过球面上任意一个圆（不论是大圆还是小圆）的圆心作一条垂直于该圆所在平面的垂线。这条垂线一定经过球心，并与球面交于直径的两端 P 和 P'，称为该圆的极。

球面上某一个圆的极到这个圆上任一点的角距，叫作极距。显然，极到圆上各点的角距都是相等的。如图 2.2 所示，$\overset{\frown}{PA}=\overset{\frown}{PB}=\overset{\frown}{PC}$。如果所讨论的圆是一个大圆的话，则极距为 90°。

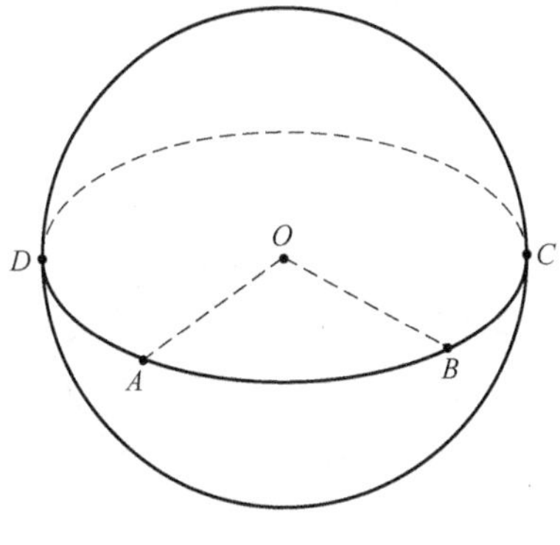

图 2.1　通过球面上任意两点可作一个大圆

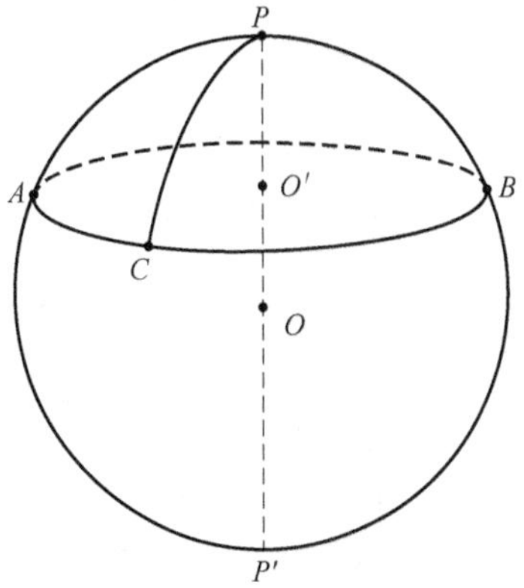

图 2.2　球面上的极

2.2.1.3　球面角

两个大圆弧相交所成的角叫作球面角。它们的交点叫作球面角的顶点。大圆弧本身叫作球面角的边。如图 2.3 所示，$\overset{\frown}{PA}$和$\overset{\frown}{PB}$为两个相交的大圆弧，$\overset{\frown}{PA}$所在平面为 POA，$\overset{\frown}{PB}$所在平面为 POB，两者的交线为 OP，球面角 $\angle APB$ 用 POA 和 POB 所构成的两面角度量，因为 QQ'是以 P 为极的大圆，A'为$\overset{\frown}{PA}$与 QQ'的交点，B'为$\overset{\frown}{PB}$的延长线与 QQ'的交点。根据立体几何可知，球面角 $\angle APB$ 等于 $\angle A'OB'$，又因为 $\angle A'OB'=\overset{\frown}{A'B'}$，所以球面角 $\angle APB$ 可用$\overset{\frown}{A'B'}$度量，由此得出下述重要结论：以球面角的顶点作大圆，则球面角的边或其延长线在这个大圆上所截取的那段弧便是球面角的数值。

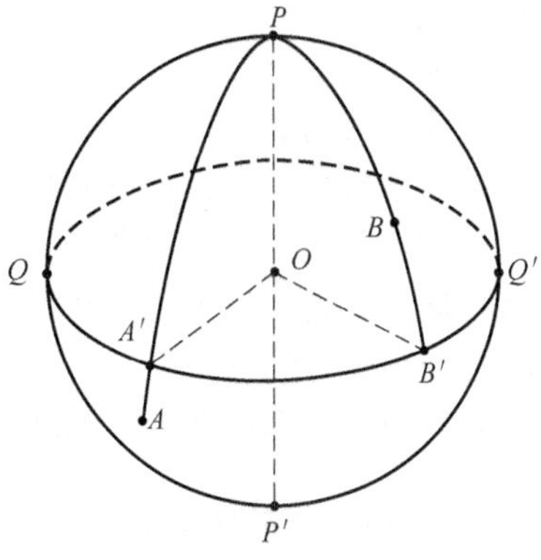

图 2.3　球面角的度量

2.2.2 球面三角形

把球面上三个点（如 A、B、C）用三个大圆弧连接起来，所围成的图形叫球面三角形，这三个点叫作球面三角形的顶点。

由于连接两个顶点的大圆弧有两个不同的弧段，为了使定义完备，应区别所选的弧是哪一段，还应指明三角形在所选之弧的哪一边。将球面上 A、B、C 三个点用三段大圆弧联结起来围成图形的方式一般有八种，如图 2.4 所示。如 A、B、C 的球对称点为 A'、B'、C'，则八个球面三角形为 ABC、ABC'、$AB'C$、$A'BC$、$A'B'C$、$A'B'C'$、$AB'C'$和 $A'BC'$，一个球面三角形的三个边都小于半圆周，将这样的球面三角形称为简单三角形，如图 2.4 所示的 ABC。简单球面三角形是以后经常用到的球面三角形。

如图 2.5 所示，三个大圆弧$\widehat{AB}$、$\widehat{BC}$和$\widehat{AC}$叫作球面三角形 ABC 的边，分别以小写子母 c、a、b表示，三个大圆弧所构成的球面角，叫作球面三角形的角，分别以 A、B、C 表示，并且规定 A 角和 a 边相对、B 角和 b 边相对、C 角和 c 边相对。三个边和三个角合称球面三角形的六个元素。组成简单球面三角形的三个大圆弧所在的平面构成一个三角面，其顶点为球心 O，而其棱是由球心到球面三角形三个顶点 A、B、C 作连线得到的球半径。如图 2.5 所示，可以看出，三面角 $O—ABC$ 的每一个平面角都可用其相对的球面三角形的边来衡量，而两个平面之间的夹角（即二面角）等于其相应的球面三角形的球面角。

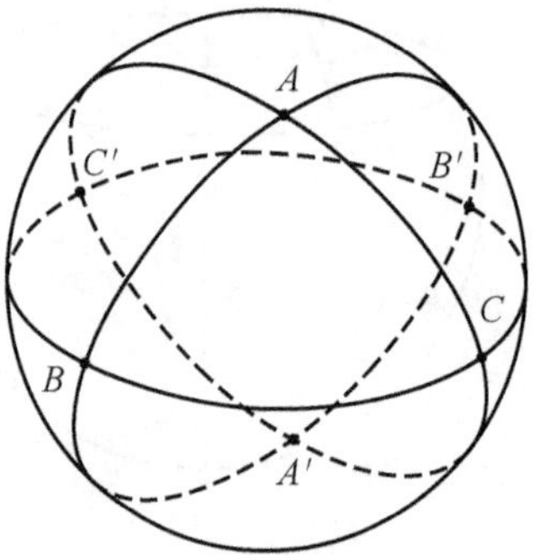

图 2.4　八个球面三角形

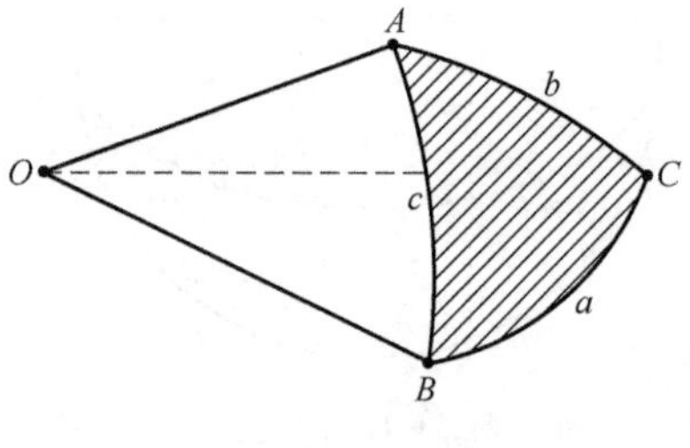

图 2.5　三面角

球面三角形与平面三角形的边和角具有不同的性质。简单的球面三角形具有如下的基本性质：

1）球面三角形的两边之和大于第三边。

2）等边所对的角相等，等角所对的边相等。

3）大角对大边，大边对大角。

4）球面三角形的三边之和大于 0°、小于 360°。

5）球面三角形三个角之和恒大于 180°、小于 540°。差值 $\delta=(A+B+C)-180°$，称为该球面三角形的球面角超。

6）球面三角形中两角之和减去第三角小于 180°。

2.2.3 球面坐标和直角坐标

在记录天体位置的坐标系中，一点的位置和它的坐标之间的关系必须具有唯一的可逆关系，即一点只能用一组坐标值来唯一表示，而一组坐标也只定义一点的位置。球面坐标系和直角坐标系都具备这一特性。

选取单位球作为天球，如图 2.6 所示。以天球上一个大圆 $BCDE$ 作为球面坐标系的基圈，基圈所在的平面为基本平面。基圈有两个极 A 和 A'，按一定的原则选取其中一个作为球面坐标系的极。过极 A 的半个大圆 ACA' 作为球面坐标系的主圈，主圈和基圈的交点 C 称为主点。通过极 A 和天体 σ 的半个大圆称为副圈，副圈与基圈交于 D。由基圈和主点可建立球面坐标系，则天体 σ 在天球上的位置可由两段大圆弧 $\widehat{D\sigma}$ 和 $\widehat{CD}$ 确定。$\widehat{D\sigma}$ 对应的称为纬角，记为 ν；$\widehat{CD}$ 对应的称为经角（等于球面角 $CA\sigma$），记为 μ。纬角 ν 有时也可用它的余角以大圆弧 $\widehat{A\sigma}$ 代替，$\widehat{A\sigma}$ 称为极距，记为 η，则有 $\eta = 90° - \nu$。纬角 ν 或极距 η 称为球面坐标系的第一坐标，而经角 μ 称为第二坐标。这样的球面坐标系是一种正交坐标系，对于不同的基圈和主点，以及第二坐标采用的不同度量方法，可以建立不同的坐标系。

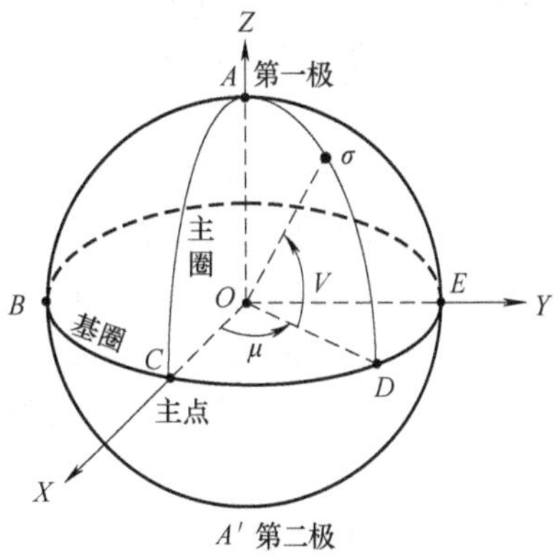

图 2.6　球面坐标和直角坐标

相应的直角坐标系通常是这样定义的：Z 轴指向第一极，X 轴指向主点，Y 轴在基圈平面上，它是 X 轴绕 Z 轴旋转 $+90°$ 所到达的位置，旋转方向按球面坐标系经角增加的方向为正。

如图 2.6 所示，可以看出，天体 σ 的球面坐标 (μ,ν) 和直角坐标 (X,Y,Z) 有如下关系：

$$\begin{bmatrix} X \\ Y \\ Z \end{bmatrix} = \begin{bmatrix} \cos\mu\cos\nu \\ \sin\mu\cos\nu \\ \sin\nu \end{bmatrix} \tag{2.1}$$

或

$$\mu = \arctan\frac{Y}{X} \tag{2.2}$$

$$\nu = \arctan\frac{Z}{\sqrt{X^2+Y^2}} = \arcsin Z \tag{2.3}$$

注意，在利用式（2.2）计算 μ 时存在多值问题。对形如式（2.2）的反正切函数，如果反正切函数只取主值，为确定 μ 的象限，则按 $\mu = \arctan(Y/X) + [1 - \mathrm{sign}(X)]90°$ 计算。

X、Y 和 Z 即为天体 σ 在 O—XYZ 坐标系中的方向余弦，因此天体方向的单位矢量可写为

$$\hat{\boldsymbol{r}}(\mu,\nu) = \begin{bmatrix} \cos\mu\cos\nu \\ \sin\mu\cos\nu \\ \sin\nu \end{bmatrix} \tag{2.4}$$

在某些工作中，不仅要知道天体在天球上的二维球面坐标，而且还必须知道它的空间位置，即三维坐标。r 是坐标原点到所研究天体的直线距离。在二维球面坐标系的基础上增加距离 r 可构成三维球坐标系统，也称为三维极坐标系统。则三维空间矢量 $\boldsymbol{r}$ 为

$$\boldsymbol{r} = r\hat{\boldsymbol{r}}(\mu,\nu) \tag{2.5}$$

2.2.4 球面三角形公式

2.2.4.1 球面三角形基本公式

（1）边的余弦公式

如图2.7所示，O 为球心，ABC 为一球面三角形，三个边分别用 a、b、c 表示。边 a 可用大圆弧 $\overset{\frown}{BC}$ 所对的球心角 $\angle BOC$ 来度量；同样，b 和 c 可分别用球心角 $\angle AOC$ 和 $\angle AOB$ 来度量。过点 A 作大圆弧 $\overset{\frown}{AB}$ 的切线，与半径 OB 的延长线交于点 D，过点 A 作大圆弧 $\overset{\frown}{AC}$ 的切线，与半径 OC 的延长线交于 E 点，则半径 OA 垂直于 AD 和 AE。根据球面角定义，球面角 $\angle BAC$ 就是切大圆 AB 和 AC 于点 A 的两条切线之间的夹角，故球面角 $\angle BAC = \angle DAE$，令 A 表示球面角 $\angle BAC$，则 $\angle DAE = A$。

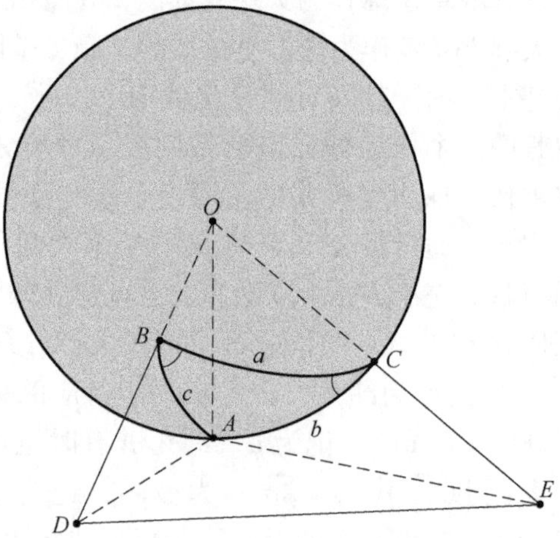

图2.7 球面三角形示意图

在平面三角形 $\triangle DOE$ 中，有

$$(DE)^2 = (OD)^2 + (OE)^2 - 2(OD)(OE)\cos\angle DOE \tag{2.6}$$

在平面三角形 $\triangle DAE$ 中，有

$$(DE)^2 = (AD)^2 + (AE)^2 - 2(AD)(AE)\cos\angle DAE \tag{2.7}$$

在平面三角形 $\triangle OAD$ 中，有 $\angle OAD = 90°$，$\angle AOD = c$，则有

$$AD = (OA)\tan c, OD = (OA)\sec c \tag{2.8}$$

在平面三角形 $\triangle OAE$ 中，有 $\angle OAE = 90°$，$\angle AOE = b$，则有

$$AE = (OA)\tan b, OE = (OA)\sec b \tag{2.9}$$

另外

$$\angle DOE = \angle BOC = a, \angle DAE = A$$

将式（2.8）、式（2.9）代入式（2.6）、式（2.7）得

$$(DE)^2 = (OA)^2(\sec^2 c + \sec^2 b - 2\sec c\sec b\cos a)$$

$$(DE)^2 = (OA)^2(\tan^2 c + \tan^2 b - 2\tan c\tan b\cos A)$$

则有

$$\sec^2 c + \sec^2 b - 2\sec c\sec b\cos a = \tan^2 c + \tan^2 b - 2\tan c\tan b\cos A \tag{2.10}$$

将平面三角公式 $\sec^2 c = \tan^2 c + 1$、$\sec^2 b = \tan^2 b + 1$ 代入式（2.10），整理可得

$$\cos a = \cos b\cos c + \sin b\sin c\cos A \tag{2.11}$$

上式就是球面三角形的基本公式——边 a 的余弦公式。

同理，可得其他两边的余弦公式

$$\cos b = \cos a\cos c + \sin a\sin c\cos B \tag{2.12}$$

$$\cos c = \cos a\cos b + \sin a\sin b\cos C \tag{2.13}$$

式中，B、C 为相应球面角。

以上三式，即式（2.11）~式（2.13）合称为边的余弦公式，是球面三角形的三个边与一个角之间的关系式。

（2）角的余弦公式

首先，引入极三角形的概念。

如图 2.8 所示，ABC 为一简单球面三角形，点 P 为 BC 大圆的极，且点 P 与点 A 在 BC 大圆的同一边，因而 $\angle POA$ 是锐角。同样，存在与点 B 同在一边的大圆 AC 的极点 Q，以及与点 C 同在一边的大圆 AB 的极点 R。连接 P、Q、R 三点所构成的简单球面三角形 PQR，称为原球面三角形 ABC 的极三角形。

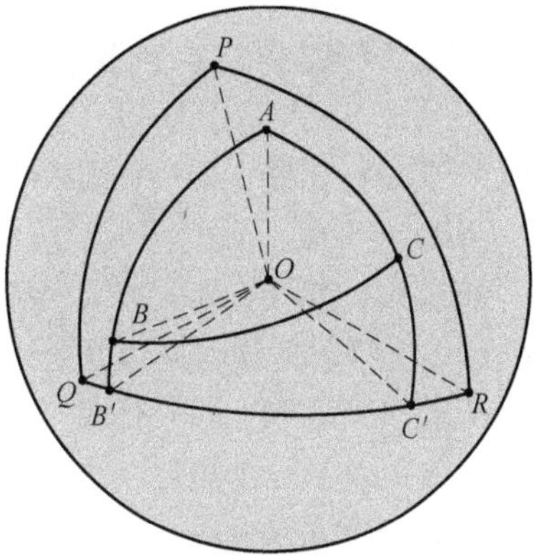

图 2.8　极三角形示意图

定理 1：ABC 也是 PQR 的极三角形。

如图 2.8 所示，点 Q 和点 R 分别为大圆 AC 和大圆 AB 的极，则 $OA\perp OQ$、$OA\perp OR$，故点 A 是大圆 QR 的一个极，又点 P 与点 A 在 BC 大圆的同一边，$\angle POA$ 是锐角，故点 A 是 PQR 的极三角形的一个顶点。同样可以证明点 B 和点 C 是 PQR 的极三角形的另外两个顶点，所以 ABC 也是 PQR 的极三角形。

定理 2：极三角形的边是原球面三角形对应角的补角，而极三角形的角是原三角形对应边的补角。

为证明此定理，不妨设球面三角形 PQR 的三个边分别用 p、q、r 表示，它的球面角用大写字母 P、Q、R 表示。

如图 2.8 所示，将 AB 和 AC 两边（如果需要）延长与大圆 QR 相交于点 B' 和 C'；

点 A 是大圆 QR 的极，故 $OA\perp OB'$、$OA\perp OC'$，$\angle B'OC'$ 是 AB 和 AC 所在平面的二面角，于是有 $\angle B'OC'=A$，即弧 $\widehat{B'C'}=A$。

点 R 是大圆 AB 的极，故 $OR\perp OB'$；Q 点是大圆 AC 的极，故 $OQ\perp OC'$。于是有

$$\angle QOC'+\angle B'OR=\pi=\angle QOR+\angle B'OC'=p+A$$

即，这证明了极三角形的边是原三角形对应角的补角。同时，由定理 1 知这两个球面三角形互为极三角形，也就证明了极三角形的角是原三角形对应边的补角。

即，球面三角形 ABC 与球面三角形 PQR 的边角关系如下：

$$\begin{cases}p=\pi-A, & P=\pi-a\\ q=\pi-B, & Q=\pi-b\\ r=\pi-C, & R=\pi-c\end{cases}\tag{2.14}$$

根据式（2.11），针对球面三角形 PQR 有

$$\cos p=\cos q\cos r+\sin q\sin r\cos P\tag{2.15}$$

由式（2.14）知 $p=\pi-A$、$q=\pi-B$、$r=\pi-C$，于是可得

$$\cos A=-\cos B\cos C+\sin B\sin C\cos a\tag{2.16}$$

上式为角 A 的余弦公式。

同理，可得其他两角的余弦公式：

$$\cos B=-\cos C\cos A+\sin C\sin A\cos b\tag{2.17}$$

$$\cos C=-\cos A\cos B+\sin A\sin B\cos c\tag{2.18}$$

以上三式，即式（2.16）~式（2.18）合称为角的余弦公式，是球面三角形的三个角与

一个边之间的关系式。

(3) 正弦公式

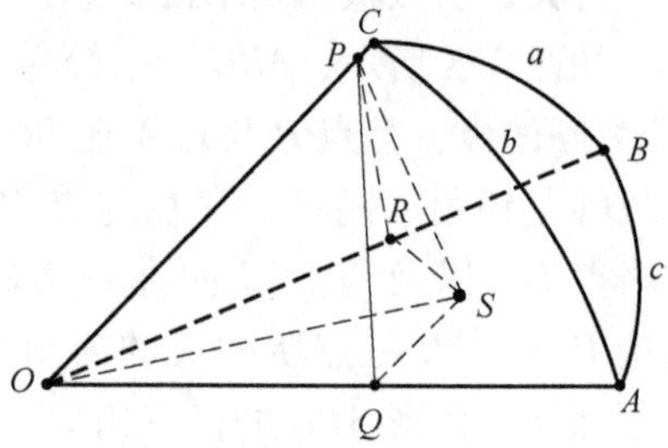

图 2.9　球心三角形示意图

假设，在以 O 为球心的球面上取球面三角形 ABC，则 O 与各顶点相连得球心三面角 $O—ABC$，如图 2.9 所示。在 OC 上任取一点 P，作 PS 垂直于平面 AOB、$SQ\perp OA$、$SR\perp OB$ 在平面 OAB 内，显然 $OA\perp PQ$、$OB\perp PR$。

如在点 A 作两条切线 AB'、AC' 分别切大圆 AB 和 AC，根据定义这两条切线间夹角就是球面角 A，注意到 $QS/\!/AB'$、$QP/\!/AC'$，所以 $\angle PQS=A$，同理可证 $\angle PRS=B$。

三面角 $O—ABC$ 的每一个平面角都可以用球面三角形对应的边来度量，即 $\angle COB=a$、$\angle COA=b$、$\angle AOB=c$。

在直角三角形 $\triangle OQP$ 和 ΔORP 中，有

$$\frac{PQ}{OP}=\sin b,\ \frac{PR}{OP}=\sin a \tag{2.19}$$

在直角三角形 $\triangle PQS$ 和 ΔPRS 中，有

$$\frac{PS}{PQ}=\sin A,\ \frac{PS}{PR}=\sin B \tag{2.20}$$

将式 (2.19)、式 (2.20) 分别相乘，得

$$\frac{PS}{OP}=\sin b\sin A=\sin a\sin B$$

即

$$\frac{\sin a}{\sin A}=\frac{\sin b}{\sin B} \tag{2.21}$$

同理可得类似的下式：

$$\frac{\sin b}{\sin B}=\frac{\sin c}{\sin C} \tag{2.22}$$

于是有

$$\frac{\sin a}{\sin A}=\frac{\sin b}{\sin B}=\frac{\sin c}{\sin C} \tag{2.23}$$

上式称为正弦公式，是球面三角形的任意两个边与它们对应的两个角之间的关系式。

(4) 五元素公式

将边 b 的余弦公式，即式 (2.17) 改写为

$$\sin a\sin c\cos B=\cos b-\cos a\cos c \tag{2.24}$$

将边 a 的余弦公式，即式 (2.11) 代入，得

$$\sin a\sin c\cos B=\cos b-\cos c(\cos b\cos c+\sin b\sin c\cos A)$$

即

$$\begin{aligned}\sin a\sin c\cos B&=\cos b-\cos c(\cos b\cos c+\sin b\sin c\cos A)\\&=\cos b-\cos b(1-\sin^2 c)-\cos c\sin b\sin c\cos A\\&=\cos b\sin^2 c-\cos c\sin b\sin c\cos A\end{aligned}$$

两边除以 sinc，得

$$\sin a\cos B = \cos b\sin c - \cos c\sin b\cos A \tag{2.25}$$

这是球面三角形的三个边与两个角之间的关系式，称为五元素公式。

同理，可得其他五元素公式：

$$\sin a\cos C = \cos c\sin b - \cos b\sin c\cos A \tag{2.26}$$

$$\sin b\cos A = \cos a\sin c - \cos c\sin a\cos B \tag{2.27}$$

$$\sin b\cos C = \cos c\sin a - \cos a\sin c\cos B \tag{2.28}$$

$$\sin c\cos A = \cos a\sin b - \cos b\sin a\cos C \tag{2.29}$$

$$\sin c\cos B = \cos b\sin a - \cos a\sin b\cos C \tag{2.30}$$

以上六式，即式（2.25）~式（2.30），是球面三角形的一个边的正弦与其邻角的余弦的乘积表达式。

利用极三角形与原三角形的边角关系，即式（2.14），就可以得到一个角的正弦与其邻边的余弦的乘积表达式：

$$\sin A\cos b = \cos B\sin C + \cos C\sin B\cos a \tag{2.31}$$

$$\sin A\cos c = \cos C\sin B + \cos B\sin C\cos a \tag{2.32}$$

$$\sin B\cos a = \cos A\sin C + \cos C\sin A\cos b \tag{2.33}$$

$$\sin B\cos c = \cos C\sin A + \cos A\sin C\cos b \tag{2.34}$$

$$\sin C\cos a = \cos A\sin B + \cos B\sin A\cos c \tag{2.35}$$

$$\sin C\cos b = \cos B\sin A + \cos A\sin B\cos c \tag{2.36}$$

以上六式，即式（2.31）~式（2.36），是球面三角形的两个边与三个角之间的关系式，是五元素公式的另一种表达形式。

（5）相邻四元素公式

相邻四元素公式又称余切公式，是球面三角形的相邻四个元素（边和角）之间的关系式。如图 2.7 所示，在球面三角形 ABC 中，参考四个相邻元素 c、B、a、C。其中，角 B 被两个边 c 与 a 所夹，称为内角；而边 a 被 B 与 C 两个角的侧翼所包围，称为内边。

已知边 c 的余弦公式，即式（2.13）为

$$\cos c = \cos a\cos b + \sin a\sin b\cos C$$

将边 b 的余弦公式，即式（2.12）代入上式，得

$$\cos c = \cos a(\cos a\cos c + \sin a\sin c\cos B) + \sin a\sin b\cos C$$

整理得

$$\begin{aligned}\cos c &= \cos a(\cos a\cos c + \sin a\sin c\cos B) + \sin a\sin b\cos C\\ &= (1 - \sin^2 a)\cos c + \cos a\sin a\sin c\cos B + \sin a\sin b\cos C\end{aligned}$$

即

$$\sin^2 a\cos c = \cos a\sin a\sin c\cos B + \sin a\sin b\cos C \tag{2.37}$$

将上式两边除以 $\sin a\sin c$，得

$$\sin a\cot c = \cos a\cos B + \frac{\sin b}{\sin c}\cos C$$

将正弦公式，即式（2.23）变形为$\frac{\sin b}{\sin c} = \frac{\sin B}{\sin C}$代入上式得

$$\cos a\cos B=\sin a\cot c-\sin B\cot C \tag{2.38}$$

同理可得

$$\cos a\cos C=\sin a\cot b-\sin C\cot B \tag{2.39}$$

$$\cos b\cos A=\sin b\cot c-\sin A\cot C \tag{2.40}$$

$$\cos b\cos C=\sin b\cot a-\sin C\cot A \tag{2.41}$$

$$\cos c\cos A=\sin c\cot b-\sin A\cot B \tag{2.42}$$

$$\cos c\cos B=\sin c\cot a-\sin B\cot A \tag{2.43}$$

以上六式，即式（2.38）~式（2.43），是相邻四元素公式。

2.2.4.2 特殊球面三角形

（1）直角球面三角形

如球面三角形 ABC 有一个角是直角，则称其为直角球面三角形。

如角 $C=90°$，利用球面三角形基本公式，很容易导出直角球面三角形的基本关系式如下：

$$\begin{cases}\sin a=\sin c\sin A\\ \tan b=\sin a\tan B\\ \sin b=\sin c\sin B\\ \tan a=\sin b\tan A\\ \cos A=\cos a\sin B\\ \tan b=\tan c\cos A\\ \cos c=\cos a\cos b\\ \cos c=\cot A\cot B\\ \cos B=\cos b\sin A\\ \tan a=\tan c\cos B\end{cases} \tag{2.44}$$

（2）象限球面三角形

如球面三角形 ABC 有一个边是直角，则称其为象限球面三角形。

如边 $a=90°$，利用球面三角形基本公式，很容易导出象限球面三角形的基本关系式如下：

$$\begin{cases}\sin B=\sin b\sin A\\ \cot c=\sin B\cot C\\ \sin C=\sin c\sin A\\ \cot b=\cot B\sin C\\ \cos b=\sin c\cos B\\ \cot A=-\cot C\cos b\\ \cos A=-\cos B\cos C\\ \cos A=-\cot b\cot c\\ \cos c=\sin b\cos C\\ \cot A=-\cot B\cos c\end{cases} \tag{2.45}$$

2.3　天球上基本的点和圆

确定天体在天球上的坐标，还必须首先认识天球上的基本点和圈。

2.3.1　天顶和天底

通过天球中心 O（观测者的眼睛）作铅垂线（即观测者的重力方向）延长线与天球相交两点 Z 和 Z'，如图 2.10所示。Z 正好位于观测者的头顶上，好像天球的最高点，故称为天顶。

与 Z 相对的另一交点 Z'，必然位于观测者的脚下，所以 Z'称为天底。因此，观测者是始终见不到天底的。

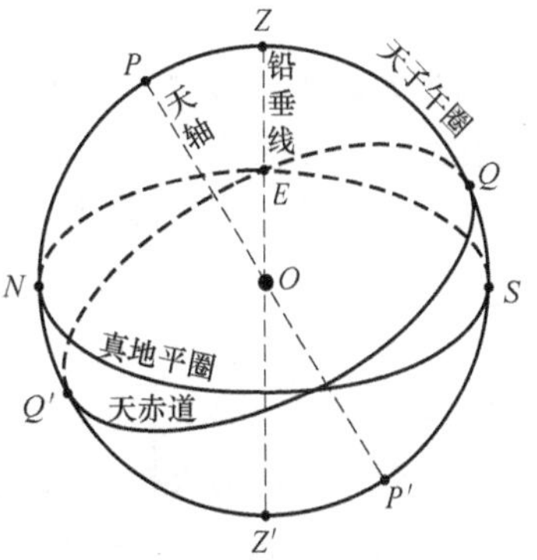

图 2.10　天球上的基本点和基本圈

2.3.2　真地平圈

通过天球中心 O 作与直线 ZOZ' 相垂直的平面。显然，它与天球的交线是一个大圆，称为真地平圈，如图 2.10所示。

与真地平圈垂直的大圆称为地平经圈，也称垂直圈；与真地平圈平行的小圆称为地平纬圈，也称等高圈。

2.3.3　天极和天赤道

如图 2.10 所示，通过天球的中心 O（即球心）作一条与地球自转轴平行的直线 POP'，这条直线为天轴。天轴与天球相交两点 P 和 P'，称为天极。P 与地球上的北极相对应，称为北天极；P'与地球上的南极相对应，称为南天极。

通过天球中心 O 作一个与天轴垂直的平面 QQ'，称为天赤道面。显然，它与天球的交线也是一个大圆，称为天赤道，它实际上是地球赤道面的延伸。

与天赤道垂直的大圆称为赤经圈，也称时圈；与天赤道平行的小圆称为赤纬圈。

2.3.4　天子午圈、四方点和天卯酉圈

在天球上通过天顶 Z、北天极 P 和天底 Z'作一个平面，其与天球的交线也是一个大圆，称为天子午圈 ZPZ'，南天极 P'也在天子午圈上，如图 2.10 所示。

天子午圈与真地平圈相交于点 S 和 N。靠近北天极 P 的点 N 称为北点，与南天极 P'较近的点 S 称为南点。实际上，ON 正是观测者所在的正北方向，而 OS 即为正南方向。天赤道 QQ'与真地平圈相交于点 E 和 W，分别称为东点和西点。同样，OE、OW 也正是观测者所在地的正东和正西方向。E、N、W、S 合称为四方点。

通过天顶 Z、东点 E 和西点 W 作一平面与天球的交线也是一个大圆，称为天卯酉圈。天底 Z'也在该大圆上。

真地平圈、天子午圈和天卯酉圈是三个两两互相垂直的大圆。

必须指出的是，天球的周日旋转对于观测者所在地的天顶 Z 和真地平圈没有影响，即

天顶和真地平圈不随天球作周日视运动，天子午圈、四方点和天卯西圈也不随天球作周日视运动（地球自转是由西向东转动，所以在地面上观察恒星、太阳和月亮等天体是东升西没，这种运动称为天体的周日视运动）。因此，各地都有自己的真地平圈、天子午圈、四方点、天卯西面，即天顶、真地平圈、天子午圈、四方点、天卯西面具有“地方性”。

2.3.5 黄道和黄极

通过天球中心 O 作一平面与地球公转轨道面平行，这一平面称为黄道面。黄道面与天球的交线是一个大圆，称为黄道，如图 2.11 所示。

与黄道垂直的大圆称为黄经圈；与黄道平行的小圆称为黄纬圈。

通过天球中心 O 作一垂直于黄道面的直线 KOK'，与天球交于 K、K'两点，K 与北天极 P 靠近，称为北黄极；K'与南天极 P'靠近，称为南黄极。

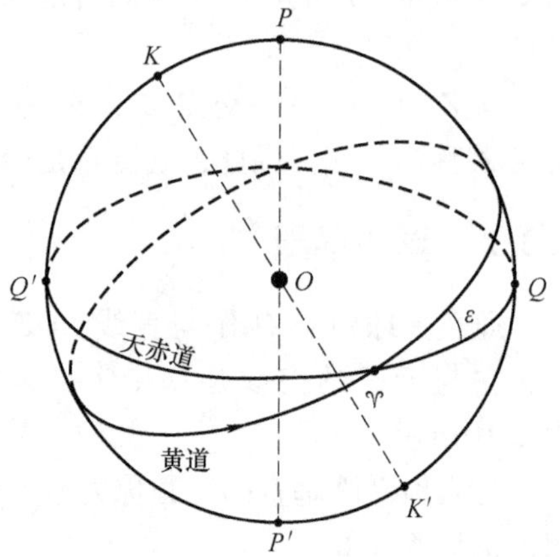

图 2.11 黄道、黄极与分点、至点

黄道与赤道斜交，其交角称为黄赤交角，用 ε 表示。黄赤交角是个变值，平均值等于 23.5°。

地球绕太阳公转，地球上观测者看到的是太阳在一年内沿着黄道自西向东（从北黄极 K 看逆时针方向）旋转一周，称太阳的这一运动为周年视运动。太阳周年视运动轨迹在天球上投影也可用来定义黄道。太阳沿着黄道周年视运动，由赤道以南穿过赤道所经过的黄道与赤道的交点叫作春分点，用符号♈表示；而由赤道以北穿过黄道与赤道的交点叫作秋分点，用符号 ♎ 表示；黄道上和春分点♈相距 90°并在赤道以北的点称为夏至点，用符号 ♋ 表示；在赤道以南的点称为冬至点，用符号 ♌ 表示。通过天极和二分点的大圆称为二分圆，通过天极和二至点的大圆称为二至圆。

由于天球周日旋转，黄极 K 绕天极 P 也作周日视运动，天球周日旋转使得黄道面在天球上也不断地摆动。二分点♈、♎ 和二至点 ♋、♌ 像天体一样在天球上作周日视运动。分点的周日平行圈是天赤道，至点的周日平行圈距天赤道 23.5°。

2.4 地心天球坐标系

利用上述某些点和圈，就可以在天球上建立坐标系。因研究的对象和方法不同而选取不同的天球坐标系。其实，各种天球坐标系并没有本质的区别，不同的只是选用的基圈、主点或第二坐标的度量方法不同而已。这里将介绍常用的四种天球坐标系：地平坐标系、时角坐标系、赤道坐标系和黄道坐标系。

2.4.1 地平坐标系

地平坐标系的基圈是真地平圈，主点为南点 S，如图 2.12 所示。显然天顶是地平坐标系的极，天子午圈为主圈。通过 σ 点的地平经圈为副圈，其交真地平圈于 D。

地平坐标系的纬角$\widehat{D\sigma}$称为地平纬度，又称为地平高度，简称高度，常记为 h。地平纬度从真地平圈分别向天顶、天地两个方向度量，范围为0°～±90°，真地平圈到天顶为正、真地平圈到天底为负。极距称为天顶距，记为 z。天顶距从天顶向天底方向度量，范围为0°～180°。

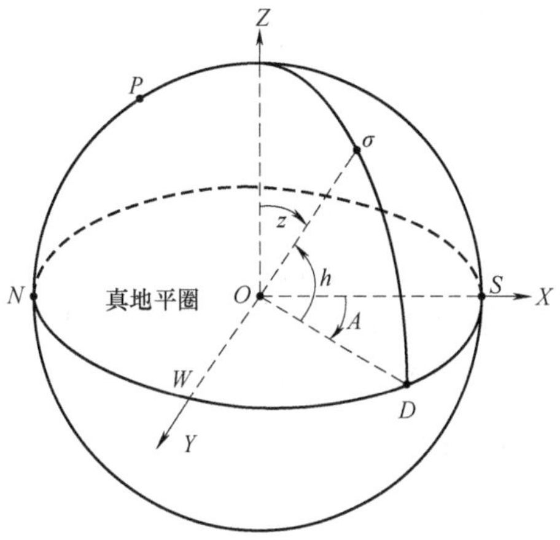

图 2.12　地平坐标系

地平坐标系的经角$\widehat{SD}$称为方位角，常记为 A。方位角从南点 S（从天球以外向天顶看）按顺时针方向度量，范围为 0°～360°；也有的由 S 分别向西、东方向度量，范围为0°～±180°，向西为正，向东为负。

注意，有时为了应用方便，方位角不从南点 S 而是从北点 N 开始度量。设 A_S 和 A_N 分别表示为自南点 S 和自北点 N 开始度量的方位角，则 $A_N = A_S + 180°$。

地平坐标系是左手坐标系。

在地平坐标系中，天体方向的单位矢量为

$$\hat{\boldsymbol{r}}(A,z) = \begin{bmatrix} \cos A\cos h \\ \sin A\cos h \\ \sin h \end{bmatrix} = \begin{bmatrix} \cos A\sin z \\ \sin A\sin z \\ \cos z \end{bmatrix} \tag{2.46}$$

地平坐标系简便、直观，便于实现，易于进行直接测量。但也有许多局限和不便，它有强烈的“地方性”，所以存在两个缺陷：一是对不同的观测者，因彼此的天顶不同，恒星的地平坐标也是不同的；二是恒星的地平坐标随着周日视运动而变化，并且是非线性的。这种随测站和时间而异的性质使记录天体位置的各种星表不能采用地平坐标系。

2.4.2　时角坐标系

针对地平坐标系的缺陷，引入了以天赤道为基圈的时角坐标系，过去亦称为第一赤道坐标系。

时角坐标系的基圈是天赤道 QQ'，主点是天赤道最高点 Q（即天赤道与天子午圈靠近南点 S 的交点），如图 2.13 所示。显然北天极 P 是时角坐标系的极，天子午圈为主圆。通过 σ 点的赤经圈为副圈，其交天赤道于 D。

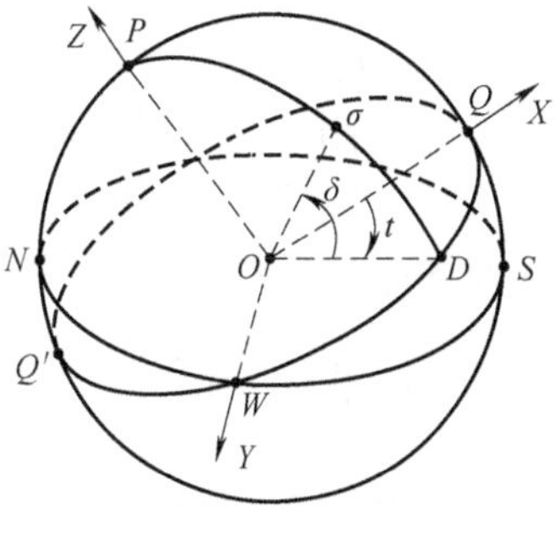

图 2.13　时角坐标系

时角坐标系的纬角$\widehat{D\sigma}$称为赤纬，常记为 δ。赤纬从天赤道分别向南、北天极两个方向度量，范围为 0°～±90°，向北天极为正、向南天极为负。极距称为北极距，记为 ρ。北极距从北天极向南天极方向度量，范围为0°～180°。

时角坐标系的经角$\widehat{QD}$称为时角，常记为 t。时角从 Q（从天球以外向北天极看）按顺时针方向（即周日视运动方向）度量，范围为0^h～24^h；也有的从 Q 分别向春分点、秋分点方向度量，范围为 0^h～$\pm 12^h$；向春分点为正、向秋分点为负。时角坐标系是左手坐标系。

在时角坐标系中，天体方向的单位矢量为

$$\hat{\boldsymbol{r}}(t,\delta)=\begin{bmatrix}\cos t\cos\delta\\ \sin t\cos\delta\\ \sin\delta\end{bmatrix} \tag{2.47}$$

在时角坐标系中，任何天体的赤纬 δ 不因观测的时间、地点而改变。与地平坐标系相比，这有明显的方便之处。但是，因为各地的天子午圈各不相同，基点 Q 也是随地而异的，所以同一天体的时角 t 仍随地点不同而不同。并且，对于同一天子午圈的观测者而言，一个天体的时角随时间而同步增大。

2.4.3 赤道坐标系

为了进一步消除时角坐标系的缺陷，重新选取了主点，把主点选在春分点♈上，基圈仍然是天赤道 QQ'，建立赤道坐标系，过去亦称为第二赤道坐标系，如图 2.14 所示。显然，北天极 P 仍然是时角坐标系的极，通过春分点♈的赤经圈为主圈，通过点 σ 的赤经圈为副圈，其交天赤道于 D。因为春分点♈本身也在作周日视运动，它相对天体而言，基本上是静止不动的。当然，在度量方法上也做了相应的改变。

赤道坐标系的纬角 $\widehat{D\sigma}$ 与时角坐标系一样仍称为赤纬，仍记为 δ。

赤道坐标系的经角 $\widehat{♈D}$ 称为赤经，记为 α。赤经从春分点♈开始（从天球以外向北黄极看）按逆时针方向（即与周日视运动相反方向）度量，范围为 $0°\sim360°$（或 $0^{h}\sim24^{h}$）。特别要指出的是，赤经没有负值。赤道坐标系是右手坐标系。

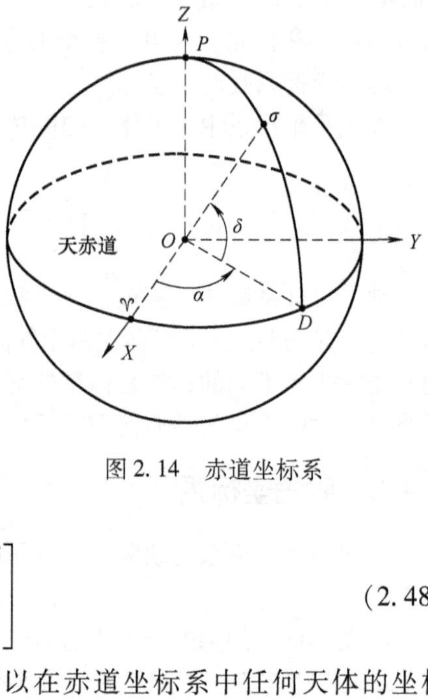

图 2.14　赤道坐标系

在赤道坐标系中，天体方向的单位矢量为

$$\hat{\boldsymbol{r}}(\alpha,\delta)=\begin{bmatrix}\cos\alpha\cos\delta\\ \sin\alpha\cos\delta\\ \sin\delta\end{bmatrix} \tag{2.48}$$

如上所述，因为春分点本身在作周日视运动，所以在赤道坐标系中任何天体的坐标 (α,δ) 都是固定的，不会因观测者在不同地点或不同时间观测而变化。赤道坐标系是最重要的天球坐标系。在各种星表和天文历表中通常列出的都是天体在赤道坐标系中的坐标，以供全球各地观测者使用。

2.4.4 黄道坐标系

由于太阳和众行星及月球始终在黄道上或黄道附近运行，因此引入以黄道为基圈的黄道坐标系。

黄道坐标系的基圈为黄道，主点仍然为春分点♈，如图 2.15 所示。显然，北黄极 K 为黄道坐标系的极。通过春分点♈的黄经圈为主圈。通过 σ 点的黄经圈为副圈，其交黄道于 D。

黄道坐标系的纬角$\widehat{D\sigma}$称为黄纬，常记为β。黄纬从天赤道分别向南、北黄极两个方向度量，范围为$0^\circ \sim \pm 90^\circ$，向北黄极为正、向南黄极为负。极距称为黄极距，记作γ。黄极距从北黄极向南黄极方向度量，范围为$0^\circ \sim 180^\circ$。

黄道坐标系的经角$\widehat{\Upsilon D}$称为黄经，记为λ。黄经从春分点♈开始逆时针方向（即太阳周年视运动方向）度量，范围为$0^\circ \sim 360^\circ$。黄道坐标系是右手坐标系。

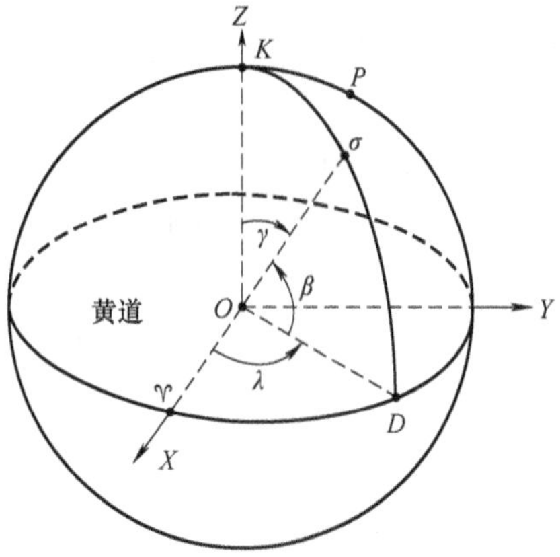

图 2.15　黄道坐标系

在黄道坐标系中，天体方向的单位矢量为

$$\hat{r}(\lambda,\beta)=\begin{bmatrix}\cos\lambda\cos\beta\\ \sin\lambda\cos\beta\\ \sin\beta\end{bmatrix} \tag{2.49}$$

天体的黄道坐标和赤道坐标一样，均不随观测时间和观测地点而变。

2.5　地心天球坐标系之间的关系

表 2.1 给出了上述四种天球坐标系的球面坐标和直角坐标的情况。

表 2.1　四种天球坐标系

坐标系		地平坐标系	时角坐标系（第一赤道坐标系）	赤道坐标系（第二赤道坐标系）	黄道坐标系
基圈		真地平圈	天赤道	天赤道	黄道
极		天顶	北天极	北天极	北黄极
主点		南点（或北点）	天赤道最高点 Q	春分点♈	春分点♈
经角 μ		方位角 A	时角 t	赤经 α	黄经 λ
纬角 ν		高度 h	赤纬 δ	赤纬 δ	黄纬 β
极距 η		天顶距 z	北极距 p	北极距 p	黄极距 γ
左手或右手		左手	左手	右手	右手
直角坐标系的正向	X	南点（或北点）	天赤道最高点 Q	春分点♈	春分点♈
	Y	$A=90^\circ$	$t=6^h=90^\circ$	$\alpha=6^h=90^\circ$	$\lambda=90^\circ$
	Z	天顶	北天极	北天极	北黄极

在实际的工作中，往往已知天体对于某一坐标系的坐标，需要计算它对于另一坐标系的坐标，因此就要进行坐标的转换。具体解法将分成两大类：一是利用球面三角有关公式求解；二是利用直角坐标转换关系求解。

2.5.1　地平坐标系和时角坐标系之间的转换

地平坐标系和时角坐标系之间的关系与天文纬度φ有关，如图 2.16 所示。

已知天体σ的地平坐标为(A,z)，求相应的时角坐标(t,δ)。如图 2.16 所示，

O—XYZ为地平坐标系，O—$X'Y'Z'$为时角坐标系的，它们都是左手坐标系的，O—XYZ 绕 Y 轴旋转 $-(90°-\varphi)$ 转换到 O—$X'Y'Z'$，因此有

$$\hat{\boldsymbol{r}}(t,\delta)=R_2(\varphi-90°)\hat{\boldsymbol{r}}(A,z) \tag{2.50}$$

将式（2.46）和式（2.47）代入上式，有

$$\begin{bmatrix}\cos t\cos\delta\\ \sin t\cos\delta\\ \sin\delta\end{bmatrix}=\begin{bmatrix}\cos(\varphi-90°) & 0 & -\sin(\varphi-90°)\\ 0 & 1 & 0\\ \sin(\varphi-90°) & 0 & \cos(\varphi-90°)\end{bmatrix}\begin{bmatrix}\cos A\sin z\\ \sin A\sin z\\ \cos z\end{bmatrix} \tag{2.51}$$

即

$$\begin{cases}\cos\delta\cos t=\cos z\cos\varphi+\sin z\sin\varphi\cos A\\ \cos\delta\sin t=\sin z\sin A\\ \sin\delta=\sin\varphi\cos z-\cos\varphi\sin z\cos A\end{cases} \tag{2.52}$$

式（2.52）也可以利用图 2.16 所示的天极 P、天顶 Z（注意，这里 Z 表示天顶，也表示 Z 轴）和天体 σ 构成的球面三角形 $PZ\sigma$ 及球面三角公式求得。

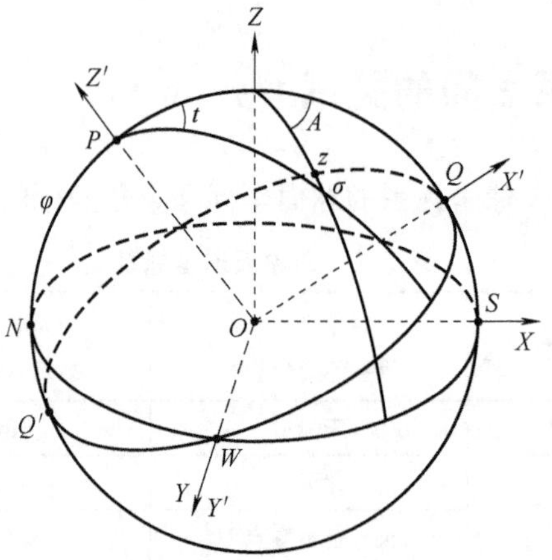

图 2.16　地平坐标系与时角坐标系之间的关系

在球面三角形 $PZ\sigma$ 中，$\widehat{Z\sigma}=z$、$\widehat{P\sigma}=90°-\delta$、$\widehat{ZP}=90°-\varphi$、$\angle PZ\sigma=90°-A$、$\angle ZP\sigma=t$。根据边的余弦公式可得

$$\cos(90°-\delta)=\cos(90°-\varphi)\cos z+\sin(90°-\varphi)\sin z\cos(180°-A)$$

即

$$\sin\delta=\sin\varphi\cos z-\cos\varphi\sin z\cos A \tag{2.53}$$

根据正弦公式可得

$$\frac{\sin(90°-\delta)}{\sin(180°-A)}=\frac{\sin z}{\sin t}$$

即

$$\cos\delta\sin t=\sin z\sin A \tag{2.54}$$

根据球面三角形五元素公式可得

$$\sin(90°-\delta)\cos t=\cos z\sin(90°-\varphi)-\sin z\cos(90°-\varphi)\cos(180°-A)$$

即

$$\cos\delta\cos t=\cos z\cos\varphi+\sin z\sin\varphi\cos A \tag{2.55}$$

只要已知观测者的天文纬度 φ，就可以应用式（2.53）~式（2.55）由（A,z）唯一地确定（δ,t）。

2.5.2　赤道坐标系和时角坐标系之间的转换

赤道坐标系和时角坐标系之间的关系与春分点♈的时角 t_r 有关，如图 2.17 所示。

已知天体 σ 的时角坐标为（t,δ），求相应的赤道坐标（α,δ）。如图 2.17 所示，$O—XYZ$ 为时角坐标系，$O—X'Y'Z'$为赤道坐标系，Z 轴、Z'轴均指向北天极 P。但时角坐标系是左手坐标系，而赤道坐标系是右手坐标系，X 轴指向 Q，X'轴指向春分点♈。先将 Y 轴反向，然后将 $O—XYZ$ 绕 Z 轴旋转 $-t_r$，使 X 轴和 X'轴重合转换到 $O—X'Y'Z'$，所以有

$$\hat{\boldsymbol{r}}(\alpha,\delta)=R_3(-t_r)P_2\hat{\boldsymbol{r}}(t,\delta) \tag{2.56}$$

式中，P_2 为 Y 轴反向的转换矩阵。可得

$$\begin{bmatrix}\cos\alpha\cos\delta\\ \sin\alpha\cos\delta\\ \sin\delta\end{bmatrix}=\begin{bmatrix}\cos t_r & -\sin t_r & 0\\ \sin t_r & \cos t_r & 0\\ 0 & 0 & 1\end{bmatrix}\begin{bmatrix}1 & 0 & 0\\ 0 & -1 & 0\\ 0 & 0 & 1\end{bmatrix}\begin{bmatrix}\cos t\cos\delta\\ \sin t\cos\delta\\ \sin\delta\end{bmatrix}$$

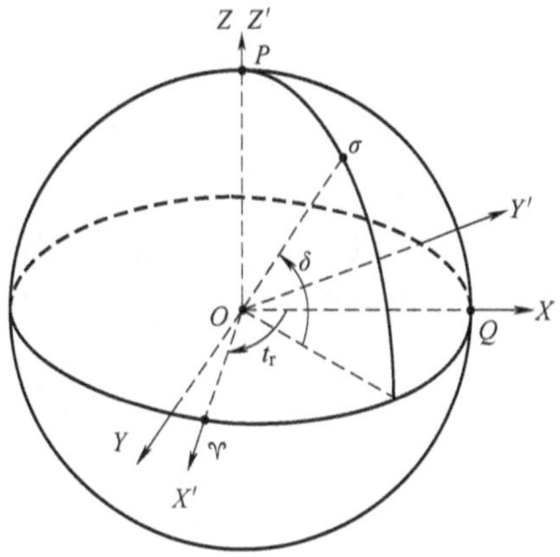

图 2.17　赤道坐标系与时角坐标系之间的转换

即

$$\begin{bmatrix}\cos\alpha\cos\delta\\ \sin\alpha\cos\delta\\ \sin\delta\end{bmatrix}=\begin{bmatrix}\cos t_r & \sin t_r & 0\\ \sin t_r & -\cos t_r & 0\\ 0 & 0 & 1\end{bmatrix}\begin{bmatrix}\cos t\cos\delta\\ \sin t\cos\delta\\ \sin\delta\end{bmatrix}=\begin{bmatrix}\cos t_r\cos t\cos\delta+\sin t_r\sin t\cos\delta\\ \sin t_r\cos t\cos\delta-\cos t_r\sin t\cos\delta\\ \sin\delta\end{bmatrix}$$

即

$$\cos\alpha=\cos t_r\cos t+\sin t_r\sin t=\cos(t_r-t)$$

也即

$$\alpha=t_r-t \tag{2.57}$$

2.5.3　黄道坐标系和赤道坐标系之间的转换

黄道坐标系和赤道坐标系之间的关系与黄赤交角 ε 有关，如图 2.18 所示。

设天体 σ 的赤道坐标为（α,δ）、黄道坐标为（λ,β）。如图 2.18 所示，$O—XYZ$ 为赤道坐标系，$O—X'Y'Z'$为黄道坐标系，它们都是右手坐标系，$O—XYZ$ 绕 X 轴旋转 ε 转换到 $O—X'Y'Z'$，所以有

$$\hat{\boldsymbol{r}}(\lambda,\beta)=R_1(\varepsilon)\hat{\boldsymbol{r}}(\alpha,\delta) \tag{2.58}$$

即

$$\begin{bmatrix}\cos\lambda\cos\beta\\ \sin\lambda\cos\beta\\ \sin\beta\end{bmatrix}=\begin{bmatrix}1 & 0 & 0\\ 0 & \cos\varepsilon & \sin\varepsilon\\ 0 & -\sin\varepsilon & \cos\varepsilon\end{bmatrix}\begin{bmatrix}\cos\alpha\cos\delta\\ \sin\alpha\cos\delta\\ \sin\delta\end{bmatrix}$$

即

$$\begin{cases}\cos\beta\cos\lambda=\cos\alpha\cos\delta\\ \cos\beta\sin\lambda=\sin\delta\sin\varepsilon+\cos\delta\sin\varepsilon\sin\alpha\\ \sin\beta=\cos\varepsilon\sin\delta-\sin\varepsilon\cos\delta\sin\alpha\end{cases}\tag{2.59}$$

式（2.59）也可以利用图2.18所示的天极 P、黄极 K 和天体 σ 构成的球面三角形 $PK\sigma$ 求得。在球面三角形 $PK\sigma$ 中，已知 $\widehat{P\sigma}=90°-\delta$、$\widehat{K\sigma}=90°-\beta$、$\widehat{KP}=\varepsilon$、$\angle KP\sigma=90°+\alpha$、$\angle PK\sigma=90°-\beta$，具体推导过程从略。

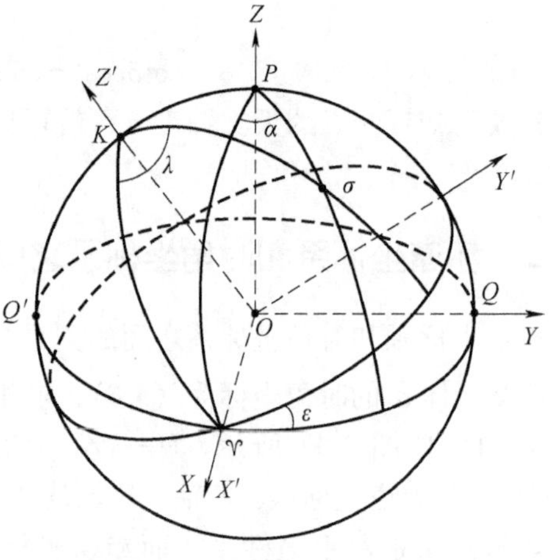

图 2.18　赤道坐标系与黄道坐标系之间的转换

类似可以求出其他坐标系之间的关系。表2.2给出了天球坐标系之间的转换关系。

表 2.2　天球坐标系之间的转换关系

		转换前系统			
		地平	时角	赤道	黄道
转换后系统	地平	$\hat{\boldsymbol{r}}(A,h)$	$R_2(90°-\varphi)$	$R_2(90°-\varphi)P_2R_3(t_r)$	$R_2(90°-\varphi)P_2R_3(t_r)R_1(-\varepsilon)$
	时角	$R_2(\varphi-90°)$	$\hat{\boldsymbol{r}}(t,\delta)$	$P_2R_3(t_r)$	$P_2R_3(t_r)R_1(-\varepsilon)$
	赤道	$R_3(-t_r)P_2R_2(\varphi-90°)$	$R_3(-t_r)P_2$	$\hat{\boldsymbol{r}}(\alpha,\delta)$	$R_1(-\varepsilon)$
	黄道	$R_1(\varepsilon)R_3(-t_r)P_2R_2(\varphi-90°)$	$R_1(\varepsilon)R_3(-t_r)P_2$	$R_1(\varepsilon)$	$\hat{\boldsymbol{r}}(\lambda,\beta)$

注：方位角从南点起算。

2.6　时间系统

时间是物质存在的形式之一。既然时间离不开物质的运动，那么测量时间的基本原理就是通过选定的物质运动过程计量时间。把其他一切物质的运动过程与这个选定的过程进行比较、判别和排列事情发生的先后顺序和运动的快慢程度，从而对它进行观察、分析和研究。

通常所说的时间测量，实际上包含着既有差别又有联系的两个内容：一个是计量时间间隔，即客观物质运动的两种不同状态经历了多长时间；另一个是确定时刻，即客观物质运动某种运动状态发生在哪一瞬间。

时间计量所包含的以上两个方面只有通过满足下述三点要求的物质运动才能体现出来：

1）物质的运动规律应当是已知的，并且它的运动状态是可观测的。

2）物质运动中的某一过程（即某一段运动），可以作为时间计量基本单位。

3）物质运动的某一状态可作为计量时间的起算点。

适当选取满足这三条基本要求的某种物质运动，就可以建立时间的计量系统。

历史上，建立时间的计量系统所依据的物质运动是不同的，相继产生了几种计量时间的系统，概括地说有三大类：一类是以地球自转运动为依据建立的计时系统，称为世界时；另一类是以地球公转为依据建立的计时系统，称为历书时；还有一类是所谓的现代的计时系统，是以原子内部能级跃迁时辐射电磁波的振荡频率为依据建立的计时系统，称为原子时。

2.6.1　世界时系统

天体周日视运动经过测站天子午圈的瞬间称为天体的中天。如图 2.19 所示，显然，所有天体的周日平行圈与天子午圈都有两个交点 σ、σ'。过北天极 P、南点 S 和南天极 P'所在部分天子午圈的点 σ，这时天体达到最高位置，称为上中天；过北天极 P、北点 N 和南天极 P'所在部分天子午圈的点 σ'，这时天体达到最低位置，称为下中天。当天体的上、下中天都在地平线以上，称为不落的星或拱极星，即图 2.19 所示的 σ_1；当天体的上、下中天都在地平线以下，这时人们是无法观测到的，称为不见的星或不升的星，即图 2.19 所示的 σ_3；当天体周日平行圈的一部分在地平圈以上、一部分在地平圈以下，称为天体的东升西落现象，也称为天体的出没，即图 2.19 所示的 σ_2。

地球上的观测者借助天球上的某些特定点的周日视运动就可以得到地球的自转运动，利用这些特定点中天的状态作为计量时间系统的起点就可以建立世界时系统。由于所选取的特定点不同，而引入了几种时间系统。

2.6.1.1　恒星时

以春分点♈作为参考点，由它的周日视运动所确定的时间称为恒星时，记为 s。春分点连续两次上中天的时间间隔称为一个恒星日。每一个恒星日等分成 24 个恒星时，每一个恒星时再等分为 60 个恒星分，每一个恒星分又等分为 60 个恒星秒，所有这些单位称为计量时间的恒星时单位。

恒星时的起点是春分点♈刚好在观测站上中天的时刻，所以恒星时在数值上等于春分点♈的时角 t_{r}，即

$$s = t_{\mathrm{r}} \tag{2.60}$$

但由于春分点♈不是一个实在的天体，而只是天球上一个看不见的想象点。因此需要通过观测恒星来推春分点所在的位置。如图 2.20 所示，春分点的时角 t_{r} 等于任一颗恒星的时角与其赤经之和，即

$$s = t_{\mathrm{r}} = \alpha + t \tag{2.61}$$

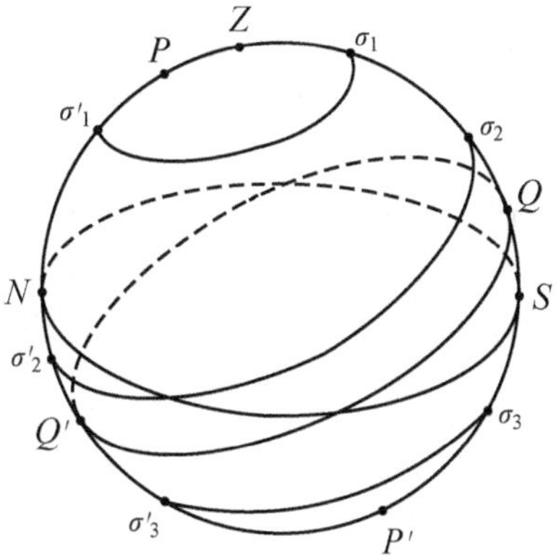

图 2.19　天体的中天

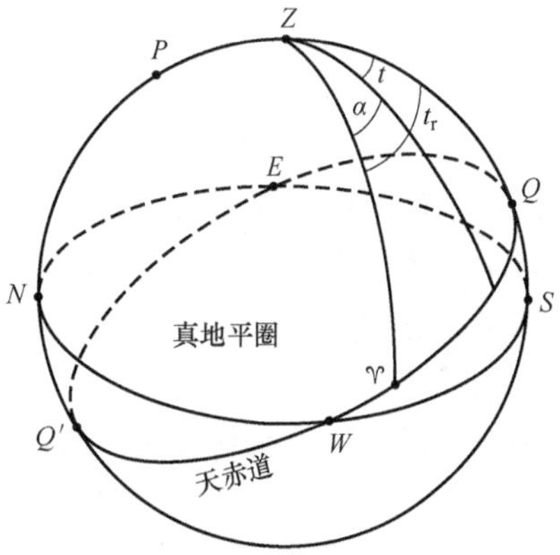

图 2.20　恒星时与春分点的时角

如已知某一恒星 σ 的赤经为 α，则只要测定它在某一瞬间的时角 t，则可用式（2.61）求出观测瞬间的恒星时 s。当恒星 σ 上中天时，$t=0^{\mathrm{h}}$，则有

$$s=\alpha \tag{2.62}$$

由此可见，任何瞬间的恒星时正好等于该瞬间上中天恒星的赤经。

如春分点在天球上的位置保持不变，则一恒星日自然是地球的真实自转周期。在过去很长的时期内，人们都以为地球的自转是十分均匀而稳定的运动。事实上，由于岁差和章动的影响，春分点♈在天球上的位置也有缓慢的变化。

2.6.1.2 真太阳时和平太阳时

1. 真太阳时

太阳视圆面中心称为真太阳。

以真太阳作参考点，由它的周日视运动所确定的时间称为真太阳时，简称真时或视时，记为 $m_{\odot}$。真太阳连续两次上中天的时间间隔称为真太阳日。同样，每一个真太阳日等分成24个真太阳小时，每一个真太阳小时再等分为60个真太阳分，每一个真太阳分又等分为60个真太阳秒，所有这些单位称为计量时间的真太阳时单位。显然，真太阳时就是真太阳视圆面中心的时角。但为了照顾生活的习惯，实际上把真太阳时定义为 $m_{\odot}=t_{\odot}+12^{\mathrm{h}}$（其中，$t_{\odot}$ 为真太阳的时角，如 $t_{\odot}>12$，则应从 $m_{\odot}$ 减去24^{h}），亦可理解为起点定在真太阳的下中天时刻。

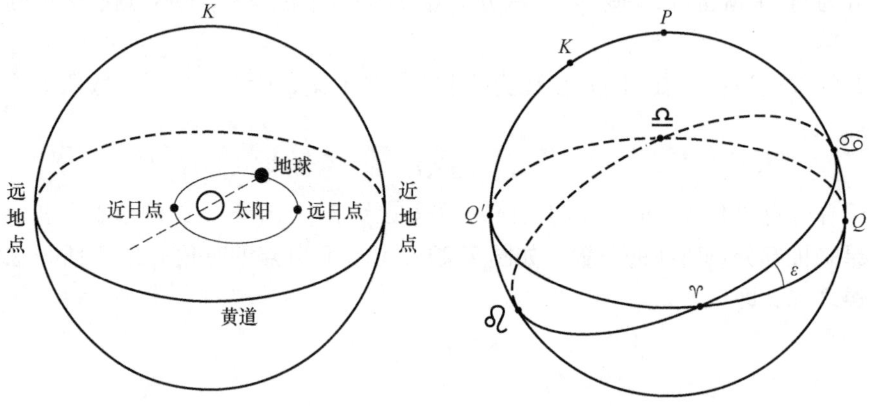

a) 地球绕太阳的公转运动　　b) 太阳在天球上的周年视运动

图2.21　地球绕太阳的公转运动及太阳在天球上的周年视运动

与地球的自转运动造成了天球旋转和天体的周日视运动道理相同，地球绕太阳的公转运动也使地球上的人们在不同的日子里看到的星空景象不相同。反映在天球上，那就是太阳不同于一般恒星，它除了有顺时针方向（自东向西）的周日视运动外，还同时在沿黄道作逆时针方向（自西向东）的运动。这种恒星所没有的视运动是一种周年视运动，如图2.21a所示。太阳每年沿着黄道从春分点出发再回到春分点，如图2.21b所示。所以太阳的周年视运动方向与周日视运动方向相反。但是真太阳日是长短不一的。

（1）太阳在黄道上运动的速度是不均匀的

由开普勒第二定律可知，在相等的时间间隔内，如果太阳在黄道上不同的位置，则其位移是不相等的。如用恒星日这个时间间隔来比较地球在黄道上两个不同位置（如近日点和

远日点）的真太阳日，就可以发现这两个真太阳日不一样长。

如图 2.22 所示，O_1O_2 和 O_3O_4 分别表示在近日点和远日点附近一个恒星日内地球在黄道上的位移，θ_1 和 θ_2 是相应的角位移。根据开普勒第二定律可知，$O_1O_2 > O_3O_4$，也就是 $\theta_1 > \theta_2$；由于地球公转的同时还有自转，对于地球上某测站 A 来说，假设在近日点附近，地球从 O_1 运行到 O_2，如地球自转以春分点为基准，则刚好过了一个恒星日。但对于真太阳来说，地球还需继续转过一个角 θ_1 才是一个真太阳日。同样，在远日点附近，经过一个恒星日，地球从 O_3 运行到 O_4，但地球还需继续转过一个角 θ_2 才是一个真太阳日。因 $\theta_1 > \theta_2$，所以在近日点附近的真太阳日要大于在远日点附近的真太阳日。

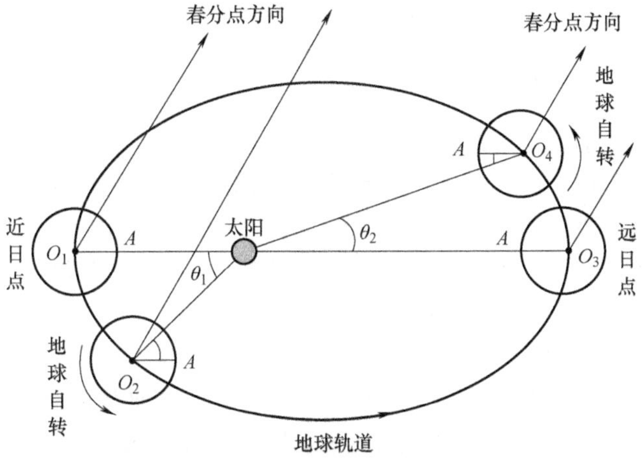

图 2.22　真太阳时与恒星时

实际上由于地球公转的速度是不断变化的，所以不仅在近日点和远日点的真太阳日长短不一，而且在地球公转轨道上任何位置的真太阳日彼此也都不相等。

（2）太阳的周年视运动不是沿着天赤道而是沿着黄道运行的

但是，真太阳时是以真太阳时角表示的，而时角是沿着天赤道的弧长度量的，所以由于黄赤交角，即使太阳周年视运动的速度是均匀的，反映在天赤道上时角变化也是不均匀的。

假设太阳在黄道上做匀速的周年视运动，如图 2.23 所示，令$\widehat{\Upsilon A}$、$\widehat{AB}$、$\widehat{BC}$、$\widehat{C♋}$表示太阳在相同时间间隔内所走过的黄道弧长，它们是相等的。这些弧长在天赤道上的投影分别为$\widehat{\Upsilon a}$、$\widehat{ab}$、$\widehat{bc}$、$\widehat{cd}$。如图 2.23 所示，在春分点♈附近，天赤道上的弧段分别小于黄道弧段；而在夏至点 ♋ 附近，天赤道弧段反而大于黄道弧段（秋分点 ♎ 附近与春分点♈的情况相似，冬至点 ♌ 附近与夏至点 ♋ 的情况相似）。所以，春分点、秋分点附近的真太阳日要比夏至点、冬至点附近的真太阳日短些。

通过观察发现，最长的和最短的真太阳日相差 51 秒之多，显然它不宜于作为计量时间的单位。

2. 平太阳时

首先设想在黄道上有一个做等速运动的假想点，其运动速度等于太阳周年视运动的平均速度，因此这个假想点在黄道上运动速度是均匀的，并且与真太阳同时经过近地点和远地点。再引入一个在赤道上做等速运动的第二个假想点，它的运动速度和黄道上的假想点相同，并且应同时通过春分点。这个在天赤道上的第二个假想点称为平太阳，记为 m。平太阳

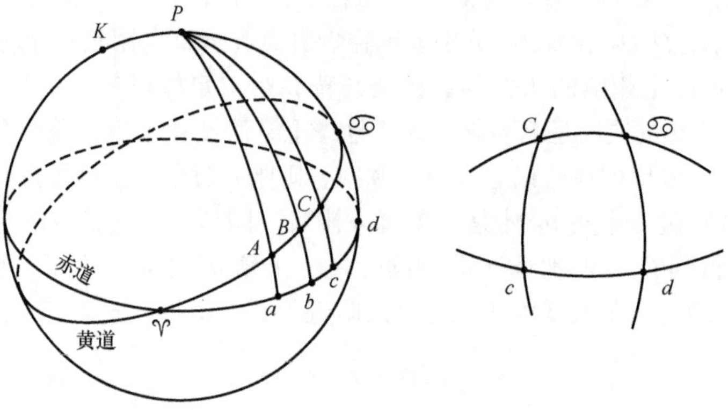

图 2.23　太阳周年视运动在赤道上的投影

在天赤道上的周日视运动是均匀的。

以平太阳作为参考点，由它的周日视运动所确定的时间称为平太阳时。平太阳时简称平时，记为 m。平太阳上中天的时刻称为平正午，下中天的时刻称为平子夜。平太阳连续两次下中天的时间间隔为一个平太阳日。一个平太阳日分为 24 个平太阳时，一个平太阳时再分为 60 个平太阳分，一个平太阳分又再分为 60 个平太阳秒。1960 年国际单位制（SI）的时间基本单位定义为平太阳秒，即一个平太阳日的 1/86400。

由于平太阳时是从下中天计量的，因此平太阳时 m 等于平太阳时角 t_m 加上 12 小时，即

$$m = t_m + 12^h (\text{如 } t_m > 12^h, \text{则应减去 } 24^h) \tag{2.63}$$

平太阳时与日常生活中使用的时间系统（即民用时）是一致的，通常钟表所指示的时刻正是平太阳时。如前所述，平太阳时虽然是均匀的，但平太阳是地球上的一个假想点，无法观测。因此不能直接得到平太阳时 m。平太阳时是通过观测得到恒星时，然后再换算为平太阳日。所以，平太阳时与恒星时并不是互相独立的时间计量系统。

2.6.1.3　地方时、世界时和区时

1. 地方时

真太阳时、平太阳时、恒星时都与天体的时角有关，而时角是以观测站的天子午圈起算的。各地的天子午圈不同，因此这些计时系统具有地方性，即同一天体过两地的天子午圈不在同一瞬间，各地所得的时间也不一样，形成了各自的计时系统，即地方时系统，且分别称为地方真地方时、地方平太阳时、地方恒星时。

2. 地方时之差与天文经度之差的关系

在同一瞬间，不同观测站观测同一天体的时角，其数值是不同的，如图 2.24 所示。

图 2.24 所示为一个地心天球，Z_A 为观测站 A 的天顶，Z_B 为观测站 B 的天顶，PP'为天轴。$Q_A Q_B \Upsilon$为天赤道，半圆周 $PZ_A Q_A P'$为观测站 A 的天子午圈，半圆周 $PZ_B Q_B P'$为观测站 B 的天子午圈。因此，$Q_A Q_B$ 为 A、B 两观测站的天文经差 $\Delta\lambda$。

设在同一时刻，由 A、B 两观测站同时观测一天体 σ，t_A、t_B 分别是由 A、B 两观测站测得的天体 σ 时角，则 $t_A = Q_A \Upsilon$、$t_B = Q_B \Upsilon$。λ_A、λ_B 分别表示 A、B 两观测站的天文经度，则有

$$t_A - t_B = \lambda_A - \lambda_B = \Delta\lambda \tag{2.64}$$

如果观测的天体为真太阳、平太阳、春分点，则上式仍然成立，从而导出非常重要的关系：在同一时间计量系统中，同一瞬间两观测站的地方时之差在数值上等于两观测站的天文经度之差，即

$$s_A - s_B = \lambda_A - \lambda_B (\text{恒星时单位}) \tag{2.65}$$

$$m_A - m_B = \lambda_A - \lambda_B (\text{平时单位}) \tag{2.66}$$

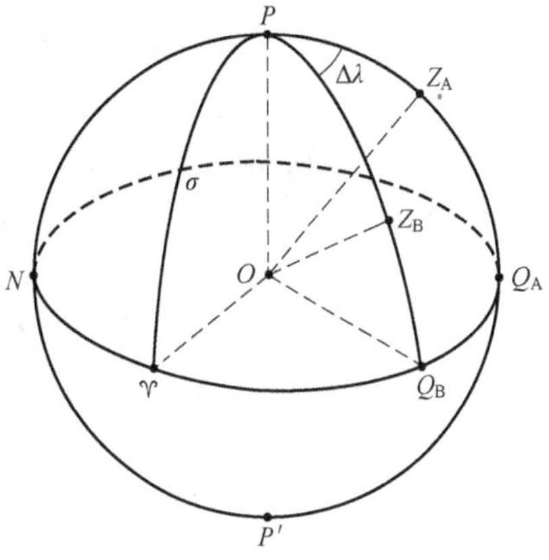

图 2.24　地方时之差与天文经度之差的关系

3. 世界时

由式（2.65）和式（2.66）可知，如已知天文经度 $\lambda = 0°$的地方时，则在同一瞬间天文经度为 λ 处的地方时也就知道了，这样便可以将地球上任意经度为 λ 处的地方时联系起来。

历史上规定地球上天文经度起算点是格林尼治天文台的子午线（或称本初子午线），它所对应的天文经度 $\lambda = 0°$。这样一来，格林尼治地方时在时间计量中就具有重要作用。故格林尼治地方时常用特定符号表示，用大写字母 S 表示格林尼之地方恒星时，格林尼治地方平时用大写字母 M 表示。另外，格林尼治地方平时称为世界时（Universal Time，UT）。

天文经度为 λ 的地方时与格林尼治的地方时关系可写成

$$s - S = \lambda \tag{2.67}$$

$$m - M = \lambda \tag{2.68}$$

4. 区时

随着长途铁路运输和远洋航海事业的日益发达，各地采用地方时就带来了很多不便。为此，将世界按统一的标准分区，实行分区计时，建立了时区。

时区的划分是以格林尼治子午线为标准的，从西经 7.5°到东经 7.5°（经度间隔为 15°）为零时区，从零时区的边界线分别向东和向西每隔 15°为一个时区，各划出 12 个时区，东十二时区与西十二时区，全球共划为 24 个时区。各时区都采用中央子午线的地方平时作为本区的区时。设 N 表示时区的顺序号，东时区为正、西时区为负，则世界时 M 和区时 T_N 关系为

$$T_N = M + N \tag{2.69}$$

我国各地一律采用东八时区的区时，就是通常所说的北京时间，它是 120°经线的地方平时，并不是北京的地方平时（北京经度为 116°21′30″或 $7^h 45^m 26^s$），因而北京时间与北京地方平时相差约 14.5^m。显然，北京时 = 世界时 + 8 小时。

事实上，时区的划分并不严格按子午线划分。为了方便起见，常常利用一些天然的河流、山脉，并同时考虑国界、省界等，即按照地理、政治、经济等情况，人为地划分时区的分界线。

2.6.1.4　平时与恒星时之间的转换

平时与恒星时是两个不同的时间系统。首先，两个系统的时间单位不同，一个是恒星日，一个是平太阳日，两者是不相等的；另外，两个系统的时间起算点不同。因此，同一瞬间两个系统时刻也不一样。下面介绍航天器轨道动力学中常用的平时转换为恒星时的方法，同理可以得到恒星时转换为平时的方法。

（1）回归年及其长度

通过一个恒星日和一个平太阳日之间的转换关系，可以建立恒星时和平时之间的转换。

平太阳是在天赤道上做匀速的周年视运动，所以平太阳在随天球做周日视运动的同时，还以与周日视运动相反方向离开春分点而做周年视运动。平太阳沿赤道做周年视运动连续两次过春分点的时间间隔为一个回归年。长期观测表明，一个回归年长度等于 365.2422 个平太阳日。

假定在某一瞬间，平太阳和春分点同时在某地 A 的上中天，如图 2.25a 所示。当天球旋转一周后，春分点再次上中天，刚好完成一个恒星日，但这时平太阳并未上中天，如图 2.25b所示。平太阳必须随天球再转过一个角 θ 后才能完成一个平太阳日，如图 2.25c 所示。由此可见，一个平太阳日比一个恒星日长。等到再过去一个恒星日，对于平太阳来说又要再转过一个角 θ 才能完成第二个平太阳日，这时平太阳已离开春分点 2θ，如图 2.25d 所示。这样继续下去，直到平太阳完成一个周年视运动，即一个回归年之后，它与春分点之间整整相差 360°，如图 2.25e 所示。

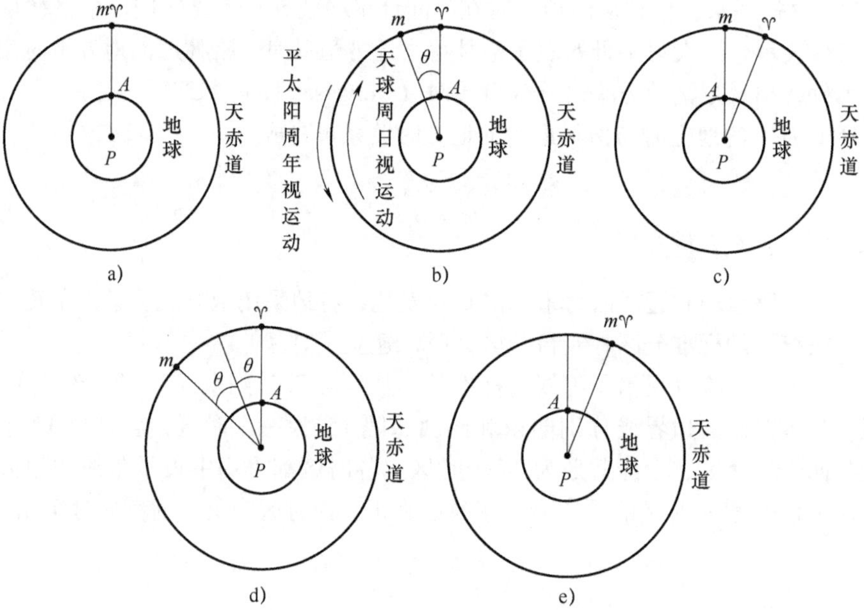

图 2.25　恒星时和平时单位之间的换算

所以，在一个回归年内，假如平太阳上中天 n 次，则春分点上中天应为 $n+1$。换言之，如果一个回归年有 365.2422 平太阳日，那么便有 366.2422 恒星日，即

$$1\ 回归年 = 365.2422\ 平太阳日 = 366.2422\ 恒星日 \tag{2.70}$$

（2）平太阳时间单位转换为恒星时间单位

根据式（2.70）可知

$$1\ 平太阳日 = \frac{366.2422}{365.2422}恒星日 = \left(1+\frac{1}{365.2422}\right)恒星日$$

令

$$\mu = \frac{1}{365.2422} \approx 0.0027379093 \tag{2.71}$$

则

$$1\text{ 平太阳日} = (1+\mu)\text{恒星日} \tag{2.72}$$

同样有

$$1\text{ 平太阳时} = (1+\mu)\text{恒星时} \tag{2.73}$$

$$1\text{ 平太阳分} = (1+\mu)\text{恒星分} \tag{2.74}$$

$$1\text{ 平太阳秒} = (1+\mu)\text{恒星秒} \tag{2.75}$$

综合上述四式可以写出一般的形式，即

$$m\text{ 平太阳时单位} = m(1+\mu)\text{恒星时单位} \tag{2.76}$$

上式表明，可将等于 m 个平太阳时单位用 $m(1+\mu)$ 个恒星时单位表示出来。另外，有

$$\begin{aligned}1\text{ 恒星日} &= \frac{1}{1+\mu}\text{平太阳日}\\ &= 23^{h}\ 56^{m}\ 04^{s}.09053(\text{平时单位})\\ &= 86164^{s}.09053(\text{平时单位})\\ 1\text{ 平太阳日} &= (1+\mu)\text{恒星日}\\ &= 24^{h}\ 03^{m}\ 56^{s}.5553(\text{恒星时单位})\\ &= 86636^{s}.5553(\text{恒星时单位})\end{aligned}$$

但是，对于某一时间间隔，如设以平太阳时单位记为 m，以恒星时单位表示记为 s，则有

$$s = m(1+\mu) \tag{2.77}$$

（3）格林尼治的平时时刻转换为恒星时时刻

格林尼治平时与恒星时两个系统的时间起算点的时间间隔可以用格林尼治平时 0^h（即世界时 0^h）的格林尼治恒星时 S_0 表示。S_0 可根据公式计算，也可在《天文年历》的“世界时和恒星时”表中查取。《天文年历》是按年度出版的反映天体运动的历表。

用一根直线坐标轴表示无尽流逝的时间，直线上每一点代表一个时刻。取直线上某一点为原点，即时间系统的起算点，以一定的间隔为单位组成一个时间系统，就可以确定每一点的时刻，也能确定两点的间隔。这样的直线坐标轴为时间轴，如图 2.26 所示。规定在时间轴的上方表示世界时，下方为恒星时。已知世界时 0^h 为一天的起点，并标以日期，但恒星时系统没有日期。

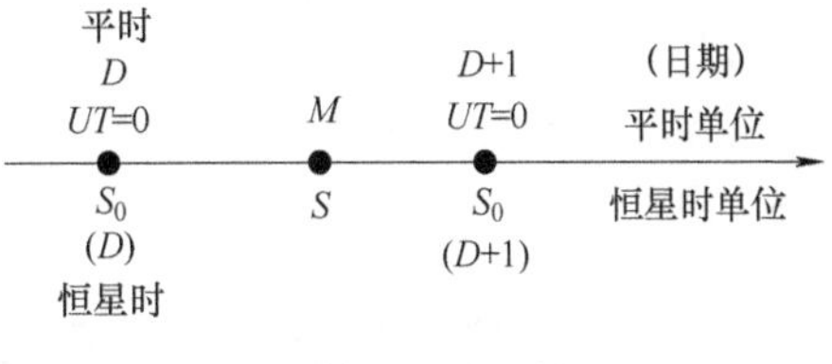

图 2.26　时间轴

当已知某日 D 格林尼治的平时时刻 M，求其相应的格林尼治恒星时时刻 S 时，如图 2.26 所示，有

$$S = S_0 + (1+\mu)M \tag{2.78}$$

（4）经度为 λ 处的平时时刻转换为恒星时时刻

当已知经度为 λ 的任一地点的地方平时 m，求相应的地方恒星时 s，首先根据式（2.68）的第二式将地方平时 m 转换为格林尼治的平时时刻 M（即世界时），然后按（2.78）将 M 转换为 S，再根据式（2.67）由 S 求得地方恒星时 s，综合起来可得下式：

$$s = S_0 + (m-\lambda)(1+\mu) + \lambda = S_0 + m + \mu m - \mu\lambda \tag{2.79}$$

（5）世界时的修正

世界时系统有 UT0、UT1 和 UT2 之分。UT0 是直接由观测得到的世界时，对应瞬时极的

子午圈。从 1956 年起对于世界时引进了两项小的重要修正：一项是因为地极移动所引起的观测站的经度变化改正 $\Delta\lambda$，修正后的世界时称为 UT1；另一项是因地球自转速度所引起的季节性变化改正 ΔT_s，修正后的世界时称为 UT2，它们之间的关系是

$$\begin{cases} \mathrm{UT1} = \mathrm{UT0} + \Delta\lambda \\ \mathrm{UT2} = \mathrm{UT1} + \Delta T_s = \mathrm{UT0} + \Delta\lambda + \Delta T_s \end{cases} \tag{2.80}$$

近代的天文观测发现地球自转的速度并不是均匀不变的，存在长期慢变化（这是由于潮汐摩擦造成平太阳日的长度平均每百年增长 0″.0016）、季节性变化及一些无法预测的不规则变化。UT2 系统未消除地球自转的长期变化和不规则变化的影响，仍然是不均匀的，因而动摇了世界时作为时间测量基准的地位。

由于 ΔT_s 较小，而 UT1 又直接与地球瞬时位置相联系，因此，对于一般的精度要求可用 UT1 作为统一的时间系统；而对于高精度的要求，即使 UT2 也不能满足，必须寻求更均匀的时间尺度。

2.6.2 历书时系统

由于地球自转运动的不均匀性，以地球自转周期为基础建立的世界时不能作为时间测量基准，因此必须寻求另外的运动形式作为时间测量基准。历书时就是在这样的背景下产生的时间系统，历书时是 1960 ~ 1966 年的时间计量基准。

天体力学以牛顿力学为基础建立了太阳系天体的运动理论，从而可以用运动方程中的时间变量为参数计算出天体的位置。显然，这里的时间应当是数学上均匀的自变量，这种时间称为牛顿时。如果通过观测到的某一瞬间天体的位置，就可以从其位置历表获得牛顿时，这种由天体位置历表给出的时间称为历书时。但是由于天体运动理论的缺陷及求解运动微分方程时由实测确定的积分常数包含误差，所以任何一个天体位置历表只能给出近似的牛顿时，根据月球、太阳（实际上是地球）、水星、金星等天体的位置历表给出的历书时存在微小差异。在经过仔细研究以后，天文学家选用了纽康（Newcomb）太阳历表中所用的均匀时系统作为历书时系统，即历书时为纽康太阳历表中的时间变量。

历书时的时间起算点是 1900 年初太阳几何平黄经为 279°41′48″.04 的瞬间，也就是 1900 年 1 月 0.5 日，即格林尼治平午这一瞬间作为 1900 年 1 月 0 日历书时 12^h，这样就保证了世界时时刻与历书时时刻的衔接。

历书时时间单位的基础是回归年。它的秒长取 1900 年 1 月 0 日历书时 12^h 的回归年的倒数，即

$$\text{历书时秒长} = \frac{1}{365.242198778 \times 24 \times 60 \times 60}\text{回归年} = \frac{1}{31556925.9747}\text{回归年} \tag{2.81}$$

有了历书秒就可以定义历书日为 86400 历书秒，即

$$\text{历书日} = \frac{86400}{31556925.9747}\text{回归年} \tag{2.82}$$

以地球绕太阳公转运动为基准的历书时，无论从理论还是实践上都是不完善的。历书时定义中还关联到一些天文常数，天文常数系统的改变又会导致历书时的不连续。此外，实际测定历书时的精度不高，而且提供结果比较迟缓，不能及时满足高精度时间部门的要求。这些都是历书时的严重缺点。

2.6.3　原子时

历书时不能作为真正的均匀时间标准，为此人们开始从无限的宇宙空间的宏观世界转向原子内部精细的微观世界。以物质内部原子运动的特征为基础建立了原子时系统。因为人们发现原子内部的稳定性远比地球高很多，原子内部的电子能级之间的跃迁所吸收或发射的电磁波，其频率具有很高的稳定性和复现性。所以，1967 年第 13 届国际计量大会通过了决议：定义位于海平面上的铯原子，基态的两个超精细能级在零磁场中跃迁辐射振荡 9 192 631 770 周所持续的时间作为 1 秒的长度，称为国际单位秒（符号为 s）。目前，国际上约有 100 台原子钟，通过相互比对，并经数据处理推算出统一的世界时称为国际原子时（International Atomic Time，TAI）。取 1958 年 1 月 1 日 0^hUT1 的瞬间作为起算点，即调整原子时所指示的时间与该时刻世界时的钟面所指示的时刻一致。但是，由于技术上的原因，当时人们并没有能够做到这一点。事后发现，在这一瞬间，两者存在一个微小差异，即

$$\mathrm{UT1}-\mathrm{TAI}=0'.0039 \tag{2.83}$$

这一差值后来被保留下来。

原子时和历书时的定义虽然存在概念性的差异，但 TAI 和 ET 之间的差值却是一个常数，即

$$\mathrm{ET}=\mathrm{TAI}+32'.184 \tag{2.84}$$

原子时虽然是秒长均匀、稳定度很高的时间系统，但它却与地球自转无关，而有很多问题却涉及计算地球的瞬时位置，这又需要世界时。因此，为了兼顾对世界时时刻和原子时秒长两者的需要建立了一种折中的时间系统，称为协调时（Universal Time Coordinated，UTC）。根据国际规定，协调世界时的秒长与原子时秒长一致，在时刻上则要求尽量与世界时接近。从 1972 年起规定两个的差值在 ±0.9 秒以内。为此可能在每年的年中或年底对协调世界时的时刻作 1 整秒的调整，加上 1 秒叫正跳秒，取消 1 秒叫负跳秒，具体的调整由国际时间局提前两个月公布。

2.6.4　力学时

1976 年，国际天文学联合会（International Astronomic Union，IAU）决议从 1984 年起的天体动力学理论研究以及天体历表的编算中采用力学时以取代历书时。力学时分两类：一种是相对于太阳系质心的运动方程所采用的时间变量，称为太阳系质心力学时，简称质心力学时（Barycentric Dynamical Time，TDB）；另一种是相对地球质心的运动方程所采用的时间变量，称为地球力学时（Terrestrial Dynamical Time，TDT）。1991 年后改称为地球时（Terrestrial Time，TT）。

TDT 是建立在国际原子时基础上，它与 TAI 的关系为

$$\mathrm{TDT}=\mathrm{TAI}+32'.184 \tag{2.85}$$

式（2.85）表示 1977 年 1 月 1 日 $0^h0^m0^s$TAI 瞬间对应的 TDT 为 1977 年 1 月 1 日 $0^h0^m32^s.184$（1.0003725 日）。此起始历元的差别就是该时刻历书时与国际原子时之差，这样定义的起始历元可使地球力学时能与过去使用的历书时相衔接，于是只要把过去历表中时间变量历书时改为地球力学时就可以继续使用。同样，可得地球力学时与世界时之差为

$$\Delta T=\mathrm{TDT}-\mathrm{UT1}=32'.184+\mathrm{TAI}-\mathrm{UT1} \tag{2.86}$$

TDT 是描述相对地球质心的运动方程所采用的时间变量，它是一种均匀的时间尺度。在航天器轨道动力学中，相应的运动方程即以它作为时间变量；相对太阳系质心的运动方程所采用的时间变量，TDB 是一种抽象、均匀的时间尺度，月球、太阳和行星的历表都是以 TDB 为时间变量的。两种动力学时的差别 TDT－TDB 是由相对论效应引起的。

2.6.5 贝塞尔年和儒略年

除上述时间系统外，常常会遇到历元的取法以及几种年的长度问题。

（1）“年”的长度

“年”的长度实际反映了地球绕太阳公转的周期。从地球看来，即是太阳在天球上做周年视运动。如果选用不同的参考点计算太阳周年视运动，则就有不同长度的“年”，以适应各种需要。

回归年是太阳中心在天球上两次通过春分点的时间间隔，长度为 365.2422 平太阳日。

恒星年是太阳中心在天球上连续两次通过某一恒星的黄经圈所需的时间，长度为 365.25636 平太阳日，这是地球绕太阳的平均公转周期。

儒略年规定为 365 日，每四年有一闰年（366 日），因此儒略年的平均长度为

$$1\text{ 儒略年}=365^{\mathrm{d}}.25(\text{平太阳日}) \tag{2.87}$$

儒略年比回归年要长，大约 400 个儒略年比 400 个回归年长 3 日。1 儒略世纪等于 36525 日。以儒略年作为基础基本单位定出的历法叫儒略历。

在历法中，一年必须包含日的整数叫历年。为使历年的平均长度更接近回归年，格里高利（R. Gregory）对儒略历做了改进，得到现在通用的公历。在每四个公历年中，设置一个闰年，凡能被 4 整除的就是闰年，但是在 400 年中要去掉三个闰年，为此规定只有当世纪数能被 4 整除才算闰年，这样有

$$1\text{ 公历年}=\frac{365^{\mathrm{d}}.25\times400-3}{400}=365^{\mathrm{d}}.2425 \tag{2.88}$$

（2）历元

天文上常用年的小数表示某一特殊瞬间的时刻，即历元。

平太阳赤经增加 360°所需要的时间间隔称为一个贝塞尔年。贝塞尔年看作与回归年一样长。当平太阳赤经恰好等于 $18^{\mathrm{h}}40^{\mathrm{m}}(280°)$ 的瞬间称为贝塞尔年首（或贝塞尔假年岁首），用年份前加符号 B、年份后加 .0 表示。以 1950 年为例，这一年的贝塞尔年首记为 B1950.0。而它指的并不是 1950 年 1 月 1 日 0^{h}UT，而是 1949 年 12 月 31 日 $22^{\mathrm{h}}09^{\mathrm{m}}42^{\mathrm{s}}$UT。1984 年以前采用的是贝塞尔历元。

儒略历元就是真正的年初，用年份前加符号 J、年份号加 .0 表示，同时时间单位采用儒略世纪代替回归世纪。从 1984 年起采用新的标准历元 J2000.0 取代 B1900.0，它是纽康基本历元 1900 年 1 月 0.5 日之后整整一个儒略世纪（36525 日）。新的标准历元用 TDB 表示，以代替过去的世界时，所以 J2000.0 是 2000 年 1 月 1 日 12^{h}TDB。

（3）儒略日

计算相隔若干年两个周期之间的天数可用儒略日数，这是天文上应用的一种长期纪日法。它以倒退到公元前 4713 年 1 月 1 日的格林尼治平午（即世界时 12^{h}）为起算日期（公元前 1 年在天文上记为 0 年，公元前 4713 年在天文上记为 －4712 年），每天顺数而下，延

续不断。天文年历载有每年每月零日世界时 12^h 的儒略日（Julian Data，JD），例如 1992 年 2 月 1 日 0^hUT 儒略日为 2448653.5。随着岁月的推移，儒略日数值很大，为此引入约简儒略日（Modified Julian Date，MJD），其定义为

$$\mathrm{MJD} = \mathrm{JD} - 2400000.5 \tag{2.89}$$

MJD 的起算日期为公元 1858 年 11 月 17 日 0^hUT 开始。

（a）公历日期转换成儒略日

设给出公历日期的年、月、日（含天的小数部分）分别为 Y、M、D，则对应的儒略日为

$$\begin{aligned} \mathrm{JD} = D - 32075 &+ \left[1461 \times \left(Y + 4800 + \left[\frac{M-14}{12}\right]\right) \div 4\right] \\ &+ \left[367 \times \left(M - 2 - \left[\frac{M-14}{12}\right] \times 12\right) \div 12\right] \\ &- \left[3 \times \left[\left(Y + 4900 + \left[\frac{M-14}{12}\right]\right) \div 100\right] \div 4\right] - 0.5 \end{aligned} \tag{2.90}$$

式中，$[X]$ 表示取 X 的整数部分，小数点后的位数省略。

（b）儒略日转换成公历日期

设某时刻的儒略日 JD（含天的小数部分），对应的公历日期的年、月、日分别为 Y、M 和 D。则

$$\begin{cases} J = [\mathrm{JD} + 0.5] \\ N = \left[\dfrac{4(J + 68569)}{146097}\right] \\ L_1 = J + 68569 - \left[\dfrac{N \times 146097 + 3}{4}\right] \\ Y_1 = \left[\dfrac{4000(L_1 + 1)}{1461001}\right] \\ L_2 = L_1 - \left[\dfrac{1461 \times Y_1}{4}\right] + 31 \\ M_1 = \left[\dfrac{80 \times L_2}{2447}\right] \\ D = L_2 - \left[\dfrac{2447 \times M_1}{80}\right] \\ L_3 = \left[\dfrac{M_1}{11}\right] \\ M = M_1 + 2 - 12L_3 \\ Y = [100(N - 49) + Y_1 + L_3] \end{cases} \tag{2.91}$$

第 3 章　岁差、章动和极移

通过长期的实际观测和理论分析表明，地球由于受日月引力和行星引力作用，其自转轴方向和春分点位置都在缓慢地变化。这种变化由两部分组成：①长周期变化，周期约为25800 年，称为岁差；②叠加在岁差上的振幅很小的短周期变化，周期为 18.6 年，称为章动。而极移与岁差、章动既有区别又有联系。本章主要介绍这三种运动及其影响。

3.1　日月和行星的引力对地球运动的影响

在太阳、月球和行星引力的作用下，地球自转轴在空间的指向和地球公转轨道平面发生改变，使赤道、黄道和春分点都有以星空为背景的运动。因而以它们为基圈和主点的坐标系就时刻改变它们在天球上的位置，这种现象就是岁差和章动。

3.1.1　太阳的引力对地球运动的影响

如图 3.1 所示，假设地球是一个均质的旋转椭球体，O 为地球中心，PP'为地球自转轴，以 O 点为球心，以 PP'为直径作一圆球，该圆球在地球的两极与椭球内切；S 为太阳，KK'是过点 O 且与 OS 连线垂直的平面。令 A 和 B 是圆球内相对球心 O 对称的两个质量元，A'、B'与 A、B 是相对于 KK'平面对称的两个质量元。

设太阳 S 作用在 A 和 B 两个质量元上的引力分别为 $\boldsymbol{f}_A$ 和 $\boldsymbol{f}_B$。因太阳位于黄道上，且存在黄赤交角，所以 $\boldsymbol{f}_A$ 和 $\boldsymbol{f}_B$ 一般不相等，因为它们不能既在数值上相等而同时又相互平行，但它们可以合成为一个作用于地心 O 的合力 $\boldsymbol{F}$ 和一对力偶。以同样的方式分析太阳 S 作用在 A'和 B'两个质量元的引力，则 A'和 B'得到一个与 A 和 B 情况相同的另一个合力和力偶，这一个合力可以叠加在作用于地心的合力 $\boldsymbol{F}$ 中，这一力偶与前一力偶正好数值上相等方向相反而互相抵消。可以将整个圆球内的质量看成为由 A、B 和 A'、B'这样的质量元组成。所以，对于圆球内的质量，太阳引力产生的总力矩为零，而产生的合力 $\boldsymbol{F}$ 是使地球围绕太阳公转的引力。

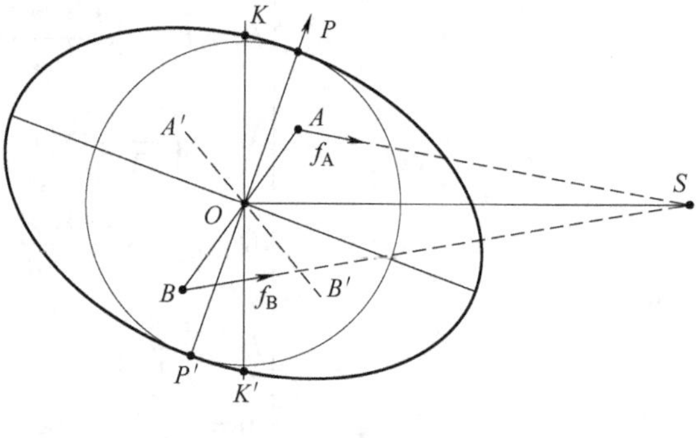

图 3.1　太阳对地球圆球部分的吸引

不过，对于圆球以外、椭球以内的部分（即地球赤道隆起的部分），情况就不同了。这部分不存在可以抵消力偶的对称部分。

如图 3.2 所示，假设 C 和 C' 是地球赤道隆起部分的两个中心，太阳 S 作用在赤道隆起部分的引力分别为 $\boldsymbol{f}_c$ 和 $\boldsymbol{f}_{c'}$，它们都可以分解为两种分力：一种分力平行于日地连线，即 $\boldsymbol{f}_d$ 和 $\boldsymbol{f}_{d'}$，它们可叠加在作用于地心的合力 $\boldsymbol{F}$ 中；另一种分力垂直于 OS 连线，即 $\boldsymbol{f}_e$ 和 $\boldsymbol{f}_{e'}$，它们构成一对力偶。这样，太阳对整个地球的引力就综合成一个作用于地心 O 的引力 $\boldsymbol{F}$ 和一对力偶。应该指出，该力偶随太阳赤纬的变化而改变。当太阳位于春分点和秋分点时，力偶为零；当太阳位于夏至点和冬至点时，力偶最大。在力偶作用下，赤道与黄道有重合的趋势。所以地球有两种运动：一种是围绕自转轴的转动；另一种是由于力偶作用引起的转动。

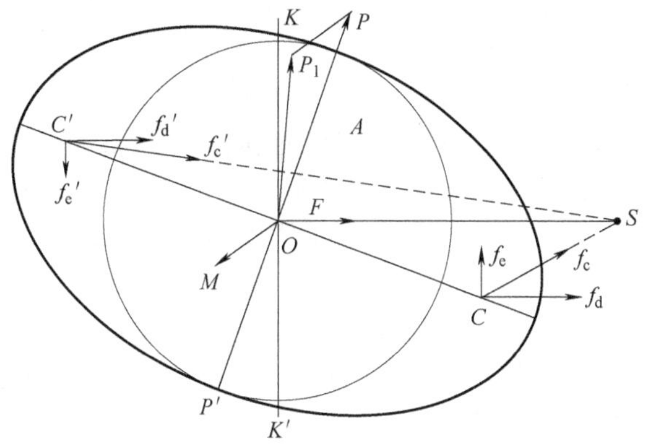

图 3.2　太阳对地球赤道隆起部分的吸引

如图 3.2 所示，令 $\boldsymbol{P}$ 表示地球自转轴的转动动量矩，$\boldsymbol{M}$ 表示力偶 $\boldsymbol{f}_e$ 和 $\boldsymbol{f}_{e'}$ 产生的转动动量矩，则 $\boldsymbol{M}$ 垂直于 $\boldsymbol{F}$ 和 $\boldsymbol{P}$ 决定的平面。$\boldsymbol{M}$ 和 $\boldsymbol{P}$ 相加合成为 $\boldsymbol{P}_1$。由此可见，由于太阳对地球隆起部分的吸引，使地球自转轴在空间由 OP 位置移动到 OP_1 位置。

3.1.2　月球的引力对地球运动的影响

月球是地球唯一的天然卫星，也是距离地球最近的自然天体。它绕地球公转的轨道在天球上的投影，称为白道。如图 3.3 所示，白道 MM' 与黄道相交于两点。月球在白道上从黄道以南运行到黄道以北对应的交点称为升交点 ☊，与此相对应的另一个交点称为降交点 ☋。两个交点的连线称为交点线。白道与黄道夹角称为白赤夹角，约为 5°09′。月球运行的一个重要特点是白道与黄道的两个交点从北黄极看按顺时针转动，称为交点的西退，每年约移动 19°21′，每 18.6 年交点转过一周，引起白道与赤道的夹角白赤夹角在 23°.5 ± 5°09′范围内变化，如图 3.3 所示。

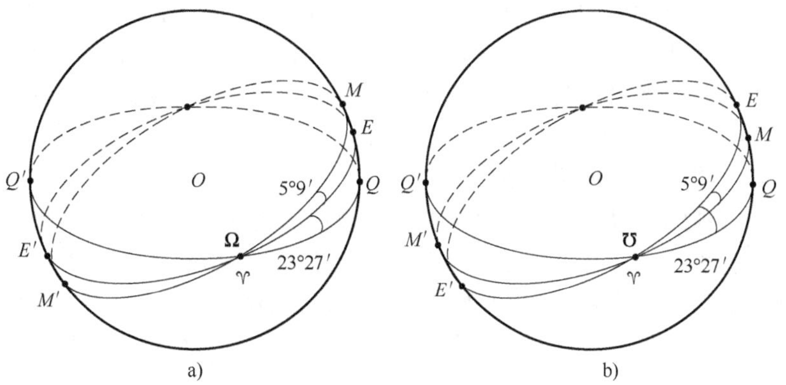

图 3.3　白道升（降）交点的西退

假设月球也和太阳一样位于黄道上，分析月球对地球的引力影响，也可以得到与太阳同样的结论。虽然月球的质量远小于太阳的质量，但月地距离也远小于日地距离，所以月球对地球的引力影响反而比太阳对地球的引力影响大一倍还多。由于太阳和月球对赤道隆起部分的引力作用，使地球自转轴在空间绕黄道轴进动，在空间绘出一个圆锥面。圆锥面与天球相交得到以黄极 K 为中心、以黄赤交角 ε 为半径的小圆。从天球外看，北天极绕北黄极沿半径为黄赤交角 ε 为半径的小圆顺时针旋转，每年转动约 50″.24，从而完成一个周期约为 25800 年。

事实上，月球并不在黄道上，它和黄道夹角约为 5°09′，月球绕地球每月有两次过赤道，由于白赤夹角在 23°.5 ± 5°09′范围内变化，造成月球对地球引力的变化。在月球这一运动特性的影响下，实际的天极运动的轨迹并不为圆，而是一条复杂的曲线，这一曲线大致上可以认为是一条波纹线，如图 3.4a 所示。

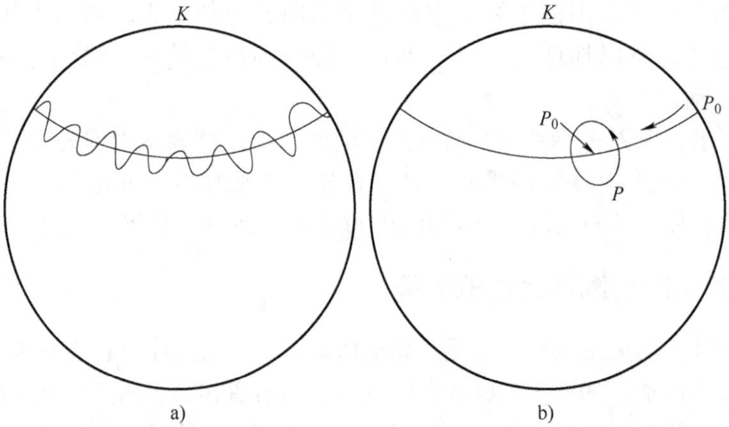

图 3.4 天极的运动

为了便于讨论，把实际的天极运动分解为两种运动：一种运动是一个假想天极 P_0 绕黄极沿小圆运动，这个假想天极称为平天极，简称平极；另一种运动是实际的天极绕平天极 P_0 的运动，实际的天极称为真天极 P，简称真极，如图 3.4b 所示。平极的运动称为日月岁差，真极绕平极的运动称为章动。真极绕平极的运动是由许多不同周期的运动合成的，其轨迹十分复杂，如忽略短周期的微小运动并从天球外看，真极绕平极做顺时针的椭圆运动，周期为 18.6 年。真极一面绕平极做章动运动，一面绕平极做日月岁差运动，两种运动的合成即真天极在天球上绕黄极的实际运动。

由于行星对地球的引力，黄道面也存在一种缓慢而持续的运动，相应引起黄极的运动。这种现象称为行星岁差，行星岁差带来的影响比日月岁差的影响要小得多。

某一瞬间平极相对应的天赤道是该瞬间的平赤道，该瞬间的黄道对平赤道的升交点称为平春分点。某一瞬间真极相对应的天赤道是该瞬间的真赤道，该瞬间的黄道对真赤道的升交点称为真春分点。

3.2　岁差

3.2.1　日月岁差

当仅考虑日月岁差时，认为黄极是固定不动的。如图 3.5 所示，设 P_0、Υ_0 和 Q_0Q_0'分别为 t_0 时刻的平极、平春分点和平赤道，K 和 EE'分别为该瞬间的北黄极和黄道。由于日月岁差的影响，平极、平赤道和平春分点在 $t_1 = t_0 + \mathrm{d}t$ 时刻分别移至 P_1、Q_1Q_1'和 Υ_1。在任意瞬间，平极总是沿着以 K 为圆心，以黄赤交角 ε 为半径的小圆运动，其运动的方向垂直于 KP_0 所在的大圆，也就是说平极运动的方向总是指向该瞬间的平春分点。平春分点位移的方向正好与太阳周年视运动的方向相反。

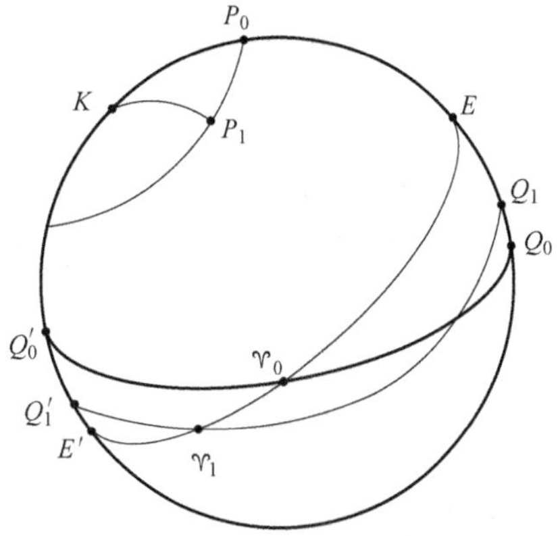

图 3.5　日月岁差

3.2.2　行星岁差

由于行星对地球公转的影响，黄道也不是固定不变的。实际上黄道定义为地月系质心的平轨道面，因此黄道只存在长期变化。当仅考虑行星岁差时，平极被认为是固定不动的。如图 3.6 所示，设 K_0、Υ_0 和 E_0E_0'分别为 t_0 时的北黄极、平春分点和黄道，P_0、Q_0Q_0'分别为该瞬间的平极和平赤道。由于行星岁差的影响，北黄极、黄道和平春分点在 $t_1 = t_0 + \mathrm{d}t$ 分别位移至 K_1、E_1E_1'和 Υ_1。平春分点位移的方向与赤经增加的方向相同。

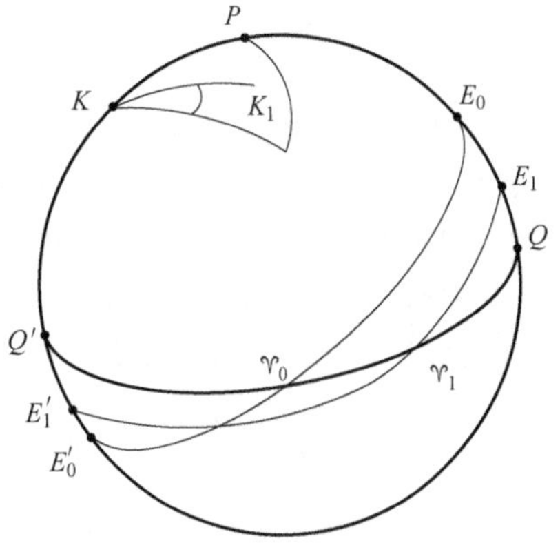

图 3.6　行星岁差

3.2.3　总岁差

在考虑日月岁差和行星岁差时，分别认为黄道或赤道是不动的。事实上，黄道和赤道一直在运动，它们运动的总效应即总岁差。当时间间隔足够小时，总岁差的影响可认为是上述的日月岁差和行星岁差结果的简单叠加。

如图 3.7 所示，设 Q_0Q_0'、E_0E_0'和 Υ_0 分别为 t_0 时平赤道、黄道和平春分点的位置，在 $t_1 = t_0 + \mathrm{d}t$ 时相应的位置移动至 Q_1Q_1'、E_1E_1'和 Υ_1。Q_1Q_1'和 E_0E_0'的交点为 Υ'。通常由日月岁差引起的赤道位移比由行星岁差引起的黄道位移要大很多。

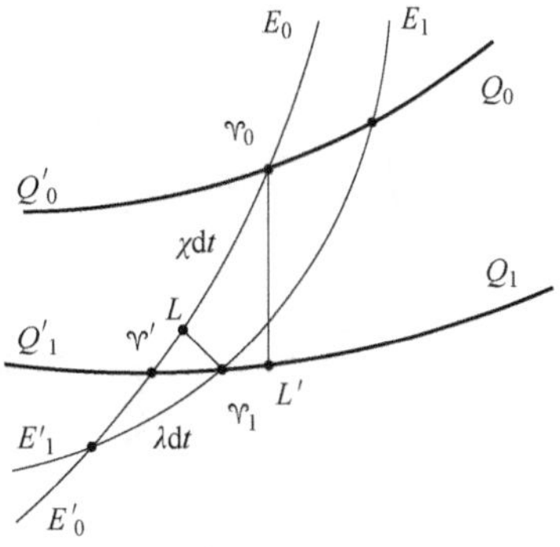

图 3.7　总岁差

由上面的讨论可以知道，日月岁差使春分点沿黄道 E_0E_0'从 Υ_0 移动到 Υ'，令 $\overset{\frown}{\Upsilon_0\Upsilon'} = \chi\mathrm{d}t$；而行星岁差使春分

点沿着天赤道 Q_1Q_1' 从♈′移动到♈₁，令 $\widehat{\Upsilon'\Upsilon_1}=\lambda\mathrm{d}t$。通过 Υ_1 做垂直于 E_0E_0' 的大圆弧，与 E_0E_0' 交于 L，则 $\widehat{L\Upsilon'}=\lambda\cos\varepsilon\mathrm{d}t$。因此在日月岁差和行星岁差的综合影响下，平春分点在黄道上的位移为

$$\widehat{\Upsilon_0 L}=\chi\mathrm{d}t-\lambda\cos\varepsilon\mathrm{d}t \tag{3.1}$$

令 p 为黄经总岁差速度，则有

$$p=\chi-\lambda\cos\varepsilon \tag{3.2}$$

通过 Υ_0 做垂直于 Q_1Q_1' 的大圆弧，与 Q_1Q_1' 交于 L'，则 $\widehat{L'\Upsilon'}=\chi\cos\varepsilon\mathrm{d}t$。因此，在日月岁差和行星岁差的综合影响下，平春分点在赤道上的位移为

$$\widehat{L'\Upsilon_1}=\chi\cos\varepsilon\mathrm{d}t-\lambda\mathrm{d}t \tag{3.3}$$

令 m 为赤经总岁差速度，则

$$m=\chi\cos\varepsilon-\lambda \tag{3.4}$$

3.3 章动

章动是指外力作用下，地球自转轴在空间运动的短周期摆动成分。引入了真天极 P 和平天极 P_0 的概念后，章动的描述就可由真天极相对平天极的运动来表达，即同一瞬间真天极相对平天极的运动就是章动。章动是由许多短周期运动叠加而成的，其中最大的运动周期为 18.6 年，正好和月球的交点周期一致。可见章动和月球运动状态的关系是非常密切的，月球对地球引力的变化是形成章动现象的主要外力作用，其次才是太阳。

如图 3.8 所示，设 K、P_0 和 P 分别为某一瞬间的北黄极、平极和真极，Υ_0 和 Υ 分别为平春分点和真春分点。平赤道和黄道的夹角 ε_0 称为平黄赤交角，真赤道和黄道的夹角 $\varepsilon=\varepsilon_0+\Delta\varepsilon$ 称为真黄赤交角。当真极绕平极做周期运动时，真春分点相对于平春分点，真赤道相对平赤道都做相应的运动，黄赤交角也有周期性的变化。如令 $\Delta\psi$ 表示自真春分点起量的平春分点的黄经，即 $\Delta\psi=\widehat{\Upsilon\Upsilon_0}=\angle P_0KP$，则 $\Delta\psi$、$\Delta\varepsilon$ 的变化直接反映真极相对于平极的运动情况，因此可以用这两个量表征真极的章动。其中，$\Delta\psi$ 称为黄经章动，$\Delta\varepsilon$ 称为交角章动。

如前所述，当忽略短周期的微小运动，真天极相对平天极的运动为椭圆，称为章动椭圆。由于章动椭圆很小，可以将此椭圆当作切于天球的平面图形。如图 3.9 所示，通过平天

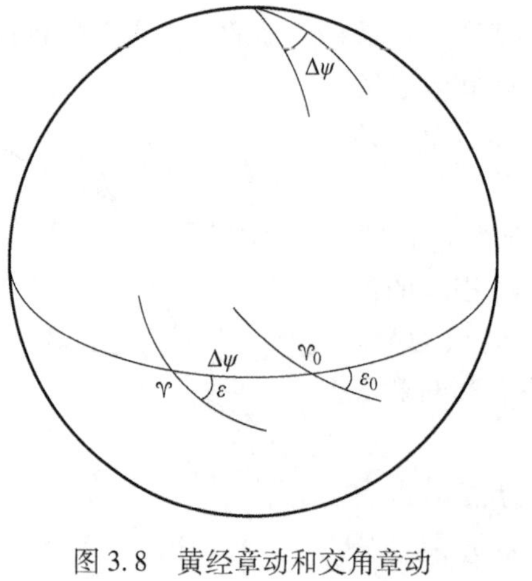

图 3.8 黄经章动和交角章动

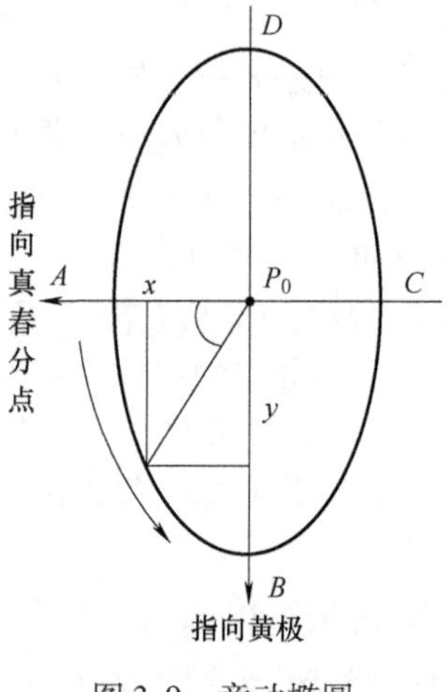

图 3.9 章动椭圆

极 P_0 与黄极 K 的大圆就是平天极的二至圈，它在切平面上的投影 BD 即为章动椭圆的长轴；通过平天极 P_0 与二至圈相垂直的大圆就是平天极相应的二分圈，它在切平面上的投影 AC 即为章动椭球的短轴。章动椭圆的长半轴为 9″.2（该值称为章动系数），短半轴为 6″.9。

3.4　极移及区别

3.4.1　极移

常用的地心坐标系以地球自转轴为基本轴。当地球自转轴相对地球内部的位置固定不变时，可唯一确定地心坐标系。但是，由于地球不是刚体及其他一些地球物理因素的影响，地球自转轴相对于地球的位置并不是固定不变的。

地球自转轴与地球表面交于两点，一般取与地球北极相应的交点为地球极点。由于地球自转轴在地球球体内的运动，地球极点在地球表面的位置随时间而变化，这种现象称为地极移动，简称为极移。随着时间变化的地球自转轴称为瞬时轴，相应的极点称为瞬时极。

通过大量的资料分析表明，地极运动主要包含两种周期性的变化：一种变化周期约为 1 年，振幅不到 0.1″；另一种变化周期约为 432 天，振幅约为 0.2″。另外，还有一些不规则变化。

由于瞬时极在地面上移动的范围较小，所以可以取一个通过地极表面中心与地球表面相切的平面替代这一范围的地球球面。在这个平面上取一个平面直角坐标系描述地极的运动。如图 3.10 所示，P_0 表示地极在某一时期的平均位置，即地极轨线的中心，这一点称为平地极，简称为平极。以平极 P_0 作为坐标系的原点，由平极指向格林尼治子午线方向为 x 轴的正向，格林尼治以西的方向为 y 轴的正向。P 表示瞬时极。如图 3.10 所示，瞬时极 P 的位置可以用其相对于平极 P_0 的直角坐标（x_p，y_p）表示。

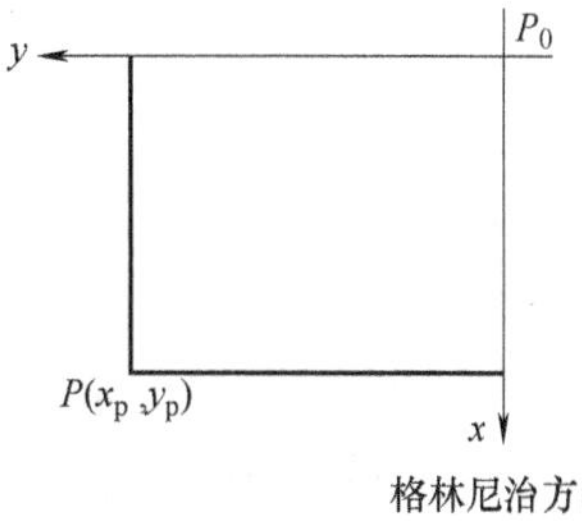

图 3.10　极移

3.4.2　极移与岁差、章动的区别

地极移动与岁差、章动既有区别又有联系。前者是地球自转轴在地球本体内的运动，后者是地球自转轴在空间的运动。当在地球上看地极运动时，假设地球瞬时自转轴有某种可识别的标志，那么可以看到地球瞬时自转轴在地面上做近似圆周运动。如图 3.11a 所示，假设瞬时极圆周运动中心 P_0 是地面上的固定点，取这一点为参考点。设从瞬间 t_1 到 t_2，瞬时极从地面上的点 P_1 移动到位于直径另一端的 P_2。图 3.11b 给出了在瞬间 t_1 从空间看到的地球。K 指向北黄极，P 指向北天极，O 为地球质心，ε 为黄赤交角。OP 与地面交点为 P_1。对照图 3.11a 所示可知，地面上的固定点 P_0 在 P_1 左侧。到了 t_2 瞬间，由于岁差的影响，地球自转轴 OP 对黄极 K 绕过一小角 $\angle A_1O'A_2$，如图 3.11c 所示，而地球本体在空间对轴 OP 做了晃动，以致 OP 与地面的交点成为地面上的点 P_2。地面上固定点 P_0 在 P_2 右侧。假定 OP_0 为地球内的一根固定轴线，在空间将看到轴 OP_0 较快地（周期约为 1.2 年）绕缓慢移动的 OP 轴（周期约为 25800 年）旋转。因此，如果从空间来看地球的自转运动，除了看

到岁差、章动现象之外，还可以看到地球本体对于自转轴的这种晃动。

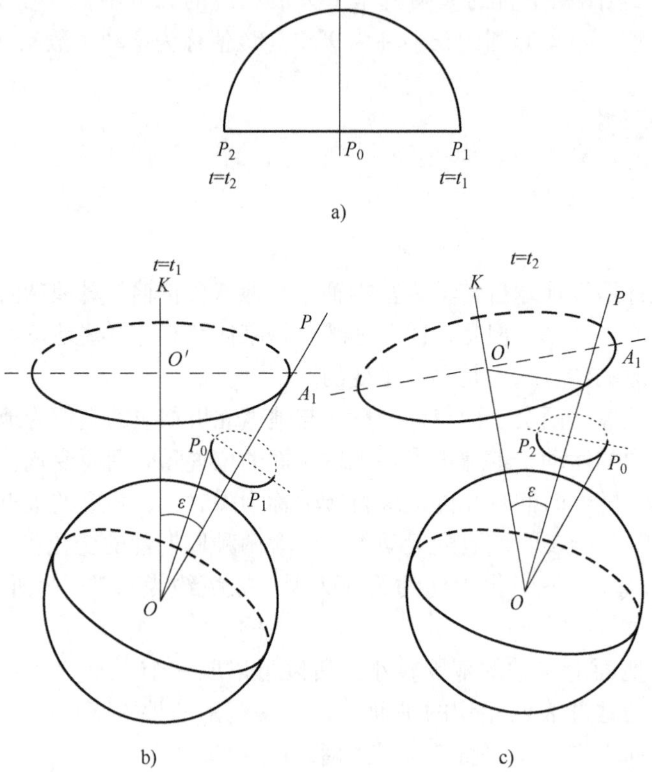

图 3.11　极移和岁差、章动

岁差和章动引起恒星坐标的变化是天球坐标系（如赤道坐标系）本身变化的结果。而地球相对于瞬时自转轴的晃动将使观测者的天顶在恒星之间做微小的位移，即恒星的天顶距产生了相应的变化。因此，瞬时岁差、章动使天极在天球上的位置发生变化，极移则使天顶在天球上的位置发生变化。

3.5　岁差、章动对恒星时的影响

由于岁差、章动的影响，春分点分为真春分点和平春分点，相应地就有真恒星时和平恒星时。

3.5.1　格林尼治平恒星时和真恒星时

平春分点在天球上周日视运动的速度是地球自转角速度与春分点位移速度的合成，因此格林尼治平恒星时的变化可以表示为

$$\frac{\mathrm{d}\bar{S}}{\mathrm{d}t}=\omega_{\mathrm{E}}+\frac{\mathrm{d}}{\mathrm{d}t}(m_{\mathrm{A}}) \tag{3.5}$$

式中，ω_{E} 为地球自转角速度；m_{A} 为赤经总岁差，可以表示为

$$m_{\mathrm{A}}=mt+m't^2 \tag{3.6}$$

式中，m'为赤经总岁差的加速度。

对式（3.5）积分，可以得到格林尼治平恒星时 $\overline{S}$ 为

$$\overline{S} = \overline{S}_0 + \omega_E t + m_A = \overline{S}_0 + (\omega_E + m)t + m't^2 \tag{3.7}$$

式中，$\overline{S}_0$ 为 $t=0$ 时的格林尼治平恒星时，通常取为0。

格林尼治平恒星时 $\overline{S}$ 加上赤经章动修正项就是格林尼治真恒星时 S，即

$$S = \overline{S} + \Delta\psi\cos\varepsilon = (\omega_E + m)t + m't^2 + \Delta\psi\cos\varepsilon \tag{3.8}$$

3.5.2 黄道平太阳的黄经

$$\frac{\mathrm{d}\lambda_s}{\mathrm{d}t} = n + \frac{\mathrm{d}}{\mathrm{d}t}(p_A) \tag{3.9}$$

式中，n 为真太阳视运动的平均速度；p_A 是黄经总岁差，可以表示为

$$p_A = pt + p't^2 \tag{3.10}$$

式中，p'为黄经总岁差的加速度。

对式（3.9）积分，可以得到黄道平太阳的黄经为

$$\lambda_s = \lambda_0 + (n + p)t + p't^2 \tag{3.11}$$

式中，λ_0 为 $t=0$ 时的黄道平太阳的黄经。

3.5.3 赤道平太阳的赤经

考虑春分点受岁差影响，赤道平太阳的赤经为

$$a_s = a_0 + \mu t + m_A = a_0 + (\mu + m)t + m't^2 \tag{3.12}$$

式中，a_0 为 $t=0$ 时赤道平太阳的赤经；μ 为赤道平太阳的周年视运动的速度。

为使赤道平太阳在赤道上做匀速运动，令其周年视运动速度和黄道平太阳的速度相同，并使赤道平太阳赤经尽量靠近黄道平太阳的黄经，即规定

$$\begin{cases} a_0 = \lambda_0 \\ \mu + m = n + p \end{cases} \tag{3.13}$$

则

$$a_s = \lambda_0 + (n + p)t + m't^2 \tag{3.14}$$

根据对太阳的观测资料的分析及地球的公转运动理论，得到下列数值：

$$\begin{cases} \lambda_0 = 279°41'27''.54 = 18^h41^m50^s.54841 \\ n + p = 8640184^s.812866/J \\ m = 307^s.495747/J \\ m' = 0^s.093104/J^2 \end{cases} \tag{3.15}$$

式中，J 为儒略世纪，即36525日。

把这些数值分别代入式（3.14）和式（3.6），得到赤道平太阳赤经和赤经总岁差 m_A 的具体公式为

$$a_s = 18^h\,41^m\,50^s.54841 + 8640184^s.812866t + 0^s.093104t^2 \tag{3.16}$$

$$m_A = 307^s.495747t + 0^s.093104t^2 \tag{3.17}$$

式中，t 为从J2000.0起算的儒略世纪数。

$$t = \frac{\mathrm{JD}(t) - 2451545.0}{36525.0} \tag{3.18}$$

如果摒弃前面关于平太阳日的叙述性定义，则可以这样定义平太阳：平太阳是天球上一个假想的数学点，它的赤经由式（3.16）表示，纬度为零。

世界时 UT 与格林尼治平恒星时 $\bar{S}$ 的关系为

$$\mathrm{UT} = \bar{S} - a_s + 12^h \tag{3.19}$$

式（3.19）也可写成

$$\begin{aligned}\bar{S} &= \mathrm{UT} + a_s - 12^h \\ &= \mathrm{UT} + 6^h 41^m 50^s.54841 + 8640184^s.812866t + 0^s.093104t^2\end{aligned} \tag{3.20}$$

显然，恒星时和世界时并不是相互独立的时间计量系统。通常由观测到的恒星时，然后用上式换算为世界时。当式（3.20）中 UT＝0 时，世界时 0^h 的格林尼治平恒星时，有

$$\begin{aligned}\bar{S}_0 &= a_s - 12^h \\ &= 6^h 41^m 50^s.54841 + 8640184^s.812866t + 0^s.093104t^2\end{aligned} \tag{3.21}$$

式（3.21）就是目前天文历书中用来计算世界时 0^h 的格林尼治平恒星时的基本公式。

由式（3.7）和式（3.21）可以容易求出格林尼治平恒星时的表达式：

$$\begin{aligned}\bar{S} &= 67310^s.54841 + (87600^h + 8640184^s.812866)t + 0^s.093104t^2 \\ &= 18^h.6973746 + 879000^h.0513367t + 0^s.093104t^2\end{aligned} \tag{3.22}$$

由式（3.8）可得出相应的格林尼治真恒星时，有

$$S = \bar{S} + \Delta\psi\cos\varepsilon \tag{3.23}$$

格林尼治的真恒星时和平恒星时的英文缩写分别为 GAST（Greenwich Apparent Sideral Time）和 GMST（Greenwich Mean Sideral Time）。

3.6 协议天球坐标系

在某瞬间 t，以瞬时真天极和瞬时真春分点为基础建立的天球坐标系称为瞬时真天极坐标系，即为 $O\text{—}X_{CT}Y_{CT}Z_{CT}$；以瞬时平天极和瞬时平春分点为基础建立的天球坐标系称为瞬时平天极坐标系，即为 $O\text{—}X_{M(t)}Y_{M(t)}Z_{M(t)}$。由于岁差和章动的影响，瞬时天球坐标系的轴向总是不断变化的，也就是说它是一个不断旋转的非惯性坐标系。在这种坐标系中，不能直接根据牛顿力学定律研究天体的运动规律。

为了建立一个统一的与惯性坐标系相接近的天球坐标系，通常是选择某一时刻 t_0 作为标准历元，以此历元的平天极和历元平春分点为基础建立天球坐标系。这样构成的天球坐标系实际上是 t_0 历元的瞬时平天球坐标系，称为标准历元 t_0 平天球坐标系或协议天球坐标系，也称为协议惯性坐标系（Conventional Inertial System，CIS），记为 $O\text{—}X_{CIS}Y_{CIS}Z_{CIS}$。天体的位置通常都是在该坐标系中表示的。国际大地测量委员会和国际天文学联合会决定，以 2000 年 1 月 1.5 日 TDB 的标准历元的平赤道和平春分点定义的天球坐标系，称为 J2000.0 协议天球坐标系。它的定义为，原点位于地球质心，Z_{CIS}轴指向 J2000.0 平天极，X_{CIS}轴指向 J2000.0 平春分点，Y_{CIS}轴与 X_{CIS}、Z_{CIS}轴构成右手坐标系。

瞬时真天球坐标系与 J2000.0 协议天球坐标系之间的转换通常分成两步：首先，将协议天球坐标系的坐标转为瞬时平天球坐标系；然后，再将瞬时平天球坐标系转换为瞬时真天球

坐标系。

3.6.1 协议天球坐标系与瞬时平天球坐标系的转换

如图3.12所示，两种坐标系，即协议天球坐标系 $O—X_{CIS}Y_{CIS}Z_{CIS}$ 和瞬时平天球坐标系 $O—X_{M(t)}Y_{M(t)}Z_{M(t)}$ 的差异为 t_0 到 t 的岁差影响，它们的转换关系为

$$\begin{bmatrix} X \\ Y \\ Z \end{bmatrix}_{M(t)} = R_3(-Z_A)R_2(\theta_A)R_3(-\zeta_A)\begin{bmatrix} X \\ Y \\ Z \end{bmatrix}_{CIS} \tag{3.24}$$

式中，ζ_A、θ_A、Z_A 为赤道岁差角，表达式为

$$\begin{cases} \zeta_A = 2306''.2181t + 0''.30188t^2 + 0''.017998t^3 \\ \theta_A = 2004''.3109t - 0''.42665t^2 - 0''.041833t^3 \\ Z_A = 2306''.2181t + 1''.094687t^2 + 0''.018203t^3 \end{cases} \tag{3.25}$$

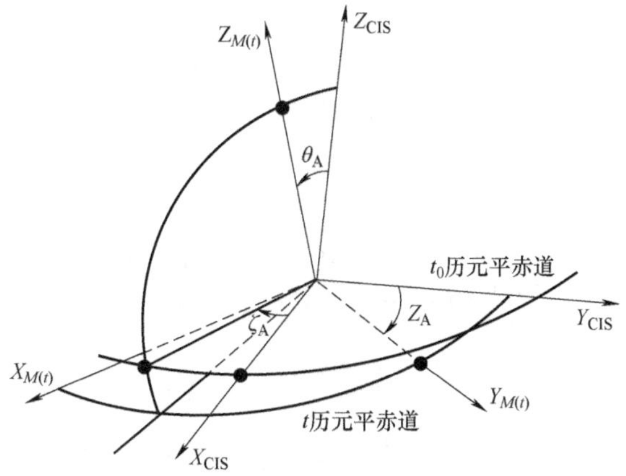

图3.12 协议天球坐标系与瞬时平天球坐标系的转换

3.6.2 瞬时平天球坐标系与瞬时真天球坐标系的转换

如图3.13所示，两种坐标系，即瞬时平天球坐标系 $O—X_{M(t)}Y_{M(t)}Z_{M(t)}$ 与瞬时真天球坐标系 $O—X_{CT}Y_{CT}Z_{CT}$ 的差异为章动的影响，两坐标系的转换关系为

$$\begin{bmatrix} X \\ Y \\ Z \end{bmatrix}_{CT} = R_1(-\varepsilon_0 - \Delta\varepsilon)R_3(-\Delta\psi)R_1(\varepsilon_0)\begin{bmatrix} X \\ Y \\ Z \end{bmatrix}_{M(t)} \tag{3.26}$$

式中，ε_0 为标准历元 t_0 的平黄赤交角，按下式计算

$$\varepsilon_0 = 84381''.448 - 46''.8150t - 0''.00059t^2 + 0''.001813t^3 \tag{3.27}$$

$\Delta\psi$ 和 $\Delta\varepsilon$ 可根据国际天文联合会所采用的最新章动理论计算，或查阅参考《中国天文年历》中的算法和数据。当精确到 0″.001 位时，其表达式为包含106项的级数展开。在《中国天文年历》中均载有这些展开式的系数值，根据 t 可精确计算 $\Delta\psi$ 和 $\Delta\varepsilon$。

根据式（3.24）和式（3.26）便可得协议天球坐标系转换为瞬时真天球坐标系的公式

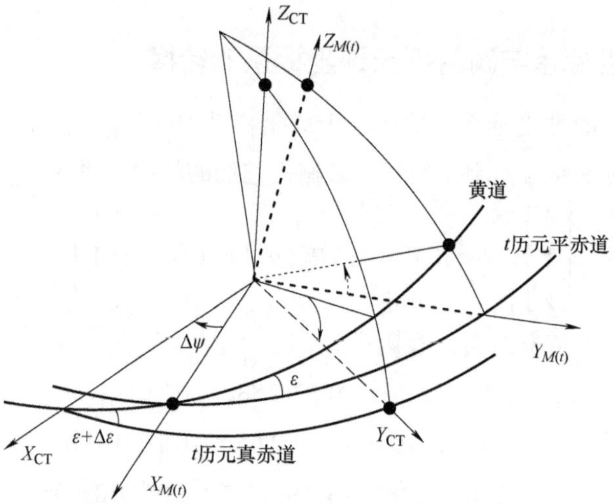

图 3.13　瞬时平天球坐标系与瞬时真天球坐标系的转换

$$\begin{bmatrix} X \\ Y \\ Z \end{bmatrix}_{CT} = [C][D]\begin{bmatrix} X \\ Y \\ Z \end{bmatrix}_{CIS} \tag{3.28}$$

式中，$[D]$ 为岁差矩阵；$[C]$ 为章动矩阵。则有

$$[C] = R_1(-\varepsilon_0 - \Delta\varepsilon)R_3(-\Delta\psi)R_1(\varepsilon_0) \tag{3.29}$$

$$[D] = R_3(-Z_A)R_2(\theta_A)R_3(-\zeta_A) \tag{3.30}$$

其逆转公式为

$$\begin{bmatrix} X \\ Y \\ Z \end{bmatrix}_{CIS} = [D]^T[C]^T\begin{bmatrix} X \\ Y \\ Z \end{bmatrix}_{CT} \tag{3.31}$$

3.7　协议地球坐标系

3.7.1　协议地球坐标系与瞬时地球坐标系的转换

1960 年，国际大地测量与地球物理联合会（International Union Geodesy Geophysics，IUGG）决定以 1900 年至 1905 年地球自转轴瞬时位置的平均值作为地球自转轴的平均位置，通常称为国际协议原点（Conventional International Origin，CIO），或称为协议地极（Conventional Terrestrial Pole，CTP）。与协议地极对应的地球赤道称为平赤道或协议赤道。

协议地球坐标系（Conventional Terrestrial System，CTS）是以 CTP 定义的，记为 $O—X_{CTS}Y_{CTS}Z_{CTS}$，其坐标原点在地球质心，Z_{CTS} 轴指向地球的 CTP，X_{CTS} 指向国际时间服务机构——国际时间局（Bureau International de l'Heure，BIH）经度零点 E_{CTP}，Y_{CTS} 轴与 X_{CTS} 轴、Z_{CTS} 轴构成右手坐标系。

瞬时地球坐标系是以瞬时地极 P 定义的，记为 $O—X_{ET}Y_{ET}Z_{ET}$，其坐标原点在地球质心，Z_{ET} 轴指向地球的瞬时极，X_{ET} 指向瞬时极与 E_{CTP} 构成的子午线与真赤道的交点 E，Y_{ET} 轴与

X_{ET}轴、Z_{ET}轴构成右手坐标系。

图 3.14 给出了协议地球坐标系和瞬时地球坐标系的关系。两个坐标系的直角转换的转换关系为

$$\begin{bmatrix} X \\ Y \\ Z \end{bmatrix}_{CTS} = R_2(-x_p)R_1(-y_p)\begin{bmatrix} X \\ Y \\ Z \end{bmatrix}_{ET} \tag{3.32}$$

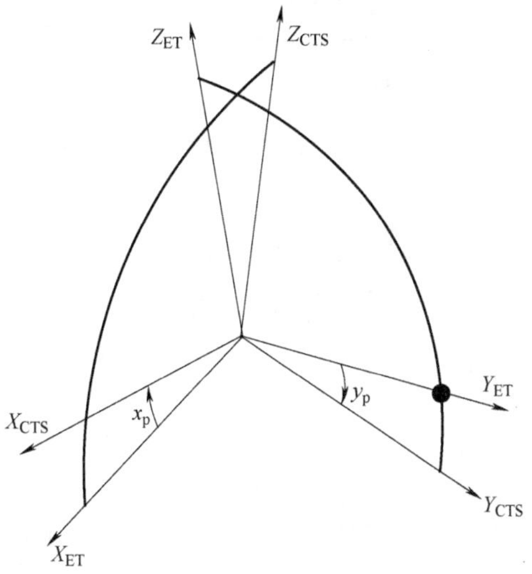

图 3.14 协议地球坐标系与瞬时地球坐标系

常将式（3.32）记为

$$\begin{bmatrix} X \\ Y \\ Z \end{bmatrix}_{CTS} = [A]\begin{bmatrix} X \\ Y \\ Z \end{bmatrix}_{ET} \tag{3.33}$$

式中，[A] 为极移矩阵，且

$$[A] = R_2(-x_p)R_1(-y_p) \tag{3.34}$$

3.7.2 瞬时天球坐标系与瞬时地球坐标系的转换

如图 3.15 所示，瞬时天球坐标系的 Z_{CT}轴与瞬时地球坐标系的 Z_{ET}轴均为地球的自转轴，所以两者指向相同；但瞬时天球坐标系的 X_{CT}轴指向真春分点，瞬时地球坐标系的 X_{ET}轴指向瞬时极与 E_{CTP}构成的子午线与真赤道的交点 E，X_{CT}轴与 X_{ET}轴的夹角即为格林尼治真恒星时（GAST）。因此，瞬时天球坐标系与瞬时地球坐标系的转换关系为

$$\begin{bmatrix} X \\ Y \\ Z \end{bmatrix}_{ET} = R_3(\mathrm{GAST})\begin{bmatrix} X \\ Y \\ Z \end{bmatrix}_{CT} \tag{3.35}$$

常将式（3.35）记作

$$\begin{bmatrix} X \\ Y \\ Z \end{bmatrix}_{ET} = [B]\begin{bmatrix} X \\ Y \\ Z \end{bmatrix}_{CT} \tag{3.36}$$

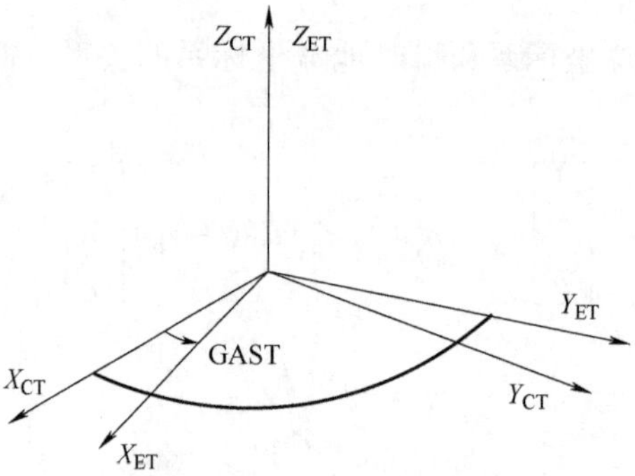

图 3.15 协议地球坐标系与瞬时地球坐标系

式中，[B] 为地球旋转矩阵，有

$$[B]=R_3(\mathrm{GAST}) \tag{3.37}$$

根据式（3.28）、式（3.33）和式（3.36），可得

$$\begin{bmatrix} X \\ Y \\ Z \end{bmatrix}_{\mathrm{CTS}} = [A][B][C][D]\begin{bmatrix} X \\ Y \\ Z \end{bmatrix}_{\mathrm{CIS}} \tag{3.38}$$

在实际应用中，协议天球坐标系简称为 J2000.0 地心惯性坐标系（J2000 Earth Centered Inertial，J2000 ECI）；协议地球坐标系常简记为地固坐标系（Earth Centered Fixed，ECF）。

由于岁差、章动和极移为小量，所以在近似轨道计算和航天器轨道初步设计时，常忽略这些小量的影响。

第4章 卫星的无摄运动

当将地球视为一个密度均匀的圆球体，卫星作为一个质点在地球引力作用下的运动，称为卫星的无摄运动。事实上，一个匀质球体对球外一质点的引力，等效于其质量集中于球心的质点所产生的引力，这个引力称为质心引力，或中心引力。因此，卫星无摄运动问题就是研究在匀质地球的质心引力作用下的卫星运动问题，通常又称为二体问题。

当然，地球并非匀质球体，其对卫星的引力并不等于质心引力，但是可以把它看作是质心引力和一系列非质心引力之和（地球重力场摄动力）。这些非质心引力与地球质心引力相比是小量，如果将地球质心引力视为1，则非质心引力均小于10^{-8}量级。卫星所受的总作用力为$\boldsymbol{F}$，除地球质心引力$\boldsymbol{F}_0$和非质心引力$\boldsymbol{f}_g$以外，还有月球引力$\boldsymbol{f}_m$、太阳引力$\boldsymbol{f}_s$、大气阻力$\boldsymbol{f}_d$、光辐射压力$\boldsymbol{f}_p$和潮汐力$\boldsymbol{f}_t$，即

$$\boldsymbol{F}=\boldsymbol{F}_0+\boldsymbol{f}_g+\boldsymbol{f}_m+\boldsymbol{f}_s+\boldsymbol{f}_d+\boldsymbol{f}_p+\boldsymbol{f}_t$$

这是一个很复杂的动力学系统，在此情况下建立的卫星运动方程无法求得严格的分析解。但是，在这些作用力中，地球质心引力是主要的，其他作用力与地球质心引力相比，都是10^{-8}量级以下的小量，称为摄动力。因此，可以首先研究卫星只受地球质心引力的无摄动运动，然后在此基础上研究卫星的有摄运动，从而使问题大大简化。

二体问题是研究卫星运动的重要基础，它的重要性在于：一，卫星真实运动的一个很好的近似描述；二，至今唯一能得到严密分析解的运动；三，更精确解（考虑全部作用力）的基础；四，卫星轨道计算的基础。

4.1 二体问题的运动微分方程

如图4.1所示，O—XYZ为赤道直角坐标系，坐标原点位于地球质心，Z轴指向平天极，X轴指向春分点，Y轴与X轴、Z轴构成右手坐标系。地球质量M集中于地球质心O，卫星为一质点S，其质量为m。地球质心O至卫星质点S的矢量$\boldsymbol{r}$，称为位置矢量。

由于卫星质量m相对地球质量M为很小，可忽略卫星对地球引力的影响。在此情况下，根据牛顿定律，可得二体问题的卫星运动方程：

$$\boldsymbol{F}_0=m\ddot{\boldsymbol{r}}=-\frac{GM\cdot m}{r^2}\cdot\frac{\boldsymbol{r}}{r} \tag{4.1}$$

或者

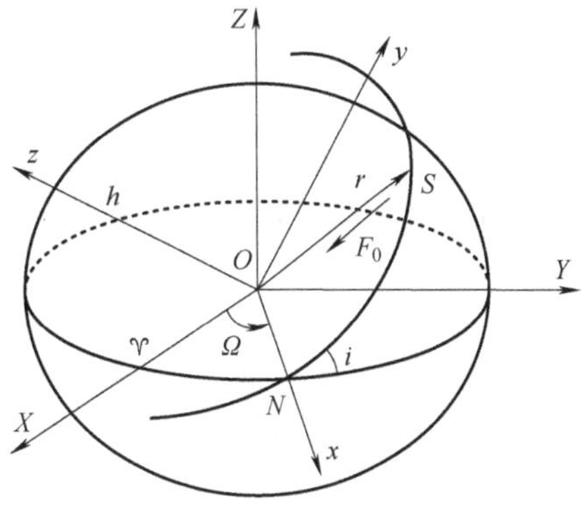

图4.1 二体问题卫星轨道平面

$$\ddot{\boldsymbol{r}} = -\frac{GM}{r^2} \cdot \frac{\boldsymbol{r}}{r} \tag{4.2}$$

式中，$\ddot{\boldsymbol{r}}$为卫星运动加速度矢量；G 为万有引力常数；$\boldsymbol{r}$ 为卫星的地心矢径，即地心距，有

$$r = \sqrt{X^2 + Y^2 + Z^2} \tag{4.3}$$

式中，X、Y、Z 为卫星在赤道直角坐标系的坐标。

由于难以精确地分别测定地球质量 M 和万有引力常数 G，通常都将 GM 称为地球引力常数而一并测定。现用 μ 表示 GM

$$\mu = GM \tag{4.4}$$

则卫星运动微分方程式（4.2）可写成

$$\ddot{\boldsymbol{r}} = -\frac{\mu}{r^2} \cdot \frac{\boldsymbol{r}}{r} \tag{4.5}$$

将式（4.5）写成坐标分量形式，则为

$$\begin{cases} \ddot{X} + \mu \dfrac{X}{r^3} = 0 \\ \ddot{Y} + \mu \dfrac{Y}{r^3} = 0 \\ \ddot{Z} + \mu \dfrac{Z}{r^3} = 0 \end{cases} \tag{4.6}$$

卫星运动微分方程是三元二阶联立微分方程，因此，必须确定六个积分常数，才能确定卫星在该坐标系内的运动。

4.2 运动微分方程的解

4.2.1 面积积分（动量矩积分）

卫星在地球质心引力作用下绕地球质心作周期运动。地球质心引力 $\boldsymbol{F}_0$ 为有心力，其力心在地心，方向与卫星位置矢量 $\boldsymbol{r}$ 方向相反。因此，根据有心力对力心之矩为零的特性，即由式（4.1）可得

$$\boldsymbol{r} \times \boldsymbol{F}_0 = m\boldsymbol{r} \times \ddot{\boldsymbol{r}} = -\frac{GMm}{r^2} \frac{\boldsymbol{r} \times \boldsymbol{r}}{r} = 0$$

即

$$\boldsymbol{r} \times \ddot{\boldsymbol{r}} = 0 \tag{4.7}$$

注意到$\dfrac{\mathrm{d}}{\mathrm{d}t}\left(\boldsymbol{r} \times \dfrac{\mathrm{d}\boldsymbol{r}}{\mathrm{d}t}\right) = \dfrac{\mathrm{d}\boldsymbol{r}}{\mathrm{d}t} \times \dfrac{\mathrm{d}\boldsymbol{r}}{\mathrm{d}t} + \boldsymbol{r} \times \dfrac{\mathrm{d}^2\boldsymbol{r}}{\mathrm{d}t^2} = 0$，括号内部分为常矢量，则有

$$\boldsymbol{r} \times \dot{\boldsymbol{r}} = \boldsymbol{h} \tag{4.8}$$

式中，$\dot{\boldsymbol{r}}$为卫星速度矢量；$\boldsymbol{h}$ 为积分常矢量，它的方向为 $\boldsymbol{r}$ 和 $\dot{\boldsymbol{r}}$ 组成的平面的法线方向。

式（4.8）称为面积积分，又称为动量矩积分。由积分式可知，卫星运动平面（$\boldsymbol{r} \times \dot{\boldsymbol{r}}$）的法线矢量 $\boldsymbol{h}$ 是个常矢量，因此，卫星运动的平面在空间上是一个固定平面，并通过地心 O，如图 4.1 所示的平面 OSN。

如设 $\boldsymbol{h}$ 的三个坐标分量为（A,B,C），即

$$\boldsymbol{h}=\begin{bmatrix}A\\B\\C\end{bmatrix} \tag{4.9}$$

则由矢量叉积公式可将式（4.8）写成如下分量形式：

$$\begin{cases}Y\dot{Z}-Z\dot{Y}=A\\Z\dot{X}-X\dot{Z}=B\\X\dot{Y}-Y\dot{X}=C\end{cases} \tag{4.10}$$

将式（4.10）中的三个等式分别乘以 X、Y、Z 并取和，则得

$$AX+BY+CZ=0 \tag{4.11}$$

至此，已经把三元二阶微分方程化解为三元一阶微分方程（4.10）式，其中 A、B、C 为三个积分常数。式（4.11）是卫星运动的轨道平面方程，是一个通过坐标原点地心的平面。其法线矢量为常矢量 $\boldsymbol{h}$，积分常数 A、B、C 是 $\boldsymbol{h}$ 的三个坐标分量，有

$$h=\sqrt{A^2+B^2+C^2} \tag{4.12}$$

（1）积分常数 A、B、C 与轨道平面参数的关系

如图 4.1 所示，OSN 为卫星轨道平面，i 为轨道平面与地球赤道面间的夹角，称为轨道倾角；N 为卫星自南半球行至北半球时与赤道的交点，称为升交点。平春分点♈至升交点 N 的角距 Ω 称为升交点赤经。$\boldsymbol{h}$ 为轨道平面的法线常矢量。i 与 Ω 两个参数确定了轨道平面在空间的位置，称为轨道平面参数。

现以轨道平面法线矢量方向为 z 轴，以升交点方向为 x 轴，y 轴按右手坐标系取向，建立 O—xyz 坐标系。则 $\boldsymbol{h}$ 在此坐标系内的三个分量为（$0,0,h$），即

$$\boldsymbol{h}=\begin{bmatrix}0\\0\\h\end{bmatrix} \tag{4.13}$$

由图 4.1 所示的赤道直角坐标系 O—XYZ 与坐标系 O—xyz 的关系可得

$$\begin{bmatrix}A\\B\\C\end{bmatrix}=R_Z(-\Omega)R_x(-i)\begin{bmatrix}0\\0\\h\end{bmatrix}=\begin{bmatrix}h\sin i\sin\Omega\\-h\sin i\cos\Omega\\h\cos i\end{bmatrix} \tag{4.14}$$

由式（4.14）可得

$$\begin{cases}\Omega=\arctan\left(\dfrac{-A}{B}\right)\\ i=\arctan\left(\sqrt{\dfrac{A^2+B^2}{C^2}}\right)\\ h=(A^2+B^2+C^2)^{1/2}\end{cases} \tag{4.15}$$

由此可知，面积积分的三个积分常数 A、B、C 可以用 Ω、i、h 代替，两者是等价的。所以，通常也称 Ω、i、h 为积分常数，而且采用这三个独立参数比较直观，具有明显的物理意义和几何意义。

（2）积分常数 h 的几何意义：二倍的面积速度

如图4.2所示，卫星在空间某点的相应运动参数 $\boldsymbol{r}$、$\dot{\boldsymbol{r}}$、Θ。其中，Θ 表示卫星速度与当地水平面的夹角。由式（4.8）可得

$$h = |\boldsymbol{r} \times \dot{\boldsymbol{r}}| = |\boldsymbol{r}||\dot{\boldsymbol{r}}| \sin\left(\frac{\pi}{2} - \Theta\right) = r|\dot{\boldsymbol{r}}| \cos\Theta = r^2 \dot{\theta}$$

设卫星在 Δt 时间内由 P_1 飞行至 P_2，对应点至地心距离为 r、$r+\Delta r$，如图4.3所示。记 OP_1、OP_2 所夹面积为 ΔA，则由图4.3所示可知

$$\frac{1}{2}(r+\Delta r)^2 \Delta\theta > \Delta A > \frac{1}{2} r^2 \Delta\theta$$

将上式各除以 Δt，令 $\Delta t \to 0$ 取极限，则得

$$\dot{A} = \frac{1}{2} r^2 \dot{\theta}$$

显然有

$$\dot{A} = \frac{h}{2} \tag{4.16}$$

式中，$\dot{A}$ 为面积速度。通常把矢径 $\boldsymbol{r}$ 在单位时间内所扫过的面积称为面积速度 $\dot{A}$，所以 h 为二倍面积速度。

因此，式（4.8）和式（4.10）称为面积积分。

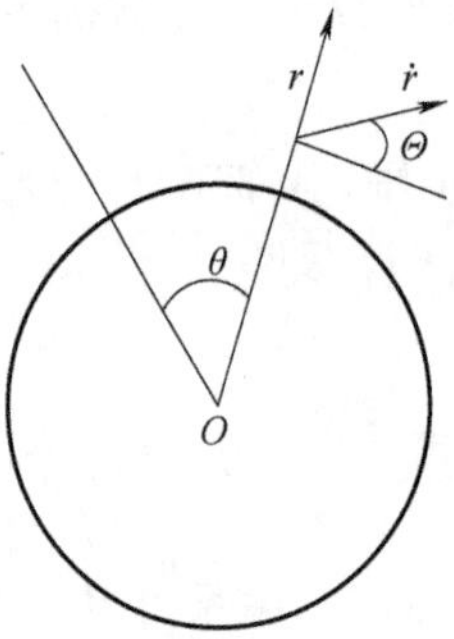

图4.2　卫星在空间运动参数

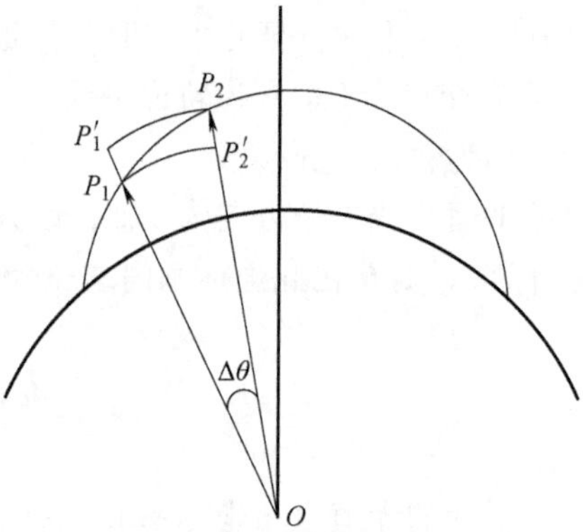

图4.3　求面积速度辅助图

4.2.2　轨道积分——椭圆轨道参数

上面已经推导出，卫星运动是在轨道平面上运行的，该平面由轨道面参数 Ω、i 确定。因此，为了简化，在进一步求解其他积分时，可在轨道平面上进行求解。为此，建立轨道平面上的二维坐标系 O—xy，如图4.4所示，其原点仍为地心，x 轴指向升交点 N，x 轴按卫星运动方向旋转90°为 y 轴。

在此平面坐标系内卫星的运动微分方程为

$$\begin{cases} \ddot{x} + \mu \dfrac{x}{r^3} = 0 \\ \ddot{y} + \mu \dfrac{y}{r^3} = 0 \end{cases} \tag{4.17}$$

为了讨论方便，现建立辅助极坐标系 $O—r\theta$，如图 4.4 所示。直角坐标与极坐标的关系为

$$\begin{cases} x = r\cos\theta \\ y = r\sin\theta \end{cases} \tag{4.18}$$

由式（4.18）求出

$$\begin{cases} \dot{x} = \dot{r}\cos\theta - r\sin\theta\dot{\theta} \\ \dot{y} = \dot{r}\sin\theta + r\cos\theta\dot{\theta} \end{cases}$$

$$\begin{cases} \ddot{x} = \ddot{r}\cos\theta - \dot{r}\sin\theta\dot{\theta} - \dot{r}\sin\theta\dot{\theta} - r\cos\theta\dot{\theta}^2 - r\sin\theta\ddot{\theta} \\ \ddot{y} = \ddot{r}\sin\theta + \dot{r}\cos\theta\dot{\theta} + \dot{r}\cos\theta\dot{\theta} - r\sin\theta\dot{\theta}^2 + r\cos\theta\ddot{\theta} \end{cases}$$

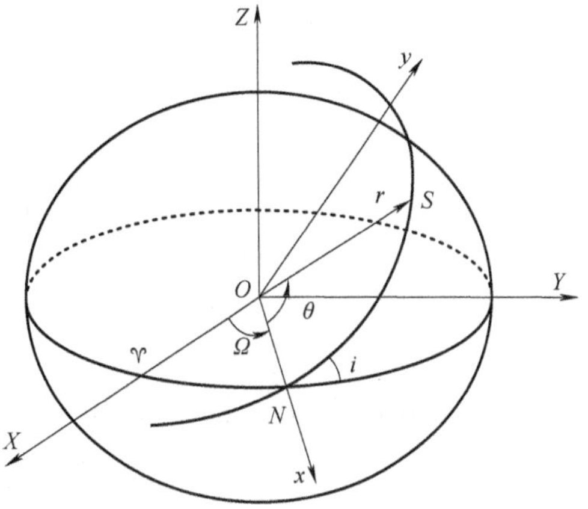

图 4.4　卫星轨道平面坐标系

将式（4.18）和上述 $\ddot{x}$、$\ddot{y}$ 代入式（4.17）得

$$\begin{cases} \ddot{r}\cos\theta - \dot{r}\sin\theta\dot{\theta} - \dot{r}\sin\theta\dot{\theta} - r\cos\theta\dot{\theta}^2 - r\sin\theta\ddot{\theta} + \mu\dfrac{r\cos\theta}{r^3} = 0 & ① \\ \ddot{r}\sin\theta + \dot{r}\cos\theta\dot{\theta} + \dot{r}\cos\theta\dot{\theta} - r\sin\theta\dot{\theta}^2 + r\cos\theta\ddot{\theta} + \mu\dfrac{r\sin\theta}{r^3} = 0 & ② \end{cases}$$

上式中，① × $\cos\theta$ + ② × $\sin\theta$ 得 $\ddot{r} - r\dot{\theta}^2 = -\dfrac{\mu}{r^2}$，② × $\cos\theta$ − ① × $\sin\theta$ 得 $2\dot{r}\dot{\theta} + r\ddot{\theta} = 0$，即

$$\begin{cases} \ddot{r} - r\dot{\theta}^2 = -\dfrac{\mu}{r^2} \\ 2\dot{r}r\dot{\theta} + r^2\ddot{\theta} = 0 \end{cases} \tag{4.19}$$

卫星轨道平面的运动微分方程是二元三阶微分方程组，解这样的微分方程组，需要四个积分常数。二体问题运动微分方程的完全解需要六个独立的积分常数，前面已解出三个积分常数。显然，解式（4.17）或式（4.19）出现的四个积分常数中必有一个不独立，需要将它舍去。

由式（4.19）的第二式可直接积分得

$$r^2\dot{\theta} = h \tag{4.20}$$

式中，h 为积分常数，而 $r^2\dot{\theta}$ 是面积速度的两倍，所以此处的积分常数就是前面已经导出的积分常数 h。因此，式（4.19）可写成

$$\begin{cases} \ddot{r} - r\dot{\theta}^2 = -\dfrac{\mu}{r^2} \\ r^2\dot{\theta} = h \end{cases} \tag{4.21}$$

此微分方程组的解应该有三个独立积分常数。为了便于求解，首先求解卫星运动轨道方程；然后，再求出卫星运动与时间的函数关系。

为推导方便，作变量置换，令

$$u = \frac{1}{r} \tag{4.22}$$

则式（4.21）的第二式变为

$$\dot{\theta} = hu^2$$

而

$$\dot{r}=\frac{\mathrm{d}r}{\mathrm{d}t}=\frac{\mathrm{d}r}{\mathrm{d}\theta}\frac{\mathrm{d}\theta}{\mathrm{d}t}=-\frac{1}{u^2}\frac{\mathrm{d}u}{\mathrm{d}t}\dot{\theta}$$

且

$$\ddot{r}=\frac{\mathrm{d}}{\mathrm{d}t}(\dot{r})=\frac{\mathrm{d}}{\mathrm{d}\theta}(\dot{r})\frac{\mathrm{d}\theta}{\mathrm{d}t}=-h\frac{\mathrm{d}^2u}{\mathrm{d}\theta^2}hu^2$$

即

$$\ddot{r}=-h^2u^2\frac{\mathrm{d}^2u}{\mathrm{d}\theta^2}$$

将式（4.22）和$\dot{\theta}$、$\dot{r}$、$\ddot{r}$表达式代入式（4.21）的第一式，可得

$$-h^2u^2\frac{\mathrm{d}^2u}{\mathrm{d}\theta^2}-\frac{1}{u}(hu^2)^2=-\mu u^2$$

即

$$\frac{\mathrm{d}^2u}{\mathrm{d}\theta^2}+u=\frac{\mu}{h^2} \tag{4.23}$$

式（4.23）是一个r、θ的二阶微分方程，其解是卫星运动的微分方程，它有两个独立积分常数。

式（4.23）是二阶非齐次微分方程，它对应的线性齐次方程为

$$\frac{\mathrm{d}^2u^*}{\mathrm{d}\theta^2}+u^*=0$$

其通解如下

$$u^*=K_1\cos\theta+K_2\sin\theta$$

式中，K_1、K_2 为积分常数。

对于二阶非齐次微分方程式（4.23），它的一个特解为

$$u_0=\frac{\mu}{h^2}$$

因此，式（4.23）的通解为

$$u=u^*+u_0=K_1\cos\theta+K_2\sin\theta+\frac{\mu}{h^2} \tag{4.24}$$

为了使轨道方程中的积分常数具有明显的物理意义，现用两个新的独立的参数e和ω代替K_1、K_2。

设

$$K_1=\frac{\mu}{h^2}e\cos\omega, K_2=\frac{\mu}{h^2}e\sin\omega$$

将以上两式代入式（4.24）有

$$u=\frac{\mu}{h^2}e\cos\omega\cos\theta+\frac{\mu}{h^2}e\sin\omega\sin\theta+\frac{\mu}{h^2}$$

整理后可得

$$u=\frac{\mu}{h^2}[e\cos(\theta-\omega)+1]$$

将式（4.22）代入上式，即可得卫星在轨道平面上的运动方程，即

$$r=\frac{h^2/\mu}{1+e\cos(\theta-\omega)} \tag{4.25}$$

由解析几何可知，式（4.25）是以焦点为坐标原点的圆锥曲线方程。e 为圆锥曲线的偏心率（离心率）。当 $e<1$ 时，式（4.25）为椭圆方程，即卫星绕地球沿椭圆轨道运行，这是本书的研究对象。当 $e=1$ 时，为抛物线方程；当 $e>1$ 时，为双曲线方程。此时都不能形成卫星绕地球运行的轨道，而是飞向宇宙空间，作星际航行，如宇宙飞船、空间探测器等，这不是本书讨论的范围。

当坐标原点（极点）位于椭圆一焦点上，极轴为从该焦点指向最近一个顶点（近地点）的射线，而椭圆的标准方程为

$$r=\frac{p}{1+e\cos f}=\frac{a(1-e^2)}{1+e\cos f} \tag{4.26}$$

式中，e 为椭圆偏心率，又称离心率，$e=\sqrt{\frac{a^2-b^2}{a^2}}$；$f$ 为极角，自极轴正方向（近地点方向）量至动径 $\boldsymbol{r}$ 方向；a 为椭圆的长半轴；b 为椭圆的短半轴；p 为半通径，又称焦点参数，有

$$p=a(1-e^2) \tag{4.27}$$

式（4.25）与标准椭圆方程式（4.26）相比较，可以知道以下三点：

（1）参数 e 为椭圆偏心率

它表示椭圆轨道的形状。当 e 越大，椭圆扁平程度越大，反之越小；当 $e=0$，轨道为圆。这就是参数 e 的几何意义。

（2）$\theta-\omega$ 与 f 的关系

比较两式，可知，$\theta-\omega=f$，即

$$\omega=\theta-f \tag{4.28}$$

这表明，ω 是近地点方向与升交点方向间的夹角，称为近升角距，如图 4.5 所示。近升角距 ω 确定了卫星近地点与升交点间的关系，当升交点方向由 Ω 确定后，ω 就确定了近地点方向。这就是 ω 的几何意义。

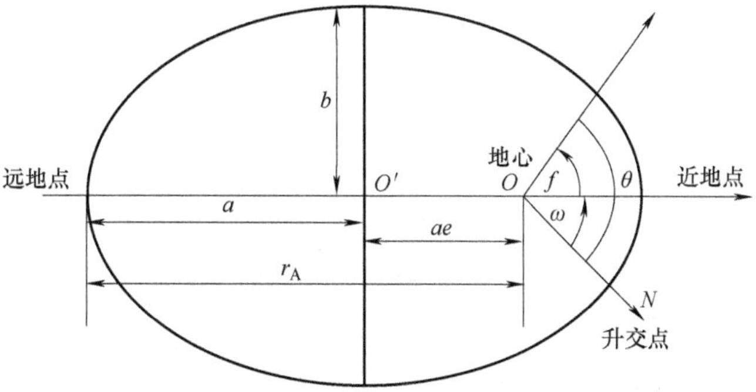

图 4.5　卫星椭圆轨道参数

极角 f 又称为真近点角，是下面经常要应用的重要参数，而式（4.26）就是用真近点角表示的卫星轨道方程。

（3）h 与 p 的关系

$$p=a(1-e^2)=\frac{h^2}{\mu}$$

即

$$h^2 = \mu p = \mu a(1 - e^2) \tag{4.29}$$

这说明积分常数 h 可以用参数 p 或 a 来代替。由于长半轴 a 具有更明显的几何意义，通常都采用 a 代替 h。

另外，由椭圆方程式（4.26），可得近地点 P 的向径 r_{P} 和远地点 A 的向径 r_{A} 的表达式

$$\begin{cases} r_{\mathrm{P}} = a(1-e) \\ r_{\mathrm{A}} = a(1+e) \end{cases} \tag{4.30}$$

4.2.3 平均角速度公式和速度公式（活力公式）

在推导最后一个积分之前，先讨论两个常用的重要公式。

4.2.3.1 平均角速度公式

设卫星沿椭圆轨道绕地球一周的周期为 T，其平均角速度为 n，则

$$T = \frac{\pi ab}{h/2} = \frac{2\pi a^2\sqrt{1-e^2}}{h} \tag{4.31}$$

$$n = \frac{2\pi}{T} = \frac{h}{a^2\sqrt{1-e^2}}$$

将式（4.29）代入上式，可得

$$n = \frac{\sqrt{\mu a(1-e^2)}}{a^2\sqrt{1-e^2}} = \sqrt{\frac{\mu}{a^3}} \tag{4.32}$$

或

$$a^3 n^2 = \mu = GM \tag{4.33}$$

这就导出了卫星运行的平均角速度 n 与长半轴 a 的关系。当已知或测定椭圆长半轴 a，即可计算得到平均角速度 n。

另外，将式（4.29）代入式（4.31），可得

$$T^2 = 4\pi^2 \frac{a^3}{\mu} \tag{4.34}$$

或

$$\frac{a^3}{T^2} = \frac{\mu}{4\pi^2}$$

这表明，卫星绕地球运行周期的二次方与其椭圆轨道的长半轴 a 的三次方成正比。当已知 a 可求得 T，反之已知 T 可求 a。

4.2.3.2 速度公式（活力公式）

由轨道平面直角坐标系的运动方程式（4.17），即

$$\begin{cases} \ddot{x} + \mu \dfrac{x}{r^3} = 0 \\ \ddot{y} + \mu \dfrac{y}{r^3} = 0 \end{cases}$$

用 $\dot{x}$ 和 $\dot{y}$ 分别乘以第一式和第二式，然后取和，得

$$\dot{x}\ddot{x}+\dot{y}\ddot{y}=-\mu\frac{x\dot{x}+y\dot{y}}{r^3}$$

上式可写成

$$\frac{\mathrm{d}}{\mathrm{d}t}(\dot{x}^2+\dot{y}^2)=-\frac{\mu}{r^3}\frac{\mathrm{d}}{\mathrm{d}t}(x^2+y^2)$$

由于速度 v 的二次方和向径 r 的二次方为

$$v^2=\dot{x}^2+\dot{y}^2$$
$$r^2=x^2+y^2$$

所以

$$\frac{\mathrm{d}}{\mathrm{d}t}(v^2)=-\frac{\mu}{r^3}\frac{\mathrm{d}}{\mathrm{d}t}(r^2)=-\frac{2\mu}{r^2}\frac{\mathrm{d}r}{\mathrm{d}t}$$

积分可得

$$v^2=\frac{2\mu}{r}+L \tag{4.35}$$

此式称为活力公式，或称能量积分，是一个重要的积分，它表述了二体问题的能量守恒问题。但它不是独立积分，其积分常数 L 可用其他积分常数代替。

因为有

$$v^2=\dot{x}^2+\dot{y}^2=\dot{r}^2+r^2\dot{\theta}^2$$

并注意到式（4.21）第二式及式（4.29），则

$$v^2=\dot{r}^2+\frac{h^2}{r^2}=\dot{r}^2+\frac{\mu a(1-e^2)}{r^2}$$

将上式代入活力积分式（4.35），可得

$$L=\dot{r}^2+\frac{\mu a(1-e^2)}{r^2}-\frac{2\mu}{r}$$

因为活力公式对卫星椭圆轨道上任意一点都满足，而在近地点时

$$r=a(1-e)$$
$$\dot{r}=0$$

于是

$$L=\frac{\mu a(1-e^2)}{a^2(1-e)^2}-\frac{2\mu}{a(1-e)}=\frac{\mu(1+e)-2\mu}{a(1-e)}=-\frac{\mu}{a}$$

将此式代入式（4.35），可得

$$v^2=\mu\left(\frac{2}{r}-\frac{1}{a}\right) \tag{4.36}$$

此式称为活力公式，也称为能量公式。该式给出了卫星运动的速度 v 与向径 r、椭圆轨道长半轴 a 的关系。利用活力公式可以方便地求出速度 v；同时，它又是表述动能和位能关系的公式，是今后经常应用的重要公式之一。

4.2.4　开普勒积分——轨道时间参数

轨道平面坐标系的运动微分方程式（4.21）为

$$\begin{cases} \ddot{r} - r\dot{\theta}^2 = -\dfrac{\mu}{r^2} \\ r^2\dot{\theta} = h \end{cases}$$

前面已经基于第一式解出了两个独立的积分常数 e、ω，并解得了卫星轨道方程。因此，现在需要从第二式出发，求解第六个积分常数，即时间 t 与向径 r 或 θ 的关系。

将式（4.29），即 $h^2=\mu a(1-e^2)$ 代入运动微分方程第二式，有

$$r^4\dot{\theta}^2=\mu a(1-e^2) \tag{4.37}$$

由活力公式可得

$$v^2=\dot{r}^2+r^2\dot{\theta}^2=\mu\left(\frac{2}{r}-\frac{1}{a}\right)$$

$$r^2\dot{\theta}^2=\mu\left(\frac{2}{r}-\frac{1}{a}\right)-\dot{r}^2$$

由式（4.37）求出$\dot{\theta}^2$ 并代入上式，得

$$\dot{r}^2=\mu\left(\frac{2}{r}-\frac{1}{a}\right)-\frac{\mu}{r^2}\cdot a(1-e^2)$$

将式（4.33）$\mu=n^2a^3$ 代入上式，得

$$\begin{aligned}\dot{r}^2 &= n^2a^3\left(\frac{2}{r}-\frac{1}{a}\right)-\frac{n^2a^3}{r^2}\cdot a(1-e^2) \\ &= \frac{n^2a^2}{r^2}[(2ra-r^2)-a^2+a^2e^2] \\ &= \frac{n^2a^2}{r^2}[a^2e^2-(a-r)^2]\end{aligned}$$

即

$$\dot{r}=\frac{na}{r}\sqrt{a^2e^2-(a-r)^2}$$

$$\frac{r}{a\sqrt{a^2e^2-(a-r)^2}}\frac{\mathrm{d}r}{\mathrm{d}t}=n \tag{4.38}$$

为了便于对上式积分，现引入重要辅助变量 E，常称为偏近点角。偏近点角的定义为

$$ae\cos E=a-r \tag{4.39}$$

它的几何意义如图 4.6 所示。图中，O 为地球质心，是卫星 S 运动的椭圆轨道的一个焦点；O'为椭圆轨道的中心；P 为近地点；A 为远地点；f 为任意时刻 t 卫星的真近点角。现以 O' 为圆心，以长半轴 a 为半径作一辅助圆；过 t 时刻卫星位置 S 作一垂直于近地点方向 OP 的垂线 SH，其延长线交辅助圆于 S'；连线 $O'S'$线，则 $O'S'$方向与 $O'P$ 方向间的夹角即为偏近点角 E。因为 $O'O=ae$，所以有

$$a\cos E-ae=r\cos f \tag{4.40}$$

而由轨道方程式（4.26）可得

$$r(1+e\cos f)=a(1-e^2)$$

即

$$r\cos f=\frac{1}{e}[a(1-e^2)-r]$$

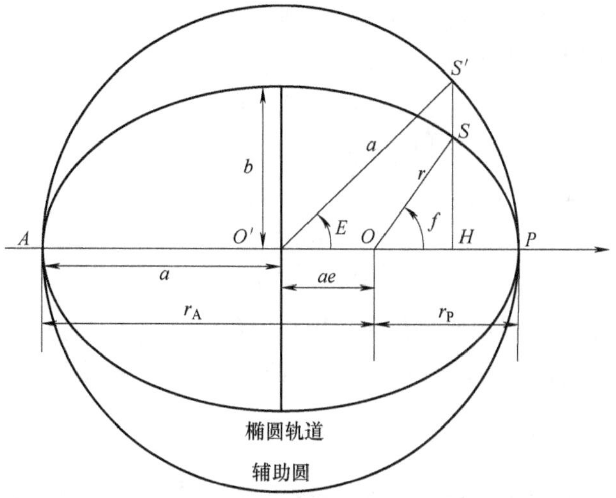

图 4.6 偏近点角与真近点角

将此式代入式（4.40），即

$$a\cos E - ae = \frac{1}{e}[a(1-e^2) - r]$$

$$ae\cos E - ae^2 = a - ae^2 - r$$

$$ae\cos E = a - r$$

则由上式可以得到

$$r = a(1 - e\cos E) \tag{4.41}$$

这就是用偏近点角 E 表示的轨道方程，也是今后经常使用的一个重要公式。

r 和 E 都是时间的函数，因此，由式（4.40）可得

$$\frac{\mathrm{d}r}{\mathrm{d}t} = ae\sin E\frac{\mathrm{d}E}{\mathrm{d}t}$$

将上式和式（4.40）代入式（4.38），有

$$n = \frac{r}{a\sqrt{a^2e^2 - (a-r)^2}}\frac{\mathrm{d}r}{\mathrm{d}t} = \frac{a(1-e\cos E)}{a\sqrt{a^2e^2 - a^2e^2\cos^2 E}}ae\sin E\frac{\mathrm{d}E}{\mathrm{d}t}$$

即

$$(1 - e\cos E)\frac{\mathrm{d}E}{\mathrm{d}t} = n$$

积分后可得下式

$$E - e\sin E = nt + T_0$$

式中，T_0 为积分常数，通常都用常数 τ 代替，即 $\tau = -T_0/n$，则

$$E - e\sin E = n(t - \tau) \tag{4.42}$$

这就是著名的开普勒积分，它导出了二体问题的第六个积分常数 τ，给出了偏近点角 E 与时间 t 的关系，即式（4.41），$r = a(1 - e\cos E)$。

现分析积分常数 τ 的物理意义。因为当卫星过近地点时 $E=0$，其相应时刻为 t_P，则由式（4.42）可得

$$\tau = t_P$$

由此可知，积分常数 τ 就是卫星过近地点的时刻。

在一些计算和应用中，为了方便，常令

$$\begin{cases} M = n(t-\tau) = nt + M_0 \\ M_0 = -n\tau \end{cases} \tag{4.43}$$

此时开普勒方程式（4.43）可写成

$$\begin{cases} E - e\sin E = M \\ M = nt + M_0 \end{cases} \tag{4.44}$$

式中，M 为从近地点起算卫星以平均角速度运行的角度，称为平近点角。此时，是以 M_0 代替过近地点的时刻 τ，M_0 相当于 $t=0$ 时的平近点角。

4.2.5 开普勒轨道根数

上面通过对二体问题的卫星运动方程的求解，求得全部六个积分常数和有关公式。它们确定卫星轨道面在空间的位置，决定轨道的大小、形状和空间的方位，同时给出计算运动时间的起算点，所以，具体地描述了卫星运动的基本规律。通常将这六个积分常数称为开普勒轨道根数，或者开普勒要素。

开普勒轨道根数定义如下：

1）Ω 为升交点与 X 轴的角距，从 X 轴开始逆时针方向度量为正，Ω 称为升交点赤经，$0° \leqslant \Omega \leqslant 360°$。

2）i 为轨道面与赤道面的夹角，在升交点由赤道面起逆时针方向度量为正，i 称为轨道倾角。i 也是卫星动量矩矢量 $\boldsymbol{h}$ 与 Z 轴的夹角，$0° \leqslant i \leqslant 180°$。当 $i<90°$ 时称为顺行轨道，当 $i=90°$ 时称为极轨道，当 $i>90°$ 时称为逆行轨道。

3）ω 为轨道面内由升交点到近地点拱线的夹角，由升交点起顺卫星运动方向度量为正，ω 称为近地点中心角，$0° \leqslant \omega \leqslant 360°$。

4）a 为轨道长半轴。

5）e 为轨道偏心率。

6）τ 为卫星飞过近地点的时刻。

在这六个经典轨道根数中，i 和 Ω 决定了轨道面在惯性空间的位置。ω 决定了轨道本身在轨道面内的指向。a 和 e 决定了轨道的大小和形状。轨道长半轴 a、偏心率 e 和轨道半通径 P 三者中只有两个是独立的，因而可取三者中的任意两个作为轨道根数。τ 决定了卫星在轨道上的位置。

图 4.7 给出了轨道根数的意义，表 4.1 给出了各轨道根数的名称和作用。

表 4.1　开普勒轨道根数及其作用

序　号	根数名称	代表符号	作　用
1	轨道平面倾角	i	决定轨道平面的位置
2	升交点赤经	Ω	
3	轨道半长轴	a	决定轨道的大小
4	轨道偏心率	e	决定轨道的形状
5	近升角距（近地点幅角）	ω	决定椭圆轨道在轨道平面内的方位
6	过近地点时刻	τ	卫星运动时间的起点

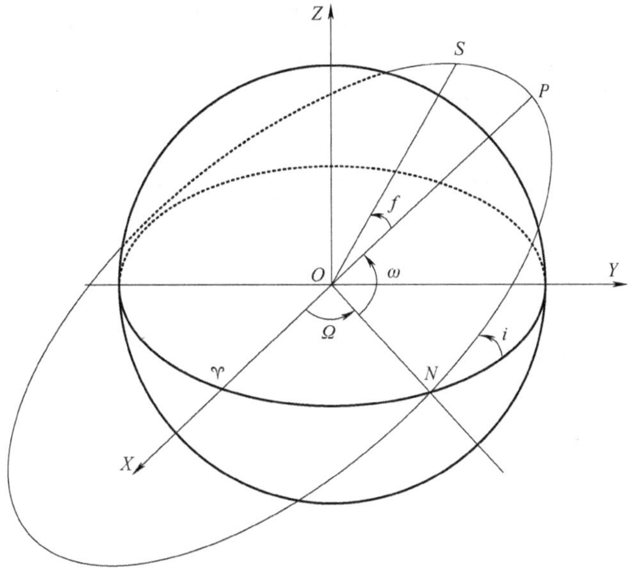

图 4.7　开普勒轨道根数

经典轨道根数在下述三种情况下将出现病态，此时要对轨道根数的定义做相应的改变以消除病态。

第一种情况为 $i=0°$或 $180°$，由于升交点不定，因而 ω 和 Ω 为不定值，这时引入下式：

$$\bar{\omega}=\omega+\Omega$$

$\bar{\omega}$ 称为近地点经度。在一般情况下，$\bar{\omega}$ 是两个不同平面上角度之和，但在所述的特殊情况下为同一平面上角度之和，即为近地点赤经。因此，虽然 ω 和 Ω 是不定的，但 $\bar{\omega}$ 是确定的。在这一特殊情况下轨道根数为 a、e、$\bar{\omega}$、τ。

第二种情况为 $e=0$，轨道为圆，由于近地点为不定，故 ω 和 τ 为不定值。这时引入轨道要素 ξ、η、λ 代替 e、ω、τ，新的轨道根数定义为

$$\begin{cases}\xi=e\cos\omega\\ \eta=-e\sin\omega\\ \lambda=M+\omega=n(t-\tau)+\omega\end{cases}\tag{4.45}$$

因此，在这一特殊情况下，轨道根数为 a、i、Ω、λ。其中，λ 为 t 时刻卫星在轨道面内距升交点的角距。

此时开普勒方程变为

$$\tilde{\theta}=\lambda+\xi\sin\tilde{\theta}+\eta\cos\tilde{\theta}\tag{4.46}$$

其中

$$\tilde{\theta}=E+\omega\tag{4.47}$$

当 i 等于 $0°$或 $180°$，同时 $e=0$ 时，这时引入轨道根数 p、q、ξ、η、λ，其定义如下：

$$\begin{cases}p=\sin i\cos\Omega\\ q=-\sin i\sin\Omega\\ \xi=e\cos(\Omega+\omega)=e\cos\bar{\omega}\\ \eta=-e\sin(\Omega+\omega)=-e\sin\bar{\omega}\\ \lambda=M+\Omega+\omega=M+\bar{\omega}\end{cases}$$

在此特殊情况，描述轨道的轨道根数为 α 和 λ，λ 为 t 时刻卫星的赤经。

4.3 二体问题卫星星历的计算

根据卫星的轨道根数求解对应时刻 t 的卫星位置（三维坐标）和速度，称为卫星星历的计算。

4.3.1 三种近点角的关系

由式（4.40）和轨道方程式（4.41），即

$$r\cos f = a(\cos E - e)$$
$$r = a(1 - e\cos E)$$

可得

$$\cos f = \frac{\cos E - e}{1 - e\cos E} \tag{4.48}$$

$$\cos E = \frac{\cos f + e}{1 + e\cos f}$$

图 4.6 中，不妨设椭圆方程为$\frac{x^2}{a^2} + \frac{y^2}{b^2} = 1$，现作线性变换，令

$$x = x'$$
$$y = \frac{b}{a}y'$$

则椭圆方程变为圆方程，有

$$x'^2 + y'^2 = a^2$$

这也是图 4.6 所示的辅助圆的方程。

由图 4.6 所示可知，在 $\Delta O'S'H$ 中，$S'H = y' = \frac{a}{b}y = \frac{a}{b}r\sin f$、$S'H = a\sin E$，则得

$$b\sin E = r\sin f$$

由式（4.27）知 $p = a(1 - e^2)$，由椭圆偏心率 e 的定义知 $b = a\sqrt{1 - e^2} = \frac{p}{\sqrt{1 - e^2}}$，则

$$\sin E = \frac{r\sin f}{b} = \frac{r\sin f\sqrt{1 - e^2}}{p} = \frac{r\sin f\sqrt{1 - e^2}}{r(1 + e\cos f)} = \frac{\sin f\sqrt{1 - e^2}}{1 + e\cos f}$$

$$\sin f = \frac{\sin E(1 + e\cos f)}{\sqrt{1 - e^2}} = \frac{\sin E\left(1 + e\,\frac{\cos E - e}{1 - e\cos E}\right)}{\sqrt{1 - e^2}}$$

$$= \frac{\sin E(1 - e\cos E + e\cos E - e^2)}{\sqrt{1 - e^2}(1 - e\cos E)} = \frac{\sin E\sqrt{1 - e^2}}{1 - e\cos E}$$

即

$$\sin f = \frac{\sin E\sqrt{1 - e^2}}{1 - e\cos E} \tag{4.49}$$

又由三角公式知 $\tan\frac{E}{2}=\frac{1-\cos E}{\sin E}$

$$\tan\frac{E}{2}=\frac{1-\cos E}{\sin E}=\frac{1-\dfrac{e+\cos f}{1+e\cos f}}{\dfrac{\sin f\sqrt{1-e^2}}{1+e\cos f}}=\frac{1+e\cos f-e-\cos f}{\sin f\sqrt{1-e^2}}=\frac{(1-e)\cdot(1-\cos f)}{\sin f\sqrt{1-e^2}}$$

$$=\sqrt{\frac{1-e}{1+e}}\frac{1-\cos f}{\sin f}=\sqrt{\frac{1-e}{1+e}}\tan\frac{f}{2}$$

即 $\tan\frac{E}{2}=\sqrt{\frac{1-e}{1+e}}\tan\frac{f}{2}$，从而可以得到

$$\tan\frac{f}{2}=\sqrt{\frac{1+e}{1-e}}\tan\frac{E}{2} \tag{4.50}$$

这就是偏近点角 E 与真近点角 f 的关系式。而偏近点角 E 与平近点角 M 的关系就是开普勒方程，有

$$E-e\sin E=M$$

在卫星星历计算中，首先是根据轨道根数计算 $M=n(t-\tau)$；然后，解开普勒方程，求对应 t 时刻的偏近点角 E；再由式（4.50）求相应的真近点角 f。采用半角公式（4.50），是为了便于判断角度所在象限，计算简单、方便。

4.3.2　三种近点角和向径的导数关系

平近点角 M、偏近点角 E、真近点角 f 和向径 r 都是时间 t 的函数，它们的导数公式在卫星速度和轨道计算中都要用到。

由 $M=n(t-\tau)$ 得

$$\dot{M}=\frac{\mathrm{d}M}{\mathrm{d}t}=n=\sqrt{\frac{\mu}{a^3}} \tag{4.51}$$

由 $E-e\sin E=M$ 得

$$\dot{E}=\frac{\mathrm{d}E}{\mathrm{d}t}=\frac{1}{1-e\cos E}\frac{\mathrm{d}M}{\mathrm{d}t}=\frac{n}{1-e\cos E}$$

注意到式（4.48），则

$$\dot{E}=\frac{n}{1-e\dfrac{\cos f+e}{1+e\cos f}}=\frac{n(1+e\cos f)}{1+e\cos f-e\cos f-e^2}=\frac{n(1+e\cos f)}{1-e^2}$$

又由式（4.26）、式（4.27），可得

$$\dot{E}=\frac{n(1+e\cos f)}{1-e^2}=\frac{na(1+e\cos f)}{p}=\frac{na(1+e\cos f)}{r(1+e\cos f)}$$

$$=\frac{na}{r}=\frac{1}{r}\sqrt{\frac{\mu}{a}} \tag{4.52}$$

由式（4.41）知 $r=a(1-e\cos E)$，则

$$\dot{r}=\frac{\mathrm{d}r}{\mathrm{d}t}=ae(\sin E)\frac{\mathrm{d}E}{\mathrm{d}t}=\frac{ae}{r}\sin E\sqrt{\frac{\mu}{a}}$$

$$=\sqrt{\frac{\mu}{a}}\frac{e\sin E}{1-e\cos E} \tag{4.53}$$

对式（4.49）两边求导可得

$$\cos f\frac{\mathrm{d}f}{\mathrm{d}t}=\frac{\cos E\sqrt{1-e^2}}{1-e\cos E}\frac{\mathrm{d}E}{\mathrm{d}t}-\frac{\sin E\sqrt{1-e^2}}{(1-e\cos E)^2}e(\sin E)\frac{\mathrm{d}E}{\mathrm{d}t}$$

$$=\frac{\cos E-e\cos^2E-e\sin^2E}{(1-e\cos E)^2}\sqrt{1-e^2}\frac{\mathrm{d}E}{\mathrm{d}t}$$

$$=\frac{\cos E-e}{(1-e\cos E)^2}\sqrt{1-e^2}\frac{\mathrm{d}E}{\mathrm{d}t}$$

将式（4.48）代入上式

$$\frac{\mathrm{d}f}{\mathrm{d}t}=\frac{\sqrt{1-e^2}}{1-e\cos E}\frac{\mathrm{d}E}{\mathrm{d}t}$$

注意到 $\cos E=\dfrac{\cos f+e}{1+e\cos f}$，则

$$\frac{\mathrm{d}f}{\mathrm{d}t}=\frac{\sqrt{1-e^2}}{1-e\dfrac{\cos f+e}{1+e\cos f}}\frac{\mathrm{d}E}{\mathrm{d}t}=\frac{\sqrt{1-e^2}(1+e\cos f)}{1-e^2}\frac{\mathrm{d}E}{\mathrm{d}t}$$

将 $1+e\cos f=\dfrac{p}{r}$、$p=a(1-e^2)$代入上式，可推得

$$\dot{f}=\frac{\mathrm{d}f}{\mathrm{d}t}=\frac{a}{r}\sqrt{1-e^2}\frac{\mathrm{d}E}{\mathrm{d}t}=\frac{na^2}{r^2}\sqrt{1-e^2}$$

$$=\frac{a}{r}\sqrt{1-e^2}\frac{1}{r}\sqrt{\frac{\mu}{a}}=\frac{\sqrt{\mu a(1-e^2)}}{r^2} \tag{4.54}$$

由 $r=\dfrac{p}{1+e\cos f}=\dfrac{a(1-e^2)}{1+e\cos f}$可求得

$$\dot{r}=\frac{\mathrm{d}r}{\mathrm{d}t}=\frac{a(1-e^2)}{(1+e\cos f)^2}e(\sin f)\frac{\mathrm{d}f}{\mathrm{d}t}=\frac{r^2}{a(1-e^2)}e(\sin f)\frac{\mathrm{d}f}{\mathrm{d}t}$$

将式（4.54）代入可得

$$\dot{r}=\frac{\mathrm{d}r}{\mathrm{d}t}=\frac{r^2}{a(1-e^2)}e(\sin f)\frac{\sqrt{\mu a(1-e^2)}}{r^2}=e\sqrt{\frac{\mu}{a(1-e^2)}}\sin f \tag{4.55}$$

另外可推导得到

$$\ddot{f}=\frac{\mathrm{d}^2f}{\mathrm{d}t^2}=\frac{-2\mu e}{a^3(1-e^2)^3}(1+e\cos f)^3\sin f$$

$$=\frac{-\mu}{a^3}\frac{2a(1-e^2)^{1/2}\sin E}{(1-e\cos E)^4} \tag{4.56}$$

$$\ddot{r}=\frac{\mathrm{d}^2r}{\mathrm{d}t^2}=\frac{\mu e(\cos E-e)}{a^2\ (1-e\cos E)^3}$$

$$=\frac{\mu}{a^3}[a(1-e^2)-r]=\frac{\mu}{a^2}e\cos f \tag{4.57}$$

需要指出，上述公式仅适用于二体问题。

4.3.3　开普勒方程的解

开普勒方程有

$$E - e\sin E = M$$

这是一个超越方程。由已知 E 求 M 很容易，可是，由已知 M 求 E 却不易得到。但当卫星椭圆轨道的偏心率 e 较小时，可以采用迭代法求解，通常采用微分迭代法，收敛速度较快。

由开普勒方程可得

$$\mathrm{d}E - e(\cos E)\mathrm{d}E = \mathrm{d}M$$

即

$$\mathrm{d}E = \frac{\mathrm{d}M}{1 - e\cos E} \tag{4.58}$$

迭代方法是，首先赋初值

$$E_0 = M$$

按迭代公式

$$\begin{cases} \mathrm{d}M = M - E_i + e\sin E_i \\ E_{i+1} = E_i + \dfrac{\mathrm{d}M}{1 - e\cos E} \end{cases} \tag{4.59}$$

进行迭代计算，直至满足条件为止，即满足

$$|E_{i+1} - E_i| \leqslant \varepsilon$$

平近点角 M 的计算。已知轨道根数和时刻 t，首先求出平均角速度 n

$$n = \sqrt{\frac{\mu}{a^3}}$$

然后计算时刻 t 的平近点角 M

$$M = n(t - \tau)$$

4.3.4　卫星位置和速度的计算公式

4.3.4.1　卫星位置的计算公式

如图 4.8a 所示，O—XYZ 为赤道直角坐标系，卫星沿椭圆轨道运行，在时刻 t 的位置矢量为 $\boldsymbol{r}$。现设近地点方向的单位矢量为 $\boldsymbol{P}$，而在轨道平面内按卫星运动方向与 $\boldsymbol{P}$ 垂直的方向的单位矢量为 $\boldsymbol{Q}$。同时，为清晰表达且易于观察，将轨道平面上 $\boldsymbol{P}$、$\boldsymbol{Q}$ 与 $\boldsymbol{r}$ 的关系用图 4.8b 表示。

由于卫星位置矢量 $\boldsymbol{r}$ 在轨道平面上，所以由图 4.8b 所示可得

$$\boldsymbol{r} = r\cos f\boldsymbol{P} + r\sin f\boldsymbol{Q} \tag{4.60}$$

由式（4.40）、式（4.41）和式（4.49）等

$$a\cos E - ae = r\cos f$$

$$r = a(1 - e\cos E)$$

$$\sin f = \frac{\sin E\sqrt{1 - e^2}}{1 - e\cos E}$$

$$\cos f = \frac{\cos E - e}{1 - e\cos E}$$

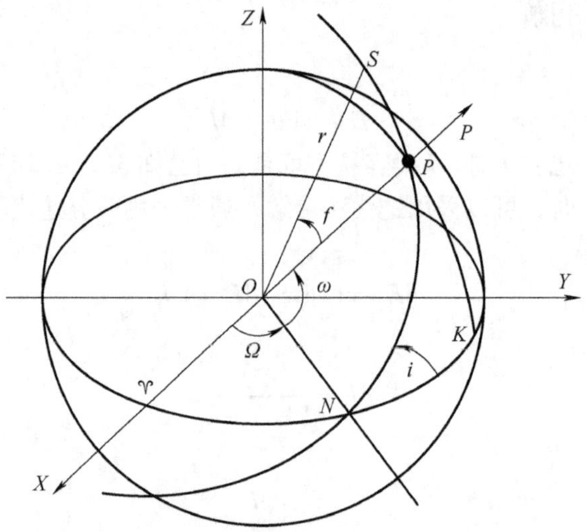

a) P、Q与轨道根数的关系

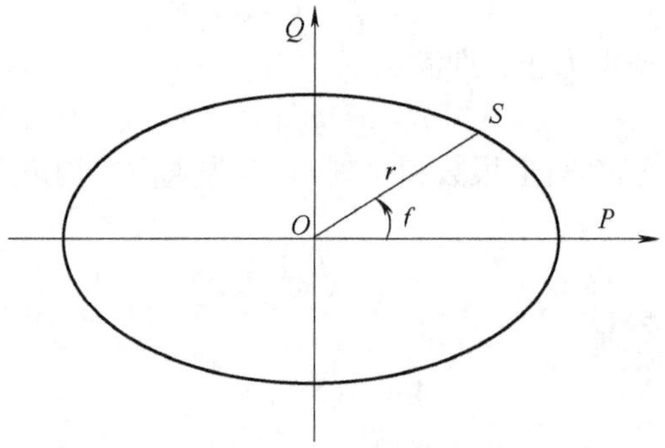

b) 轨道平面P、Q与r的关系

图 4.8　卫星位置矢量关系图

则式（4.60）可写成

$$\boldsymbol{r}=a(\cos E-e)\boldsymbol{P}+a\sqrt{1-e^2}(\sin E)\boldsymbol{Q} \tag{4.61}$$

如设卫星位置矢量 $\boldsymbol{r}$ 和单位矢量 $\boldsymbol{P}$、$\boldsymbol{Q}$ 在赤道直角坐标系中的坐标分量分别为（X,Y,Z）、（P_X,P_Y,P_Z）和（Q_X,Q_Y,Q_Z），则

$$\boldsymbol{r}=\begin{bmatrix}X\\Y\\Z\end{bmatrix}=a(\cos E-e)\begin{bmatrix}P_X\\P_Y\\P_Z\end{bmatrix}+a\sqrt{1-e^2}\sin E\begin{bmatrix}Q_X\\Q_Y\\Q_Z\end{bmatrix} \tag{4.62}$$

由此可知，只要能求得 $\boldsymbol{P}$、$\boldsymbol{Q}$ 的坐标分量，即可根据式（4.61）计算出卫星的坐标。单位矢量在坐标轴上的分量等于该单位矢量与坐标轴的方向余弦，因此，由图 4.8a 所示的球面三角形 PNX 可得

$$P_X = \cos(\boldsymbol{P},\boldsymbol{X}) = \cos\omega\cos\Omega - \sin\omega\sin\Omega\cos i$$

同理，由图 4.8a 所示的球面三角形 PNY、PNK 可得

$$P_Y = \cos(\boldsymbol{P},\boldsymbol{Y}) = \cos\omega\sin\Omega + \sin\omega\cos\Omega\cos i$$

$$P_Z = \cos(\boldsymbol{P},\boldsymbol{Z}) = \sin\omega\sin i$$

即

$$\boldsymbol{P} = \begin{bmatrix} P_X \\ P_Y \\ P_Z \end{bmatrix} = \begin{bmatrix} \cos\omega\cos\Omega - \sin\omega\sin\Omega\cos i \\ \cos\omega\sin\Omega + \sin\omega\cos\Omega\cos i \\ \sin\omega\sin i \end{bmatrix} \tag{4.63}$$

参考图 4.8b 所示，$\boldsymbol{P}$、$\boldsymbol{Q}$ 相互垂直，即把式（4.63）中 ω 用 $\frac{\pi}{2}+\omega$ 代替，可得

$$\boldsymbol{Q} = \begin{bmatrix} Q_X \\ Q_Y \\ Q_Z \end{bmatrix} = \begin{bmatrix} -\sin\omega\cos\Omega - \cos\omega\sin\Omega\cos i \\ -\sin\omega\sin\Omega + \cos\omega\cos\Omega\cos i \\ \cos\omega\sin i \end{bmatrix} \tag{4.64}$$

根据已知的轨道根数，按式（4.63）和式（4.64）计算出坐标分量（P_X,P_Y,P_Z）和（Q_X,Q_Y,Q_Z），然后根据开普勒方程求出偏近点角，再按式（4.62）就可以计算出卫星的坐标（X,Y,Z）。

4.3.4.2　卫星速度的计算

由于式（4.61）中 a、e 和 $\boldsymbol{P}$、$\boldsymbol{Q}$ 均与时间无关，因此，由式（4.61）可得到

$$\dot{\boldsymbol{r}} = -a\sin E\frac{\mathrm{d}E}{\mathrm{d}t}\boldsymbol{P} + a\sqrt{1-e^2}\cos E\frac{\mathrm{d}E}{\mathrm{d}t}\boldsymbol{Q}$$

将式（4.52）$\frac{\mathrm{d}E}{\mathrm{d}t} = \frac{n}{1-e\cos E}$代入上式并注意到 $n=\sqrt{\frac{\mu}{a^3}}$，则

$$\dot{\boldsymbol{r}} = -a\sin E\sqrt{\frac{\mu}{a^3}}\frac{1}{1-e\cos E}\boldsymbol{P} + a\sqrt{1-e^2}\cos E\sqrt{\frac{\mu}{a^3}}\frac{1}{1-e\cos E}\boldsymbol{Q}$$

即

$$\dot{\boldsymbol{r}} = \sqrt{\frac{\mu}{a}}\frac{1}{1-e\cos E}(-\sin E\boldsymbol{P} + \sqrt{1-e^2}\cos E\boldsymbol{Q}) \tag{4.65}$$

这就是计算卫星速度矢量$\dot{\boldsymbol{r}}$的基本公式，其计算的方法与计算 $\boldsymbol{r}$ 基本相同。

当求出$\dot{\boldsymbol{r}}$的三个分量（$\dot{X},\dot{Y},\dot{Z}$）后，就可以运动速度 v。

$$v = \sqrt{\dot{X}^2 + \dot{Y}^2 + \dot{Z}^2}$$

4.3.4.3　小偏心率轨道的卫星位置和速度计算

对于小偏心率近圆轨道，由于近地点不容易准确确定，而采用 a、i、Ω、ξ、η、λ 六个根数，其中 $\xi = e\cos\omega$、$\eta = -e\sin\omega$、$\lambda = M+\omega$。

此式，卫星星历的计算，选择升交点方向的单位矢量为 $\boldsymbol{P}^*$，与它垂直的方向（$\omega+f=90°$）为 $\boldsymbol{Q}^*$，其计算方法与前述基本相同。

首先，解如下普勒方程式（4.46）：

$$\tilde{\theta} = \lambda + \xi\sin\tilde{\theta} + \eta\cos\tilde{\theta}$$

求得 $\tilde{\theta}$（$\tilde{\theta}=E+\omega$）；

然后，求 $\boldsymbol{P}^*$、$\boldsymbol{Q}^*$ 的坐标分量，事实上，式（4.63）、式（4.64）中 $\omega=0$ 即可求得这两个坐标分量：

$$\boldsymbol{P}^*=\begin{bmatrix}P_X^*\\P_Y^*\\P_Z^*\end{bmatrix}=\begin{bmatrix}\cos\Omega\\\sin\Omega\\0\end{bmatrix} \tag{4.66}$$

$$\boldsymbol{Q}^*=\begin{bmatrix}Q_X^*\\Q_Y^*\\Q_Z^*\end{bmatrix}=\begin{bmatrix}-\sin\Omega\cos i\\\cos\Omega\cos i\\\sin i\end{bmatrix} \tag{4.67}$$

最后，按下式求卫星位置矢量和速度矢量：

$$\begin{aligned}\boldsymbol{r}=&a\left[\cos\tilde{\theta}-\xi-\frac{\eta}{1+\sqrt{1+e^2}}(\tilde{\theta}-\lambda)\right]\boldsymbol{P}^*\\&+a\left[\sin\tilde{\theta}+\eta-\frac{\xi}{1+\sqrt{1+e^2}}(\tilde{\theta}-\lambda)\right]\boldsymbol{Q}^*\end{aligned} \tag{4.68}$$

$$\dot{\boldsymbol{r}}=\sqrt{\frac{\mu}{a(1-e^2)}}(-\sin\tilde{\theta}+\eta)\boldsymbol{P}^*+\sqrt{\frac{\mu}{a(1-e^2)}}(\cos\tilde{\theta}+\xi)\boldsymbol{Q}^* \tag{4.69}$$

4.4 初始轨道的计算

根据实测数据，基于二体问题的运动方程，求定椭圆轨道的六个轨道根数，称为二体问题的轨道计算，也称为初始轨道计算。

不过，由于没有考虑摄动力的影响，所计算出的轨道只是真实轨道的一个近似，不过它在实用上却具有重要意义：①它是精确轨道计算的基础，所以称为初始轨道；②它是卫星发射后，实时跟踪、安全控制、试验指挥的基本依据。因此，在卫星发射及跟踪过程中，都要实时地计算弹道参数和卫星轨道根数。

轨道计算基本上可以分为两种：①通过观测求得 t_0 时刻的卫星位置矢量 $\boldsymbol{r}(t_0)$ 和速度矢量 $\dot{\boldsymbol{r}}(t_0)$ 可以唯一地确定六个轨道根数，这是运动微分方程的初值问题；②通过观测求得两个时刻 t_1、t_2 的位置矢量 $\boldsymbol{r}(t_1)$、$\boldsymbol{r}(t_2)$，也可以唯一地确定六个轨道根数，这是运动微分方程的边值问题。

4.4.1 已知 $\boldsymbol{r}_0$ 和 $\dot{\boldsymbol{r}}_0$ 的轨道计算

这实际上是4.3节卫星星历计算的反算问题，它的基本计算公式和方法如下。

（1）计算轨道倾角 i 和升交点赤经 Ω

由式（4.8）及图4.8a所示，易知下式成立：

$$\boldsymbol{h}=\boldsymbol{r}_0\times\dot{\boldsymbol{r}}_0=\begin{bmatrix}h\sin i\sin\Omega\\h\sin i\cos\Omega\\h\cos i\end{bmatrix}=\begin{bmatrix}A\\B\\C\end{bmatrix}$$

则首先由上式求得 A、B、C，然后根据下式计算轨道倾角 i 和升交点赤经 Ω:

$$\begin{cases} i = \arctan \dfrac{\sqrt{A^2 + B^2}}{C} \\ \Omega = \arctan\left(\dfrac{-A}{B}\right) \end{cases} \tag{4.70}$$

（2）计算长半轴 a、偏心率 e 和平近点角 M

由式（4.36）活力公式可知 $v_0^2 = \dot{\boldsymbol{r}}_0 \cdot \dot{\boldsymbol{r}}_0 = \mu\left(\dfrac{2}{r_0} - \dfrac{1}{a}\right)$，即

$$a = \left(\frac{2}{r_0} - \frac{v_0^2}{\mu}\right)^{-1} \tag{4.71}$$

式中，$r_0 = \sqrt{X_0^2 + Y_0^2 + Z_0^2}$；$v_0^2 = \dot{\boldsymbol{r}}_0 \cdot \dot{\boldsymbol{r}}_0 = \dot{X}_0^2 + \dot{Y}_0^2 + \dot{Z}_0^2$。

由式（4.41）知 $r = a(1 - e\cos E)$，则两边微分可得

$$e\sin E \frac{\mathrm{d}E}{\mathrm{d}t} = \frac{1}{a}\frac{\mathrm{d}r}{\mathrm{d}t}$$

将式（4.52）代入可得

$$e\sin E \frac{1}{r}\sqrt{\frac{\mu}{a}} = \frac{\dot{r}}{a}$$

把 t_0 时刻的参数代入

$$\begin{cases} e\sin E_0 = \dfrac{r_0}{\sqrt{a\mu}}\dot{r}_0 \\ e\cos E_0 = 1 - \dfrac{r_0}{a} \end{cases} \tag{4.72}$$

则

$$\begin{cases} e = \left[(e\sin E_0)^2 + (e\cos E_0)^2\right]^{1/2} \\ E_0 = \arctan \dfrac{e\sin E_0}{e\cos E_0} \\ M = E_0 - e\sin E_0 \\ \tau = t - \dfrac{M}{n} \end{cases} \tag{4.73}$$

式中，$n = \sqrt{\dfrac{\mu}{a^3}}$。

（3）计算近升角距 ω

由式（4.60）、式（4.63）和式（4.64）可知

$$\begin{aligned} Z_0 &= r_0\cos f_0 \sin\omega\sin i + r_0 \sin f_0 \cos\omega\sin i \\ &= r_0 \sin i\sin(\omega + f_0) \\ X_0 &= r_0\cos f_0(\cos\omega\cos\Omega - \sin\omega\sin\Omega\cos i) \\ &\quad + r_0\sin f_0(-\sin\omega\cos\Omega - \cos\omega\sin\Omega\cos i) \\ Y_0 &= r_0\cos f_0(\cos\omega\sin\Omega + \sin\omega\cos\Omega\cos i) \\ &\quad + r_0\sin f_0(-\sin\omega\sin\Omega + \cos\omega\cos\Omega\cos i) \end{aligned}$$

则

$$X_0\cos\Omega + Y_0\sin\Omega = r_0\cos f_0\cos\omega - r_0\sin f_0\sin\omega = r_0\cos(\omega + f_0)$$

于是可以得到

$$\tan(\omega + f_0) = \frac{Z_0/\sin i}{X_0\cos\Omega + Y_0\sin\Omega}$$

即

$$\omega = \arctan\left(\frac{Z_0/\sin i}{X_0\cos\Omega + Y_0\sin\Omega}\right) - f_0 \tag{4.74}$$

式中，f_0 为 t_0 时刻的真近点角，根据式（4.50）可计算得到

$$\tan\frac{f_0}{2} = \sqrt{\frac{1+e}{1-e}}\tan\frac{E_0}{2}$$

由上述介绍可知，在已知 $\boldsymbol{r}_0$ 和 $\dot{\boldsymbol{r}}_0$ 的情况下，可以比较简单的计算出卫星轨道的六个轨道根数。

4.4.2 已知 $\boldsymbol{r}_1$ 和 $\boldsymbol{r}_2$ 的轨道计算

如由观测数据或其他方法求得两个时刻 t_1、t_2 的位置矢量 $\boldsymbol{r}_1$ 和 $\boldsymbol{r}_2$，从理论上讲，满足二体问题运动微分方程的边值条件，可以唯一地确定六个轨道根数。具体应用上又有两个方法：一是由 $\boldsymbol{r}_1$ 和 $\boldsymbol{r}_2$ 直接计算轨道根数；二是由 $\boldsymbol{r}_1$ 和 $\boldsymbol{r}_2$ 求出中间时刻 $t_0 = (t_1 + t_2)/2$ 的 $\boldsymbol{r}_0$ 和 $\dot{\boldsymbol{r}}_0$，然后按照前面所述方法进行轨道计算。

由已知的 $\boldsymbol{r}_1$ 和 $\boldsymbol{r}_2$ 直接求解轨道根数的方法如下。

1. 计算升交点赤经 Ω、轨道倾角 i 和 $(f_2 - f_1)$

由式（4.60）可得

$$\begin{aligned}\boldsymbol{r}_1 \times \boldsymbol{r}_2 &= [r_1(\cos f_1)\boldsymbol{P} + r_1(\sin f_1)\boldsymbol{Q}] \times [r_2(\cos f_2)\boldsymbol{P} + r_2(\sin f_2)\boldsymbol{Q}] \\ &= r_1 r_2 \sin f_2 \cos f_1 \boldsymbol{h}^0 - r_1 r_2 \cos f_2 \sin f_1 \boldsymbol{h}^0 \\ &= r_1 r_2 \sin(f_2 - f_1)\boldsymbol{h}^0\end{aligned}$$

式中，$\boldsymbol{h}^0$ 为 $\boldsymbol{h}$ 的单位矢量，即 $\boldsymbol{h} = \boldsymbol{P} \times \boldsymbol{Q}$，所以有

$$\boldsymbol{r}_1 \times \boldsymbol{r}_2 = r_1 r_2 \sin(f_2 - f_1)\begin{bmatrix}\sin i\sin\Omega \\ \sin i\cos\Omega \\ \cos i\end{bmatrix} \tag{4.75}$$

写成分量形式如下：

$$\begin{cases}A' = Y_1 Z_2 - Z_1 Y_2 = r_1 r_2 \sin(f_2 - f_1)\sin i\sin\Omega \\ B' = Z_1 X_2 - X_1 Z_2 = r_1 r_2 \sin(f_2 - f_1)\sin i\cos\Omega \\ C' = X_1 Y_2 - Y_1 X_2 = r_1 r_2 \sin(f_2 - f_1)\cos i\end{cases} \tag{4.76}$$

$$\begin{cases}\Omega = \arctan\left(-\dfrac{A'}{B'}\right) \\ i = \arctan\dfrac{\sqrt{A'^2 + B'^2}}{C'} \\ \sin(f_2 - f_1) = \dfrac{C'}{r_1 r_2 \cos i}\end{cases} \tag{4.77}$$

2. 用面积比法计算半通径 p 和长半轴 a

如图 4.9 所示，$\boldsymbol{r}_1$ 和 $\boldsymbol{r}_2$ 所组成的扇形面积 OS_1S_2 为 A_S，有

$$A_S = \int_{t_1}^{t_2} dA = \int_{t_1}^{t_2} \frac{h}{2} dt = \frac{1}{2}\int_{t_1}^{t_2} \sqrt{\mu p} dt$$
$$= \frac{1}{2}\sqrt{\mu p}(t_2 - t_1)$$

而三角形 OS_1S_2 的面积为 A_T

$$A_T = \frac{1}{2} r_1 r_2 \sin(f_2 - f_1)$$

所以，两个面积比（$\bar{y} = A_S/A_T$）为

$$\bar{y} = \frac{\sqrt{\mu p}(t_2 - t_1)}{r_1 r_2 \sin(f_2 - f_1)} \tag{4.78}$$

即

$$p = \frac{r_1^2 r_2^2 \sin^2(f_2 - f_1)}{\mu (t_2 - t_1)^2} \bar{y}^2 \tag{4.79}$$

由此式可以看出，如果能由 $\boldsymbol{r}_1$ 和 $\boldsymbol{r}_2$ 求出面积比 $\bar{y}$，那么由式（4.79）就可以计算出半通径 p，所以这个方法称为面积比法。另外，由于$(f_2 - f_1) \approx 180°$时，$\bar{y}$ 没有意义，所以该方法只适用于（$f_2 - f_1$）不太大时。

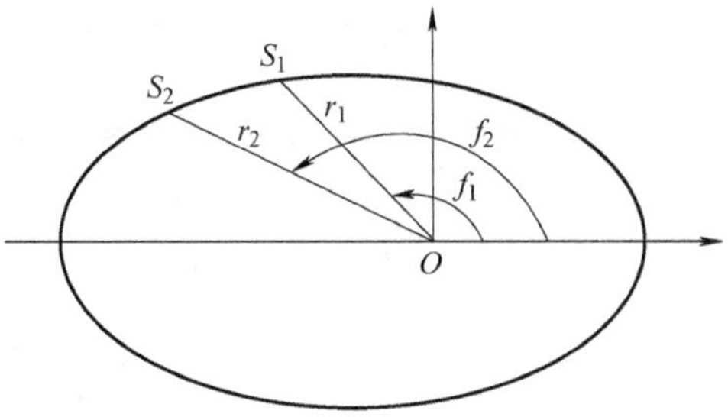

图 4.9　面积比

3. 计算面积比 $\bar{y}$ 和长半轴 a 的公式

由轨道方程 $r = p/(1 + e\cos f)$ 可得

$$p\left(\frac{1}{r_1} + \frac{1}{r_2}\right) = 2 + e(\cos f_1 + \cos f_2)$$
$$= 2 + 2e\cos\frac{1}{2}(f_2 + f_1)\cos\frac{1}{2}(f_2 - f_1) \tag{4.80}$$

由式（4.40）和式（4.41）可知

$$r\cos f = a(\cos E - e), r = a(1 - e\cos E)$$

将上述两式相加，有

$$r\cos f + r = a(\cos E - e) + a(1 - e\cos E)$$

即

$$r(\cos f+1)=(a-ae)\cos E+a-ae$$

$$r2\cos^2\frac{f}{2}=(a-ae)\left(2\cos^2\frac{E}{2}-1\right)+a-ae$$

$$\sqrt{r}\cos\frac{f}{2}=\sqrt{a(1-e)}\cos\frac{E}{2} \tag{4.81}$$

同理，两式相减可得

$$r-r\cos f=a(1-e\cos E)-a(\cos E-e)$$

即

$$r(1-\cos f)=(a+ae)-(a+ae)\cos E$$

$$r2\sin^2\frac{f}{2}=(a+ae)-(a+ae)\left(1-2\sin^2\frac{E}{2}\right)$$

$$\sqrt{r}\sin\frac{f}{2}=\sqrt{a(1+e)}\sin\frac{E}{2} \tag{4.82}$$

而

$$\sqrt{r_1r_2}\cos\frac{1}{2}(f_2\pm f_1)=\left(\sqrt{r_2}\cos\frac{f_2}{2}\right)\left(\sqrt{r_1}\cos\frac{f_1}{2}\right)\mp\left(\sqrt{r_2}\sin\frac{f_2}{2}\right)\left(\sqrt{r_1}\sin\frac{f_1}{2}\right) \tag{4.83}$$

注意到式（4.81）、式（4.82），则由式（4.83）可得

$$\begin{aligned}\sqrt{r_1r_2}\cos\frac{1}{2}(f_2-f_1)&=a(1-e)\cos\frac{E_2}{2}\cos\frac{E_1}{2}+a(1+e)\sin\frac{E_2}{2}\cos\frac{E_1}{2}\\&=a\cos\frac{1}{2}(E_2-E_1)-ae\cos\frac{1}{2}(E_2+E_1)\\\sqrt{r_1r_2}\cos\frac{1}{2}(f_2+f_1)&=a(1-e)\cos\frac{E_2}{2}\cos\frac{E_1}{2}-a(1+e)\sin\frac{E_2}{2}\cos\frac{E_1}{2}\\&=a\cos\frac{1}{2}(E_2+E_1)-ae\cos\frac{1}{2}(E_2-E_1)\end{aligned}$$

即

$$\begin{cases}\sqrt{r_1r_2}\cos\frac{1}{2}(f_2-f_1)=a\cos\frac{1}{2}(E_2-E_1)-ae\cos\frac{1}{2}(E_2+E_1)\\\sqrt{r_1r_2}\cos\frac{1}{2}(f_2+f_1)=a\cos\frac{1}{2}(E_2+E_1)-ae\cos\frac{1}{2}(E_2-E_1)\end{cases} \tag{4.84}$$

由式（4.84）可得

$$\begin{aligned}\sqrt{r_1r_2}\left[\cos\frac{1}{2}(f_2-f_1)+e\cos\frac{1}{2}(f_2+f_1)\right]&=a\cos\frac{1}{2}(E_2-E_1)-ae^2\cos\frac{1}{2}(E_2-E_1)\\&=a(1-e^2)\cos\frac{1}{2}(E_2-E_1)\end{aligned} \tag{4.85}$$

把式（4.85）代入式（4.80），消去 $e\cos\frac{1}{2}(f_2+f_1)$，可得

$$p\left(\frac{1}{r_1}+\frac{1}{r_2}\right)=2+2\left[\frac{a(1-e^2)\cos\frac{1}{2}(E_2-E_1)}{\sqrt{r_1r_2}}-\cos\frac{1}{2}(f_2-f_1)\right]\cos\frac{1}{2}(f_2-f_1)$$

注意到式（4.27），即 $p=a(1-e^2)$，则上式为

$$p\left(\frac{1}{r_1}+\frac{1}{r_2}\right)=2+\frac{2p}{\sqrt{r_1r_2}}\cos\frac{1}{2}(E_2-E_1)\cos\frac{1}{2}(f_2-f_1)-2\cos^2\frac{1}{2}(f_2-f_1) \tag{4.86}$$

由式（4.86）可得半通径 p 如下：

$$p\left[\frac{r_1+r_2}{r_1r_2}-\frac{2}{\sqrt{r_1r_2}}\cos\frac{1}{2}(E_2-E_1)\cos\frac{1}{2}(f_2-f_1)\right]=2-2\cos^2\frac{1}{2}(f_2-f_1)$$

即

$$p=\frac{2\sin^2\frac{1}{2}(f_2-f_1)}{\frac{r_1+r_2}{r_1r_2}-\frac{2}{\sqrt{r_1r_2}}\cos\frac{1}{2}(E_2-E_1)\cos\frac{1}{2}(f_2-f_1)}$$

将上式代入式（4.78）可得

$$\begin{aligned}\bar{y}^2&=\frac{\mu p\,(t_2-t_1)^2}{r_1^2r_2^2\sin^2(f_2-f_1)}\\&=\frac{\mu\,(t_2-t_1)^2}{r_1^2r_2^2\sin^2(f_2-f_1)}\frac{2\sin^2\frac{1}{2}(f_2-f_1)}{\left[\frac{r_1+r_2}{r_1r_2}-\frac{2}{\sqrt{r_1r_2}}\cos\frac{1}{2}(E_2-E_1)\cos\frac{1}{2}(f_2-f_1)\right]}\\&=\frac{\mu\,(t_2-t_1)^2\csc^2\frac{1}{2}(f_2-f_1)}{2r_1r_2\left[(r_1+r_2)-2\sqrt{r_1r_2}\cos\frac{1}{2}(E_2-E_1)\cos\frac{1}{2}(f_2-f_1)\right]}\end{aligned} \tag{4.87}$$

为简便考虑，现引入以下参数符号：

$$\begin{cases}l=\dfrac{r_1+r_2}{4\sqrt{r_1r_2}\cos\frac{1}{2}(f_2-f_1)}-\dfrac{1}{2}\\m=\dfrac{\mu\,(t_2-t_1)^2}{\left[2\sqrt{r_1r_2}\cos\frac{1}{2}(f_2-f_1)\right]^3}\\x=\dfrac{1}{2}\left[1-\cos\frac{1}{2}(E_2-E_1)\right]=\sin^2\left(\dfrac{E_2-E_1}{4}\right)\end{cases} \tag{4.88}$$

并有

$$\cos\frac{1}{2}(E_2-E_1)=1-2x \tag{4.89}$$

将式（4.88）代入式（4.77），则有

$$\begin{cases}\bar{y}^2=\dfrac{m}{l+x}\\x=\dfrac{m}{\bar{y}^2}-l\end{cases} \tag{4.90}$$

此式称为高斯第一方程，它给出了面积比 $\bar{y}$ 与偏近点角之差的关系。

不过，式（4.90）中的 l、m 可以由 $\boldsymbol{r}_1$ 和 $\boldsymbol{r}_2$ 计算得出，但 x 仍然是个未知的量，因此，还需要继续推导计算面积比 $\bar{y}$ 的实用公式。

引用开普勒方程 $n(t-\tau)=E-e\sin E$ 得

$$n(t_2-t_1)=(E_2-E_1)-e(\sin E_2-\sin E_1)$$

即

$$n(t_2-t_1)=(E_2-E_1)-2e\sin\frac{(E_2-E_1)}{2}\cos\frac{(E_2+E_1)}{2} \tag{4.91}$$

由式（4.84）第一式可得

$$e\cos\frac{1}{2}(E_2+E_1)=\cos\frac{1}{2}(E_2-E_1)-\frac{\sqrt{r_1r_2}}{a}\cos\frac{1}{2}(f_2-f_1)$$

将此式代入式（4.91）可以得到

$$\begin{aligned}n(t_2-t_1)=&(E_2-E_1)-2\sin\frac{(E_2-E_1)}{2}\cos\frac{(E_2-E_1)}{2}\\&+\frac{2}{a}\sqrt{r_1r_2}\sin\frac{(E_2-E_1)}{2}\cos\frac{1}{2}(f_2-f_1)\end{aligned} \tag{4.92}$$

其中

$$\sin\frac{(E_2-E_1)}{2}=\sin\frac{E_2}{2}\cos\frac{E_1}{2}-\cos\frac{E_2}{2}\sin\frac{E_1}{2}$$

注意到式（4.81）、式（4.82），则上式可写成

$$\begin{aligned}\sin\frac{(E_2-E_1)}{2}&=\sqrt{\frac{r_2}{a(1+e)}}\sqrt{\frac{r_1}{a(1-e)}}\left(\sin\frac{f_2}{2}\cos\frac{f_1}{2}-\cos\frac{f_2}{2}\sin\frac{f_1}{2}\right)\\&=\sqrt{\frac{r_1r_2}{ap}}\sin\frac{(f_2-f_1)}{2}\end{aligned} \tag{4.93}$$

将式（4.93）代入式（4.92）可得

$$n(t_2-t_1)=(E_2-E_1)-2\sin(E_2-E_1)+\frac{r_1r_2}{\sqrt{a^3p}}\sin(f_2-f_1)$$

考虑到 $n=\sqrt{\frac{\mu}{a^3}}$，则

$$n(t_2-t_1)=\sqrt{\frac{a^3}{\mu}}[(E_2-E_1)-2\sin(E_2-E_1)]+\frac{r_1r_2}{\sqrt{\mu p}}\sin(f_2-f_1) \tag{4.94}$$

将式（4.78）代入式（4.94）

$$(t_2-t_1)=\sqrt{\frac{a^3}{\mu}}[(E_2-E_1)-2\sin(E_2-E_1)]+\frac{(t_2-t_1)}{\bar{y}}$$

即

$$\left(1-\frac{1}{\bar{y}}\right)=\frac{a^{3/2}}{\sqrt{\mu}(t_2-t_1)}[(E_2-E_1)-2\sin(E_2-E_1)] \tag{4.95}$$

应用倍角关系 $\sin(f_2-f_1)=2\sin\frac{(f_2-f_1)}{2}\cos\frac{(f_2-f_1)}{2}$，由式（4.93）可得

$$\sin(f_2-f_1)=2\sqrt{\frac{ap}{r_1r_2}}\sin\frac{(E_2-E_1)}{2}\cos\frac{(f_2-f_1)}{2}$$

将上式代入式（4.78），有

$$\bar{y}=\frac{\sqrt{\mu p}(t_2-t_1)}{r_1r_2 2\sqrt{\frac{ap}{r_1r_2}}\sin\frac{(E_2-E_1)}{2}\cos\frac{(f_2-f_1)}{2}}=\frac{\sqrt{\mu}(t_2-t_1)}{2\sqrt{ar_1r_2}\sin\frac{(E_2-E_1)}{2}\cos\frac{(f_2-f_1)}{2}} \tag{4.96}$$

因此

$$\sqrt{a}=\frac{\sqrt{\mu}(t_2-t_1)}{2\bar{y}\sqrt{r_1r_2}\sin\frac{(E_2-E_1)}{2}\cos\frac{(f_2-f_1)}{2}} \tag{4.97}$$

此式就是由面积比 $\bar{y}$ 计算长半轴 a 的公式。

从式（4.95）和式（4.96）中消去长半轴 a，即

$$\left(1-\frac{1}{\bar{y}}\right)\bar{y}^3=\frac{a^{3/2}}{\sqrt{\mu}(t_2-t_1)}[(E_2-E_1)-2\sin(E_2-E_1)]\left[\frac{\sqrt{\mu}(t_2-t_1)}{2\sqrt{ar_1r_2}\sin\frac{(E_2-E_1)}{2}\cos\frac{(f_2-f_1)}{2}}\right]^3$$

即

$$\left(1-\frac{1}{\bar{y}}\right)\bar{y}^3=\frac{\mu(t_2-t_1)^2}{\left[2\sqrt{r_1r_2}\cos\frac{(f_2-f_1)}{2}\right]^3}\frac{(E_2-E_1)-2\sin(E_2-E_1)}{\sin^3\frac{(E_2-E_1)}{2}} \tag{4.98}$$

此式称为高斯第二方程。如果设

$$H=\frac{(E_2-E_1)-2\sin(E_2-E_1)}{\sin^3\frac{(E_2-E_1)}{2}} \tag{4.99}$$

则将上式代入式（4.98），并利用式（4.88）中的 m 可得

$$\left(1-\frac{1}{\bar{y}}\right)\bar{y}^3=mH$$

将高斯第一方程式（4.90）代入，得

$$\bar{y}\frac{m}{l+x}-\frac{m}{l+x}=mH$$

即

$$\bar{y}=1+H(l+x) \tag{4.100}$$

此式即为面积比法（又称高斯法）计算面积比 $\bar{y}$ 的实用公式。

不过，由于 x 和 H 都是未知量，所以需要采用迭代方法计算 $\bar{y}$，计算步骤如下：

（1）由 $\boldsymbol{r}_1$、$\boldsymbol{r}_2$ 和 t_1、t_2 计算 (f_2-f_1)

$$\cos(f_2-f_1)=\frac{\boldsymbol{r}_1\cdot\boldsymbol{r}_2}{r_1r_2}$$

（2）计算 l 和 m

$$l=\frac{r_1+r_2}{4\sqrt{r_1r_2}\cos\frac{1}{2}(f_2-f_1)}-\frac{1}{2}$$

$$m=\frac{\mu(t_2-t_1)^2}{\left[2\sqrt{r_1r_2}\cos\frac{1}{2}(f_2-f_1)\right]^3}$$

（3）计算 x 的概值

$$x=\frac{m}{\bar{y}^2}-l$$

由此迭代计算法，$\bar{y}$ 的初始值为 $\bar{y}=1$。

（4）计算（E_2-E_1）

$$\cos\frac{(E_2-E_1)}{2}=1-2x$$

$$\sin\frac{(E_2-E_1)}{2}=\sqrt{1-(1-2x)^2}=\sqrt{4x(1-x)}$$

（5）计算 $\bar{y}$ 值

$$\bar{y}=1+H(l+x)$$

以上计算，从（3）至（5）反复迭代，直至 $|\bar{y}_{i+1}-\bar{y}_i|<\varepsilon$ 为止。求出面积比 $\bar{y}$ 后，即可根据式（4.79）和式（4.97）计算半通径 p 和长半轴 a。

4. 计算偏心率 e 和真近点角 f

由轨道方程 $r=\frac{p}{1+e\cos f}$ 可以得到

$$\begin{cases}e\cos f_1=\dfrac{p}{r_1}-1\\ e\cos f_2=\dfrac{p}{r_2}-1\end{cases}\tag{4.101}$$

以及 $e\sin f_1$ 的变形公式

$$e\sin f_1=\frac{e\sin f_1\sin(f_1-f_2)}{\sin(f_1-f_2)}=\frac{e\cos f_1\cos(f_1-f_2)-e\cos f_2}{\sin(f_1-f_2)}$$

所以

$$e=[(e\sin f_1)^2+(e\cos f_1)^2]^{1/2}\tag{4.102}$$

由此求出 e 后，将 e 代入式（4.101）式可求出 f_1、f_2。

5. 计算近升角距 ω 和平近点角 M 及 τ

由式（4.74）和式（4.50）可知

$$\omega=\arctan\left(\frac{Z/\sin i}{X\cos\Omega+Y\sin\Omega}\right)-f$$

$$E=2\arctan\left(\sqrt{\frac{1-e}{1+e}}\tan\frac{f}{2}\right)$$

应用上式，由前面求出的 f_1、f_2 可计算出 ω 和 E_1、E_2；然后，计算平近点角 M 和卫星过近地点的时刻 τ，即

$$M=E-e\sin E$$

$$\tau = t - \frac{M}{n}$$

4.4.3　由 $\boldsymbol{r}_1$、$\boldsymbol{r}_2$ 计算 $\boldsymbol{r}_0$、$\dot{\boldsymbol{r}}_0$

利用 $\boldsymbol{r}_1$、$\boldsymbol{r}_2$ 计算轨道根数除上述方法外，还可以由 $\boldsymbol{r}_1$、$\boldsymbol{r}_2$ 计算 t_0 的 $\boldsymbol{r}_0$、$\dot{\boldsymbol{r}}_0$ 再进行轨道计算。另外，由实测资料计算的 $\boldsymbol{r}$ 比 $\dot{\boldsymbol{r}}$ 精度高，由多次观测之 $\boldsymbol{r}$ 求出的 $\boldsymbol{r}_0$、$\dot{\boldsymbol{r}}_0$ 具有较高的精度。下面介绍利用级数 F 和 G 计算 $\boldsymbol{r}_0$、$\dot{\boldsymbol{r}}_0$ 的级数法。

当两个卫星位置的时间间隔 $t_2 - t_0$ 不大时，$\boldsymbol{r}_i$ 可以用泰勒级数展开成 $\boldsymbol{r}_0$、$\dot{\boldsymbol{r}}_0$ 的级数

$$\boldsymbol{r}_i = \boldsymbol{r}_0 + \dot{\boldsymbol{r}}_0(t_i - t_0) + \frac{1}{2}\ddot{\boldsymbol{r}}_0(t_i - t_0)^2 + \cdots \tag{4.103}$$

由二体问题的运动微分方程

$$\ddot{\boldsymbol{r}}_0 = -\frac{\mu}{r_0^3}\boldsymbol{r}_0 = -u_0\boldsymbol{r}_0 \tag{4.104}$$

其中

$$u_0 = \frac{\mu}{r_0^3} \tag{4.105}$$

根据式（4.104）求 $\boldsymbol{r}_0$ 的各阶导数

$$\begin{cases} \boldsymbol{r}_0^{(3)} = -\dot{u}_0\boldsymbol{r}_0 - u_0\dot{\boldsymbol{r}}_0 \\ \boldsymbol{r}_0^{(4)} = -\ddot{u}_0\boldsymbol{r}_0 - \dot{u}_0\dot{\boldsymbol{r}}_0 - \dot{u}_0\dot{\boldsymbol{r}}_0 - u_0\ddot{\boldsymbol{r}}_0 \\ \qquad = -\ddot{u}_0\boldsymbol{r}_0 - \dot{u}_0\dot{\boldsymbol{r}}_0 - \dot{u}_0\dot{\boldsymbol{r}}_0 - u_0(-u_0\boldsymbol{r}_0) \\ \qquad = (-\ddot{u}_0 + u_0^2)\boldsymbol{r}_0 - 2\dot{u}_0\dot{\boldsymbol{r}}_0 \\ \qquad \vdots \end{cases} \tag{4.106}$$

把式（4.104）和式（4.106）代入式（4.103），并根据 $\boldsymbol{r}_0$ 和 $\dot{\boldsymbol{r}}_0$ 分项整理，可以得到

$$\boldsymbol{r}_i = F_i\boldsymbol{r}_0 + G_i\dot{\boldsymbol{r}}_0 \tag{4.107}$$

其中

$$F_i = 1 - \frac{1}{2}u_0(t_i - t_0)^2 - \frac{1}{6}\dot{u}_0(t_i - t_0)^3 - \frac{1}{24}(\ddot{u}_0 - u_0^2)(t_i - t_0)^4 + \cdots \tag{4.108}$$

$$G_i = (t_i - t_0) - \frac{1}{6}u_0(t_i - t_0)^3 - \frac{1}{12}\dot{u}_0(t_i - t_0)^4 + \cdots \tag{4.109}$$

F_i 和 G_i 中含有 u_0 的高阶导数，不能实际应用，为此引入新的参数

$$\begin{cases} p_0 = \dfrac{1}{2}\dfrac{1}{r_0^2}\dfrac{\mathrm{d}}{\mathrm{d}t}(r_0^2) = \dfrac{r_0\dot{r}_0}{r_0^2} = \dfrac{\boldsymbol{r}_0 \cdot \dot{\boldsymbol{r}}_0}{r_0^2} \\ q_0 = \dfrac{1}{2}\dfrac{1}{r_0^2}\dfrac{\mathrm{d}^2}{\mathrm{d}t^2}(r_0^2) = \dfrac{\dot{\boldsymbol{r}}_0 \cdot \dot{\boldsymbol{r}}_0 - \boldsymbol{r}_0 \cdot \ddot{\boldsymbol{r}}_0}{r_0^2} \\ \quad = \dfrac{\dot{\boldsymbol{r}}_0 \cdot \dot{\boldsymbol{r}}_0 - r_0^2 u_0}{r_0^2} \end{cases} \tag{4.110}$$

因此可以导出

$$
\begin{cases}
\dot{u}_0 = \dfrac{-3\mu}{r_0^4}\dfrac{\mathrm{d}r_0}{\mathrm{d}t} = -3\dfrac{\mu}{r_0^3}\dfrac{r_0\dot{r}_0}{r_0^2} = -3u_0p_0 \\
\dot{p}_0 = \dfrac{1}{2}\dfrac{1}{r_0^2}\dfrac{\mathrm{d}^2}{\mathrm{d}t^2}(r_0^2) - \dfrac{1}{r_0^3}\dfrac{\mathrm{d}r_0}{\mathrm{d}t} = -2\dfrac{\boldsymbol{r}_0\cdot\dot{\boldsymbol{r}}_0}{r_0^3}\dfrac{r_0\dot{r}_0}{r_0} + \dfrac{\dot{\boldsymbol{r}}_0\cdot\dot{\boldsymbol{r}}_0 - \boldsymbol{r}_0\cdot\ddot{\boldsymbol{r}}_0}{r_0^2} \\
\quad = q_0 - 2p_0^2 \\
\dot{q}_0 = \dfrac{2\ddot{\boldsymbol{r}}_0\cdot\dot{\boldsymbol{r}}_0 - 2r_0\dot{r}_0u_0 - r_0^2\dot{u}_0}{r_0^2} - 2\dfrac{\dot{\boldsymbol{r}}_0\cdot\dot{\boldsymbol{r}}_0 - r_0^2u_0}{r_0^2}\dfrac{\dot{r}_0}{r_0} \\
\quad = \dfrac{2(-u_0\boldsymbol{r}_0)\cdot\dot{\boldsymbol{r}}_0 - 2r_0\dot{r}_0u_0 - r_0^2\dot{u}_0}{r_0^2} - 2\dfrac{\dot{\boldsymbol{r}}_0\cdot\dot{\boldsymbol{r}}_0 - r_0^2u_0}{r_0^2}\dfrac{\dot{r}_0}{r_0} \\
\quad = \dfrac{-4r_0\dot{r}_0u_0 - r_0^2(-3u_0p_0)}{r_0^2} - 2\dfrac{\dot{\boldsymbol{r}}_0\cdot\dot{\boldsymbol{r}}_0 - r_0^2u_0}{r_0^2}\dfrac{\dot{r}_0}{r_0} \\
\quad = -(u_0p_0 + 2p_0q_0) \\
\ddot{u}_0 = -3(\dot{u}_0p_0 + u_0\dot{p}_0) = -3[u_0(q_0 - 2p_0^2) - 3u_0p_0^2] \\
\cdots\cdots
\end{cases}
\tag{4.111}
$$

将式（4.111）代入式（4.108）和式（4.109）可得

$$
\begin{cases}
F_i = 1 - \dfrac{1}{2}u_0\,(t_i - t_0)^2 + \dfrac{1}{2}u_0p_0\,(t_i - t_0)^3 \\
\quad + \dfrac{1}{24}(3u_0p_0 - 15u_0p_0^2 + u_0^2)(t_i - t_0)^4 + \cdots \\
G_i = (t_i - t_0) - \dfrac{1}{6}u_0\,(t_i - t_0)^3 + \dfrac{1}{4}u_0p_0\,(t_i - t_0)^4 + \cdots
\end{cases}
\tag{4.112}
$$

这就是级数 F_i 和 G_i 的实用公式的简略表示，更详尽的表达式可参阅有关文献。

$\boldsymbol{r}_i$ 的级数式（4.107）有两种用途：①当已知 t_0 时刻的 $\boldsymbol{r}_0$ 和 $\dot{\boldsymbol{r}}_0$，可计算出任一时刻 t_i 的 $\boldsymbol{r}_i$；②当已知两个时刻 t_1 和 t_2 的 $\boldsymbol{r}_1$ 和 $\boldsymbol{r}_2$，可用迭代法反算出 t_0 时刻的 $\boldsymbol{r}_0$ 和 $\dot{\boldsymbol{r}}_0$。下面讨论后面一种用法。

对 t_1、t_2 的 $\boldsymbol{r}_1$、$\boldsymbol{r}_2$，可列出

$$
\begin{cases}
\boldsymbol{r}_1 = F_1\boldsymbol{r}_0 + G_1\dot{\boldsymbol{r}}_0 \\
\boldsymbol{r}_2 = F_2\boldsymbol{r}_0 + G_2\dot{\boldsymbol{r}}_0
\end{cases}
\tag{4.113}
$$

解式（4.113）可得

$$
\begin{cases}
\boldsymbol{r}_0 = C_1\boldsymbol{r}_1 + C_2\boldsymbol{r}_2 \\
\dot{\boldsymbol{r}}_0 = \dot{C}_1\boldsymbol{r}_1 + \dot{C}_2\boldsymbol{r}_2
\end{cases}
\tag{4.114}
$$

式中

$$
\begin{cases}
C_1 = \dfrac{G_2}{F_1G_2 - F_2G_1} = \dfrac{G_2}{D} \\
C_2 = -\dfrac{G_1}{D} \\
\dot{C}_1 = -\dfrac{F_2}{D} \\
\dot{C}_2 = \dfrac{F_1}{D}
\end{cases}
\tag{4.115}
$$

其中

$$D = F_1 G_2 - F_2 G_1 \tag{4.116}$$

由于 F、G 都是 $\boldsymbol{r}_0$、$\dot{\boldsymbol{r}}_0$ 的函数，所以才有迭代法进行计算，其计算步骤如下。

（1）计算 $\boldsymbol{r}_0$ 和 $\dot{\boldsymbol{r}}_0$ 第一次近似值

首先，给 $\boldsymbol{r}_0$ 赋初值

$$\boldsymbol{r}_0 = \frac{1}{2}(\boldsymbol{r}_1 + \boldsymbol{r}_2)$$

按以下简式计算 F_i、G_i 近似值：

$$\begin{cases} F_i = 1 - \dfrac{1}{2}u_0\,(t_i - t_0)^2 = 1 - \dfrac{\mu}{2r_0^3}(t_i - t_0)^2 \\ G_i = (t_i - t_0) \end{cases} \quad i = 1,2$$

由式（4.114）计算 $\boldsymbol{r}_0$ 和 $\dot{\boldsymbol{r}}_0$ 的第一次近似值，然后进行以下迭代计算。

（2）计算 u_0、p_0 和 q_0

按式（4.105）和式（4.110）计算。

（3）计算 F_i、G_i 级数

按式（4.112）计算。

（4）计算 $\boldsymbol{r}_0$ 和 $\dot{\boldsymbol{r}}_0$ 的改进值

根据式（4.116）、式（4.115）和式（4.114）计算。

由步骤（2）至（4）反复进行迭代计算，直至满足以下条件：

$$|(\boldsymbol{r}_0)_{n+1} - (\boldsymbol{r}_0)_n| < \varepsilon_1,\ |(\dot{\boldsymbol{r}}_0)_{n+1} - (\dot{\boldsymbol{r}}_0)_n| < \varepsilon_2$$

式中，ε_1、ε_2 为给定的小量。

最后求得 $\boldsymbol{r}_0$ 和 $\dot{\boldsymbol{r}}_0$。

4.5　卫星在轨道上的运动

下面以二体问题为基础，简要介绍卫星在轨道上运动的基本情况。

4.5.1　顺行轨道和逆行轨道

卫星由火箭送入轨道后，沿轨道绕地球作圆周运动，称为卫星的公转。卫星不随地球自转，但随地球绕太阳公转而一起绕太阳运行。根据卫星轨道倾角 i，轨道可分为如下三种：①当 $i<90°$，称为顺行轨道，卫星总是从西（西南或西北）向东（东北或东南）运行；②当 $i>90°$，称为逆行轨道，此时卫星的运动方向与顺行轨道方向相反；③当 $i=90°$，称为极轨道。

卫星从南半球穿过赤道到北半球的运行弧段，称为升段；反之，卫星从北半球到南半球的运行弧段，称为降段。

4.5.2　卫星的可见区域

如图 4.10 所示，卫星 S 沿轨道倾角为 i 的轨道运动，在时刻 t 卫星位于 S。

图 4.10 中，θ 为由升交点到卫星的极角，$\theta = \omega + f$，φ 为卫星的地心纬度。由球面三角

形 NSQ 可得

$$\sin\varphi = \sin i \sin\theta \tag{4.117}$$

当 $\theta=90°$时，$\varphi=+i$，此时卫星运行到轨道的最北点，称为轨道的最高点。当 $\theta=-90°$时，$\varphi=-i$，此时卫星运行到轨道的最南点，称为轨道的最低点。因此，卫星在轨道上运行时，地心纬度变化范围为 $\pm i$，即 $-i\leqslant\varphi\leqslant i$。也就是说，卫星绕地球运行的覆盖区域为纬度 $\pm i$ 的范围。因此，i 越大，地球上可见卫星的区域也越大。当 $i=90°$时，可见区域为全球范围。

实际上，由于卫星离地面有一定的高度 H_S，因此，实际在地面上可见卫星的纬度区域要比 $\pm i$ 稍大一些。如设因为卫星高度而可见范围增大 $\Delta\varphi$，则可见卫星的纬度区域为

$$-(i+\Delta\varphi)\leqslant\varphi\leqslant(i+\Delta\varphi)$$

式中，φ 可近似地看作是地理纬度。

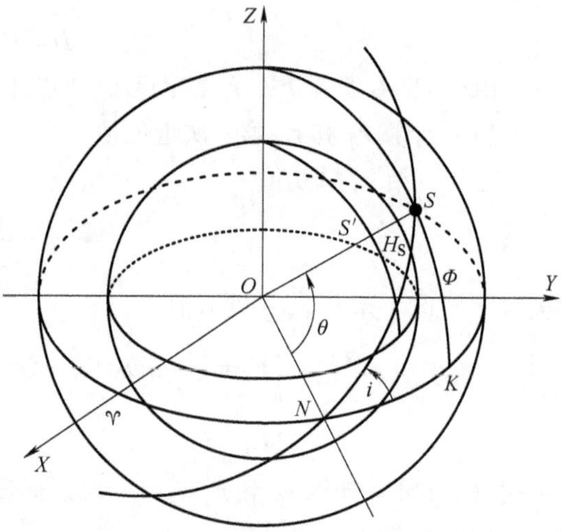

图 4.10　卫星在轨道上的运动

4.5.3　卫星的地面高度和轨道高度

卫星距地面的距离称为地面高度，又称为飞行高度，以 H_S 表示。如设卫星和地心连线与地球表面的交点为 S'，其距地心的距离为 $R_{S'}$，则 H_S 与卫星地心向径 r 的关系为

$$H_S = r - R_{S'} \tag{4.118}$$

式中

$$R_{S'} = (6356755.652 + 21277.285\cos^2\varphi)\,\mathrm{m} \tag{4.119}$$

在概略计算中，可近似认为地球为一个球，其半径为

$$R = 6371110\mathrm{m}$$

在近地点 P 和远地点 A 的卫星向径 r_P、r_A 为

$$r_P = a(1-e) \qquad r_A = a(1+e)$$

则近地点和远地点的卫星高度为

$$\begin{cases} H_P = a(1-e) - R_P \\ H_A = a(1+e) - R_A \end{cases} \tag{4.120}$$

则其平均值 $\bar{H}_S$ 为

$$\bar{H}_S = a - \frac{1}{2}(R_P + R_A) \tag{4.121}$$

通常称 $\bar{H}_S$ 为卫星轨道高度。

4.5.4　卫星在轨道上的运行速度

根据活力公式可计算卫星在轨道上运行的线速度，有

$$v = \sqrt{\mu\left(\frac{2}{r} - \frac{1}{a}\right)}$$

根据式（4.20），即 $r^2\dot{\theta}=h$，可计算卫星运行的地心角速度$\dot{\theta}$为

$$\dot{\theta}=\frac{\sqrt{\mu a(1-e^2)}}{r^2}$$

当取$\mu=GM=3986005\times10^8\mathrm{m^3/s^2}$，则

$$\begin{cases} v=1996.4981814\times10^4\sqrt{\left(\frac{2}{r}-\frac{1}{a}\right)}\mathrm{m/s} \\ \dot{\theta}=1996.4981814\times10^4\ \frac{\sqrt{a(1-e^2)}}{r^2}\mathrm{rad/s} \end{cases} \tag{4.122}$$

由上式可以看出，v 和 $\dot{\theta}$ 是随向径 r 变化的，r 越大，v 和 $\dot{\theta}$ 越小；反之，r 越小，v 和 $\dot{\theta}$ 越大。因此，在近地点卫星运行的线速度 v 和角速度 $\dot{\theta}$ 最大，而在远地点 v、$\dot{\theta}$ 最小。

4.5.5　卫星在轨道上的安全性

在人类从事空间活动开始后的前 45 年（1957—2003），空间碎片平均每年增加 250 个左右。从 2003 年到 2010 年猛增为每年 1475 个左右。其主要原因是空间碰撞产生数量巨大的碎片；次要原因是近几年卫星发射数量和空间碎片累积数量增加，导致一般性碰撞或载荷老化产生碎片的概率也增加。目前，地球轨道上的空间碎片分布从质量上来看，直径大于 10cm 的大空间碎片质量约占全部质量的99%以上，约 3000t。人类在半个多世纪内发射入轨航天器有超过 6000t，而目前留在轨道上的碎片质量将近 50%。这 3000t 空间碎片中分布在近地轨道约为 2500t。

在低地球轨道上，长寿命的航天器不可避免地要遭遇撞击。美国对寿命为 30 年的“国际空间站”预测其遭受碰撞的可能性高达 19%；即使对于飞行任务仅为 1 周的航天飞机，在 8 次飞行中也可能有一次遭到较轻的破坏；美国的“长期暴露装置”（Long Duration Exposure Facility，LDEF）在轨运行了 5.75 年后回收，地面检测到的撞击坑达 34000 个，其中 85%以上是微小碎片撞击形成的。近地轨道的空间站将面临中等尺寸，即直径 1～10cm 的空间碎片撞击的危险；俄罗斯的和平号空间站在轨飞行 15 年，其 70%的外体遭受到腐蚀，坚固程度下降了约 60%。

空间碎片与卫星碰撞的概率与卫星的大小有关。卫星越大，碰撞的可能性越大；卫星在轨道上停留的时间越长，碰撞的机会越多。直径 3mm 的空间碎片与截面为 $10\mathrm{m}^2$ 的航天器在 800km 轨道上的碰撞概率为 0.01 次/年。也就是说，对于寿命为 10 年的航天器，碰撞概率可高达 10%。从当前我国卫星领域的发展来看，低轨遥感卫星的设计寿命要求逐渐从 2～3 年提高到 5～8 年，遭受空间碎片撞击的概率大幅提高，空间微小碎片对卫星的累积撞击效应的危害性研究也日益受到重视。

空间碎片与轨道上运行的航天器发生碰撞造成的破坏取决于空间碎片的质量和速度。大于 0.01cm 的空间碎片对卫星的主要影响是使表面发生凹陷和磨损，大于 0.1cm 的空间碎片会影响航天器结构，大于 1cm 的碎片会造成航天器严重损坏。由于空间碎片是活动的，所以在碰撞事件中即使很小的碎片与航天器碰撞也会造成卫星的损坏。计算结果表明，在近地轨道发生碰撞的平均速度为 9.1km/s，峰值达到 16km/s，几厘米大小金属碎片的撞击能量相当于 130km/h 疾驰的小汽车的撞击能量。因此，直径仅几厘米的空间碎片与航天器相撞就可能摧毁航天器。空间碎片以超高速（平均 10km/s）的速度撞击航天器表面，轻者会在

航天器表面留下凹坑，重者会穿透航天器，造成部分功能失效，甚至会产生灾难性的后果。

目前，常用的空间碎片防护措施包括系统防护设计和局部防护设计。其中，系统防护设计的基本原则是，将碎片防护设计作为航天器总体设计的必不可少的部分，在航天器设计全过程中引入碎片防护设计的概念，以风险评估的结果为依据，在关键组件布局、防护结构设计和材料选择方面整体考虑碎片防护的设计问题，在尽可能少增加防护质量及不影响系统功能的情况下，达到最优化设计的效果。局部防护设计通常多采用防护结构。防护结构种类通常有单层 Whipple 结构、双层 Whipple 防护结构、填充式 Whipple 防护结构、多层冲击防护结构、网状双层防护结构、蜂窝夹层板防护结构等。我国研究人员提出在卫星表面的多层隔热（Multilayer Insulation，MLI）毡内增加抗穿透防护层的创新性设计思想，并完成了相关的理论分析和计算。通过试验结果验证，在不影响热控性能的前提下，通过对卫星表面的多层隔热毡进行空间碎片防护设计，在面密度仅增加 $990g/m^2$ 的情况下，卫星的空间碎片防护能力提高近 200%。以某卫星为例，应用该研究成果进行改进后，卫星运行 9 年与目前运行 3 年的抗空间碎片撞击风险相当。这标志着在轨卫星的寿命、可靠性、安全性将得到空前的提高。

第 5 章　卫星常用的摄动运动方程

虽然前面已经给出了二体问题运动微分方程的解，但任何一种天体的运动都不是严格意义上的二体问题。在推导二体问题运动方程时，事实上做了如下假设：①作用力仅为引力；②天体为圆球形且密度均匀，其质量可视为集中在球心（即点质量模型），所以卫星轨道的六个轨道根数 $\sigma(t)$［用 $\sigma=(\sigma_1,\sigma_2,\cdots,\sigma_6)^{\mathrm{T}}$ 表示六个轨道根数］为常数。如果已知观测数据所确定的历元时刻 t_0 的卫星位置 $\boldsymbol{r}(t_0)$ 和速度 $\dot{\boldsymbol{r}}(t_0)$，就可以求解出 t_0 时刻的卫星轨道根数 $\sigma(t_0)$；而用此轨道根数 $\boldsymbol{\sigma}(t_0)$ 又可根据二体问题公式推算出任意时刻 t 的卫星位置 $\boldsymbol{r}_0(t)$ 和速度 $\dot{\boldsymbol{r}}_0(t)$。

显然，对于卫星的真实轨道来说，二体问题的解只是一组近似解，它的精度不能满足许多卫星工程应用的需要，如卫星导航、精密定位、飞行试验、轨道交会和对接等，这些应用都需要提供精确的轨道根数和精确的瞬时位置、速度。因此，精确的卫星轨道解算，必须考虑地球重力场摄动力、日月摄动力、大气阻力、光压摄动力、潮汐摄动力等的影响。在这些摄动力的作用下，卫星在任意时刻 t 的卫星位置 $\boldsymbol{r}(t)$、速度 $\dot{\boldsymbol{r}}(t)$ 与由二体问题推算的位置 $\boldsymbol{r}_0(t)$、速度 $\dot{\boldsymbol{r}}_0(t)$ 是不同的，两者相差一个摄动量 δ，即

$$\boldsymbol{r}(t)=\boldsymbol{r}_0(t)+\delta\boldsymbol{r}(t),\dot{\boldsymbol{r}}(t)=\dot{\boldsymbol{r}}_0(t)+\delta\dot{\boldsymbol{r}}(t)$$

其对应的轨道根数 $\sigma(t)$ 与二体问题的历元时刻 t 的根数 $\sigma_0(t)$ 也不相同，有

$$\sigma(t)=\sigma_0(t)+\delta\sigma(t)$$

通常称 $\boldsymbol{r}(t)$、$\dot{\boldsymbol{r}}(t)$ 为摄动位置、摄动速度，$\delta\boldsymbol{r}(t)$、$\delta\dot{\boldsymbol{r}}(t)$ 为位置摄动、速度摄动；称 $\delta\sigma(t)$ 为轨道根数摄动，$\sigma(t)$ 为对应于 t 时刻的瞬时轨道根数。

这说明卫星摄动运动的轨道根数不再保持为常数，而是随着时间变化的，而且摄动运动的轨道是一个变化的椭圆。如果能以一定方法求得卫星的瞬时轨道根数 $\sigma(t)$，即可按二体问题的方法解出 t 时刻卫星的位置和速度；反之，如能求得 t 时刻卫星的位置 $\boldsymbol{r}(t)$ 和速度 $\dot{\boldsymbol{r}}(t)$，也可根据二体问题的方法算得 t 时刻卫星的瞬时轨道根数 $\sigma(t)$。

本章主要介绍研究人造地球卫星运动规律常用的几种摄动运动方程，并引用一些结论，以说明人造地球卫星绕地球运行过程中的受力情况。

5.1　人造地球卫星的摄动运动

5.1.1　直角坐标系下的摄动运动

在直角惯性坐标系中，按牛顿第二定律，卫星的摄动运动方程为

$$\ddot{\boldsymbol{r}}=\frac{\boldsymbol{F}}{m}=\frac{1}{m}(\boldsymbol{F}_0+\boldsymbol{f}_{\mathrm{g}}+\boldsymbol{f}_{\mathrm{m}}+\boldsymbol{f}_{\mathrm{s}}+\boldsymbol{f}_{\mathrm{d}}+\boldsymbol{f}_{\mathrm{p}}+\boldsymbol{f}_{\mathrm{t}}) \tag{5.1}$$

式中，m 为卫星质量；$\boldsymbol{F}_0$ 为地球质心引力；$\boldsymbol{f}_g$ 为除质心引力外的地球引力；$\boldsymbol{f}_m$ 为月球引力；$\boldsymbol{f}_s$ 为太阳引力；$\boldsymbol{f}_d$ 为大气阻力；$\boldsymbol{f}_p$ 为太阳辐射压力；$\boldsymbol{f}_t$ 为地球潮汐附加力；$\boldsymbol{F}$ 为各种作用力的合力。

将式（5.1）写成分量形式，即

$$\begin{cases} \ddot{X} = \dfrac{F_X}{m} \\ \ddot{Y} = \dfrac{F_Y}{m} \\ \ddot{Z} = \dfrac{F_Z}{m} \end{cases} \tag{5.2}$$

它是联立的三个二阶微分方程组。这种形式的微分方程不适合用分析的方法求解，但可以用数值方法求解。

5.1.2　位函数和摄动函数

5.1.2.1　位函数 V

如果作用于卫星的作用力是保守力，如地球引力、日月引力、潮汐摄动力等，则存在势函数，又称为位函数，一般用 V 表示。设有 n 个质点 $p_i(i=1,2,\cdots,n)$，其质量为 m_i，坐标为（X_i,Y_i,Z_i），它们组成一个重力场系统。如果外部空间有一个质点 p（如卫星），其质量为 m，坐标为（X,Y,Z），则 n 个质点 p_i 对 p 的引力位函数 V 定义为

$$V = \sum_{i=1}^{n} \frac{Gm_i}{r_i} \tag{5.3}$$

式中，r_i 为各质点 p_i 至点 p 的距离，有

$$r_i = \sqrt{(X-X_i)^2 + (Y-Y_i)^2 + (Z-Z_i)^2}$$

显然，位函数 V 只与距离 r_i 的大小有关，即仅与质点 p_i 和被吸引点 p 的位置有关，所以称之为位函数。

引力位函数 V 与引力有着密切的关系，根据牛顿万有引力定律，各质点 p_i 对 p 的引力为

$$\boldsymbol{f}_i = -\frac{Gm_i m}{r_i^2}\frac{\boldsymbol{r}_i}{r_i} \tag{5.4}$$

式中，负号表示引力的方向与矢量 $\boldsymbol{r}_i$ 方向相反。

如果将 $\boldsymbol{f}_i$ 写成坐标轴分量形式，则由式（5.4）可写为

$$\begin{cases} f_X = -\dfrac{Gm_i m}{r_i^2}\dfrac{X-X_i}{r_i} = -\dfrac{Gm_i m}{r_i^2}\dfrac{\partial r_i}{\partial X} \\ f_Y = -\dfrac{Gm_i m}{r_i^2}\dfrac{Y-Y_i}{r_i} = -\dfrac{Gm_i m}{r_i^2}\dfrac{\partial r_i}{\partial Y} \\ f_Z = -\dfrac{Gm_i m}{r_i^2}\dfrac{Z-Z_i}{r_i} = -\dfrac{Gm_i m}{r_i^2}\dfrac{\partial r_i}{\partial Z} \end{cases}$$

那么，n 个质点 p_i 对 p 的引力之和为

$$\begin{cases} F_X = \sum_{i=1}^{n} -\dfrac{Gm_i m}{r_i^2}\dfrac{\partial r_i}{\partial X} \\ F_Y = \sum_{i=1}^{n} -\dfrac{Gm_i m}{r_i^2}\dfrac{\partial r_i}{\partial Y} \\ F_Z = \sum_{i=1}^{n} -\dfrac{Gm_i m}{r_i^2}\dfrac{\partial r_i}{\partial Z} \end{cases}$$

根据牛顿第二运动定律，点 p 在点 p_i 的引力作用下，所产生的加速度分量$\ddot{X}$、$\ddot{Y}$、$\ddot{Z}$为

$$\begin{cases} \ddot{X} = \dfrac{F_X}{m} = \sum_{i=1}^{n} -\dfrac{Gm_i}{r_i^2}\dfrac{\partial r_i}{\partial X} \\ \ddot{Y} = \dfrac{F_Y}{m} = \sum_{i=1}^{n} -\dfrac{Gm_i}{r_i^2}\dfrac{\partial r_i}{\partial Y} \\ \ddot{Z} = \dfrac{F_Z}{m} = \sum_{i=1}^{n} -\dfrac{Gm_i}{r_i^2}\dfrac{\partial r_i}{\partial Z} \end{cases} \tag{5.5}$$

而由位函数 V 的表达式（5.3）可得

$$\begin{cases} \dfrac{\partial V}{\partial X} = \sum_{i=1}^{n} -\dfrac{Gm_i}{r_i^2}\dfrac{\partial r_i}{\partial X} \\ \dfrac{\partial V}{\partial Y} = \sum_{i=1}^{n} -\dfrac{Gm_i}{r_i^2}\dfrac{\partial r_i}{\partial Y} \\ \dfrac{\partial V}{\partial Z} = \sum_{i=1}^{n} -\dfrac{Gm_i}{r_i^2}\dfrac{\partial r_i}{\partial Z} \end{cases} \tag{5.6}$$

由此可知，位函数 V 对各坐标轴的偏导，即等于引力对点 p 作用产生的加速度分量，也就是等于质点 p_i 对于单位质点的引力在相应坐标轴上的分力。因此，引力位函数实际上就代表了引力，表征了重力场的性质。由于位函数是个标量，采用位函数讨论比较简单，因此，在研究地球重力场等保守力对卫星的作用时，都采用位函数。

将式（5.6）代入式（5.5），则得

$$\begin{cases} \ddot{X} = \dfrac{F_X}{m} = \dfrac{\partial V}{\partial X} \\ \ddot{Y} = \dfrac{F_Y}{m} = \dfrac{\partial V}{\partial Y} \\ \ddot{Z} = \dfrac{F_Z}{m} = \dfrac{\partial V}{\partial Z} \end{cases} \tag{5.7}$$

如果点 p 为卫星，则式（5.7）实际上就是用位函数表示的卫星的运动方程。

5.1.2.2　摄动函数 *R*

卫星在地球重力场作用下运动，除受地球引力作用外，还受非质心引力的作用，所以可将地球重力场看成是由质心质点 M 和非质心质点 $p_i(i=1,2,\cdots,n-1)$ 所组成的重力场系统。其引力位函数为

$$V = \frac{GM}{r} + \sum_{i=1}^{n-1} \frac{Gm_i}{r_i} \tag{5.8}$$

式中，r 为地球质心至卫星的距离，有

$$r = \sqrt{X^2 + Y^2 + Z^2}$$

r_i 为各质点 p_i 至卫星的距离，有

$$r_i = \sqrt{(X - X_i)^2 + (Y - Y_i)^2 + (Z - Z_i)^2}$$

可以将地球引力看作是两部分组成：一是地球质心引力位 V_0；二是非质心引力位，用 R 表示，即

$$\begin{cases} V = V_0 + R \\ R = V - V_0 \end{cases} \tag{5.9}$$

其中

$$\begin{cases} V_0 = \dfrac{GM}{r} \\ R = \displaystyle\sum_{i=1}^{n-1} \frac{Gm_i}{r_i} \end{cases} \tag{5.10}$$

式中，R 为通常所谓的摄动函数。

将式（5.9）第一式代入式（5.7），即可得卫星在惯性直角坐标系中的摄动运动方程

$$\begin{cases} \ddot{X} = \dfrac{\partial V}{\partial X} = -\dfrac{\mu}{r^3}X + \dfrac{\partial R}{\partial X} \\ \ddot{Y} = \dfrac{\partial V}{\partial Y} = -\dfrac{\mu}{r^3}Y + \dfrac{\partial R}{\partial Y} \\ \ddot{Z} = \dfrac{\partial V}{\partial Z} = -\dfrac{\mu}{r^3}Z + \dfrac{\partial R}{\partial Z} \end{cases} \tag{5.11}$$

显然，当 $R=0$，则式（5.11）即变为二体问题的运动微分方程；当 R 不为零，即为顾及非质心引力的摄动运动微分方程。

5.2 高斯型摄动运动方程

5.2.1 高斯型摄动 I

如果将各种摄动力因素产生的摄动加速度用 $\boldsymbol{a}$ 表示，则卫星的受摄运动方程为

$$\ddot{\boldsymbol{r}} + \frac{\mu}{r^3}\boldsymbol{r} = \boldsymbol{a} \tag{5.12}$$

为叙述问题方便，以轨道平面为基准建立图 5.1 所示的轨道坐标系 O—xyz。其中，x 轴、z 轴分别与 $\boldsymbol{r}$、$\boldsymbol{h}$ 重合，$\boldsymbol{h}$ 为式（4.8）定义的积分常矢量，y 轴与 z 轴、x 轴成右手系。不妨设 x、y、z 三轴单位矢量为 $\boldsymbol{r}^0$、$\boldsymbol{t}^0$、$\boldsymbol{h}^0$，则相应的速度矢量分量为 v_{r}、v_{t}、v_{h}。

由图 5.1 及式（4.21），显然有

$$v_{\mathrm{t}} = r\dot{\theta} = \frac{h}{r} \tag{5.13}$$

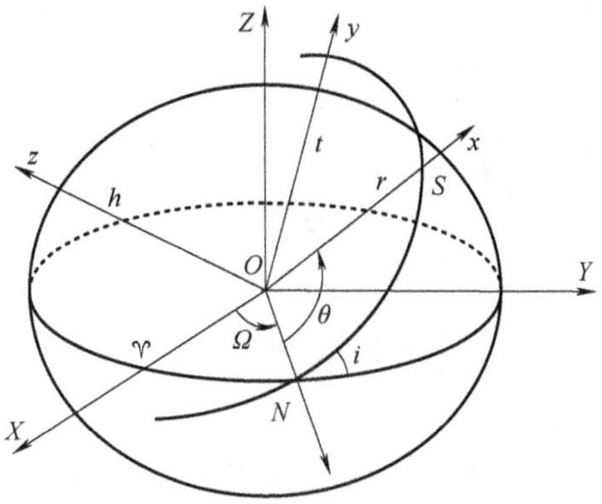

图 5.1　轨道坐标系

又由椭圆轨道方程知

$$r = \frac{p}{1 + e\cos f}, p = \frac{h^2}{\mu}$$

代入式（5.13）可得

$$v_{\mathrm{t}} = \frac{h}{r} = \frac{\sqrt{p\mu}}{p}(1 + e\cos f) = \sqrt{\frac{\mu}{p}}(1 + e\cos f) \tag{5.14}$$

把 $r = \dfrac{p}{1 + e\cos f}$ 两边求导可得

$$\dot{r} = \frac{p}{(1 + e\cos f)^2} e(\sin f)\dot{f} = \frac{r^2}{p} e(\sin f)\dot{f}$$

注意到 $\theta = \omega + f$，所以有

$$\dot{f} = \dot{\theta} = \frac{h}{r^2}$$

所以可以得到

$$v_{\mathrm{r}} = \dot{r} = \frac{h}{p} e\sin f = \sqrt{\frac{\mu}{p}} e\sin f \tag{5.15}$$

且

$$\begin{cases} \boldsymbol{r} = r\boldsymbol{r}^0 \\ \boldsymbol{v} = v_{\mathrm{r}}\boldsymbol{r}^0 + v_{\mathrm{t}}\boldsymbol{t}^0 \end{cases} \tag{5.16}$$

所以，式（5.12）又可以写成如下形式：

$$\begin{cases} \dfrac{\mathrm{d}}{\mathrm{d}t}(r\boldsymbol{r}^0) = v_{\mathrm{r}}\boldsymbol{r}^0 + v_{\mathrm{t}}\boldsymbol{t}^0 \\ \dfrac{\mathrm{d}}{\mathrm{d}t}(v_{\mathrm{r}}\boldsymbol{r}^0 + v_{\mathrm{t}}\boldsymbol{t}^0) = -\dfrac{\mu}{r^2}\boldsymbol{r}^0 + \boldsymbol{a} \end{cases} \tag{5.17}$$

或

$$\begin{cases} \dot{r}\boldsymbol{r}^0 + r\dot{\boldsymbol{r}}^0 = v_{\mathrm{r}}\boldsymbol{r}^0 + v_{\mathrm{t}}\boldsymbol{t}^0 \\ \dot{v}_{\mathrm{r}}\boldsymbol{r}^0 + v_{\mathrm{r}}\dot{\boldsymbol{r}}^0 + \dot{v}_{\mathrm{t}}\boldsymbol{t}^0 + v_{\mathrm{t}}\dot{\boldsymbol{t}}^0 = -\dfrac{\mu}{r^2}\boldsymbol{r}^0 + \boldsymbol{a} \end{cases} \tag{5.18}$$

式中，v_r、v_t 由式（5.15）和式（5.14）代入。再令 $\boldsymbol{\omega}$ 为轨道坐标系 O—xyz 相对于赤道直角坐标系 O—XYZ 转动的角速度矢量，则

$$\boldsymbol{\omega}=\omega_r\boldsymbol{r}^0+\omega_t\boldsymbol{t}^0+\omega_h\boldsymbol{h}^0 \tag{5.19}$$

式中，$\boldsymbol{r}^0$、$\boldsymbol{t}^0$ 和 $\boldsymbol{h}^0$ 的导数与 $\boldsymbol{\omega}$ 的关系如下：

$$\begin{cases}\dot{\boldsymbol{r}}^0=-\omega_t\boldsymbol{h}^0+\omega_h\boldsymbol{t}^0\\ \dot{\boldsymbol{t}}^0=\omega_r\boldsymbol{h}^0-\omega_h\boldsymbol{r}^0\\ \dot{\boldsymbol{h}}^0=-\omega_r\boldsymbol{t}^0+\omega_h\boldsymbol{r}^0\end{cases} \tag{5.20}$$

将式（5.20）代入式（5.18），有

$$v_r\boldsymbol{r}^0+v_t\boldsymbol{t}^0=\dot{r}\boldsymbol{r}^0+r(-\omega_t\boldsymbol{h}^0+\omega_h\boldsymbol{t}^0)=\dot{r}\boldsymbol{r}^0-r\omega_t\boldsymbol{h}^0+r\omega_h\boldsymbol{t}^0$$

$$\begin{aligned}-\frac{\mu}{r^2}\boldsymbol{r}^0+\boldsymbol{a}&=\dot{v}_r\boldsymbol{r}^0+v_r\dot{\boldsymbol{r}}^0+\dot{v}_t\boldsymbol{t}^0+v_t\dot{\boldsymbol{t}}^0\\&=\dot{v}_r\boldsymbol{r}^0+v_r(-\omega_t\boldsymbol{h}^0+\omega_h\boldsymbol{t}^0)+\dot{v}_t\boldsymbol{t}^0+v_t(\omega_r\boldsymbol{h}^0-\omega_h\boldsymbol{r}^0)\\&=(\dot{v}_r-v_t\omega_h)\boldsymbol{r}^0+(v_r\omega_h+\dot{v}_t)\boldsymbol{t}^0+(v_t\omega_r-v_r\omega_t)\boldsymbol{h}^0\end{aligned}$$

比较各分量的模，即

$$\begin{cases}\omega_t=0\\ \omega_h=\dfrac{v_t}{r}\\ \omega_r=\dfrac{a_h}{v_t}\end{cases} \tag{5.21}$$

$$\begin{cases}\dot{r}=v_r\\ \dot{v}_r=v_t\omega_h-\dfrac{\mu}{r^2}+a_r\\ \dot{v}_t=-v_r\omega_h+a_t\end{cases} \tag{5.22}$$

式中，a_r、a_t 和 a_h 分别为 $\boldsymbol{a}$ 在 x、y、z 三轴上的投影。

另外，如图5.1所示，轨道坐标系 O—xyz 相对于赤道直角坐标系 O—XYZ 的转动是先绕 Z 轴转过 Ω 角，再绕 ON 轴转过 i 角，最后绕 z 轴转过 θ 角；因此，转动角速度 $\boldsymbol{\omega}$ 也可以表示成如下形式：

$$\boldsymbol{\omega}=\dot{\Omega}\boldsymbol{k}^0+\dot{i}\boldsymbol{n}^0+\dot{\theta}\boldsymbol{h}^0 \tag{5.23}$$

式中，$\boldsymbol{k}^0$ 为赤道直角坐标系 Z 轴上的单位矢量；$\boldsymbol{n}^0$ 为 ON 轴的单位矢量。

易知 O—xyz 至 O—XYZ 的转换矩阵为

$$\begin{aligned}R_3(-\Omega)R_1(-i)R_3(-\theta)&=\begin{bmatrix}\cos\Omega & -\sin\Omega & 0\\ \sin\Omega & \cos\Omega & 0\\ 0 & 0 & 1\end{bmatrix}\begin{bmatrix}1 & 0 & 0\\ 0 & \cos i & -\sin i\\ 0 & \sin i & \cos i\end{bmatrix}\begin{bmatrix}\cos\theta & -\sin\theta & 0\\ \sin\theta & \cos\theta & 0\\ 0 & 0 & 1\end{bmatrix}\\&=\begin{bmatrix}\cos\Omega & -\sin\Omega\cos i & \sin\Omega\sin i\\ \sin\Omega & \cos\Omega\cos i & -\cos\Omega\sin i\\ 0 & \sin i & \cos i\end{bmatrix}\begin{bmatrix}\cos\theta & -\sin\theta & 0\\ \sin\theta & \cos\theta & 0\\ 0 & 0 & 1\end{bmatrix}\\&=\begin{bmatrix}\cos\Omega\cos\theta-\sin\Omega\cos i\sin\theta & -\cos\Omega\sin\theta-\sin\Omega\cos i\cos\theta & \sin\Omega\sin i\\ \sin\Omega\cos\theta+\cos\Omega\cos i\sin\theta & -\sin\Omega\sin\theta+\cos\Omega\cos i\cos\theta & -\cos\Omega\sin i\\ \sin i\sin\theta & \sin i\cos\theta & \cos i\end{bmatrix}\end{aligned}$$

所以，可得 $\boldsymbol{k}^0$ 为

$$\boldsymbol{k}^0 = \sin i\sin\theta\boldsymbol{r}^0 + \sin i\cos\theta\boldsymbol{t}^0 + \cos i\boldsymbol{h}^0 \tag{5.24}$$

又由图 5.1 所示可得 $\hat{\boldsymbol{n}}$ 在 O—xyz 坐标系中的表达式：

$$\boldsymbol{n}^0 = \cos\theta\boldsymbol{r}^0 - \sin\theta\boldsymbol{t}^0 \tag{5.25}$$

将式（5.24）和式（5.25）代入式（5.23），有

$$\boldsymbol{\omega} = \dot{\Omega}(\sin i\sin\theta\boldsymbol{r}^0 + \sin i\cos\theta\boldsymbol{t}^0 + \cos i\boldsymbol{h}^0) + \dot{i}(\cos\theta\boldsymbol{r}^0 - \sin\theta\boldsymbol{t}^0) + \dot{\theta}\boldsymbol{h}^0$$

即

$$\begin{aligned}\boldsymbol{\omega} &= (\dot{\Omega}\sin i\sin\theta + \dot{i}\cos\theta)\boldsymbol{r}^0 + (\dot{\Omega}\sin i\cos\theta - \dot{i}\sin\theta)\boldsymbol{t}^0 \\ &\quad + (\dot{\Omega}\cos i + \dot{\theta})\boldsymbol{h}^0\end{aligned} \tag{5.26}$$

比较式（5.21）和式（5.26）可得

$$\begin{cases}\omega_{\mathrm{r}} = \dot{\Omega}\sin i\sin\theta + \dot{i}\cos\theta = \dfrac{a_{\mathrm{h}}}{v_{\mathrm{t}}} \\ \omega_{\mathrm{t}} = \dot{\Omega}\sin i\cos\theta - \dot{i}\sin\theta = 0 \\ \omega_{\mathrm{h}} = \dot{\Omega}\cos i + \dot{\theta} = \dfrac{v_{\mathrm{t}}}{r}\end{cases}$$

从上式解出 $\dot{\Omega}$、$\dot{i}$、$\dot{\theta}$的表达式如下：

$$\begin{cases}\dot{i} = \dfrac{a_{\mathrm{h}}}{v_{\mathrm{t}}}\cos\theta \\ \dot{\Omega} = \dfrac{a_{\mathrm{h}}}{v_{\mathrm{t}}}\dfrac{\sin\theta}{\sin i} \\ \dot{\theta} = \dfrac{v_{\mathrm{t}}}{r} - \dfrac{\mathrm{d}\Omega}{\mathrm{d}t}\cos i\end{cases} \tag{5.27}$$

注意到式（5.14），即 $v_{\mathrm{t}} = \sqrt{\dfrac{\mu}{p}}(1 + e\cos f)$ 及 $r = \dfrac{p}{1 + e\cos f}$、$p = a(1 - e^2)$，则有

$$\begin{aligned}\frac{a_{\mathrm{h}}}{v_t} &= \frac{1}{\sqrt{\dfrac{\mu}{p}}(1 + e\cos f)}a_{\mathrm{h}} = \frac{p}{\sqrt{\mu p}(1 + e\cos f)}a_{\mathrm{h}} \\ &= \frac{r}{\sqrt{\mu a(1 - e^2)}}a_{\mathrm{h}} = \frac{r}{\sqrt{\dfrac{\mu}{a^3}a^4(1 - e^2)}}a_{\mathrm{h}} = \frac{r}{na^2\sqrt{(1 - e^2)}}a_{\mathrm{h}}\end{aligned}$$

所以，由式（5.27）第一、二式可得

$$\begin{cases}\dot{i} = \dfrac{r\cos\theta}{na^2\sqrt{(1 - e^2)}}a_{\mathrm{h}} \\ \dot{\Omega} = \dfrac{r}{na^2\sqrt{(1 - e^2)}}\dfrac{\sin\theta}{\sin i}a_{\mathrm{h}}\end{cases} \tag{5.28}$$

当轨道根数 i 和 Ω 变化时，轨道平面的位置将发生变化，而式（5.28）则说明轨道平面的位置仅与 a_{h} 有关，如 a_{h} 为 0，则轨道平面的位置保持不变。事实上，a_{h} 所引起的冲量为 $a_{\mathrm{h}}\mathrm{d}t$，它使轨道平面绕 $\boldsymbol{r}$ 转过一个角度，其值为 $a_{\mathrm{h}}\mathrm{d}t/v_{\mathrm{t}}$，因而使 i、Ω 和 θ 都获得一个增量，如图 5.2 所示。

由式（5.27）和式（5.21）可知，i、Ω 和 θ 获得的增量为

$$\begin{cases} \mathrm{d}i = \dfrac{a_{\mathrm{h}}\mathrm{d}t}{v_{\mathrm{t}}}\cos\theta \\ \mathrm{d}\Omega = \dfrac{a_{\mathrm{h}}\mathrm{d}t}{v_{\mathrm{t}}}\dfrac{\sin\theta}{\sin i} \\ \mathrm{d}\theta = \omega_{\mathrm{h}}\mathrm{d}t - \cos i\mathrm{d}\Omega \end{cases} \tag{5.29}$$

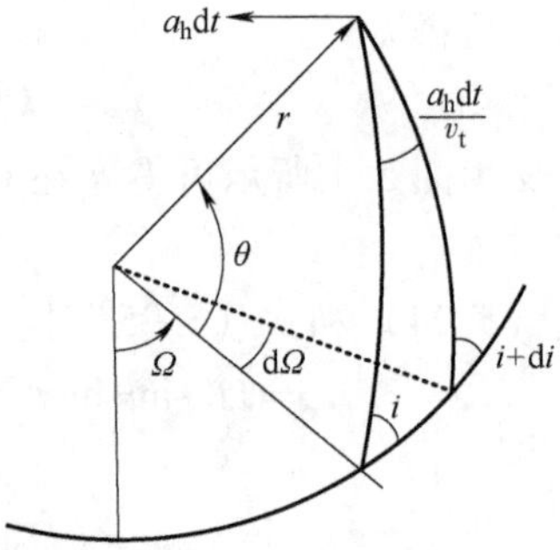

图 5.2　摄动力的侧向分量对轨道平面的影响

下面推导 $\mathrm{d}e/\mathrm{d}t$ 和 $\mathrm{d}\omega/\mathrm{d}t$。

由式（5.22）知，$\dot{v}_{\mathrm{r}} = v_{\mathrm{t}}\omega_{\mathrm{h}} - \dfrac{\mu}{r^2} + a_{\mathrm{r}}$，由式（5.21）知 $\omega_{\mathrm{h}} = \dfrac{v_{\mathrm{t}}}{r}$，注意到式（5.13）、式（5.15）及 $h^2 = p\mu$、$r = \dfrac{p}{1+e\cos f}$，则有

$$\begin{aligned} \dot{v}_{\mathrm{r}} &= v_{\mathrm{t}}\frac{v_{\mathrm{t}}}{r} - \frac{\mu}{r^2} + a_{\mathrm{r}} = \left(\frac{h}{r}\right)^2\frac{1}{r} - \frac{\mu}{r^2} + a_{\mathrm{r}} = \frac{p\mu}{r^2}\frac{1}{r} - \frac{\mu}{r^2} + a_{\mathrm{r}} \\ &= \frac{\mu}{r^2}e\cos f + a_{\mathrm{r}} \end{aligned}$$

同样，由式（5.22）第三式

$$\begin{aligned} \dot{v}_{\mathrm{t}} &= -v_{\mathrm{r}}\omega_{\mathrm{h}} + a_{\mathrm{t}} = -v_{\mathrm{r}}\frac{v_{\mathrm{t}}}{r} + a_{\mathrm{t}} = -\sqrt{\frac{\mu}{p}}e(\sin f)\frac{h}{r}\frac{1}{r} + a_{\mathrm{t}} \\ &= -\sqrt{\frac{\mu}{p}}e(\sin f)\sqrt{p\mu}\frac{1}{r^2} + a_{\mathrm{t}} = -\frac{\mu}{r^2}e\sin f + a_{\mathrm{t}} \end{aligned}$$

即，式（5.22）可写为

$$\begin{cases} \dot{r} = \sqrt{\dfrac{\mu}{p}}e\sin f \\ \dot{v}_{\mathrm{r}} = \dfrac{\mu}{r^2}e\cos f + a_{\mathrm{r}} \\ \dot{v}_{\mathrm{t}} = -\dfrac{\mu}{r^2}e\sin f + a_{\mathrm{t}} \end{cases} \tag{5.30}$$

由式（5.13）知

$$v_{\mathrm{t}} = \frac{\sqrt{p\mu}}{p}(1+e\cos f) = \sqrt{\frac{\mu}{p}}(1+e\cos f)$$

把 $r = \dfrac{p}{1+e\cos f}$、式（5.15）和式（5.30）两边求导，可得

$$\begin{cases} \dot{r} = \dfrac{pe\sin f}{(1+e\cos f)^2}\dot{f} + \dfrac{1}{1+e\cos f}\dot{p} - \dfrac{p\cos f}{(1+e\cos f)^2}\dot{e} = \sqrt{\dfrac{\mu}{p}}e\sin f \\ \dot{v}_{\mathrm{r}} = \sqrt{\dfrac{\mu}{p}}e(\cos f)\dot{f} - \dfrac{1}{2}\sqrt{\dfrac{\mu}{p}}\dfrac{e\sin f}{p}\dot{p} + \sqrt{\dfrac{\mu}{p}}(\sin f)\dot{e} = \dfrac{\mu}{r^2}e\cos f + a_{\mathrm{r}} \\ \dot{v}_{\mathrm{t}} = -\sqrt{\dfrac{\mu}{p}}e(\sin f)\dot{f} - \dfrac{1}{2}\sqrt{\dfrac{\mu}{p}}\dfrac{1+e\cos f}{p}\dot{p} + \sqrt{\dfrac{\mu}{p}}(\cos f)\dot{e} = -\dfrac{\mu}{r^2}e\sin f + a_{\mathrm{t}} \end{cases} \tag{5.31}$$

将式（5.31）的第三式左右两边乘以 $r\sqrt{\frac{p}{\mu}}$，可得

$$-re(\sin f)\dot{f}-\frac{1}{2}r\frac{1+e\cos f}{p}\dot{p}+r(\cos f)\dot{e}=-\frac{\sqrt{p\mu}}{r}e\sin f+r\sqrt{\frac{p}{\mu}}a_{\mathrm{t}}$$

即

$$-re(\sin f)\dot{f}-\frac{1}{2}\dot{p}+r(\cos f)\dot{e}=-\sqrt{\frac{\mu}{p}}(1+e\cos f)e\sin f+r\sqrt{\frac{p}{\mu}}a_{\mathrm{t}} \tag{5.32}$$

将式（5.31）的第一式左右两边乘以（$1+e\cos f$）得

$$\frac{pe\sin f}{1+e\cos f}\dot{f}+\dot{p}-\frac{p\cos f}{1+e\cos f}\dot{e}=(1+e\cos f)\sqrt{\frac{\mu}{p}}e\sin f$$

即

$$re(\sin f)\dot{f}+\dot{p}-r(\cos f)\dot{e}=(1+e\cos f)\sqrt{\frac{\mu}{p}}e\sin f \tag{5.33}$$

将式（5.32）、式（5.33）左右相加并整理得

$$\dot{p}=2r\sqrt{\frac{p}{\mu}}a_{\mathrm{t}} \tag{5.34}$$

将式（5.31）的第二式左右两边乘以$\frac{r^2}{\mu}\sin f$，有

$$\frac{r^2}{\mu}\sin f\sqrt{\frac{\mu}{p}}e(\cos f)\dot{f}-\frac{1}{2}\frac{r^2}{\mu}(\sin f)\sqrt{\frac{\mu}{p}}\frac{e\sin f}{p}\dot{p}+\frac{r^2}{\mu}\sin f\sqrt{\frac{\mu}{p}}(\sin f)\dot{e}$$
$$=e\sin f\cos f+\frac{r^2}{\mu}(\sin f)a_{\mathrm{r}}$$

即

$$\frac{r^2}{\sqrt{p\mu}}e\sin f(\cos f)\dot{f}-\frac{1}{2}\frac{r^2}{\sqrt{p\mu}}\frac{e\sin^2 f}{p}\dot{p}+\frac{r^2}{\sqrt{p\mu}}(\sin^2 f)\dot{e}=e\sin f\cos f+\frac{r^2}{\mu}(\sin f)a_{\mathrm{r}} \tag{5.35}$$

将式（5.31）的第一式左右两边乘以$\sqrt{\frac{p}{\mu}}\cos f$，有

$$\sqrt{\frac{p}{\mu}}\cos f\frac{pe\sin f}{(1+e\cos f)^2}\dot{f}+\sqrt{\frac{p}{\mu}}\cos f\frac{1}{1+e\cos f}\dot{p}-\sqrt{\frac{p}{\mu}}\frac{p\cos^2 f}{(1+e\cos f)^2}\dot{e}=e\sin f\cos f$$

即

$$\frac{r^2}{\sqrt{p\mu}}\sin f(\cos f)\dot{f}+\frac{r^2}{\sqrt{p\mu}}\frac{\cos f}{r}\dot{p}-\frac{r^2}{\sqrt{p\mu}}(\cos^2 f)\dot{e}=e\sin f\cos f \tag{5.36}$$

把式（5.35）、式（5.36）左右相减并整理得

$$-\frac{1}{2}\frac{r^2}{\sqrt{p\mu}}\frac{e\sin^2 f}{p}\dot{p}+\frac{r^2}{\sqrt{p\mu}}(\sin^2 f)\dot{e}-\frac{r^2}{\sqrt{p\mu}}\frac{\cos f}{r}\dot{p}+\frac{r^2}{\sqrt{p\mu}}(\cos^2 f)\dot{e}=\frac{r^2}{\mu}(\sin f)a_{\mathrm{r}}$$

即

$$\dot{e}=\frac{e\sin^2 f}{2p}\dot{p}+\frac{\cos f}{r}\dot{p}+\sqrt{\frac{p}{\mu}}(\sin f)a_{\mathrm{r}} \tag{5.37}$$

将式（5.34）、$h^2=p\mu$ 代入式（5.37），有

$$\begin{aligned}\dot{e} &= \left(\frac{e\sin^2 f}{2p}+\frac{\cos f}{r}\right)2r\sqrt{\frac{p}{\mu}}a_{\mathrm{t}}+r\frac{1+e\cos f}{p}\sqrt{\frac{p}{\mu}}(\sin f)a_{\mathrm{r}}\\ &=\left(e\sin^2 f+2\frac{p}{r}\cos f\right)\frac{r}{\sqrt{p\mu}}a_{\mathrm{t}}+\frac{r}{\sqrt{p\mu}}(1+e\cos f)(\sin f)a_{\mathrm{r}}\\ &=\frac{r}{h}[e\sin^2 f+2(1+e\cos f)\cos f]a_{\mathrm{t}}+\frac{r}{h}(1+e\cos f)(\sin f)a_{\mathrm{r}}\end{aligned}$$

即

$$\dot{e}=\frac{r}{h}[\sin f(1+e\cos f)a_{\mathrm{r}}+(e+2\cos f+e\cos^2 f)a_{\mathrm{t}}] \tag{5.38}$$

或者注意到式（4.48），则式（5.38）变为

$$\begin{aligned}\dot{e} &= \frac{1}{h}\{(\sin f)r(1+e\cos f)a_{\mathrm{r}}+r[e+\cos f+(\cos f)(1+e\cos f)]a_{\mathrm{t}}\}\\ &=\frac{p}{h}\left[(\sin f)a_{\mathrm{r}}+\left(\frac{e+\cos f}{1+e\cos f}+\cos f\right)a_{\mathrm{t}}\right]\\ &=\sqrt{\frac{p}{\mu}}[(\sin f)a_{\mathrm{r}}+(\cos E+\cos f)a_{\mathrm{t}}]\\ &=\sqrt{\frac{a(1-e^2)}{\mu}}[(\sin f)a_{\mathrm{r}}+(\cos E+\cos f)a_{\mathrm{t}}]\end{aligned}$$

即

$$\dot{e}=\frac{\sqrt{1-e^2}}{na}[(\sin f)a_{\mathrm{r}}+(\cos E+\cos f)a_{\mathrm{t}}] \tag{5.39}$$

将式（5.31）的第二式左右两边乘以$\sqrt{\frac{p}{\mu}}\cos f$，有

$$e(\cos^2 f)\dot{f}-\frac{1}{2}\frac{e\sin f\cos f}{p}\dot{p}+\sin f(\cos f)\dot{e}=\frac{\sqrt{p\mu}}{r^2}e\cos^2 f+\sqrt{\frac{p}{\mu}}(\cos f)a_{\mathrm{r}} \tag{5.40}$$

将式（5.31）的第一式左右两边乘以$\frac{p}{r^2}\sin f$，有

$$e(\sin^2 f)\dot{f}+\frac{\sin f}{r}\dot{p}-\sin f(\cos f)\dot{e}=\frac{\sqrt{p\mu}}{r^2}e\sin^2 f \tag{5.41}$$

把式（5.40）、式（5.41）左右相加并整理得

$$e\dot{f}+\left(\frac{\sin f}{r}-\frac{1}{2}\frac{e\sin f\cos f}{p}\right)\dot{p}=\frac{\sqrt{p\mu}}{r^2}e+\sqrt{\frac{p}{\mu}}(\cos f)a_{\mathrm{r}}$$

注意到式（5.34）、式（5.14），则上式可写为

$$e\dot{f}+\left(\frac{\sin f}{r}-\frac{1}{2}\frac{e\sin f\cos f}{p}\right)2r\sqrt{\frac{p}{\mu}}a_{\mathrm{t}}=\frac{\sqrt{p\mu}}{r}\frac{1+e\cos f}{p}e+\sqrt{\frac{p}{\mu}}(\cos f)a_{\mathrm{r}}$$

$$e\dot{f}+\frac{\sin f}{2}\left(2\frac{p}{r}-e\cos f\right)2r\frac{1}{\sqrt{p\mu}}a_{\mathrm{t}}=\frac{\sqrt{p\mu}}{r}\frac{1+e\cos f}{p}e+\sqrt{\frac{p}{\mu}}(\cos f)a_{\mathrm{r}}$$

$$e\dot{f}+\sin f[2(1+e\cos f)-e\cos f]r\frac{1}{\sqrt{p\mu}}a_{\mathrm{t}}=\frac{v_{\mathrm{t}}}{r}e+\frac{p}{\sqrt{p\mu}}(\cos f)a_{\mathrm{r}}$$

$$e\dot{f}+\sin f(2+e\cos f)\frac{r}{h}a_{\mathrm{t}}=\frac{v_{\mathrm{t}}}{r}e+\frac{r}{h}(1+e\cos f)(\cos f)a_{\mathrm{r}}$$

即

$$\dot{f}=\frac{v_{\mathrm{t}}}{r}+\frac{r}{he}[(1+e\cos f)(\cos f)a_{\mathrm{r}}-\sin f(2+e\cos f)a_{\mathrm{t}}] \tag{5.42}$$

考虑到

$$\dot{\omega}=\dot{\theta}-\dot{f} \tag{5.43}$$

又由式（5.27）第三式，有

$$\dot{\theta}=\frac{v_{\mathrm{t}}}{r}-\dot{\Omega}\cos i \tag{5.44}$$

将式（5.44）、式（5.42）代入式（5.43），有

$$\dot{\omega}=\left(\frac{v_{\mathrm{t}}}{r}-\dot{\Omega}\cos i\right)-\left\{\frac{v_{\mathrm{t}}}{r}+\frac{r}{he}[(1+e\cos f)(\cos f)a_{\mathrm{r}}-\sin f(2+e\cos f)a_{\mathrm{t}}]\right\}$$

即

$$\dot{\omega}=\frac{r}{he}[-(1+e\cos f)(\cos f)a_{\mathrm{r}}+\sin f(2+e\cos f)a_{\mathrm{t}}]-\dot{\Omega}\cos i \tag{5.45}$$

或者同式（5.39）推导，有

$$\dot{\omega}=\frac{\sqrt{1-e^2}}{nae}\left[-(\cos f)a_{\mathrm{r}}+\sin f\left(1+\frac{r}{p}\right)a_{\mathrm{t}}\right]-\dot{\Omega}\cos i \tag{5.46}$$

下面推导 $\dot{M}$ 和 $\dot{a}$。

根据式（4.44）开普勒方程，有

$$\dot{M}=\dot{E}(1-e\cos E)-\dot{e}\sin E \tag{5.47}$$

由式（4.48）、式（4.49）知

$$\cos E=\frac{\cos f+e}{1+e\cos f},\ \sin E=\frac{1-e\cos E}{\sqrt{1-e^2}}\sin f$$

注意到式（4.26）及式（4.27），则有

$$\sin E=\frac{1-e\dfrac{\cos f+e}{1+e\cos f}}{\sqrt{1-e^2}}\sin f=\frac{a(1-e^2)}{a\sqrt{1-e^2}(1+e\cos f)}\sin f$$

$$=\frac{r}{a\sqrt{1-e^2}}\sin f=\frac{r\sin f}{\sqrt{ap}} \tag{5.48}$$

所以，式（5.47）可写成

$$\dot{M}=\frac{r}{a}\dot{E}-\frac{r\sin f}{\sqrt{ap}}\dot{e} \tag{5.49}$$

把式 $\cos E=\dfrac{\cos f+e}{1+e\cos f}$ 对时间 t 微分，得

$$-(\sin E)\dot{E}=\frac{1}{1+e\cos f}\dot{e}-\frac{\cos f+e}{(1+e\cos f)^2}(\cos f)\dot{e}-\frac{\sin f}{1+e\cos f}\dot{f}$$

$$+\frac{\cos f+e}{(1+e\cos f)^2}e(\sin f)\dot{f}$$

$$=\frac{\sin^2 f}{(1+e\cos f)^2}\dot{e}-\frac{1-e^2}{(1+e\cos f)^2}(\sin f)\dot{f}$$

$$=\left(\frac{r}{p}\right)^2(\sin^2 f)\dot{e}-\left(\frac{r}{p}\right)^2(1-e^2)(\sin f)\dot{f}$$

再将式（5.48）代入上式，有

$$-\frac{r\sin f}{\sqrt{ap}}\dot{E}=\left(\frac{r}{p}\right)^2(\sin^2 f)\dot{e}-\left(\frac{r}{p}\right)^2(1-e^2)(\sin f)\dot{f}$$

即

$$\dot{E}=-\frac{r}{p}\sqrt{\frac{a}{p}}(\sin f)\dot{e}+\frac{r}{a}\sqrt{\frac{a^3}{p^3}}(1-e^2)\dot{f}$$

注意到式（4.27），即 $p=a(1-e^2)$，则有

$$\dot{E}=-\frac{r}{p}\frac{\sin f}{\sqrt{1-e^2}}\dot{e}+\frac{1}{\sqrt{1-e^2}}\frac{r}{a}\dot{f} \tag{5.50}$$

将上式（5.50）代入式（5.49）可得

$$\begin{aligned}\dot{M}&=\frac{r}{a}\left(-\frac{r}{p}\frac{\sin f}{\sqrt{1-e^2}}\dot{e}+\frac{1}{\sqrt{1-e^2}}\frac{r}{a}\dot{f}\right)-\frac{r\sin f}{\sqrt{ap}}\dot{e}\\&=-\frac{r\sin f}{\sqrt{ap}}\left(\frac{r}{p}+1\right)\dot{e}+\frac{r^2}{\sqrt{a^3p}}\dot{f}\end{aligned} \tag{5.51}$$

最后将式（5.38）、式（5.42）代入式（5.51），并注意到式（4.32），则有

$$\begin{aligned}\dot{M}=&-\frac{r\sin f}{\sqrt{ap}}\left(\frac{r}{p}+1\right)\frac{r}{h}[\sin f(1+e\cos f)a_r+(e+2\cos f+e\cos^2 f)a_t]\\&+\frac{r^2}{\sqrt{a^3p}}\left\{\frac{v_t}{r}+\frac{r}{he}[(1+e\cos f)(\cos f)a_r-\sin f(2+e\cos f)a_t]\right\}\end{aligned} \tag{5.52}$$

注意到式（5.13）及 $h^2=p\mu$，则有

$$\frac{r^2}{\sqrt{a^3p}}\frac{v_t}{r}=\frac{r^2}{\sqrt{a^3p}}\frac{1}{r}\frac{h}{r}=\frac{1}{\sqrt{a^3p}}\sqrt{p\mu}=\sqrt{\frac{\mu}{a^3}}=n \tag{5.53}$$

提取式（5.52）中包含 a_r 的项，并注意到 $e\cos f=\frac{p}{r}-1$，有

$$\begin{aligned}&-\frac{r\sin f}{\sqrt{ap}}\left(1+\frac{r}{p}\right)\frac{r}{h}\sin f(1+e\cos f)+\frac{r^2}{\sqrt{a^3p}}\frac{r}{he}\cos f(1+e\cos f)\\&=-\frac{r\sin f}{\sqrt{ap}}\left(1+\frac{r}{p}\right)\frac{p}{\sqrt{p\mu}}\sin f+\frac{r^2}{\sqrt{a^3p}}\frac{p}{\sqrt{p\mu}e}\cos f\\&=-\frac{r\sin f}{\sqrt{\mu a}}\left(1+\frac{r}{p}\right)\sin f+\frac{r^2}{e\sqrt{\mu a}}\frac{1-e^2}{p}\cos f\\&=\frac{1}{e\sqrt{\mu a}}\left[\frac{1-e^2}{pe}r^2\left(\frac{p}{r}-1\right)-er\left(1+\frac{r}{p}\right)\sin^2 f\right]\\&=\frac{1}{e\sqrt{\mu a}}\left[\frac{1-e^2}{pe}pr-\frac{1-e^2}{pe}r^2-er\left(1+\frac{r}{p}\right)(1-\cos^2 f)\right]\end{aligned}$$

$$=\frac{1}{e\sqrt{\mu a}}\left[\frac{r}{e}-er-\frac{1-e^2}{pe}r^2-er\left(1+\frac{r}{p}\right)+er\left(1+\frac{r}{p}\right)\cos^2 f\right]$$

$$=\frac{1}{e\sqrt{\mu a}}\left[\frac{r}{e}-er-\frac{r^2}{pe}+\frac{er^2}{p}-er-\frac{er^2}{p}+er\left(1+\frac{r}{p}\right)\cos^2 f\right]$$

$$=\frac{1}{e\sqrt{\mu a}}\left[\frac{r}{e}-2er-\frac{r^2}{pe}+\frac{r}{e}\left(1+\frac{r}{p}\right)(e\cos f)^2\right]$$

$$=\frac{1}{e\sqrt{\mu a}}\left[\frac{r}{e}-2er-\frac{r^2}{pe}+\frac{r}{e}\left(1+\frac{r}{p}\right)\left(\frac{p}{r}-1\right)^2\right]$$

上式的中括号内部分可写成

$$\frac{r}{e}-2er-\frac{r^2}{pe}+\frac{r}{e}\left(\frac{p}{r}-1\right)^2+\frac{r^2}{pe}\left(\frac{p}{r}-1\right)^2$$

$$=-2er+\frac{r}{e}-\frac{r^2}{pe}+\frac{r}{e}\left[\left(\frac{p}{r}\right)^2-2\frac{p}{r}+1\right]+\frac{r^2}{pe}\left[\left(\frac{p}{r}\right)^2-2\frac{p}{r}+1\right]$$

$$=-2er+\frac{r}{e}-\frac{r^2}{pe}+\frac{p^2}{er}-2\frac{p}{e}+\frac{r}{e}+\frac{p}{e}-2\frac{r}{e}+\frac{r^2}{pe}$$

$$=-2er+\frac{p^2}{er}-\frac{p}{e}=-2er+\frac{p}{e}\left(\frac{p}{r}-1\right)$$

$$=-2er+\frac{p}{e}e\cos f$$

$$=-2er+p\cos f$$

即

$$-\frac{r\sin f}{\sqrt{ap}}\left(1+\frac{r}{p}\right)\frac{r}{h}\sin f(1+e\cos f)+\frac{r^2}{\sqrt{a^3 p}}\frac{r}{he}\cos f(1+e\cos f)$$

$$=\frac{1}{e\sqrt{\mu a}}(-2er+p\cos f) \tag{5.54}$$

同理，提取式（5.52）中包含 a_t 的项，有

$$-\frac{r\sin f}{\sqrt{ap}}\left(\frac{r}{p}+1\right)\frac{r}{h}(e+2\cos f+e\cos^2 f)-\frac{r^2}{\sqrt{a^3 p}}\frac{r}{he}\sin f(2+e\cos f)$$

$$=-\frac{\sin f}{e\sqrt{\mu a}}\frac{er^2}{p}\left(\frac{r}{p}+1\right)(e+2\cos f+e\cos^2 f)-\frac{\sin f}{e\sqrt{\mu a}}\frac{r^3}{pa}(2+e\cos f)$$

$$=-\frac{\sin f}{e\sqrt{\mu a}}\left[\frac{er^2}{p}\left(\frac{r}{p}+1\right)(e+2\cos f+e\cos^2 f)+\frac{r^3}{pa}(2+e\cos f)\right]$$

上式的中括号内部分可写成

$$\left(\frac{r^3}{p^2}+\frac{r^2}{p}\right)(e^2+2e\cos f+e^2\cos^2 f)+\frac{r^3}{pa}(2+e\cos f)$$

$$=\left(\frac{r^3}{p^2}+\frac{r^2}{p}\right)\left[e^2+2\left(\frac{p}{r}-1\right)+\left(\frac{p}{r}-1\right)^2\right]+\frac{r^3}{pa}(2+e\cos f)$$

$$=\left(\frac{r^3}{p^2}+\frac{r^2}{p}\right)\left[e^2+2\frac{p}{r}-2+\left(\frac{p}{r}\right)^2-2\frac{p}{r}+1\right]+\frac{r^3}{pa}\left(2+\frac{p}{r}-1\right)$$

$$=\left(\frac{r^3}{p^2}+\frac{r^2}{p}\right)\left[e^2+\left(\frac{p}{r}\right)^2-1\right]+\frac{r^3(1-e^2)}{p^2}\left(1+\frac{p}{r}\right)$$

$$=\left(\frac{r^3}{p^2}+\frac{r^2}{p}\right)\left[e^2+\left(\frac{p}{r}\right)^2-1+1-e^2\right]$$
$$=r+p$$

即

$$-\frac{r\sin f}{\sqrt{ap}}\left(\frac{r}{p}+1\right)\frac{r}{h}(e+2\cos f+e\cos^2 f)-\frac{r^2}{\sqrt{a^3p}}\frac{r}{he}\sin f(2+e\cos f)$$
$$=-\frac{\sin f}{e\sqrt{\mu a}}(r+p) \tag{5.55}$$

综合式（5.53）~式（5.55），可得

$$\dot{M}=n+\frac{1}{e\sqrt{\mu a}}(-2er+p\cos f)a_{\mathrm{r}}-\frac{\sin f}{e\sqrt{\mu a}}(r+p)a_{\mathrm{t}} \tag{5.56}$$

或者

$$\dot{M}=n-\frac{p}{e\sqrt{\mu a}}\left[\left(2e\frac{r}{p}-\cos f\right)a_{\mathrm{r}}+\sin f\left(\frac{r}{p}+1\right)a_{\mathrm{t}}\right]$$
$$=n-\frac{a(1-e^2)}{e\sqrt{\mu a}}\left[\left(2e\frac{r}{p}-\cos f\right)a_{\mathrm{r}}+\sin f\left(\frac{r}{p}+1\right)a_{\mathrm{t}}\right]$$
$$=n-\frac{1-e^2}{nae}\left[\left(2e\frac{r}{p}-\cos f\right)a_{\mathrm{r}}+\sin f\left(\frac{r}{p}+1\right)a_{\mathrm{t}}\right] \tag{5.57}$$

由式（4.27）知

$$a=\frac{p}{1-e^2}$$

两边对时间 t 求导可得

$$\dot{a}=\frac{\dot{p}}{1-e^2}+\frac{p}{(1-e^2)^2}2e\dot{e}=\frac{\dot{p}}{1-e^2}+\frac{2ae\dot{e}}{1-e^2}$$

再将式（5.34）、式（5.38）代入上式可得

$$\dot{a}=\frac{1}{1-e^2}2r\sqrt{\frac{p}{\mu}}a_{\mathrm{t}}+\frac{2ae}{1-e^2}\frac{r}{h}[\sin f(1+e\cos f)a_{\mathrm{r}}+(e+2\cos f+e\cos^2 f)a_{\mathrm{t}}]$$
$$=\frac{2ae}{1-e^2}\frac{r}{h}\sin f(1+e\cos f)a_{\mathrm{r}}+\left[\frac{1}{1-e^2}2r\sqrt{\frac{p}{\mu}}+\frac{2ae}{1-e^2}\frac{r}{h}(e+2\cos f+e\cos^2 f)\right]a_{\mathrm{t}}$$

其中

$$\frac{2ae}{1-e^2}\frac{r}{h}\sin f(1+e\cos f)=\frac{2a}{1-e^2}\frac{r}{h}(1+e\cos f)e\sin f$$
$$=\frac{2a}{1-e^2}\frac{p}{\sqrt{p\mu}}e\sin f=\frac{2a}{1-e^2}\sqrt{\frac{a(1-e^2)}{\mu}}e\sin f$$
$$=\frac{2}{n\sqrt{1-e^2}}e\sin f$$

$$\frac{1}{1-e^2}2r\sqrt{\frac{p}{\mu}}+\frac{2ae}{1-e^2}\frac{r}{h}(e+2\cos f+e\cos^2 f)$$
$$=\frac{2r}{\sqrt{1-e^2}}\sqrt{\frac{a}{\mu}}+\frac{2a}{1-e^2}\frac{r}{\sqrt{p\mu}}(e^2-1+1+2e\cos f+e^2\cos^2 f)$$

$$=\frac{2r}{\sqrt{1-e^2}}\sqrt{\frac{a}{\mu}}+\frac{2a}{1-e^2}\frac{r}{\sqrt{p\mu}}[e^2-1+(e\cos f+1)^2]$$

$$=\frac{2r}{\sqrt{1-e^2}}\sqrt{\frac{a}{\mu}}+\frac{2a}{1-e^2}\frac{r}{\sqrt{p\mu}}\left[e^2-1+\left(\frac{p}{r}\right)^2\right]$$

$$=\frac{2r}{\sqrt{1-e^2}}\sqrt{\frac{a}{\mu}}-2a\frac{r}{\sqrt{a(1-e^2)\mu}}+\frac{2a}{1-e^2}\frac{r}{\sqrt{p\mu}}\frac{p^2}{r^2}$$

$$=\frac{2a}{1-e^2}\frac{1}{\sqrt{a(1-e^2)\mu}}p^2\frac{1+e\cos f}{p}$$

$$=\frac{2a}{1-e^2}\frac{1}{\sqrt{a(1-e^2)\mu}}a(1-e^2)(1+e\cos f)$$

$$=\frac{2}{\sqrt{1-e^2}}\sqrt{\frac{a^3}{\mu}}(1+e\cos f)$$

所以有

$$\dot{a}=\frac{2}{n\sqrt{1-e^2}}[e(\sin f)a_{\mathrm{r}}+(1+e\cos f)a_{\mathrm{t}}] \tag{5.58}$$

综上，可以得到椭圆轨道根数为基本变量的摄动运动方程如下：

$$\begin{cases}\dot{a}=\dfrac{2}{n\sqrt{1-e^2}}[e(\sin f)a_{\mathrm{r}}+(1+e\cos f)a_{\mathrm{t}}]\\ \dot{e}=\dfrac{\sqrt{1-e^2}}{na}[(\sin f)a_{\mathrm{r}}+(\cos E+\cos f)a_{\mathrm{t}}]\\ \dot{i}=\dfrac{r\cos\theta}{na^2\sqrt{(1-e^2)}}a_{\mathrm{h}}\\ \dot{\Omega}=\dfrac{r}{na^2\sqrt{(1-e^2)}}\dfrac{\sin\theta}{\sin i}a_{\mathrm{h}}\\ \dot{\omega}=\dfrac{\sqrt{1-e^2}}{nae}\left[-(\cos f)a_{\mathrm{r}}+\sin f\left(1+\dfrac{r}{p}\right)a_{\mathrm{t}}\right]-\dot{\Omega}\cos i\\ \dot{M}=n-\dfrac{1-e^2}{nae}\left[\left(2e\dfrac{r}{p}-\cos f\right)a_{\mathrm{r}}+\sin f\left(\dfrac{r}{p}+1\right)a_{\mathrm{t}}\right]\end{cases} \tag{5.59}$$

5.2.2　高斯型摄动 Ⅱ

在建立摄动运动方程式（5.59）时，是将摄动加速度 $\boldsymbol{a}$ 分解成径向分量 a_{r}、横向分量 a_{t} 和轨道面法向分量 a_{h}，有时，为了方便，也将 a_{r} 和 a_{t} 改为轨道速度方向上的分量 a_{u} 和轨道面内的法向分量 a_{n}；轨道面内的法向分量也称为主法线分量，轨道面法向分量又称为次法线分量。a_{r}、a_{t} 与 a_{u}、a_{n} 的关系如图 5.3 所示，其中 Θ 为速度倾角。

如式（5.7）所示，对于摄动力是保守力的情况，位函数 R 与摄动加速度 $\boldsymbol{a}$ 存在如下关系：

$$\boldsymbol{a}=\mathrm{grad}R=\frac{\partial R}{\partial \boldsymbol{r}} \tag{5.60}$$

为了推导 a_u、a_n、a_h 型摄动运动方程，必须找出 a_u、a_n、a_h 三分量及 a_r、a_t、a_h 与摄动函数 R 对轨道根数 σ 的偏导数$\partial R/\partial\sigma$ 的关系。

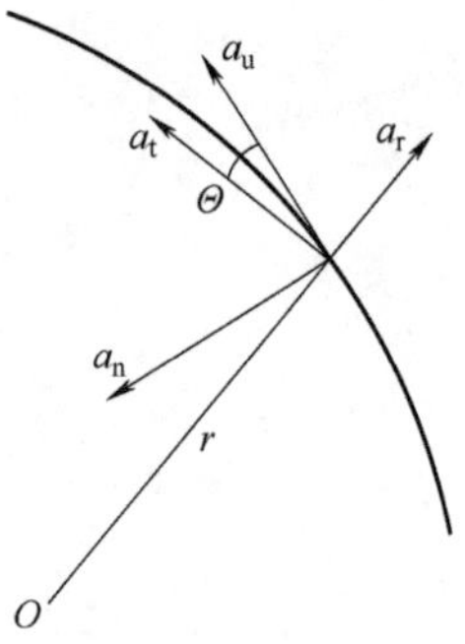

图5.3 a_r、a_t 与 a_u、a_n 的关系

首先考虑 a_u、a_n。由图5.3所示可知

$$\begin{cases} a_r = a_u\sin\Theta - a_n\cos\Theta \\ a_t = a_u\cos\Theta + a_n\sin\Theta \end{cases} \tag{5.61}$$

由式（5.14）、式（5.15）可知

$$\begin{cases} v_r = \sqrt{\dfrac{\mu}{p}}e\sin f \\ v_t = \sqrt{\dfrac{\mu}{p}}(1 + e\cos f) \end{cases} \tag{5.62}$$

所以

$$\begin{cases} \sin\Theta = \dfrac{e\sin f}{\sqrt{1 + 2e\sin f + e^2}} \\ \cos\Theta = \dfrac{1 + e\cos f}{\sqrt{1 + 2e\sin f + e^2}} \end{cases} \tag{5.63}$$

于是式（5.61）可写成

$$\begin{cases} a_r = a_u \dfrac{e\sin f}{\sqrt{1 + 2e\sin f + e^2}} - a_n \dfrac{1 + e\cos f}{\sqrt{1 + 2e\sin f + e^2}} \\ a_t = a_u \dfrac{1 + e\cos f}{\sqrt{1 + 2e\sin f + e^2}} + a_n \dfrac{e\sin f}{\sqrt{1 + 2e\sin f + e^2}} \end{cases} \tag{5.64}$$

将式（5.64）代入式（5.59）第一式可得

$$\begin{aligned} \dot{a} = & \frac{2}{n\sqrt{1 - e^2}\sqrt{1 + 2e\sin f + e^2}} \cdot \{e\sin f[a_u e\sin f - a_n(1 + e\cos f)] \\ & + (1 + e\cos f)[a_u(1 + e\cos f) + a_n e\sin f]\} \end{aligned}$$

上式大括号内可写为

$$\begin{aligned} & e\sin f[a_u e\sin f - a_n(1 + e\cos f)] + (1 + e\cos f)[a_u(1 + e\cos f) + a_n e\sin f] \\ & = (e^2\sin^2 f + 1 + 2e\cos f + e^2\cos^2 f)a_u \\ & = (1 + 2e\cos f + e^2)a_u \end{aligned}$$

所以

$$\dot{a} = \frac{2}{n\sqrt{1 - e^2}}(1 + 2e\cos f + e^2)^{\frac{1}{2}}a_u \tag{5.65}$$

将式（5.64）代入式（5.59）第二式可得

$$\dot{e} = \frac{\sqrt{1 - e^2}}{na\sqrt{1 + 2e\sin f + e^2}}\{\sin f[a_u e\sin f - a_n(1 + e\cos f)] + (\cos E + \cos f)[a_u(1 + e\cos f) + a_n e\sin f]\}$$

上式大括号内可写为

$$\begin{aligned} & \sin f[a_u e\sin f - a_n(1 + e\cos f)] + (\cos E + \cos f)[a_u(1 + e\cos f) + a_n e\sin f] \\ & = [e\sin^2 f + (\cos E + \cos f)(1 + e\cos f)]a_u \end{aligned}$$

$$+[(\cos E+\cos f)e\sin f-\sin f(1+e\cos f)]a_{\mathrm{n}}$$

其中，注意到式（4.48）和式（4.49），则有

$$\begin{aligned}e\sin^2 f+(\cos E+\cos f)(1+e\cos f)&=e+\cos E+\cos f+e\cos E\cos f\\&=e+\cos f+\cos E(1+e\cos f)\\&=e+\cos f+\frac{\cos f+e}{1+e\cos f}(1+e\cos f)\\&=2(e+\cos f)\\(\cos E+\cos f)e\sin f-\sin f(1+e\cos f)&=-\sin f(1-e\cos E)\\&=-\sqrt{1-e^2}\,\frac{1-e\cos E}{\sqrt{1-e^2}}\sin f\\&=-\sqrt{1-e^2}\sin E\end{aligned}$$

所以

$$\dot{e}=\frac{\sqrt{1-e^2}}{na\sqrt{1+2e\sin f+e^2}}\left[2(e+\cos f)a_{\mathrm{u}}-\sqrt{1-e^2}\sin Ea_{\mathrm{n}}\right]\tag{5.66}$$

将式（5.64）代入式（5.59）第五式可得

$$\begin{aligned}\dot{\omega}&=\frac{\sqrt{1-e^2}}{nae\sqrt{1+2e\sin f+e^2}}\Big\{-\cos f[a_{\mathrm{u}}e\sin f-a_{\mathrm{n}}(1+e\cos f)]\\&\quad+\sin f\left(1+\frac{r}{p}\right)[a_{\mathrm{u}}(1+e\cos f)+a_{\mathrm{n}}e\sin f]\Big\}-\dot{\Omega}\cos i\\&=\frac{\sqrt{1-e^2}}{nae\sqrt{1+2e\sin f+e^2}}\Big\{\left[-e\cos f\sin f+\sin f\left(1+\frac{r}{p}\right)(1+e\cos f)\right]a_{\mathrm{u}}\\&\quad+\left[\cos f(1+e\cos f)+\sin f\left(1+\frac{r}{p}\right)e\sin f\right]a_{\mathrm{n}}\Big\}-\dot{\Omega}\cos i\end{aligned}$$

其中

$$\begin{aligned}-e\cos f\sin f+\sin f\left(1+\frac{r}{p}\right)(1+e\cos f)&=-e\cos f\sin f+\sin f(1+e\cos f)\left(1+\frac{1}{1+e\cos f}\right)\\&=-e\cos f\sin f+\sin f(2+e\cos f)\\&=2\sin f\\\cos f(1+e\cos f)+\sin f\left(1+\frac{r}{p}\right)e\sin f&=\cos f+e+\frac{e\sin^2 f}{1+e\cos f}=e+\frac{e\sin^2 f+e\cos^2 f+\cos f}{1+e\cos f}\\&=e+\frac{e+\cos f}{1+e\cos f}\\&=e+\cos E\end{aligned}$$

所以

$$\dot{\omega}=\frac{\sqrt{1-e^2}}{nae\sqrt{1+2e\sin f+e^2}}[2(\sin f)a_{\mathrm{u}}+(e+\cos E)a_{\mathrm{n}}]-\dot{\Omega}\cos i\tag{5.67}$$

将式（5.64）代入式（5.59）第六式可得

$$\dot{M}=n-\frac{1-e^2}{nae\sqrt{1+2e\sin f+e^2}}\Big\{\left(2e\frac{r}{p}-\cos f\right)[a_{\mathrm{u}}e\sin f-a_{\mathrm{n}}(1+e\cos f)]$$

$$+\sin f\left(\frac{r}{p}+1\right)\left[a_{\mathrm{u}}(1+e\cos f)+a_{\mathrm{n}}e\sin f\right]\Big\}$$

$$=n-\frac{1-e^2}{nae\sqrt{1+2e\sin f+e^2}}\left\{\left[\left(2e\frac{r}{p}-\cos f\right)e\sin f+\sin f\left(\frac{r}{p}+1\right)(1+e\cos f)\right]a_{\mathrm{u}}\right.$$

$$\left.+\left[\sin f\left(\frac{r}{p}+1\right)e\sin f-\left(2e\frac{r}{p}-\cos f\right)(1+e\cos f)\right]a_{\mathrm{n}}\right\}$$

其中，注意到式（4.48）、式（4.49）和式（5.48），可得

$$\begin{aligned}&\left(2e\frac{r}{p}-\cos f\right)e\sin f+\sin f\left(\frac{r}{p}+1\right)(1+e\cos f)\\&\quad=2e^2\frac{r}{p}\sin f-e\sin f\cos f+\sin f\left(1+\frac{1}{1+e\cos f}\right)(1+e\cos f)\\&\quad=2e^2\frac{r}{a(1-e^2)}\sin f+2\sin f\\&\quad=2\sin f+\frac{2e^2}{\sqrt{1-e^2}}\sin E\end{aligned}$$

$$\begin{aligned}&\sin f\left(\frac{r}{p}+1\right)e\sin f-\left(2e\frac{r}{p}-\cos f\right)(1+e\cos f)\\&\quad=\frac{r}{p}e\sin^2 f+e\sin^2 f-\frac{2e-\cos f-e\cos^2 f}{1+e\cos f}(1+e\cos f)\\&\quad=\frac{e\sin^2 f}{1+e\cos f}+e\sin^2 f-2e+\cos f+e\cos^2 f\\&\quad=\frac{e\sin^2 f+e\cos^2 f+e}{1+e\cos f}-e\\&\quad=\cos E-e\end{aligned}$$

所以

$$\dot{M}=n-\frac{1-e^2}{nae\sqrt{1+2e\sin f+e^2}}\left[\left(2\sin f+\frac{2e^2}{\sqrt{1-e^2}}\sin E\right)a_{\mathrm{u}}+(\cos E-e)a_{\mathrm{n}}\right] \tag{5.68}$$

综合式（5.59）、式（5.65）~式（5.68）可得

$$\begin{cases}\dot{a}=\dfrac{2}{n\sqrt{1-e^2}}(1+2e\cos f+e^2)^{1/2}a_{\mathrm{u}}\\[2ex]\dot{e}=\dfrac{\sqrt{1-e^2}}{na\sqrt{1+2e\sin f+e^2}}\left[2(e+\cos f)a_{\mathrm{u}}-\sqrt{1-e^2}\sin Ea_{\mathrm{n}}\right]\\[2ex]\dot{i}=\dfrac{r\cos\theta}{na^2\sqrt{(1-e^2)}}a_{\mathrm{h}}\\[2ex]\dot{\Omega}=\dfrac{r}{na^2\sqrt{(1-e^2)}}\dfrac{\sin\theta}{\sin i}a_{\mathrm{h}}\\[2ex]\dot{\omega}=\dfrac{\sqrt{1-e^2}}{nae\sqrt{1+2e\sin f+e^2}}\left[2(\sin f)a_{\mathrm{u}}+(e+\cos E)a_{\mathrm{n}}\right]-\dot{\Omega}\cos i\\[2ex]\dot{M}=n-\dfrac{1-e^2}{nae\sqrt{1+2e\sin f+e^2}}\left[\left(2\sin f+\dfrac{2e^2}{\sqrt{1-e^2}}\sin E\right)a_{\mathrm{u}}+(\cos E-e)a_{\mathrm{n}}\right]\end{cases} \tag{5.69}$$

因为 $\dot{i}$、$\dot{\Omega}$ 仅与 a_h 分量有关，所以式（5.69）和式（5.59）第三式、第四式相同。式（5.69）和式（5.59）通常称为高斯型摄动运动方程。

5.3　拉格朗日型摄动运动方程

5.3.1　$\partial R/\partial \boldsymbol{\sigma}$ 与 a_r、a_t 和 a_h 之间的关系

首先推导摄动函数 R 对轨道根数 $\boldsymbol{\sigma}$ 的偏导数 $\partial R/\partial \boldsymbol{\sigma}$ 与 a_r、a_t 和 a_h 之间的关系。

考虑到

$$\frac{\partial R}{\partial \sigma}=\frac{\partial R}{\partial \boldsymbol{r}}\cdot\frac{\partial \boldsymbol{r}}{\partial \sigma}=\boldsymbol{a}\cdot\frac{\partial \boldsymbol{r}}{\partial \sigma} \tag{5.70}$$

式中，$\boldsymbol{a}$ 应以在赤道坐标系 $O—XYZ$ 中的形式表示，具体为

$$\boldsymbol{a}=R_3(-\Omega)R_1(-i)R_3(-\theta)\begin{bmatrix}a_r\\a_t\\a_h\end{bmatrix}=\begin{pmatrix}l_1 & l_2 & l_3\\m_1 & m_2 & m_3\\n_1 & n_2 & n_3\end{pmatrix}\begin{bmatrix}a_r\\a_t\\a_h\end{bmatrix} \tag{5.71}$$

式中，转换矩阵具体为

$$\begin{bmatrix}\cos\Omega\cos\theta-\sin\Omega\cos i\sin\theta & -\cos\Omega\sin\theta-\sin\Omega\cos i\cos\theta & \sin\Omega\sin i\\ \sin\Omega\cos\theta+\cos\Omega\cos i\sin\theta & -\sin\Omega\sin\theta+\cos\Omega\cos i\cos\theta & -\cos\Omega\sin i\\ \sin i\sin\theta & \sin i\cos\theta & \cos i\end{bmatrix} \tag{5.72}$$

且，l_j、m_j、$n_j(j=1,2,3)$ 是轨道坐标系三轴单位矢量的三个分量，$j=1$，2，3 分别对应 $\boldsymbol{r}^0$、$\boldsymbol{t}^0$、$\boldsymbol{h}^0$。

由式（5.16）可知

$$\frac{\partial \boldsymbol{r}}{\partial \sigma}=\frac{\partial r}{\partial \sigma}\boldsymbol{r}^0+r\frac{\partial \boldsymbol{r}^0}{\partial \sigma} \tag{5.73}$$

由式（5.71）、式（5.72）可知，$\hat{\boldsymbol{r}}$ 可在赤道坐标系 $O—XYZ$ 中表示为如下形式：

$$\boldsymbol{r}^0=\begin{pmatrix}l_1\\m_1\\n_1\end{pmatrix}=\begin{pmatrix}\cos\Omega\cos\theta-\sin\Omega\cos i\sin\theta\\ \sin\Omega\cos\theta+\cos\Omega\cos i\sin\theta\\ \sin i\sin\theta\end{pmatrix} \tag{5.74}$$

所以

$$\begin{aligned}\frac{\partial l_1}{\partial \sigma}&=\sin\Omega\sin i\sin\theta\frac{\partial i}{\partial \sigma}+(-\sin\Omega\cos\theta-\cos\Omega\cos i\sin\theta)\frac{\partial \Omega}{\partial \sigma}\\&\quad+(-\cos\Omega\sin\theta-\sin\Omega\cos i\cos\theta)\frac{\partial \theta}{\partial \sigma}\\&=l_3\sin\theta\frac{\partial i}{\partial \sigma}-m_1\frac{\partial \Omega}{\partial \sigma}+l_2\frac{\partial \theta}{\partial \sigma}\end{aligned}$$

$$\begin{aligned}\frac{\partial m_1}{\partial \sigma}&=-\cos\Omega\sin i\sin\theta\frac{\partial i}{\partial \sigma}+(\cos\Omega\cos\theta-\sin\Omega\cos i\sin\theta)\frac{\partial \Omega}{\partial \sigma}\\&\quad+(-\sin\Omega\sin\theta+\cos\Omega\cos i\cos\theta)\frac{\partial \theta}{\partial \sigma}\end{aligned}$$

$$= m_3 \sin\theta \frac{\partial i}{\partial \sigma} + l_1 \frac{\partial \Omega}{\partial \sigma} + m_2 \frac{\partial \theta}{\partial \sigma}$$

$$\frac{\partial n_1}{\partial \sigma} = \cos i \sin\theta \frac{\partial i}{\partial \sigma} + \sin i \cos\theta \frac{\partial \theta}{\partial \sigma} = n_3 \sin\theta \frac{\partial i}{\partial \sigma} + n_2 \frac{\partial \theta}{\partial \sigma}$$

即

$$\frac{\partial \hat{\boldsymbol{r}}}{\partial \sigma} = \begin{pmatrix} l_3 \sin\theta \frac{\partial i}{\partial \sigma} - m_1 \frac{\partial \Omega}{\partial \sigma} + l_2 \frac{\partial \theta}{\partial \sigma} \\ m_3 \sin\theta \frac{\partial i}{\partial \sigma} + l_1 \frac{\partial \Omega}{\partial \sigma} + m_2 \frac{\partial \theta}{\partial \sigma} \\ n_3 \sin\theta \frac{\partial i}{\partial \sigma} + n_2 \frac{\partial \theta}{\partial \sigma} \end{pmatrix} \tag{5.75}$$

将式（5.73）代入式（5.70）可得

$$\frac{\partial R}{\partial \sigma} = \boldsymbol{a} \cdot \left(\frac{\partial r}{\partial \sigma} \boldsymbol{r}^0 + r \frac{\partial \boldsymbol{r}^0}{\partial \sigma} \right) \tag{5.76}$$

由式（5.71）、式（5.74）知

$$\begin{aligned} \boldsymbol{a} \cdot \boldsymbol{r}^0 &= (l_1 a_r + l_2 a_t + l_3 a_h) l_1 + (m_1 a_r + m_2 a_t + m_3 a_h) m_1 + (n_1 a_r + n_2 a_t + n_3 a_h) n_1 \\ &= (l_1 l_1 + m_1 m_1 + n_1 n_1) a_r + (l_1 l_2 + m_1 m_2 + n_1 n_2) a_t + (l_1 l_3 + m_1 m_3 + n_1 n_3) a_h \end{aligned}$$

由 $\boldsymbol{r}^0$、$\boldsymbol{t}^0$、$\boldsymbol{h}^0$ 矢量之间点积的性质，显然有

$$\boldsymbol{a} \cdot \boldsymbol{r}^0 = a_r \tag{5.77}$$

由式（5.71）、式（5.75）知

$$\begin{aligned} \boldsymbol{a} \cdot \frac{\partial \boldsymbol{r}^0}{\partial \sigma} = & (l_1 a_r + l_2 a_t + l_3 a_h) \left(l_3 \sin\theta \frac{\partial i}{\partial \sigma} - m_1 \frac{\partial \Omega}{\partial \sigma} + l_2 \frac{\partial \theta}{\partial \sigma} \right) \\ & + (m_1 a_r + m_2 a_t + m_3 a_h) \left(m_3 \sin\theta \frac{\partial i}{\partial \sigma} + l_1 \frac{\partial \Omega}{\partial \sigma} + m_2 \frac{\partial \theta}{\partial \sigma} \right) \\ & + (n_1 a_r + n_2 a_t + n_3 a_h) \left(n_3 \sin\theta \frac{\partial i}{\partial \sigma} + n_2 \frac{\partial \theta}{\partial \sigma} \right) \end{aligned} \tag{5.78}$$

显然，考虑到 $\boldsymbol{r}^0$、$\boldsymbol{t}^0$、$\boldsymbol{h}^0$ 矢量之间点积的性质，式（5.78）包含 a_r 的项为

$$\begin{aligned} & l_1 \left(l_3 \sin\theta \frac{\partial i}{\partial \sigma} - m_1 \frac{\partial \Omega}{\partial \sigma} + l_2 \frac{\partial \theta}{\partial \sigma} \right) + m_1 \left(m_3 \sin\theta \frac{\partial i}{\partial \sigma} + l_1 \frac{\partial \Omega}{\partial \sigma} + m_2 \frac{\partial \theta}{\partial \sigma} \right) + n_1 \left(n_3 \sin\theta \frac{\partial i}{\partial \sigma} + n_2 \frac{\partial \theta}{\partial \sigma} \right) \\ & = (l_1 l_3 + m_1 m_3 + n_1 n_3) \sin\theta \frac{\partial i}{\partial \sigma} + (l_1 l_2 + m_1 m_2 + n_1 n_2) \frac{\partial \theta}{\partial \sigma} + (m_1 l_1 - m_1 l_1) \frac{\partial \Omega}{\partial \sigma} \\ & = 0 \end{aligned} \tag{5.79}$$

式（5.78）中包含 a_t 的项为

$$\begin{aligned} & l_2 \left(l_3 \sin\theta \frac{\partial i}{\partial \sigma} - m_1 \frac{\partial \Omega}{\partial \sigma} + l_2 \frac{\partial \theta}{\partial \sigma} \right) + m_2 \left(m_3 \sin\theta \frac{\partial i}{\partial \sigma} + l_1 \frac{\partial \Omega}{\partial \sigma} + m_2 \frac{\partial \theta}{\partial \sigma} \right) + n_2 \left(n_3 \sin\theta \frac{\partial i}{\partial \sigma} + n_2 \frac{\partial \theta}{\partial \sigma} \right) \\ & = (l_2 l_3 + m_2 m_3 + n_2 n_3) \sin\theta \frac{\partial i}{\partial \sigma} + (l_2 l_2 + m_2 m_2 + n_2 n_2) \frac{\partial \theta}{\partial \sigma} + (l_1 m_2 - m_1 l_2) \frac{\partial \Omega}{\partial \sigma} \\ & = \frac{\partial \theta}{\partial \sigma} + (l_1 m_2 - m_1 l_2) \frac{\partial \Omega}{\partial \sigma} \end{aligned} \tag{5.80}$$

其中

$$l_1 m_2 - m_1 l_2 = (\cos\Omega \cos\theta - \sin\Omega \cos i \sin\theta)(-\sin\Omega \sin\theta + \cos\Omega \cos i \cos\theta)$$

$$
\begin{aligned}
&-(\sin\Omega\cos\theta+\cos\Omega\cos i\sin\theta)(-\cos\Omega\sin\theta-\sin\Omega\cos i\cos\theta)\\
&=-\sin\Omega\cos\Omega\sin\theta\cos\theta+\cos\Omega\cos\Omega\cos\theta\cos\theta\cos i\\
&+\sin\Omega\sin\Omega\sin\theta\sin\theta\cos i-\sin\Omega\cos\Omega\sin\theta\cos\theta\cos i\cos i\\
&+\sin\Omega\cos\Omega\sin\theta\cos\theta+\sin\Omega\sin\Omega\cos\theta\cos\theta\cos i\\
&+\cos\Omega\cos\Omega\sin\theta\sin\theta\cos i+\sin\Omega\cos\Omega\sin\theta\cos\theta\cos i\cos i\\
&=\sin\theta\sin\theta\cos i+\cos\theta\cos\theta\cos i\\
&=\cos i
\end{aligned}
\tag{5.81}
$$

式（5.78）中包含 a_{h} 的项为

$$
\begin{aligned}
&l_3\left(l_3\sin\theta\frac{\partial i}{\partial\sigma}-m_1\frac{\partial\Omega}{\partial\sigma}+l_2\frac{\partial\theta}{\partial\sigma}\right)+m_3\left(m_3\sin\theta\frac{\partial i}{\partial\sigma}+l_1\frac{\partial\Omega}{\partial\sigma}+m_2\frac{\partial\theta}{\partial\sigma}\right)+n_3\left(n_3\sin\theta\frac{\partial i}{\partial\sigma}+n_2\frac{\partial\theta}{\partial\sigma}\right)\\
&=(l_3l_3+m_3m_3+n_3n_3)\sin\theta\frac{\partial i}{\partial\sigma}+(l_3l_2+m_3m_2+n_3n_2)\frac{\partial\theta}{\partial\sigma}+(l_1m_3-m_1l_3)\frac{\partial\Omega}{\partial\sigma}\\
&=\sin\theta\frac{\partial i}{\partial\sigma}+(l_1m_3-m_1l_3)\frac{\partial\Omega}{\partial\sigma}
\end{aligned}
\tag{5.82}
$$

其中

$$
\begin{aligned}
l_1m_3-m_1l_3&=(\cos\Omega\cos\theta-\sin\Omega\cos i\sin\theta)(-\cos\Omega\sin i)\\
&-(\sin\Omega\cos\theta+\cos\Omega\cos i\sin\theta)\sin\Omega\sin i\\
&=-\cos\Omega\cos\Omega\cos\theta\sin i+\sin\Omega\cos\Omega\sin i\cos i\sin\theta\\
&-\sin\Omega\sin\Omega\cos\theta\sin i-\sin\Omega\cos\Omega\sin i\cos i\sin\theta\\
&=-\cos\theta\sin i
\end{aligned}
\tag{5.83}
$$

考虑到式（5.79）~式（5.83），则式（5.78）可写为

$$
\boldsymbol{a}\cdot\frac{\partial\boldsymbol{r}^0}{\partial\sigma}=\left(\frac{\partial\theta}{\partial\sigma}+\cos i\frac{\partial\Omega}{\partial\sigma}\right)a_{\mathrm{t}}+\left(\sin\theta\frac{\partial i}{\partial\sigma}-\cos\theta\sin i\frac{\partial\Omega}{\partial\sigma}\right)a_{\mathrm{h}}
\tag{5.84}
$$

把式（5.77）和式（5.84）代入式（5.76）可得

$$
\frac{\partial R}{\partial\sigma}=a_{\mathrm{r}}\frac{\partial r}{\partial\sigma}+ra_{\mathrm{t}}\left(\cos i\frac{\partial\Omega}{\partial\sigma}+\frac{\partial\theta}{\partial\sigma}\right)+ra_{\mathrm{h}}\left(\sin\theta\frac{\partial i}{\partial\sigma}-\cos\theta\sin i\frac{\partial\Omega}{\partial\sigma}\right)
\tag{5.85}
$$

5.3.2 卫星运动中一些量与轨道根数的偏导数

在研究人造地球卫星的运动轨道或计算其位置时，除遇到六个轨道根数 a、e、i、Ω、ω、M 之外，还会出现一些由它们所构成的函数，这些函数关系的基本量就是 E、f、r $\left(\text{或为方便写成}\frac{a}{r}\right)$，下面导出这些量对轨道根数的偏导数。

由式（4.26）、式（4.40）、式（4.41）、式（4.44）、式（4.48）知

$$
E-e\sin E=M
\tag{5.86}
$$

$$
r=\frac{p}{1+e\cos f}=\frac{a(1-e^2)}{1+e\cos f}=a(1-e\cos E)
\tag{5.87}
$$

$$
\cos f=\frac{a}{r}(\cos E-e)
\tag{5.88}
$$

由式（5.86）~式（5.88）分析函数关系，可以知道

$$\begin{cases} E = E(e,M) \\ r = r(a,E(e,M)) = r(a,e,M) \\ f = f(a,e,r(a,e,M),E(e,M)) = f(a,e,M) \end{cases} \tag{5.89}$$

所以由式（5.86）可知

$$\frac{\partial E}{\partial e} - \sin E - e\cos E\frac{\partial E}{\partial e} = 0$$

即

$$\frac{\partial E}{\partial e} = \frac{\sin E}{1 - e\cos E} = \frac{a}{a(1 - e\cos E)}\sin E = \frac{a}{r}\sin E \tag{5.90}$$

同样，由式（5.86）可知

$$\frac{\partial E}{\partial M} - e\cos E\frac{\partial E}{\partial e} = 1$$

即

$$\frac{\partial E}{\partial M} = \frac{1}{1 - e\cos E} = \frac{a}{a(1 - e\cos E)} = \frac{a}{r} \tag{5.91}$$

由式（5.87）知

$$\frac{\partial r}{\partial a} = 1 - e\cos E = \frac{a(1 - e\cos E)}{a} = \frac{r}{a} \tag{5.92}$$

$$\frac{\partial r}{\partial e} = a(1 - e\cos E) = -a\cos E + ae\sin E\frac{\partial E}{\partial e}$$

把式（5.91）代入上式，并注意到式（4.48），可得

$$\begin{aligned} \frac{\partial r}{\partial e} &= -a\cos E + ae\sin E\frac{\sin E}{1 - e\cos E} = -a\left(\cos E - \frac{e\sin^2 E}{1 - e\cos E}\right) \\ &= -a\frac{\cos E - e\cos^2 E - e\sin^2 E}{1 - e\cos E} = -a\frac{\cos E - e}{1 - e\cos E} \\ &= -a\cos f \end{aligned} \tag{5.93}$$

同样，由式（5.87）可得

$$\frac{\partial r}{\partial M} = ae\sin E\frac{\partial E}{\partial M}$$

注意到式（5.48），并把式（5.91）代入上式，可得

$$\frac{\partial r}{\partial M} = ae\frac{r}{a\sqrt{1 - e^2}}(\sin f)\frac{a}{r} = \frac{ae}{\sqrt{1 - e^2}}\sin f \tag{5.94}$$

综合式（5.92）~式（5.94）可得

$$\begin{cases} \dfrac{\partial r}{\partial a} = \dfrac{r}{a} \\ \dfrac{\partial r}{\partial e} = -a\cos f \\ \dfrac{\partial r}{\partial M} = \dfrac{ae}{\sqrt{1 - e^2}}\sin f \end{cases} \tag{5.95}$$

由式（5.88）可知

$$\sin f\frac{\partial f}{\partial e}=\frac{a}{r^2}\frac{\partial r}{\partial e}(\cos E-e)+\frac{a}{r}\left(\sin E\frac{\partial E}{\partial e}+1\right)$$

把式（5.90）、式（5.93）代入上式，并注意到式（5.48），可得

$$\begin{aligned}\sin f\frac{\partial f}{\partial e}&=\frac{a}{r^2}(-a\cos f)(\cos E-e)+\frac{a}{r}\left(\sin E\frac{a}{r}\sin E+1\right)\\&=-\frac{a^2}{r^2}\cos f\frac{\cos f+e}{1+e\cos f}+\frac{a^2}{r^2}e\cos f+\frac{a^2}{r^2}\left(\frac{r\sin f}{\sqrt{ap}}\right)^2+\frac{a}{r}\\&=\frac{a^2}{r^2}\cos f\left(e-\frac{\cos f+e}{1+e\cos f}\right)+\frac{a}{p}\sin^2 f+\frac{a}{r}\\&=\frac{a^2}{r^2}\cos^2 f\frac{e^2-1}{1+e\cos f}+\frac{a}{p}\sin^2 f+\frac{a}{r}\\&=-\frac{a}{r}\cos^2 f\frac{1}{r}\frac{a(1-e^2)}{1+e\cos f}+\frac{a}{p}\sin^2 f+\frac{a}{r}\\&=\left(\frac{a}{r}+\frac{a}{p}\right)\sin^2 f=\frac{a}{p}\left(\frac{p}{r}+1\right)\sin^2 f\\&=\frac{1}{1-e^2}\left(\frac{p}{r}+1\right)\sin^2 f\end{aligned}$$

即

$$\frac{\partial f}{\partial e}=\frac{1}{1-e^2}\left(\frac{p}{r}+1\right)\sin f \tag{5.96}$$

同样，由式（5.88）可知

$$-\sin f\frac{\partial f}{\partial M}=-\frac{a}{r^2}\frac{\partial r}{\partial M}(\cos E-e)-\frac{a}{r}\sin E\frac{\partial E}{\partial M}$$

把式（5.91）、式（5.94）代入上式可得

$$\begin{aligned}\sin f\frac{\partial f}{\partial M}&=\frac{a}{r^2}\frac{\partial r}{\partial M}(\cos E-e)+\frac{a}{r}\sin E\frac{\partial E}{\partial M}\\&=\frac{a}{r^2}\frac{ae}{\sqrt{1-e^2}}\sin f(\cos E-e)+\frac{a}{r}\sin E\frac{a}{r}\\&=\frac{a^2}{r^2}\frac{e}{\sqrt{1-e^2}}\sin f\left(\frac{\cos f+e}{1+e\cos f}-e\right)+\frac{a^2}{r^2}\frac{r\sin f}{\sqrt{ap}}\\&=\frac{a^2}{r^2}\frac{e}{\sqrt{1-e^2}}\sin f\cos f\frac{1-e^2}{1+e\cos f}+\frac{a^2}{r^2}\frac{r}{a}\frac{\sin f}{\sqrt{1-e^2}}\\&=\frac{a^2}{r^2}\frac{\sin f}{\sqrt{1-e^2}}\left(e\cos f\frac{1-e^2}{1+e\cos f}+\frac{1-e^2}{1+e\cos f}\right)\\&=\frac{a^2}{r^2}\sqrt{1-e^2}\sin f\end{aligned}$$

即

$$\frac{\partial f}{\partial M}=\frac{a^2}{r^2}\sqrt{1-e^2} \tag{5.97}$$

由于 $\theta=\omega+f$，所以结合式（5.96）和式（5.97）可得

$$\begin{cases}\dfrac{\partial\theta}{\partial\omega}=1\\ \dfrac{\partial\theta}{\partial e}=\dfrac{1}{1-e^2}\left(\dfrac{p}{r}+1\right)\sin f\\ \dfrac{\partial\theta}{\partial M}=\dfrac{a^2}{r^2}\sqrt{1-e^2}\end{cases}\tag{5.98}$$

5.3.3 $\partial\boldsymbol{R}/\partial\boldsymbol{\sigma}$ 的具体形式

将式（5.95）、式（5.98）代入式（5.85），可得第一式为

$$\frac{\partial R}{\partial a}=a_{\mathrm{r}}\frac{\partial r}{\partial a}=\frac{r}{a}a_{\mathrm{r}}$$

第二式为

$$\begin{aligned}\frac{\partial R}{\partial e}&=a_{\mathrm{r}}\frac{\partial r}{\partial e}+ra_{\mathrm{t}}\frac{\partial\theta}{\partial e}=-a(\cos f)a_{\mathrm{r}}+r\frac{1}{1-e^2}\left(\frac{p}{r}+1\right)(\sin f)a_{\mathrm{t}}\\&=-a(\cos f)a_{\mathrm{r}}+r\left(\frac{a}{r}+\frac{1}{1-e^2}\right)(\sin f)a_{\mathrm{t}}\end{aligned}$$

第三式为

$$\frac{\partial R}{\partial i}=r(\sin\theta)a_{\mathrm{h}}$$

第四式为

$$\frac{\partial R}{\partial\Omega}=r(\cos i)a_{\mathrm{t}}-r(\cos\theta)(\sin i)a_{\mathrm{h}}$$

第五式为

$$\frac{\partial R}{\partial\omega}=ra_{\mathrm{t}}$$

第六式为

$$\frac{\partial R}{\partial M}=a_{\mathrm{r}}\frac{\partial r}{\partial M}+ra_{\mathrm{t}}\frac{\partial\theta}{\partial M}=\frac{ae}{\sqrt{1-e^2}}(\sin f)a_{\mathrm{r}}+\frac{a^2}{r}\sqrt{1-e^2}a_{\mathrm{t}}$$

综上可得

$$\begin{cases}\dfrac{\partial R}{\partial a}=\dfrac{r}{a}a_{\mathrm{r}}\\ \dfrac{\partial R}{\partial e}=-a(\cos f)a_{\mathrm{r}}+r\left(\dfrac{a}{r}+\dfrac{1}{1-e^2}\right)(\sin f)a_{\mathrm{t}}\\ \dfrac{\partial R}{\partial i}=r(\sin\theta)a_{\mathrm{h}}\\ \dfrac{\partial R}{\partial\Omega}=r(\cos i)a_{\mathrm{t}}-r(\cos\theta)(\sin i)a_{\mathrm{h}}\\ \dfrac{\partial R}{\partial\omega}=ra_{\mathrm{t}}\\ \dfrac{\partial R}{\partial M}=\dfrac{ae}{\sqrt{1-e^2}}(\sin f)a_{\mathrm{r}}+\dfrac{a^2}{r}\sqrt{1-e^2}a_{\mathrm{t}}\end{cases}\tag{5.99}$$

5.3.4　摄动运动方程

由式（5.58）知

$$
\begin{aligned}
\dot{a} &= \frac{2}{n\sqrt{1-e^2}}[e(\sin f)a_r + (1+e\cos f)a_t] \\
&= \frac{2}{na}\left[\frac{ae}{\sqrt{1-e^2}}(\sin f)a_r + \frac{a}{\sqrt{1-e^2}}(1+e\cos f)a_t\right] \\
&= \frac{2}{na}\left[\frac{ae}{\sqrt{1-e^2}}(\sin f)a_r + \frac{a}{\sqrt{1-e^2}}\frac{a(1-e^2)}{r}a_t\right] \\
&= \frac{2}{na}\left(\frac{ae}{\sqrt{1-e^2}}(\sin f)a_r + \frac{a^2}{r}\sqrt{1-e^2}a_t\right)
\end{aligned}
$$

上式与式（5.99）第六式比较，可知

$$
\dot{a} = \frac{2}{na}\frac{\partial R}{\partial M} \tag{5.100}
$$

由式（5.39）知

$$
\begin{aligned}
\dot{e} &= \frac{\sqrt{1-e^2}}{na}[(\sin f)a_r + (\cos E + \cos f)a_t] \\
&= \frac{\sqrt{1-e^2}}{na}\left[(\sin f)a_r + \left(\frac{\cos f + e}{1+e\cos f} + \cos f\frac{1+e\cos f}{1+e\cos f}\right)a_t\right] \\
&= \frac{\sqrt{1-e^2}}{na}\left((\sin f)a_r + \frac{2\cos f + e\cos^2 f + e}{1+e\cos f}a_t\right) \\
&= \frac{\sqrt{1-e^2}}{na}\left((\sin f)a_r + \frac{1}{e}\frac{1+2e\cos f + e^2\cos^2 f - 1 + e^2}{1+e\cos f}a_t\right) \\
&= \frac{\sqrt{1-e^2}}{na}\left[(\sin f)a_r + \frac{1}{e}\frac{(1+e\cos f)^2 - 1 + e^2}{1+e\cos f}a_t\right] \\
&= \frac{\sqrt{1-e^2}}{na}\left[(\sin f)a_r + \frac{1-e^2}{e}\left(\frac{1+e\cos f}{1-e^2} - \frac{1}{1+e\cos f}\right)a_t\right] \\
&= \frac{\sqrt{1-e^2}}{na}\left[(\sin f)a_r + \frac{1-e^2}{e}\left(\frac{a}{r} - \frac{1}{1+e\cos f}\right)a_t\right] \\
&= \frac{\sqrt{1-e^2}}{na}\left\{(\sin f)a_r + \left[\frac{a}{re}(1-e^2) - \frac{1-e^2}{(1+e\cos f)e}\right]a_t\right\} \\
&= \frac{\sqrt{1-e^2}}{na}(\sin f)a_r + \frac{\sqrt{1-e^2}}{na}\left[\frac{a}{re}(1-e^2) - \frac{r}{ae}\right]a_t \\
&= \frac{1-e^2}{na^2 e}\left(\frac{ae}{\sqrt{1-e^2}}(\sin f)a_r + \frac{a^2}{r}\sqrt{1-e^2}a_t\right) - \frac{\sqrt{1-e^2}}{na^2 e}ra_t
\end{aligned}
$$

注意到式（5.99）中$\frac{\partial R}{\partial M}$、$\frac{\partial R}{\partial \omega}$，可得

$$
\dot{e} = \frac{1-e^2}{na^2 e}\frac{\partial R}{\partial M} - \frac{\sqrt{1-e^2}}{na^2 e}\frac{\partial R}{\partial \omega} \tag{5.101}
$$

由式（5.59）第三式知

$$\dot{i}=\frac{r\cos\theta}{na^2\sqrt{(1-e^2)}}a_{\mathrm{h}}$$

$$=\frac{1}{na^2\sqrt{1-e^2}\sin i}\{(\cos i)ra_{\mathrm{t}}-[r(\cos i)a_{\mathrm{t}}-(r\cos\theta\sin i)a_{\mathrm{h}}]\}$$

注意到式（5.99）中$\frac{\partial R}{\partial \omega}$、$\frac{\partial R}{\partial \Omega}$，可得

$$\dot{i}=\frac{1}{na^2\sqrt{1-e^2}\sin i}\left(\cos i\frac{\partial R}{\partial \omega}-\frac{\partial R}{\partial \Omega}\right) \tag{5.102}$$

由式（5.59）第四式知

$$\dot{\Omega}=\frac{r}{na^2\sqrt{(1-e^2)}}\frac{\sin\theta}{\sin i}a_{\mathrm{h}}=\frac{1}{na^2\sqrt{1-e^2}\sin i}r(\sin\theta)a_{\mathrm{h}}$$

注意到式（5.59）中$\frac{\partial R}{\partial i}$，可得

$$\dot{\Omega}=\frac{1}{na^2\sqrt{1-e^2}\sin i}\frac{\partial R}{\partial i} \tag{5.103}$$

由式（5.59）第五式知

$$\dot{\omega}=\frac{\sqrt{1-e^2}}{nae}\left[-(\cos f)a_{\mathrm{r}}+\sin f\left(1+\frac{r}{p}\right)a_{\mathrm{t}}\right]-\dot{\Omega}\cos i$$

$$=\frac{\sqrt{1-e^2}}{na^2e}\left[-a(\cos f)a_{\mathrm{r}}+r\left(\frac{a}{r}+\frac{1}{1-e^2}\right)(\sin f)a_{\mathrm{t}}\right]-\dot{\Omega}\cos i$$

注意到式（5.99）中$\frac{\partial R}{\partial e}$，可得

$$\dot{\omega}=\frac{\sqrt{1-e^2}}{na^2e}\frac{\partial R}{\partial e}-\cos i\frac{\mathrm{d}\Omega}{\mathrm{d}t} \tag{5.104}$$

由式（5.59）第六式知

$$\dot{M}=n-\frac{1-e^2}{nae}\left[\left(2e\frac{r}{p}-\cos f\right)a_{\mathrm{r}}+\sin f\left(\frac{r}{p}+1\right)a_{\mathrm{t}}\right]$$

$$=n-\frac{1-e^2}{nae}\left\{\left(-\cos f+2e\frac{r}{a(1-e^2)}\right)a_{\mathrm{r}}+r\left[\frac{1}{r}+\frac{1}{a(1-e^2)}\right](\sin f)a_{\mathrm{t}}\right\}$$

$$=n-\frac{1-e^2}{na^2e}\left[-a(\cos f)a_{\mathrm{r}}+r\left(\frac{a}{r}+\frac{1}{1-e^2}\right)(\sin f)a_{\mathrm{t}}\right]-\frac{2}{na}\frac{r}{a}a_{\mathrm{r}}$$

注意到式（5.99）中$\frac{\partial R}{\partial e}$、$\frac{\partial R}{\partial a}$，可得

$$\dot{M}=n-\frac{1-e^2}{na^2e}\frac{\partial R}{\partial e}-\frac{2}{na}\frac{\partial R}{\partial a} \tag{5.105}$$

综合式（5.100）~式（5.105）就得到拉格朗日型摄动运动方程，或者叫拉格朗日行星运动方程：

$$\begin{cases}\dot{a}=\dfrac{2}{na}\dfrac{\partial R}{\partial M}\\[2mm]\dot{e}=\dfrac{1-e^2}{na^2e}\dfrac{\partial R}{\partial M}-\dfrac{\sqrt{1-e^2}}{na^2e}\dfrac{\partial R}{\partial\omega}\\[2mm]\dot{i}=\dfrac{1}{na^2\sqrt{1-e^2}\sin i}\left(\cos i\dfrac{\partial R}{\partial\omega}-\dfrac{\partial R}{\partial\Omega}\right)\\[2mm]\dot{\Omega}=\dfrac{1}{na^2\sqrt{1-e^2}\sin i}\dfrac{\partial R}{\partial i}\\[2mm]\dot{\omega}=\dfrac{\sqrt{1-e^2}}{na^2e}\dfrac{\partial R}{\partial e}-\cos i\dfrac{\mathrm{d}\Omega}{\mathrm{d}t}\\[2mm]\dot{M}=n-\dfrac{1-e^2}{na^2e}\dfrac{\partial R}{\partial e}-\dfrac{2}{na}\dfrac{\partial R}{\partial a}\end{cases}\tag{5.106}$$

拉格朗日型摄动运动方程通常简写为$\partial R/\partial\sigma$。从式（5.106）可以看出，它有一个明显的特点：在前三个方程中，其右端只涉及$\partial R/\partial(\Omega,\omega,M)$，而在后三个方程的右端，却只涉及$\partial R/\partial(a,e,i)$，这其中蕴含着一种对称性。

当然，当$e=0$和$i=0$时，由于$1/e$、$1/\sin i$因子的存在，方程将不再适用，需要采用其他的轨道根数，具体可参阅有关资料。

5.4　关于人造地球卫星受力的讨论

5.4.1　地球非球形摄动

地球引力为保守力，可建立一个位函数来表示地球外部空间任意一点所受的地球引力$\boldsymbol{F}$。不过，由于地球形状不规则及其内部质量分布不均匀，位函数不能用一个简单的封闭式表示。目前，关于地球重力场位函数，通常采用以下的无穷级数（即球谐函数）表示：

$$V(r,\varphi,\lambda)=\frac{\mu}{r}\left[1-\sum_{n=2}^{\infty}\left(\frac{a_e}{r}\right)^nJ_nP_n(\sin\varphi)+\sum_{n=2}^{\infty}\sum_{m=1}^{n}\left(\frac{a_e}{r}\right)^nP_n^m(\sin\varphi)(A_{nm}\cos m\lambda+B_{nm}\sin m\lambda)\right]$$

式中，μ为地球引力常数，即GM；a_e为地球椭球的长半径；$P_n(x)$为勒让德多项式；$P_n^m(x)$为缔合勒让德多项式；J_n为带谐系数，也可以写作A_{n0}；A_{nm}、B_{nm}为田谐系数，也将$n=m$的田谐系数称为扇谐系数；n为阶数；m为次数；r为被吸引点（如卫星）地心矢径；φ为被吸引点在地心坐标系的地心纬度；λ为被吸引点的地心经度。

根据式（5.9）中摄动函数的定义，结合上式，即可得到地球重力场摄动函数R的表达式：

$$\begin{aligned}R&=V-V_0=V-\frac{\mu}{r}\\&=\frac{\mu}{r}\left[-\sum_{n=2}^{\infty}\left(\frac{a_e}{r}\right)^nJ_nP_n(\sin\varphi)+\sum_{n=2}^{\infty}\sum_{m=1}^{n}\left(\frac{a_e}{r}\right)^nP_n^m(\sin\varphi)(A_{nm}\cos m\lambda+B_{nm}\sin m\lambda)\right]\end{aligned}\tag{5.107}$$

因为地球扁率项，即J_2项是人造地球卫星的主要摄动项，当仅考虑该项对卫星轨道的影响时，由式（5.107）知，此时的摄动函数为

$$R=-\frac{\mu J_2a_e^2}{r^3}P_2(\sin\varphi)$$

考虑到 $P_2(\sin\varphi)=\frac{3}{2}\sin^2\varphi-\frac{1}{2}$，所以有

$$R=-\frac{\mu J_2 a_e^2}{2r^3}(3\sin^2\varphi-1) \tag{5.108}$$

注意到式（4.117），即地心纬度 φ 满足下式：

$$\sin\varphi=\sin i\sin\theta=\sin i\sin(\omega+f)$$

所以，式（5.108）可写成

$$\begin{aligned} R &= -\frac{\mu J_2 a_e^2}{2r^3}[3(\sin i\sin(\omega+f))^2-1] \\ &= -\frac{\mu J_2 a_e^2}{2r^3}\left[3\sin^2 i\frac{1-\cos2(\omega+f)}{2}-1\right] \\ &= \frac{\mu J_2 a_e^2}{2r^3}\left[\left(1-\frac{3}{2}\sin^2 i\right)+\frac{3}{2}\sin^2 i\cos2(\omega+f)\right] \end{aligned} \tag{5.109}$$

摄动项包含长期项、长周期项和短周期项。其中，长期项积分后将积累，而短周期项积分后不会积累，仍在原量级附近做周期摆动。为了简化，可以首先略去摄动函数中积分后不会累积的短周期项。

为了准确地从摄动函数中分离短周期项，可以对摄动函数 R 在卫星轨道周期 T 内求积分均值

$$\overline{R}=\frac{1}{T}\int_0^T R\mathrm{d}t \tag{5.110}$$

为计算式（5.110）积分，现不加推导使用下面结论（具体推导参考本书第 6 章），即

$$\begin{cases} \overline{\left(\frac{a}{r}\right)^3}=(1-e^2)^{-3/2} \\ \overline{\left(\frac{a}{r}\right)^3\cos2f}=0 \\ \overline{\left(\frac{a}{r}\right)^3\sin2f}=0 \end{cases}$$

则易得长期项为

$$\overline{R}=R_c=\frac{\mu J_2 a_e^2}{2a^3}\left(1-\frac{3}{2}\sin^2 i\right)(1-e^2)^{-3/2} \tag{5.111}$$

$\overline{R}$ 中不包含在一个周期内积分均值为 0 的那些项（不累积的项），显然，短周期项为

$$\begin{aligned} R_s &= R-\overline{R} \\ &= \frac{\mu J_2 a_e^2}{2a^3}\left\{\left(1-\frac{3}{2}\sin^2 i\right)\left[\left(\frac{a}{r}\right)^3-(1-e^2)^{-3/2}\right]+\frac{3}{2}\sin^2 i\left(\frac{a}{r}\right)^3\cos2(\omega+f)\right\} \end{aligned} \tag{5.112}$$

下面忽略短周期的摄动影响，主要考虑长期的摄动影响。为此将 R_c 的表达式代入 $\partial R/\partial\sigma$ 型的摄动运动方程式（5.106）。

注意到式 $R_c=R_c(a,e,i)$，所以

$$\frac{\partial R_c}{\partial a}=-\frac{3\mu J_2 a_e^2}{2a^4}\left(1-\frac{3}{2}\sin^2 i\right)(1-e^2)^{-3/2} \tag{5.113}$$

$$\frac{\partial R_c}{\partial e}=\frac{3\mu J_2 a_e^2}{2a^3}\left(1-\frac{3}{2}\sin^2 i\right)(1-e^2)^{-5/2}e \tag{5.114}$$

$$\frac{\partial R_c}{\partial i} = -\frac{3\mu J_2 a_e^2}{2a^3}\sin i\cos i(1-e^2)^{-3/2} \tag{5.115}$$

所以，式（5.106）第四式可写为

$$\dot{\Omega} = \frac{-\dfrac{3\mu J_2 a_e^2}{2a^3}\sin i\cos i(1-e^2)^{-3/2}}{na^2\sqrt{1-e^2}\sin i} = -\frac{3J_2 a_e^2}{2}\frac{1}{n}\frac{\mu}{a^3}\frac{\cos i}{a^2(1-e^2)^2}$$

$$= -\frac{3J_2 a_e^2}{2p^2}n\cos i \tag{5.116}$$

式（5.106）第五式可写为

$$\dot{\omega} = \frac{\sqrt{1-e^2}}{na^2 e}\frac{3\mu J_2 a_e^2}{2a^3}\left(1-\frac{3}{2}\sin^2 i\right)(1-e^2)^{-5/2}e - \cos i\left(-\frac{3J_2 a_e^2}{2p^2}n\cos i\right)$$

$$= \frac{3J_2 a_e^2}{2}\frac{1}{n}\frac{\mu}{a^3}\frac{1}{a^2(1-e^2)^2}\left(1-\frac{3}{2}\sin^2 i\right) + \frac{3J_2 a_e^2}{2p^2}(1-\sin^2 i)$$

$$= \frac{3J_2 a_e^2}{2p^2}n\left(2-\frac{5}{2}\sin^2 i\right) \tag{5.117}$$

式（5.106）第六式可写为

$$\dot{M} = n - \frac{1-e^2}{na^2 e}\frac{3\mu J_2 a_e^2}{2a^3}\left(1-\frac{3}{2}\sin^2 i\right)(1-e^2)^{-5/2}e$$

$$-\frac{2}{na}\left[-\frac{3\mu J_2 a_e^2}{2a^4}\left(1-\frac{3}{2}\sin^2 i\right)(1-e^2)^{-3/2}\right]$$

$$= n - \frac{3J_2 a_e^2}{2}\frac{1}{n}\frac{\mu}{a^3}\frac{\sqrt{1-e^2}}{a^2(1-e^2)^2}\left(1-\frac{3}{2}\sin^2 i\right)$$

$$+\frac{3J_2 a_e^2}{2}\frac{1}{n}\frac{\mu}{a^3}\frac{2\sqrt{1-e^2}}{a^2(1-e^2)^2}\left(1-\frac{3}{2}\sin^2 i\right)$$

$$= n + \frac{3J_2 a_e^2}{2p^2}n\left(1-\frac{3}{2}\sin^2 i\right)\sqrt{1-e^2} \tag{5.118}$$

因此，在仅考虑地球扁率的长期影响时，式（5.106）可改写为

$$\begin{cases} \dot{a} = 0 \\ \dot{e} = 0 \\ \dot{i} = 0 \\ \dot{\Omega} = -\dfrac{3J_2 a_e^2}{2p^2}n\cos i \\ \dot{\omega} = \dfrac{3J_2 a_e^2}{2p^2}n\left(2-\dfrac{5}{2}\sin^2 i\right) \\ \dot{M} = n + \dfrac{3J_2 a_e^2}{2p^2}n\left(1-\dfrac{3}{2}\sin^2 i\right)\sqrt{1-e^2} \end{cases} \tag{5.119}$$

5.4.2 大气阻力摄动及大气特征

对于近地、面质比较大的卫星，需要考虑大气阻力摄动的影响。大气阻力为

$$\boldsymbol{f}_{\mathrm{d}} = -\frac{1}{2}C_{\mathrm{d}}\rho_{\mathrm{d}}\frac{A}{m}v_{\mathrm{r}}\boldsymbol{v}_{\mathrm{r}} \tag{5.120}$$

式中，C_{d} 为大气阻力系数，通常取 2.2 ± 0.2；ρ_{d} 为卫星所在位置的大气密度；$\frac{A}{m}$为卫星的有效截面积 A 与质量 m 之比，简称面质比；$\boldsymbol{v}_{\mathrm{r}}$ 为卫星相对于大气的速度矢量，v_{r} 为其模。

当假定大气为静止时，则 $\boldsymbol{v}_{\mathrm{r}} = \dot{\boldsymbol{r}}$，即卫星相对大气的速度矢量就是卫星的速度矢量；当考虑大气本身是旋转的，其旋转角速度 ω_{d}，在低层大气时等于地球自转角速度 ω_{e}，而在高层电离气体受磁场加速，比地球自转速度快一些，约为 $\omega_{\mathrm{d}} = 1.2\omega_{\mathrm{e}}$，有

$$\boldsymbol{v}_{\mathrm{r}} = \dot{\boldsymbol{r}} - \begin{pmatrix} 0 & -\omega_{\mathrm{d}} & 0 \\ \omega_{\mathrm{d}} & 0 & 0 \\ 0 & 0 & 0 \end{pmatrix}\boldsymbol{r}$$

式中，$\boldsymbol{r}$ 为卫星的位置矢量；$\dot{\boldsymbol{r}}$ 为卫星的速度矢量。

大气层的密度分布规律十分复杂，而且随着一些地球物理因素而变化，至今尚未很好地解决。根据现有资料，大气分布的一般情况如下：

1）大气密度随高度增加而减小。

2）大气层的等密度面在低层接近地球的形状，大致为扁球面，越高则越接近于球面。

3）大气密度的分布受太阳辐射的影响相当显著，越高变化越大，其中有周日变化、季节变化、半年变化、长期变化等。例如，周日变化会使地球上空任一固定点的大气密度，在当地时间 14 点左右呈现最大值（称为周日峰），而在当地时间 3 点至 4 点为最小值，大气密度最大值与最小值可能相差几倍。同时，大气成分也随太阳辐射有明显变化。从统计表现看，太阳辐射的影响可以用 10.7cm 流量和地磁指数两个因素来描述。

为描述大气受以上因素影响的变化，提出了各种大气模型，并编制成标准大气表。已公布的标准大气主要有，美国标准大气 USSA 1965、USSA 1966，国际宇宙空间委员会标准大气模型 CIRA 1961、CIRA 1965、CIRA 1972 等。其中，CIRA 1972 是一种较好的标准大气，它是在 CIRA 1961 和 CIRA 1965 的基础上，采用大量的卫星和火箭探测资料，综合分析研究而成，在目前计算大气密度时被广泛采用。另外，还有在此基础上改进的模型，如 Jacchia 1977、改进的 Harri-Priester 等。

5.4.3 太阳辐射压力摄动

光线照射在物体的表面，会对物体产生一种压力，这种现象称为光压作用。1899 年俄国物理学家列别捷夫首先在实验中发现了光压作用并进行了测定。另外，对彗星的观测发现，彗尾总是朝太阳的反方向，后来，人们利用光压作用成功地解释了彗星运动中的异常现象和一部分彗尾的形成。

人造地球卫星在运动中将受到太阳的直接辐射压力。太阳直接辐射压力为

$$\boldsymbol{f}_{\mathrm{p}} = \nu P_{\mathrm{s}} C_{\mathrm{r}} \frac{A}{m} r_{\mathrm{s}}^{2} \frac{\boldsymbol{r} - \boldsymbol{r}_{\mathrm{s}}}{|\boldsymbol{r} - \boldsymbol{r}_{\mathrm{s}}|^{3}} \tag{5.121}$$

式中，ν 为蚀因子，又称地影因子；P_s 为距太阳为地球轨道半径处太阳辐射压的压强，通常取 $P_s=4.5605\times10^{-6}\mathrm{N/m^2}$；$C_r$ 为取决于卫星反射特性的因子，通常取 1 ~ 1.44，当卫星表面对阳光完全吸收则 $C_r=1$，如全部漫反射则 $C_r=1.44$；$\frac{A}{m}$为卫星的有效截面积 A 与质量 m 之比（面质比）；$\boldsymbol{r}$ 为卫星在地心平天球坐标系的位置矢量；$\boldsymbol{r}_s$ 为太阳在地心平天球坐标系的位置矢量；r_s 为太阳的地心距。

蚀因子定义为

$$\nu=1-\frac{\omega_{es}}{\omega_s} \tag{5.122}$$

式中，ω_{es}为在卫星处观察太阳被地球所蚀的立体角；ω_s 为太阳的立体角。

按式（5.122）精确确定蚀因子 ν 的方法，可参阅有关参考文献。一般可按以下简单方法确定蚀因子 ν。

如图 5.4 所示，O 为地球质心，P 为卫星。显然，当卫星进入地影中，没有太阳光直接辐射，此时蚀因子 $\nu=0$；而当卫星在地影以外，受太阳光直接辐射，则 $\nu=1$。现近似认为太阳在无穷远，地球为球形，则地影为圆柱，称为圆柱形地影模型。

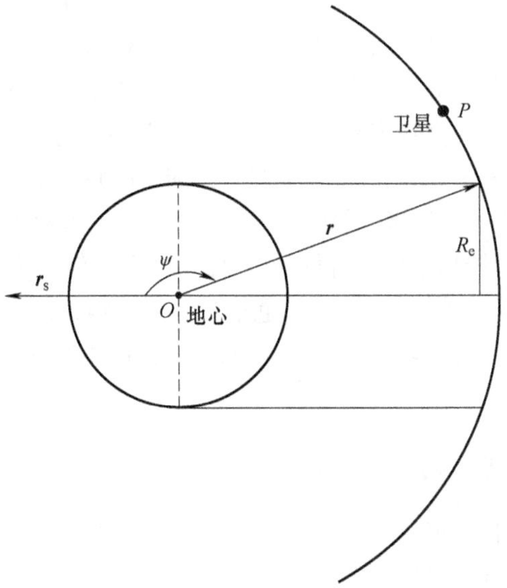

图 5.4　卫星进入地影的条件

由图 5.4 所示可知，卫星进入地影的条件为

$$\cos\psi<0,且\ \sin\psi\leqslant\frac{R_e}{r}$$

即同时满足

$$\begin{cases}\boldsymbol{r}_{s0}\cdot\boldsymbol{r}_0<0\\ |\boldsymbol{r}_{s0}\times\boldsymbol{r}_0|\leqslant\dfrac{R_e}{r}\end{cases} \tag{5.123}$$

式中，$\boldsymbol{r}_{s0}$为太阳方向的单位矢量；$\boldsymbol{r}_0$ 为卫星方向的单位矢量；R_e 为地球的平均半径。

式（5.123）称为地影方程。当满足地影方程时，蚀因子 $\nu=0$，不满足时 $\nu=1$，即

$$\nu=\begin{cases}0 & \boldsymbol{r}_{s0}\cdot\boldsymbol{r}_0<0 \quad 和 \quad |\boldsymbol{r}_{s0}\times\boldsymbol{r}_0|\leqslant\dfrac{R_e}{r}\\ 1 & \boldsymbol{r}_{s0}\cdot\boldsymbol{r}_0\geqslant 0 \quad 或 \quad |\boldsymbol{r}_{s0}\times\boldsymbol{r}_0|>\dfrac{R_e}{r}\end{cases}$$

根据式（5.121）计算太阳辐射压力，由于反射特性因子 C_r 及面质比 A/m 很难精确确定，太阳辐射压强 P_s 也不精确，所以太阳辐射压力很难精确。提高精度的一个途径是，将其引起的偏差改正，作为一个待定参数参加轨道改进，予以解算出来。太阳辐射压力的量级为 $10^{-9}\sim10^{-7}$。

同时，由式（5.121）可以看出，同大气阻力一样，太阳辐射压力的计算也与卫星的面质比有关。当卫星离地面较近时，大气阻力的影响不可忽略，它是耗散力，将使卫星运动的能量减小，即卫星轨道长半轴 a 随时间增加而单调减小；而当卫星离地面不太近时，太阳辐射压力的影响将会超过大气阻力。

我国第一颗人造卫星的面质比约为 $0.0045\mathrm{m}^2/\mathrm{kg}$，太阳光压对该卫星的作用力是微不足道的；但对一些面质比较大并且距离地面较远的卫星，太阳辐射压力的作用就十分明显。例如，美国发射的“回声一号”（Echo-1）卫星为直径30m、质量68kg的金属球形卫星，面质比达到了 $12.5\mathrm{m}^2/\mathrm{kg}$。它的初值轨道参数为，远地点高度为1750km，近地点高度1633km，轨道倾角47°。实测结果表明，因为受到太阳辐射压力的影响，轨道每天位移2～3km。

近年来，由于航天技术的高速发展，已经具备条件促使进一步考虑利用太阳辐射压力作用作为星际航行的动力。为纪念哥伦布发现美洲大陆500周年，美国成立了纪念委员会，于1988年12月一致批准“哥伦布500周年太空帆船杯赛”，该赛事要求利用太阳光压作为动力，将飞船（太空帆）从地球附近推向月球和火星。这从航天器轨道动力学角度分析是完全可行的，一个250m×250m的太空帆，总重量约为500kg，以光压作为推力，从地球同步轨道起航，约50天即可到达月球；如改为100m×100m的太空帆，飞行时间稍长些，约为300天。

5.4.4 日、月引力摄动及拉格朗日点

太阳和月球的引力影响，将对人造地球卫星的轨道产生摄动，称为日月摄动。

日、月对卫星产生的摄动力按下式计算：

$$\boldsymbol{f}_s+\boldsymbol{f}_m=GM_s m\left[\frac{\boldsymbol{r}_s-\boldsymbol{r}}{|\boldsymbol{r}_s-\boldsymbol{r}|^3}-\frac{\boldsymbol{r}_s}{r_s^3}\right]+GM_m m\left[\frac{\boldsymbol{r}_m-\boldsymbol{r}}{|\boldsymbol{r}_m-\boldsymbol{r}|^3}-\frac{\boldsymbol{r}_m}{r_m^3}\right] \tag{5.124}$$

式中，$\boldsymbol{f}_s$ 为太阳对卫星的作用力；$\boldsymbol{f}_m$ 为月球对卫星的作用力；G 为引力常数；M_s 为太阳的质量；M_m 为月球的质量。

对日、月摄动力大小分析，可用该摄动力与地球质心引力之比 K 来估计其量级，如

$$K_s=\frac{\boldsymbol{f}_s}{\boldsymbol{F}_0}=GM_s m\left[\frac{\boldsymbol{r}_s-\boldsymbol{r}}{|\boldsymbol{r}_s-\boldsymbol{r}|^3}-\frac{\boldsymbol{r}_s}{r_s^3}\right]\Big/\left(GMm\frac{\boldsymbol{r}}{r^3}\right)$$

即

$$K_s\approx\frac{M_s}{M}\left(\frac{r}{r_s}\right)^3,K_m\approx\frac{M_m}{M}\left(\frac{r}{r_m}\right)^3$$

对高度为 2000km 的卫星，$K_s \approx 10^{-8}$、$K_m \approx 10^{-7}$，而对于高度约为 3.6 万 km 的地球同步卫星，$K_s \approx 10^{-5}$、$K_m \approx 10^{-5}$，这说明日月摄动力在 $10^{-7} \sim 10^{-5}$量级，且卫星轨道越低，日月摄动力影响就越小；但对于一些高轨道的航天器，摄动量就十分可观，尤其在50 000km 以上，日月摄动的影响将超过地球扁率的影响。

实际计算表明，日月摄动量主要取决于卫星轨道的形状、轨道面位置和拱线相对于月地、日地连线的位置。如果这些连线位于轨道面内，则日月摄动对轨道面的位置没有影响；对于圆轨道，只要轨道面相对黄道面的倾角不大，轨道总是比较稳定；但对于很扁的椭圆轨道，情况就会有所不同，日月摄动有可能导致轨道完全破坏。在椭圆轨道上，尤其以远地点受到的摄动最为严重；如轨道的远地点位于月球轨道之外，可能导致轨道的近地点降低，最终使轨道破坏。

对于深空探测器，如月球探测器等，在摄动力作用下，就会形成地球—月球—探测器或地球—太阳—探测器等圆形限制性三体问题。所谓限制性三体问题，就是指一个小物体在两个大物体的引力作用下，处在空间中的一些点，在这些点处，小物体相对于两大物体基本保持静止。这样的点共有五个，其中，前三个的存在由瑞士数学家欧拉于 1767 年推出，剩下的两个由法国数学家拉格朗日于 1772 年推导证明。现在，这五个点统称为拉格朗日点，又称平动点。

据计算，如图 5.5 所示，地日拉格朗日点如下：L1、L2 距离地球 150 万 km，L3、L4 距离地球 1a. u. ，L5 距离地球 2a. u. 。地月拉格朗日点如下：L1、L2 距离月球 6.5 万 km，距离地球分别为（38.4 ± 6.5）万 km，L3、L4、L5 距离地球一个地月距离，也就是 38.4 万 km。其中，1a. u. 指 1 个天文单位，即 1.496 亿 km。

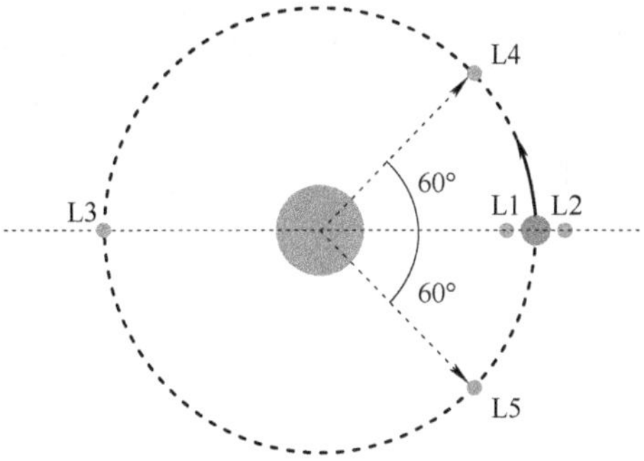

图 5.5　地球—月球—探测器系统的五个拉格朗日点

五个拉格朗日点中，现在大多在利用 L2 点，地月 L2 点在地球—月球连接线上，离地球（38.4 + 6.5）万 km，离月球 6.5 万 km，嫦娥二号所到的地日 L2 点离地球 150 万 km，离太阳 1.496 亿 km + 150 万 km。

5.4.5　潮汐摄动力

由于地球并非刚体，在日月引力作用下会产生如潮汐的形变，称为固体潮，另外还有海潮和大气潮。由于潮汐的作用改变了地球的引力，地球引力中附加了一个小的摄动力，它实际上是日月引力对卫星的间接作用。

潮汐摄动力的位函数为

$$V = -K_2 \frac{GM_{\mathrm{d}}}{r_{\mathrm{d}}^3} \frac{a_{\mathrm{e}}^5}{r^3} P_2\left(\frac{\boldsymbol{r} \cdot \boldsymbol{r}_{\mathrm{d}}}{r_{\mathrm{d}}}\right) \tag{5.125}$$

式中，K_2 为二阶勒夫数，一般取为 0.30；M_{d} 为摄动体（日或月）的质量；$P_2(x)$为二阶勒让德多项式。

因此，潮汐摄动力$\boldsymbol{f}_{\mathrm{t}}$ 为

$$\begin{aligned}
\boldsymbol{f}_{\mathrm{t}} &= \left(\frac{\partial V}{\partial X} \quad \frac{\partial V}{\partial Y} \quad \frac{\partial V}{\partial Z}\right)^{\mathrm{T}} \\
&= -K_2 \frac{GM_{\mathrm{d}}}{r_{\mathrm{d}}^3} \frac{a_{\mathrm{e}}^5}{r^4}\left\{\left[\frac{15}{2}\left(\frac{\boldsymbol{r} \cdot \boldsymbol{r}_{\mathrm{d}}}{r_{\mathrm{d}}}\right)^3 - \frac{3}{2}\right]\frac{\boldsymbol{r}}{r} - 3\frac{\boldsymbol{r} \cdot \boldsymbol{r}_{\mathrm{d}}}{r_{\mathrm{d}}}\frac{\boldsymbol{r}_{\mathrm{d}}}{r_{\mathrm{d}}}\right\} \\
&= K_2 \frac{GM_{\mathrm{d}}}{r_{\mathrm{d}}^3} \frac{a_{\mathrm{e}}^5}{r^4}\left[(3 - 15\cos^2\theta)\frac{\boldsymbol{r}}{r} + 6\cos\theta\frac{\boldsymbol{r}_{\mathrm{d}}}{r_{\mathrm{d}}}\right]
\end{aligned} \tag{5.126}$$

式中，$\boldsymbol{r}_{\mathrm{d}}$ 为摄动体（日或月）在地心平天球坐标系的位置矢量；M_{d} 为摄动体（日或月）的质量；$\boldsymbol{r}$ 为卫星的位置矢量；θ 为 $\boldsymbol{r}$ 与 $\boldsymbol{r}_{\mathrm{d}}$ 的夹角。

潮汐摄动力的量级为 $10^{-8} \sim 10^{-10}$，对地面高度较低的卫星，一般可以不予考虑。

5.4.6 空间环境对轨道寿命的影响

卫星在轨运行，不可避免地受到地球重力场摄动力、日月摄动力、大气阻力、光压摄动力、潮汐摄动力等的作用，这体现了空间环境的复杂性。这些摄动的影响常常导致人造卫星的轨道形状和大小都发生变化，对卫星的运动轨道在空间的位置和寿命的长短都起着重要作用。为了对轨道进行保持，需要火箭发动机不断消耗推进剂对轨道进行调整，这不可避免地影响到卫星的使用寿命。另外，近地卫星的轨道寿命主要取决于大气阻力。轨道高度不同，大气产生的阻力不同；在大气阻力作用下，如果不加控制，卫星的实际轨道是不断下降的螺旋线。当下降到 110 ~ 120km 的近圆形轨道时，大气阻力使卫星迅速进入稠密大气而烧毁，部分未烧尽残骸会返回地球表面。

第 6 章 地球形状摄动的分析解

解卫星摄动运动，与二体问题的解法类似，要根据卫星所受的作用力（包括摄动力），建立摄动运动的微分方程，最后解摄动运动方程，得出卫星运动方程。卫星摄动运动方程的解法有两种：①分析法。它是根据摄动力相对于地球质心引力是微小量这一特点，将摄动运动方程展开成级数，然后以逐步迭代的方法求解。由于摄动力的复杂性，分析法难以取得严格解，只能用特定的方法求得一定精度的近似解。②数值法。它是根据给定历元时刻 t_0 的卫星位置 $\boldsymbol{r}(t_0)$ 和速度 $\dot{\boldsymbol{r}}(t_0)$ 作为初始值，采用数值法精确求得对应时刻 t 卫星的位置 $\boldsymbol{r}(t)$ 和速度 $\dot{\boldsymbol{r}}(t)$。由于数值法解摄动运动方程简洁且精度较高，所以应用较多，目前在高精度解卫星摄动运动中已经较少采用分析解法。但数值法求解过程中不涉及卫星的轨道根数，难以得到关于卫星的运动轨道及其变化规律，而分析法是直接求解卫星轨道根数，物理意义明确。因此，在一些需要研究、分析卫星运动规律的轨道设计和一些数据处理方法中，采用具有一定精度的分析解法是很方便的。

本章主要分析地球球形摄动作用下的分析法。

6.1 人卫单位

在卫星摄动运动的解算中，除可采用国际单位制的“米、千克、秒”外，为了计算和公式中书写表达简便，还常采用“人卫单位”。

“人卫单位”就是取地球椭球的长半轴 a_e 作为长度单位，地球质量 M 为质量单位，时间单位 $T=(a_e^3/(GM))^{1/2}$。在人卫单位中，使得地球引力常数 $GM=1$。

在地心坐标系 < DX-1 > 和 < DX-2 > 中，采用 IUGG-75 地球椭球，其相应参数如下：

地球椭球长半轴，$a_e=6378140\text{m}$；

地球椭球扁率，$f=1:298.257$；

地球重力场二阶球谐系数，$J_2=1.08263\times10^{-8}$；

地球引力常数，$G_M=\mu=GM=3.986005\times10^{14}\text{m}^3/\text{s}^4$；

地球自转角速度，$\omega=7.292115\times10^{-5}\text{rad/s}$；

光在真空中传播速度，$c=299792458\text{m/s}$。

因此，相应的人卫单位如下：

人卫长度单位，6378140m；

人卫质量单位，$5.974\times10^{24}\text{kg}$；

人卫时间单位，806.811665s。

如在计算中采用人卫单位，可使运算简化，它的最后结果再换算成国际单位制。

6.2 地球重力场和摄动函数

在人造地球卫星所受的作用力中，地球质心引力$\boldsymbol{F}_0$是最主要的，其次是地球的非质心引力$\boldsymbol{f}_g$，称为地球重力场摄动力。$\boldsymbol{f}_g$与其他摄动力相比大得多，如果将地球质心引力视为1，地球重力场摄动力$\boldsymbol{f}_g$可达10^{-3}量级，而其他摄动力则大多在10^{-6}以下。因此，在采用分析法求解拉格朗日型摄动运动方程时，最主要考虑地球质心引力和主要的重力场摄动力。

6.2.1 地球重力场表达式

地球引力为保守力，可建立一个位函数$V(r,\varphi,\lambda)$来表示地球外部任一点(r,φ,λ)所受的地球引力：

$$\boldsymbol{F}_e = m\left(\frac{\partial V}{\partial X} \quad \frac{\partial V}{\partial Y} \quad \frac{\partial V}{\partial Z}\right)^{\mathrm{T}} \tag{6.1}$$

式中，m为被吸引点的质量，如卫星的质量。

如本书第5章所述，由于地球形状不规则及其内部质量分布不均匀，位函数通常采用以下的无穷级数（即球谐函数）表示：

$$V(r,\varphi,\lambda) = \frac{\mu}{r}\left[1 - \sum_{n=2}^{\infty}\left(\frac{a_e}{r}\right)^n J_n P_n(\sin\varphi) + \sum_{n=2}^{\infty}\sum_{m=1}^{n}\left(\frac{a_e}{r}\right)^n P_n^m(\sin\varphi)(A_{nm}\cos m\lambda + B_{nm}\sin m\lambda)\right] \tag{6.2}$$

式中各符号含义在本书5.4.1节已经给出，重列如下：

μ，即GM，地球引力常数；

a_e，地球椭球的长半径；

$P_n(x)$，勒让德多项式；

$P_n^m(x)$，缔合勒让德多项式；

J_n，带谐系数，也可以写作A_{n0}；

A_{nm}、B_{nm}，田谐系数，也将$n=m$的田谐系数称为扇谐系数；

n，阶数；

m，次数；

r，被吸引点（如卫星）地心矢径；

φ，被吸引点在地心坐标系的地心纬度；

λ，被吸引点的地心经度。

当式（6.2）中所有系数确定后，就唯一地确定地球对外部空间任意一点P的引力

位，也就确定了地球重力场。这些谐系数 J_n、A_{nm}、B_{nm} 均与地球内部质量分布有关，即

$$\begin{cases} J_n = -G\int_{(M)}\rho_i^n P_n(\sin\varphi_i)\mathrm{d}m_i \\ A_{nm} = 2\dfrac{(n-m)!}{(n+m)!}G\int_{(M)}\rho_i^n P_n^m(\sin\varphi_i)\cos m\lambda_i \mathrm{d}m_i \\ B_{nm} = 2\dfrac{(n-m)!}{(n+m)!}G\int_{(M)}\rho_i^n P_n^m(\sin\varphi_i)\sin m\lambda_i \mathrm{d}m_i \end{cases} \tag{6.3}$$

式中，(ρ_i，φ_i，λ_i）为微分质量 $\mathrm{d}m_i$ 的坐标值；（M）表示积分沿着整个地球质量 M 进行。

由于地球内部质量分布十分复杂，无法按上式精确地计算这些系数，所以一般是通过卫星测量和地面重力测量结果来求出。目前，世界上一些国家，特别是美国，已经相继推算出地球重力场谐系数，其中最著名是美国戈达德航天中心（Goddard Space Flight Center，GSFC）推算的地球重力场模型 GEM。其中，1981 年发表的 GEM-10C 给出了 180 阶次的地球重力场系数；1982 年发表的 GEM-L2，其阶次为 20；2008 年 4 月，美国国家地理空间情报局在充分利用最新数据的基础上，发布了新一代地球重力场模型 EGM2008（完全阶次到 2190 阶）。EGM2008 地球重力场模型采用的基本网格分辨率为 $5'\times5'$，数据来源主要为地面重力、卫星测高、卫星重力等，地面覆盖率达 83.8%，部分重力空白数据主要集中在南极，用卫星重力数据补充。EGM2008 模型在计算时采用 ITG-GRACE03S 模型作为先验误差协方差矩阵，将 GRACE 数据作为计算 EGM2008 地球重力场低阶系数的主要数据源。我国在 1985 年也发表了 DQM-84 地球重力场模型，其阶次为 36。该模型除采用国际上发表的卫星测量和地面重力测量资料外，还应用了我国地面实测重力测量资料，因此它更适合我国使用。在研究卫星运动的问题时，通常采用一组已知的地球重力场系数，这样就可以根据式（6.2）、式（6.1）计算空间任一位置的地球引力位和引力。

6.2.2　球谐函数及其正常化

在重力场表达式（6.2）中，其球谐函数 $P_n(\sin\varphi)$ 和 $P_n^m(\sin\varphi)$ 为勒让德多项式和缔合勒让德多项式，它的定义如下：

$$\begin{cases} P_n(x) = \dfrac{1}{2^n n!}\dfrac{\mathrm{d}^n}{\mathrm{d}x^n}[(x^2-1)^n] \\ P_n^m(x) = (-1)^m(1-x^2)^{m/2}\dfrac{\mathrm{d}^m}{\mathrm{d}x^m}P_n(x) \end{cases} \tag{6.4}$$

根据式（6.4）并以 $\sin\varphi$ 代替 x 可得

$$
\left\{
\begin{aligned}
&P_0(\sin\varphi)=1\\
&P_1(\sin\varphi)=\sin\varphi\\
&P_1^1(\sin\varphi)=\cos\varphi\\
&P_2(\sin\varphi)=(3\sin^2\varphi-1)/2\\
&P_2^1(\sin\varphi)=3\cos\varphi\sin\varphi\\
&P_2^2(\sin\varphi)=3\cos^2\varphi\\
&P_3(\sin\varphi)=(5\sin^2\varphi-3\sin\varphi)/2\\
&P_3^1(\sin\varphi)=3\cos\varphi(5\sin^2\varphi-1)/2\\
&P_3^2(\sin\varphi)=15\cos^2\varphi\sin\varphi\\
&P_3^3(\sin\varphi)=15\cos^3\varphi\\
&P_4(\sin\varphi)=(35\sin^4\varphi-30\sin^2\varphi+3)/8\\
&P_4^1(\sin\varphi)=5(7\sin^3\varphi-3\sin\varphi)/2\\
&P_4^2(\sin\varphi)=15\cos^2\varphi(7\sin^2\varphi-1)/2\\
&P_4^3(\sin\varphi)=105\cos^3\varphi\sin\varphi\\
&P_4^4(\sin\varphi)=105\cos^4\varphi\\
&P_5(\sin\varphi)=(63\sin^5\varphi-70\sin^3\varphi+\sin\varphi)/8\\
&\vdots\\
&P_8^8(\sin\varphi)=2027025\cos^8\varphi\\
&\vdots
\end{aligned}
\right.
\tag{6.5}
$$

勒让德多项式和缔合勒让德多项式可利用下列递推公式，自低阶次推导高阶次：

$$
\left\{
\begin{aligned}
&P_{n+1}(x)=\frac{2n+1}{n+1}xP_n(x)-\frac{n}{n+1}P_{n-1}(x)\\
&P_{n+1}^{n+1}(x)=(1-x^2)^{1/2}(2n+1)P_n^n(x)\\
&P_n^{m+1}(x)=-2(m+1)x(1-x^2)^{1/2}P_n^m(x)+(n-m)(n+m+1)P_n^{m-1}(x)\\
&P_{n+1}^m(x)=\frac{2n+1}{n-m+1}xP_n^m(x)-\frac{n+m}{n-m+1}P_{n-1}^m(x)
\end{aligned}
\right.
\tag{6.6}
$$

可以看出，各阶次的球谐函数 $P_n^m(\sin\varphi)$ 的数值差别很大，如 P_8^8 与 P_2^2 的量级相差近 10^8，使用起来不太方便。同时，为了进行量级估计及其他分析的需要，需要能从各个球谐函数的各个系数 J_n、A_{nm}、B_{nm} 直观、简单地看出它们对引力位的贡献。所以，在实用上常将 P_n^m 进行正常化，且使正常化的各阶次球谐函数的数值比较接近。为保持引力位表达式（6.2）的结果不变，各球谐函数的系数也需要进行相应的正常化。

由于这些多项式的正交性，可以定义一种完全正常化的勒让德多项式 $\overline{P}_n^m(\sin\varphi)$ 代替 $P_n^m(\sin\varphi)$，它使 $\overline{P}_n^m(\sin\varphi)\begin{bmatrix}\cos m\lambda\\ \sin m\lambda\end{bmatrix}$ 在全部 φ、λ 的取值范围内均方值为 1。正常化勒让德多项式定义为

$$\overline{P}_n(\sin\varphi) = \sqrt{2n+1}P_n(\sin\varphi) \tag{6.7}$$

$$\overline{P}_n^m(\sin\varphi) = \sqrt{2(2n+1)\frac{(n-m)!}{(n+m)!}}P_n^m(\sin\varphi) \tag{6.8}$$

相应的正常化球谐系数 J_n、A_{nm}、B_{nm} 为

$$\overline{J}_n = \frac{1}{\sqrt{2n+1}}J_n \tag{6.9}$$

$$\begin{cases} \overline{A}_{nm} = \dfrac{1}{\sqrt{2(2n+1)\dfrac{(n-m)!}{(n+m)!}}}A_{nm} \\ \overline{B}_{nm} = \dfrac{1}{\sqrt{2(2n+1)\dfrac{(n-m)!}{(n+m)!}}}B_{nm} \end{cases} \tag{6.10}$$

用正常化勒让德多项式和正常化系数表示的引力位为

$$V(r,\varphi,\lambda) = \frac{\mu}{r}\left[1 - \sum_{n=2}^{\infty}\left(\frac{a_e}{r}\right)^n \overline{J}_n\overline{P}_n(\sin\varphi) + \sum_{n=2}^{\infty}\sum_{m=1}^{n}\overline{P}_n^m(\sin\varphi)(\overline{A}_{nm}\cos m\lambda + \overline{B}_{nm}\sin m\lambda)\right] \tag{6.11}$$

由于采用了正常化勒让德多项式和正常化系数，就可以比较方便地估计各项系数对引力位的贡献。在卫星运动理论中，正常化与非正常两种形式都可以采用。但在使用中应特别注意，位系数与勒让德多项式要相适应。即，如果采用正常化的位系数，就要采用相应的正常化勒让德多项式，反之亦然。

6.2.3　地球重力场摄动函数表达式和摄动力估计

根据式（5.9）中地球重力场摄动函数 R 的定义，将地球重力场表达式（6.11）代入式（5.9），即可得地球重力场摄动函数 R 的表达式

$$\begin{aligned} R &= V - V_0 = V - \frac{\mu}{r} \\ &= \frac{\mu}{r}\left[-\sum_{n=2}^{\infty}\left(\frac{a_e}{r}\right)^n \overline{J}_n\overline{P}_n(\sin\varphi) + \sum_{n=2}^{\infty}\sum_{m=1}^{n}\left(\frac{a_e}{r}\right)^n \overline{P}_n^m(\sin\varphi)(\overline{A}_{nm}\cos m\lambda + \overline{B}_{nm}\sin m\lambda)\right] \end{aligned} \tag{6.12}$$

在解卫星摄动运动时，摄动力的计算是十分繁重的。在实际工作中，通常根据实际问题的所需精度，通过对各摄动力量级的估计，决定各摄动力量级的取舍或求定的精度，以便在保证必需精度的前提下，使求解工作简化。通常对摄动力进行相对量级估计，即取摄动力与地球质心引力的比值作为该摄动力的量级估计，并以 10^{-3} 作为一阶小量，10^{-6} 作为二阶小量，10^{-9} 作为三阶小量。由于在重力场位函数表达式中采用了正常化球谐系数，所以可以由地球重力场各阶次系数估计该阶次对应摄动力的影响。

对地球重力场各阶次的量级估计和其他摄动力的量级估计见表 6.1。表中给出的仅是对一般量级的估计，至于卫星所受的摄动力，还应考虑卫星高度这一因素。当卫星高度很高时，高阶次谐系数所对应的摄动力将迅速减小，大气阻力的摄动力也会大大减少，但日月引力摄动和光压摄动力却会增加。例如，卫星高度为 2 万 km 时，10 阶谐系数的量级为 10^{-13}，

日月引力摄动则可达 5×10^{-6} 量级，光压摄动达 10^{-7} 量级。在地球重力场球谐系数中，虽然阶次高的值较小，但收敛速度并不快。

表 6.1　球谐系数和摄动力量级

序号	摄动力		数值		量级	有关的因素
1	地球引力场摄动	$\bar{J}_2$	$+484.1646\times10^{-3}$		10^{-3}	卫星高度
		$\bar{J}_3$	-0.98536×10^{-6}		10^{-6}	
		$\bar{J}_4$	-0.5400×10^{-6}		10^{-6}	
		$\bar{J}_5$	-0.0681×10^{-6}		10^{-7}	
		$\bar{J}_n$ $(n>5)$	$<10^{-6}$		$10^{-10}\sim10^{-7}$	卫星高度、阶次
2	$\bar{A}_{21}$	$\bar{B}_{21}$	-0.0001×10^{-6}	0.0003×10^{-6}	10^{-10}	卫星高度
	$\bar{A}_{22}$	$\bar{B}_{22}$	2.4345×10^{-6}	-1.3953×10^{-6}	10^{-6}	
	$\bar{A}_{31}$	$\bar{B}_{31}$	2.0317×10^{-6}	0.2498×10^{-6}	$10^{-7}\sim10^{-6}$	
	$\bar{A}_{nm}$	$\bar{B}_{nm}$	$\leqslant10^{-6}$		$10^{-10}\sim10^{-6}$	卫星高度、阶数
3	大气阻力摄动				$10^{-7}\sim10^{-5}$	卫星高度、面质比
4	日月引力摄动				$10^{-7}\sim10^{-5}$	卫星高度
5	潮汐摄动				$10^{-10}\sim10^{-8}$	卫星高度
6	光压摄动				$10^{-8}\sim10^{-7}$	卫星高度、面质比

以拉格朗日摄动型运动方程或高斯摄动型运动方程为基础解卫星摄动运动的分析法，由于摄动函数 R（摄动力）的复杂性，目前只能求得精度在 6～60m 的解，即 $10^{-5}\sim10^{-6}$ 量级的精度，这称为一阶解。更高精度的解，都采用数值法。在一阶解中，只考虑地球重力场中 $\bar{J}_2$、$\bar{J}_3$、$\bar{J}_4$ 的摄动力，对近地卫星还需要考虑大气阻力的摄动。实践证明，所略去的 $n>5$ 的各阶谐系数所引起的误差不是累积而是相消的，所以它们的影响总和不至于影响一阶解的精度；至于田谐项 $\bar{A}_{nm}$、$\bar{B}_{nm}$，它们的影响一般为短周期项，不存在累积问题；其他摄动力则都在 10^{-7} 量级以下，可以不予考虑。因此，仅考虑 $\bar{J}_2$、$\bar{J}_3$、$\bar{J}_4$ 的一阶解是一个很好的近似解，它可以满足很多分析、研究卫星运动规律、轨道设计和某些数据处理方法中的需要。

仅考虑 $\bar{J}_2$、$\bar{J}_3$、$\bar{J}_4$ 三项的地球重力场位函数 V 和摄动函数 R 的表达式为

$$V=\frac{\mu}{r}\left[1-\left(\frac{a_e}{r}\right)^2\bar{J}_2\bar{P}_2(\sin\varphi)-\left(\frac{a_e}{r}\right)^3\bar{J}_3\bar{P}_3(\sin\varphi)-\left(\frac{a_e}{r}\right)^4\bar{J}_4\bar{P}_4(\sin\varphi)\right] \tag{6.13}$$

$$R=-\frac{\mu}{r}\left[\left(\frac{a_e}{r}\right)^2\bar{J}_2\bar{P}_2(\sin\varphi)+\left(\frac{a_e}{r}\right)^3\bar{J}_3\bar{P}_3(\sin\varphi)+\left(\frac{a_e}{r}\right)^4\bar{J}_4\bar{P}_4(\sin\varphi)\right] \tag{6.14}$$

由勒让德表达式（6.5）及其正规化表达式（6.7），可以得

$$\begin{cases}\bar{P}_2(\sin\varphi)=\dfrac{\sqrt{5}}{2}(3\sin^2\varphi-1)\\ \bar{P}_3(\sin\varphi)=\dfrac{\sqrt{7}}{2}(5\sin^3\varphi-3\sin\varphi)\\ \bar{P}_4(\sin\varphi)=\dfrac{\sqrt{9}}{8}(35\sin^4\varphi-30\sin^2\varphi+3)\end{cases} \tag{6.15}$$

将式（6.15）代入式（6.14）

$$R=-\frac{\mu}{r}\left[\left(\frac{a_e}{r}\right)^2\frac{\sqrt{5}}{2}\bar{J}_2(3\sin^2\varphi-1)+\left(\frac{a_e}{r}\right)^3\frac{\sqrt{7}}{2}\bar{J}_3(5\sin^3\varphi-3\sin\varphi)+\left(\frac{a_e}{r}\right)^4\frac{\sqrt{9}}{8}\bar{J}_4(35\sin^4\varphi-30\sin^2\varphi+3)\right] \tag{6.16}$$

注意，式中谐系数 $\bar{J}$ 是相应的正规化谐系数，即按 $\bar{J}_2=J_2/\sqrt{5}$、$\bar{J}_3=J_3/\sqrt{7}$、$\bar{J}_4=J_4/\sqrt{7}$计算。

现令

$$\begin{cases}A_2=\dfrac{3\sqrt{5}}{2}\bar{J}_2\\ A_3=-\sqrt{7}\,\bar{J}_3\\ A_4=-\dfrac{35}{8}\sqrt{9}\,\bar{J}_4\end{cases} \tag{6.17}$$

注意到式（4.117），即地心纬度 φ 满足下式：

$$\sin\varphi=\sin i\sin\theta=\sin i\sin(\omega+f) \tag{6.18}$$

把式（6.17）、式（6.18）代入式（6.16）得

$$\begin{aligned}R&=-\frac{\mu}{r}\left[\left(\frac{a_e}{r}\right)^2\frac{3\sqrt{5}}{2}\bar{J}_2\left(\sin^2\varphi-\frac{1}{3}\right)\right.\\&\quad+\left(\frac{a_e}{r}\right)^3\sqrt{7}\,\bar{J}_3\left(\frac{5}{2}\sin^3\varphi-\frac{3}{2}\sin\varphi\right)\\&\quad\left.+\left(\frac{a_e}{r}\right)^4\frac{35}{8}\sqrt{9}\,\bar{J}_4\left(\sin^4\varphi-\frac{30}{35}\sin^2\varphi+\frac{3}{35}\right)\right]\\&=-\frac{\mu}{r}\left[A_2\left(\frac{a_e}{r}\right)^2\left(\sin^2 i\sin^2(\omega+f)-\frac{1}{3}\right)\right.\\&\quad+A_3\left(\frac{a_e}{r}\right)^3\left(\frac{5}{2}\sin^3 i\sin^3(\omega+f)-\frac{3}{2}\sin i\sin(\omega+f)\right)\\&\quad\left.+A_4\left(\frac{a_e}{r}\right)^4\left(\sin^4 i\sin^4(\omega+f)-\frac{30}{35}\sin^2 i\sin^2(\omega+f)+\frac{3}{35}\right)\right]\end{aligned} \tag{6.19}$$

注意到$\sin^2x=\dfrac{1-\cos2x}{2}$、$\sin3x=3\sin x-4\sin^3x$，则式（6.19）中的各项可写为

$$\begin{aligned}\sin^2 i\sin^2(\omega+f)-\frac{1}{3}&=\sin^2 i\,\frac{1-\cos2(\omega+f)}{2}-\frac{1}{3}\\&=-\left(\frac{1}{3}-\sin^2 i\right)-\frac{1}{2}\sin^2 i\cos2(\omega+f)\end{aligned} \tag{6.20}$$

$$\begin{aligned}&\frac{5}{2}\sin^3 i\sin^3(\omega+f)-\frac{3}{2}\sin i\sin(\omega+f)\\&=\frac{5}{2}\sin^3 i\,\frac{3\sin(\omega+f)-\sin3(\omega+f)}{4}-\frac{3}{2}\sin i\sin(\omega+f)\\&=\sin i\left[\left(\frac{15}{8}\sin^2 i-\frac{3}{2}\right)\sin(\omega+f)-\frac{5}{8}\sin^2 i\sin3(\omega+f)\right]\end{aligned} \tag{6.21}$$

$$\begin{aligned}
&\sin^4 i\sin^4(\omega+f)-\frac{30}{35}\sin^2 i\sin^2(\omega+f)+\frac{3}{35}\\
&=\sin^4 i\left[\frac{1-\cos2(\omega+f)}{2}\right]^2-\frac{6}{7}\sin^2 i\,\frac{1-\cos2(\omega+f)}{2}+\frac{3}{35}\\
&=\sin^4 i\,\frac{1-2\cos2(\omega+f)+\cos^2 2(\omega+f)}{4}-\frac{3}{7}\sin^2 i+\frac{3}{7}\sin^2 i\cos2(\omega+f)+\frac{3}{35}\\
&=\sin^4 i\left[\frac{1-2\cos2(\omega+f)}{4}+\frac{\cos4(\omega+f)+1}{8}\right]-\frac{3}{7}\sin^2 i+\frac{3}{7}\sin^2 i\cos2(\omega+f)+\frac{3}{35}\\
&=\frac{3}{8}\sin^4 i-\frac{1}{2}\sin^4 i\cos2(\omega+f)+\frac{1}{8}\sin^4 i\cos4(\omega+f)-\frac{3}{7}\sin^2 i+\frac{3}{7}\sin^2 i\cos2(\omega+f)+\frac{3}{35}\\
&=\left(\frac{3}{8}\sin^4 i-\frac{3}{14}\sin^2 i+\frac{3}{35}\right)+\left(\frac{3}{7}-\frac{1}{2}\sin^2 i\right)\sin^2 i\cos2(\omega+f)\\
&\quad+\frac{1}{8}\sin^4 i\cos4(\omega+f)
\end{aligned}\tag{6.22}$$

综合式（6.19）~式（6.22），可得

$$\begin{aligned}
R=\frac{\mu}{r}\Bigg\{&A_2\left(\frac{a_e}{r}\right)^2\left[\left(\frac{1}{3}-\frac{1}{2}\sin^2 i\right)+\frac{1}{2}\sin^2 i\cos2(\omega+f)\right]\\
&+A_3\left(\frac{a_e}{r}\right)^3\sin i\left[\left(\frac{15}{8}\sin^2 i-\frac{3}{2}\right)\sin(\omega+f)-\frac{5}{8}\sin^2 i\sin3(\omega+f)\right]\\
&+A_4\left(\frac{a_e}{r}\right)^4\left[\left(\frac{3}{8}\sin^4 i-\frac{3}{7}\sin^2 i+\frac{3}{35}\right)+\left(\frac{3}{7}-\frac{1}{2}\sin^2 i\right)\sin^2 i\cos2(\omega+f)\right.\\
&\left.+\frac{1}{8}\sin^4 i\cos4(\omega+f)\right]\Bigg\}
\end{aligned}\tag{6.23}$$

这就是用卫星轨道根数表示的地球重力场摄动函数 R 的表达式（仅包含 J_2、J_3、J_4 项），它也是下面用分析法解拉格朗日型摄动运行方程的 R 的表达式。

6.3 地球重力场摄动函数的分解

为表述方便，现采用人工单位，即 $a_e=1$、$\mu=1$，则式（6.23）写成

$$\begin{aligned}
R=&A_2\frac{1}{r^3}\left[\left(\frac{1}{3}-\frac{1}{2}\sin^2 i\right)+\frac{1}{2}\sin^2 i\cos2(\omega+f)\right]\\
&+A_3\frac{1}{r^4}\sin i\left[\left(\frac{15}{8}\sin^2 i-\frac{3}{2}\right)\sin(\omega+f)-\frac{5}{8}\sin^2 i\sin3(\omega+f)\right]\\
&+A_4\frac{1}{r^5}\left[\left(\frac{3}{35}-\frac{3}{7}\sin^2 i+\frac{3}{8}\sin^4 i\right)+\left(\frac{3}{7}-\frac{1}{2}\sin^2 i\right)\sin^2 i\cos2(\omega+f)\right.\\
&\left.+\frac{1}{8}\sin^4 i\cos4(\omega+f)\right]
\end{aligned}\tag{6.24}$$

由式（6.24）可以看出，摄动函数中包含了不同量级和不同周期特性的项。为了求解拉格朗日方程和分析的方便，将它们按量级和周期特性进行分解。其中，将没有周期特性（周期无穷大）的项称为长期项，用 R_c 表示；将周期变化较长的项称为长周期项，用 R_l 表示；周期较短的项，如变化周期为卫星运行周期的项，有的积分后不会进行积累，仍为原量级做短周期摆动，这些项称为短周期项，用 R_s 表示。R_c、R_l 和 R_s 中又可根据量级大小各分为一阶、二阶等项。因此，R 可写成

$$R = R_c + R_l + R_s \tag{6.25}$$

设卫星运动周期为 T，摄动函数 R 在 $t=0$ 到 $t=T$ 区间的函数平均值为

$$\overline{R} = \frac{1}{T}\int_0^T R\mathrm{d}t \tag{6.26}$$

则定义摄动函数的短周期项 R_s 为

$$R_s = R - \overline{R} \tag{6.27}$$

或者写成

$$R = R_s + \overline{R} \tag{6.28}$$

则长期项 R_c 与长周期项 R_l 之和为

$$R_c + R_l = \overline{R} \tag{6.29}$$

通过对摄动函数取周期 T 的平均值 $\overline{R}$，即可按式（6.27）和式（6.29）分解出短周期项和非周期项；然后，再按卫星运动特点，将长期项 R_c 和长周期项 R_l 分开。

摄动函数的分解只是一种分解方法，并不影响函数本身的值，因此，在求平均值时可以应用二体问题中的公式。另外，按以上定义的短周期项，必有 $\overline{R}_s=0$，显然，当积分区间远大于卫星运动周期 T 时，不会使被积函数改变量级。

6.3.1　常用函数的平均值

由本书第 4 章可知

$$\begin{cases} E - e\sin E = M \\ M = nt + M_0 \end{cases}、r = a(1 - e\cos E)、r\cos f = a(\cos E - e)$$

得

$$\begin{cases} \mathrm{d}t = \dfrac{\mathrm{d}M}{n} \\ T = \dfrac{2\pi}{n} \\ \mathrm{d}M = (1 - e\cos E)\mathrm{d}E = \dfrac{r}{a}\mathrm{d}E \end{cases} \tag{6.30}$$

又由式（4.54）知

$$\mathrm{d}t = \frac{r^2}{n\sqrt{1-e^2}a^2}\mathrm{d}f \tag{6.31}$$

由式（5.48）知

$$\frac{r}{a}\sin f = \sqrt{1-e^2}\sin E \tag{6.32}$$

另外

$$\frac{1}{2\pi}\int_0^{2\pi}\cos(mf)\cos(nf)\,\mathrm{d}f = \frac{1}{2\pi}\int_0^{2\pi}\frac{\cos[(m+n)f]+\cos[(m-n)f]}{2}\mathrm{d}f$$

$$= \begin{cases} 0 & m \neq n \neq 0 \\ \dfrac{1}{2} & m = n > 0 \end{cases} \tag{6.33}$$

式中，m、n 为整数。

所以可求下面平均值。

（1）$\overline{\cos f}$

$$\overline{\cos f} = \frac{1}{T}\int_0^T \cos f\mathrm{d}t = \frac{1}{T}\int_0^{2\pi}\cos f\frac{\mathrm{d}M}{n} = \frac{1}{2\pi}\int_0^{2\pi}\cos f\mathrm{d}M$$

$$= \frac{1}{2\pi}\int_0^{2\pi}\cos f\frac{r}{a}\mathrm{d}E = \frac{1}{2\pi}\int_0^{2\pi}(\cos E - e)\mathrm{d}E$$

$$= -e \tag{6.34}$$

（2）$\overline{\sin f}$

$$\overline{\sin f} = \frac{1}{T}\int_0^T \sin f\mathrm{d}t = \frac{1}{T}\int_0^{2\pi}\sin f\frac{\mathrm{d}M}{n} = \frac{1}{2\pi}\int_0^{2\pi}\sin f\mathrm{d}M$$

$$= \frac{1}{2\pi}\int_0^{2\pi}\sin f\frac{r}{a}\mathrm{d}E = \frac{1}{2\pi}\int_0^{2\pi}\sqrt{1-e^2}\sin E\mathrm{d}E$$

$$= 0 \tag{6.35}$$

（3）$\overline{\left(\frac{a}{r}\right)^3}$

$$\overline{\left(\frac{a}{r}\right)^3} = \frac{1}{T}\int_0^T\left(\frac{a}{r}\right)^3\mathrm{d}t = \frac{1}{T}\int_0^{2\pi}\left(\frac{a}{r}\right)^3\frac{r^2}{n\sqrt{1-e^2}a^2}\mathrm{d}f$$

$$= \frac{1}{2\pi\sqrt{1-e^2}}\int_0^{2\pi}\frac{a}{r}\mathrm{d}f = \frac{1}{2\pi}(1-e^2)^{-3/2}\int_0^{2\pi}(1+e\cos f)\mathrm{d}f$$

$$= (1-e^2)^{-3/2} \tag{6.36}$$

（4）$\overline{\left(\frac{a}{r}\right)^p\sin(qf)}$

$$\overline{\left(\frac{a}{r}\right)^p\sin(qf)} = \frac{1}{T}\int_0^T\left(\frac{a}{r}\right)^p\sin(qf)\mathrm{d}t = \frac{1}{T}\int_0^{2\pi}\left(\frac{a}{r}\right)^p\sin(qf)\frac{r^2}{n\sqrt{1-e^2}a^2}\mathrm{d}f$$

$$= \frac{1}{2\pi\sqrt{1-e^2}}\int_0^{2\pi}\left(\frac{1+e\cos f}{1-e^2}\right)^{p-2}\sin(qf)\mathrm{d}f$$

式中，被积函数为奇三角函数，根据积分的定义，被积函数在一个周期内积分为0，即

$$\overline{\left(\frac{a}{r}\right)^p\sin(qf)} = 0 \tag{6.37}$$

（5）$\overline{\left(\frac{a}{r}\right)^3\cos f}$

$$\overline{\left(\frac{a}{r}\right)^3\cos f} = \frac{1}{T}\int_0^T\left(\frac{a}{r}\right)^3\cos f\mathrm{d}t = \frac{1}{T}\int_0^{2\pi}\left(\frac{a}{r}\right)^3\cos f\frac{r^2}{n\sqrt{1-e^2}a^2}\mathrm{d}f$$

$$= \frac{1}{2\pi\sqrt{1-e^2}}\int_0^{2\pi}\frac{a}{r}\cos f\mathrm{d}f$$

$$= \frac{1}{2\pi\sqrt{1-e^2}}\int_0^{2\pi}\frac{1+e\cos f}{1-e^2}\cos f\mathrm{d}f$$

$$= \frac{1}{2\pi}(1-e^2)^{-3/2}\int_0^{2\pi}(\cos f+e\cos f\cos f)\mathrm{d}f$$

$$= \frac{e}{2}(1-e^2)^{-3/2} \tag{6.38}$$

（6）$\overline{\left(\frac{a}{r}\right)^3\cos(qf)}$　$(q\geqslant 2)$

$$\overline{\left(\frac{a}{r}\right)^3\cos(qf)} = \frac{1}{T}\int_0^T\left(\frac{a}{r}\right)^3\cos(qf)\mathrm{d}t = \frac{1}{T}\int_0^{2\pi}\left(\frac{a}{r}\right)^3\cos(qf)\frac{r^2}{n\sqrt{1-e^2}a^2}\mathrm{d}f$$

$$= \frac{1}{2\pi\sqrt{1-e^2}}\int_0^{2\pi}\frac{a}{r}\cos(qf)\mathrm{d}f = \frac{1}{2\pi\sqrt{1-e^2}}\int_0^{2\pi}\frac{1+e\cos f}{1-e^2}\cos(qf)\mathrm{d}f$$

$$= \frac{1}{2\pi}(1-e^2)^{-3/2}\int_0^{2\pi}[\cos(qf)+e\cos f\cos(qf)]\mathrm{d}f$$

注意到式（6.33），所以 $q\geqslant 2$ 时

$$\overline{\left(\frac{a}{r}\right)^3\cos(qf)} = 0 \tag{6.39}$$

（7）$\overline{\left(\frac{a}{r}\right)^4}$

$$\overline{\left(\frac{a}{r}\right)^4} = \frac{1}{T}\int_0^T\left(\frac{a}{r}\right)^4\mathrm{d}t = \frac{1}{T}\int_0^{2\pi}\left(\frac{a}{r}\right)^4\frac{r^2}{n\sqrt{1-e^2}a^2}\mathrm{d}f$$

$$= \frac{1}{2\pi\sqrt{1-e^2}}\int_0^{2\pi}\left(\frac{a}{r}\right)^2\mathrm{d}f = \frac{1}{2\pi}(1-e^2)^{-5/2}\int_0^{2\pi}(1+e\cos f)^2\mathrm{d}f$$

$$= \frac{1}{2\pi}(1-e^2)^{-5/2}\int_0^{2\pi}(1+2e\cos f+e^2\cos f\cos f)\mathrm{d}f$$

$$= \left(1+\frac{e^2}{2}\right)(1-e^2)^{-5/2} \tag{6.40}$$

（8）$\overline{\left(\frac{a}{r}\right)^4\cos f}$

$$\overline{\left(\frac{a}{r}\right)^4\cos f} = \frac{1}{T}\int_0^T\left(\frac{a}{r}\right)^4\cos f\mathrm{d}t = \frac{1}{T}\int_0^{2\pi}\left(\frac{a}{r}\right)^4\cos f\frac{r^2}{n\sqrt{1-e^2}a^2}\mathrm{d}f$$

$$= \frac{1}{2\pi\sqrt{1-e^2}}\int_0^{2\pi}\left(\frac{a}{r}\right)^2\cos f\mathrm{d}f$$

$$= \frac{1}{2\pi}(1-e^2)^{-5/2}\int_0^{2\pi}(1+e\cos f)^2\cos f\mathrm{d}f$$

$$= \frac{1}{2\pi}(1-e^2)^{-5/2}\int_0^{2\pi}(1+2e\cos f+e^2\cos^2 f)\cos f\mathrm{d}f$$

$$= \frac{1}{2\pi}(1-e^2)^{-5/2}\int_0^{2\pi}(\cos f+2e\cos^2 f+e^2\cos^3 f)\mathrm{d}f$$

注意到$\cos^2 x=\dfrac{\cos 2x+1}{2}$、$\cos 3x=4\cos^3 x-3\cos x$，则

$$\overline{\left(\frac{a}{r}\right)^4\cos f}=\frac{1}{2\pi}(1-e^2)^{-5/2}\int_0^{2\pi}\left(\cos f+2e\frac{\cos(2f)+1}{2}+e^2\frac{\cos(3f)+3\cos f}{4}\right)\mathrm{d}f$$
$$=e(1-e^2)^{-5/2} \tag{6.41}$$

(9) $\overline{\left(\frac{a}{r}\right)^4\cos(2f)}$

$$\overline{\left(\frac{a}{r}\right)^4\cos(2f)}=\frac{1}{T}\int_0^T\left(\frac{a}{r}\right)^4\cos(2f)\mathrm{d}t=\frac{1}{T}\int_0^{2\pi}\left(\frac{a}{r}\right)^4\cos(2f)\frac{r^2}{n\sqrt{1-e^2}a^2}\mathrm{d}f$$
$$=\frac{1}{2\pi\sqrt{1-e^2}}\int_0^{2\pi}\left(\frac{a}{r}\right)^2\cos(2f)\mathrm{d}f$$
$$=\frac{1}{2\pi}(1-e^2)^{-5/2}\int_0^{2\pi}(1+e\cos f)^2\cos(2f)\mathrm{d}f$$
$$=\frac{1}{2\pi}(1-e^2)^{-5/2}\int_0^{2\pi}(1+2e\cos f+e^2\cos^2 f)\cos(2f)\mathrm{d}f$$

其中

$$(1+2e\cos f+e^2\cos^2 f)\cos(2f)$$
$$=\left[1+2e\cos f+e^2\frac{\cos(2f)+1}{2}\right]\cos(2f)$$
$$=\cos(2f)+2e\cos f\cos(2f)+\frac{e^2}{2}\cos(2f)\cos(2f)+\frac{e^2}{2}\cos(2f)$$

所以

$$\overline{\left(\frac{a}{r}\right)^4\cos(2f)}=\frac{e^2}{4}(1-e^2)^{-5/2} \tag{6.42}$$

(10) $\overline{\left(\frac{a}{r}\right)^4\cos(qf)}$ ($q\geqslant 3$)

$$\overline{\left(\frac{a}{r}\right)^4\cos(qf)}=\frac{1}{T}\int_0^T\left(\frac{a}{r}\right)^4\cos(qf)\mathrm{d}t=\frac{1}{T}\int_0^{2\pi}\left(\frac{a}{r}\right)^4\cos(qf)\frac{r^2}{n\sqrt{1-e^2}a^2}\mathrm{d}f$$
$$=\frac{1}{2\pi\sqrt{1-e^2}}\int_0^{2\pi}\left(\frac{a}{r}\right)^2\cos(qf)\mathrm{d}f$$
$$=\frac{1}{2\pi}(1-e^2)^{-5/2}\int_0^{2\pi}(1+e\cos f)^2\cos(qf)\mathrm{d}f$$
$$=\frac{1}{2\pi}(1-e^2)^{-5/2}\int_0^{2\pi}(1+2e\cos f+e^2\cos^2 f)\cos(qf)\mathrm{d}f$$

其中

$$(1+2e\cos f+e^2\cos^2 f)\cos(qf)$$
$$=\left[1+2e\cos f+e^2\frac{\cos(2f)+1}{2}\right]\cos(qf)$$
$$=\cos(qf)+2e\cos f\cos(qf)+\frac{e^2}{2}[\cos 2f\cos(qf)+\cos(qf)]$$

所以，当 $q\geqslant 3$ 时

$$\overline{\left(\frac{a}{r}\right)^4\cos(qf)}=0 \tag{6.43}$$

（11）$\overline{\left(\frac{a}{r}\right)^5}$

$$\overline{\left(\frac{a}{r}\right)^5}=\frac{1}{T}\int_0^T\left(\frac{a}{r}\right)^5\mathrm{d}t=\frac{1}{T}\int_0^{2\pi}\left(\frac{a}{r}\right)^5\frac{r^2}{n\sqrt{1-e^2}a^2}\mathrm{d}f$$
$$=\frac{1}{2\pi\sqrt{1-e^2}}\int_0^{2\pi}\left(\frac{a}{r}\right)^3\mathrm{d}f=\frac{1}{2\pi}(1-e^2)^{-7/2}\int_0^{2\pi}(1+e\cos f)^3\mathrm{d}f$$

注意到 $(x+y)^n=\sum_{i=0}^{n}C_n^i x^i y^{n-i}$，所以

$$(1+e\cos f)^3=1+3e\cos f+3e^2\cos^2 f+e^3\cos^3 f$$
$$=1+3e\cos f+3e^2\frac{\cos(2f)+1}{2}+e^3\frac{\cos(3f)+3\cos f}{4}$$

即

$$\overline{\left(\frac{a}{r}\right)^5}=\left(1+\frac{3}{2}e^2\right)(1-e^2)^{-7/2} \tag{6.44}$$

（12）$\overline{\left(\frac{a}{r}\right)^5\cos f}$

$$\overline{\left(\frac{a}{r}\right)^5\cos f}=\frac{1}{T}\int_0^T\left(\frac{a}{r}\right)^5\cos f\mathrm{d}t=\frac{1}{T}\int_0^{2\pi}\left(\frac{a}{r}\right)^5\frac{r^2}{n\sqrt{1-e^2}a^2}\cos f\mathrm{d}f$$
$$=\frac{1}{2\pi\sqrt{1-e^2}}\int_0^{2\pi}\left(\frac{a}{r}\right)^3\cos f\mathrm{d}f$$
$$=\frac{1}{2\pi}(1-e^2)^{-7/2}\int_0^{2\pi}(1+e\cos f)^3\cos f\mathrm{d}f$$

其中

$$(1+e\cos f)^3\cos f=(1+3e\cos f+3e^2\cos^2 f+e^3\cos^3 f)\cos f$$
$$=\left[1+3e\cos f+3e^2\frac{\cos(2f)+1}{2}+e^3\frac{\cos(3f)+3\cos f}{4}\right]\cos f$$
$$=\cos f+3e\cos f\cos f+\frac{3e^2}{2}\cos(2f)\cos f+\frac{3e^2}{2}\cos f$$
$$+\frac{e^3}{4}\cos(3f)\cos f+\frac{3e^3}{4}\cos f\cos f$$

所以

$$\overline{\left(\frac{a}{r}\right)^5\cos f}=\left(\frac{3e}{2}+\frac{3e^3}{8}\right)(1-e^2)^{-7/2}=\frac{3e}{2}\left(1+\frac{e^2}{4}\right)(1-e^2)^{-7/2} \tag{6.45}$$

（13）$\overline{\left(\frac{a}{r}\right)^5\cos(2f)}$

$$\overline{\left(\frac{a}{r}\right)^5\cos(2f)}=\frac{1}{T}\int_0^T\left(\frac{a}{r}\right)^5\cos(2f)\mathrm{d}t=\frac{1}{T}\int_0^{2\pi}\left(\frac{a}{r}\right)^5\frac{r^2}{n\sqrt{1-e^2}a^2}\cos(2f)\mathrm{d}f$$
$$=\frac{1}{2\pi\sqrt{1-e^2}}\int_0^{2\pi}\left(\frac{a}{r}\right)^3\cos(2f)\mathrm{d}f$$

$$= \frac{1}{2\pi}(1-e^2)^{-7/2}\int_0^{2\pi}(1+e\cos f)^3\cos(2f)\mathrm{d}f$$

其中

$$\begin{aligned}(1+e\cos f)^3\cos(2f) &= (1+3e\cos f+3e^2\cos^2 f+e^3\cos^3 f)\cos(2f)\\ &= \left[1+3e\cos f+3e^2\frac{\cos(2f)+1}{2}+e^3\frac{\cos(3f)+3\cos f}{4}\right]\cos(2f)\\ &= \cos(2f)+3e\cos f\cos(2f)+\frac{3e^2}{2}\cos(2f)\cos(2f)+\frac{3e^2}{2}\cos(2f)\\ &\quad+\frac{3e^3}{4}\cos(3f)\cos(2f)+\frac{3e^3}{4}\cos f\cos(2f)\end{aligned}$$

所以

$$\overline{\left(\frac{a}{r}\right)^5\cos(2f)} = \frac{3}{4}e^2(1-e^2)^{-7/2} \tag{6.46}$$

(14) $\overline{\left(\frac{a}{r}\right)^5\cos(3f)}$

$$\begin{aligned}\overline{\left(\frac{a}{r}\right)^5\cos(3f)} &= \frac{1}{T}\int_0^T\left(\frac{a}{r}\right)^5\cos(3f)\mathrm{d}t = \frac{1}{T}\int_0^{2\pi}\left(\frac{a}{r}\right)^5\frac{r^2}{n\sqrt{1-e^2}a^2}\cos(3f)\mathrm{d}f\\ &= \frac{1}{2\pi\sqrt{1-e^2}}\int_0^{2\pi}\left(\frac{a}{r}\right)^3\cos(3f)\mathrm{d}f\\ &= \frac{1}{2\pi}(1-e^2)^{-7/2}\int_0^{2\pi}(1+e\cos f)^3\cos(3f)\mathrm{d}f\end{aligned}$$

其中

$$\begin{aligned}(1+e\cos f)^3\cos(3f) &= (1+3e\cos f+3e^2\cos^2 f+e^3\cos^3 f)\cos(3f)\\ &= \left[1+3e\cos f+3e^2\frac{\cos(2f)+1}{2}+e^3\frac{\cos(3f)+3\cos f}{4}\right]\cos(3f)\\ &= \cos(3f)+3e\cos f\cos(3f)+\frac{3e^2}{2}\cos(2f)\cos(3f)+\frac{3e^2}{2}\cos(3f)\\ &\quad+\frac{e^3}{4}\cos(3f)\cos(3f)+\frac{3e^3}{4}\cos f\cos(3f)\end{aligned}$$

所以

$$\overline{\left(\frac{a}{r}\right)^5\cos(3f)} = \frac{1}{8}e^3(1-e^2)^{-7/2} \tag{6.47}$$

(15) $\overline{\left(\frac{a}{r}\right)^5\cos(qf)}$ $(q\geqslant 4)$

$$\begin{aligned}\overline{\left(\frac{a}{r}\right)^5\cos(qf)} &= \frac{1}{T}\int_0^T\left(\frac{a}{r}\right)^5\cos(qf)\mathrm{d}t = \frac{1}{T}\int_0^{2\pi}\left(\frac{a}{r}\right)^5\frac{r^2}{n\sqrt{1-e^2}a^2}\cos(qf)\mathrm{d}f\\ &= \frac{1}{2\pi\sqrt{1-e^2}}\int_0^{2\pi}\left(\frac{a}{r}\right)^3\cos(qf)\mathrm{d}f\\ &= \frac{1}{2\pi}(1-e^2)^{-7/2}\int_0^{2\pi}(1+e\cos f)^3\cos(qf)\mathrm{d}f\end{aligned}$$

其中

$$
\begin{aligned}
(1+e\cos f)^3\cos(qf) &= (1+3e\cos f+3e^2\cos^2 f+e^3\cos^3 f)\cos(qf)\\
&= \left[1+3e\cos f+3e^2\frac{\cos(2f)+1}{2}+e^3\frac{\cos(3f)+3\cos f}{4}\right]\cos(qf)\\
&= \cos(qf)+3e\cos f\cos(qf)+\frac{3e^2}{2}\cos(2f)\cos(qf)+\frac{3e^2}{2}\cos(qf)\\
&\quad+\frac{e^3}{4}\cos(3f)\cos(qf)+\frac{3e^3}{4}\cos f\cos(qf)
\end{aligned}
$$

所以，当 $q\geqslant 4$ 时

$$
\overline{\left(\frac{a}{r}\right)^5\cos(qf)}=0 \tag{6.48}
$$

6.3.2　R 的分解

首先，分离摄动函数 R 中含有 $\overline{J}_2$ 的项 R_2，它们是一阶小量，是主要的摄动项，有

$$
R_2=\frac{A_2}{r^3}\left\{\left(\frac{1}{3}-\frac{1}{2}\sin^2 i\right)+\frac{1}{2}\sin^2 i\cos[2(\omega+f)]\right\}
$$

$$
\begin{aligned}
\overline{R}_2 &= \frac{1}{T}\int_0^T R_2\mathrm{d}t = \frac{A_2}{a^3}\frac{1}{T}\int_0^T\left(\frac{a}{r}\right)^3\left[\left(\frac{1}{3}-\frac{1}{2}\sin^2 i\right)\right.\\
&\quad\left.+\frac{1}{2}\sin^2 i[\cos(2\omega)\cos(2f)-\sin(2\omega)\sin(2f)]\right]\mathrm{d}t\\
&= \frac{A_2}{a^3}\left(\frac{1}{3}-\frac{1}{2}\sin^2 i\right)\overline{\left(\frac{a}{r}\right)^3}+\frac{A_2}{a^3}\frac{1}{2}\sin^2 i\cos(2\omega)\overline{\left(\frac{a}{r}\right)^3\cos(2f)}\\
&\quad-\frac{1}{2}\sin^2 i\sin(2\omega)\overline{\left(\frac{a}{r}\right)^3\sin(2f)}
\end{aligned}
$$

注意到式（6.36）、式（6.37）、式（6.39），所以

$$
\overline{R}_2=\frac{A_2}{a^3}(1-e^2)^{-3/2}\left(\frac{1}{3}-\frac{1}{2}\sin^2 i\right) \tag{6.49}
$$

因此，R_2 中的短周期项 R_{2s}和长期、长周期项之和（$R_{2c}+R_{21}$）为

$$
\begin{aligned}
R_{2s} &= R_2-\overline{R}_2\\
&= \frac{A_2}{r^3}\left\{\left(\frac{1}{3}-\frac{1}{2}\sin^2 i\right)+\frac{1}{2}\sin^2 i\cos[2(\omega+f)]\right\}-\frac{A_2}{a^3}(1-e^2)^{-3/2}\left(\frac{1}{3}-\frac{1}{2}\sin^2 i\right)\\
&= \frac{A_2}{a^3}\left\{\left(\frac{1}{3}-\frac{1}{2}\sin^2 i\right)\left[\left(\frac{a}{r}\right)^3-(1-e^2)^{-3/2}\right]+\frac{1}{2}\left(\frac{a}{r}\right)^3\sin^2 i\cos[2(\omega+f)]\right\}
\end{aligned} \tag{6.50}
$$

$$
R_{2c}+R_{21}=\overline{R}_2=\frac{A_2}{a^3}(1-e^2)^{-3/2}\left(\frac{1}{3}-\frac{1}{2}\sin^2 i\right) \tag{6.51}
$$

式（6.51）中，$\overline{R}_2$ 既包含有长期项 R_{2c}，又含有长周期项 R_{21}。分析式（6.51）可以知道，其中含有轨道根数 i 的三角函数的项可能有长周期项，这取决于该根数是否有长期单调的变化。如 i 有长期变化，则 $\sin i$ 将表现为长周期变化。事实上，根数 a、e、i 无长期变化，而根数 ω、Ω 有长期变化。因而，凡是含有 $\sin i$、$\cos i$ 的项都不是长周期项，而含有 $\sin(n\omega)$、$\cos(n\omega)$ 和 $\sin(n\Omega)$、$\cos(n\Omega)$ 的项是长周期项。根据以上结论，可以很容易地将 $\overline{R}_2$ 中的长期项 R_{2c}和长周期项 R_{21}分解开来。

由式（6.51）可得

$$R_{2c}=\frac{A_2}{a^3}(1-e^2)^{-3/2}\left(\frac{1}{3}-\frac{1}{2}\sin^2 i\right) \tag{6.52}$$

$$R_{21}=0 \tag{6.53}$$

下面分离摄动函数 R 中含有 $\overline{J}_3$ 的项 R_3。

$$R_3=-\frac{A_3}{r^4}\sin i\left\{\left(\frac{3}{2}-\frac{15}{8}\sin^2 i\right)\sin(\omega+f)+\frac{5}{8}\sin^2 i\sin[3(\omega+f)]\right\}$$

$$\begin{aligned}\overline{R}_3 &= \frac{1}{T}\int_0^T R_3\mathrm{d}t = -\frac{A_3}{a^4}\sin i\,\frac{1}{T}\int_0^T\left(\frac{a}{r}\right)^4\left[\left(\frac{3}{2}-\frac{15}{8}\sin^2 i\right)(\sin\omega\cos f+\cos\omega\sin f)\right.\\ &\quad \left.+\frac{5}{8}\sin^2 i[\sin(3\omega)\cos(3f)+\cos(3\omega)\sin(3f)]\right]\mathrm{d}t\\ &= -\frac{A_3}{a^4}\sin i\left[\left(\frac{3}{2}-\frac{15}{8}\sin^2 i\right)\left(\sin\omega\,\overline{\left(\frac{a}{r}\right)^4\cos f}+\cos\omega\,\overline{\left(\frac{a}{r}\right)^4\sin f}\right)\right.\\ &\quad \left.+\frac{5}{8}\sin^2 i\left(\sin(3\omega)\,\overline{\left(\frac{a}{r}\right)^4\cos(3f)}+\cos(3\omega)\,\overline{\left(\frac{a}{r}\right)^4\sin(3f)}\right)\right]\end{aligned}$$

由式（6.37）、式（6.41）、式（6.43）可得

$$\overline{R}_3=-\frac{3}{4}\frac{A_3}{a^4}\sin i\left(2-\frac{5}{2}\sin^2 i\right)\sin\omega e\,(1-e^2)^{-5/2} \tag{6.54}$$

$$\begin{aligned}R_{3s} &= R_3-\overline{R}_3\\ &= -\frac{A_3}{r^4}\sin i\left\{\frac{3}{4}\left(2-\frac{5}{2}\sin^2 i\right)\sin(\omega+f)+\frac{5}{8}\sin^2 i\sin[3(\omega+f)]\right\}\\ &\quad -\left[-\frac{3}{4}\frac{A_3}{a^4}\sin i\left(2-\frac{5}{2}\sin^2 i\right)\sin\omega e\,(1-e^2)^{-5/2}\right]\\ &= -\frac{A_3}{a^4}\left\{\frac{3}{4}\sin i\left(2-\frac{5}{2}\sin^2 i\right)\left[\left(\frac{a}{r}\right)^4\sin(\omega+f)-(1-e^2)^{-5/2}e\sin\omega\right]\right.\\ &\quad \left.+\frac{5}{8}\sin^2 i\left(\frac{a}{r}\right)^4\sin[3(\omega+f)]\right\}\end{aligned}$$

所以

$$\begin{cases}R_{3s}=-\dfrac{A_3}{a^4}\left\{\dfrac{3}{4}\sin i\left(2-\dfrac{5}{2}\sin^2 i\right)\left[\left(\dfrac{a}{r}\right)^4\sin(\omega+f)-(1-e^2)^{-5/2}e\sin\omega\right]\right.\\ \qquad\left.+\dfrac{5}{8}\sin^2 i\left(\dfrac{a}{r}\right)^4\sin[3(\omega+f)]\right\}\\ R_{3c}=0\\ \overline{R}_{31}=-\dfrac{3}{4}\dfrac{A_3}{a^4}\sin i\left(2-\dfrac{5}{2}\sin^2 i\right)(1-e^2)^{-5/2}e\sin\omega\end{cases} \tag{6.55}$$

然后分离摄动函数 R 中含有 $\overline{J}_4$ 的项 R_4。

$$\begin{aligned}R_4 &= A_4\frac{1}{r^5}\left\{\left(\frac{3}{35}-\frac{3}{7}\sin^2 i+\frac{3}{8}\sin^4 i\right)+\left(\frac{3}{7}-\frac{1}{2}\sin^2 i\right)\sin^2 i\cos[2(\omega+f)]\right.\\ &\quad \left.+\frac{1}{8}\sin^4 i\cos[4(\omega+f)]\right\}\end{aligned}$$

$$\overline{R}_4 = \frac{1}{T}\int_0^T R_4 \mathrm{d}t = \frac{A_4}{a^5}\frac{1}{T}\int_0^T \left(\frac{a}{r}\right)^5 \left[\left(\frac{3}{35} - \frac{3}{7}\sin^2 i + \frac{3}{8}\sin^4 i\right)\right.$$

$$+ \left(\frac{3}{7} - \frac{1}{2}\sin^2 i\right)\sin^2 i[\cos(2\omega)\cos(2f) - \sin(2\omega)\sin(2f)]$$

$$\left. + \frac{1}{8}\sin^4 i[\cos(4\omega)\cos(4f) - \sin(4\omega)\sin(4f)]\right]\mathrm{d}t$$

$$= \frac{A_4}{a^5}\left\{\left(\frac{3}{35} - \frac{3}{7}\sin^2 i + \frac{3}{8}\sin^4 i\right)\overline{\left(\frac{a}{r}\right)^5}\right.$$

$$+ \left(\frac{3}{7} - \frac{1}{2}\sin^2 i\right)\sin^2 i\left[\cos(2\omega)\overline{\left(\frac{a}{r}\right)^5\cos(2f)} - \sin(2\omega)\overline{\left(\frac{a}{r}\right)^5\sin(2f)}\right]$$

$$\left. + \frac{1}{8}\sin^4 i\left[\cos(4\omega)\overline{\left(\frac{a}{r}\right)^5\cos(4f)} - \sin(4\omega)\overline{\left(\frac{a}{r}\right)^5\sin(4f)}\right]\right\}$$

注意到式（6.37）、式（6.44）、式（6.46）、式（6.48），所以

$$\overline{R}_4 = \frac{A_4}{a^5}\left[\left(\frac{3}{35} - \frac{3}{7}\sin^2 i + \frac{3}{8}\sin^4 i\right)\left(1 + \frac{3}{2}e^2\right)(1 - e^2)^{-7/2}\right.$$

$$\left. + \left(\frac{3}{7} - \frac{1}{2}\sin^2 i\right)\sin^2 i\cos(2\omega)\frac{3}{4}e^2(1 - e^2)^{-7/2}\right] \tag{6.56}$$

$$R_{4s} = R_4 - \overline{R}_4$$

$$= A_4\frac{1}{r^5}\left\{\left(\frac{3}{35} - \frac{3}{7}\sin^2 i + \frac{3}{8}\sin^4 i\right) + \left(\frac{3}{7} - \frac{1}{2}\sin^2 i\right)\sin^2 i\cos[2(\omega + f)]\right.$$

$$\left. + \frac{1}{8}\sin^4 i\cos[4(\omega + f)]\right\}$$

$$- \frac{A_4}{a^5}\left[\left(\frac{3}{35} - \frac{3}{7}\sin^2 i + \frac{3}{8}\sin^4 i\right)\left(1 + \frac{3}{2}e^2\right)(1 - e^2)^{-7/2}\right.$$

$$\left. + \left(\frac{3}{7} - \frac{1}{2}\sin^2 i\right)\sin^2 i\cos(2\omega)\frac{3}{4}e^2(1 - e^2)^{-7/2}\right]$$

$$= \frac{A_4}{a^5}\left\{\left(\frac{3}{35} - \frac{3}{7}\sin^2 i + \frac{3}{8}\sin^4 i\right)\left[\left(\frac{a}{r}\right)^5 - \left(1 + \frac{3}{2}e^2\right)(1 - e^2)^{-7/2}\right]\right.$$

$$+ \left(\frac{3}{7} - \frac{1}{2}\sin^2 i\right)\sin^2 i\left[\left(\frac{a}{r}\right)^5\cos[2(\omega + f)] - \frac{3}{4}e^2(1 - e^2)^{-7/2}\cos(2\omega)\right]$$

$$\left. + \frac{1}{8}\sin^4 i\left(\frac{a}{r}\right)^5\cos[4(\omega + f)]\right\}$$

所以有

$$
\begin{cases}
R_{4s} = \dfrac{A_4}{a^5}\left\{\left(\dfrac{3}{35} - \dfrac{3}{7}\sin^2 i + \dfrac{3}{8}\sin^4 i\right)\left[\left(\dfrac{a}{r}\right)^5 - \left(1 + \dfrac{3}{2}e^2\right)(1-e^2)^{-7/2}\right]\right. \\
\qquad + \left(\dfrac{3}{7} - \dfrac{1}{2}\sin^2 i\right)\sin^2 i\left[\left(\dfrac{a}{r}\right)^5 \cos[2(\omega+f)] - \dfrac{3}{4}e^2\ (1-e^2)^{-7/2}\cos(2\omega)\right] \\
\qquad \left. + \dfrac{1}{8}\sin^4 i\left(\dfrac{a}{r}\right)^5 \cos 4(\omega+f)\right\} \\
R_{4c} = \dfrac{A_4}{a^5}\left(\dfrac{3}{35} - \dfrac{3}{7}\sin^2 i + \dfrac{3}{8}\sin^4 i\right)\left(1 + \dfrac{3}{2}e^2\right)(1-e^2)^{-7/2} \\
R_{41} = \dfrac{3}{4}\dfrac{A_4}{a^5}\sin^2 i\left(\dfrac{3}{7} - \dfrac{1}{2}\sin^2 i\right)(1-e^2)^{-7/2}e^2\cos(2\omega)
\end{cases}
\tag{6.57}
$$

考虑到 A_2 为一阶小量，A_3、A_4 为二阶小量，则由式（6.50）~式（6.57）可以看出，地球重力场摄动函数 R 中包含有一阶长期项 $R_c^{(1)}$、一阶短周期项 $R_s^{(1)}$、二阶长期项 $R_c^{(2)}$、二阶长周期项 $R_1^{(2)}$ 和二阶短周期项 $R_s^{(2)}$，即

$$R = R_c^{(1)} + R_c^{(2)} + R_1^{(2)} + R_s^{(1)} + R_s^{(2)} \tag{6.58}$$

其中

$$
\begin{cases}
R_c^{(1)} = R_{2c} \\
R_c^{(2)} = R_{4c} \\
R_1^{(2)} = R_{31} + R_{41} \\
R_s^{(1)} = R_{2s} \\
R_s^{(2)} = R_{3s} + R_{4s}
\end{cases}
\tag{6.59}
$$

由以上公式和对更高阶的带谐 J_n 项的分析，可以得出如下结论：

1）只有偶阶带谐才有长期项，奇阶没有。

2）偶阶带谐包含有 $\cos[(n-2)\omega]$ 的长周期项，奇阶带谐包含有 $\sin[(n-2)\omega]$ 的长周期项，其中 n 为阶数。

3）一般均含有短周期项。

6.4 摄动运动的级数解法

分析解法的主要思想是，已知历元时刻 t_0 的卫星轨道根数 $\sigma(t_0)$，以此为初始条件，解拉格朗日摄动型运动方程，求解出从 t_0 到任一时刻 t 的轨道根数变化量 $\Delta\sigma(t)$，从而求出 t 时刻的瞬时轨道根数 $\sigma(t) = \sigma(t_0) + \Delta\sigma(t)$。分析解法通常是采用级数解法。由于摄动量相对来说是小量，所以可以将拉格朗日摄动型运动方程右端含轨道根数的函数 F_i 按 σ 的近似值展开为级数，而后求得一定精度的解。

6.4.1 初始根数法

以初始根数 $\sigma(t_0)$ 为初始条件，摄动运动的级数解法简称为初始根数法。该方法是用于解太阳系内天体摄动运动的一种经典解法。用于解算卫星摄动运动的一些分析解法，也是在它的基础上发展起来的。

由式（5.106）可知

$$
\begin{cases}
\dot{a} = \dfrac{2}{na}\dfrac{\partial R}{\partial M} \\
\dot{e} = \dfrac{1-e^2}{na^2 e}\dfrac{\partial R}{\partial M} - \dfrac{\sqrt{1-e^2}}{na^2 e}\dfrac{\partial R}{\partial \omega} \\
\dot{i} = \dfrac{1}{na^2\sqrt{1-e^2}\sin i}\left(\cos i\dfrac{\partial R}{\partial \omega} - \dfrac{\partial R}{\partial \Omega}\right) \\
\dot{\Omega} = \dfrac{1}{na^2\sqrt{1-e^2}\sin i}\dfrac{\partial R}{\partial i} \\
\dot{\omega} = \dfrac{\sqrt{1-e^2}}{na^2 e}\dfrac{\partial R}{\partial e} - \dfrac{1}{na^2\sqrt{1-e^2}}\dfrac{\cos i}{\sin i}\dfrac{\partial R}{\partial i} \\
\dot{M} = n - \dfrac{1-e^2}{na^2 e}\dfrac{\partial R}{\partial e} - \dfrac{2}{na}\dfrac{\partial R}{\partial a}
\end{cases}
\tag{6.60}
$$

式中，等号左侧为轨道根数 $\sigma_i(i=1, 2, \cdots, 6)$ 随时间的变化率；右侧函数是轨道根数 σ_i 和摄动函数 R 对轨道根数的偏导数$\partial R/\partial\sigma_i$。而由式（6.24）知道，$R$ 是轨道根数 σ_i 的函数，其量级的大小取决于带谐系数 J_n。因此，拉格朗日方程可以写成下面的一般函数表达式：

$$
\frac{\mathrm{d}\sigma_i}{\mathrm{d}t} = F_i(\sigma, t) \quad i=1,2,\cdots,6 \tag{6.61}
$$

假设由历元时刻 t_0 到时刻 t 的轨道根数变化量为 $\Delta\sigma(t)$，即 $\sigma_i(t) = \sigma_i(t_0) + \Delta\sigma_i(t)$。现将 $\Delta\sigma_i(t)$ 按其中的量级分为一阶 $\Delta\sigma_i^{(1)}(t)$、二阶 $\Delta\sigma_i^{(2)}(t)$、…，则有

$$
\sigma_i(t) = \sigma_i(t_0) + \Delta\sigma_i(t) = \sigma_i(t_0) + \Delta\sigma_i^{(1)}(t) + \Delta\sigma_i^{(2)}(t) + \cdots \tag{6.62}
$$

设函数 F_i 在讨论区间内连续，且存在对 σ 的 n 阶偏导数，则 $F_i(\sigma, t)$ 在 $\sigma(t_0)$ 处展开（为书写方便，下面用 σ_0 代替 $\sigma(t_0)$），则有

$$
\begin{aligned}
F_i(\sigma,t) = {} & F_i(\sigma_0,t) + \sum_{j=1}^{6}\frac{\partial F_i(\sigma_0,t)}{\partial\sigma_j}\left[\Delta\sigma_j^{(1)}(t) + \Delta\sigma_j^{(2)}(t) + \cdots\right] \\
& + \frac{1}{2}\sum_{j=1}^{6}\sum_{k=1}^{6}\frac{\partial^2 F_i(\sigma_0,t)}{\partial\sigma_j\partial\sigma_k}\left[\Delta\sigma_j^{(1)}(t)\Delta\sigma_k^{(1)}(t) + \cdots\right] + \cdots
\end{aligned}
\tag{6.63}
$$

把式（6.63）代入式（6.61），并对 t 求定积分可得

$$
\begin{aligned}
\sigma_i(t) - \sigma_i(t_0) = {} & \int_{t_0}^{t} F_i(\sigma_0,t)\,\mathrm{d}t \\
& + \sum_{j=1}^{6}\int_{t_0}^{t}\frac{\partial F_i(\sigma_0,t)}{\partial\sigma_j}\left[\Delta\sigma_j^{(1)}(t) + \Delta\sigma_j^{(2)}(t) + \cdots\right]\mathrm{d}t \\
& + \frac{1}{2}\sum_{j=1}^{6}\sum_{k=1}^{6}\int_{t_0}^{t}\frac{\partial^2 F_i(\sigma_0,t)}{\partial\sigma_j\partial\sigma_k}\left[\Delta\sigma_j^{(1)}(t)\Delta\sigma_k^{(1)}(t) + \cdots\right]\mathrm{d}t + \cdots
\end{aligned}
\tag{6.64}
$$

则

$$\sigma_i(t) = \sigma_i(t_0) + \int_{t_0}^{t} F_i(\sigma_0,t)\mathrm{d}t$$
$$+ \sum_{j=1}^{6}\int_{t_0}^{t}\frac{\partial F_i(\sigma_0,t)}{\partial\sigma_j}[\Delta\sigma_j^{(1)}(t) + \Delta\sigma_j^{(2)}(t) + \cdots]\mathrm{d}t$$
$$+ \frac{1}{2}\sum_{j=1}^{6}\sum_{k=1}^{6}\int_{t_0}^{t}\frac{\partial^2 F_i(\sigma_0,t)}{\partial\sigma_j\partial\sigma_k}[\Delta\sigma_j^{(1)}(t)\Delta\sigma_k^{(1)}(t) + \cdots]\mathrm{d}t + \cdots \tag{6.65}$$

比较式（6.62）和式（6.65），可得

$$\Delta\sigma_i^{(1)}(t) = \int_{t_0}^{t} F_i(\sigma_0,t)\mathrm{d}t \tag{6.66}$$

$$\Delta\sigma_i^{(2)}(t) = \sum_{j=1}^{6}\int_{t_0}^{t}\frac{\partial F_i(\sigma_0,t)}{\partial\sigma_j}\Delta\sigma_j^{(1)}(t)\mathrm{d}t \tag{6.67}$$

$$\Delta\sigma_i^{(3)}(t) = \sum_{j=1}^{6}\int_{t_0}^{t}\frac{\partial F_i(\sigma_0,t)}{\partial\sigma_j}\Delta\sigma_j^{(2)}(t)\mathrm{d}t$$
$$+ \frac{1}{2}\sum_{j=1}^{6}\sum_{k=1}^{6}\int_{t_0}^{t}\frac{\partial^2 F_i(\sigma_0,t)}{\partial\sigma_j\partial\sigma_k}\Delta\sigma_j^{(1)}(t)\Delta\sigma_k^{(1)}(t)\mathrm{d}t \tag{6.68}$$

……

由于初始轨道根数 $\sigma(t_0)$ 和函数 F_i 为已知，则由式（6.66）可求得轨道根数一阶摄动量 $\Delta\sigma_i^{(1)}(t)$；将 $\Delta\sigma_i^{(1)}(t)$ 代入式（6.67），可求得二阶摄动量 $\Delta\sigma_i^{(2)}(t)$；……如此，可求得拉格朗日行星运动方程的解，即

$$\sigma_i(t) = \sigma_i(t_0) + \Delta\sigma_i^{(1)}(t) + \Delta\sigma_i^{(2)}(t) + \cdots \tag{6.69}$$

如果略去二阶以上的小量，其解为一阶解；如果顾及二阶，而略去三阶以上小量，则为二阶解。理论上可以取至更高阶次，但实际上，公式推导非常麻烦，甚至难以给出。

这种经典级数法对解算太阳系的行星摄动运动是很成功的，但对解算卫星摄动运动却不能取得满意的结果。这是因为

$$\int_{t_0}^{t} F_i(t)\mathrm{d}t = (t - t_0)F_i(\bar{t}) \qquad t_0 < \bar{t} < t$$

在解卫星摄动运动时，摄动函数中含有 GM 项，采用人卫单位，$GM = 1$，时间单位为 806.811665s，如果积分区间（$t - t_0$）为 10 天，则 $t - t_0 = 1070.9$，这样如果被积函数为一阶小量，那么积分后将为 0 阶小量。而在太阳系，其时间单位为 58.132441 平太阳日，即使计算时间为半年，$t - t_0 = 3.14$，也不会改变被积函数的量级。也就是说，当以 $\sigma(t_0)$ 为积分近似值，按以上级数法解卫星摄动运动，在积分区间（$t - t_0$）较大时，由式（6.66）计算的 $\Delta\sigma_i^{(1)}(t)$ 已经不是一阶小量了。为了使级数法能用于解卫星的摄动运动，提出了改进后的平根数法。

6.4.2 平根数法

平根数法是针对上述问题提出的，也是一种级数解法。不过，它不以历元 t_0 时刻轨道根数 $\sigma(t_0)$ 作为 $\sigma(t)$ 的近似值进行级数展开，而是以 t 时刻的平根数 $\overline{\sigma(t)}$ 作为 $\sigma(t)$ 的近似值进行级数展开。由于所选择的平根数 $\overline{\sigma(t)}$ 与瞬时根数 $\sigma(t)$ 相差不大，从而使级数法适用于解卫星的摄动运动。

6.4.2.1　平根数$\overline{\sigma(t)}$

拉格朗日行星运动方程写成一般形式为

$$\frac{\mathrm{d}\sigma_j}{\mathrm{d}t}=F_j\left(\sigma,\frac{\partial R}{\partial\sigma},t\right)$$

由于摄动函数可分为长期项、长周期项和短周期项，那么相应的 F_j 也可以分为长期项 $F_{j\mathrm{c}}$、长周期项 $F_{j\mathrm{l}}$和短周期项 $F_{j\mathrm{s}}$，即

$$F_j=F_{j\mathrm{c}}+F_{j\mathrm{l}}+F_{j\mathrm{s}} \tag{6.70}$$

参考式（6.59），式（6.70）又可写为

$$F_j=F_{j\mathrm{c}}^{(1)}+F_{j\mathrm{c}}^{(2)}+\cdots+F_{j\mathrm{l}}^{(2)}+\cdots+F_{j\mathrm{s}}^{(1)}+\cdots \tag{6.71}$$

积分后可得

$$\begin{aligned}\sigma(t)-\sigma(t_0)&=\int_{t_0}^{t}F_{\mathrm{c}}\mathrm{d}t+\int_{t_0}^{t}F_{\mathrm{l}}\mathrm{d}t+\int_{t_0}^{t}F_{\mathrm{s}}\mathrm{d}t\\&=\int_{t_0}^{t}F_{\mathrm{c}}\mathrm{d}t+\int F_{\mathrm{l}}\mathrm{d}t\,\big|_{t}-\int F_{\mathrm{l}}\mathrm{d}t\,\big|_{t_0}+\int F_{\mathrm{s}}\mathrm{d}t\,\big|_{t}-\int F_{\mathrm{s}}\mathrm{d}t\,\big|_{t_0}\end{aligned}$$

如果以符号 $\int^{t}F\mathrm{d}t$ 表示$\int F\mathrm{d}t\,\big|_{t}$，则有

$$\begin{aligned}\sigma(t)-\sigma(t_0)&=\int_{t_0}^{t}F_{\mathrm{c}}\mathrm{d}t+\int_{t_0}^{t}F_{\mathrm{l}}\mathrm{d}t+\int_{t_0}^{t}F_{\mathrm{s}}\mathrm{d}t\\&=\int_{t_0}^{t}F_{\mathrm{c}}\mathrm{d}t+\int^{t}F_{\mathrm{l}}\mathrm{d}t-\int^{t_0}F_{\mathrm{l}}\mathrm{d}t+\int^{t}F_{\mathrm{s}}\mathrm{d}t-\int^{t_0}F_{\mathrm{s}}\mathrm{d}t\end{aligned}$$

即

$$\sigma(t)=\sigma(t_0)+\int_{t_0}^{t}F_{\mathrm{c}}\mathrm{d}t+\int^{t}F_{\mathrm{l}}\mathrm{d}t-\int^{t_0}F_{\mathrm{l}}\mathrm{d}t+\int^{t}F_{\mathrm{s}}\mathrm{d}t-\int^{t_0}F_{\mathrm{s}}\mathrm{d}t \tag{6.72}$$

现定义

$$\overline{\sigma(t_0)}=\sigma(t_0)-\int^{t_0}F_{\mathrm{l}}\mathrm{d}t-\int^{t_0}F_{\mathrm{s}}\mathrm{d}t \tag{6.73}$$

$$\overline{\sigma(t)}=\overline{\sigma(t_0)}+\int_{t_0}^{t}F_{\mathrm{c}}\mathrm{d}t \tag{6.74}$$

式中，$\overline{\sigma(t_0)}$为历元 t_0 时刻的历元平根数；$\overline{\sigma(t)}$为所论时刻 t 的瞬时平根数。

此时，式（6.72）可写成

$$\sigma(t)=\overline{\sigma(t)}+\int^{t}F_{\mathrm{l}}\mathrm{d}t+\int^{t}F_{\mathrm{s}}\mathrm{d}t \tag{6.75}$$

因此，又由式（6.75）可得到$\overline{\sigma(t)}$的另一表达式

$$\overline{\sigma(t)}=\sigma(t)-\int^{t}F_{\mathrm{l}}\mathrm{d}t-\int^{t}F_{\mathrm{s}}\mathrm{d}t \tag{6.76}$$

式（6.76）可作为瞬时平根数$\overline{\sigma(t)}$的定义。显然，此定义式（6.76）与式（6.73）的意义是一致的。因此，任一时刻的平根数$\overline{\sigma(t)}$，就是瞬时根数 $\sigma(t)$ 扣除长周期摄动项和短周期摄动项后的值，即 $\sigma(t)$ 与$\overline{\sigma(t)}$的差是轨道根数的长周期变化量和短周期变化量。如式（6.59）所示，由于在摄动函数 R 中只有一阶短周期项和二阶长周期项，$F_j\left(\sigma,\ \frac{\partial R}{\partial\sigma},\ t\right)$也是如此；考虑到短周期项无累积效果，长周期项积分后可能降低一阶，所以 $\sigma(t)$ 与$\overline{\sigma(t)}$之差为一阶小量。

如果能由已知历元 t_0 时刻的轨道根数 $\sigma(t_0)$，以一定精度求得所论时刻 t 的平根数 $\overline{\sigma(t)}$，以$\overline{\sigma(t)}$作为 $\sigma(t)$ 的近似值展开被积函数，这样就避免了级数解法中 $\sigma(t)$ 与 $\sigma(t_0)$ 相差过大的问题；然后，用类似级数法的迭代方法就可以求得对应时刻 t 的瞬时轨道根数$\sigma(t)$。

6.4.2.2 平根数法的形式解

将式（6.73）代入式（6.72）可得

$$\sigma(t) = \overline{\sigma(t_0)} + \int_{t_0}^{t} [F_c]_{\sigma(t)} \mathrm{d}t + \int^{t} [F_l]_{\sigma(t)} \mathrm{d}t + \int^{t} [F_s]_{\sigma(t)} \mathrm{d}t \tag{6.77}$$

式中，积分号内的$[F]_{\sigma(t)}$为包含的轨道根数均为待求定的 $\sigma(t)$。

下面采用以下符号：

$$\sigma_l^{(1)} = \int^{t} [F_l^{(2)}]_{\sigma(t)} \mathrm{d}t$$

$$\sigma_l^{(2)} = \int^{t} [F_l^{(3)}]_{\sigma(t)} \mathrm{d}t$$

$$\vdots$$

$$\sigma_s^{(1)} = \int^{t} [F_s^{(1)}]_{\sigma(t)} \mathrm{d}t$$

$$\sigma_s^{(2)} = \int^{t} [F_s^{(2)}]_{\sigma(t)} \mathrm{d}t$$

所以式（6.77）可写为

$$\sigma(t) = \overline{\sigma(t_0)} + \int_{t_0}^{t} [F_c]_{\sigma(t)} \mathrm{d}t + \sigma_l^{(1)} + \sigma_l^{(2)} + \sigma_s^{(1)} + \sigma_s^{(2)}$$

或者

$$\sigma(t) = \overline{\sigma(t)} + \sigma_l^{(1)} + \sigma_l^{(2)} + \sigma_s^{(1)} + \sigma_s^{(2)} \tag{6.78}$$

现以$\overline{\sigma(t)}$作为 $\sigma(t)$ 的近似值展开式（6.77），即

$$\begin{aligned}\sigma_j(t) = &\ \overline{\sigma_j(t_0)} + \int_{t_0}^{t} [F_{jc}^{(1)}]_{\overline{\sigma(t)}} \mathrm{d}t \\ &+ \sum_{k=1}^{6} \int_{t_0}^{t} \left[\frac{\partial F_{jc}^{(1)}}{\partial \sigma_k}\right]_{\overline{\sigma(t)}} (\sigma_{kl}^{(1)} + \sigma_{ks}^{(1)}) \mathrm{d}t \\ &+ \cdots + \int_{t_0}^{t} [F_{jc}^{(2)}]_{\overline{\sigma(t)}} \mathrm{d}t + \cdots + \int_{t_0}^{t} [F_{jl}^{(2)}]_{\overline{\sigma(t)}} \mathrm{d}t \\ &+ \sum_{k=1}^{6} \int_{t_0}^{t} \left[\frac{\partial F_{js}^{(1)}}{\partial \sigma_k}\right]_{\overline{\sigma(t)}} (\sigma_{kl}^{(1)} + \sigma_{ks}^{(1)}) \mathrm{d}t\end{aligned} \tag{6.79}$$

将式（6.79）按其周期特性和量级进行并项。在并项中将遇到周期项与周期项相乘，其结果如下：①短周期项与短周期项的乘积，可能出现长期项、长周期项和短周期项；②短周期项与长期项或长周期项相乘，仍为短周期项；③长周期项与长周期项相乘，可能出现长期项与长周期项；④长周期项与长期项相乘，仍为长周期项。对此不做严格的证明，下面举例说明存在的可能性。例如，有

$$\sin f \sin f = \frac{1}{2} - \frac{1}{2}\cos 2f$$

$$\sin(\omega+f)\sin(2\omega+f)=\frac{1}{2}\cos\omega-\frac{1}{2}\cos(3\omega+f)$$

前式说明两个短周期项相乘得到了长期项与短周期项；而后式说明两个短周期项相乘得到了短周期项与长周期项。

在式（6.79）中并项后略去二阶小量，得到其中的一阶长期项、二阶长期项、一阶长周期项和一阶短周期项。即

$$\sigma_j(t)=\overline{\sigma_j(t_0)}+\sigma_{j1}(t-t_0)+\sigma_{j2}(t-t_0)+\sigma_{jl}^{(1)}+\sigma_{js}^{(1)} \tag{6.80}$$

其中

$\sigma_{j1}(t-t_0)$ 为一阶长期项，有

$$\sigma_{j1}(t-t_0)=\int_{t_0}^{t}[F_{jc}^{(1)}]_{\overline{\sigma(t)}}\mathrm{d}t \tag{6.81}$$

$\sigma_{j2}(t-t_0)$ 为二阶长期项，有

$$\sigma_{j2}(t-t_0)=\int_{t_0}^{t}[F_{jc}^{(2)}]_{\overline{\sigma(t)}}\mathrm{d}t+\int_{t_0}^{t}\left\{\sum_{k=1}^{6}\left[\frac{\partial F_{js}^{(1)}}{\partial\sigma_k}\sigma_{ks}^{(1)}\right]_{\overline{\sigma(t)}}\right\}_{c}\mathrm{d}t \tag{6.82}$$

$\sigma_{jl}^{(1)}$ 为一阶长周期项，有

$$\sigma_{jl}^{(1)}=\int^{t}[F_{jl}^{(2)}]_{\overline{\sigma(t)}}\mathrm{d}t+\int^{t}\left\{\sum_{k=1}^{6}\left[\frac{\partial F_{jc}^{(1)}}{\partial\sigma_k}\sigma_{kl}^{(1)}\right]_{\overline{\sigma(t)}}\right\}_{l}\mathrm{d}t+\int^{t}\left\{\sum_{k=1}^{6}\left[\frac{\partial F_{js}^{(1)}}{\partial\sigma_k}\sigma_{ks}^{(1)}\right]_{\overline{\sigma(t)}}\right\}_{l}\mathrm{d}t \tag{6.83}$$

$\sigma_{js}^{(1)}$ 为一阶短周期项，有

$$\sigma_{js}^{(1)}=\int_{t_0}^{t}[F_{js}^{(1)}]_{\overline{\sigma(t)}}\mathrm{d}t \tag{6.84}$$

式中，$\{X\}_c$ 为取 X 中的长期项部分；$\{X\}_l$ 为取 X 中的长周期项部分。

另外在二阶长期项的表达式（6.82）中的第二项本应是 $\int^{t}\{\cdot\}_c\mathrm{d}t$，考虑到实际解式（6.79）时还需求 $\overline{\sigma(t_0)}$，在求

$$\overline{\sigma(t_0)}=\sigma(t_0)-\int^{t_0}F_l\mathrm{d}t-\int^{t_0}F_s\mathrm{d}t$$

时同样出现 $-\int^{t_0}\{\cdot\}_c\mathrm{d}t$。为了形式的统一，将这一项单独提出来与 $\int^{t}\{\cdot\}_c\mathrm{d}t$ 合并为 $\int_{t_0}^{t}\{\cdot\}_c\mathrm{d}t$。只是在后面求 $\overline{\sigma(t_0)}$ 时，不再取这一项了，也就是不再考虑间接长期项。

式（6.80）~式（6.84）就是用平根数展开的级数形式解。下面只是根据拉格朗日方程和 R 中的 $R_c^{(1)}$、$R_c^{(2)}$、$R_l^{(2)}$、$R_s^{(1)}$、$R_s^{(2)}$ 的表达式，求出具体解的表达式。在形式解中，对 a、e、i、Ω、ω 五个根数而言，其解算精度为二阶小量级，但对 M，由于它的右端函数包含 n（n 为 0 量级），所以要使它达到同样的精度，必须在进行级数展开时多取一阶。即拉格朗日方程中第六式

$$\dot{M}=n-\frac{1-e^2}{na^2e}\frac{\partial R}{\partial e}-\frac{2}{na}\frac{\partial R}{\partial a}$$

式中，仅 n 为零阶项，其余各项与其他五个根数一样，为一阶小量。所以，F_M 可分为以下两部分：

$$F_M=n+F_M' \tag{6.85}$$

$$n = a^{-3/2}$$

按前述以周期特性分类，n 属于长期函数，所以根据式（6.77）可写出 M 的表达式为

$$M(t) = \overline{M(t_0)} + \int_{t_0}^{t} [n]_{\sigma(t)} \mathrm{d}t + \int_{t_0}^{t} [F'_{Mc}]_{\sigma(t)} \mathrm{d}t + \int^{t} [F'_{Ml}]_{\sigma(t)} \mathrm{d}t + \int^{t} [F'_{Ms}]_{\sigma(t)} \mathrm{d}t \tag{6.86}$$

式中，后三项的阶次和周期特性均与前五个根数的情况相同，并且处理方法也相同，所以这里只需要讨论第二项。

下面以平根数$\overline{\sigma(t)}$作为瞬时根数 $\sigma(t)$ 的近似值进行级数展开，并考虑到 n 为零阶量，且 $n = a^{-3/2}$，则有

$$\int_{t_0}^{t} [n]_{\sigma(t)} \mathrm{d}t = \int_{t_0}^{t} [n]_{\overline{a(t)}} \mathrm{d}t + \int_{t_0}^{t} \left[\frac{\partial n}{\partial t}\right]_{\overline{a(t)}} (a_l^{(1)} + a_l^{(2)} + a_s^{(1)} + a_s^{(2)}) \mathrm{d}t + \frac{1}{2}\int_{t_0}^{t} \left[\frac{\partial^2 n}{\partial t^2}\right]_{\overline{a(t)}} (a_l^{(1)} + a_s^{(1)})^2 \mathrm{d}t$$

根据周期特性和量级并项，则式（6.86）可写成

$$M(t) = \overline{M(t_0)} + M_0(t - t_0) + M_1(t - t_0) + M_2(t - t_0) + M_l^{(1)} + M_s^{(1)} \tag{6.87}$$

其中

$$M_0(t - t_0) = \int_{t_0}^{t} [n]_{\overline{a(t)}} \mathrm{d}t \tag{6.88}$$

$$M_1(t - t_0) = \int_{t_0}^{t} [F'^{(1)}_{Mc}]_{\overline{\sigma(t)}} \mathrm{d}t \tag{6.89}$$

$$M_2(t - t_0) = \int_{t_0}^{t} [F'^{(1)}_{Mc}]_{\overline{\sigma(t)}} \mathrm{d}t + \sum_{k=1}^{6} \int_{t_0}^{t} \left\{\left[\frac{\partial F^{(1)}_{Ms}}{\partial \sigma_k}\right]_{\overline{\sigma(t)}} \sigma_{ks}^{(1)}\right\}_c \mathrm{d}t + \frac{1}{2}\int_{t_0}^{t} \left\{\left[\frac{\partial^2 n}{\partial a^2}\right]_{\overline{a(t)}} (a_s^{(1)})^2\right\}_c \mathrm{d}t \tag{6.90}$$

$$M_l^{(1)} = \int^{t} [F'^{(2)}_{Ml}]_{\overline{\sigma(t)}} \mathrm{d}t + \int^{t} \left\{\sum_{k=1}^{6} \left[\frac{\partial F'^{(1)}_{Mc}}{\partial \sigma_k} \sigma_{kl}^{(1)}\right]_{\overline{\sigma(t)}}\right\}_l \mathrm{d}t + \int^{t} \left\{\sum_{k=1}^{6} \left[\frac{\partial F'^{(1)}_{Ms}}{\partial \sigma_k} \sigma_{ks}^{(1)}\right]_{\overline{\sigma(t)}}\right\}_l \mathrm{d}t + \int^{t} \left[\frac{\partial n}{\partial a}\right]_{\overline{a(t)}} a_l^{(2)} \mathrm{d}t + \frac{1}{2}\int^{t} \left[\frac{\partial^2 n}{\partial a^2}\right]_{\overline{a(t)}} \{(a_s^{(1)})^2\}_l \mathrm{d}t \tag{6.91}$$

$$M_s^{(1)} = \int^{t} [F'^{(1)}_{Ms}]_{\overline{\sigma(t)}} \mathrm{d}t + \int^{t} \left[\frac{\partial n}{\partial a}\right]_{\overline{a(t)}} a_s^{(1)} \mathrm{d}t \tag{6.92}$$

由于 $a_l^{(1)} = 0$（后面将给出），所以式中没有列入此项，另外 $-\int^{t_0} \{\cdot\} \mathrm{d}t$ 并入$\overline{M(t_0)}$。由上面叙述可以看出，$M(t)$ 的解法与前面五个根数相同，只是在式（6.88）中 n 为零阶项，所以对$\overline{a(t)}$的精度要求为二阶小量。

下面将六个根数的平根数解写成统一的形式：

$$\sigma_j(t)=\overline{\sigma_j(t_0)}+M_0(t-t_0)+\sigma_{j1}(t-t_0)+\sigma_{j2}(t-t_0)+\sigma_{j1}^{(1)}+\sigma_{js}^{(1)} \tag{6.93}$$

其中

$$\begin{cases}M_0(t-t_0)=\ni\int_{t_0}^{t}[n]_{\overline{a(t)}}\mathrm{d}t\\ \sigma_{j1}(t-t_0)=\int_{t_0}^{t}[F_{jc}^{(1)}]_{\overline{\sigma(t)}}\mathrm{d}t\\ \sigma_{j2}(t-t_0)=\int_{t_0}^{t}[F_{jc}^{(2)}]_{\overline{\sigma(t)}}\mathrm{d}t+\sum_{k=1}^{6}\int_{t_0}^{t}\left\{\left[\frac{\partial F_{js}^{(1)}}{\partial\sigma_k}\sigma_{ks}^{(1)}\right]_{\overline{\sigma(t)}}\right\}_{c}\mathrm{d}t\\ \qquad+\ni\frac{1}{2}\int_{t_0}^{t}\left\{\left[\frac{\partial^2 n}{\partial a^2}\right]_{\overline{a(t)}}(a_s^{(1)})^2\right\}_{c}\mathrm{d}t\\ \sigma_{j1}^{(1)}=\int^{t}[F_{j1}^{(2)}]_{\overline{\sigma(t)}}\mathrm{d}t+\sum_{k=1}^{6}\int^{t}\left\{\left[\frac{\partial F_{jc}^{(1)}}{\partial\sigma_k}\sigma_{k1}^{(1)}\right]_{\overline{\sigma(t)}}\right\}_{1}\mathrm{d}t\\ \qquad+\sum_{k=1}^{6}\int^{t}\left\{\left[\frac{\partial F_{js}^{(1)}}{\partial\sigma_k}\sigma_{ks}^{(1)}\right]_{\overline{\sigma(t)}}\right\}_{1}\mathrm{d}t\\ \qquad+\ni\int^{t}\left[\frac{\partial n}{\partial a}\right]_{\overline{a(t)}}a_1^{(2)}\mathrm{d}t+\ni\frac{1}{2}\int^{t}\left[\frac{\partial^2 n}{\partial a^2}\right]_{\overline{a(t)}}\{(a_s^{(1)})^2\}_1\mathrm{d}t\\ \sigma_{js}^{(1)}=\int^{t}[F'^{(1)}_{js}]_{\overline{\sigma(t)}}\mathrm{d}t+\ni\int^{t}\left[\frac{\partial n}{\partial a}\right]_{\overline{a(t)}}a_s^{(1)}\mathrm{d}t\end{cases} \tag{6.94}$$

式中

$$\ni=\begin{cases}0 & j=1\sim5\\ 1 & j=6\end{cases},\quad F_j=\begin{cases}F_j & j=1\sim5\\ F'_M & j=6\end{cases}$$

式（6.93）就是平根数法的形式解。如果将式（6.94）中的长期项、长周期项和短周期项具体解出，就可以得到卫星摄动运动的一阶解。式（6.94）中包含二阶长期项 $\sigma_{j2}(t-t_0)$，是由于卫星运动速度快、周期短、长期摄动累积大，二级长期项达到一阶小量。在推导过程中是略去解中的二阶小量，所以式（6.93）的解的精度为二阶小量，所以称为一阶解。

由式（6.93）可知，要求出卫星摄动运动的解，首先要根据历元 t_0 时刻的轨道根数 $\sigma(t_0)$，求出 t_0 时刻的平根数 $\overline{\sigma(t_0)}$，进而求得所讨论时刻 t 的平根数 $\overline{\sigma(t)}$；然后，再以 $\overline{\sigma(t)}$ 作为瞬时轨道根数 $\sigma(t)$ 的近似值，将 F_j 在 $\overline{\sigma(t)}$ 处展开成级数，以求摄动运动的解。因此，平根数法求解的过程也是一个迭代的过程。

6.5　平根数法的一阶解

根据以上式（6.93）和式（6.94）的形式解和各摄动解的表达式，再考虑摄动函数 R 分解为 $R_c^{(1)}$、$R_c^{(2)}$、$R_1^{(2)}$、$R_s^{(1)}$ 和 $R_s^{(2)}$ 的具体表达式，由拉格朗日行星运动方程就可以求得平根数法的一阶解。

6.5.1 一阶长期项和根数 M 的零阶长期项

由式（6.93）和式（6.94）可知一阶长期项为

$$\sigma_{j1}(t-t_0)=\int_{t_0}^{t}[F_{jc}^{(1)}]_{\overline{\sigma(t)}}\mathrm{d}t \tag{6.95}$$

由式（6.59）与式（6.52）可知摄动函数 R 中一阶长期项为

$$R_{\mathrm{c}}^{(1)}=\frac{A_2}{a^3}(1-e^2)^{-3/2}\left(\frac{1}{3}-\frac{1}{2}\sin^2 i\right)$$

注意到式 $R_{\mathrm{c}}^{(1)}=R_{\mathrm{c}}(a,\ e,\ i)$，所以有

$$\begin{cases}\dfrac{\partial R_{\mathrm{c}}^{(1)}}{\partial a}=-3\dfrac{A_2}{a^4}(1-e^2)^{-3/2}\left(\dfrac{1}{3}-\dfrac{1}{2}\sin^2 i\right)\\ \dfrac{\partial R_{\mathrm{c}}^{(1)}}{\partial e}=3\dfrac{A_2}{a^3}(1-e^2)^{-5/2}\left(\dfrac{1}{3}-\dfrac{1}{2}\sin^2 i\right)e\\ \dfrac{\partial R_{\mathrm{c}}^{(1)}}{\partial i}=-\dfrac{A_2}{a^3}(1-e^2)^{-3/2}\sin i\cos i\\ \dfrac{\partial R_{\mathrm{c}}^{(1)}}{\partial \Omega}=0\\ \dfrac{\partial R_{\mathrm{c}}^{(1)}}{\partial \omega}=0\\ \dfrac{\partial R_{\mathrm{c}}^{(1)}}{\partial M}=0\end{cases} \tag{6.96}$$

把它代入拉格朗日行星运动方程，即式（6.60）的右端被积函数，其中有

$$\begin{cases}\dfrac{\mathrm{d}a}{\mathrm{d}t}=\dfrac{2}{na}\dfrac{\partial R_{\mathrm{c}}^{(1)}}{\partial M}=F_{ac}^{(1)}=0\\ \dfrac{\mathrm{d}e}{\mathrm{d}t}=\dfrac{1-e^2}{na^2e}\dfrac{\partial R_{\mathrm{c}}^{(1)}}{\partial M}-\dfrac{\sqrt{1-e^2}}{na^2e}\dfrac{\partial R_{\mathrm{c}}^{(1)}}{\partial \omega}=F_{ec}^{(1)}=0\\ \dfrac{\mathrm{d}i}{\mathrm{d}t}=\dfrac{1}{na^2\sqrt{1-e^2}\sin i}\left(\cos i\dfrac{\partial R_{\mathrm{c}}^{(1)}}{\partial \omega}-\dfrac{\partial R_{\mathrm{c}}^{(1)}}{\partial \Omega}\right)=F_{ic}^{(1)}=0\end{cases} \tag{6.97}$$

注意到 $n=a^{-3/2}$，式（6.60）的第四式为

$$\begin{aligned}\frac{\mathrm{d}\Omega}{\mathrm{d}t}&=\frac{1}{na^2\sqrt{1-e^2}\sin i}\frac{\partial R_{\mathrm{c}}^{(1)}}{\partial i}=F_{\Omega c}^{(1)}\\ &=\frac{1}{na^2\sqrt{1-e^2}\sin i}\left[-\frac{A_2}{a^3}(1-e^2)^{-3/2}\sin i\cos i\right]\\ &=-\frac{A_2}{a^2(1-e^2)^2}\cos i=-\frac{A_2}{p^2}\cos i\end{aligned} \tag{6.98}$$

式（6.60）的第五式为

$$\frac{\mathrm{d}\omega}{\mathrm{d}t}=\frac{\sqrt{1-e^2}}{na^2e}\frac{\partial R_{\mathrm{c}}^{(1)}}{\partial e}-\frac{1}{na^2\sqrt{1-e^2}}\frac{\cos i}{\sin i}\frac{\partial R_{\mathrm{c}}^{(1)}}{\partial i}=F_{\omega c}^{(1)}$$

$$
\begin{aligned}
&=\frac{\sqrt{1-e^2}}{na^2e}3\frac{A_2}{a^3}(1-e^2)^{-5/2}\left(\frac{1}{3}-\frac{1}{2}\sin^2 i\right)e \\
&\quad-\frac{1}{na^2\sqrt{1-e^2}}\frac{\cos i}{\sin i}\left[-\frac{A_2}{a^3}(1-e^2)^{-3/2}\sin i\cos i\right] \\
&=\frac{A_2}{a^2(1-e^2)^2}n\left[\left(1-\frac{3}{2}\sin^2 i\right)+\cos^2 i\right] \\
&=\frac{A_2}{p^2}n\left(2-\frac{5}{2}\sin^2 i\right)
\end{aligned}\tag{6.99}
$$

式（6.60）的第六式为

$$
\begin{aligned}
\frac{\mathrm{d}M}{\mathrm{d}t}&=n-\frac{1-e^2}{na^2e}\frac{\partial R_{\mathrm{c}}^{(1)}}{\partial e}-\frac{2}{na}\frac{\partial R_{\mathrm{c}}^{(1)}}{\partial a}=n+F_{M\mathrm{c}}^{(1)} \\
&=n-\frac{1-e^2}{na^2e}3\frac{A_2}{a^3}(1-e^2)^{-5/2}\left(\frac{1}{3}-\frac{1}{2}\sin^2 i\right)e \\
&\quad-\frac{2}{na}\left[-3\frac{A_2}{a^4}(1-e^2)^{-3/2}\left(\frac{1}{3}-\frac{1}{2}\sin^2 i\right)\right] \\
&=n+A_2\frac{\sqrt{1-e^2}}{a^2(1-e^2)^2}n\left(1-\frac{3}{2}\sin^2 i\right) \\
&=n+\frac{A_2}{p^2}n\left(1-\frac{3}{2}\sin^2 i\right)\sqrt{1-e^2}
\end{aligned}\tag{6.100}
$$

式中，$p=a(1-e^2)$。

根据式（6.95），积分式（6.97）可得 a、e 和 i 的一阶长期项

$$
\begin{cases}
a_1(t-t_0)=0\\
e_1(t-t_0)=0\\
i_1(t-t_0)=0
\end{cases}\tag{6.101}
$$

事实上，下面将会看到，对 a、e、i 这三个根数，不仅一阶长期项为零，二阶长期项也为零，并且由平根数$\overline{\sigma(t)}$的定义式（6.74）可知

$$
\overline{\sigma(t)}=\overline{\sigma(t_0)}+\int_{t_0}^{t}F_{\mathrm{c}}\mathrm{d}t
$$

所以，a、e、i 的一阶、二阶长期项为零，也就是上式中 $\int_{t_0}^{t}F_{\mathrm{c}}\mathrm{d}t=0$，则有

$$
\begin{cases}
\overline{a(t)}=\overline{a(t_0)}\\
\overline{e(t)}=\overline{e(t_0)}\\
\overline{i(t)}=\overline{i(t_0)}
\end{cases}\tag{6.102}
$$

分析式（6.98）~式（6.100）可知，其被积函数中仅含有 a、e、i 三个根数，所以可以用$\overline{\sigma(t_0)}$代替$\overline{\sigma(t)}$，而$\overline{\sigma(t_0)}$是常量。因此，根据式（6.95）积分式（6.98）~式（6.100），可以得到六个轨道根数的一阶长期项的解，即

$$\begin{cases}a_1(t-t_0)=0\\e_1(t-t_0)=0\\i_1(t-t_0)=0\\\Omega_1(t-t_0)=\left[-\dfrac{A_2}{p^2}\cos i\right]_{\overline{\sigma(t_0)}}(t-t_0)\\\omega_1(t-t_0)=\left[\dfrac{A_2}{p^2}n\left(2-\dfrac{5}{2}\sin^2 i\right)\right]_{\overline{\sigma(t_0)}}(t-t_0)\\M_1(t-t_0)=\left[\dfrac{A_2}{p^2}n\left(1-\dfrac{3}{2}\sin^2 i\right)\sqrt{1-e^2}\right]_{\overline{\sigma(t_0)}}(t-t_0)\end{cases}\tag{6.103}$$

对于 M 还有零阶长期项，由式（6.88）可得

$$M_0(t-t_0)=\int_{t_0}^{t}[n]_{\overline{a(t_0)}}\mathrm{d}t=[n]_{\overline{a(t_0)}}(t-t_0)\tag{6.104}$$

由此得到了六个轨道根数一阶长期摄动项的解和根数 M 的零阶项的解。至于式中$\overline{\sigma(t_0)}$可以由历元根数 $\sigma(t_0)$ 根据式（6.73）求得；也可以直接用 $\sigma(t_0)$ 替代，不过，这样会引入误差，因为没有扣除 t_0 时刻的长周期项和短周期项。通常，可以把这一常值误差看作$\sigma(t_0)$的误差，即给定的历元根数 $\sigma(t_0)$ 含有误差，在轨道改进中作为待定参数解算出来。

6.5.2　一阶短周期项 $\sigma_{js}^{(1)}$

由式（6.94）可知一阶短周期项为

$$\begin{cases}\sigma_{js}^{(1)}=\displaystyle\int^{t}[F_{js}'^{(1)}]_{\overline{\sigma(t)}}\mathrm{d}t+\ni\int^{t}\left[\frac{\partial n}{\partial a}\right]_{\overline{a(t)}}a_s^{(1)}\mathrm{d}t\\\ni=\begin{cases}0 & j=1\sim5\\1 & j=6\end{cases}\\F_j=\begin{cases}F_j & j=1\sim5\\F_M' & j=6\end{cases}\end{cases}\tag{6.105}$$

由式（6.59）与式（6.50）可知摄动函数 R 中一阶短周期项为

$$R_s^{(1)}=\frac{A_2}{a^3}\left\{\left(\frac{1}{3}-\frac{1}{2}\sin^2 i\right)\left[\left(\frac{a}{r}\right)^3-(1-e^2)^{-3/2}\right]+\frac{1}{2}\left(\frac{a}{r}\right)^3\sin^2 i\cos 2(\omega+f)\right\}\tag{6.106}$$

把 $R_s^{(1)}$ 代入拉格朗日型行星运动方程，然后积分求解。其中，被积函数中的轨道根数应为 t 时刻的平根数$\overline{\sigma(t)}$，即

$$\overline{\sigma_j(t)}=\overline{\sigma_j(t_0)}+\sigma_{j1}(t-t_0)+\sigma_{j2}(t-t_0)$$

但其中二阶长周期项 $\sigma_{j2}(t-t_0)$ 尚未求出。不过，由于二阶长周期项为一阶小量，当它代入式（6.106）时，还要乘以 A_2（一阶小量），结果为二阶小量，所以可略去而不影响一阶解的精度要求。因此，$\overline{\sigma_j(t)}$可根据下式计算：

$$\overline{\sigma_j(t)}=\overline{\sigma_j(t_0)}+\sigma_{j1}(t-t_0)\tag{6.107}$$

把式（6.103）各根数的一阶长期项表达式代入，可得

$$\begin{cases}\overline{a(t)}=\overline{a(t_0)}\\ \overline{e(t)}=\overline{e(t_0)}\\ \overline{i(t)}=\overline{i(t_0)}\\ \overline{\omega(t)}=\overline{\omega(t_0)}+\left[\dfrac{A_2}{p^2}n\left(2-\dfrac{5}{2}\sin^2 i\right)\right]_{\overline{\sigma(t_0)}}(t-t_0)\\ \overline{\Omega(t)}=\overline{\Omega(t_0)}+\left[-\dfrac{A_2}{p^2}\cos i\right]_{\overline{\sigma(t_0)}}(t-t_0)\\ \overline{M(t)}=\overline{M_1(t_0)}+[n]_{\overline{a(t_0)}}(t-t_0)+\left[\dfrac{A_2}{p^2}n\left(1-\dfrac{3}{2}\sin^2 i\right)\sqrt{1-e^2}\right]_{\overline{\sigma(t_0)}}(t-t_0)\end{cases} \tag{6.108}$$

由式（6.106）可以看出，其右端函数含有 a、e、i、ω 等参数，而 ω 具有一阶长期项，本应以$\overline{\omega(t)}=\overline{\omega(t_0)}+\omega_1(t-t_0)$ 代入后求积分，但考虑到代入后要求积分 $\int^t [F'^{(1)}_{js}]_{\overline{\sigma(t)}}\mathrm{d}t$，为方便计，可将$\overline{\omega(t)}$视为常数，由此引起的误差为二阶小量。

1. 轨道运动中一些量对轨道根数的偏导数

本书 5.3.2 节已经指出，在研究人造卫星的运动规律或计算其位置时，除遇到六个根数 a、e、i、Ω、ω、M 外，还会出现一些由它们构成的函数，这些函数关系中的基本量就是 E、f、r（或写成 a/r 较为方便），这些量对轨道根数的偏导数在摄动运动的分析解时用处很大。

分析下面函数关系：

$$E-e\sin E=M,\ r=a(1-e\cos E),\ r\cos f=a(\cos E-e)$$

$$\cos f=\frac{\cos E-e}{1-e\cos E},\ \sin f=\frac{a}{r}\sqrt{1-e^2}\sin E,\ \cos E=\frac{\cos f+e}{1+e\cos f}$$

可知

$$\begin{cases}E=E(e,M)\\ \dfrac{a}{r}=\dfrac{a}{r}[e,E(e,M)]=\dfrac{a}{r}(e,M)\\ f=f\left[e,E(e,M),\dfrac{a}{r}(e,M)\right]=f(e,M)\\ r=r[a,e,E(e,M)]=r(a,e,M)\end{cases} \tag{6.109}$$

所以，由以上关系可推导偏导数如下。

（1）$\dfrac{\partial E}{\partial e}$

由式（5.90）知

$$\frac{\partial E}{\partial e}=\frac{a}{r}\sin E \tag{6.110}$$

（2）$\dfrac{\partial E}{\partial M}$

由式（5.91）知

$$\frac{\partial E}{\partial M}=\frac{1}{1-e\cos E}=\frac{a}{r} \tag{6.111}$$

(3) $\dfrac{\partial}{\partial e}\left(\dfrac{a}{r}\right)$

$$\begin{aligned}\frac{\partial}{\partial e}\left(\frac{a}{r}\right)&=\frac{\partial}{\partial e}\left(\frac{1}{1-e\cos E}\right)=\left(\frac{a}{r}\right)^2\left(\cos E-e\sin E\,\frac{\partial E}{\partial e}\right)\\&=\left(\frac{a}{r}\right)^2\left(\cos E-e\sin E\,\frac{a}{r}\sin E\right)=\left(\frac{a}{r}\right)^2\left(\cos E-\frac{e\sin E\sin E}{1-e\cos E}\right)\\&=\left(\frac{a}{r}\right)^2\frac{\cos E-e}{1-e\cos E}\end{aligned}$$

即

$$\frac{\partial}{\partial e}\left(\frac{a}{r}\right)=\left(\frac{a}{r}\right)^2\cos f \tag{6.112}$$

(4) $\dfrac{\partial}{\partial M}\left(\dfrac{a}{r}\right)$

$$\begin{aligned}\frac{\partial}{\partial M}\left(\frac{a}{r}\right)&=\frac{\partial}{\partial E}\left(\frac{a}{r}\right)\frac{\partial E}{\partial M}=\frac{\partial}{\partial E}\left(\frac{1}{1-e\cos E}\right)\frac{\partial E}{\partial M}\\&=\frac{-e\sin E}{(1-e\cos E)^2}\,\frac{a}{r}=-\left(\frac{a}{r}\right)^3 e\sin E\\&=-\left(\frac{a}{r}\right)^3 e\,\frac{r}{a}\,\frac{1}{\sqrt{1-e^2}}\sin f\end{aligned}$$

即

$$\frac{\partial}{\partial M}\left(\frac{a}{r}\right)=-\frac{e}{\sqrt{1-e^2}}\left(\frac{a}{r}\right)^2\sin f \tag{6.113}$$

(5) $\dfrac{\partial f}{\partial e}$

由式 (5.96) 知

$$\frac{\partial f}{\partial e}=\frac{1}{1-e^2}\left(1+\frac{p}{r}\right)\sin f \tag{6.114}$$

(6) $\dfrac{\partial f}{\partial M}$

由式 (5.97) 知

$$\frac{\partial f}{\partial M}=\left(\frac{a}{r}\right)^2\sqrt{1-e^2} \tag{6.115}$$

(7) $\dfrac{\partial r}{\partial a}$

由式 (5.92) 知

$$\frac{\partial r}{\partial a}=\frac{r}{a} \tag{6.116}$$

(8) $\dfrac{\partial r}{\partial e}$

由式 (5.93) 知

$$\frac{\partial r}{\partial e}=-a\cos f \tag{6.117}$$

（9）$\dfrac{\partial r}{\partial M}$

由式（5.94）知

$$\frac{\partial r}{\partial M}=\frac{ae}{\sqrt{1-e^2}}\sin f \tag{6.118}$$

2. $R_s^{(1)}$ 对轨道根数的部分偏导数

利用式（6.110）~式（6.118），求下面的偏导数。

（1）$\dfrac{\partial R_s^{(1)}}{\partial a}$

$$\frac{\partial R_s^{(1)}}{\partial a}=-3\frac{A_2}{a^4}\left\{\left(\frac{1}{3}-\frac{1}{2}\sin^2 i\right)\left[\left(\frac{a}{r}\right)^3-(1-e^2)^{-3/2}\right]+\frac{1}{2}\left(\frac{a}{r}\right)^3\sin^2 i\cos 2(\omega+f)\right\} \tag{6.119}$$

（2）$\dfrac{\partial R_s^{(1)}}{\partial e}$

$$\frac{\partial R_s^{(1)}}{\partial e}=\frac{A_2}{a^3}\left\{\left(\frac{1}{3}-\frac{1}{2}\sin^2 i\right)\left[3\left(\frac{a}{r}\right)^2\frac{\partial}{\partial e}\left(\frac{a}{r}\right)-3(1-e^2)^{-5/2}e\right]\right.$$
$$\left.+\frac{3}{2}\left(\frac{a}{r}\right)^2\frac{\partial}{\partial e}\left(\frac{a}{r}\right)\sin^2 i\cos 2(\omega+f)-\left(\frac{a}{r}\right)^3\sin^2 i\sin 2(\omega+f)\frac{\partial f}{\partial e}\right\}$$

注意到式（6.112）和式（6.114），则有

$$\frac{\partial R_s^{(1)}}{\partial e}=\frac{A_2}{a^3}\left\{\left(\frac{1}{3}-\frac{1}{2}\sin^2 i\right)\left[3\left(\frac{a}{r}\right)^4\cos f-3(1-e^2)^{-5/2}e\right]\right.$$
$$\left.+\frac{3}{2}\left(\frac{a}{r}\right)^4\sin^2 i\cos f\cos 2(\omega+f)-\left(\frac{a}{r}\right)^3\frac{1}{1-e^2}\left(1+\frac{p}{r}\right)\sin^2 i\sin 2(\omega+f)\sin f\right\} \tag{6.120}$$

（3）$\dfrac{\partial R_s^{(1)}}{\partial i}$

$$\frac{\partial R_s^{(1)}}{\partial i}=-\frac{A_2}{a^3}\frac{\sin 2i}{2}\left\{\left[\left(\frac{a}{r}\right)^3-(1-e^2)^{-3/2}\right]-\left(\frac{a}{r}\right)^3\cos 2(\omega+f)\right\} \tag{6.121}$$

（4）$\dfrac{\partial R_s^{(1)}}{\partial \omega}$

$$\frac{\partial R_s^{(1)}}{\partial \omega}=-\frac{A_2}{a^3}\left(\frac{a}{r}\right)^3\sin^2 i\sin 2(\omega+f) \tag{6.122}$$

3. $\sigma_s^{(1)}(t)$ 的计算

$\sigma_s^{(1)}(t)$ 的计算，需要把 $R_s^{(1)}$ 代入拉格朗日型行星运动方程，然后积分式（6.105）求解。下面以 $a_s^{(1)}(t)$、$i_s^{(1)}(t)$、$e_s^{(1)}(t)$、$\Omega_s^{(1)}(t)$ 为例来说明其具体过程。

（1）$a_s^{(1)}(t)$

首先把 $R_s^{(1)}$ 代入式（6.60）第一式，根据式（6.105）求解，有

$$a_s^{(1)}(t)=\int^t\left[\frac{2}{na}\frac{\partial R_s^{(1)}}{\partial M}\right]_{\overline{\sigma(t)}}\mathrm{d}t=\int^{M(t)}\frac{\partial}{\partial M}\left[\frac{2}{na}R_s^{(1)}\right]_{\overline{\sigma(t)}}\frac{1}{n}\mathrm{d}M \tag{6.123}$$

将 $R_s^{(1)}$ 表达式（6.106）代入上式，注意到 $n=a^{-3/2}$，及式（6.30）中 $\mathrm{d}t=\mathrm{d}M/n$，则有

$$\begin{aligned}a_s^{(1)}(t)&=\Bigg[\frac{2}{n^2a}\frac{A_2}{a^3}\Bigg\{\left(\frac{1}{3}-\frac{1}{2}\sin^2 i\right)\left[\left(\frac{a}{r}\right)^3-(1-e^2)^{-3/2}\right]\\&\quad+\frac{1}{2}\left(\frac{a}{r}\right)^3\sin^2 i\cos2(\omega+f)\Bigg\}\Bigg]_{\overline{\sigma(t)}}\\&=\Bigg[\frac{A_2}{a}\Bigg\{\left(\frac{2}{3}-\sin^2 i\right)\left[\left(\frac{a}{r}\right)^3-(1-e^2)^{-3/2}\right]\\&\quad+\left(\frac{a}{r}\right)^3\sin^2 i\cos2(\omega+f)\Bigg\}\Bigg]_{\overline{\sigma(t)}}\end{aligned}\tag{6.124}$$

（2）$i_s^{(1)}(t)$

由式（6.60）、式（6.122）可知

$$\begin{aligned}\frac{\mathrm{d}i}{\mathrm{d}t}&=\frac{1}{na^2\sqrt{1-e^2}\sin i}\left(\cos i\frac{\partial R_s^{(1)}}{\partial\omega}-\frac{\partial R_s^{(1)}}{\partial\Omega}\right)=F_{is}^{(1)}\\&=-\frac{1}{na^2\sqrt{1-e^2}\sin i}\cos i\frac{A_2}{a^3}\left(\frac{a}{r}\right)^3\sin^2 i\sin2(\omega+f)\\&=-\frac{nA_2}{2a^2\sqrt{1-e^2}}\sin2i\left(\frac{a}{r}\right)^3\sin2(\omega+f)\end{aligned}$$

则

$$\begin{aligned}i_s^{(1)}(t)&=\int^t\left[-\frac{nA_2}{2a^2\sqrt{1-e^2}}\sin2i\left(\frac{a}{r}\right)^3\sin2(\omega+f)\right]_{\overline{\sigma(t)}}\mathrm{d}t\\&=\int^f\left[-\frac{nA_2}{2a^2\sqrt{1-e^2}}\sin2i\left(\frac{a}{r}\right)^3\sin2(\omega+f)\right]_{\overline{\sigma(t)}}\frac{r^2}{n\sqrt{1-e^2}a^2}\mathrm{d}f\\&=-\frac{A_2}{2a^2(1-e^2)}\sin2i\int^f\left[\frac{a}{r}\sin(\omega+f)\right]_{\overline{\sigma(t)}}\mathrm{d}f\\&=-\frac{A_2}{2a^2(1-e^2)}\sin2i\int^f\left[\frac{1+e\cos f}{1-e^2}\sin2(\omega+f)\right]_{\overline{\sigma(t)}}\mathrm{d}f\\&=-\frac{A_2}{2p^2}\sin2i\int^f[\sin2(\omega+f)+e\sin2(\omega+f)\cos f]_{\overline{\sigma(t)}}\mathrm{d}f\\&=-\frac{A_2}{4p^2}\sin2i\int^f[2\sin2(\omega+f)+e\sin(2\omega+3f)+e\sin(2\omega+f)]_{\overline{\sigma(t)}}\mathrm{d}f\end{aligned}$$

同理，即

$$i_s^{(1)}(t)=\left\{\frac{A_2}{4p^2}\sin2i\left[\cos2(\omega+f)+e\cos(2\omega+f)+\frac{e}{3}\cos(2\omega+3f)\right]\right\}_{\overline{\sigma(t)}}\tag{6.125}$$

（3）$e_s^{(1)}(t)$

关于 $e_s^{(1)}(t)$，不必求积分 $\int^t[F_{es}^{(1)}]_{\overline{\sigma(t)}}\mathrm{d}t$，而是根据 $\sigma_s^{(1)}(t)$ 的积分方法，由摄动运动

方程（6.60）第二式直接给出，即

$$e_s^{(1)}(t)=\frac{1-e^2}{na^2e}\frac{na}{2}a_s^{(1)}(t)-\frac{\sqrt{1-e^2}}{na^2e}\frac{na^2\sqrt{1-e^2}\sin i}{\cos i}i_s^{(1)}(t)$$
$$=\frac{1-e^2}{e}\left[\frac{1}{2a}a_s^{(1)}(t)-\frac{\sin i}{\cos i}i_s^{(1)}(t)\right]$$

将式（6.124）、式（6.125）代入，有

$$e_s^{(1)}(t)=\left[\frac{1-e^2}{e}\left\{\frac{1}{2a}\frac{A_2}{a}\left\{\left(\frac{2}{3}-\sin^2 i\right)\left[\left(\frac{a}{r}\right)^3-(1-e^2)^{-3/2}\right]+\left(\frac{a}{r}\right)^3\sin^2 i\cos 2(\omega+f)\right\}\right.\right.$$
$$\left.\left.-\frac{\sin i}{\cos i}\frac{A_2}{4p^2}\sin 2i\left[\cos 2(\omega+f)+e\cos(2\omega+f)+\frac{e}{3}\cos(2\omega+3f)\right]\right\}\right]_{\overline{\sigma(t)}}$$

即

$$e_s^{(1)}(t)=\left[\frac{1-e^2}{e}\frac{A_2}{a^2}\left\{\left(\frac{1}{3}-\frac{\sin^2 i}{2}\right)\left[\left(\frac{a}{r}\right)^3-(1-e^2)^{-3/2}\right]+\frac{1}{2}\left(\frac{a}{r}\right)^3\sin^2 i\cos 2(\omega+f)\right.\right.$$
$$\left.\left.-\frac{\sin^2 i}{2(1-e^2)^2}\left[\cos[2(\omega+f)]+e\cos(2\omega+f)+\frac{e}{3}\cos(2\omega+3f)\right]\right\}\right]_{\overline{\sigma(t)}}\quad(6.126)$$

（4）$\Omega_s^{(1)}(t)$

由式（6.60）、式（6.121）可知

$$\frac{\mathrm{d}\Omega}{\mathrm{d}t}=\frac{1}{na^2\sqrt{1-e^2}\sin i}\frac{\partial R_s^{(1)}}{\partial i}=F_{\Omega s}^{(1)}$$
$$=-\frac{1}{na^2\sqrt{1-e^2}\sin i}\frac{A_2}{a^3}\frac{\sin 2i}{2}\left\{\left[\left(\frac{a}{r}\right)^3-(1-e^2)^{-3/2}\right]-\left(\frac{a}{r}\right)^3\cos 2(\omega+f)\right\}$$
$$=\frac{nA_2}{a^2\sqrt{1-e^2}}\cos i\left\{\left[\left(\frac{a}{r}\right)^3-(1-e^2)^{-3/2}\right]+\frac{1}{2}\left(\frac{a}{r}\right)^3\cos 2(\omega+f)\right\}$$

则

$$\Omega_s^{(1)}(t)=-\frac{nA_2}{a^2\sqrt{1-e^2}}\cos i\int^t\left\{\left[\left(\frac{a}{r}\right)^3-(1-e^2)^{-3/2}\right]-\left(\frac{a}{r}\right)^3\cos 2(\omega+f)\right\}_{\overline{\sigma(t)}}\mathrm{d}t$$
$$=-\frac{nA_2}{a^2\sqrt{1-e^2}}\cos i\left\{\int^f\left[\left(\frac{a}{r}\right)^3\right]_{\overline{\sigma(t)}}\frac{r^2}{n\sqrt{1-e^2}a^2}\mathrm{d}f\right.$$
$$-\int^M\left[M(1-e^2)^{-3/2}\right]_{\overline{\sigma(t)}}\frac{1}{n}\mathrm{d}M$$
$$\left.-\int^f\left[\frac{1}{2}\left(\frac{a}{r}\right)^3\cos 2(\omega+f)\right]_{\overline{\sigma(t)}}\frac{r^2}{n\sqrt{1-e^2}a^2}\mathrm{d}f\right\}$$
$$=-\frac{A_2}{a^2(1-e^2)}\cos i\left\{\int^f\left[\frac{1+e\cos f}{1-e^2}\right]_{\overline{\sigma(t)}}\mathrm{d}f-\int^t\left[\frac{M}{1-e^2}\right]_{\overline{\sigma(t)}}\mathrm{d}M\right.$$
$$\left.-\int^f\left[\frac{1+e\cos f}{1-e^2}\cos 2(\omega+f)\right]_{\overline{\sigma(t)}}\mathrm{d}f\right\}$$
$$=-\frac{A_2}{a^2(1-e^2)^2}\cos i\left\{f+e\sin f-M\right.$$

$$-\frac{1}{2}\int^{f}\left[2\cos 2(\omega+f)+e\cos(2\omega+3f)+e\cos(2\omega+f)\right]_{\overline{\sigma(t)}}\mathrm{d}f\Big\}$$

即

$$\Omega_{\mathrm{s}}^{(1)}(t)=\Big[-\frac{A_2}{p^2}\cos i\Big\{f+e\sin f-M$$

$$-\frac{1}{2}\Big[\sin[2(\omega+f)]+\frac{e}{3}\sin(2\omega+3f)+e\sin(2\omega+f)\Big]\Big\}\Big]_{\overline{\sigma(t)}} \tag{6.127}$$

根据相似方法，可得

$$\omega_{\mathrm{s}}^{(1)}(t)=\Big[\frac{A_2}{p^2}\Big\{\Big(2-\frac{5}{2}\sin^2 i\Big)(f-M+e\sin f)+\Big(1-\frac{3}{2}\sin^2 i\Big)$$

$$\Big[\Big(\frac{1}{e}-\frac{e}{4}\Big)\sin f+\frac{1}{2}\sin 2f+\frac{e}{12}\sin 3f\Big]-\Big[\frac{1}{4e}\sin^2 i+\Big(\frac{1}{2}-$$

$$\frac{15}{16}\sin^2 i\Big)e\Big]\sin(f+2\omega)-\Big(\frac{1}{2}-\frac{5}{4}\sin^2 i\Big)\sin 2(f+\omega)+\Big[\frac{7}{12e}\sin^2 i$$

$$-\Big(\frac{1}{6}-\frac{19}{48}\sin^2 i\Big)e\Big]\sin(3f+2\omega)+\frac{3}{8}\sin^2 i\sin(4f+2\omega)$$

$$+\frac{e}{16}\sin^2 i[\sin(5f+2\omega)+\sin(f-2\omega)]\Big\}\Big]_{\overline{\sigma(t)}} \tag{6.128}$$

$$M_{\mathrm{s}}^{(1)}(t)=\Big[\frac{A_2}{p^2}\sqrt{1-e^2}\Big\{-\Big(1-\frac{3}{2}\sin^2 i\Big)\Big[\Big(\frac{1}{e}-\frac{e}{4}\Big)\sin f+\frac{1}{2}\sin 2f$$

$$+\frac{e}{12}\sin 3f\Big]+\sin^2 i\Big[\Big(\frac{1}{4e}+\frac{5e}{16}\Big)\sin(f+2\omega)-\Big(\frac{7}{12e}-\frac{e}{48}\Big)$$

$$\sin(3f+2\omega)-\frac{3}{8}\sin(4f+2\omega)-\frac{e}{16}\sin(5f+2\omega)-$$

$$\frac{e}{16}\sin(f-2\omega)\Big]\Big\}\Big]_{\overline{\sigma(t)}} \tag{6.129}$$

式（6.124）~式（6.129）中 $\sigma_{\mathrm{s}}^{(1)}(t)$ 表达式右端出现的根数均为$\overline{\sigma(t)}$。当然，在一阶解意义下，$\bar{a}$、$\bar{e}$、$\bar{i}$ 就是$\overline{a_0}$、$\overline{e_0}$、$\overline{i_0}$，也可以用 a_0、e_0、i_0，但是$\overline{\omega(t)}=\overline{\omega(t_0)}+\omega_1(t-t_0)$、$\overline{M(t)}=\overline{M_1(t_0)}+[n]_{\overline{a(t_0)}}(t-t_0)+M_1(t-t_0)$。也就是说，所得到的短周期项 $\sigma_{\mathrm{s}}^{(1)}(t)$ 不是所求的真正的短周期项，所得结果中还含有非短周期部分，应该予以扣除。扣除这部分非短周期项不必实际推导，只要扣除式各式的平均值即可，即如果用符号$\overline{\sigma_{\mathrm{s}}^{(1)}(t)}$代表各式平均值，则得轨道根数的一阶短周期项 $\sigma_{\mathrm{s}}^{(1)}(t)$ 为

$$
\left\{
\begin{aligned}
a_s^{(1)}(t_s) &= \left[\frac{A_2}{a}\left\{\left(\frac{2}{3}-\sin^2 i\right)\left[\left(\frac{a}{r}\right)^3-(1-e^2)^{-3/2}\right]\right.\right.\\
&\quad \left.\left.+\left(\frac{a}{r}\right)^3\sin^2 i\cos 2(\omega+f)\right\}\right]_{\overline{\sigma(t)}}-\overline{a_s^{(1)}(t)}\\
e_s^{(1)}(t) &= \left[\frac{1-e^2}{e}\frac{A_2}{a^2}\left\{\left(\frac{1}{3}-\frac{\sin^2 i}{2}\right)\left[\left(\frac{a}{r}\right)^3-(1-e^2)^{-3/2}\right]+\frac{1}{2}\left(\frac{a}{r}\right)^3\sin^2 i\cos 2(\omega+f)\right.\right.\\
&\quad \left.\left.-\frac{\sin^2 i}{2(1-e^2)^2}\left[\cos 2(\omega+f)+e\cos(2\omega+f)+\frac{e}{3}\cos(2\omega+3f)\right]\right\}\right]_{\overline{\sigma(t)}}-\overline{e_s^{(1)}(t)}\\
i_s^{(1)}(t) &= \left\{\frac{A_2}{4p^2}\sin 2i\left[\cos 2(\omega+f)+e\cos(2\omega+f)+\frac{e}{3}\cos(2\omega+3f)\right]\right\}_{\overline{\sigma(t)}}-\overline{i_s^{(1)}(t)}\\
\omega_s^{(1)}(t) &= \left[\frac{A_2}{p^2}\left\{\left(2-\frac{5}{2}\sin^2 i\right)(f-M+e\sin f)+\left(1-\frac{3}{2}\sin^2 i\right)\right.\right.\\
&\quad \left[\left(\frac{1}{e}-\frac{e}{4}\right)\sin f+\frac{1}{2}\sin 2f+\frac{e}{12}\sin 3f\right]-\left[\frac{1}{4e}\sin^2 i+\left(\frac{1}{2}-\right.\right.\\
&\quad \left.\left.\frac{15}{16}\sin^2 i\right)e\right]\sin(f+2\omega)-\left(\frac{1}{2}-\frac{5}{4}\sin^2 i\right)\sin 2(f+\omega)+\left[\frac{7}{12e}\sin^2 i\right.\\
&\quad \left.-\left(\frac{1}{6}-\frac{19}{48}\sin^2 i\right)e\right]\sin(3f+2\omega)+\frac{3}{8}\sin^2 i\sin(4f+2\omega)\\
&\quad \left.\left.+\frac{e}{16}\sin^2 i\left[\sin(5f+2\omega)+\sin(f-2\omega)\right]\right\}\right]_{\overline{\sigma(t)}}-\overline{\omega_s^{(1)}(t)}\\
\Omega_s^{(1)}(t) &= \left[-\frac{A_2}{p^2}\cos i\left\{f+e\sin f-M\right.\right.\\
&\quad \left.\left.-\frac{1}{2}\left[\sin 2(\omega+f)+\frac{e}{3}\sin(2\omega+3f)+e\sin(2\omega+f)\right]\right\}\right]_{\overline{\sigma(t)}}-\overline{\Omega_s^{(1)}(t)}\\
M_s^{(1)}(t) &= \left[\frac{A_2}{p^2}\sqrt{1-e^2}\left\{-\left(1-\frac{3}{2}\sin^2 i\right)\left[\left(\frac{1}{e}-\frac{e}{4}\right)\sin f+\frac{1}{2}\sin 2f\right.\right.\right.\\
&\quad \left.+\frac{e}{12}\sin 3f\right]+\sin^2 i\left[\left(\frac{1}{4e}+\frac{5e}{16}\right)\sin(f+2\omega)-\left(\frac{7}{12e}-\frac{e}{48}\right)\right.\\
&\quad \sin(3f+2\omega)-\frac{3}{8}\sin(4f+2\omega)-\frac{e}{16}\sin(5f+2\omega)-\\
&\quad \left.\left.\left.\frac{e}{16}\sin(f-2\omega)\right]\right\}\right]_{\overline{\sigma(t)}}-\overline{M_s^{(1)}(t)}
\end{aligned}
\right.
\tag{6.130}
$$

式中，$\overline{\sigma(t)}$为平根数，有

$$\overline{\sigma_j(t)} = \overline{\sigma_j(t_0)} + \sigma_{j1}(t-t_0) \tag{6.131}$$

$$\begin{cases} \overline{a_s^{(1)}(t)} = 0 \\ \overline{e_s^{(1)}(t)} = \dfrac{A_2}{p^2}\sin^2 i\,\dfrac{1-e^2}{6e}\overline{\cos 2f}\cos 2\omega \\ \overline{i_s^{(1)}(t)} = -\dfrac{A_2}{12p^2}\sin 2i\,\overline{\cos 2f}\cos 2\omega \\ \overline{\omega_s^{(1)}(t)} = \dfrac{A_2}{p^2}\left[\sin^2 i\left(\dfrac{1}{8}+\dfrac{1-e^2}{6e}\overline{\cos 2f}\right)+\dfrac{1}{6}\overline{\cos 2f}\cos^2 i\right]\sin 2\omega \\ \overline{\Omega_s^{(1)}(t)} = -\dfrac{A_2}{6p^2}\cos i\,\dfrac{1-e^2}{6e}\overline{\cos 2f}\sin 2\omega \\ \overline{M_s^{(1)}(t)} = -\dfrac{A_2}{p^2}\sqrt{1-e^2}\sin^2 i\left(\dfrac{1}{8}+\dfrac{1+e^2}{6e^2}\overline{\cos 2f}\right)\sin 2\omega \end{cases} \tag{6.132}$$

式中，$p=a(1-e^2)$；$n=a^{-3/2}$；$\overline{\cos 2f}$为

$$\overline{\cos 2f} = \frac{1+2\sqrt{1-e^2}}{\left(1+\sqrt{1-e^2}\right)^2}e^2 \tag{6.133}$$

6.5.3 二阶长期项 $\sigma_{j2}(t-t_0)$

由式（6.94）可知二阶长期项为

$$\begin{cases} \sigma_{j2}(t-t_0) = \displaystyle\int_{t_0}^{t}\left[F_{jc}^{(2)}\right]_{\overline{\sigma(t)}}\mathrm{d}t + \sum_{k=1}^{6}\int_{t_0}^{t}\left\{\left[\frac{\partial F_{js}^{(1)}}{\partial\sigma_k}\sigma_{ks}^{(1)}\right]_{\overline{\sigma(t)}}\right\}_{\mathrm{c}}\mathrm{d}t \\ \qquad + \text{Э}\,\displaystyle\frac{1}{2}\int_{t_0}^{t}\left\{\left[\frac{\partial^2 n}{\partial a^2}\right]_{\overline{a(t)}}\left(a_s^{(1)}\right)^2\right\}_{\mathrm{c}}\mathrm{d}t \\ \text{Э} = \begin{cases} 0 & j=1\sim 5 \\ 1 & j=6 \end{cases} \\ F_j = \begin{cases} F_j & j=1\sim 5 \\ F'_M & j=6 \end{cases} \end{cases} \tag{6.134}$$

由式（6.59）与式（6.57）可知摄动函数 R 中二阶长期项为

$$R_c^{(2)} = \frac{A_4}{a^5}\left(\frac{3}{35}-\frac{3}{7}\sin^2 i+\frac{3}{8}\sin^4 i\right)\left(1+\frac{3}{2}e^2\right)(1-e^2)^{-7/2} \tag{6.135}$$

现在讨论 a、e、i 三个根数。

把式（6.135）$R_c^{(2)}$ 代入拉格朗日方程，得到式（6.134）右端第一项中，有

$$\begin{cases} F_{ac}^{(2)} = \dfrac{2}{na}\dfrac{\partial R_c^{(2)}}{\partial M} = 0 \\ F_{ec}^{(2)} = \dfrac{1-e^2}{na^2 e}\dfrac{\partial R_c^{(2)}}{\partial M} - \dfrac{\sqrt{1-e^2}}{na^2 e}\dfrac{\partial R_c^{(2)}}{\partial\omega} = 0 \\ F_{ic}^{(2)} = \dfrac{1}{na^2\sqrt{1-e^2}\sin i}\left(\cos i\dfrac{\partial R_c^{(2)}}{\partial\omega} - \dfrac{\partial R_c^{(2)}}{\partial\Omega}\right) = 0 \end{cases}$$

而式（6.134）右端第二项需要将前面已求得的一阶短周期项 $\sigma_{ks}^{(1)}$ 及 $F_{js}^{(1)}$ 的表达式代入，并在卫星运动一周期内求平均值，以消除短周期项，其中，a、e、i 根数的项即其长期项部分 $\{\cdot\}_c$。据此可知

$$\left\{\sum_{k=1}^{6}\left[\frac{\partial F_{as}^{(1)}}{\partial \sigma_k}\sigma_{ks}^{(1)}\right]_{\overline{\sigma(t)}}\right\}_c = 0$$

$$\left\{\sum_{k=1}^{6}\left[\frac{\partial F_{es}^{(1)}}{\partial \sigma_k}\sigma_{ks}^{(1)}\right]_{\overline{\sigma(t)}}\right\}_c = 0$$

$$\left\{\sum_{k=1}^{6}\left[\frac{\partial F_{is}^{(1)}}{\partial \sigma_k}\sigma_{ks}^{(1)}\right]_{\overline{\sigma(t)}}\right\}_c = 0$$

因此可得

$$\begin{cases} a_2(t-t_0)=0 \\ e_2(t-t_0)=0 \\ i_2(t-t_0)=0 \end{cases} \tag{6.136}$$

对于另外三个根数 Ω、ω、M，式（6.134）第一项中的相关函数 $F_{jc}^{(2)}$ 为

$$\begin{aligned} F_{\Omega c}^{(2)} &= \frac{1}{na^2\sqrt{1-e^2}\sin i}\frac{\partial R_c^{(2)}}{\partial i} \\ &= \frac{1}{na^2\sqrt{1-e^2}\sin i}\frac{A_4}{a^5}\left(-\frac{6}{7}\sin i\cos i+\frac{3}{2}\sin^3 i\cos i\right)\left(1+\frac{3}{2}e^2\right)(1-e^2)^{-7/2} \\ &= -\frac{A_4}{p^2}n\cos i\left[\left(\frac{6}{7}+\frac{9}{7}e^2\right)-\left(\frac{3}{2}+\frac{9}{4}e^2\right)\sin^2 i\right] \end{aligned}$$

$$\begin{aligned} F_{\omega c}^{(2)} &= \frac{\sqrt{1-e^2}}{na^2 e}\frac{\partial R_c^{(2)}}{\partial e}-\frac{1}{na^2\sqrt{1-e^2}}\frac{\cos i}{\sin i}\frac{\partial R_c^{(2)}}{\partial i} \\ &= \frac{A_4}{p^2}n\left[\left(\frac{12}{7}+\frac{27}{14}e^2\right)-\sin^2 i\left(\frac{93}{14}+\frac{27}{4}e^2\right)+\sin^4 i\left(\frac{21}{4}+\frac{81}{16}e^2\right)\right] \end{aligned}$$

$$\begin{aligned} F_{Mc}^{(2)} &= -\frac{1-e^2}{na^2 e}\frac{\partial R_c^{(2)}}{\partial e}-\frac{2}{na}\frac{\partial R_c^{(2)}}{\partial a} \\ &= \frac{A_4}{p^2}n\sqrt{1-e^2}\left[e^2\left(\frac{9}{14}-\frac{45}{14}\sin^2 i+\frac{45}{16}\sin^4 i\right)\right] \end{aligned}$$

从上述表达式可以看出，其右端函数只含 a、e、i 参数，而它们没有一、二阶长期变化，即 $\overline{a(t)}$、$\overline{e(t)}$、$\overline{i(t)}$ 为常量，在代入式（6.134）积分时为常数值的积分。至于式（6.134）中的第二项和第三项，可根据前述方法求平均值后（只含 a、e、i）积分。

最后，求得二阶长期项的解为

$$
\begin{cases}
a_2(t-t_0)=0 \\
e_2(t-t_0)=0 \\
i_2(t-t_0)=0 \\
\Omega_2(t-t_0)=\Bigg[-\dfrac{A_2^2}{p^2}n\cos i\Bigg\{\dfrac{A_4}{A_2^2}\Big[\Big(\dfrac{6}{7}+\dfrac{9}{7}e^2\Big)-\sin i\Big(\dfrac{3}{2}+\dfrac{9}{4}e^2\Big)\Big] \\
\qquad +\Big[\Big(\dfrac{3}{2}+\dfrac{1}{6}e^2+\sqrt{1-e^2}\Big)-\sin^2 i\Big(\dfrac{5}{3}-\dfrac{5}{24}e^2+\dfrac{3}{2}\sqrt{1-e^2}\Big)\Big]\Bigg\}\Bigg]_{\overline{\sigma(t_0)}}(t-t_0) \\
\omega_2(t-t_0)=\Bigg[\dfrac{A_2^2}{p^4}n\Bigg\{\dfrac{A_4}{A_2^2}\Big[\Big(\dfrac{12}{7}+\dfrac{27}{14}e^2\Big)-\sin^2 i\Big(\dfrac{93}{14}+\dfrac{27}{4}e^2\Big) \\
\qquad +\sin^4 i\Big(\dfrac{21}{4}+\dfrac{81}{16}e^2\Big)\Big]+\Big[\Big(4+\dfrac{7}{12}e^2+2\sqrt{1-e^2}\Big)-\sin^2 i\Big(\dfrac{103}{12}+\dfrac{3}{8}e^2+\dfrac{11}{2}\sqrt{1-e^2}\Big) \\
\qquad +\sin^4 i\Big(\dfrac{215}{48}-\dfrac{15}{32}e^2+\dfrac{15}{4}\sqrt{1-e^2}\Big)\Big]\Bigg\}\Bigg]_{\overline{\sigma(t_0)}}(t-t_0) \\
M_2(t-t_0)=\Bigg[\dfrac{A_2^2}{p^4}n\sqrt{1-e^2}\Bigg\{\dfrac{A_4}{A_2^2}\Big[e^2\Big(\dfrac{9}{14}-\dfrac{45}{14}\sin^2 i+\dfrac{45}{16}\sin^4 i\Big)\Big] \\
\qquad +\Big[\dfrac{1}{2}\Big(1-\dfrac{3}{2}\sin^2 i\Big)^2\sqrt{1-e^2}+\dfrac{5}{2}+\dfrac{10}{3}e^2-\sin i\Big(\dfrac{19}{3}+\dfrac{26}{3}e^2\Big) \\
\qquad +\sin^4 i\Big(\dfrac{233}{48}+\dfrac{103}{12}e^2\Big)+\dfrac{e^4}{1-e^2}\Big(\dfrac{35}{12}-\dfrac{35}{4}\sin^2 i+\dfrac{315}{32}\sin^4 i\Big)\Big]\Bigg\}\Bigg]_{\overline{\sigma(t_0)}}(t-t_0)
\end{cases}
\tag{6.137}
$$

式中，角标$\overline{\sigma(t_0)}$表示$[\cdot]_{\overline{\sigma(t_0)}}$内的轨道根数，采用 t_0 时刻的平根数$\overline{\sigma(t_0)}$计算。实际计算中可用 $\sigma(t_0)$ 代替$\overline{\sigma(t_0)}$。

6.5.4 一阶长周期项 $\boldsymbol{\sigma}_{jl}^{(1)}$

由式（6.94）可知一阶长周期项为

$$
\begin{cases}
\sigma_{jl}^{(1)}=\displaystyle\int^t[F_{jl}^{(2)}]_{\overline{\sigma(t)}}\mathrm{d}t \\
\qquad +\displaystyle\sum_{k=1}^{6}\int^t\Big\{\Big[\frac{\partial F_{jc}^{(1)}}{\partial\sigma_k}\sigma_{kl}^{(1)}\Big]_{\overline{\sigma(t)}}\Big\}_1\mathrm{d}t+\sum_{k=1}^{6}\int^t\Big\{\Big[\frac{\partial F_{js}^{(1)}}{\partial\sigma_k}\sigma_{ks}^{(1)}\Big]_{\overline{\sigma(t)}}\Big\}_1\mathrm{d}t \\
\qquad +\ni\displaystyle\int^t\Big[\frac{\partial n}{\partial a}\Big]_{\overline{a(t)}}a_1^{(2)}\mathrm{d}t+\ni\frac{1}{2}\int^t\Big[\frac{\partial^2 n}{\partial a^2}\Big]_{\overline{a(t)}}\{(a_s^{(1)})^2\}_1\mathrm{d}t \\
\ni=\begin{cases}0 & j=1\sim5\\ 1 & j=6\end{cases} \\
F_j=\begin{cases}F_j & j=1\sim5\\ F'_M & j=6\end{cases}
\end{cases}
\tag{6.138}
$$

对 a、e、i、Ω、ω 五个根数，式（6.138）有三项，根数 M 则有五项。其中，第一项

$\int^{t}[F_{j1}^{(2)}]_{\overline{\sigma(t)}}\mathrm{d}t$ 是由摄动函数中 $R_1^{(2)}$ 引起的；第二项和第三项则是由一阶长期项与长周期项相乘、一阶短周期项与短周期项相乘产生的长周期部分；第四、五项是由于 M 中包含 n 而多取的一阶，即二阶长周期项部分。

六个根数的一阶长周期项解为（推导过程见后）

$$
\begin{cases}
a_1^{(1)}(t)=0\\
e_1^{(1)}(t)=\left[\dfrac{1}{pa}\dfrac{\sin^2 i}{4-5\sin^2 i}\left\{A_2\left(\dfrac{7}{12}-\dfrac{5}{8}\sin^2 i\right)-\dfrac{A_4}{A_2}\left(\dfrac{9}{14}-\dfrac{3}{4}\sin^2 i\right)\right\}e\cos 2\omega\right.\\
\qquad\left.+\dfrac{3}{4p}\dfrac{A_3}{A_2}\sin i(1-e^2)\sin\omega\right]_{\overline{\sigma(t)}}+\overline{e_{\mathrm{s}}^{(1)}(t)}\\
i_1^{(1)}(t)=\left[-\dfrac{1}{2p^2}\dfrac{\sin 2i}{4-5\sin^2 i}\left\{A_2\left(\dfrac{7}{12}-\dfrac{5}{8}\sin^2 i\right)-\dfrac{A_4}{A_2}\left(\dfrac{9}{14}-\dfrac{3}{4}\sin^2 i\right)\right\}e^2\cos^2 2\omega\right.\\
\qquad\left.-\dfrac{3}{4p}\dfrac{A_3}{A_2}e\cos i\sin\omega\right]_{\overline{\sigma(t)}}+\overline{i_{\mathrm{s}}^{(1)}(t)}\\
\Omega_1^{(1)}(t)=\left[-\dfrac{1}{p^2}\dfrac{\cos i}{(4-5\sin^2 i)^2}\left\{A_2\left(\dfrac{7}{3}-5\sin^2 i+\dfrac{25}{8}\sin^4 i\right)-\dfrac{A_4}{A_2}\left(\dfrac{18}{7}-6\sin^2 i\right.\right.\right.\\
\qquad\left.\left.\left.+\dfrac{15}{4}\sin^4 i\right)\right\}e^2\sin^2 2\omega+\dfrac{3}{4p}\dfrac{A_3}{A_2}e\cot i\cos\omega\right]_{\overline{\sigma(t)}}+\overline{\Omega_{\mathrm{s}}^{(1)}(t)}\\
\omega_1^{(1)}(t)=\left[-\dfrac{1}{p^2}\dfrac{1}{(4-5\sin^2 i)^2}\left\{A_2\left[\sin^2 i\left(\dfrac{25}{3}-\dfrac{245}{12}\sin^2 i+\dfrac{25}{2}\sin^4 i\right)\right.\right.\right.\\
\qquad-e^2\left(\dfrac{7}{3}-\dfrac{17}{2}\sin^2 i+\dfrac{65}{6}\sin^4 i-\dfrac{75}{16}\sin^6 i\right)\Big]-\dfrac{A_4}{A_2}\Big[\sin^2 i\left(\dfrac{18}{7}-\dfrac{87}{14}\sin^2 i+\dfrac{15}{4}\sin^4 i\right)\\
\qquad\left.-e^2\left(\dfrac{18}{7}-\dfrac{69}{7}\sin^2 i+\dfrac{90}{7}\sin^4 i-\dfrac{45}{8}\sin^6 i\right)\Big]\right\}\sin 2\omega+\dfrac{3}{4p}\dfrac{A_3}{A_2}\dfrac{1}{e\sin i}\\
\qquad\left.[(1+e^2)\sin^2 i-e^2]\cos\omega\right]_{\overline{\sigma(t)}}+\overline{\omega_{\mathrm{s}}^{(1)}(t)}\\
M_1^{(1)}(t)=\left[\dfrac{1}{p^2}\dfrac{\sqrt{1-e^2}}{4-5\sin^2 i}\sin^2 i\left\{A_2\left[\left(\dfrac{25}{12}-\dfrac{5}{2}\sin^2 i\right)-e^2\left(\dfrac{7}{12}-\dfrac{5}{8}\sin^2 i\right)\right]-\dfrac{A_4}{A_2}\right.\right.\\
\qquad\left.\left.\left[(1-e^2)\left(\dfrac{9}{14}-\dfrac{3}{4}\sin^2 i\right)\right]\right\}\sin 2\omega-\dfrac{3}{4p}\dfrac{A_3}{A_2}\dfrac{1}{e}(1-e^2)^{3/2}\sin i\sin\omega\right]_{\overline{\sigma(t)}}+\overline{M_{\mathrm{s}}^{(1)}(t)}
\end{cases}
\tag{6.139}
$$

由上式可以看出，在计算一阶长周期项 $\sigma_1^{(1)}(t)$ 时，要加上一个$\overline{\sigma_{\mathrm{s}}^{(1)}(t)}$；而在前面式（6.130）计算一阶短周期项 $\sigma_{js}^{(1)}$时，要减去一个$\overline{\sigma_{\mathrm{s}}^{(1)}(t)}$。在实际解算中，$\sigma_1^{(1)}(t)$ 与 $\sigma_{js}^{(1)}$ 是同时计算，然后按照 $\sigma_j(t)=\overline{\sigma_j(t_0)}+M_0(t-t_0)+\sigma_{j1}(t-t_0)+\sigma_{j2}(t-t_0)+\sigma_{j1}^{(1)}+\sigma_{js}^{(1)}$ 计算瞬时轨道根数 $\sigma_j(t)$。因此，实际计算中，可以不用计算各平均值$\overline{\sigma_{js}^{(1)}(t)}$，这对最后结果是没有影响的。所以式（6.130）、式（6.139）中的$\overline{\sigma_{js}^{(1)}(t)}$均可略去。

1. $a_1^{(1)}(t)$、$e_1^{(1)}(t)$、$i_1^{(1)}(t)$和 $\Omega_1^{(1)}(t)$、$\omega_1^{(1)}(t)$表达式的推导

由式（6.59）、式（6.55）和式（6.57）可得二阶长周期摄动函数，即

$$R_1^{(2)} = -\frac{3}{4}\frac{A_3}{a^4}\sin i\left(2-\frac{5}{2}\sin^2 i\right)(1-e^2)^{-5/2}e\sin\omega$$
$$+\frac{3}{4}\frac{A_4}{a^5}\sin^2 i\left(\frac{3}{7}-\frac{1}{2}\sin^2 i\right)(1-e^2)^{-7/2}e^2\cos 2\omega \tag{6.140}$$

将其带入拉格朗日方程式（6.60），可得右端被积函数

$$F_{a1}^{(2)} = \frac{2}{na}\frac{\partial R_1^{(2)}}{\partial M} = 0$$

$$F_{i1}^{(2)} = \frac{1}{na^2\sqrt{1-e^2}\sin i}\left(\cos i\frac{\partial R_1^{(2)}}{\partial\omega}-\frac{\partial R_1^{(2)}}{\partial\Omega}\right)$$
$$=\frac{\cos i}{na^2\sqrt{1-e^2}\sin i}\left[-\frac{3}{4}\frac{A_3}{a^4}\sin i\left(2-\frac{5}{2}\sin^2 i\right)(1-e^2)^{-5/2}e\cos\omega\right.$$
$$\left.-\frac{3}{4}\frac{A_4}{a^5}\sin^2 i\left(\frac{3}{7}-\frac{1}{2}\sin^2 i\right)(1-e^2)^{-7/2}e^2\sin 2\omega\right]$$
$$=-\frac{A_3}{p^3}n\left[\frac{3}{4}\cos i\left(2-\frac{5}{2}\sin^2 i\right)\right]e\cos\omega$$
$$-\frac{A_4}{p^4}n\left[\sin 2i\left(\frac{9}{28}-\frac{3}{8}\sin^2 i\right)\right]e^2\sin 2\omega$$

$$F_{e1}^{(2)} = \frac{1-e^2}{na^2e}\frac{\partial R_1^{(2)}}{\partial M}-\frac{\sqrt{1-e^2}}{na^2e}\frac{\partial R_1^{(2)}}{\partial\omega}$$
$$=-\frac{\sqrt{1-e^2}}{na^2e}\frac{na^2\sqrt{1-e^2}\sin i}{\cos i}F_{i1}^{(2)}$$
$$=-\frac{1-e^2}{e}\frac{\sin i}{\cos i}F_{i1}^{(2)}$$

$$F_{\Omega 1}^{(2)} = \frac{1}{na^2\sqrt{1-e^2}\sin i}\frac{\partial R_1^{(2)}}{\partial i}$$
$$=\frac{1}{na^2\sqrt{1-e^2}\sin i}\left[-\frac{3}{4}\frac{A_3}{a^4}\left(2\cos i-\frac{5}{2}3\sin^2 i\cos i\right)(1-e^2)^{-5/2}e\sin\omega\right.$$
$$\left.+\frac{3}{4}\frac{A_4}{a^5}\left(\frac{3}{7}2\sin i\cos i-\frac{1}{2}4\sin^3 i\cos i\right)(1-e^2)^{-7/2}e^2\cos 2\omega\right]$$
$$=-\frac{A_3}{p^3}n\left[\frac{3}{8}\cot i(4-15\sin i)\right]e\sin\omega$$
$$+\frac{A_4}{p^4}n\left[\cos i\left(\frac{9}{14}-\frac{3}{2}\sin^2 i\right)\right]e^2\cos 2\omega$$

$$F_{\omega 1}^{(2)} = \frac{\sqrt{1-e^2}}{na^2e}\frac{\partial R_1^{(2)}}{\partial e}-\frac{1}{na^2\sqrt{1-e^2}}\frac{\cos i}{\sin i}\frac{\partial R_1^{(2)}}{\partial i}$$
$$=-\frac{A_3}{p^3}n\frac{1}{e\sin i}\left[\frac{3}{8}\sin^2 i(4-5\sin^2 i)-\frac{3}{8}e^2(4-35\sin^2 i+35\sin^4 i)\right]\sin\omega$$
$$+\frac{A_4}{p^4}n\left[\sin^2 i\left(\frac{9}{14}-\frac{3}{4}\sin^2 i\right)-e^2\left(\frac{9}{14}-\frac{15}{4}\sin^2 i+\frac{27}{8}\sin^4 i\right)\right]\cos 2\omega$$

$$F_{M1}^{(2)} = -\frac{1-e^2}{na^2e}\frac{\partial R_1^{(2)}}{\partial e} - \frac{2}{na}\frac{\partial R_1^{(2)}}{\partial a}$$

$$=\frac{A_3}{p^3}n\frac{\sqrt{1-e^2}}{e\sin i}\left[\frac{3}{8}\sin^2 i(4-5\sin^2 i)(1-4e^2)\right]\sin\omega$$

$$-\frac{A_4}{p^4}n\sqrt{1-e^2}\left[\sin^2 i\left(\frac{9}{14}-\frac{3}{4}\sin^2 i\right)\left(1-\frac{5}{2}e^2\right)\right]\cos2\omega$$

将以上各式代入式（6.138）第一项求积分时，式中 a、e、i、ω 均应以 $\overline{\sigma(t)}$ 代入，对 $\overline{\sigma(t)}$ 要求一阶小量的精度。由于 a、e、i 不存在一阶长期项，所以 $\overline{a(t)}$、$\overline{e(t)}$、$\overline{i(t)}$ 都可以视为常数，但 $\overline{\omega(t)}$ 因为存在一阶长期项，需要下式：

$$\overline{\omega(t)} = \overline{\omega(t_0)} + \omega_1(t-t_0)$$

$$= \overline{\omega(t_0)} + \left[\frac{A_2}{p^2}n\left(2-\frac{5}{2}\sin^2 i\right)\right]_{\overline{\sigma(t_0)}}(t-t_0)$$

代入后方可积分。以根数 i 为例，有

$$\int^t [F_{i1}^{(2)}]_{\overline{\sigma(t)}}\mathrm{d}t = \int^t\left[-\frac{A_3}{p^3}n\frac{3}{4}\cos i\left(2-\frac{5}{2}\sin^2 i\right)e\right]_{\overline{\sigma(t)}}\cos\overline{\omega(t)}\,\mathrm{d}t$$

$$+\int^t\left[-\frac{A_4}{p^4}n\left[\sin2i\left(\frac{9}{28}-\frac{3}{8}\sin^2 i\right)\right]e^2\right]_{\overline{\sigma(t)}}\sin2\overline{\omega(t)}\,\mathrm{d}t$$

$$=\int^t K_1\cos\overline{\omega(t)}\,\mathrm{d}t + \int^t K_2\sin2\overline{\omega(t)}\,\mathrm{d}t$$

$$=\int^t\frac{K_1}{\dot{\overline{\omega}}(t)}\frac{\mathrm{d}}{\mathrm{d}t}[\sin\overline{\omega(t)}]\mathrm{d}t + \int^t\frac{K_2}{2\dot{\overline{\omega}}(t)}\frac{\mathrm{d}}{\mathrm{d}t}[-\cos2\overline{\omega(t)}]\mathrm{d}t$$

即

$$\int^t [F_{i1}^{(2)}]_{\overline{\sigma(t)}}\mathrm{d}t = K_1\frac{\sin\overline{\omega(t)}}{\dot{\overline{\omega}}(t)} + K_2\frac{-\cos[2\overline{\omega(t)}]}{2\dot{\overline{\omega}}(t)}$$

$$=\left[-\frac{3}{4p}\frac{A_3}{A_2}(\cos i)e(\sin\omega) + \frac{A_4}{p^2A_2}\frac{\sin(2i)}{4-5\sin^2 i}\left(\frac{9}{28}-\frac{3}{8}\sin^2 i\right)e^2\sin(2\omega)\right]_{\overline{\sigma(t)}} \tag{6.141}$$

同理，可得其他根数的结果如下：

$$
\begin{cases}
\int^t [F_{\Omega l}^{(2)}]_{\overline{\sigma(t)}}\mathrm{d}t = \Big[\frac{3}{4p}\frac{A_3}{A_2}(\cot i)e(\cos\omega) \\
\qquad + \frac{1}{p^2}\frac{A_4}{A_2}\frac{\cos i}{4-5\sin^2 i}\Big(\frac{18}{7}-6\sin^2 i+\frac{15}{4}\sin^4 i\Big)e^2\sin2\omega\Big]_{\overline{\sigma(t)}} \\
\int^t [F_{\omega l}^{(2)}]_{\overline{\sigma(t)}}\mathrm{d}t = \Big[\frac{3}{4p}\frac{A_3}{A_2}\frac{1}{e\sin i}[(1+e^2)\sin^2 i-e^2]\cos\omega+\frac{1}{p^2}\frac{A_4}{A_2}\frac{1}{4-5\sin^2 i} \\
\qquad \Big[\sin^2 i\Big(\frac{18}{7}-\frac{87}{14}\sin^2 i+\frac{15}{4}\sin^4 i\Big)-e^2\Big(\frac{18}{7}-\frac{69}{7}(\sin^2 i)e+\frac{90}{7}\sin^4 i \\
\qquad -\frac{45}{8}\sin^6 i\Big)\Big]\sin2\omega\Big]_{\overline{\sigma(t)}} \\
\int^t [F_{Ml}^{(2)}]_{\overline{\sigma(t)}}\mathrm{d}t = \Big[-\frac{1}{p^2}\frac{A_4}{A_2}\frac{\sqrt{1-e^2}}{4-5\sin^2 i}\sin^2 i\Big[(1-e^2)\Big(\frac{9}{14}-\frac{3}{4}\sin^2 i\Big)\Big]\sin2\omega \\
\qquad -\frac{3}{4p}\frac{A_3}{A_2}\frac{1}{e}(1-e^2)^{3/2}\sin i\cos\omega\Big]_{\overline{\sigma(t)}}
\end{cases}
\tag{6.142}
$$

下面讨论式（6.138）的第二、三项，即由短周期项与短周期项相乘、长期项与长周期项相乘而产生的长周期部分，有

$$\int^t\Big\{\Big[\sum_{k=1}^{6}\frac{\partial F_{jc}^{(1)}}{\partial\sigma_k}\sigma_{kl}^{(1)}\Big]_{\overline{\sigma(t)}}\Big\}_1\mathrm{d}t,\quad \int^t\Big\{\sum_{k=1}^{6}\Big[\frac{\partial F_{js}^{(1)}}{\partial\sigma_k}\sigma_{ks}^{(1)}\Big]_{\overline{\sigma(t)}}\Big\}_1\mathrm{d}t$$

式（6.138）的第三项的求解方法与二阶长期项中所用方法相同，即以导出的 $F_{js}^{(1)}$ 和 $\sigma_{ks}^{(1)}$ 在卫星运动一周期内求平均值，其中包含参数 ω 的项即为长周期项部分。事实上，在寻求二阶长期项时已经对其求过平均值，只需将其包含 ω 的项选择出来即可。比如，对于根数 i 可求得

$$\Big\{\sum_{k=1}^{6}\frac{\partial F_{js}^{(1)}}{\partial\sigma_k}\sigma_{ks}^{(1)}\Big\}_1 = \frac{nA_2^2}{p^4}\Big[\frac{1}{6}\Big(2-\frac{5}{2}\sin^2 i\Big)\overline{\cos2f}\sin2\omega+\Big(\frac{7}{24}-\frac{5}{16}\sin^2 i\Big)e^2\sin2\omega\Big]$$

将其代入积分时，其中$\overline{a(t)}$、$\overline{e(t)}$、$\overline{i(t)}$为常数；而$\overline{\omega(t)}$不为常量，为$\overline{\omega(t)}=\overline{\omega(t_0)}+\omega_1(t-t_0)$。处理方法与式（6.141）、式（6.142）相同，即可求得

$$\int^t\Big\{\sum_{k=1}^{6}\Big[\frac{\partial F_{is}^{(1)}}{\partial\sigma_k}\sigma_{ks}^{(1)}\Big]_{\overline{\sigma(t)}}\Big\}_1\mathrm{d}t$$

$$=\Big[-\frac{1}{12}\frac{A_2}{p^2}\sin i\,\overline{\cos2f}\cos2\omega-\frac{A_2}{p^2}\frac{\sin2i}{4-5\sin^2 i}\Big(\frac{7}{24}-\frac{5}{16}\sin^2 i\Big)e^2\sin2\omega\Big]_{\overline{\sigma(t)}}$$

其中一大项正好是式（6.132）中的$\overline{i_s^{(1)}(t)}$，因此有

$$\int^t\Big\{\sum_{k=1}^{6}\Big[\frac{\partial F_{is}^{(1)}}{\partial\sigma_k}\sigma_{ks}^{(1)}\Big]_{\overline{\sigma(t)}}\Big\}_1\mathrm{d}t$$

$$=\Big[-\frac{A_2}{p^2}\frac{\sin2i}{4-5\sin^2 i}\Big(\frac{7}{24}-\frac{5}{16}\sin^2 i\Big)e^2\sin2\omega\Big]_{\overline{\sigma(t)}}+\overline{i_s^{(1)}(t)} \tag{6.143}$$

同理可得

$$
\left\{\begin{aligned}
&\int^t \left\{\sum_{k=1}^{6}\left[\frac{\partial F_{as}^{(1)}}{\partial \sigma_k}\sigma_{ks}^{(1)}\right]_{\overline{\sigma(t)}}\right\}_1 \mathrm{d}t = 0 \\
&\int^t \left\{\sum_{k=1}^{6}\left[\frac{\partial F_{es}^{(1)}}{\partial \sigma_k}\sigma_{ks}^{(1)}\right]_{\overline{\sigma(t)}}\right\}_1 \mathrm{d}t \\
&= \left[\frac{A_2}{pa}\frac{\sin^2 i}{4-5\sin^2 i}\left(\frac{7}{12}-\frac{5}{8}\sin^2 i\right)e^2\cos 2\omega\right]_{\overline{\sigma(t)}} + \overline{e_s^{(1)}(t)}
\end{aligned}\right. \tag{6.144}
$$

至于 a、e、i 三个根数的第二项，有

$$
\int^t \left\{\left[\sum_{k=1}^{6}\frac{\partial F_{jc}^{(1)}}{\partial \sigma_k}\sigma_{kl}^{(1)}\right]_{\overline{\sigma(t)}}\right\}_1 \mathrm{d}t
$$

由于 $F_{ac}^{(2)}=0$、$F_{ec}^{(2)}=0$、$F_{ic}^{(2)}=0$，所以 a、e、i 三个根数的第二项为零。

将 a、e、i 三根数的式（6.141）~式（6.144）代入式（6.138），就可以求得这三个根数的一阶长周期项 $a_l^{(1)}(t)$、$e_l^{(1)}(t)$、$i_l^{(1)}(t)$ 的表达式，见式（6.139）前三项。

对于根数 Ω、ω，其第三项的短周期项与短周期项相乘部分，按与上述方法一样处理；其第二项即长期项与长周期项相乘部分

$$
\int^t \left\{\left[\sum_{k=1}^{6}\frac{\partial F_{jc}^{(1)}}{\partial \sigma_k}\sigma_{kl}^{(1)}\right]_{\overline{\sigma(t)}}\right\}_1 \mathrm{d}t
$$

由式（6.98）、式（6.99）知

$$
F_{\Omega c}^{(1)} = -\frac{A_2}{p^2}\cos i,\quad F_{\omega c}^{(1)} = \frac{A_2}{p^2}n\left(2-\frac{5}{2}\sin^2 i\right)
$$

所以

$$
\frac{\partial F_{\Omega c}^{(1)}}{\partial \Omega} = \frac{\partial F_{\Omega c}^{(1)}}{\partial \omega} = \frac{\partial F_{\Omega c}^{(1)}}{\partial M} = 0
$$

$$
\frac{\partial F_{\omega c}^{(1)}}{\partial \Omega} = \frac{\partial F_{\omega c}^{(1)}}{\partial \omega} = \frac{\partial F_{\omega c}^{(1)}}{\partial M} = 0
$$

即

$$
\begin{aligned}
\int^t \left\{\left[\sum_{k=1}^{6}\frac{\partial F_{\Omega c}^{(1)}}{\partial \sigma_k}\sigma_{kl}^{(1)}\right]_{\overline{\sigma(t)}}\right\}_1 \mathrm{d}t &= \int^t \left\{\left[\frac{\partial F_{\Omega c}^{(1)}}{\partial a}a_1^{(1)}\right]_{\overline{\sigma(t)}}\right\}_1 \mathrm{d}t \\
&+ \int^t \left\{\left[\frac{\partial F_{\Omega c}^{(1)}}{\partial e}e_1^{(1)}\right]_{\overline{\sigma(t)}}\right\}_1 \mathrm{d}t + \int^t \left\{\left[\frac{\partial F_{\Omega c}^{(1)}}{\partial i}i_1^{(1)}\right]_{\overline{\sigma(t)}}\right\}_1 \mathrm{d}t
\end{aligned}
$$

将前面求出的 $a_1^{(1)}(t)$、$e_1^{(1)}(t)$、$i_1^{(1)}(t)$ 的表达式代入上式，即可求得。

将式（6.141）、式（6.142）和第二项、第三项求得的结果代入式（6.138），即可求出式（6.139）中长期项 $\Omega_1^{(1)}(t)$、$\omega_1^{(1)}(t)$ 的表达式。

2. 根数 M 的一阶长周期项 $M_1^{(1)}(t)$ 的表达式推导

由式（6.138）可知

$$
\begin{aligned}
M_1^{(1)}(t) &= \int^t [F_{M1}'^{(2)}]_{\overline{\sigma(t)}}\mathrm{d}t + \sum_{k=1}^{6}\int^t \left\{\left[\frac{\partial F_{M1}'^{(2)}}{\partial \sigma_k}\sigma_{kl}^{(1)}\right]_{\overline{\sigma(t)}}\right\}_1 \mathrm{d}t + \sum_{k=1}^{6}\int^t \left\{\left[\frac{\partial F_{M1}'^{(2)}}{\partial \sigma_k}\sigma_{ks}^{(1)}\right]_{\overline{\sigma(t)}}\right\}_1 \mathrm{d}t \\
&+ \frac{1}{2}\int^t \left[\frac{\partial^2 n}{\partial a^2}\right]_{\overline{\sigma(t)}}\{(a_s^{(1)})^2\}_1 \mathrm{d}t + \int^t \left[\frac{\partial n}{\partial a}a_1^{(2)}\right]_{\overline{\sigma(t)}}\mathrm{d}t
\end{aligned}
$$

其中除最后一项外，其他各项与前述 Ω、ω 的求法相同；它的最后一项包含有根数 a 的二阶长周期项 $a_l^{(2)}$。

根数 a 的二阶长周期项要求被积函数取至三阶小量，所以只考虑 J_2、J_3、J_4 是不够的，而必须考虑更高阶带谐系数（田谐项一般只产生短周期项，不产生长周期项）。如按前述平根数展开的方法求 $a_l^{(2)}$ 是很烦琐的，但对于仅对根数 a 求二阶长周期项 $a_l^{(2)}$，可采用另一种较简单的方法。

在仅考虑带谐项时，摄动函数 R 不显含时间 t。根据分析力学，自哈密顿正则运动方程可给出一能量积分，有

$$\frac{\mu}{2a}+R=c \tag{6.145}$$

式中，$R=R_c^{(1)}+R_c^{(2)}+\cdots+R_l^{(1)}+R_l^{(2)}+\cdots+R_s^{(1)}+R_s^{(2)}+\cdots$，其中的 $R_c^{(1)}$、$R_c^{(2)}$ 等不仅包含 J_2、J_3、J_4，还包含 J_n（$n>4$）的各项。

将能量积分式（6.145）以平根数$\overline{\sigma(t)}$展开为级数表示：

$$\begin{aligned}&\frac{1}{2\bar{a}}+\left[\frac{\partial}{\partial a}\left(\frac{1}{2a}\right)(a_s^{(1)}+a_l^{(1)}+a_s^{(2)}+a_l^{(2)}+\cdots)\right]_{\overline{\sigma(t)}}\\&+\left\{\frac{1}{2}\frac{\partial^2}{\partial a^2}\left(\frac{1}{2a}\right)[(a_s^{(1)})^2+(a_l^{(1)})^2+\cdots]\right\}_{\overline{\sigma(t)}}\\&+[R_c^{(1)}+R_c^{(2)}+R_s^{(1)}+R_s^{(2)}+R_l^{(2)}+\cdots]_{\overline{\sigma(t)}}\\&+\sum_{k=1}^{6}\left\{\frac{\partial(R_c^{(1)}+R_s^{(1)})}{\partial\sigma_k}[\sigma_{ks}^{(1)}+\sigma_{kl}^{(1)}+\cdots]\right\}_{\overline{\sigma(t)}}=c\end{aligned} \tag{6.146}$$

上式等号两端相同阶次及周期特性的项分别相等。不妨以 $a_l^{(1)}$、$a_l^{(2)}$ 表示因 J_2 引起的长周期项，$a_{nl}^{(1)}$、$a_{nl}^{(2)}$ 表示因 $J_n(n\geqslant3)$ 引起的长周期项。由式（6.146）可以得到

常值项

$$\left[\frac{1}{2a}+R_c^{(1)}+R_c^{(2)}\right]_{\overline{\sigma(t)}}=c \tag{6.147}$$

一阶长周期项

$$\left[\frac{\partial}{\partial a}\left(\frac{1}{2a}\right)(a_l^{(1)}+a_{nl}^{(1)})\right]_{\overline{\sigma(t)}}=0 \tag{6.148}$$

一阶短周期项

$$\left[\frac{\partial}{\partial a}\left(\frac{1}{2a}\right)a_s^{(1)}+R_s^{(1)}\right]_{\overline{\sigma(t)}}=0 \tag{6.149}$$

利用能量积分可以方便地求得根数 a 的摄动。例如，用式（6.149）可以方便得到

$$a_s^{(1)}=\left[\frac{2}{n^2a}R_s^{(1)}\right]_{\overline{\sigma(t)}}$$

这正是前面已经求出的一阶短周期项 $a_s^{(1)}$ 的解。

式（6.148）表明，即使考虑到阶数 $n>4$ 的情况，根数 a 的一阶长周期项也为零。下面考虑二阶长周期项

$$\left\{\left[\frac{\partial}{\partial a}\left(\frac{1}{2a}\right)a_1^{(2)}+\frac{1}{2}\frac{\partial^2}{\partial a^2}\left(\frac{1}{2a}\right)(a_s^{(1)})^2+\sum_{k=1}^{6}\frac{\partial R_s^{(1)}}{\partial\sigma_k}\sigma_{ks}^{(1)}+\sum_{k=1}^{6}\frac{\partial R_c^{(1)}}{\partial\sigma_k}\sigma_{kl}^{(1)}\right.\right.$$
$$\left.\left.+\frac{\partial}{\partial a}\left(\frac{1}{2a}\right)a_{nl}^{(2)}+\sum_{k=1}^{6}\frac{\partial R_c^{(1)}}{\partial\sigma_k}\sigma_{knl}^{(1)}+R_l^{(2)}\right]_{\overline{\sigma(t)}}\right\}_l=0 \tag{6.150}$$

由上式可以看出，根数 a 的二阶长周期项 $a_l^{(2)}+a_{nl}^{(2)}$ 可以用一阶摄动项表示，只是其中 $\sigma_{knl}^{(1)}$ 尚未求出，并且包含全部 $n\geqslant3$ 的 $R_l^{(2)}$ 形式非常复杂。实际上，式（6.150）左端最后两项（包括 $\sigma_{knl}^{(1)}$ 和 $R_l^{(2)}$）之和为零。下面予以证明。

已知

$$R_c^{(1)}=R_c^{(1)}(a,e,i)=\frac{A_2}{a^3}(1-e^2)^{-3/2}\left(\frac{1}{3}-\frac{1}{2}\sin^2 i\right),\quad a_{knl}^{(1)}=0$$

所以

$$\sum_{k=1}^{6}\frac{\partial R_c^{(1)}}{\partial\sigma_k}\sigma_{knl}^{(1)}=\frac{\partial R_c^{(1)}}{\partial e_k}e_{nl}^{(1)}+\frac{\partial R_c^{(1)}}{\partial i_k}i_{nl}^{(1)} \tag{6.151}$$

由拉格朗日行星运动方程

$$\frac{\mathrm{d}e}{\mathrm{d}t}=\frac{1-e^2}{na^2e}\frac{\partial R}{\partial M}-\frac{\sqrt{1-e^2}}{na^2e}\frac{\partial R}{\partial\omega}=\frac{1-e^2}{na^2e}\frac{na}{2}\frac{\mathrm{d}a}{\mathrm{d}t}-\frac{\sqrt{1-e^2}}{na^2e}\frac{\partial R}{\partial\omega}$$
$$\frac{\mathrm{d}i}{\mathrm{d}t}=\frac{1}{na^2\sqrt{1-e^2}}\frac{\cos i}{\sin i}\frac{\partial R}{\partial\omega}$$

所以可得到

$$\frac{\mathrm{d}e}{\mathrm{d}t}=\frac{1-e^2}{na^2e}\frac{na}{2}\frac{\mathrm{d}a}{\mathrm{d}t}-\frac{\sqrt{1-e^2}}{na^2e}na^2\sqrt{1-e^2}\frac{\sin i}{\cos i}\frac{\mathrm{d}i}{\mathrm{d}t}$$
$$=\frac{1-e^2}{e}\left(\frac{1}{2a}\frac{\mathrm{d}a}{\mathrm{d}t}-\frac{\sin i}{\cos i}\frac{\mathrm{d}i}{\mathrm{d}t}\right)$$

对上式积分并只取一阶长周期项

$$e_l^{(1)}=-\frac{1-e^2}{e}\frac{\sin i}{\cos i}i_l^{(1)}$$

把上式代入式（6.151），有

$$\sum_{k=1}^{6}\frac{\partial R_c^{(1)}}{\partial\sigma_k}\sigma_{knl}^{(1)}=\frac{\partial R_c^{(1)}}{\partial e_k}\left(-\frac{1-e^2}{e}\frac{\sin i}{\cos i}i_{nl}^{(1)}\right)+\frac{\partial R_c^{(1)}}{\partial i_k}i_{nl}^{(1)}$$
$$=\left[3\frac{A_2}{a^3}(1-e^2)^{-5/2}\left(\frac{1}{3}-\frac{1}{2}\sin^2 i\right)e\left(-\frac{1-e^2}{e}\frac{\sin i}{\cos i}\right)\right.$$
$$\left.-\frac{A_2}{a^3}(1-e^2)^{-3/2}\sin i\cos i\right]i_{nl}^{(1)}$$
$$=-\frac{1}{a}\frac{A_2}{p^2}\sqrt{1-e^2}\frac{\sin i}{\cos i}\left[\left(1-\frac{3}{2}\sin^2 i\right)-\cos^2 i\right]i_{nl}^{(1)}$$
$$=-\frac{1}{a}\frac{A_2}{p^2}\sqrt{1-e^2}\frac{\sin i}{\cos i}\left(1-\frac{5}{2}\sin^2 i\right)i_{nl}^{(1)} \tag{6.152}$$

考虑到 $i_{nl}^{(1)}$ 是由 $R_l^{(2)}$ 所产生的摄动项，由拉格朗日方程，有

$$\frac{\mathrm{d}}{\mathrm{d}t}(i_{nl}^{(1)})=\frac{1}{na^2\sqrt{1-e^2}}\frac{\cos i}{\sin i}\frac{\partial R_1^{(2)}}{\partial\omega}$$

可以以足够的精度写出

$$\omega=\omega_0+\omega_1(t-t_0)$$

$$\mathrm{d}\omega=\frac{A_2}{p^2}n\left(2-\frac{5}{2}\sin^2 i\right)\mathrm{d}t$$

所以

$$\begin{aligned}\mathrm{d}(i_{nl}^{(1)})&=\frac{1}{na^2\sqrt{1-e^2}}\frac{\cos i}{\sin i}\frac{\partial R_1^{(2)}}{\partial\omega}\mathrm{d}t\\&=\frac{1}{na^2\sqrt{1-e^2}}\frac{\cos i}{\sin i}\frac{\partial R_1^{(2)}}{\partial\omega}\frac{\mathrm{d}\omega}{\frac{A_2}{p^2}n\left(2-\frac{5}{2}\sin^2 i\right)}\\&=\frac{a}{\sqrt{1-e^2}}\frac{\cos i}{\sin i}\frac{p^2}{A_2}\frac{1}{2-\frac{5}{2}\sin^2 i}\frac{\partial R_1^{(2)}}{\partial\omega}\mathrm{d}\omega\end{aligned}$$

即

$$i_{nl}^{(1)}=\frac{a}{\sqrt{1-e^2}}\frac{\cos i}{\sin i}\frac{p^2}{A_2}\frac{1}{2-\frac{5}{2}\sin^2 i}R_1^{(2)}$$

代入式（6.152），得

$$\begin{aligned}\sum_{k=1}^{6}\frac{\partial R_c^{(1)}}{\partial\sigma_k}\sigma_{knl}^{(1)}&=-\frac{1}{a}\frac{A_2}{p^2}\sqrt{1-e^2}\frac{\sin i}{\cos i}\left(1-\frac{5}{2}\sin^2 i\right)i_{nl}^{(1)}\\&=-\frac{1}{a}\frac{A_2}{p^2}\sqrt{1-e^2}\frac{\sin i}{\cos i}\left(1-\frac{5}{2}\sin^2 i\right)\frac{a}{\sqrt{1-e^2}}\frac{\cos i}{\sin i}\frac{p^2}{A_2}\frac{1}{2-\frac{5}{2}\sin^2 i}R_1^{(2)}\\&=-R_1^{(2)}\end{aligned}$$

所以

$$\sum_{k=1}^{6}\frac{\partial R_c^{(1)}}{\partial\sigma_k}\sigma_{knl}^{(1)}+R_1^{(2)}=0\tag{6.153}$$

将式（6.153）代入式（6.150）可得

$$a_1^{(2)}+a_{nl}^{(2)}=-2a^2\left\{\left[\frac{1}{2}\frac{\partial^2}{\partial a^2}\left(\frac{1}{2a}\right)(a_s^{(1)})^2+\sum_{k=1}^{6}\frac{\partial R_s^{(1)}}{\partial\sigma_k}\sigma_{ks}^{(1)}+\sum_{k=1}^{6}\frac{\partial R_c^{(1)}}{\partial\sigma_k}\sigma_{kl}^{(1)}\right]_{\overline{\sigma(t)}}\right\}_1\tag{6.154}$$

式（6.154）右端所需各项前面都已求出，只需要代入就可得到考虑高阶带谐项的根数 a 的二阶长周期项，有

$$a_1^{(2)}(t)=\left[a\frac{A_2^2}{p^4}\sqrt{1-e^2}\left\{\left[-\frac{1}{6}\sin^2 i(4-5\sin^2 i)\overline{\cos 2f}+e^2(\sin^2 i)\left(\frac{17}{12}-\frac{19}{8}\sin^2 i\right)\right]\cos 2\omega+\frac{e^4}{1-e^2}\left[\frac{7}{3}\sin^2 i\left(1-\frac{3}{2}\sin^2 i\right)\cos 2\omega+\frac{1}{32}\sin^4 i\cos 4\omega\right]\right\}\right]_{\overline{\sigma(t)}}\tag{6.155}$$

把式（6.155）代入 $M_l^{(1)}(t)$ 的表达式的最后一项，连同其他项就可以得到该根数 M 的一阶长周期项

$$
\begin{aligned}
M_l^{(1)}(t) = \Bigg[& \frac{1}{p^2}\frac{\sqrt{1-e^2}}{4-5\sin^2 i}\sin^2 i\Bigg\{A_2\bigg[\left(\frac{25}{12}-\frac{5}{2}\sin^2 i\right)-e^2\left(\frac{7}{12}-\frac{5}{8}\sin^2 i\right)\bigg] \\
& -\frac{A_4}{A_2}\bigg[(1-e^2)\left(\frac{9}{14}-\frac{3}{4}\sin^2 i\right)\bigg]\Bigg\}\sin 2\omega \\
& -\frac{3}{4p}\frac{A_3}{A_2}\frac{1}{e}(1-e^2)^{3/2}\sin i\sin\omega\Bigg]_{\overline{\sigma(t)}} + \overline{M_s^{(1)}(t)}
\end{aligned}
\tag{6.156}
$$

6.5.5　平根数法的解算步骤和奇点问题

1. 解算步骤

采用平根数法，考虑地球重力场 J_2、J_3、J_4 摄动力的卫星摄动运动的一阶解为

$$
\begin{aligned}
\sigma_j(t) &= \sigma_j(t_0) + \ni M_0(t-t_0) + \sigma_{j1}(t-t_0) \\
&\quad + \sigma_{j2}(t-t_0) + \sigma_{jl}^{(1)}(t) + \sigma_{js}^{(1)}(t) \\
\ni &= \begin{cases} 0 & j=1\sim5 \\ 1 & j=6 \end{cases}
\end{aligned}
\tag{6.157}
$$

上式右端的表达式均已在前面给出。

根据所求定时刻 t 和平根数 $\overline{\sigma(t)}$，即可按相关公式解算出右端各项，从而求出时刻 t 的瞬时轨道根数 $\sigma(t)$，具体解算步骤如下。

已知的条件是，历元时刻 t_0 的 $\sigma(t_0)$：a_0、e_0、i_0、Ω_0、ω_0、M_0。

（1）计算历元时刻 t_0 的一阶短周期项 $\sigma_s^{(1)}(t_0)$ 和一阶长周期项 $\sigma_l^{(1)}(t_0)$

利用式（6.130）和式（6.139）解算，公式中 t 换成 t_0；$\overline{\sigma(t_0)}$ 用 $\sigma(t_0)$ 替代，以计算 $\sigma_s^{(1)}(t_0)$ 和 $\sigma_l^{(1)}(t_0)$。

（2）计算历元时刻 t_0 的平根数 $\overline{\sigma(t_0)}$

$$\overline{\sigma(t_0)} = \sigma(t_0) - \sigma_s^{(1)}(t_0) - \sigma_l^{(1)}(t_0)$$

（3）计算一、二阶长期项 $\sigma_1(t-t_0)$、$\sigma_2(t-t_0)$

采用式（6.103）和式（6.137）计算，公式中的轨道根数采用时刻 t_0 的 $\overline{\sigma(t_0)}$。

（4）计算求定时刻 t 的平根数 $\overline{\sigma(t)}$

$$\overline{\sigma(t)} = \overline{\sigma(t_0)} + \ni M_0(t-t_0) + \sigma_1(t-t_0) + \sigma_2(t-t_0)$$

（5）计算求定时刻 t 的一阶短周期项 $\sigma_s^{(1)}$ 和一阶长周期项 $\sigma_l^{(1)}$

采用式（6.130）和式（6.139）解算，式中轨道根数采用时刻 t 的平根数 $\overline{\sigma(t)}$。

（6）计算所要求定时刻 t 的瞬时轨道根数 $\sigma(t)$

$$
\begin{aligned}
\sigma_j(t) &= \sigma_j(t_0) + \ni M_0(t-t_0) + \sigma_{j1}(t-t_0) \\
&\quad + \sigma_{j2}(t-t_0) + \sigma_{jl}^{(1)}(t) + \sigma_{js}^{(1)}(t) \\
\ni &= \begin{cases} 0 & j=1\sim5 \\ 1 & j=6 \end{cases}
\end{aligned}
$$

（7）计算时刻 t 的卫星位置 $\boldsymbol{r}(t)$ 和速度 $\dot{\boldsymbol{r}}(t)$

根据二体问题公式，用瞬时轨道根数 $\sigma(t)$ 计算 $\boldsymbol{r}(t)$ 和 $\dot{\boldsymbol{r}}(t)$。

图 6.1 给出了平根数法解算卫星摄动运动的步骤。

在计算短周期项 $\sigma_s^{(1)}(t)$ 时，需要用到 a/r 和 f 两个参量。这两个量可用相应的平根数 $\overline{\sigma(t)}$ 按二体问题公式计算，即

$$E = M + e\sin E, \quad \frac{a}{r} = \frac{1}{1 - e\cos E}, \quad \tan f = \frac{\sqrt{1 - e^2}\sin E}{\cos E - e}$$

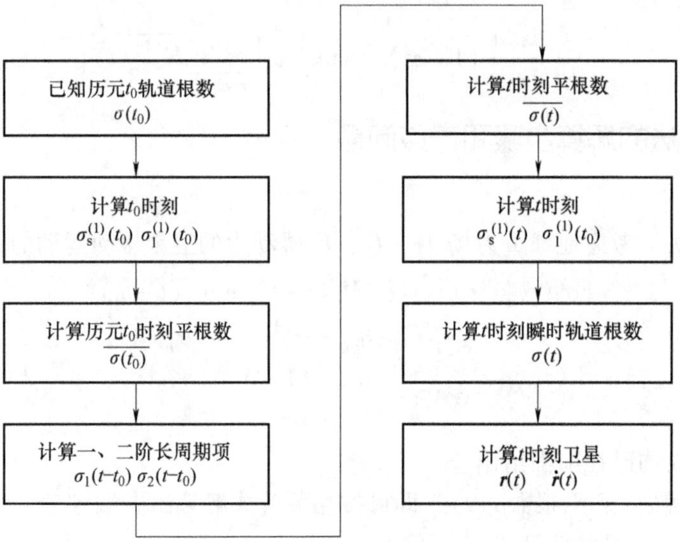

图 6.1　平根数法解算卫星摄动运动步骤

2. 奇点问题

（1）第一类奇点问题

当用平根数解算摄动运动时，在 $\omega_s^{(1)}$、$M_s^{(1)}$ 和 $\omega_l^{(1)}$、$M_l^{(1)}$ 中，有些项会出现 $1/e$ 因子；在 $\omega_l^{(1)}$、$\Omega_l^{(1)}$ 中，有些项会出现 $1/(\sin i)$ 因子。因此，当 $e=0$ 和 $i=0$ 时，平根数法的这些解算公式就不能使用。产生这类奇点问题的原因是由于变量（轨道根数）选择不当，解决的办法是采用其他的轨道根数。

（2）第二类奇点问题

在一阶长期项中均含有 $1/(4-5\sin^2 i)$，当 $i=63°26'$ 或 $i=116°34'$ 时，平根数法的这些解算公式也不能使用。这是由于平根数法本身产生的，需要用拟平根数法来求解。

以上两类奇点问题及其解法可参阅有关资料。

第 7 章 人造地球卫星轨道设计

在卫星设计时，首先应明确地提出其任务要求，在任务要求确定后，可进行卫星系统的总体设计，设计出满足给定任务要求的卫星轨道是总体设计工作的重要组成部分，也是进一步开展各分系统设计工作的重要依据。

例如，当任务要求卫星对地球表面进行全球普查时，则要设计出保证卫星能按一定规律覆盖全球的卫星轨道。当任务要求卫星对地面的某些地区进行长时间观测时，则要设计出使卫星在该地区上空有较长停留时间或是静止于该地区上空的卫星轨道。当任务要求星上照相机能获得地面目标的高分辨率照片，则要求卫星在目标上空的高度尽可能低。当任务要求卫星能获得全球的均匀分辨率的照片，则要求卫星沿近圆轨道飞行。

人造卫星的轨道由六个经典轨道根数确定，卫星轨道设计就是根据任务要求，适当地选择轨道根数，使其完成给定的任务。轨道设计的基本方法是建立任务要求与卫星轨道根数之间的关系式，然后根据任务要求选择轨道根数。

随着卫星应用领域的逐步扩展，越来越多的空间任务仅依靠单颗卫星已经不能完成。于是，将多颗卫星按一定的模式组成卫星星座方案开始受到重视和研究，并成为许多空间任务的首选。卫星编队飞行则可以认为是一种比较特殊的星座，它由两颗（或以上）的卫星组成，卫星在绕地球运动的同时，主要按照轨道自然特性近距离伴随飞行，并彼此间形成特定构型的卫星群。

7.1 星下点轨迹

围绕地球运动的各类人造卫星，其任务虽各有不同，但为完成给定任务，它们都要收集和传输地面（或大气层）的电磁波信息及与地面测控网保持光学的或无线电的联系。

由于电磁波沿直线传播的特性，只有当卫星处于地球上某点上空时，才能收集和传输该点及由地球曲率限定的该点周围区域的电磁波信息。因此，不论是为了分析已知其轨道的卫星收集和传输地面信息的性能，还是为了设计能收集和传输地球上指定区域的信息的卫星轨道，都要求对卫星与地球间的相互几何关系进行研究，即在已知卫星轨道根数的前提下，需要知道在给定时刻卫星的位置信息。

如果假定地球的几何形状为一正球体，对于惯性坐标系（或称地球不动外壳，也称无旋地球）的观察者而言，卫星绕地球作椭圆（或圆）轨道运动。设某时刻 t_1，卫星在轨道上的点 S_1，作 S_1 与地心 O 的连线，连线与地面表面交于 S_1' 点，点 S_1' 称为该时刻的卫星星下点，由于连线为球面的法线，点 S_1' 也称为 S_1 在球面上的投影。

随着时间的推移，卫星在轨道上的位置不断变化，星下点在地球上的位置也不断变化，将各星下点连接起来，在地球表面上形成的轨迹称为星下点轨迹。求出星下点轨迹，即可了解卫星与地球之间的相互几何关系。

图 7.1 给出了无旋地球上的星下点轨迹。由于地球在惯性空间中绕其转轴作匀角速度自转，因此，旋转地球上的星下点轨迹将不同于无旋地球上的星下点轨迹。接下来，先研究无旋地球上的星下点轨迹，以此为基础，进一步研究旋转地球上的星下点轨迹。

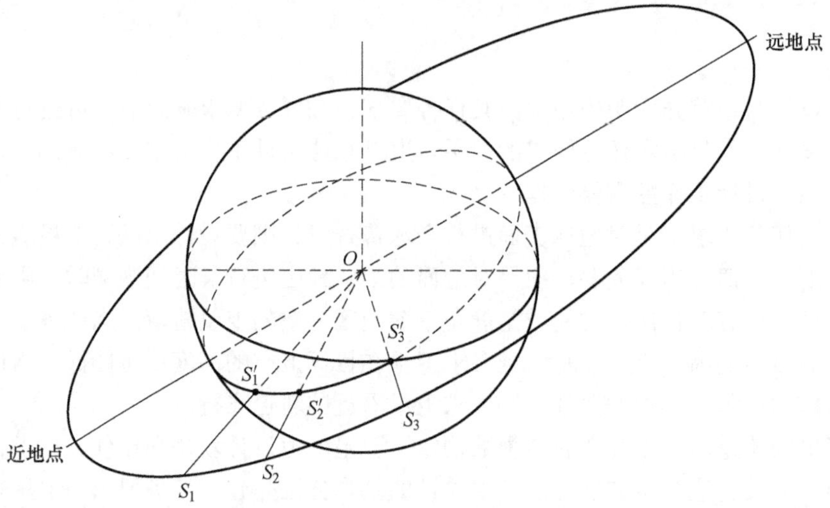

图 7.1　无旋地球上的星下点轨迹

7.1.1　曲面上的曲线和地图投影

星下点轨迹是曲面（球面）上的曲线，在古典微分几何学中对曲面上曲线的性质已作了深入的详细的研究，在研究星下点轨迹时将引用这些结果。

在求得球面上的星下点轨迹后，通常要将球面上的星下点轨迹绘制在平面地图上，为了正确地理解与使用平面地图上绘制的星下点轨迹，要对地图投影作一简短的介绍。

7.1.1.1　曲面上曲线的基本知识

（1）曲面的参数方程

在直角坐标系 $O—XYZ$ 中，由 O 向曲面上一点 $P(X, Y, Z)$ 所做的矢径 $\boldsymbol{r}$ 可表示为

$$\boldsymbol{r} = X\boldsymbol{X}^0 + Y\boldsymbol{Y}^0 + Z\boldsymbol{Z}^0 \tag{7.1}$$

其中$\boldsymbol{X}^0$、$\boldsymbol{Y}^0$、$\boldsymbol{Z}^0$ 分别为 X、Y、Z 轴的单位矢量。

曲面方程为

$$Z = f(X,Y) \tag{7.2}$$

或

$$F(X,Y,Z) = 0 \tag{7.3}$$

曲面方程可看作是式（7.1）中 X、Y、Z 之间的约束条件，因而曲面上点的坐标 X、Y、Z 中，只有两个独立变量。引入两个参变量 u、v，使得

$$\begin{cases} X = X(u,v) \\ Y = Y(u,v) \\ Z = Z(u,v) \end{cases} \tag{7.4}$$

式中，X、Y、Z 均为 u、v 的单值解析函数，则曲面上的点可由（u，v）确定，通常将 u、v 称为曲面上的曲纹坐标，并将式（7.4）或该式的矢量表达式

$$\boldsymbol{r}=\boldsymbol{r}(u,\ v) \tag{7.5}$$

称为曲面的参数方程。

将 $\boldsymbol{r}$ 对 u、v 求偏导数，则有

$$\begin{cases}\boldsymbol{r}'_u = X'_u\boldsymbol{i}+Y'_u\boldsymbol{j}+Z'_u\boldsymbol{k}\\ \boldsymbol{r}'_v = X'_v\boldsymbol{i}+Y'_v\boldsymbol{j}+Z'_v\boldsymbol{k}\end{cases} \tag{7.6}$$

曲面上$\boldsymbol{r}'_u\times\boldsymbol{r}'_v\neq 0$ 的点，即$\boldsymbol{r}'_u$、$\boldsymbol{r}'_v$ 不共线的点称为正则点；$\boldsymbol{r}'_u\times\boldsymbol{r}'_v=0$ 的点称为非正则点。这里只讨论正则点。

（2）曲面上的曲线

设 t 为独立变量，而曲面上的曲纹坐标为 t 的函数，即

$$u=u(t),\quad v=v(t) \tag{7.7}$$

将上式代入式（7.5）则有

$$\boldsymbol{r}=\boldsymbol{r}[u(t),v(t)]=\boldsymbol{r}(t) \tag{7.8}$$

当 t 在其定义域内变动时，$\boldsymbol{r}$ 的矢端在曲面上画出一矢端曲线，因此式（7.7）或式（7.8）在曲面上定义了一曲线。

如曲面上的曲线有一个曲纹坐标保持常数，如 u 为常数，只有 v 改变，则此曲线称为 v 坐标曲线；如 v 为常数，只有 u 改变，则此曲线称为 u 坐标曲线。因为常数可以任意给定，所以可在曲面上得出两族曲线坐标，这两族曲线组成了曲面上的坐标网。

例如，地球中心为原点 O_e，已知其半径为 R，曲纹坐标分别为 φ 和经度 λ，则地球圆球面的参数方程为

$$\begin{cases}X=R\cos\varphi\cos\lambda\\ Y=R\cos\varphi\sin\lambda\\ Z=R\sin\varphi\end{cases} \tag{7.9}$$

如 φ 为常数，则坐标曲线为平行圈（或称纬线），即 λ 坐标曲线；如 λ 为常数，则坐标曲线为子午线（或称经线），即 φ 坐标曲线。平行圈和子午线构成了球面上的坐标网。

（3）曲面上的切线

设已知曲面上曲线 L 的方程为 $\boldsymbol{r}=\boldsymbol{r}(u,\ v)$，则有

$$\mathrm{d}\boldsymbol{r}=\boldsymbol{r}'_u\mathrm{d}u+\boldsymbol{r}'_v\mathrm{d}v \tag{7.10}$$

其中

$$\mathrm{d}u=u'_t\,\mathrm{d}t,\qquad \mathrm{d}v=v'_t\,\mathrm{d}t \tag{7.11}$$

由式（7.10）可知，$\mathrm{d}\boldsymbol{r}$ 为$\boldsymbol{r}'_u$、$\boldsymbol{r}'_v$ 的线性组合，而 $\mathrm{d}\boldsymbol{r}$ 的几何意义为曲线 L 的切线方向的矢量，因此，在曲面上曲线的任何一点，其切线总是在该点的矢量$\boldsymbol{r}'_u$和$\boldsymbol{r}'_v$ 组成的平面内，此平面称为该点的切平面，而矢量$\boldsymbol{r}'_u$和$\boldsymbol{r}'_v$分别在该点的两坐标曲线的切线方向上。例如，在 u 坐标曲线上 $\mathrm{d}v=0$，由式（7.10）可知，$\boldsymbol{r}'_u$与 u 坐标曲线的切线方向一致。同理，$\boldsymbol{r}'_v$与 v 坐标曲线的切线方向一致，如图 7.2 所示。

（4）曲面上曲线的弧素

由式（7.10）可知，曲面上一已知曲线 L 的弧长微分 $\mathrm{d}s$ 满足下列关系：

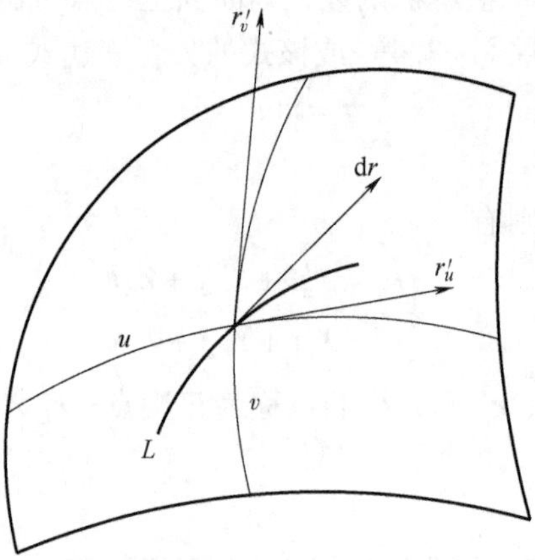

图 7.2　曲面上曲线的切平面

$$ds^2 = d\boldsymbol{r} \cdot d\boldsymbol{r} = (\boldsymbol{r}_u' du + \boldsymbol{r}_v' dv)^2 = \boldsymbol{r}_u'^2 du^2 + 2\boldsymbol{r}_u' \cdot \boldsymbol{r}_v' dudv + \boldsymbol{r}_v'^2 dv^2 \tag{7.12}$$

式中右端为 du 和 dv 的二次齐次式，称为曲面的第一基本形，或曲面的弧素。

如令

$$E = \boldsymbol{r}_u'^2,\ F = \boldsymbol{r}_u' \cdot \boldsymbol{r}_v',\ G = \boldsymbol{r}_v'^2 \tag{7.13}$$

式中，E、F、G 为第一基本量。将式（7.13）代入式（7.12），则有

$$ds^2 = Edu^2 + 2Fdudv + Gdv^2 \tag{7.14}$$

例如，对于式（7.9）描述的球面方程，可由

$$\begin{cases} X_\varphi' = -R\sin\varphi\cos\lambda \\ Y_\varphi' = -R\sin\varphi\sin\lambda \\ Z_\varphi' = R\cos\varphi \\ X_\lambda' = -R\cos\varphi\sin\lambda \\ Y_\lambda' = R\cos\varphi\cos\lambda \\ Z_\lambda' = 0 \end{cases}$$

求得

$$\begin{cases} E = \boldsymbol{r}_u'^2 = \boldsymbol{r}_u' \cdot \boldsymbol{r}_u' = X_\varphi'^2 + Y_\varphi'^2 + Z_\varphi'^2 = R^2 \\ F = \boldsymbol{r}_u' \cdot \boldsymbol{r}_v' = X_\varphi' X_\lambda' + Y_\varphi' Y_\lambda' + Z_\varphi' Z_\lambda' = 0 \\ G = \boldsymbol{r}_v'^2 = \boldsymbol{r}_v' \cdot \boldsymbol{r}_v' = X_\lambda'^2 + Y_\lambda'^2 + Z_\lambda'^2 = R^2\cos^2\varphi \end{cases}$$

故弧素为

$$ds^2 = R^2(d\varphi^2 + \cos^2\varphi d\lambda^2)$$

由式（7.14）和式（7.11）可得从 $t = t_0$ 点到 $t = t_1$ 点的曲线的弧长为

$$s = \int_{t_0}^{t_1} (Eu_t'^2 + 2Fu_t'v_t' + Gv_t'^2)^{1/2} dt \tag{7.15}$$

（5）曲面上曲线的交角

设曲面上有二曲线相交于一点，二曲线在交点的切线之间的夹角称为而曲线的交角，如图 7.3 所示。

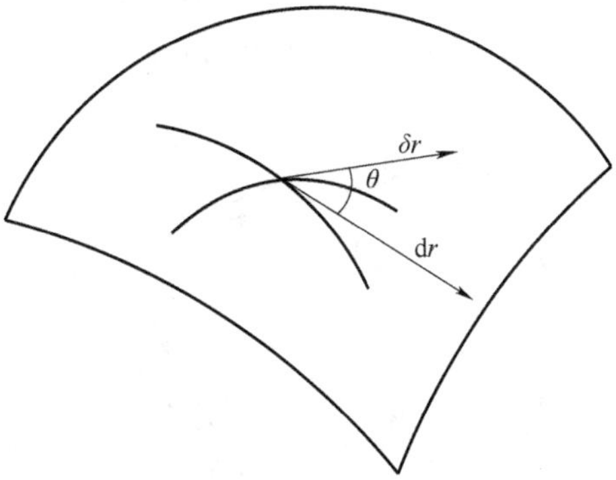

图 7.3　曲面上曲线的交角

将二曲线的切线矢量分别记为 d$\boldsymbol{r}$ 和 $\delta\boldsymbol{r}$，则有

$$\mathrm{d}\boldsymbol{r}=\boldsymbol{r}'_u\mathrm{d}u+\boldsymbol{r}'_v\mathrm{d}v,\quad \delta\boldsymbol{r}=\boldsymbol{r}'_u\delta u+\boldsymbol{r}'_v\delta v \tag{7.16}$$

如将二曲线的交角记为 θ，则有

$$\cos\theta=\frac{\mathrm{d}\boldsymbol{r}\cdot\delta\boldsymbol{r}}{|\mathrm{d}\boldsymbol{r}||\delta\boldsymbol{r}|} \tag{7.17}$$

由于

$$\mathrm{d}\boldsymbol{r}\cdot\delta\boldsymbol{r}=E\mathrm{d}u\delta v+F(\mathrm{d}u\delta v+\mathrm{d}v\delta u)+G\mathrm{d}v\delta v$$
$$|\mathrm{d}\boldsymbol{r}|=\mathrm{d}s=(E\mathrm{d}u^2+2F\mathrm{d}u\mathrm{d}v+G\mathrm{d}v^2)^{1/2}$$
$$|\delta\boldsymbol{r}|=\delta s=(E\delta u^2+2F\delta u\delta v+G\delta v^2)^{1/2}$$

故有

$$\cos\theta=\frac{E\mathrm{d}u\delta v+F(\mathrm{d}u\delta v+\mathrm{d}v\delta u)+G\mathrm{d}v\delta v}{(E\mathrm{d}u^2+2F\mathrm{d}u\mathrm{d}v+G\mathrm{d}v^2)^{1/2}}\frac{1}{(E\delta u^2+2F\delta u\delta v+G\delta v^2)^{1/2}} \tag{7.18}$$

坐标曲线之间的夹角 ω 是二曲线之间夹角的一种特殊情况，对于 v 坐标曲线有下列关系：

$$\mathrm{d}u=0,\quad \mathrm{d}v\neq 0$$

对于 u 坐标曲线则为

$$\delta u\neq 0,\quad \delta v=0$$

将以上两式代入式（7.18），则有

$$\cos\omega=\frac{F}{(EG)^{1/2}} \tag{7.19}$$

由上式可知，坐标曲线正交的充要条件为

$$F=0 \tag{7.20}$$

当坐标曲线正交时，弧素的表达式为

$$\mathrm{d}s^2=E\mathrm{d}u^2+G\mathrm{d}v^2$$

在曲面上每一点的坐标曲线都正交的曲纹坐标系称为正交坐标系，球面上的平行圈与子午线即构成球面上的正交坐标系。

（6）曲面的面积素

如 du 和 dv 分别为曲面上坐标曲线的微分，且均为正值，则在曲面上以（u，v）、（u +

$\mathrm{d}u$, v)、($u+\mathrm{d}u$, $v+\mathrm{d}v$)、(u, $v+\mathrm{d}v$) 为顶点，以坐标曲线为边的曲线四边形的面积可用自 (u, v) 点出发，以$\boldsymbol{r}'_u\mathrm{d}u$ 和$\boldsymbol{r}'_v\mathrm{d}v$ 为边的平行四边形面积代替，如图 7.4 所示。

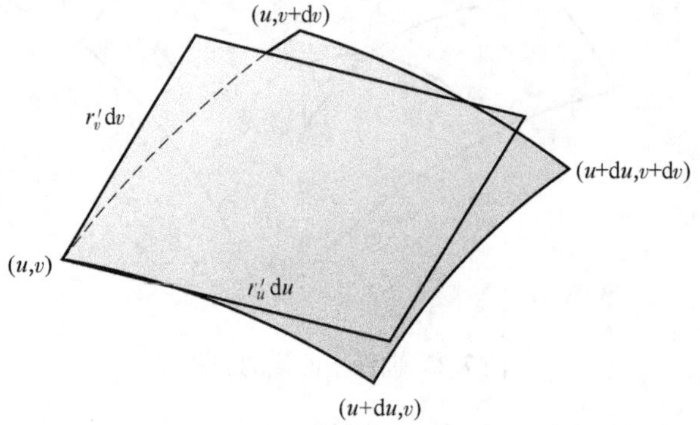

图 7.4　曲面的面积素

平行四边形的面积 $\mathrm{d}\sigma$ 为

$$\mathrm{d}\sigma = |\boldsymbol{r}'_u\mathrm{d}u \times \boldsymbol{r}'_v\mathrm{d}v| = |\boldsymbol{r}'_u \times \boldsymbol{r}'_v|\mathrm{d}u\mathrm{d}v \tag{7.21}$$

注意到矢量叉乘、点乘为$|\boldsymbol{A}\times\boldsymbol{B}| = AB\sin\theta$、$\boldsymbol{A}\cdot\boldsymbol{B} = AB\cos\theta$，则可得拉格朗日恒等式

$$(\boldsymbol{A}\times\boldsymbol{B})^2 = \boldsymbol{A}^2\boldsymbol{B}^2 - (\boldsymbol{A}\cdot\boldsymbol{B})^2 \tag{7.22}$$

则有

$$(\boldsymbol{r}'_u \times \boldsymbol{r}'_v)^2 = \boldsymbol{r}'^2_u\boldsymbol{r}'^2_v - (\boldsymbol{r}'_u\cdot\boldsymbol{r}'_v)^2 = EG - F^2$$

因而有

$$|\boldsymbol{r}'_u \times \boldsymbol{r}'_v| = (EG - F^2)^{1/2} = D \tag{7.23}$$

将上式代入式 (7.21)，则有

$$\mathrm{d}\sigma = D\mathrm{d}u\mathrm{d}v \tag{7.24}$$

式中，$\mathrm{d}\sigma$ 为曲面的面积素。球面上的面积素为

$$\mathrm{d}\sigma = D\mathrm{d}\varphi\mathrm{d}\lambda = R^2\cos\varphi\mathrm{d}\varphi\mathrm{d}\lambda$$

由式 (7.24) 可求得曲面在区域 Ω 内的面积为

$$\sigma = \iint_{(\Omega)} D\mathrm{d}u\mathrm{d}v \tag{7.25}$$

7.1.1.2　曲面上的曲线和地图投影

地图是用数学方法在平面上显示整个（或部分）地球表面各种信息的一种图解形式。当地球表面上的经纬线（坐标曲线）形成的网格与地图平面上的网格建立了相互对应的数学关系后，则地球表面各网格内的要素（长度、角度、面积）也以满足这种数学关系的形式表示在平面上。因此，地图投影是指以一定的数学关系将地球表面上的经纬线网格表示到平面上去的方法。

在地球表面上用地心纬度 φ 和经度 λ 表示点的位置，同一点在平面上用直角坐标 X、Y 表示，地球表面上的 $P(\varphi, \lambda)$ 点在平面上对应于 $P'(X, Y)$ 点，两者的函数关系为

$$X = f_1(\varphi,\lambda),\quad Y = f_2(\varphi,\lambda) \tag{7.26}$$

地球表面的经纬线是连续而规则的曲线，因而平面地图上的经纬线也应是连续和规则的，即在投影范围之内，f_1 和 f_2 应为单值有限的连续函数，否则投影将无意义。

从式（7.26）中分别消去 φ 和 λ，则可得经线投影到地图上的表达式为

$$F_1(X,Y,\lambda)=0 \tag{7.27}$$

纬线投影到地图上的表达式为

$$F_2(X,Y,\varphi)=0 \tag{7.28}$$

（1）地图投影的分类

地球的球形表面为不可展的曲面，即将曲面表示为平面时将发生裂隙与褶皱。为避免发生这种情况，可用数学方法将经纬线拉伸或压缩，即通过一些过渡的办法来进行投影。

圆锥曲面是一种可展曲面，作一圆锥曲面与地球相切（或相割），并使圆锥轴线与地球自转轴重合（圆锥轴线与地球自转轴的这种关系称为正轴）。圆锥曲线的母线即为地球子午线在圆锥曲面上的投影，而纬线可按数学关系投影到圆锥面上，然后将圆锥沿某一母线展成扇形平面，从而可获得一幅地图。图 7.5 给出了圆锥正轴切投影的情况。

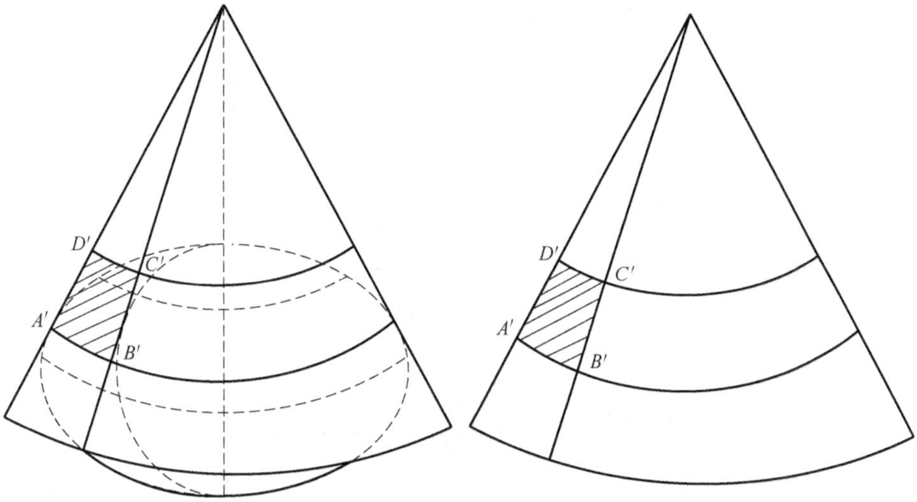

图 7.5　圆锥正轴切投影

上述的正轴圆锥切投影也称极投影。当地球自转轴与圆锥曲面的轴线正交时的投影，称为圆锥横轴投影，也称为赤道投影。当地球自转轴与圆锥轴线既不重合又不正交时的投影，称为圆锥斜轴投影，也称为水平投影。当圆锥曲面与地球相切或相割时的投影分别称为切投影或割投影，如图 7.6 所示。

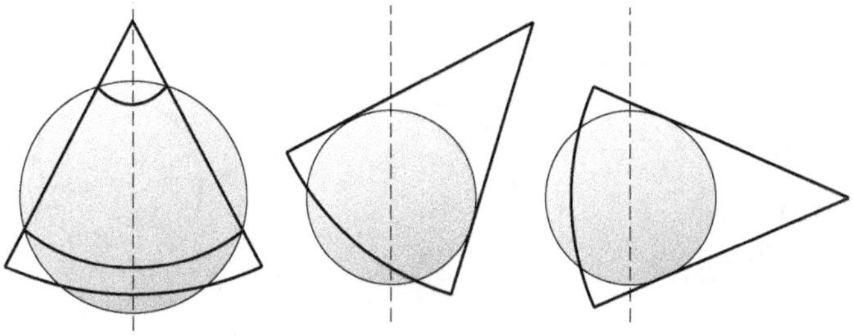

a) 正轴割投影　　b) 斜轴切投影　　c) 横轴切投影

图 7.6　圆锥投影

圆柱面也是可展曲面，用圆柱面代替圆锥面进行与圆锥投影相类似的投影后可得圆柱投影，事实上当圆锥顶点延伸到无穷远时，圆锥面就变成了圆柱面，因此，圆柱投影是圆锥投影的一种特殊情况。按圆柱轴线与地球自转轴重合、正交、既不重合又不正交三种情况，可将圆柱投影分为正轴、横轴、斜轴投影，按圆柱体与地球相切、相割两种情况，又可将圆柱投影分为切投影和割投影。

在描绘人造地球卫星的星下点轨迹时将使用圆柱正轴切投影。在这种投影中，地球上的经纬线在平面地图上的投影为相互正交的平行直线。图 7.7 给出了这种投影。图 7.8 给出了正轴、斜轴和横轴圆柱投影。

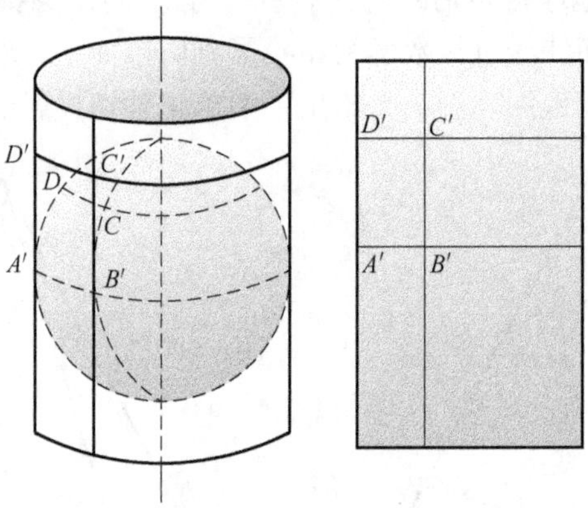

图 7.7　圆柱投影

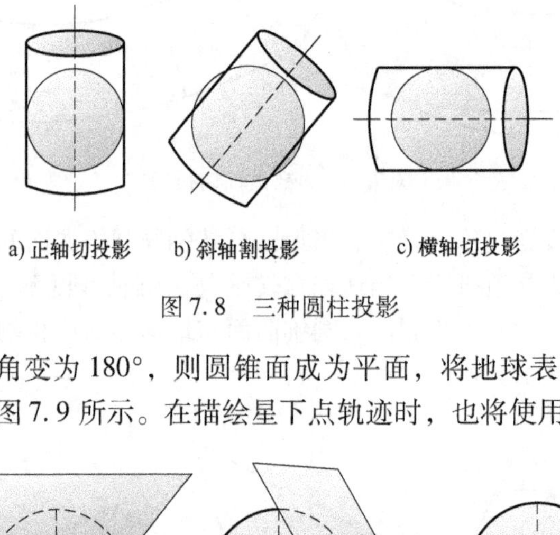

图 7.8　三种圆柱投影

如果圆锥曲面的顶角变为 180°，则圆锥面成为平面，将地球表面投影到此平面，这种投影称为方位投影，如图 7.9 所示。在描绘星下点轨迹时，也将使用正轴和横轴方位投影。

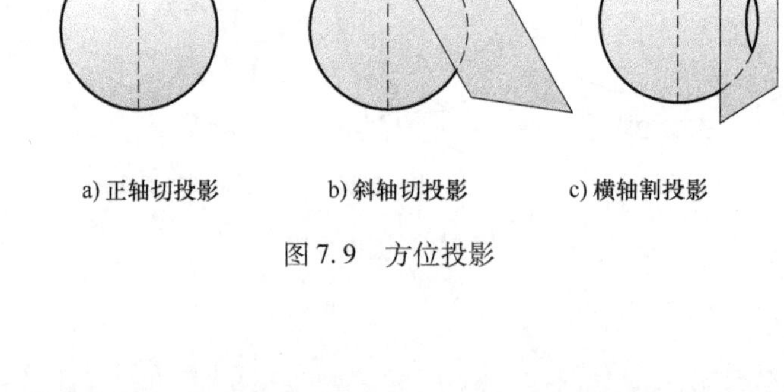

图 7.9　方位投影

(2) 长度比、面积比和角度变形

将地球表面上的曲线的长度、曲线所围的面积、曲线的交角经过圆锥、圆柱、方位投影表示在地图上，一般都会发生某种变化。为研究这种变化，讨论在地球上一点的邻域内微分线段的长度、微分面积、交角的变化。为此，先引入以下定义：

长度比 μ 为地球上微分线段投影后长度 ds' 与原有长度 ds 之比，即

$$\mu = \frac{ds'}{ds} \tag{7.29}$$

面积比 p 为地球上微分面积投影后的大小 $d\sigma'$ 与原有面积 $d\sigma$ 之比，即

$$p = \frac{d\sigma'}{d\sigma} \tag{7.30}$$

角度变形 $\Delta\beta$ 为某一交角投影前的数值 β 与投影后数值 β' 之差，即

$$\Delta\beta = \beta - \beta' \tag{7.31}$$

在制作地图时，必须先将地球按一定比例缩小后再表示在地图上，此比例尺称为地图的主比例尺或普通比例尺。由于投影过程中存在变形，地图上只有某些位置能保持这一比例尺，而其余位置的比例尺不同于主比例尺，这种比例尺称为局部比例尺。局部比例尺会随投影的性质及线段在地球上的位置和方向不同而变化。为方便起见，在后面的讨论中假定主比例尺的数值为 1。

下面来分析投影过程中长度、面积和角度的变化。

地球上由经纬线网格围成的球面微分四边形，投影关系如下：

$$X = X(\varphi, \lambda), \quad Y = Y(\varphi, \lambda) \tag{7.32}$$

投影到平面直角四边形 XOY，如图 7.10 所示，投影前为球面四边形 $ABCD$，投影后为平行四边形 $A'B'C'D'$。

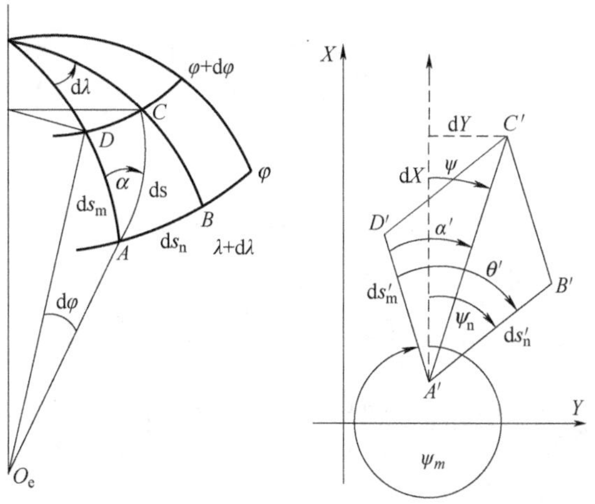

图 7.10　球面微分四边形及其投影

投影前有下列关系：

经线微分线段为

$$AD = ds_m = Rd\varphi \tag{7.33a}$$

纬线微分线段为

$$AB = \mathrm{d}s_{\mathrm{n}} = R\cos\varphi \mathrm{d}\lambda \tag{7.33b}$$

对角线微分线段为

$$AC = \mathrm{d}s = R\ (\mathrm{d}\varphi^2 + \cos^2\varphi \mathrm{d}\lambda^2)^{1/2} \tag{7.33c}$$

C 点方位角为

$$\sin\alpha = \frac{R\cos\varphi \mathrm{d}\lambda}{\mathrm{d}s} \tag{7.34a}$$

$$\cos\alpha = \frac{R\mathrm{d}\varphi}{\mathrm{d}s} \tag{7.34b}$$

$$\tan\alpha = \frac{\cos\varphi \mathrm{d}\lambda}{\mathrm{d}\varphi} \tag{7.34c}$$

微分四边形面积为

$$\mathrm{d}\sigma = R^2\cos\varphi \mathrm{d}\varphi \mathrm{d}\lambda \tag{7.35}$$

由式（7.32）知，投影前后坐标线长度的微分变化满足下式：

$$\begin{pmatrix} \mathrm{d}X \\ \mathrm{d}Y \end{pmatrix} = \begin{pmatrix} \dfrac{\partial X}{\partial \varphi} & \dfrac{\partial X}{\partial \lambda} \\ \dfrac{\partial Y}{\partial \varphi} & \dfrac{\partial Y}{\partial \lambda} \end{pmatrix} \begin{pmatrix} \mathrm{d}\varphi \\ \mathrm{d}\lambda \end{pmatrix} \tag{7.36}$$

引入下列记号：

$$\begin{cases} E_1 = \left(\dfrac{\partial X}{\partial \varphi}\right)^2 + \left(\dfrac{\partial Y}{\partial \varphi}\right)^2 \\ G_1 = \left(\dfrac{\partial X}{\partial \lambda}\right)^2 + \left(\dfrac{\partial Y}{\partial \lambda}\right)^2 \\ F_1 = \dfrac{\partial X}{\partial \varphi}\dfrac{\partial X}{\partial \lambda} + \dfrac{\partial Y}{\partial \varphi}\dfrac{\partial Y}{\partial \lambda} \\ D_1 = \dfrac{\partial X}{\partial \varphi}\dfrac{\partial Y}{\partial \lambda} - \dfrac{\partial X}{\partial \lambda}\dfrac{\partial Y}{\partial \varphi} \end{cases} \tag{7.37}$$

投影后有下列关系：

对角线长度为

$$A'C' = \mathrm{d}s' = (\mathrm{d}X^2 + \mathrm{d}Y^2)^{1/2} \tag{7.38}$$

将式（7.36）、式（7.37）代入式（7.38）则有

$$\begin{aligned} \mathrm{d}s' &= (\mathrm{d}X^2 + \mathrm{d}Y^2)^{1/2} = \left[\left(\frac{\partial X}{\partial \varphi}\mathrm{d}\varphi + \frac{\partial X}{\partial \lambda}\mathrm{d}\lambda\right)^2 + \left(\frac{\partial Y}{\partial \varphi}\mathrm{d}\varphi + \frac{\partial Y}{\partial \lambda}\mathrm{d}\lambda\right)^2\right]^{1/2} \\ &= \left[\left(\frac{\partial X}{\partial \varphi}\right)^2\mathrm{d}\varphi^2 + 2\frac{\partial X}{\partial \varphi}\frac{\partial X}{\partial \lambda}\mathrm{d}\varphi\mathrm{d}\lambda + \left(\frac{\partial X}{\partial \lambda}\right)^2\mathrm{d}\lambda^2 + \left(\frac{\partial Y}{\partial \varphi}\right)^2\mathrm{d}\varphi^2 + 2\frac{\partial Y}{\partial \varphi}\frac{\partial Y}{\partial \lambda}\mathrm{d}\varphi\mathrm{d}\lambda + \left(\frac{\partial Y}{\partial \lambda}\right)^2\mathrm{d}\lambda^2\right]^{1/2} \\ &= [E_1\mathrm{d}\varphi^2 + 2F_1\mathrm{d}\varphi\mathrm{d}\lambda + G_1\mathrm{d}\lambda^2]^{1/2} \end{aligned}$$

即

$$\mathrm{d}s' = (E_1\mathrm{d}\varphi^2 + 2F_1\mathrm{d}\varphi\mathrm{d}\lambda + G_1\mathrm{d}\lambda^2)^{1/2} \tag{7.39}$$

在式（7.39）中分别令 $\mathrm{d}\lambda = 0$ 和 $\mathrm{d}\varphi = 0$ 则可得平面上经纬线微分线段的长度为

$$\begin{cases} A'D' = \mathrm{d}s'_{\mathrm{m}} = E_1^{1/2}\mathrm{d}\varphi \\ A'B' = \mathrm{d}s'_{\mathrm{n}} = G_1^{1/2}\mathrm{d}\lambda \end{cases} \tag{7.40}$$

得到上述基本线段长度的微分后，可导出下述角度的表达式：
设投影后对角线与 X 轴夹角为 ψ，则有

$$\begin{cases} \sin\psi = \dfrac{\mathrm{d}Y}{\mathrm{d}s'} \\ \cos\psi = \dfrac{\mathrm{d}X}{\mathrm{d}s'} \\ \tan\psi = \dfrac{\mathrm{d}Y}{\mathrm{d}X} = \dfrac{\dfrac{\partial Y}{\partial \varphi}\mathrm{d}\varphi + \dfrac{\partial Y}{\partial \lambda}\mathrm{d}\lambda}{\dfrac{\partial X}{\partial \varphi}\mathrm{d}\varphi + \dfrac{\partial X}{\partial \lambda}\mathrm{d}\lambda} \end{cases} \tag{7.41}$$

注意到纬线 $\mathrm{d}\varphi=0$、经线 $\mathrm{d}\lambda=0$ 及式（7.40），可知投影后的经纬线与 X 轴夹角 ψ_m、ψ_n 分别为

$$\begin{cases} \sin\psi_{\mathrm{m}} = \dfrac{\mathrm{d}Y}{\mathrm{d}s'_{\mathrm{m}}} = \dfrac{\dfrac{\partial Y}{\partial \varphi}}{E_1^{1/2}} \\ \cos\psi_{\mathrm{m}} = \dfrac{\mathrm{d}X}{\mathrm{d}s'_{\mathrm{m}}} = \dfrac{\dfrac{\partial X}{\partial \varphi}}{E_1^{1/2}} \\ \sin\psi_{\mathrm{n}} = \dfrac{\mathrm{d}Y}{\mathrm{d}s'_{\mathrm{n}}} = \dfrac{\dfrac{\partial Y}{\partial \lambda}}{G_1^{1/2}} \\ \cos\psi_{\mathrm{n}} = \dfrac{\mathrm{d}X}{\mathrm{d}s'_{\mathrm{n}}} = \dfrac{\dfrac{\partial X}{\partial \lambda}}{G_1^{1/2}} \end{cases} \tag{7.42}$$

如图 7.10 所示，有

$$\theta' = 360^\circ - \psi_{\mathrm{m}} + \psi_{\mathrm{n}}$$

注意到式（7.37）、式（7.42），可得经纬线投影后的交角 θ' 为

$$\sin\theta' = \sin(\psi_{\mathrm{n}} - \psi_{\mathrm{m}}) = \sin\psi_{\mathrm{n}}\cos\psi_{\mathrm{m}} - \cos\psi_{\mathrm{n}}\sin\psi_{\mathrm{m}} = \frac{\dfrac{\partial Y}{\partial \lambda}}{G_1^{1/2}}\frac{\dfrac{\partial X}{\partial \varphi}}{E_1^{1/2}} - \frac{\dfrac{\partial X}{\partial \lambda}}{G_1^{1/2}}\frac{\dfrac{\partial Y}{\partial \varphi}}{E_1^{1/2}} = \frac{D_1}{(E_1G_1)^{1/2}}$$

$$\cos\theta' = \cos(\psi_{\mathrm{n}} - \psi_{\mathrm{m}}) = \cos\psi_{\mathrm{n}}\cos\psi_{\mathrm{m}} + \sin\psi_{\mathrm{n}}\sin\psi_{\mathrm{m}} = \frac{\dfrac{\partial X}{\partial \lambda}}{G_1^{1/2}}\frac{\dfrac{\partial X}{\partial \varphi}}{E_1^{1/2}} + \frac{\dfrac{\partial Y}{\partial \lambda}}{G_1^{1/2}}\frac{\dfrac{\partial Y}{\partial \varphi}}{E_1^{1/2}} = \frac{F_1}{(E_1G_1)^{1/2}}$$

即

$$\begin{cases} \sin\theta' = \sin(\psi_{\mathrm{n}} - \psi_{\mathrm{m}}) = \dfrac{D_1}{(E_1G_1)^{1/2}} \\ \cos\theta' = \cos(\psi_{\mathrm{n}} - \psi_{\mathrm{m}}) = \dfrac{F_1}{(E_1G_1)^{1/2}} \\ \tan\theta' = \dfrac{D_1}{F_1} \end{cases} \tag{7.43}$$

经纬线投影前交角为 90°，投影后为 θ'，经过投影产生的差值 ε 为

$$\tan\varepsilon = \tan(\theta' - 90°) = -\frac{F_1}{D_1}$$

如图7.10所示，微分线段 $\mathrm{d}s'$ 的方位角 α' 为

$$\alpha' = 360° - \psi_{\mathrm{m}} + \psi$$

再注意到式（7.36）、式（7.41）、式（7.42），则有

$$\sin\alpha' = \sin(\psi - \psi_{\mathrm{m}}) = \sin\psi\cos\psi_{\mathrm{m}} - \cos\psi\sin\psi_{\mathrm{m}} = \frac{\mathrm{d}Y}{\mathrm{d}s'}\frac{\frac{\partial X}{\partial\varphi}}{E_1^{1/2}} - \frac{\mathrm{d}X}{\mathrm{d}s'}\frac{\frac{\partial Y}{\partial\varphi}}{E_1^{1/2}}$$

$$= \frac{\left(\frac{\partial Y}{\partial\varphi}\mathrm{d}\varphi + \frac{\partial Y}{\partial\lambda}\mathrm{d}\lambda\right)}{\mathrm{d}s'}\frac{\frac{\partial X}{\partial\varphi}}{E_1^{1/2}} - \frac{\left(\frac{\partial X}{\partial\varphi}\mathrm{d}\varphi + \frac{\partial X}{\partial\lambda}\mathrm{d}\lambda\right)}{\mathrm{d}s'}\frac{\frac{\partial Y}{\partial\varphi}}{E_1^{1/2}} = \frac{\left(\frac{\partial X}{\partial\varphi}\frac{\partial Y}{\partial\lambda} - \frac{\partial X}{\partial\lambda}\frac{\partial Y}{\partial\varphi}\right)\mathrm{d}\lambda}{E_1^{1/2}\mathrm{d}s'}$$

$$= \frac{D_1\mathrm{d}\lambda}{E_1^{1/2}\mathrm{d}s'}$$

$$\cos\alpha' = \cos(\psi - \psi_{\mathrm{m}}) = \cos\psi\cos\psi_{\mathrm{m}} + \sin\psi\sin\psi_{\mathrm{m}} = \frac{\mathrm{d}X}{\mathrm{d}s'}\frac{\frac{\partial X}{\partial\varphi}}{E_1^{1/2}} + \frac{\mathrm{d}Y}{\mathrm{d}s'}\frac{\frac{\partial Y}{\partial\varphi}}{E_1^{1/2}}$$

$$= \frac{\left(\frac{\partial X}{\partial\varphi}\mathrm{d}\varphi + \frac{\partial X}{\partial\lambda}\mathrm{d}\lambda\right)}{\mathrm{d}s'}\frac{\frac{\partial X}{\partial\varphi}}{E_1^{1/2}} + \frac{\left(\frac{\partial Y}{\partial\varphi}\mathrm{d}\varphi + \frac{\partial Y}{\partial\lambda}\mathrm{d}\lambda\right)}{\mathrm{d}s'}\frac{\frac{\partial Y}{\partial\varphi}}{E_1^{1/2}}$$

$$= \frac{\left[\left(\frac{\partial X}{\partial\varphi}\right)^2 + \left(\frac{\partial Y}{\partial\varphi}\right)^2\right]\mathrm{d}\varphi + \left(\frac{\partial X}{\partial\varphi}\frac{\partial X}{\partial\lambda} + \frac{\partial Y}{\partial\varphi}\frac{\partial Y}{\partial\lambda}\right)\mathrm{d}\lambda}{E_1^{1/2}\mathrm{d}s'}$$

$$= \frac{E_1\mathrm{d}\varphi + F_1\mathrm{d}\lambda}{E_1^{1/2}\mathrm{d}s'}$$

即

$$\begin{cases} \sin\alpha' = \dfrac{D_1\mathrm{d}\lambda}{E_1^{1/2}\mathrm{d}s'} \\ \cos\alpha' = \dfrac{E_1\mathrm{d}\varphi + F_1\mathrm{d}\lambda}{E_1^{1/2}\mathrm{d}s'} \\ \tan\alpha' = \dfrac{D_1\mathrm{d}\lambda}{E_1\mathrm{d}\varphi + F_1\mathrm{d}\lambda} \end{cases} \tag{7.44}$$

由式（7.40）、式（7.43）可知投影后的微分面积 $\mathrm{d}\sigma'$ 为

$$\mathrm{d}\sigma' = \mathrm{d}s'_{\mathrm{m}}\mathrm{d}s'_{\mathrm{n}}\sin\theta' = E_1^{1/2}\mathrm{d}\varphi G_1^{1/2}\mathrm{d}\lambda\frac{D_1}{(E_1G_1)^{1/2}} = D_1\mathrm{d}\varphi\mathrm{d}\lambda \tag{7.45}$$

（3）等角、等面积、等距离投影

等角投影是指地球上任何一点邻域内的二微分线段的交角在投影前后保持不变。在投影前地球上的经纬线正交，投影后则要求 $\theta' = 90°$，投影前任一方向的方位角投影为 α，投影后为 α'，则要求 $\alpha = \alpha'$。

因为要求 $\theta' = 90°$，由式（7.43）可知，即要求

$$F_1 = 0,\quad D_1 = (E_1G_1)^{1/2} \tag{7.46}$$

因为要求 $\alpha=\alpha'$，注意到式（7.46），由式（7.34）和式（7.44）可知，即要求

$$\begin{cases}\dfrac{R\cos\varphi\mathrm{d}\lambda}{\mathrm{d}s}=\dfrac{D_1\mathrm{d}\lambda}{E_1^{1/2}\mathrm{d}s'}\\[2mm]\dfrac{R\mathrm{d}\varphi}{\mathrm{d}s}=\dfrac{E_1\mathrm{d}\varphi+F_1\mathrm{d}\lambda}{E_1^{1/2}\mathrm{d}s'}=\dfrac{E_1\mathrm{d}\varphi}{E_1^{1/2}\mathrm{d}s'}\end{cases}$$

即

$$\begin{cases}\dfrac{\mathrm{d}s'}{\mathrm{d}s}=\dfrac{D_1}{R\cos\varphi E_1^{1/2}}\\[2mm]\dfrac{\mathrm{d}s'}{\mathrm{d}s}=\dfrac{E_1^{1/2}}{R}\end{cases}$$

由上式知

$$\frac{D_1}{R\cos\varphi E_1^{1/2}}=\frac{E_1^{1/2}}{R}$$

即

$$D_1=E_1\cos\varphi$$

将式（7.46）中 $D_1=(E_1G_1)^{1/2}$ 代入上式得

$$G_1^{1/2}=E_1^{1/2}\cos\varphi \tag{7.47}$$

将式（7.37）代入式（7.47）可得

$$\frac{\left(\dfrac{\partial X}{\partial\lambda}\right)^2+\left(\dfrac{\partial Y}{\partial\lambda}\right)^2}{\cos^2\varphi}=\left(\frac{\partial X}{\partial\varphi}\right)^2+\left(\frac{\partial Y}{\partial\varphi}\right)^2 \tag{7.48}$$

由式（7.46）中 $F_1=0$ 及式（7.48），可得以下等角投影关系：

$$\begin{cases}\dfrac{\partial X}{\partial\lambda}=-\cos\varphi\dfrac{\partial Y}{\partial\varphi}\\[2mm]\dfrac{\partial Y}{\partial\lambda}=\cos\varphi\dfrac{\partial X}{\partial\varphi}\end{cases} \tag{7.49}$$

式（7.49）称为保角变换条件，也称柯西—黎曼条件。式（7.48）中的偏导数开方后应有正解和负解，由于 D_1 为面积素，恒为正值，D_1 大于零的充分条件为$\partial X/\partial\lambda$ 与$\partial Y/\partial\varphi$ 异号，$\partial Y/\partial\lambda$ 与$\partial X/\partial\varphi$ 同号，按此原则确定出式（7.49）右端的正负号。

假定投影时选择的函数式（7.32）满足式（7.49）的关系，则投影为等角投影，投影前后的微分图形保持相似。

等面积投影是指地球上的微分面积在投影前后保持一致，即面积比 $p=1$。

由于 $\mathrm{d}\sigma'=\mathrm{d}\sigma$，将式（7.35）和式（7.45）代入，则有

$$D_1=R^2\cos\varphi$$

将式（7.37）的第四式代入上式，则可得等面积投影应满足的关系式为

$$\frac{\partial X}{\partial\varphi}\frac{\partial Y}{\partial\lambda}-\frac{\partial X}{\partial\lambda}\frac{\partial Y}{\partial\varphi}=R^2\cos\varphi \tag{7.50}$$

等距离投影是指沿地球上一特定方向的微分长度在投影前后保持相等，即沿该特定方向的长度比 $\mu=1$。在正轴投影时，这一特定方向通常是经线方向，此时等距离投影的条件由

式（7.33a）和式（7.40）可得

$$\frac{ds'_m}{ds_m}=\frac{E_1^{1/2}}{R}=1$$

将式（7.37）的第一式代入上式，则可得等距离投影应满足的关系式为

$$\left(\frac{\partial X}{\partial\varphi}\right)^2+\left(\frac{\partial Y}{\partial\varphi}\right)^2=R^2 \tag{7.51}$$

由于投影前后微分长度的变化是一切变形的基础，因此上述三种投影也可用长度比来描述。

由式（7.33a）和式（7.39）可知

$$\mu=\frac{ds'}{ds}=\frac{(E_1d\varphi^2+2F_1d\varphi d\lambda+G_1d\lambda^2)^{1/2}}{R(d\varphi^2+\cos^2\varphi d\lambda^2)^{1/2}}$$

如令 m 和 n 分别为沿纬线和沿经线的长度比，则由上式可得

$$\begin{cases} m=\dfrac{E_1^{1/2}}{R} \\ n=\dfrac{G_1^{1/2}}{R\cos\varphi} \end{cases} \tag{7.52}$$

由等角投影的条件及式（7.47）可知，对于等角投影必有

$$m=n$$

由正轴等距离投影的条件可知，对于正轴等距离投影必有

$$m=1$$

由等面积投影的条件及式（7.43）可知，对于等面积投影必有

$$mn\sin\theta'=\frac{E_1^{1/2}}{R}\frac{G_1^{1/2}}{R\cos\varphi}\frac{D_1}{(E_1G_1)^{1/2}}=\frac{D_1}{R^2\cos\varphi}=1$$

如将长度比 μ 表示为如下形式：

$$\mu=\frac{ds'}{ds}=\left[E_1\left(\frac{d\varphi}{ds}\right)^2+2F_1\frac{d\varphi}{ds}\frac{d\lambda}{ds}+G_1\left(\frac{d\lambda}{ds}\right)^2\right]^{1/2} \tag{7.53}$$

将式（7.34a）的前两式代入，则有

$$\begin{aligned}\mu&=\left[E_1\left(\frac{\cos\alpha}{R}\right)^2+2F_1\frac{\cos\alpha}{R}\frac{\sin\alpha}{R\cos\varphi}+G_1\left(\frac{\sin\alpha}{R\cos\varphi}\right)^2\right]^{1/2}\\&=\frac{\left(E_1\cos^2\alpha+F_1\dfrac{\sin2\alpha}{\cos\varphi}+G_1\dfrac{\sin^2\alpha}{\cos^2\varphi}\right)^{1/2}}{R}\end{aligned}$$

式中，E_1、G_1、F_1 和 φ 随点在地球上位置不同而变化；α 随微分线段在该点的方位角不同而变化。因此，即使在同一点，不同方向的 μ 值是不同的。在等角投影的情况下，将等角投影式（7.46）和式（7.47）代入上式，则可得

$$\mu=\frac{E_1^{1/2}}{R} \tag{7.54}$$

上式说明等角投影的 μ 值不随方位角变化，在给定点的不同方向上 μ 为定值。

（4）正轴圆柱等角投影

如图 7.7 正轴圆柱投影的特征可知投影关系为

$$\begin{cases} X = X(\varphi) \\ Y = R\lambda \end{cases} \tag{7.55}$$

在投影时取 $\lambda=0$ 的经线的投影为 X 轴，取赤道的投影为 Y 轴，投影后的经纬线相互正交。现在按式（7.49）给出的等角投影条件确定 $X=X(\varphi)$，由式（7.49）的第二式可知

$$\frac{\mathrm{d}X}{\mathrm{d}\varphi} = \frac{R}{\cos\varphi} \tag{7.56}$$

两端积分（对北半球），则有

$$\int_0^X \mathrm{d}X = \int_0^\varphi R\sec\varphi\mathrm{d}\varphi$$

注意到 $(\tan x)' = \dfrac{1}{\cos^2 x}$，则

$$\frac{\mathrm{d}\ln\tan\left(45° + \frac{\varphi}{2}\right)}{\mathrm{d}\varphi} = \frac{1}{\tan\left(45° + \frac{\varphi}{2}\right)}\,\frac{1}{\cos^2\left(45° + \frac{\varphi}{2}\right)}\,\frac{1}{2} = \frac{1}{2\sin\left(45° + \frac{\varphi}{2}\right)\cos\left(45° + \frac{\varphi}{2}\right)} = \frac{1}{\cos\varphi}$$

因而可得圆柱正轴投影或称墨卡托（Mercator）投影的函数关系为

$$\begin{cases} X = R\ln\tan\left(45° + \dfrac{\varphi}{2}\right) \\ Y = R\lambda \end{cases} \tag{7.57}$$

此地图的经纬线网格如图 7.11 所示。

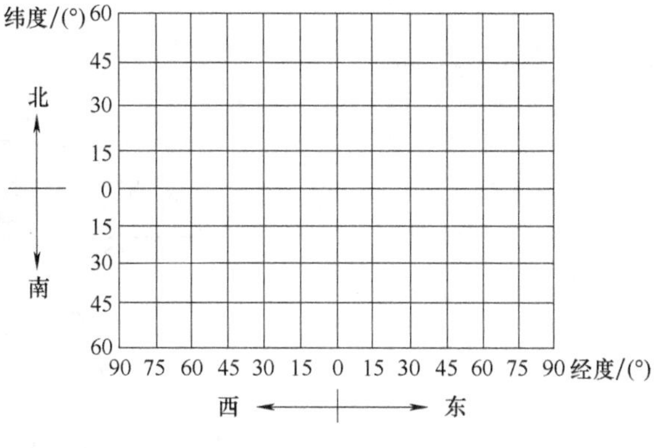

图 7.11　正轴圆柱等角投影（墨卡托投影）地图

由式（7.57）知，圆柱正轴等角投影时 $G_1^{1/2}=R$，则由式（7.40）可知不同纬度的纬线在地图上拉长得和赤道纬线一样长，纬度越高，地图上的纬线就拉长得越多；又由式（7.37）、式（7.56）、式（7.54）可知圆柱正轴等角投影的 $E_1^{1/2}=\dfrac{R}{\cos\varphi}$、$\mu=\dfrac{1}{\cos\varphi}$，而等角投影条件要求满足 $m=n$，因此，随着纬度的增加，经线也拉长得越多，到两极地区，经线拉长得在地图上无法表示，即在式（7.57）中 $\varphi\to\pm 90°$，$X\to\pm\infty$。

在墨卡托地图投影上，等角航线为一条直线。等角航线是指地球上通过两给定点的一条曲线，该曲线与所有经线构成的方位角均相等。由于墨卡托投影地图满足等角投影条件，即满足式（7.47），且经线在地图上为平行直线，故等角航线在地图上为连接两给定点的一条

直线。由于这一性质，在航海和航空中使用墨卡托投影地图是方便的，在描述星下点轨迹时也使用这种地图，但星下点轨迹不是等角航线。

(5) 规则网和横断网

描述星下点轨迹还将使用规则网和横断网两种地图，这两种地图都是球面透视方位投影，前者为正轴球面透视方位投影地图，后者为横轴球面透视方位投影地图。

球面透视方位投影是方位投影中的一种投影方法，其特点是利用透视原理确定投影的数学关系，地球上的点与地图上相应的投影点之间有一定的透视关系。在这种投影中有固定的视点，视点通常在垂直于投影面的地球直径或其延长线上，视点与地球中心的连线交于 Q 点，Q 称为投影中心，如图 7.12 所示。

如图 7.12 所示，视点在不同位置时，地球上同一点在地图平面上的投影也在不同位置。由于地图上的点的相对位置不同，将使投影后的图像发生变化。下面只讨论视点在球面上的情况，即图 7.12 所示视点在点 3 时的情况，这种投影称为球面投影，当视点在点 2 时称为外心投影，视点在无穷远处的点 1 时称为正射投影，视点在与地心重合的点 4 时称为地心投影。

如图 7.12 所示，当投影沿地球轴线移动时，投影面将与地球相切、相割或不相交，由于透视关系，这不会改变投影后的图像，只改变图像的比例尺。

按投影面与地球相对位置的不同，球面投影又可分为正轴、横轴、斜轴投影。

正轴投影的投影面在 $\varphi_0=90°$ 处（φ_0 为纬度），如图 7.13 所示，图中 O 为投影点，P 为投影中心，投影中心与地球的极点重合。

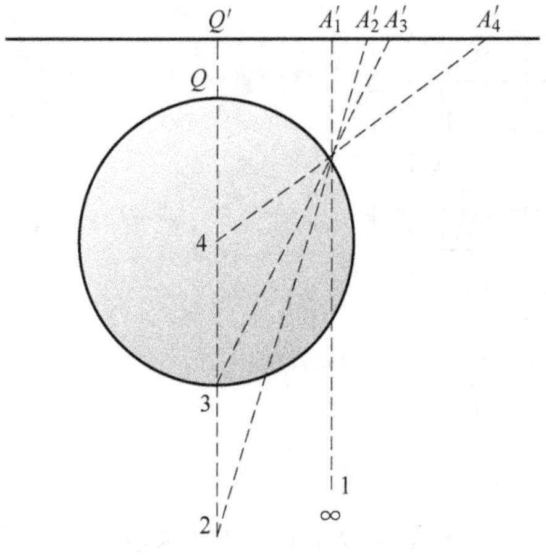

图 7.12　透视方位投影

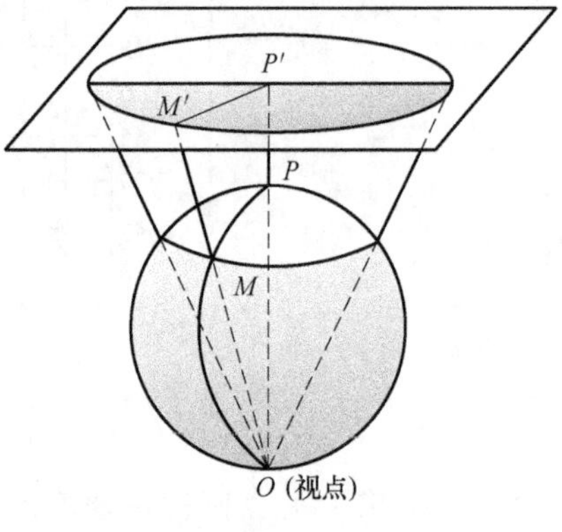

图 7.13　正轴球面透视方位投影

横轴投影的投影面在 $\varphi_0=0°$ 处，如图 7.14 所示，图中 O 为投影点，Q 为投影中心，投影中心在赤道上。

正轴投影和横轴投影是斜轴投影的特殊情况。下面按斜轴投影推导一般公式，然后由此导出正轴和横轴的投影关系。图 7.15 给出了斜轴投影的图形。

图 7.15 中，O 为视点，对于球面透视方位投影，O 在球面上。Q 为投影中心，点 Q 的纬度为 φ_0 经度为 λ_0，可以不失一般性地假设 $\lambda_0=0°$。P 为北极，A 为地球上任一点，A 点纬度为 φ、经度为 λ，球面上弧 QA 对应的球心角为 Z，弧 QA 的方位角为 α。

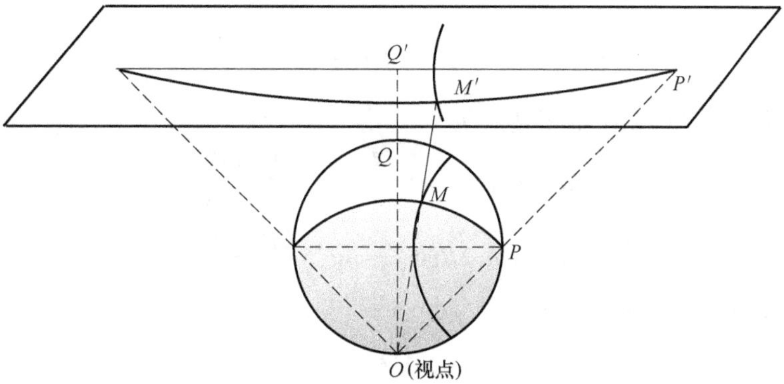

图 7.14　横轴球面透视方位投影

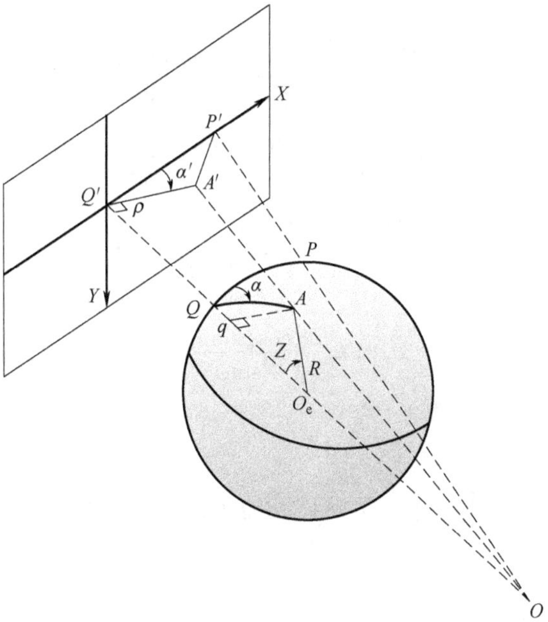

图 7.15　斜轴透视方位投影

点 Q、A、P 的投影分别为 Q'、A'、P'，球面上经线 PQ 的投影 $P'Q'$ 取为投影平面上的 X 轴，过点 Q' 垂直于 X 轴的直线取为投影平面的 Y 轴，并规定投影面与地球切于点 Q，即 $QQ'=0$。球面上弧 QA 的方位角为 α，弧 QA 投影后为线 $Q'A'$，$Q'A'$ 的方位角为 α'，由几何关系，尤其注意到球面上方位角 α 定义为弧 QA 与弧 QP 于点 Q 切线的夹角，可知

$$\alpha' = \alpha \tag{7.58}$$

因而这种投影称为方位投影。

如图 7.15 所示，ΔqAO 与 $\Delta Q'A'O$ 相似，故有

$$Q'A' = \frac{Q'O}{qO} qA$$

将 $Q'A' = \rho$，$QA = R\sin Z$，$Q'O = 2R$，$qO = R(1+\cos Z)$，$\tan\dfrac{Z}{2} = \dfrac{\sin Z}{1+\cos Z}$ 代入上式，

则有

$$\rho = 2R\tan\frac{Z}{2} \tag{7.59}$$

因此斜轴投影在直角坐标系中的表达式为

$$\begin{cases} X = \rho\cos\alpha' = 2R\tan\dfrac{Z}{2}\cos\alpha = \dfrac{2R\sin Z\cos\alpha}{1+\cos Z} \\ Y = \rho\sin\alpha' = 2R\tan\dfrac{Z}{2}\sin\alpha = \dfrac{2R\sin Z\sin\alpha}{1+\cos Z} \end{cases} \tag{7.60}$$

将球面三角形 PQA 中如下关系式代入上式：

$$\begin{cases} \sin Z\sin\alpha = \cos\varphi\sin\lambda \\ \sin Z\cos\alpha = \sin\varphi\cos\varphi_0 - \cos\varphi\sin\varphi_0\cos\lambda \\ \cos Z = \sin\varphi\sin\varphi_0 + \cos\varphi\cos\varphi_0\cos\lambda \end{cases}$$

可得

$$\begin{cases} X = \dfrac{2R(\sin\varphi\cos\varphi_0 - \cos\varphi\sin\varphi_0\cos\lambda)}{1+\sin\varphi\sin\varphi_0 + \cos\varphi\cos\varphi_0\cos\lambda} \\ Y = \dfrac{2R\cos\varphi\sin\lambda}{1+\sin\varphi\sin\varphi_0 + \cos\varphi\cos\varphi_0\cos\lambda} \end{cases} \tag{7.61}$$

将 $\varphi_0 = 90°$代入式（7.61）可得正轴球面透视方位投影在直角坐标系中的表达式为

$$\begin{cases} X = \dfrac{-2R\cos\varphi\cos\lambda}{1+\sin\varphi} \\ Y = \dfrac{2R\cos\varphi\sin\lambda}{1+\sin\varphi} \end{cases} \tag{7.62}$$

极坐标系中的表达式为

$$\begin{cases} \alpha' = \alpha \\ \rho = (X^2+Y^2)^{1/2} = 2R\tan\left(45° - \dfrac{\varphi}{2}\right) \end{cases} \tag{7.63}$$

由式（7.62）可知

$$\frac{\partial X}{\partial \lambda} = \frac{2R\cos\varphi\sin\lambda}{1+\sin\varphi}$$

$$\frac{\partial Y}{\partial \varphi} = -\frac{2R\sin\varphi\sin\lambda}{1+\sin\varphi} - \frac{2R\cos^2\varphi\sin\lambda}{(1+\sin\varphi)^2} = -\frac{2R\sin\lambda(\sin\varphi+\sin^2\varphi+\cos^2\varphi)}{(1+\sin\varphi)^2} = -\frac{2R\sin\lambda}{1+\sin\varphi}$$

$$\frac{\partial Y}{\partial \lambda} = \frac{2R\cos\varphi\cos\lambda}{1+\sin\varphi}$$

$$\frac{\partial X}{\partial \varphi} = \frac{2R\sin\varphi\cos\lambda}{1+\sin\varphi} + \frac{2R\cos^2\varphi\cos\lambda}{(1+\sin\varphi)^2} = \frac{2R\cos\lambda(\sin\varphi+\sin^2\varphi+\cos^2\varphi)}{(1+\sin\varphi)^2} = \frac{2R\cos\lambda}{1+\sin\varphi}$$

即满足等角投影的条件式（7.49），因此这一投影为等角投影。由式（7.62）还可以求得

$$E_1 = \left(\frac{\partial X}{\partial \varphi}\right)^2 + \left(\frac{\partial Y}{\partial \varphi}\right)^2 = \frac{2R}{1+\sin\varphi}$$

则得长度比 μ 为

$$\mu = \frac{E_1^{1/2}}{R} = \sec^2\left(45° - \frac{\varphi}{2}\right) \tag{7.64}$$

图 7.16 给出了正轴球面透视方位投影地图或称规则网。图中所示的是半个地球，纬线为同心圆，经线为半直线。由式（7.64）可知，赤道为半径等于 $2R$ 的圆。

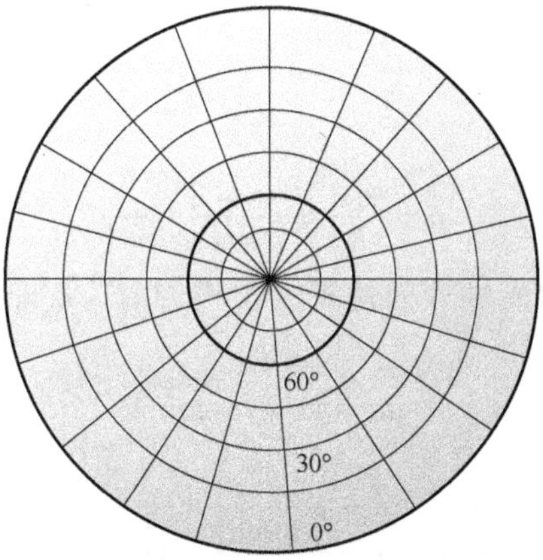

图 7.16　规则网

将 $\varphi_0=0°$代入式（7.61）可得横轴球面透视方位投影在直角坐标系中的表达式：

$$\begin{cases}X=\dfrac{2R\sin\varphi}{1+\cos\varphi\cos\lambda}\\[2ex]Y=\dfrac{2R\cos\varphi\sin\lambda}{1+\cos\varphi\cos\lambda}\end{cases}\tag{7.65}$$

由上式可得

$$\frac{\partial X}{\partial\lambda}=\frac{2R\sin\varphi}{(1+\cos\varphi\cos\lambda)^2}\cos\varphi\sin\lambda$$

$$\frac{\partial Y}{\partial\varphi}=-\frac{2R\sin\varphi\sin\lambda}{1+\cos\varphi\cos\lambda}+\frac{2R\cos\varphi\sin\lambda}{(1+\cos\varphi\cos\lambda)^2}\sin\varphi\cos\lambda=-\frac{2R\sin\varphi\sin\lambda}{(1+\cos\varphi\cos\lambda)^2}$$

$$\frac{\partial Y}{\partial\lambda}=\frac{2R\cos\varphi\cos\lambda}{1+\cos\varphi\cos\lambda}+\frac{2R\cos\varphi\sin\lambda}{(1+\cos\varphi\cos\lambda)^2}\cos\varphi\sin\lambda=2R\cos\varphi\frac{\cos\lambda+\cos\varphi}{(1+\cos\varphi\cos\lambda)^2}$$

$$\frac{\partial X}{\partial\varphi}=\frac{2R\cos\varphi}{1+\cos\varphi\cos\lambda}+\frac{2R\sin\varphi}{(1+\cos\varphi\cos\lambda)^2}\sin\varphi\cos\lambda=2R\frac{\cos\varphi+\cos\lambda}{(1+\cos\varphi\cos\lambda)^2}$$

即式（7.65）满足等角投影的条件式（7.49），故为等角投影。且由式（7.65）还可求得

$$E_1=\left(\frac{\partial X}{\partial\varphi}\right)^2+\left(\frac{\partial Y}{\partial\varphi}\right)^2=4R^2\frac{(\cos\varphi+\cos\lambda)^2+\sin^2\varphi\sin^2\lambda}{(1+\cos\varphi\cos\lambda)^4}$$

$$=4R^2\frac{(\cos\varphi+\cos\lambda)^2+\sin^2\varphi(1-\cos^2\lambda)}{(1+\cos\varphi\cos\lambda)^4}$$

$$=4R^2\frac{\cos^2\varphi+\cos^2\lambda+2\cos\varphi\cos\lambda+\sin^2\varphi(1-\cos^2\lambda)}{(1+\cos\varphi\cos\lambda)^4}$$

$$=4R^2\frac{1+\cos^2\lambda+2\cos\varphi\cos\lambda-\sin^2\varphi\cos^2\lambda}{(1+\cos\varphi\cos\lambda)^4}$$

$$=4R^2\frac{1+\cos^2\lambda+2\cos\varphi\cos\lambda-(1-\cos^2\varphi)\cos^2\lambda}{(1+\cos\varphi\cos\lambda)^4}$$

$$= 4R^2 \frac{1 + \cos^2\lambda + 2\cos\varphi\cos\lambda - (1 - \cos^2\varphi)\cos^2\lambda}{(1 + \cos\varphi\cos\lambda)^4} = 4R^2 \frac{1 + \cos^2\varphi\cos^2\lambda + 2\cos\varphi\cos\lambda}{(1 + \cos\varphi\cos\lambda)^4}$$

$$= \frac{4R^2}{(1 + \cos\varphi\cos\lambda)^2}$$

则得长度比 μ 为

$$\mu = \frac{E_1^{1/2}}{R} = \frac{2}{1 + \cos\varphi\cos\lambda} \tag{7.66}$$

注意，如图 7.15 所示，可知横轴球面透视方位投影时，Z 即为纬度 φ，利用球面三角形 PQA 关系式可知

$$\sin\varphi\sin\alpha = \cos\varphi\sin\lambda$$

又由

$$\begin{aligned}\rho &= 2R\sqrt{\left(\frac{\sin\varphi}{1 + \cos\varphi\cos\lambda}\right)^2 + \left(\frac{\cos\varphi\sin\lambda}{1 + \cos\varphi\cos\lambda}\right)^2} = 2R\sqrt{\frac{\sin^2\varphi + \cos^2\varphi\sin^2\lambda}{(1 + \cos\varphi\cos\lambda)^2}} \\ &= 2R\sqrt{\frac{\sin^2\varphi + \cos^2\varphi(1 - \cos^2\lambda)}{(1 + \cos\varphi\cos\lambda)^2}} = 2R\sqrt{\frac{1 - \cos^2\varphi\cos^2\lambda}{(1 + \cos\varphi\cos\lambda)^2}} \\ &= 2R\sqrt{\frac{1 - \cos\varphi\cos\lambda}{1 + \cos\varphi\cos\lambda}}\end{aligned}$$

即式（7.65）以球坐标表示时则为

$$\begin{cases}\alpha = \arctan(\cot\varphi\sin\lambda) \\ \rho = 2R\left(\dfrac{1 - \cos\varphi\cos\lambda}{1 + \cos\varphi\cos\lambda}\right)^{1/2}\end{cases} \tag{7.67}$$

图 7.17 给出了横轴球面透视方位投影的地图或称横断网。图中所示的是半个地球，经纬线在图中为一系列正交的圆弧，最外面的圆是与投影中心角距为 90°的子午线，这是一个半径为 2R 的圆。

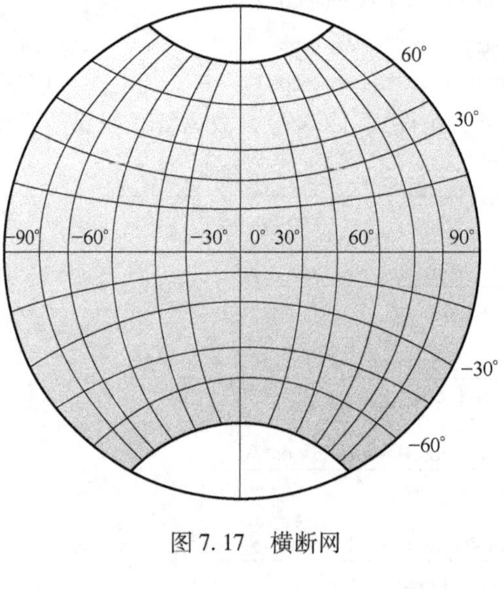

图 7.17　横断网

（6）球面透视方位投影的性质

球面透视方位投影的一个独特的性质是无论地球上的大圆或小圆经过这一投影后，在地图上仍为一圆。

图 7.18 中，QP_2P_1 为一球面三角形，Q 为投影中心，P_1 为球面上固定点，大圆弧 P_1Q 对应的球心角为 z_1，P_2 为动点，大圆弧 P_1P_2 对应的球心角为 $k(k\leqslant 90°)$，k 为常数。动点 P_2 在球面上的轨迹为圆，当 $k\neq 90°$时，轨迹为小圆；当 $k=90°$时，轨迹为大圆。点 P_1、P_2 和 Q 在平面上的投影分别为点 P_1'、P_2' 和 Q'，$\Delta\alpha$ 为球面上大圆弧 QP_1 与大圆弧 QP_2 的交角，由于等角投影的性质决定了平面上线 $Q'P_1'$ 与线 $Q'P_2'$ 的夹角也为 $\Delta\alpha$。下面来证明球面透视方位投影中，P_2 的轨迹投影到平面上仍为圆。

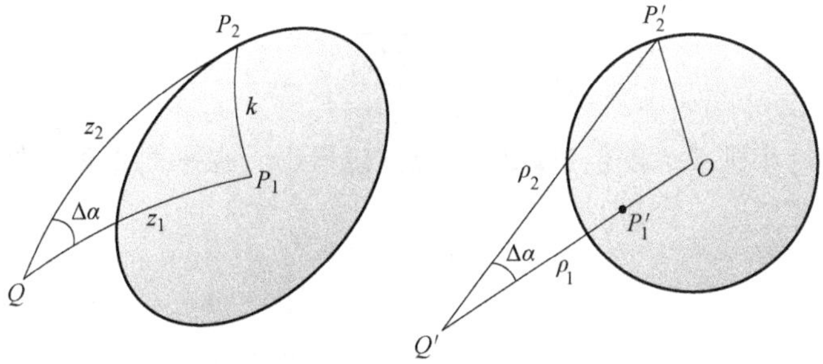

图 7.18　球面透视方位投影的性质

由球面三角公式可知

$$\cos z_1\cos z_2+\sin z_1\sin z_2\cos\Delta\alpha=\cos k$$

式中，z_2 为$\overset{\frown}{QP_2}$大圆弧对应的球心角。令

$$\cos z_1=c_1,\ \sin z_1=s_1,\ \cos k=c \tag{7.68}$$

则球面三角公式可写成

$$c_1\cos z_2+s_1\sin z_2\cos\Delta\alpha=c$$

或是

$$c_1\frac{1-\tan^2\dfrac{z_2}{2}}{1+\tan^2\dfrac{z_2}{2}}+s_1\frac{2\tan\dfrac{z_2}{2}}{1+\tan^2\dfrac{z_2}{2}}\cos\Delta\alpha=c$$

将球面透视方位投影的关系式（7.59）代入上式后可得

$$c_1\frac{1-\left(\dfrac{\rho_2}{2R}\right)^2}{1+\left(\dfrac{\rho_2}{2R}\right)^2}+s_1\frac{2\dfrac{\rho_2}{2R}}{1+\left(\dfrac{\rho_2}{2R}\right)^2}\cos\Delta\alpha=c$$

即

$$c_1\left[1-\left(\frac{\rho_2}{2R}\right)^2\right]+2s_1\frac{\rho_2}{2R}\cos\Delta\alpha=c\left[1+\left(\frac{\rho_2}{2R}\right)^2\right]$$

进一步整理可得

$$\frac{c_1+c}{4R^2}\rho_2^2-\frac{s_1\rho_2\cos\Delta\alpha}{R}-(c_1-c)=0 \tag{7.69}$$

式中，ρ_2 为 $Q'P_2'$ 线的长度。上式为极坐标中圆的标准方程。ρ_2 和 $\Delta\alpha$ 的关系满足这一方程，因而性质得证。

式（7.69）又可化为如下标准形式：

$$\rho_2^2-2\frac{2Rs_1}{c_1+c}\rho_2\cos\Delta\alpha+\left(\frac{2Rs_1}{c_1+c}\right)^2=\left(\frac{2Rs_1}{c_1+c}\right)^2-\frac{4R^2(c-c_1)}{c_1+c} \tag{7.70}$$

基于图 7.18 所示，定义直角坐标系 xoy。其中，原点 o 与 Q' 重合，$Q'P_1'$ 为 x 轴，y 轴垂直于 x 轴。则由极坐标中的圆心、半径表示形式可知，在直角坐标系 xoy 中，圆心、半径可表示为

$$\left(\frac{2Rs_1}{c_1+c},\ 0\right),\ r=\sqrt{\left(\frac{2Rs_1}{c_1+c}\right)^2-\frac{4R^2(c-c_1)}{c_1+c}} \tag{7.71}$$

因此，可知地球上的小圆或大圆经过球面透视方位投影，在平面直角坐标系 xoy 中圆心、半径为

$$\left(\frac{2R\sin z_1}{\cos c_1+\cos k},\ 0\right) \tag{7.72a}$$

$$r=2R\sqrt{\left(\frac{\sin c_1}{\cos c_1+\cos k}\right)^2+\frac{\cos c_1-\cos k}{\cos c_1+\cos k}}=\left|\frac{2R\sin k}{\cos c_1+\cos k}\right| \tag{7.72b}$$

将此性质用于正轴球面透视方位投影地图的绘制时，注意到对于纬度为 φ 的纬线有 $z_1=0$、$k=90°-\varphi$，由式（7.69）可得

$$\rho_2=2R\tan\left(45°-\frac{\varphi}{2}\right)$$

这与式（7.63）的第二式相同，故如图 7.16 所示纬线表示为以投影中心为圆心的圆。对于经线则有 $z_1=90°$、$k=90°$、$\Delta\alpha=90°$，因此由式（7.69）可得 ρ_2 为任意值，故如图 7.16 所示经线为半直线。

对于横轴球面透视方位投影，由式（7.65）或式（7.67）不易看出经纬线投影后的形状，但由投影的性质可知，对于纬度为 φ 的纬线有 $z_1=90°$、$k=90°-\varphi$，由式（7.69）可知投影后的方程为

$$\frac{\sin\varphi}{4R^2}\rho_2^2-\frac{\rho_2\cos\Delta\alpha}{R}+\sin\varphi=0 \tag{7.73}$$

式（7.73）即为纬线在横断网中绘制的圆。对于经度为 λ 的经线，$z_1=90°+\lambda$、$k=90°$，由式（7.69）可知投影后的方程为

$$\frac{\rho_2^2}{4R^2}+\frac{\cot\lambda\cos\Delta\alpha}{R}=1 \tag{7.74}$$

式（7.74）即为经线在横断网中描绘的圆。利用投影性质不难绘制横断网。

7.1.2 无旋地球上的星下点轨迹

7.1.2.1 运动方程与坐标系

由本书第 4 章可知，在一阶近似条件下，人造地球卫星在惯性坐标系内的运动为最简单

的二体运动，其运动方程为

$$\frac{\mathrm{d}^2\boldsymbol{r}}{\mathrm{d}t^2}+\frac{\mu\boldsymbol{r}}{r^3}=0 \tag{7.75}$$

式中，$\boldsymbol{r}$ 为卫星的位置矢量，即地心距矢量；μ 为引力常数与地球质量的乘积，也称地球引力常数；t 为时间。

为了描述卫星的运动，引入下列两种计算坐标系，如图 7.19 所示。

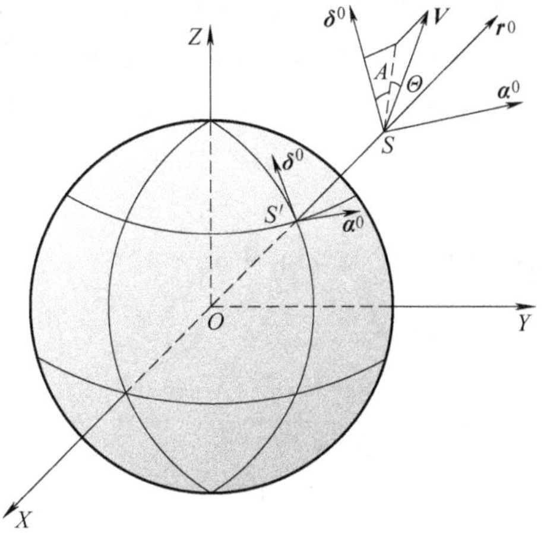

图 7.19　地心惯性坐标系与球坐标系

地心赤道惯性坐标系 O—XYZ：O 与地心重合，X 轴在赤道面内指向春分点，Y 轴在赤道面内垂直于 X 轴，Z 轴由右手规则确定，指向北极。

天东北坐标系 S—$r\alpha\delta$：此坐标系为一动坐标系，原点 S 与卫星重合，其位置由卫星的赤径 α、赤纬 δ 和地心距 r 确定，r 轴与地心距矢径 $\boldsymbol{r}$ 重合（天向），α 轴垂直于卫星所在子午面指向正东（东向），δ 轴由右手规则确定，指向正北（北向），α 轴与 δ 轴构成的平面为卫星的当地水平面。

O—XYZ 至 S—$r\alpha\delta$ 坐标系的转换矩阵为

$$R_2(-\delta)R_3(\alpha)=\begin{bmatrix}\cos\delta & 0 & \sin\delta\\ 0 & 1 & 0\\ -\sin\delta & 0 & \cos\delta\end{bmatrix}\begin{bmatrix}\cos\alpha & \sin\alpha & 0\\ -\sin\alpha & \cos\alpha & 0\\ 0 & 0 & 1\end{bmatrix}=\begin{bmatrix}\cos\delta\cos\alpha & \cos\delta\sin\alpha & \sin\delta\\ -\sin\alpha & \cos\alpha & 0\\ -\sin\delta\cos\alpha & -\sin\delta\sin\alpha & \cos\delta\end{bmatrix}$$

即

$$\begin{bmatrix}\boldsymbol{X}^0\\ \boldsymbol{Y}^0\\ \boldsymbol{Z}^0\end{bmatrix}=\begin{bmatrix}\cos\delta\cos\alpha & -\sin\alpha & -\sin\delta\cos\alpha\\ \cos\delta\sin\alpha & \cos\alpha & -\sin\delta\sin\alpha\\ \sin\delta & 0 & \cos\delta\end{bmatrix}\begin{bmatrix}\boldsymbol{r}^0\\ \boldsymbol{\alpha}^0\\ \boldsymbol{\delta}^0\end{bmatrix} \tag{7.76}$$

在 O—XYZ 内，卫星的位置矢量 $\boldsymbol{r}(t)$ 和速度矢量 $\boldsymbol{V}(t)$ 记为

$$\boldsymbol{r}=[X\quad Y\quad Z]^{\mathrm{T}}、\boldsymbol{V}=[\dot{X}\quad \dot{Y}\quad \dot{Z}]^{\mathrm{T}} \tag{7.77}$$

在 S—$r\alpha\delta$ 内，卫星的速度矢量 $\boldsymbol{V}(t)$ 记为

$$\boldsymbol{V}=[\dot{r}\quad r\cos\delta\dot{\alpha}\quad r\dot{\delta}]^{\mathrm{T}} \tag{7.78}$$

为更直观地描述速度矢量，在此坐标系内引入当地速度倾角 Θ 和飞行方位角 A。Θ 定义

为 $\boldsymbol{V}$ 与 $\boldsymbol{V}$ 在当地水平面的投影之间的夹角，当 $\boldsymbol{V}$ 在当地水平面之上时为正，反之为负，$-90°\leqslant\Theta\leqslant 90°$。有时也将 $\boldsymbol{V}$ 与 $\boldsymbol{r}^0$ 之间的夹角称为飞行路线角 γ，规定 γ 从 $\boldsymbol{r}^0$ 开始度量，显然有

$$\Theta = 90° - \gamma \tag{7.79}$$

$0°\leqslant\gamma\leqslant 180°$。角 A 定义为 $\boldsymbol{V}$ 在当地水平面内投影与正北方向（$\boldsymbol{\delta}^0$ 方向）之间的夹角，即轨道面与子午面之间的二面角，角 A 从正北开始顺时针方向度量，$0°\leqslant A\leqslant 360°$。

引进 Θ 和 A 后，卫星速度矢量 $\boldsymbol{V}$ 在 S—$r\alpha\delta$ 坐标系中可表示为

$$\boldsymbol{V} = [V\sin\Theta \quad V\cos\Theta\sin A \quad V\cos\Theta\cos A]^{\mathrm{T}} \tag{7.80}$$

在 S—$r\alpha\delta$ 坐标系中，卫星的运动状态用 r、α、δ、V、Θ 和 A 描述比较方便。

由式（7.76）和几何关系可求得将 O_e—XYZ 中的运动状态 X、Y、Z、$\dot{X}$、$\dot{Y}$、$\dot{Z}$ 换算为用 r、α、δ、V、Θ、A 的公式如下：

$$\begin{cases} r = (X^2 + Y^2 + Z^2)^{1/2} \\ \alpha = \arctan\dfrac{Y}{X} \\ \delta = \arctan\dfrac{Z}{(X^2 + Y^2)^{1/2}} \\ V = (\dot{X}^2 + \dot{Y}^2 + \dot{Z}^2)^{1/2} \\ \Theta = \arcsin\left(\dfrac{X\dot{X} + Y\dot{Y} + Z\dot{Z}}{rV}\right) \\ \sin A = \dfrac{-\dot{X}\sin\alpha + \dot{Y}\cos\alpha}{V\cos\Theta} \\ \cos A = \dfrac{-\sin\delta\cos\alpha\dot{X} - \sin\delta\sin\alpha\dot{Y} + \cos\delta\dot{Z}}{V\cos\Theta} \\ A = \arctan\left(\dfrac{\sin A}{\cos A}\right) \end{cases} \tag{7.81}$$

7.1.2.2 由运动状态求轨道根数

如已知 t_0 时刻卫星的运动状态为 r_0、α_0、δ_0、V_0、Θ_0、A_0，由本书第 4 章给出的二体轨道公式和几何关系，可得经典轨道根数的公式如下：

$$a = \frac{\mu r_0}{2\mu - r_0 V_0^2} \tag{7.82}$$

$$\begin{cases} e\sin E_0 = \dfrac{r_0 V_0 \sin\Theta_0}{(\mu a)^{1/2}} \\ e\cos E_0 = 1 - \dfrac{r_0}{a} \end{cases} \tag{7.83}$$

$$\begin{cases} e = (e^2\cos^2 E_0 + e^2\sin^2 E_0)^{1/2} \\ E_0 = \arctan\dfrac{e\sin E_0}{e\cos E_0} \end{cases} \tag{7.84}$$

$$\tau = t_0 - \left(\frac{a^3}{\mu}\right)^{1/2}(E_0 - e\sin E_0) \tag{7.85}$$

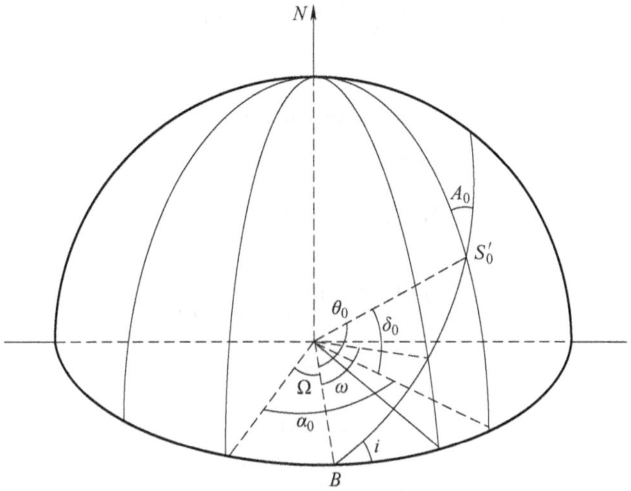

图 7.20　星下点的几何关系

由图 7.20 所示和球面三角关系可求得

$$i = \arccos(\cos\delta_0 \sin A_0) \tag{7.86}$$

$$\begin{cases} \sin(\alpha_0 - \Omega) = \tan\delta_0 \cot i \\ \cos(\alpha_0 - \Omega) = \dfrac{\cos A_0}{\sin i} \end{cases} \tag{7.87}$$

$$\Omega = \alpha_0 - \arctan\left[\frac{\sin(\alpha_0 - \Omega)}{\cos(\alpha_0 - \Omega)}\right] \tag{7.88}$$

$$\begin{cases} \sin u_0 = \dfrac{\sin\delta_0}{\sin i} \\ \cos u_0 = \cot i \cot A_0 \end{cases} \tag{7.89}$$

$$u_0 = \arctan\frac{\sin u_0}{\cos u_0} \tag{7.90}$$

$$f_0 = 2\arctan\left[\left(\frac{1+e}{1-e}\right)^{1/2} \tan\frac{E_0}{2}\right] \tag{7.91}$$

$$\omega = u_0 - f_0 \tag{7.92}$$

式中，E_0 为卫星在 t_0 时刻的偏近点角；u_0 为卫星在 t_0 时刻与升交点的角距；f_0 为卫星在 t_0 时刻的真近点角；$f_0/2$ 与 $E_0/2$ 同象限。

7.1.2.3　由轨道根数求时刻 t 的运动状态

已知卫星的六个轨道根数求 t 时刻卫星的运动状态 r、α、δ、V、Θ、A，可由本书第 4 章给出的二体轨道公式和几何关系，将求解过程按顺序列写如下：

由

$$E - e\sin E = \left(\frac{\mu}{a^3}\right)^{1/2}(t - \tau) \tag{7.93}$$

通过迭代计算求出 E，然后按下述公式求解：

$$f=2\arctan\left[\left(\frac{1+e}{1-e}\right)^{1/2}\tan\frac{E}{2}\right] \tag{7.94}$$

$$u=\omega+f \tag{7.95}$$

$$\delta=\arcsin(\sin i\sin u) \tag{7.96}$$

$$\begin{cases}\sin(\alpha-\Omega)=\tan\delta\cot i\\ \cos(\alpha-\Omega)=\dfrac{\cos A}{\sin i}\end{cases} \tag{7.97}$$

$$\alpha=\Omega+\arctan\left[\frac{\sin(\alpha-\Omega)}{\cos(\alpha-\Omega)}\right] \tag{7.98}$$

$$\begin{cases}\sin A=\dfrac{\sin(\alpha-\Omega)}{\sin u}\\ \cos A=\cot u\tan\delta\end{cases} \tag{7.99}$$

$$A=\arctan\left(\frac{\sin A}{\cos A}\right) \tag{7.100}$$

$$P=a(1-e^2) \tag{7.101}$$

$$r=\frac{P}{1+e\cos f} \tag{7.102}$$

$$V=\left[\mu\left(\frac{2}{r}-\frac{1}{a}\right)\right]^{1/2} \tag{7.103}$$

$$\Theta=\arctan\frac{re\sin f}{P} \tag{7.104}$$

式中，E 为 t 时刻的偏近点角；f 为 t 时刻的真近点角，$f/2$ 与 $E/2$ 同象限；u 为 t 时刻与升交点的角距；P 为轨道半通径。

7.1.2.4 无旋地球上的星下点轨迹

如已知 t 时刻卫星的位置为 r、α、δ，不考虑地球旋转，则此时刻星下点在地球上的坐标即为 α、δ。

式（7.76）及图 7.20 中球面三角形给出了以 u 为参数的 α 与 δ 的关系，如令

$$\alpha^*=\alpha-\Omega \tag{7.105}$$

α^* 与 α 只差一已知常数，参数形式的星下点轨迹方程为

$$\delta=\arcsin(\sin i\sin u),\quad \alpha^*=\arctan\frac{\cos i\sin u}{\cos u} \tag{7.106}$$

由图 7.20 所示的球面三角形还可求得星下点轨迹的方位角 A 为

$$A=\arctan\frac{\cot i}{\cos u} \tag{7.107}$$

下面讨论无旋地球上星下点轨迹的一些性质。

1）由式（7.106）可知，无旋地球上的星下点轨迹只与轨道根数 i 和 Ω 有关，即只与轨道面在惯性空间的位置有关，在同一轨道面内的轨道，不论其形状为圆或椭圆，也不论椭圆轨道的近地点在什么位置，它们的星下点轨迹相同。由式（7.106）还可知，无旋地球上的星下点轨迹为球面上的闭合曲线，即每圈重复相同的星下点轨迹。注意到无旋地球上的星下点轨迹为轨道平面与地球相截而形成的大圆弧，则不难理解上述性质。

2）由式（7.106）第一式可知，当 $0°\leqslant u\leqslant 180°$ 时，$\delta\geqslant 0°$，即星下点轨迹在北半球。当

$180° \leqslant u \leqslant 360°$，$\delta \leqslant 0°$，则星下点轨迹在南半球。当 $-90° \leqslant u \leqslant 90°$，卫星由南向北飞行，以后将这一段卫星轨道称为升段，当 $90° \leqslant u \leqslant 270°$，卫星由北向南飞行，这一段卫星轨道称为降段。

3）由式（7.106）第一式可知，当 $u=90°$时，δ 取极大值 δ_{max}，当 $u=-90°$时，δ 取极小值 δ_{min}，且有

$$\delta_{max}=\begin{cases} i & i \leqslant 90° \\ 180°-i & i \geqslant 90° \end{cases}$$
$$\delta_{min}=\begin{cases} -i & i \leqslant 90° \\ i-180° & i \geqslant 90° \end{cases} \tag{7.108}$$

因此，卫星的轨道倾角决定了星下点轨迹能达到的南北纬的极值。

4）由式（7.107）可知，当 $i=0°$、$90°$、$180°$时，方位角 A 为固定值，它们相应地分别为 $A=90°$、$0°$或 $180°$、$270°$。

除上述情况外，A 与 u 有关，由 $(\arctan x)'=\dfrac{1}{1+x^2}$ 可知当下式成立时：

$$\frac{\partial A}{\partial u}=\frac{1}{1+\left(\dfrac{\cot i}{\cos u}\right)^2}\frac{\cot i}{\cos^2 u}\sin u=\frac{\cot i \sin u}{\cos^2 u+\cot^2 i}=0$$

求得 A 的极值为

$$u=0°\text{时，}A_{min}=90°-i;\quad u=180°\text{时，}A_{min}=90°+i \tag{7.109}$$

由式（7.109）可知，i 也决定了方位角变化的范围。当 $u=\pm 90°$时，对于 $i<90°$和 $i>90°$的轨道，分别有 $A=90°$和 $A=-90°$。

对于 $i<90°$的卫星轨道，在升段向东北方向飞行；对于 $i>90°$的卫星轨道，在升段向西北方向飞行。

7.1.2.5　星下点轨迹的地图投影

以 $i=60°$、$\Omega=30°$的轨道为例，分别在三种地图上绘出其星下点轨迹。

图 7.21 所示为在墨卡托投影地图上绘出的星下点轨迹，图中横坐标为赤经分别用 α^* 和 α 表示，纵坐标为赤纬。由式（7.106）计算出 α^* 和 δ 后用逐点描迹法即可做出此图。

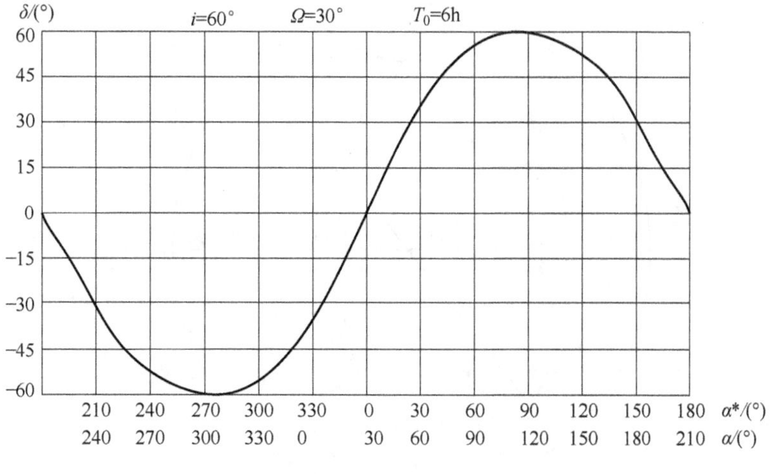

图 7.21　无旋地球上的星下点轨迹

图 7.22 所示为规则网中的星下点轨迹。因为星下点轨迹是球面上的大圆，故在规则网中星下点轨迹为圆，求得圆心坐标和半径即可求绘出星下点轨迹。

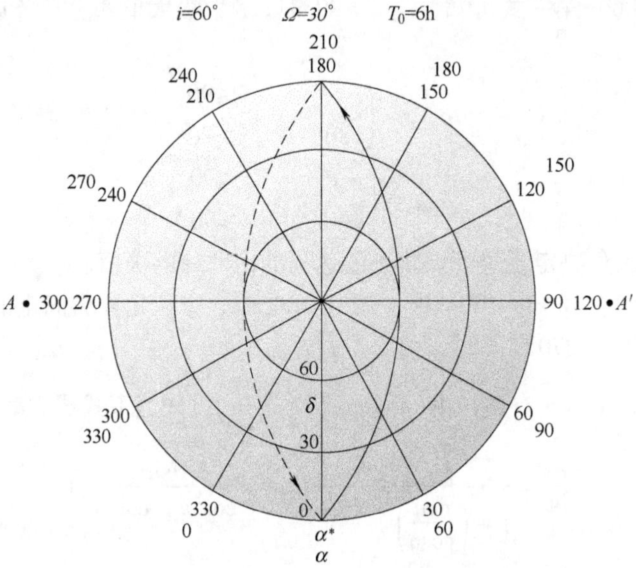

图 7.22　规则网中的星下点轨迹

在绘图时注意到投影中心为北极；固定点 P_1 为轨道动量矩矢量与地球的交点，此点在 $\alpha^* = -90°$的子午面内与投影中心的角距为 i；动点 P_2 为星下点轨迹上的点；动点与定点的角距恒为 90°，因此有 $c_1 = \cos i$、$s_1 = \sin i$、$c = 0$；由式（7.72a）可知，圆心坐标为 $(2R\tan i, 0)$，圆心在 $\alpha^* = -90°$的轴上，圆半径为 $2R\sec i$。图 7.23 给出了圆心 A 和星下点轨迹，虚线为降段星下点轨迹，相应的圆心为 A'。

图 7.23 给出了横断网中的星下点轨迹，此轨迹为通过 $\alpha^* = 0°$、$\delta = 0$、倾角为 i 的直线，这可从投影关系直接看出，也可由式（7.72a）求出圆心和半径后绘出。

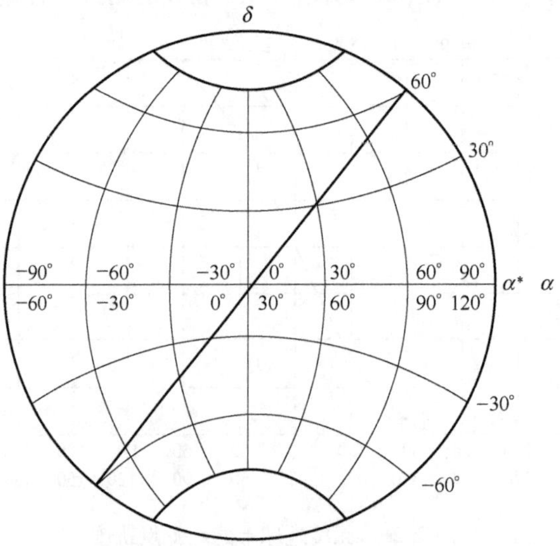

图 7.23　横断网中的星下点轨迹

如图 7.23 所示，可以明显看出前面讨论过的星下点轨迹的性质。

球面透视方位投影的独特性质决定了在规则网和横断网中的星下点轨迹不必用逐点描迹法绘制，因而比较简单。墨卡托投影地图中星下点轨迹的绘制比较麻烦，但看起来更为直观和符合习惯。以后为研究问题的方便使用不同的地图。

7.1.3　旋转地球上的星下点轨迹

7.1.3.1　星下点轨迹方程

在惯性空间中观察卫星与地球运动时可知，卫星轨道面保持不变，卫星在轨道上以绝对角速度 $\dot{\boldsymbol{f}}$ 旋转，$\dot{\boldsymbol{f}}$ 的方向与卫星的动量矩矢量方向一致，而地球绕自转轴以角速度 $\boldsymbol{\omega}_{\mathrm{e}}$ 旋转，如图 7.24 所示。因此，卫星相对于地球的角速度 $\dot{\boldsymbol{f}}_{\mathrm{r}}$ 为

$$\dot{\boldsymbol{f}}_{\mathrm{r}}=\dot{\boldsymbol{f}}-\boldsymbol{\omega}_{\mathrm{e}} \tag{7.110}$$

将 $\dot{\boldsymbol{f}}$ 进行分解后，其中有赤道面的 $\mathrm{d}\delta/\mathrm{d}t$ 及与地球旋转轴方向一致的分类 $\mathrm{d}\alpha^*/\mathrm{d}t$，如图 7.24所示。

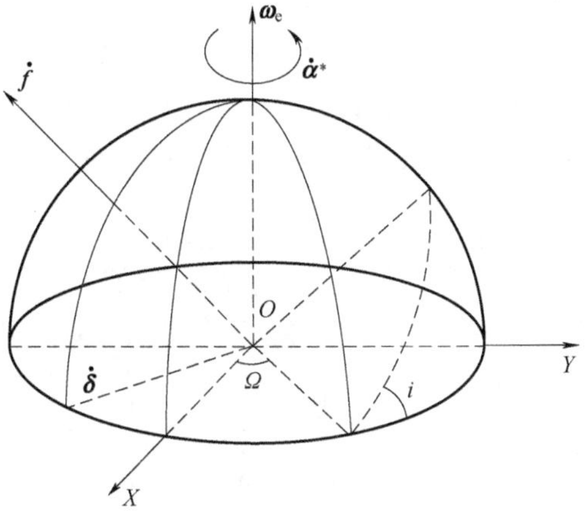

图 7.24　$\dot{\boldsymbol{f}}$ 的分解

将 $\dot{\boldsymbol{f}}_{\mathrm{r}}$ 进行同样的正交分解，可得两分量 $\mathrm{d}\delta_{\mathrm{r}}/\mathrm{d}t$ 和 $\mathrm{d}\alpha_{\mathrm{r}}^*/\mathrm{d}t$。由式（7.110）可知

$$\frac{\mathrm{d}\delta_{\mathrm{r}}}{\mathrm{d}t}=\frac{\mathrm{d}\delta}{\mathrm{d}t},\ \frac{\mathrm{d}\alpha_{\mathrm{r}}^*}{\mathrm{d}t}=\frac{\mathrm{d}\alpha^*}{\mathrm{d}t}-\omega_{\mathrm{e}} \tag{7.111}$$

如取卫星通过升交点的时间作为计算时间的零点，则 $t=0$ 时，$\delta=0°$、$\alpha^*=0°$。

将式（7.111）两端对 t 积分得

$$\delta_{\mathrm{r}}=\delta,\ \alpha_{\mathrm{r}}^*=\alpha^*-\omega_{\mathrm{e}}t \tag{7.112}$$

将式（7.106）代入上式，并注意到 δ_{r} 即地心纬度 φ，且令

$$\alpha_{\mathrm{r}}^*=\alpha_{\mathrm{r}}-\Omega \tag{7.113}$$

则可得旋转地球上的星下点轨迹方程

$$\varphi=\arcsin(\sin i\sin u),\ \alpha_{\mathrm{r}}^*=\arctan(\cos i\tan u)-\omega_{\mathrm{e}}t \tag{7.114}$$

上式也可表示为

$$\varphi=\arcsin(\sin i\sin u),\ \alpha_{\mathrm{r}}=\Omega+\arctan(\cos i\tan u)-\omega_{\mathrm{e}}t \tag{7.115}$$

式中，α_r 为旋转地球上的经度。将式（7.105）与上式进行比较后可知，旋转地球上的星下点轨迹与无旋地球上星下点轨迹的差别只是前者的经度多一时间的线性项 $-\omega_e t$。当 θ 给定时，对应的时间 t 可由下式求得：

$$\begin{cases} f = u - \omega \\ E = 2\arctan\left[\left(\dfrac{1-e}{1+e}\right)^{1/2}\tan\dfrac{f}{2}\right] \\ t = \dfrac{(E-E_0)-e(\sin E - \sin E_0)}{n} + t_0 \end{cases} \tag{7.116}$$

式中，f 为真近点角；E 为偏近点角；E_0 为 $t_0=0$ 时的偏近点角；ω 为近地点与升交点的角距；n 为轨道平均角速度，它是轨道长半轴 a 的函数；e 为轨道偏心率。因此，旋转地球上的星下点轨迹与 i、Ω、a、e、ω、τ 有关（当 $e=0$ 时，则只与 i、Ω、a 有关），这比无旋地球上的星下点轨迹要复杂得多，一般难以直观地看出其形状，只能由式（7.115）和式（7.116）逐点求解后在地图上描绘出星下点轨迹，在求星下点轨迹时，可不失一般性地假定 $t_0=0$。

图 7.25 中，在墨卡托投影地球上绘出了 $i=60°$、$\Omega=0°$、周期为 6h 的圆轨道卫星的星下点轨迹，图中虚线为无旋地球上的星下点轨迹，即图 7.21 所示的轨迹。从 $t_0=0$ 的升交点开始，旋转地球上的星下点轨迹的经度逐点西移 $\omega_e t$。由于 $\omega_e=15°/\text{h}$，对于圆轨道，当 $\theta=90°$ 时西移 22.5°，$u=180°$时西移 45°，第 0 圈结束时西移 90°，第 1 圈结束时西移 180°，等。

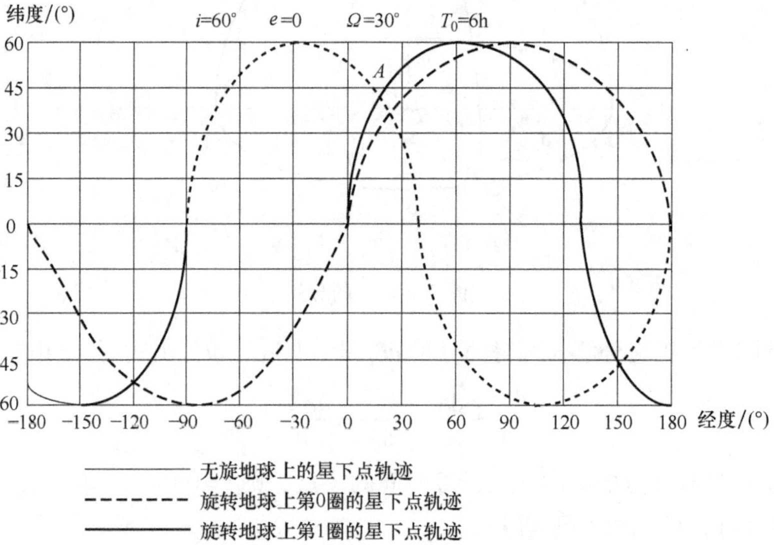

图 7.25 旋转地球上的星下点轨迹

与无旋地球上星下点轨迹比较，旋转地球上星下点轨迹有下列明显的差别：

1）星下点轨迹受到地球旋转的影响，图形发生了变化，从而使方位角发生变化；

2）后一圈的星下点轨迹一般不再重复前一圈的星下点轨迹；

3）由于不同圈的星下点轨迹相交，如图 7.25 所示的点 A 为第 0 圈升段与第 1 圈降段星下点轨迹的交点，第 0 圈飞过点 A 时由西南向东北飞行，而第 1 圈飞过点 A 时则由西北向东南飞行。

7.1.3.2　星下点轨迹方位角的计算

设星下点轨迹上一点 P，此点正北方向的微分线段 $\Delta \boldsymbol{r}_{\varphi}$，正东方向的微分线段 $\Delta \boldsymbol{r}_{\lambda}$，此点的星下点轨迹的微分线段为 $\mathrm{d}\boldsymbol{r}$，如图 7.26 所示。

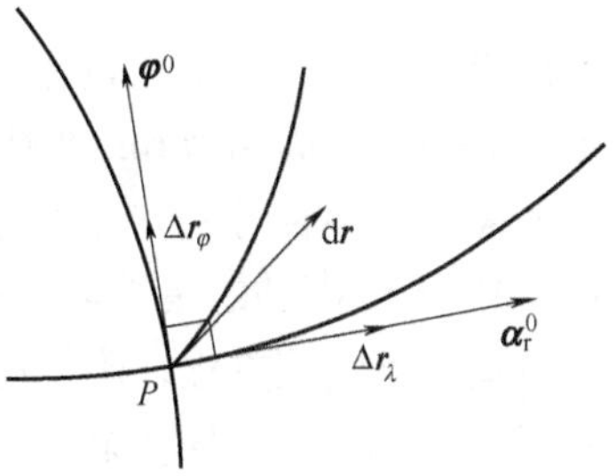

图 7.26　P 点的方位角

由式（7.16）可知

$$\begin{cases}\Delta \boldsymbol{r}_{\varphi} = R\Delta\varphi\boldsymbol{\varphi}^0 \\ \Delta \boldsymbol{r}_{\lambda} = R\cos\varphi\Delta\alpha_{\mathrm{r}}\boldsymbol{\alpha}_{\mathrm{r}}^0 \\ \mathrm{d}\boldsymbol{r} = R(\mathrm{d}\varphi\boldsymbol{\varphi}^0 + \cos\varphi\mathrm{d}\alpha_{\mathrm{r}}\boldsymbol{\alpha}_{\mathrm{r}}^0)\end{cases} \tag{7.117}$$

由式（7.17）可知，此点方位角 A 为

$$\cos A = \frac{\Delta \boldsymbol{r}_{\varphi} \cdot \mathrm{d}\boldsymbol{r}}{|\Delta \boldsymbol{r}_{\varphi}||\mathrm{d}\boldsymbol{r}|} \tag{7.118}$$

其中

$$\begin{cases}|\Delta \boldsymbol{r}_{\varphi}| = R\Delta\varphi \\ |\mathrm{d}\boldsymbol{r}| = \pm R\mathrm{d}\varphi\left[1 + \left(\dfrac{\cos\varphi\mathrm{d}\alpha_{\mathrm{r}}}{\mathrm{d}\varphi}\right)^2\right]^{1/2} \\ \Delta \boldsymbol{r}_{\varphi} \cdot \mathrm{d}\boldsymbol{r} = R^2\mathrm{d}\varphi\Delta\varphi\end{cases}$$

因此

$$\cos A = \frac{\pm 1}{\left[1 + \left(\dfrac{\cos\varphi\mathrm{d}\alpha_{\mathrm{r}}}{\mathrm{d}\varphi}\right)^2\right]^{1/2}} \tag{7.119}$$

注意到式

$$(\arcsin x)' = \frac{1}{\sqrt{1 - x^2}} = -(\arccos x)',\ (\arctan x)' = \frac{1}{1 + x^2} = -(\mathrm{arccot} x)'$$

则由式（7.114）可知

$$\frac{\mathrm{d}\varphi}{\mathrm{d}t} = \frac{1}{\sqrt{1 - \sin^2 i\sin^2 u}}\cos u\frac{\mathrm{d}u}{\mathrm{d}t} = \frac{1}{\sqrt{1 - \sin^2\varphi}}\sin i\cos u\frac{\mathrm{d}u}{\mathrm{d}t} = \frac{\sin i\cos u}{\cos\varphi}\frac{\mathrm{d}u}{\mathrm{d}t}$$

$$\frac{\mathrm{d}a_{\mathrm{r}}}{\mathrm{d}t} = \frac{1}{1 + \cos^2 i\tan^2 u}\frac{\cos i}{\cos^2 u}\frac{\mathrm{d}u}{\mathrm{d}t} - \omega_{\mathrm{e}} = \frac{\cos i\mathrm{d}u}{(1 + \cos^2 i\tan^2 u)\ \cos^2 u\mathrm{d}t} - \omega_{\mathrm{e}}$$

注意到 $r = \dfrac{P}{1 + e\cos f}$、$V_f = r\dot{f} = \sqrt{\dfrac{\mu}{P}}(1 + e\cos f)$、$u = f + \omega$，则可得

$$\frac{\mathrm{d}\theta}{\mathrm{d}t} = \left(\frac{\mu}{P^3}\right)^{1/2}[1 + e\cos(u - \omega)]^2$$

由此，式（7.119）可表示为

$$\cos A = \pm\left\{1 + \left(\frac{1 - \sin^2 i\sin^2 u}{\sin i\cos u}\right)^2\left(\left[\frac{\cos i}{(1 + \cos^2 i\tan^2 u)\cos^2 u} - \left(\frac{P^3}{\mu}\right)^{1/2}\frac{\omega_{\mathrm{e}}}{[1 + e\cos(u - \omega)]^2}\right]\right)^2\right\}^{-1/2} \tag{7.120}$$

对于圆轨道而言，将 $e = 0$、$n = \left(\dfrac{\mu}{P^3}\right)^{1/2}$ 代入上式则有

$$\cos A = \pm\left\{1+\left(\frac{1-\sin^2 i\sin^2 u}{\sin i\cos u}\right)^2\left(\left[\frac{\cos i}{(1+\cos^2 i\tan^2 u)\cos^2 u}-\frac{\omega_e}{n}\right]\right)^2\right\}^{-1/2} \tag{7.121}$$

由上式可知，对于圆轨道而言，考虑地球旋转时的方位角 $A = A(i,\ a,\ u)$，以图 7.25 所示的 $i = 60°$、周期为 6h 的圆轨道为例，在 $u = 0°$时考虑地球旋转时的方位角为 16.10°，而不考虑地球旋转时的方位角为 30°，在图中可以明显看出其差别。

7.1.3.3 不计摄动的星下点轨迹图形

由星下点轨迹方程，旋转地球上的星下点轨迹与轨道根数 Ω、τ、i、a、e、ω 有关。考虑到 Ω 和 τ 只影响星下点轨迹图形相对于旋转地球的位置，而不影响图形的形状，因而只讨论图形的形状与 i、a、e、ω 的关系。由于关系复杂，通常难以直接观察出图形的形状，图 7.27给出了一些星下点轨迹在墨卡托投影地图上的投影，它们不但与图 7.25 所示的形状大不相同，并且它们彼此之间的形状差别也很大。

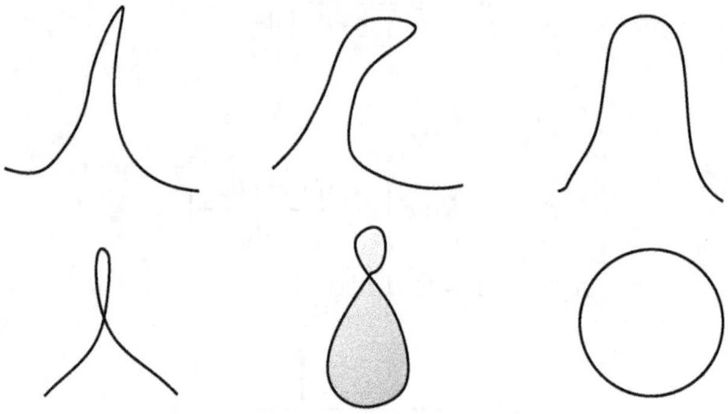

图 7.27　星下点轨迹的一些图形

7.2 卫星轨道设计的任务要求

7.2.1 地面覆盖问题及地面目标分辨率

各种应用卫星的任务虽各不相同。但是，它们有一个共同点，即都要收集地面（或大气层）的电磁波信息并将收集到的信息发送回地面站；不同之处在于收集和传输信息的手段及信息的类型各不相同。

地球资源技术卫星、侦察卫星、气象卫星等是利用遥感技术来完成给定任务的卫星，在卫星上安装传感器（照相机、电视摄像机等）接收来自地球上各类地物（或云层）的包含可见光在内的电磁波信息，将这些信息进行加工处理后记录在胶片上，然后发回地面站，从而完成对不同的目标及其特性进行远距离的探测和识别的任务。

虽然在理论上说整个电磁波段都是可以遥感的，但实际上由于大气窗口和技术水平的限制，目前只能在有限的几个波段上进行遥感，其中最重要的波段如下：

1）可见光（0.4 ~ 0.75μm）和近红外（0.75 ~ 2.5μm）波段，这是目标对太阳辐射的反射波段，所用传感器为宽波段照相机、多波段照相机或多波段扫描仪等。

2）中红外（3 ~ 5μm）和远红外（8 ~ 14μm）波段，是目标自身热辐射的波段。这两个波段范围内的红外辐射可穿过大气窗口到达卫星，所用传感器为红外扫描仪等。

3）微波（1mm～1m）波段，在这一波段有主动和被动两种接收方式。主动式微波传感器包括测试雷达、无线电高度计等。被动式微波传感器微波描射计等。

导航卫星上安装了无线电接收机和发射机，接收机接收地面注入站发出的由地面测控网获得的精确的轨道改正信息，由星载计算机算出卫星的精确轨道根数，由发射机向地面发出恒定频率的无线电波及卫星的精确轨道根数，由地面用户接收，经计算后确定用户本身的精确位置，完成给定的导航任务。

通信卫星及数据中继卫星等是通过卫星上的接收机来接收地面站发来的无线电信息的，然后再由转发器发送给另一地面站（或飞行器），完成给定的通信任务。

为了使卫星能完成给定任务，首先要了解卫星沿轨道运动过程中，能在地球上多大范围内进行电磁波信息的收集与传输，因此要建立电磁波的覆盖范围与卫星轨道根数的关系。为了讨论问题的方便，先不考虑卫星的运动，只考虑卫星在轨道上任一点对地面的覆盖，以此为基础，考虑卫星沿轨道运动时对无旋地球的覆盖，最后再考虑对旋转地球的覆盖。

7.2.1.1　卫星在轨道上任一点时对地面的覆盖

设地球为半径等于 R 的圆球，O 为地心，卫星在轨道上任一点距地面高度为 h，星下点为 S，如图 7.28 所示。

由于电磁波沿直线传播，图 7.28 给出了卫星与球面的切线，切点为 P_1 和 P_2，则有

$$\angle SO_eP_1 = \angle SO_eP_2 = d$$

地心角 d 称为覆盖角，以 $90° - d$ 为半锥角，以 OO' 为轴，以 $O'P_2$ 为母线作正圆锥体与地球相切，在此切线以上的地面区域称为覆盖区。

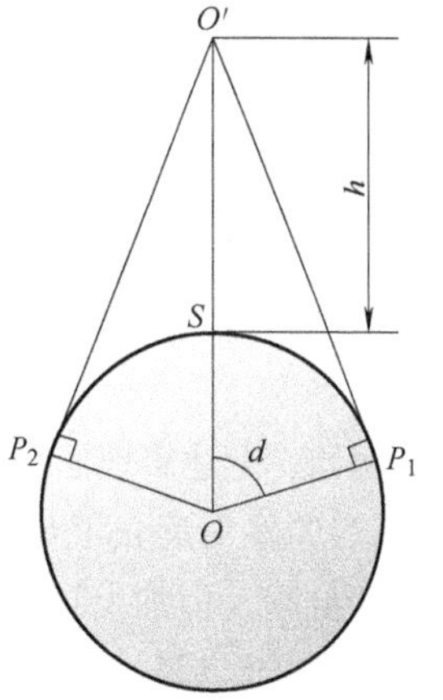

图 7.28　卫星对地面的覆盖

由直角三角形 $O'OP_1$ 可知，覆盖角 d 为

$$d = \arccos\left(\frac{R}{R+h}\right) \tag{7.122}$$

覆盖区面积 A_S 为

$$A_S = 2\pi R^2(1-\cos d) = 4\pi R^2\sin^2\frac{d}{2} \tag{7.123}$$

覆盖区占全球面积的百分比 A 为

$$A = \sin^2\frac{d}{2}\times 100\% \tag{7.124}$$

例如，一卫星离地面高度为 $h = 200$km，则 $d = 14.17°$、$A = 1.52\%$。

地球静止卫星离地面高度约为 35786km，则 $d = 81.31°$，$A = 42.54\%$。如果在赤道上等间隔放置三个静止卫星，从极点看去，如图 7.29 所示，这些卫星组成一个卫星网，这一卫星网可用于地球上除极帽附近的盲区以外区域的全球通信。

为了使卫星收集和传输信息获得良好的效果，通常要求卫星与地面目标之间的视线与目标地平线之间的夹角大于某个给定的角度 σ，σ 称为最小观测角，如图 7.30 所示，加上最小观测角限制后，卫星的覆盖区将减小。

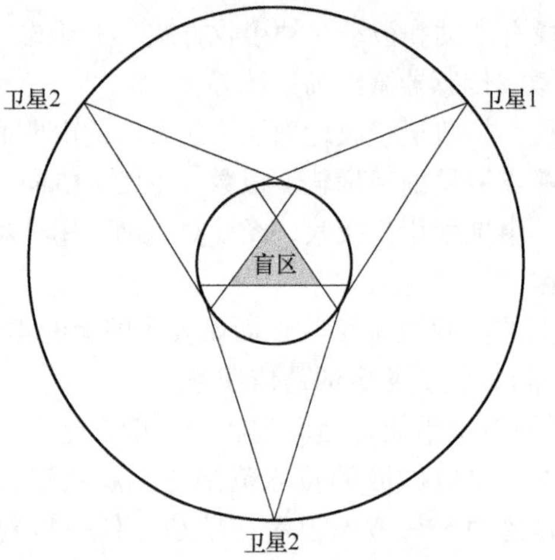

图 7.29　静止卫星对地面的覆盖

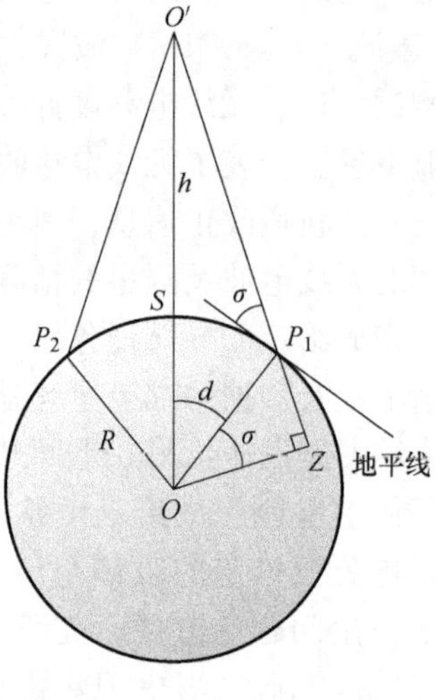

图 7.30　最小观测角下的覆盖

由图 7.30 所示的$\triangle OO_eZ$和$\triangle P_1O_eZ$可知

$$(R+h)\cos(\sigma+d)=R\cos\sigma$$

因此，加上最小观测角限制后，d 和 A 有

$$\begin{cases} d=\arccos\left(\dfrac{R\cos\sigma}{R+h}\right)-\sigma \\ A=\sin^2\dfrac{d}{2}\times 100\% \end{cases} \tag{7.125}$$

例如，上述离地面高度为200km 的卫星，加上 $\sigma=15°$的最小观测角限制后，则 $d=5.52°$、$A=0.23\%$。对静止卫星加上 $\sigma=5°$的限制，则 $d=76.35°$、$A=38\%$，此时虽仍能覆盖除盲区外的全球，但加上这一限制后，扩大了盲区。

由式（7.124）和式（7.125）可知，卫星离地面越高则覆盖区越大，对于地球资源技术卫星、侦察卫星等利用光学摄影设备获取目标影像的卫星，不仅要求卫星能覆盖目标区，还要求获得目标清晰的照片，即要求卫星有一定的地面景物分辨率。

设星上照相机的焦距为 L_f（单位为 m），由于地面景物与照相机的距离很远，因此地面景物在照相机的焦距上成像并使胶片感光，设胶片的分辨率 r_f（单位为线/mm），则地面景物的分辨率（或称地面分辨率）r_g（单位为 m）为

$$r_g=\frac{h}{L_f r_f} \tag{7.126}$$

式中，h 为照相机视场中心与地面景物的距离（km）。

照相机和胶片的类型见表 7.1 和表 7.2。

表 7.1　照相机类型

照相机类型	短焦距	普通焦距	长焦距
L_f/m	<0.15	0.15 ~ 0.3	>0.3

表 7.2　胶片类型

按分辨率区分的胶片类型	低	中低	中	高	很高	极高
r_f/(线/mm)	<60	60～70	75～90	95～115	120～150	>150

卫星上使用的是长焦距照相机和高分辨率胶片。例如，当 $L_f=0.9\text{m}$，$r_f=100$ 线/mm，$h=200\text{km}$，由式（7.126）可知，$r_g=2.2\text{m}$。

地面目标分辨率并不等于识别目标的能力，而只表明地面目标在胶片上有所反映。识别目标是指在胶片上能分辨目标的轮廓、判别目标的类型或属性，如分辨目标为人、房屋或车辆等。根据经验可知，可识别目标的尺寸等于地面分辨率的 5～7 倍。例如，地面分辨力为 0.3m，则可识别目标的尺寸为 1.5～2m。

由式（7.126）可知，卫星高度越低则识别地面目标的能力越高，并且卫星在飞行过程中高度不应有显著变化，以保持均匀一致的地面分辨率，因此地球资源技术卫星和侦察卫星通常采用低高度的近圆轨道。当然，轨道高度不能过低，否则卫星寿命会过短。

7.2.1.2　卫星沿轨道运动时对无旋地球的覆盖

由于应用技术卫星多采用近圆轨道，现在讨论卫星沿圆轨道运动时对无旋地球的覆盖，当卫星为椭圆轨道时，可用相同的方法研究。讨论中不计卫星的摄动运动。

设圆轨道卫星的轨道倾角为 i，轨道高度为 h，在无旋地球上其星下点轨迹为一闭合曲线，式（7.106）给出了星下点轨迹的方程式。如将无旋地球上星下点的经纬度记为 λ_S 和 φ_S，其中经度 λ_S 以升交点为参考点计算，则式（7.106）中有

$$\alpha^*=\lambda_S,\ \delta=\varphi_S \tag{7.127}$$

在式（7.106）中消去参数 θ［或直接用式（7.106）第一式］，可得星下点轨迹的另一表达式：

$$\lambda_S=\arcsin(\tan\varphi_S\cot i) \tag{7.128}$$

圆轨道卫星各时刻的覆盖角均为 d，当卫星沿圆轨道运动时，在垂直于星下点轨迹两侧，地心角为 d 的范围内形成一地面覆盖带，由球面三角关系可确定覆盖带外沿轨迹的方程式。

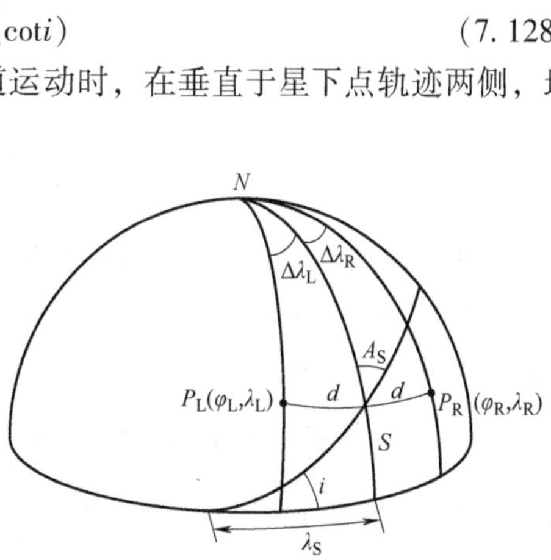

图 7.31　卫星运动时对地球的覆盖

图 7.31 中，任一时刻星下点 S 的经纬度 λ_S 和 φ_S；在此时刻过点 S 作垂直于星下点的大圆弧，在大圆弧上与 S 的角距为 d 的点分别记为 $P_R(\varphi_R,\lambda_R)$ 和 $P_L(\varphi_L,\lambda_L)$；随着卫星运动，P_R 和 P_L 在地球上行程上形成的轨迹即为覆盖带外沿轨迹；顺卫星运动方向看，P_R 和 P_L 形成的轨迹分别称为右侧和左侧外沿轨迹，(φ_R,λ_R) 和 (φ_L,λ_L) 满足的方程分别为右侧和左侧外沿轨迹方程。

在球面三角形 SNP_R 和 SNP_L 中，由边的余弦定理有

$$\sin\varphi=\sin\varphi_S\cos d\mp\cos\varphi_S\sin d\sin A_S \tag{7.129}$$

式中，A_S 为方位角，负号对应于右侧，正号对应左侧，负号时 $\varphi=\varphi_R$，正号时 $\varphi=\varphi_L$。

图 7.31 中，令

$$\begin{cases}\Delta\lambda_R=\lambda_R-\lambda_S\\ \Delta\lambda_L=-\lambda_L+\lambda_S\end{cases} \tag{7.130}$$

在球面三角形 SNP_L 中，由四元素公式有 $\cos a\cos B=\sin a\cot c-\sin B\cot C$ 并得到图 7.32a 所示球面三角形。

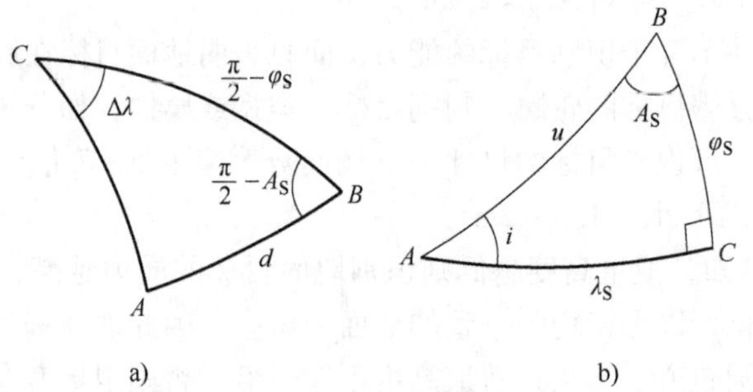

图 7.32　转换的球面三角形

可知

$$\cos\left(\frac{\pi}{2}-\varphi_S\right)\cos\left(\frac{\pi}{2}-A_S\right)=\sin\left(\frac{\pi}{2}-\varphi_S\right)\cot d-\sin\left(\frac{\pi}{2}-A_S\right)\cot\Delta\lambda_L$$

即得

$$\cot\Delta\lambda_L=\frac{\cos\varphi_S\cot d}{\cos A_S}-\sin\varphi_S\tan A_S$$

同理在球面三角形 SNP_R 中可得

$$\cot\Delta\lambda_R=\frac{\cos\varphi_S\cot d}{\cos A_S}+\sin\varphi_S\tan A_S$$

即

$$\cot\Delta\lambda=\frac{\cos\varphi_S\cot d}{\cos A_S}\pm\sin\varphi_S\tan A_S \tag{7.131}$$

式中，正号对应于右侧，负号对应于左侧，正号时 $\Delta\lambda=\Delta\lambda_R$，负号时 $\Delta\lambda=\Delta\lambda_L$。

利用式 $\sin a=\sin c\sin A$、$\cos A=\cos a\sin B$、$\tan b=\sin a\tan B$、$\tan a=\tan c\cos B$ 及图 7.32b 所示，得球面三角关系：

$$\sin\varphi_S=\sin i\sin u,\ \cos\varphi_S=\frac{\cos i}{\sin A_S},\ \tan A_S=\frac{\tan\lambda_S}{\sin\varphi_S},\ \cos A_S=\tan\varphi_S\cot u$$

将上式代入式（7.129）和式（7.10），则有

$$\sin\varphi=\sin i\sin u\cos d\mp\cos i\sin d$$

$$\begin{aligned}\cot\Delta\lambda&=\frac{\cos\varphi_S\cot d}{\cos A_S}\pm\sin\varphi_S\tan A_S\\&=\frac{\cos\varphi_S\cot d}{\tan\varphi_S\cot u}\pm\tan\lambda_S\end{aligned}$$

$$=\frac{\cos\varphi_S\cot d}{\frac{\sin\varphi_S}{\cos\varphi_S}\cot u}\pm\tan\lambda_S$$

$$=\frac{\cos\varphi_S\cot d}{\frac{\sin i\sin u}{\cos\varphi_S}\frac{\cos u}{\sin u}}\pm\tan\lambda_S$$

$$=\frac{\cos^2\varphi_S\cot d}{\sin i\cos u}\pm\tan\lambda_S$$

由于

$$\cot\Delta\lambda_R-\tan\lambda_S=\cot(\lambda_R-\lambda_S)-\tan\lambda_S=\frac{1+\tan\lambda_R\tan\lambda_S}{\tan\lambda_R-\tan\lambda_S}-\tan\lambda_S$$

$$=\frac{1+\tan^2\lambda_S}{\tan\lambda_R-\tan\lambda_S}=\frac{\sec^2\lambda_S}{\tan\lambda_R-\tan\lambda_S}$$

$$\cot\Delta\lambda_L+\tan\lambda_S=\cot(\lambda_S-\lambda_L)+\tan\lambda_S=\frac{1+\tan\lambda_S\tan\lambda_L}{\tan\lambda_S-\tan\lambda_L}+\tan\lambda_S$$

$$=\frac{1+\tan^2\lambda_S}{\tan\lambda_S-\tan\lambda_L}=\frac{\sec^2\lambda_S}{\tan\lambda_S-\tan\lambda_L}$$

并考虑到 $\cos a\cos b=\cos c$、$\tan b=\tan c\cos A$，得

$$\cos\varphi_S\cos\lambda_S=\cos u,\quad \tan\lambda_S=\cos i\tan u$$

则可推导右侧覆盖带沿轨迹的参数方程如下

$$\frac{\cos^2\varphi_S\cot d}{\sin i\cos u}=\frac{\sec^2\lambda_S}{\tan\lambda_R-\tan\lambda_S}$$

即

$$\tan\lambda_R-\tan\lambda_S=\frac{\sec^2\lambda_S}{\cos^2\varphi_S\cot d}\sin i\cos u$$

简化可得

$$\tan\lambda_R=\frac{\sec^2\lambda_S}{\cos^2\varphi_S\cot d}\sin i\cos u+\tan\lambda_S$$

$$=\frac{\tan d\sin i}{(\cos\varphi_S\cos\lambda_S)^2}\cos u+\cos i\tan u$$

$$=\tan d\sin i\sec u+\cos i\tan u$$

即得右侧覆盖带沿轨迹的参数方程：

$$\begin{cases}\sin\varphi_R=a_1\sin u-a_2\\ \tan\lambda_R=b_1\tan u+b_2\sec u\end{cases}\tag{7.132}$$

同理，可得左侧覆盖带外沿轨迹的参数方程：

$$\begin{cases}\sin\varphi_L=a_1\sin u+a_2\\ \tan\lambda_L=b_1\tan u-b_2\sec u\end{cases}\tag{7.133}$$

其中

$$\begin{cases} a_1 = \sin i \cos d \\ b_1 = \cos i \end{cases}, \begin{cases} a_2 = \cos i \sin d \\ b_2 = \tan d \sin i \end{cases} \tag{7.134}$$

当 i 和 d 给定后，由式（7.132）~式（7.134）可计算出外沿轨迹。

图 7.33 给出了墨卡托投影地图上 $i=60°$、$d=15°$的覆盖带外沿轨迹。

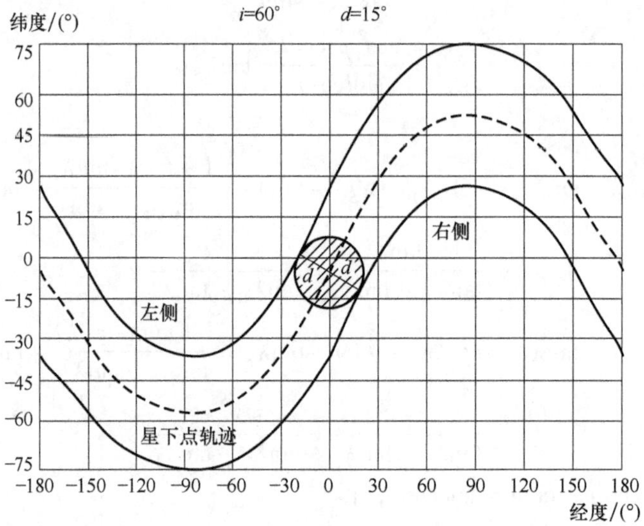

图 7.33 覆盖带外沿轨迹

在横断网中绘制覆盖带外沿轨迹则图形更直观，作图方法也更容易。作图时先取一张透明纸盖在横断网上，在透明纸上做出 $i=0°$的星下点轨迹，此轨迹即横断网的赤道，然后做出给定的 d 角的覆盖带。由于横断网的经线垂直于赤道，故覆盖带外沿轨迹即是纬度为 d 的纬线。图 7.34a 给出了在透明纸上 $i=0°$，d 分别为 20°、40°、60°时的覆盖带外沿轨迹。当 i 不等零时，只要将透明纸上的星下点绕中心逆时针旋转，使透明纸上的星下点轨迹与横断网赤道的夹角为 i，即可得轨道倾角为 i 时的覆盖带外沿轨迹。图 7.34b 给出了在透明纸上 $i=60°$，d 分别为 20°、40°、60°时的覆盖带外沿轨迹与横断网结合起来所构成的完整图形。利用这一方法作图时，不必写出星下点轨迹和覆盖带外沿轨迹的方程式，因此十分方便。

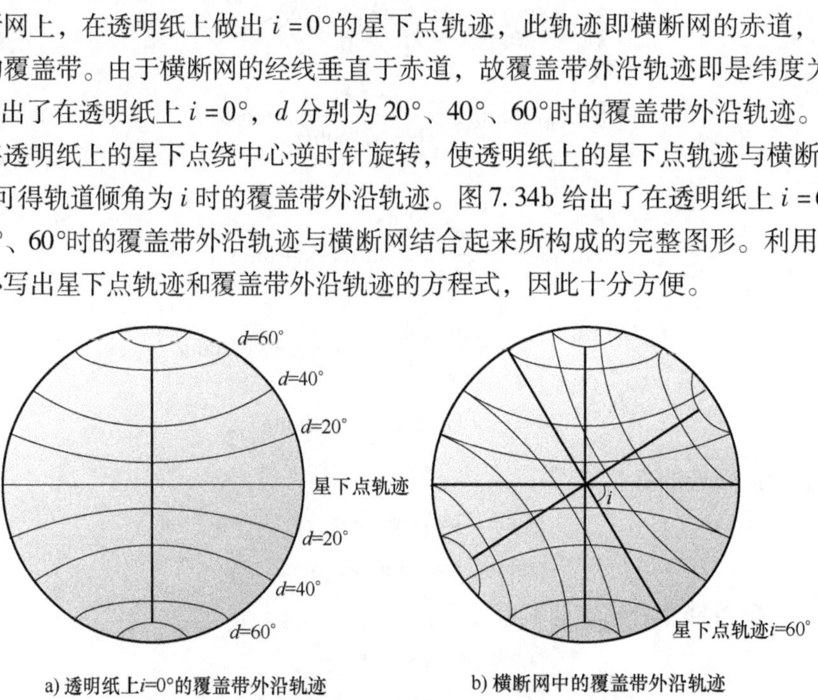

a) 透明纸上i=0°的覆盖带外沿轨迹　　b) 横断网中的覆盖带外沿轨迹

图 7.34 横断网中覆盖带外沿轨迹的作图方法

覆盖带之外的地区不为卫星覆盖，故称为盲区。如图 7.34b 所示，d 越大则盲区越小。当 $d \geqslant i$ 时，左右盲区分别位于北半球和南半球；当 $d < i$ 时，则左右盲区均将跨越赤道而分布在南北半球。

下面讨论覆盖带外沿轨迹的一些性质。

（1）外沿轨迹的对称性

由式（7.132）和式（7.133）及图 7.33 和图 7.34b 所示可知，右覆盖带外沿轨迹与左覆盖带外沿轨迹成原点对称，因为 u 时的（φ_R，λ_R）与 $-u$ 时的（$-\varphi_L$，$-\lambda_L$）相等。并且左右覆盖带沿外沿轨迹各自均对称于 $\lambda=90°$ 和 $\lambda=-90°$ 的轴。

（2）覆盖带的纬度范围

覆盖带的最大值和最小值决定了卫星覆盖带的纬度范围，这是一个表示卫星覆盖能力的参数，由图 7.33 和图 7.34b 所示可知，对于右侧外沿轨迹有

$$\varphi_{\mathrm{Rmax}} = i-d,\ \varphi_{\mathrm{Rmin}} = -(i+d)$$

对于左侧外沿轨迹有

$$\varphi_{\mathrm{Lmax}} = i+d,\ \varphi_{\mathrm{Lmin}} = -(i-d)$$

因此卫星的覆盖带纬度范围为

$$\begin{cases} -(i+d) \leqslant \varphi \leqslant (i+d) & (i+d) \leqslant 90° \\ -(180°-i+d) \leqslant \varphi \leqslant 180°-i+d & (i-d) \geqslant 90° \end{cases} \tag{7.135}$$

对于低高度卫星，当 d 为小量时，可近似认为是星下点轨迹的纬度范围即为覆盖带的纬度范围。

（3）覆盖带的宽度

由图 7.33 和图 7.34b 所示可知，覆盖带可覆盖星下点轨迹两侧一定经度范围内的地区。为了描述这一地区的宽窄，引入覆盖带宽度的概念，这是描述卫星覆盖能力的另一个参数。

对于低高度圆轨道卫星，覆盖角 d 为一小量时，覆盖带宽度可有下述近似结果。

设某一时刻星下点为 $S(\varphi_S, \lambda_S)$，在小范围内可将此点附近地面看作平面，星下点轨迹看作直线。此时，覆盖区可看作为 S 为中心，以 Rd（R 为地球半径）为半径的圆；覆盖带可看作与星下点轨迹平行并与覆盖带相切的直线，切点为 p'、p，如图 7.35所示。

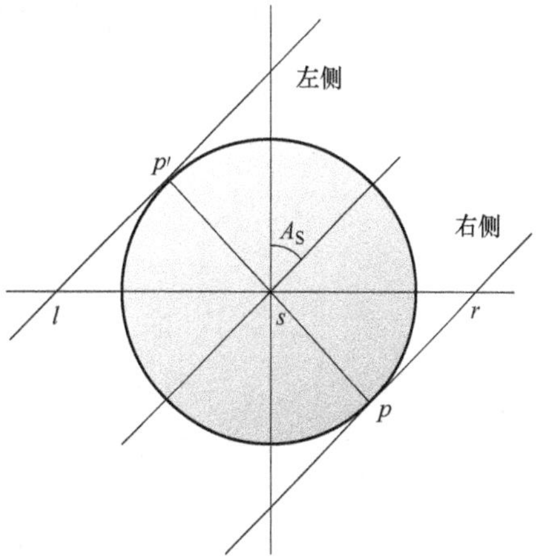

图 7.35　覆盖带的线宽度

如图 7.35 所示，作 $\varphi=\varphi_S$ 的纬线与覆盖带左右侧外沿轨迹分别交于 l 和 r，则 sl 和 sr 分别称为 $\varphi=\varphi_S$ 时的左右覆盖带线宽度，而 s 与 l 的经度差 $\Delta\lambda_l$、r 与 s 的经度差 $\Delta\lambda_r$ 则分别称为 $\varphi=\varphi_S$ 时的左右侧覆盖带宽度。它们的关系为

$$sr = R\cos\varphi_S \Delta\lambda_r,\ sl = R\cos\varphi_S \Delta\lambda_l \tag{7.136}$$

$\varphi=\varphi_S$ 时星下点轨迹方位角为 A_S，在直角三角形 $\triangle psr$ 和 $\triangle p'sl$ 中有

$$sp = sr\cos A_S = R\cos\varphi_S \cos A_S \Delta\lambda_r$$
$$sp' = sl\cos A_S = R\cos\varphi_S \cos A_S \Delta\lambda_l$$

由于

$$sp = sp' = Rd$$

因而有

$$\Delta\lambda_r = \Delta\lambda_l = \frac{d}{\cos\varphi_S \cos A_S} \tag{7.137}$$

对于星下点轨迹有下列关系：

$$\cos A_S = \sin i \cos\lambda_S, \quad \cos u = \cos\varphi_S \cos\lambda_S$$

因而有

$$\cos\varphi_S \cos A_S = \cos\varphi_S \sin i \cos\lambda_S = \sin i \cos u$$

将上式代入式（7.137）则有

$$\Delta\lambda_r = \Delta\lambda_l = \frac{d}{\sin i \cos u} \tag{7.138}$$

式（7.138）为左右侧覆盖带宽度的近似表达式。由式（7.138）可知，左右侧覆盖带宽度相等，宽度随 u 变化，当 $u=0$ 时，宽度取最小值。由于 $u=0$ 时，$\varphi_S=0$，因此赤道上的覆盖带宽度最小，将左右侧覆盖带最小宽度记为 $\Delta\lambda_d$，则有

$$\Delta\lambda_d = \Delta\lambda_{r\min} = \Delta\lambda_{l\min} = \frac{d}{\sin i} \tag{7.139}$$

式（7.139）说明低高度圆轨道卫星至少能覆盖星下点轨迹两侧经度各为 $\Delta\lambda_d$ 的地区。

7.2.1.3 最小宽度覆盖带对旋转地球的覆盖

在这里不讨论一般情况下卫星沿轨道运动过程中对旋转地球的覆盖，而只讨论低高度圆轨道卫星以最小宽度的左右侧覆盖带对旋转地球的覆盖，此时的覆盖带称为最小宽度覆盖带。

当地球以角速度 ω_e 自转时，则 t 时刻的星下点轨迹经度改变为 $-\omega_e t$，与星下点处于同一纬圈的最小宽度覆盖带的经度改变亦为 $-\omega_e t$，不计摄动则卫星每圈升交点和覆盖带一起西移 $\omega_e T_0$。这样，卫星在运动过程中的每圈可以覆盖旋转地球上的不同位置，如图 7.36 所示。

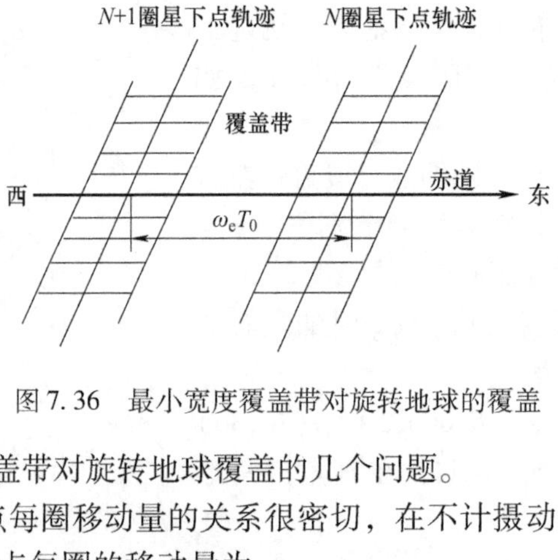

图 7.36 最小宽度覆盖带对旋转地球的覆盖

下面讨论最小宽度覆盖带对旋转地球覆盖的几个问题。

1）覆盖情况与升交点每圈移动量的关系很密切，在不计摄动影响时，如卫星运动周期为 T_0，则地球自转使升交点每圈的移动量为

$$\Delta\lambda_{\omega_e} = -\omega_e T_0$$

在考虑 J_2 项摄动时，对于圆轨道升交点每圈移动量（单位为°/圈）为

$$\Delta\lambda_{\omega_e} = -\left[\omega_e T + 0.585\left(\frac{a_e}{a}\right)^2 \cos i\right]$$

式中，ω_e 为地球自转角速度，$\omega_e = 0.0041667°/s$；T 为交点周期，单位为 s。

2）覆盖带宽度，随星下点轨迹的纬度的绝对值增加而增大。如果相邻圈的星下点轨迹的覆盖带在赤道上彼此衔接，没有重叠，但随着纬度的绝对值增加将会出现重叠，随着纬度绝对值的增大重叠也会增大。

3）卫星在轨道的升段和降段均可对地面进行覆盖，如果考虑其他条件的限制（如星下点应为阳光照明）而认为只能在部分弧段对地面进行覆盖，则在一回归周期内只能对地球进行一次覆盖。

7.2.2　重复观测问题

7.2.2.1　轨道回归

在不考虑摄动因素影响时，卫星连续两次通过升交点称为卫星运行一圈。当以恒星时为时间的度量单位时，卫星轨道周期为 T_0 时/圈，地球自转周期为 24 时/日，如这两个周期存在如下关系：

$$(24\ \text{时/日})/(T_0\ \text{时/圈}) = N\ \text{圈}/D\ \text{日} \tag{7.140}$$

式中，N 和 D 均为正整数，且除 1 以外没有公因子，即它们为互质数，这就要求 $24/T_0$ 不能为无理数。满足上式的轨道周期称为对于地球旋转周期是可通约的，当周期可通约时，则轨道周期与地球旋转周期均可表示为某一时间的整倍数，因而旋转地球上的星下点轨迹将以一定规律进行重复。

按卫星运行的顺序给各圈以标号，各圈标号依次为 0、1、2……，将 $t = 0$ 的升交点记为第 1 日第 0 圈的升交点。由于地球旋转使升交点在旋转地球上逐圈西移一固定值 $15°T_0$/圈，如 T_0 满足式（7.140），则有

$$360°D = 15°T_0 N \tag{7.141}$$

由上式可知，第（$D+1$）日的第 N 圈升交点与第 1 日第 0 圈的升交点重合，故第 N 圈升交点与第 0 圈的升交点轨迹重合，以后顺序地（$N+K$）圈星下点轨迹与第 K 圈星下点轨迹重合，其中 $K = 1$、2、3……。由于 N 和 D 为互质数，故 N 和 D 分别为实现星下点轨迹重复所需的最小圈数和日数。

如 $D = 1$ 日，则第 2 日重复第 1 日轨迹，星下点轨迹日重复的轨道称为回归轨道。例如，$T_0 = 6$ 时/圈，则有

$$\frac{24}{6} = \frac{4}{1}$$

即 $N = 4$ 圈、$D = 1$ 日，这是重复周期为 4 圈重复日期为 1 日的回归轨道，如图 7.37 所示，图中横坐标为赤道，升交点标号即为圈的标号。

如 $D > 1$ 日，则星下点轨迹不逐日重复而是间隔 D 日后进行重复，这种轨道称为准回归轨道。例如，$T_0 = 9$ 时/圈，则有

$$\frac{24}{9} = \frac{8}{3}$$

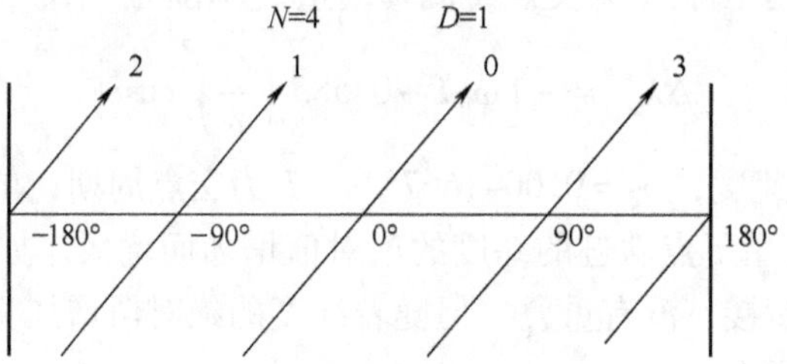

图 7.37 回归轨道示意图

即 $N=8$ 圈、$D=3$ 日，这是重复周期为 8 圈，重复日期为 3 日的准回归轨道，第 4 日重复第 1 日的星下点轨迹，如图 7.38 所示。

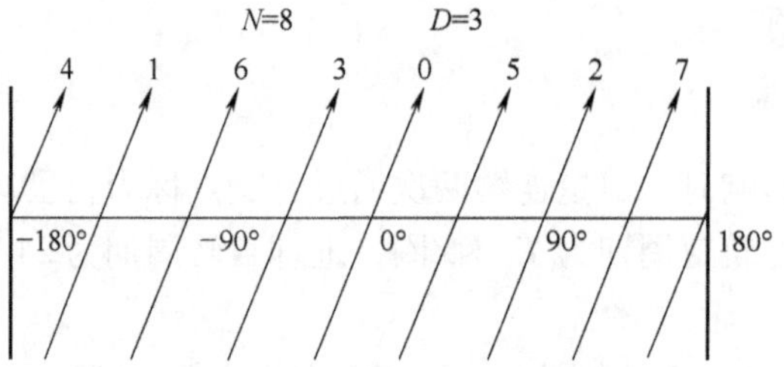

图 7.38 准回归轨道示意图

将图 7.38 与图 7.37 进行比较后可知，回归轨道相邻圈标号的排列比较简单，而准回归轨道相邻圈标号的排列则比较复杂。例如，图 7.37 所示的中相邻圈标号为

向西排列：0-1-2-3-4

向东排列：4-3-2-1

图 7.38 所示的相邻圈标号为

向西排列：0-3-6-1-4-7-2-5

向东排列：8-5-2-7-4-1-6-3

下面就西邻与东邻两种情况讨论相邻圈标号的排列问题，这是卫星轨道分析与设计工作中的一个重要问题。

设与第 0 圈西邻的相邻圈号为 n_w，一方面从卫星轨道的运行周期和地球旋转周期考虑，则 n_w 圈与 0 圈的升交点角距为 $15°n_wT_0$，另一方面考虑 n_w 圈为 0 圈的西邻圈，故 n_w 圈的升交点西移了 360°的整数倍 d_w 再加上 $360°/N$，故 n_w 圈与 0 圈的升交点角距又可表示为 $360°d_w+360°/N$，因而有如下等式：

$$15°n_wT_0=360°d_w+\frac{360°}{N}$$

将 $T_0=\dfrac{24D}{N}$代入上式则有

$$Dn_w-Nd_w=1 \tag{7.142}$$

在上式中注意到地球每日旋转360°，则 n_w 圈在 0 圈之西，则 n_w 圈为 d_w+1 日的圈号。

同理，对于与 0 圈东邻的相邻圈号为 n_e，则有

$$Dn_e-Nd_e=-1 \tag{7.143}$$

式中，n_e 为 d_e 日的圈号。

在以上两式中，n_w、n_e、d_w、d_e 均为正整数，如将两式相加，并注意到 N 和 D 为互质数，则有

$$\begin{aligned} D &= d_w + d_e \\ N &= n_w + n_e \end{aligned} \tag{7.144}$$

对于给定的 N 和 D，当已知 d_w 和 n_w 时，由上式可求得 d_e 和 n_e，反之亦然。

为了求得 n_w，要求解式（7.142），即求解数论中的二元一次不定方程问题。

设方程式为

$$a_1X + b_1Y = 1$$

式中，a_1 和 b_1 为互质整数。此方程有两个未知数 X 和 Y，故为不定方程，有无穷多个解，如在无限多个解中只求 X 和 Y 的所有整数解，这就是数论中解不定方程的问题。如（X_1，Y_1）是上式的一组整数解，则全体整数组为

$$X = X_1 + b_1t,\ \ Y = Y_1 - a_1t$$

式中，$t = 0$、± 1、± 2……

在简单情况下可用试探法求出一组整数解（X_1，Y_1），在一般情况下可用欧几里得辗转相除求 a_1 和 b_1 的最大公约数的方法求解，这里不讨论这一方法。

以 $N = 8$、$D = 3$ 为例，用试探法求解式（7.142），此时方程为

$$3n_w - 8d_w = 1$$

由式（7.144）可知，d_w 可能取值为 1 或 2，故可求得方程的解为

$$d_w = 1,\ \ n_w = 3$$

由式（7.144）可知

$$d_w = 2,\ \ n_w = 5$$

对于 $d_w = 1$、$n_w = 3$ 可写出西邻圈排列的圈号顺序和对应的日期为

圈号：0-3-6-1-4-7-2-5

日期：1-2-3-1-2-3-1-2

对于 $d_w = 2$、$n_w = 5$ 可写出东邻圈排列的圈号顺序和对应的日期为

圈号：5-2-7-4-1-6-3-0

日期：2-1-3-2-1-3-2-1

当 $d_w = 1$（或 $d_e = 1$）时，相邻圈向西（或向东）排列的日期是顺序的，从相邻圈日期排列的规律性看来，这种排列方式有其优点，现在来讨论这种排列方式应满足的关系式。

如将 N/D 表示为

$$\frac{N}{D} = \begin{cases} n_1 + \Delta n_1 \\ n_2 - \Delta n_2 \end{cases} \tag{7.145}$$

式中，N/D 为卫星每日运行的圈数；n_1 和 n_2 为正整数。当每日运行 n_1 圈时则多 Δn_1 圈，故 n_1 圈在 0 圈之东；当每日运行 $n_2 = n_1 + 1$ 圈则少 Δn_2 圈，故 n_2 圈在 0 圈之西。故前者对应向东排列，后者对应向西排列。

当满足下式时：

$$\Delta n_1 = \frac{1}{D} \tag{7.146}$$

则由式（7.145）可知

$$Dn_1 - N = -1 \tag{7.147}$$

与式（7.143）比较后可知，上式即为 $d_e = 1$、$n_e = n_1$ 的向东排列，这一排列的日期是向东为顺序的。

同理，当满足下式时：

$$\Delta n_2 = \frac{1}{D} \tag{7.148}$$

则有

$$Dn_2 - N = 1 \tag{7.149}$$

上式即为 $d_w = 1$、$n_w = n_2$ 的向西排列，这一排列的日期是向西为顺序的。

以上两种日期顺序排列的方式是以后在卫星轨道设计中将要采用的方式。

7.2.2.2 轨道复现

根据覆盖要求设计的轨道，可保证在 D 日内对地面给定地区的目标进行覆盖，这种准回归轨道多用于对地面目标进行普查。通过普查发现了某些目标应进行详查时，则用高分辨率窄视场的遥感器对目标进一步核查，此时希望卫星每日能两次通过目标的上空，从而提出了复现轨道问题。复现轨道是指卫星每日两次通过地球上同一点上空的轨道，或者称二次侦察轨道。

假定卫星在低高度圆轨道上运行，由于复现轨道要求星下点每日重覆，故 $D = 1$，复现轨道为回归轨道。当计及 J_2 项摄动时，升交点在旋转地球上西移的角速度除 ω_e 外，还有轨道面西移（或东进）的平均角速度，由式（7.140）可知，复现轨道应满足下式：

$$\frac{360°}{T(\omega_e - \dot{\Omega})} = N \tag{7.150}$$

由于

$$n_a = \frac{360°}{T} \tag{7.151}$$

式中，n_a 为轨道的交点角速度。将式（7.151）代入式（7.150）可得

$$\frac{n_a}{\omega_e - \dot{\Omega}} = N \tag{7.152}$$

式中，N 为正整数，即回归轨道每日运行的圈数；$\dot{\Omega}$ 为升交点进动的角速度，由式（5.119）可知，圆轨道升交点进动角速度的每秒平均值（单位为°/s）为

$$\dot{\Omega} = -9.97\left(\frac{a_e}{a}\right)^{3.5}\frac{\cos i}{86400} \tag{7.153}$$

对于低高度圆轨道，可取 $N = 16$，当轨道倾角 i 给定后，由式（7.152）和式（7.153）用迭代方法可解出轨道长半轴 a。

如图 7.39 所示，从惯性空间看，设某时刻（不失一般性地假定此时刻为 $t = 0$）星下点 s 纬度为 φ_s，经度为 α_s^*，经度以卫星轨道的升交点为经度的起算点。如此时刻地面目标也正在点 s，且目标随地球自转，在 $t_{ss'}$ 到达点 s' 时，而卫星在运行 K 圈（K 为正整数，$K < N$）之后，正好到达点 s' 上空，则卫星可对目标进行二次侦察，上述条件称为复现条件。

当不计摄动时，地面目标一日之内两次通过卫星轨道平面的时间为

$$t_{ss'}=\frac{\lambda_0}{\omega_e} \tag{7.154}$$

式中，λ_0 为 s'与 s 的经度差，由球面三角公式 $\tan a=\sin b\tan A$ 及图 7.40 所示可知

$$\lambda_0=2(90°-\alpha_s^*)=180°-2\arcsin(\tan\varphi_s\cot i) \tag{7.155}$$

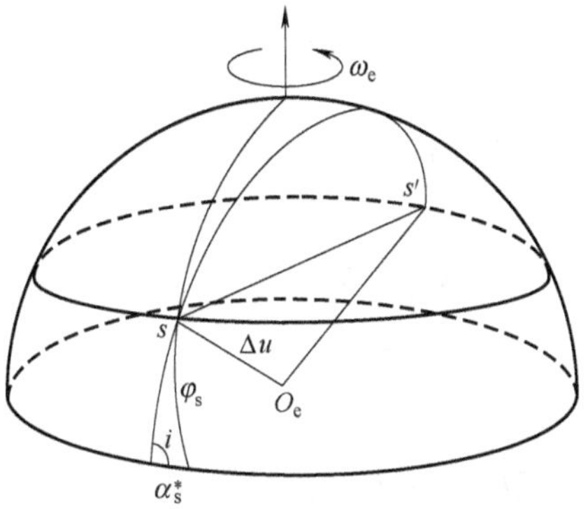

图 7.39　卫星对目标的二次侦察

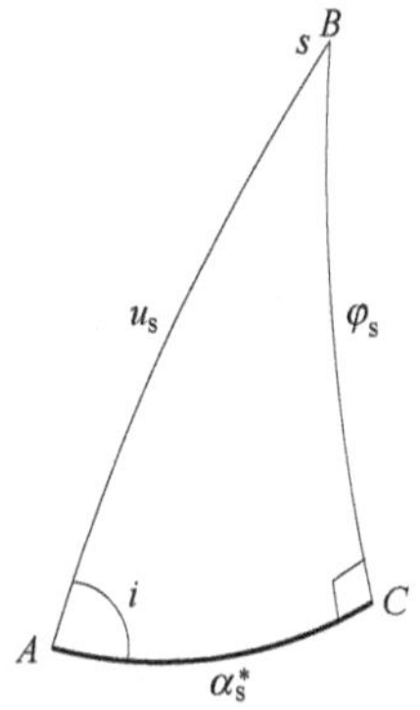

图 7.40　对应球面三角形

实际上，由于存在摄动，卫星轨道面以角速度 $\dot{\Omega}$ 进动，从而引起 $t_{ss'}$发生变化，在考虑了升交点的进动后，$t_{ss'}$应满足下式

$$t_{ss'}=\frac{\lambda_0+\dot{\Omega}t_{ss'}}{\omega_e}$$

由上式可解得

$$t_{ss'}=\frac{\lambda_0}{\omega_e}\left(1-\frac{\dot{\Omega}}{\omega_e}\right)^{-1} \tag{7.156}$$

如卫星在 $t=0$ 时刻通过点 s 上空，在运行 K 圈后，再一次通过该点上空，记两次通过的时间间隔为 t，则有

$$t=\frac{360°K+2(90°-u_s)}{n_a} \tag{7.157}$$

式中，u_s 为卫星在 $t=0$ 时刻与升交点的角距，由球面三角公式 $\sin a=\sin c\sin A$ 及图 7.40 所示可知

$$u_s=\arcsin\frac{\sin\varphi_s}{\sin i} \tag{7.158}$$

由于复现条件要求

$$t_{ss'}=t \tag{7.159}$$

将式（7.156）和式（7.157）分别代入上式左右端，则有

$$\frac{360°K+2(90°-u_s)}{n_a}=\frac{\lambda_0}{\omega_e}\left(1-\frac{\dot{\Omega}}{\omega_e}\right)^{-1}$$

即

$$K=\frac{n_a}{360°}\frac{\lambda_0}{\omega_e-\dot{\Omega}}-\frac{2(90°-u_s)}{360°}=\frac{n_a}{360°}\frac{\lambda_0}{\omega_e-\dot{\Omega}}-\frac{\Delta u}{360°} \tag{7.160}$$

其中

$$\Delta u = 2(90° - u_s) = 2\left(90° - \arcsin \frac{\sin\varphi_s}{\sin i}\right) = \Delta u(\varphi_s, i) \tag{7.161}$$

由式（7.150）可知

$$\frac{n_a}{\omega_e - \dot{\Omega}} = N \tag{7.162}$$

将上式代入式（7.160）则有

$$K = \frac{N\lambda_0}{360°} - \frac{\Delta u}{360°} = K(\varphi_s, i) \tag{7.163}$$

将式（7.155）和式（7.161）代入上式可得

$$K = \frac{2N(90° - \alpha_s^*)}{360°} - \frac{2(90° - u_s)}{360°}$$

即

$$\frac{N\alpha_s^* - u_s}{90°} = -2K + N - 1 \tag{7.164}$$

式中，$K=0$，1，2……

由于 N 为已知量（即 a、i 为已知量），K 为正整数，取不同的 K 代入式（7.164）用迭代法可解出 φ_s。

例如，$N=16$，如 $i=50°$，当 $K=6$ 时，由式（7.163）可解得 $\varphi_s=20°$，即此轨道可在第 6 圈时对北纬 20°的目标进行二次侦察。

7.2.3 星下点太阳照明问题

当卫星对地面目标进行可见光摄影时，地面目标除应为卫星覆盖外，还应为阳光照明。当卫星的覆盖角不大时，可近似地将地面目标看作是点目标，地面目标为阳光照明的要求可看成是星下点为阳光照明的要求。

一般说来，当卫星沿轨道运行一圈时，总有一段星下点轨迹为阳光照明，而星下点轨迹的其余部分处于地球的阴影之中，不为阳光照明。星下点轨迹为阳光照明的弧段称为可见弧段，反之称为不可见弧段。在可见弧段上任一点，太阳对该点的天顶距 δ 为

$$\delta \leqslant 90° \tag{7.165}$$

考虑对地面目标摄影时，为了获得清晰的照片，对天顶距的要求还要苛刻一些，通常要求满足如下条件时：

$$\delta_{max} \leqslant 75° \tag{7.166}$$

即太阳对地面目标的高度不小于 15°时，卫星可对地面目标摄影。因此，以后将星下点轨迹上满足式（7.166）的弧段称为可见弧段，反之称为不可见弧段。

下面先建立太阳对星下点的天顶距 δ 与轨道根数的关系，然后以此为基础，讨论满足照明要求的轨道设计问题。

7.2.3.1 星下点的太阳天顶距与轨道根数的关系

星下点的天阳天顶距 δ 取决于太阳和星下点的相互位置，图 7.41 给出了两者的相互位置，$\odot$表示太阳在地心天球上的投影，s 和 N 分别表示星下点和北极 N 在地心天球上的投影，太阳的位置用赤经 $\alpha_\odot$ 和赤纬 $\delta_\odot$ 表示，星下点的位置用赤经 α_s 和赤纬 δ_s 表示。

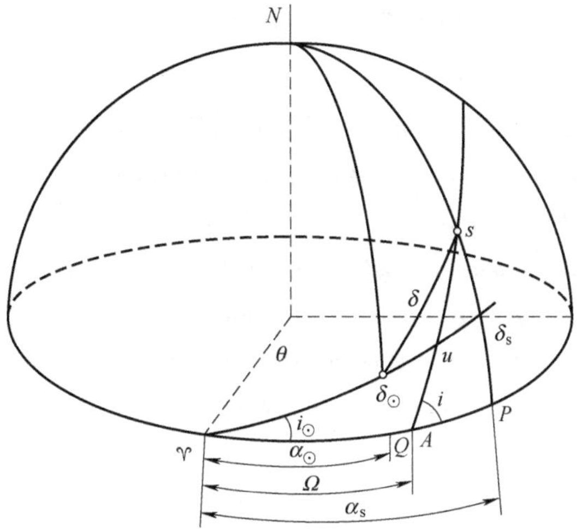

图 7.41　星下点的太阳天顶距

在球面三角形 $N\odot s$ 中，由球面三角形公式可知

$$\begin{aligned}\cos\delta &= \sin\delta_s\sin\delta_\odot + \cos\delta_s\cos\delta_\odot\cos(\alpha_s - \alpha_\odot)\\ &= \sin\delta_s\sin\delta_\odot + \cos\alpha_s\cos\delta_s\cos\alpha_\odot\cos\delta_\odot + \sin\alpha_s\cos\delta_s\sin\alpha_\odot\cos\delta_\odot \end{aligned}\tag{7.167}$$

式中，与太阳位置有关的项 $\sin\delta_\odot$、$\cos\alpha_\odot\cos\delta_\odot$、$\sin\alpha_\odot\cos\delta_\odot$ 可表为 $i_\odot$ 和 θ 的函数；$i_\odot$ 为黄赤交角；θ 为从春分点起算的太阳在黄道上运行的角度。在球面直角三角形$\gamma\odot Q$ 中，由球面三角公式可知

$$\sin\delta_\odot = \sin i_\odot\sin\theta,\quad \cos\theta = \cos\delta_\odot\cos\alpha_\odot,\quad \sin\alpha_\odot = \tan\delta_\odot\cot i_\odot \tag{7.168}$$

将式（7.168）代入式（7.167）可得

$$\begin{aligned}\cos\delta &= \sin\delta_s\sin i_\odot\sin\theta + \cos\delta_s\cos\alpha_s\cos\theta + \sin\alpha_s\cos\delta_s\tan\delta_\odot\cot i_\odot\cos\delta_\odot\\ &= \sin\delta_s\sin i_\odot\sin\theta + \cos\delta_s\cos\alpha_s\cos\theta + \sin\alpha_s\cos\delta_s\sin\delta_\odot\cot i_\odot\\ &= \sin\delta_s\sin i_\odot\sin\theta + \cos\delta_s\cos\alpha_s\cos\theta + \sin\alpha_s\cos\delta_s\sin i_\odot\sin\theta\cot i_\odot\\ &= \sin\delta_s\sin i_\odot\sin\theta + \cos\delta_s\cos\alpha_s\cos\theta + \cos\delta_s\sin\alpha_s\sin\theta\cos i_\odot \end{aligned}\tag{7.169}$$

再将式（7.169）中与卫星星下点位置有关的项 $\sin\delta_s$、$\cos\delta_s\cos\alpha_s$、$\cos\delta_s\sin\alpha_s$ 表示成轨道根数 i、Ω 和星下点与升交点的角距 u 的函数，注意到有

$$\begin{cases}\cos\alpha_s = \cos[\Omega + (\alpha_s - \Omega)] = \cos\Omega\cos(\alpha_s - \Omega) - \sin\Omega\sin(\alpha_s - \Omega)\\ \sin\alpha_s = \sin[\Omega + (\alpha_s - \Omega)] = \sin\Omega\cos(\alpha_s - \Omega) + \cos\Omega\sin(\alpha_s - \Omega)\end{cases}\tag{7.170}$$

并且，在球面直角三角形 AsP 中，由球面三角公式有

$$\sin(\alpha_s - \Omega) = \tan\delta_s\cot i,\quad \cos(\alpha_s - \Omega) = \frac{\cos u}{\cos\delta_s},\quad \sin\delta_s = \sin i\sin u \tag{7.171}$$

将式（7.170）和式（7.171）代入式（7.169）并整理后可得

$$\begin{aligned}\cos\delta &= \sin\delta_s\sin i_\odot\sin\theta + \cos\delta_s\cos\alpha_s\cos\theta + \cos\delta_s\sin\alpha_s\sin\theta\cos i_\odot\\ &= \sin i\sin u\sin i_\odot\sin\theta + [\cos\Omega\cos(\alpha_s - \Omega) - \sin\Omega\sin(\alpha_s - \Omega)]\cos\delta_s\cos\theta\\ &\quad + [\sin\Omega\cos(\alpha_s - \Omega) + \cos\Omega\sin(\alpha_s - \Omega)]\cos\delta_s\sin\theta\cos i_\odot\\ &= \sin i\sin i_\odot\sin\theta\sin u + \left[\cos\Omega\frac{\cos u}{\cos\delta_s} - \sin\Omega\tan\delta_s\cot i\right]\cos\delta_s\cos\theta \end{aligned}$$

$$
\begin{aligned}
&+\left[\sin\Omega\frac{\cos u}{\cos\delta_s}+\cos\Omega\tan\delta_s\cot i\right]\cos\delta_s\sin\theta\cos i_{\odot}\\
=&\sin i\sin i_{\odot}\sin\theta\sin u+\cos\Omega\cos\theta\cos u-\sin\Omega\sin\delta_s\cot i\cos\theta\\
&+\sin\Omega\sin\theta\cos i_{\odot}\cos u+\cos\Omega\sin\delta_s\cot i\sin\theta\cos i_{\odot}\\
=&\sin i\sin i_{\odot}\sin\theta\sin u+\cos\Omega\cos\theta\cos u-\sin\Omega\sin i\sin u\cot i\cos\theta\\
&+\sin\Omega\sin\theta\cos i_{\odot}\cos u+\cos\Omega\sin i\sin u\cot i\sin\theta\cos i_{\odot}\\
=&\sin i\sin i_{\odot}\sin\theta\sin u+\cos\Omega\cos\theta\cos u-\sin\Omega\cos i\sin u\cos\theta\\
&+\sin\Omega\sin\theta\cos i_{\odot}\cos u+\cos\Omega\cos i\sin u\sin\theta\cos i_{\odot}\\
=&[\sin\theta\sin i\sin i_{\odot}-\cos i(\cos\theta\sin\Omega-\sin\theta\cos\Omega\cos i_{\odot})]\sin u\\
&+(\cos\theta\cos\Omega+\sin\theta\sin\Omega\cos i_{\odot})\cos u\\
=&A\sin u+B\cos u
\end{aligned}
\tag{7.172}
$$

其中

$$
\begin{cases}
A=\sin\theta\sin i\sin i_{\odot}-\cos i(\cos\theta\sin\Omega-\sin\theta\cos\Omega\cos i_{\odot})\\
B=\cos\theta\cos\Omega+\sin\theta\sin\Omega\cos i_{\odot}
\end{cases}
\tag{7.173}
$$

由式（7.172）和式（7.173）可知

$$\delta=\delta(\theta,i,\Omega,u) \tag{7.174}$$

式中，θ 为太阳与春分点的角距，也可表示为春分后的日数，故 θ 与日期有关，对于寿命只有几天的低高度卫星，可近似认为 θ 不变。轨道倾角 i 由卫星覆盖要求确定，在讨论星下点照明问题时，认为是已知量。因此星下点照明情况只与轨道面在惯性空间的位置 Ω 及卫星在轨道上的位置 u 有关。

7.2.3.2 可见弧段及其纬度范围

在式（7.172）中，令

$$\sin\varphi=-\frac{B}{(A^2+B^2)^{1/2}},\quad \cos\varphi=\frac{A}{(A^2+B^2)^{1/2}} \tag{7.175}$$

则

$$\varphi=\arctan\frac{-B}{A} \tag{7.176}$$

式中，φ 为已知量。将式（7.175）代入式（7.172）则有

$$\frac{\cos\delta}{(A^2+B^2)^{1/2}}=\sin(u-\varphi)$$

当 $\delta\leqslant\delta_{max}$ 时的弧段为可见弧段，因为可见弧段的 u 满足下式：

$$\frac{\cos\delta_{max}}{(A^2+B^2)^{1/2}}\leqslant\sin(u-\varphi) \tag{7.177}$$

令

$$\beta=\arcsin\frac{\cos\delta_{max}}{(A^2+B^2)^{1/2}} \tag{7.178}$$

反正弦函数取主值，β 为已知量，则式（7.178）代入式（7.177）可得可见弧段 u 值的范围为

$$\beta\leqslant u-\varphi\leqslant180°-\beta$$

令

$$\begin{cases} u_1 = \varphi + \beta = (90° + \varphi) - (90° - \beta) \\ u_2 = 180° + \varphi - \beta = (90° + \varphi) + (90° - \beta) \end{cases} \tag{7.179}$$

则可见弧段 u 值的范围可表为

$$u_1 \leqslant u \leqslant u_2 \tag{7.180}$$

由式（7.179）可知，可见弧段的 u 值对称于 $u = 90° + \varphi$，宽度为 $\pm(90° - \beta)$，如图 7.42 所示。

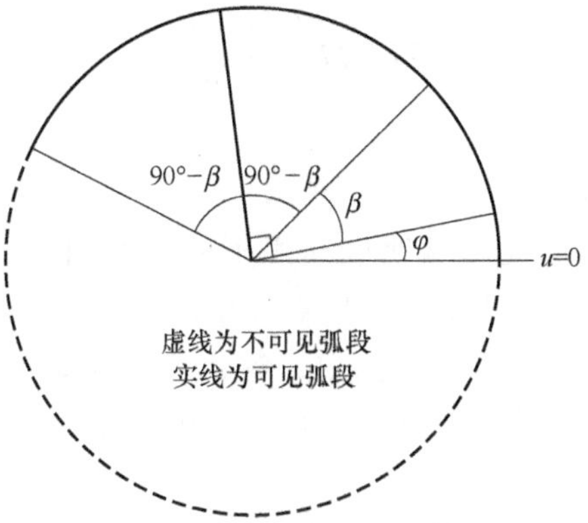

图 7.42　可见弧段和不可见弧段

当已知 u_1 和 u_2 后，由球面三角公式

$$\varphi = \arcsin(\sin u \sin i) \tag{7.181}$$

可计算出与之相对应的纬度 φ_1 和 φ_2，然后可分别按下列情况计算可见弧段的纬度范围。

1）可见光弧段的 u 值中不包含 $u = 90°$和 $u = 270°$的点时，则纬度范围为

$$\begin{cases} \varphi_{\min} = \min(\varphi_1, \varphi_2) \\ \varphi_{\max} = \max(\varphi_1, \varphi_2) \end{cases} \tag{7.182}$$

2）可见光弧段的 u 值中只包含 $u = 90°$的点时，则纬度范围为

$$\begin{cases} \varphi_{\min} = \min(\varphi_1, \varphi_2) \\ \varphi_{\max} = i & i \leqslant 90° \\ \varphi_{\max} = 180° - i & i \geqslant 90° \end{cases} \tag{7.183}$$

3）可见光弧段的 u 值中只包含 $u = 270°$的点时，则纬度范围为

$$\begin{cases} \varphi_{\max} = \max(\varphi_1, \varphi_2) \\ \varphi_{\min} = -i & i \leqslant 90° \\ \varphi_{\min} = i - 180° & i \geqslant 90° \end{cases} \tag{7.184}$$

4）因为 $\delta_{\max} \leqslant 90°$，故可见光弧段的 u 值中不会出现既包含 $u = 90°$又包含 $u = 270°$的情况。

7.2.3.3　星下点照明问题的图解方法

星下点照明问题除用上述解析方法进行研究外，还可用下述图解方法进行研究，虽然图解方法给出的结果精度不高，但可给出清晰直观的图像，并能加深对问题的理解，具有明显

的优点。

在图解方法中采用规则网作图法。与图 7. 18 所示的比较可知，在星下点照明问题中，投影中心为北极（或南极），固定点为太阳⊙，与太阳的角距为 $\delta=\delta_{max}$ 的动点在球面上轨迹为小圆，此小圆为太阳照明区，太阳照明区在规则网中的图形也是小圆。取投影中心到太阳的连线为规则网中的 x 轴，则规则网中太阳照明区小圆的圆心和半径可由式（7. 72a）求得为

圆心 $$x=\frac{2Rs_1}{c_1+c},\quad y=0 \tag{7.185a}$$

半径 $$r=2R\left|\frac{s}{c_1+c}\right| \tag{7.185b}$$

其中

$$c=\cos\delta_{max},\quad s=\sin\delta_{max},\quad s_1=\cos\delta_{\odot},\quad c_1=\sin\delta_{\odot} \tag{7.186}$$

在冬至，当 $\delta_{max}=75°$ 时的太阳照明区在规则网中的图形，可先由式（7. 185a）和式（7. 186）计算出太阳照明区（南半球照明区和北半球照明区）小圆的圆心和半径，然后在规则网中画出照明区，如图 7. 43 所示。图中，南半球的小圆为 VSV' 弧段，北半球的小圆为 VNV' 弧段，南半球照明区为 VSV' 弧段与赤道 VOV' 所围的区域，北半球照明区为 VNV' 弧段与赤道 VOV' 所围的区域。

为了用图解法研究星下点照明问题，再取一张透明纸覆盖在规则网上，做出给定轨道倾角为 i 的轨道的星下点轨迹，其投影为大圆。图 7. 44 给出了 $i=70°$ 的轨道的星下点轨迹，DNA 为北半球弧段，DSA 为南半球弧段。

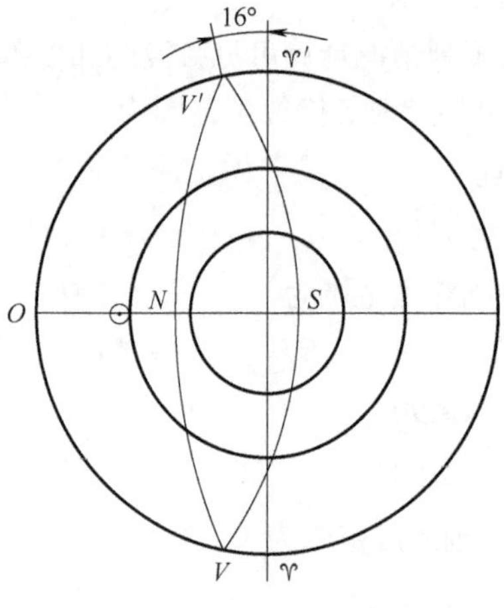

图 7. 43　南北半球的太阳照明区

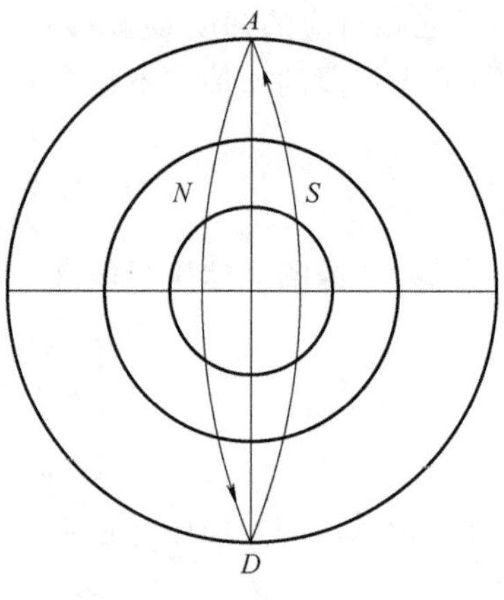

图 7. 44　星下点轨迹

最后将图 7. 44 所示轨迹放在图 7. 43 所示轨迹上，并使两图的投影中心重合。固定图 7. 43所示，使图 7. 44 所示绕投影中心旋转，A 与春分点♈之间的夹角即为 Ω，旋转图 7. 44所示图形可得 Ω 取不同值的情况。对于取定的 Ω，求得北半球上 VNV' 与 DNA 的交点 N' 和南半球上 VSV' 与 DSA 的交点 S'，即可求得星下点轨迹上的可见弧段及其纬度范围。图 7. 45给出了 $\Omega=110°$ 时星下点轨迹的照明情况，$N'DS'$ 为可见弧段，其纬度范围为 51°N ~ 70°N。

用图解法后可得出下面的结论：

1）当 $\Omega=110°$ 或 $\Omega=250°$ 时，南半球的可见纬度达到最大值；$\Omega=117°$ 或 $\Omega=242°$ 时，北半球的可见纬度达到最大值。南北半球的最大可见纬度范围不在同一 Ω 出现。当 $\Omega=115°$ 或 $\Omega=245°$ 时，全球的可见纬度范围达到最大值。

2）当旋转图 7.44 所示图形使 A 进入 $V'\gamma'$ 范围内时，则星下点轨迹 DNA 与北半球照明区 $V'NV$ 无交点，同样 DSA 与 $V'SV$ 无交点，星下点轨迹上无可见弧段。图中，弧段 $V'\gamma'$ 对应的角度为 16°，因此当 $164°\leqslant\Omega\leqslant196°$ 时整个星下点轨迹为不可见弧段。

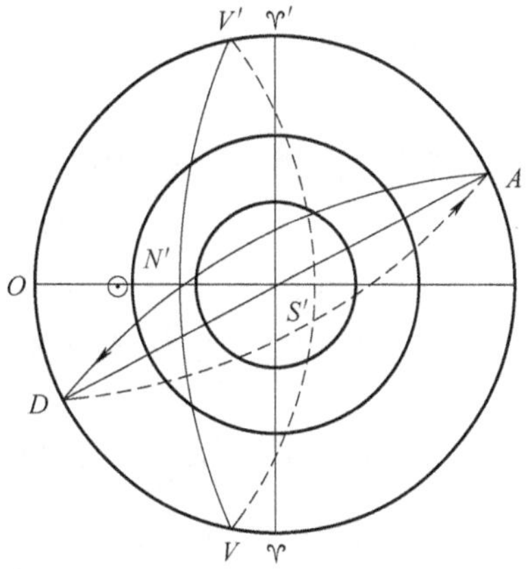

图 7.45　太阳照明区与星下点轨迹

当弧段 $V'\gamma'$ 或 $V\gamma$ 对应的角度越小，则不可见区所对应的 Ω 的取值范围越小，这发生在 δ_{max} 的数值大及发射日期接近春分或秋分时。

3）当卫星轨道倾角 i 改变时，只要改变图 7.44 所示的星下点轨迹。当发射日期改变时，只要改变图 7.43 所示的照明区，然后进行类似上述的分析。

4）当考虑 J_2 项摄动引起的轨道面进动时，只需将图 7.44 所示的图形逐日旋转 $\Delta\Omega$（度/日），即可分析当日的星下点照明情况（太阳的视运动忽略不计）。

5）当卫星轨道高度较高、覆盖带较宽时，在图 7.44 所示的星下点轨迹两侧给出覆盖带，然后再用上述方法分析覆盖带的照明情况。

7.2.3.4　卫星入轨时刻的确定

如上所述，当轨道倾角 i 及发射日期确定后，星下点的照明情况只取决于轨道升交点与春分点的角距 Ω，而 Ω 又取决于发射卫星时的卫星入轨时刻，通过控制卫星的入轨时刻，既可保证获得给定的 Ω 值。

图 7.46 中，l 为卫星的入轨点，V 为地面测控站，设 l 与 V 经度差为 $\Delta\alpha_{lV}$，l 的赤纬为 δ_l，当测控站 V 的恒星时为 s_V 时，则入轨点的赤经 α_l 为

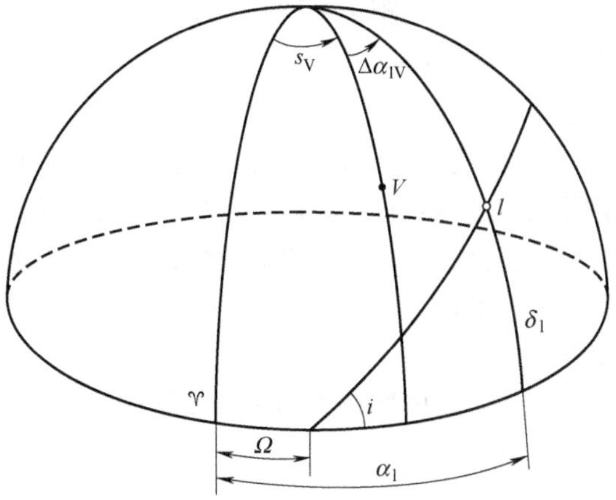

图 7.46　入轨点与观测站的相互位置关系

$$\alpha_1 = s_V + \Delta\alpha_{1V} \tag{7.187}$$

由图 7.46 所示及球面三角公式可知

$$\alpha_1 = \Omega + \arcsin(\tan\delta_1 \cot i) \tag{7.188}$$

将式（7.187）代入上式，则有

$$\Omega = s_V + \Delta\alpha_{1V} - \arcsin(\tan\delta_1 \cot i) \tag{7.189}$$

式中，由于 $\Delta\alpha_{1V}$、i、δ_1 为已知量，故由 s_V 可确定 Ω。

由式（7.189）可知，对于给定的 Ω，当测控站的恒星时 s_V 为下式时：

$$s_V = \Omega + \arcsin(\tan\delta_1 \cot i) - \Delta\alpha_{1V} \tag{7.190}$$

卫星发射入轨，即可获得给定的 Ω。

7.2.4 卫星的受晒问题

阳光照射地球时，在地球背向阳光的一面将产生地影，当卫星飞进地影时，将不受阳光照射，此时称为星蚀；反之，卫星将受阳光照射，称为受晒。阳光对卫星的照射情况将直接影响星上太阳电池的供电情况及卫星温控系统的设计，因此卫星在运行过程中受阳光照射的情况是轨道设计中应考虑的问题。这一问题称为卫星的受晒问题。

卫星的受晒问题将分为以下两种情况，下面分别进行研究。

第一种情况是将卫星作为一个质点，研究卫星沿轨道运行过程中的受晒情况，为此引入受晒因子 K_s，K_s 定义为

$$K_s = \frac{T_s}{T_0} \tag{7.191}$$

式中，T_s 为卫星在轨道周期中受太阳照射的时间；T_0 为卫星的轨道周期。

卫星的星蚀率 R_s，结合式（7.191）可知为

$$R_s = 1 - K_s \tag{7.192}$$

第二种情况是将卫星作为刚体，研究卫星各部分受晒情况。当发生星蚀时，卫星各部分均不受阳光照射，但卫星受晒时，并非卫星上的各点均为阳光照射，为此引入阳光与卫星星体轴的夹角来描述卫星作为刚体时的受晒情况。

7.2.4.1 地影

受太阳的大小及太阳与地球之间的距离的影响，射向地球的阳光并不是严格的平行光。地球在阳光照射下产生的地影，由本影区和半影区组成。本影区是阳光全部为地球遮蔽的区域，半影区是阳光部分为地球遮蔽的区域，如图 7.47 所示。图中，$r_{\odot\oplus}$为日地距离，$R_\odot$为太阳半径，δu 和 δp 分别称为本影角和半影角，本影角的大小约为 15.8′，半影角的大小约为 16.2′。地球本影区为一圆锥体，其半顶角为 δu，高度近似为 217R（R 为地球半径）。由于 δu 和 δp 为小角，且当前卫星运行的高度小于 10R，因此可将地影近似看作为半径等于 R 的圆柱体的本影，阳光近似看作为平行光。

7.2.4.2 圆轨道的受晒因子

当卫星沿圆轨道运动时，其受晒情况较为简单，故先讨论这种情况。本节和后面对受晒问题进行讨论时，均不计轨道摄动。

先就两个特例进行讨论。

第一个特例是阳光直射卫星轨道面，即阳光与卫星轨道的动量矩矢量 $\boldsymbol{h}_s$ 共线，如

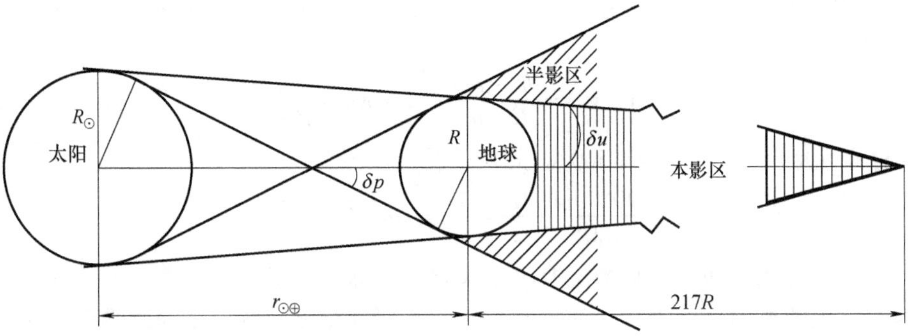

图 7.47　本影区与半影区

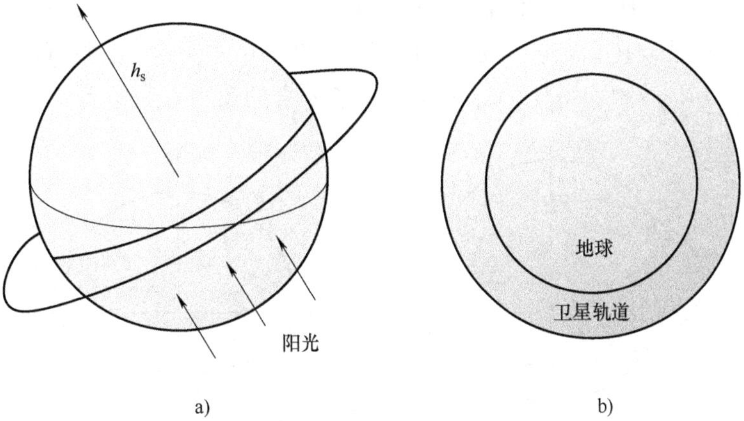

图 7.48　阳光直射轨道面时的受晒情况

图 7.48a所示。假如将地球与卫星轨道同时向垂直于阳光的平面投影，如图 7.48b 所示，地球与卫星轨道的投影均为圆。在此例中，由于阳光与 $\boldsymbol{h}_s$ 共线，故整条轨道均受晒，因而有

$$K_s = 1$$

第二个特例是阳光在轨道面内，即阳光与 $\boldsymbol{h}_s$ 垂直，如图 7.49a 所示。假如将地球与卫星轨道向垂直于阳光的平面投影，如图 7.49b 所示，地球投影为圆，卫星轨道投影为直线。

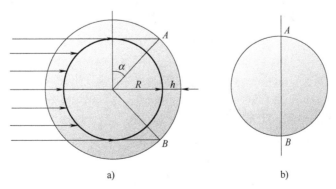

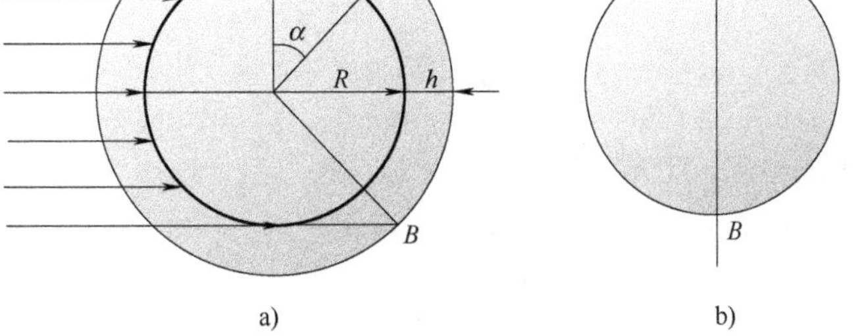

图 7.49　阳光在轨道面内的受晒情况

如图7.49所示，卫星轨道的弧段AB处于地影区，故卫星在此弧段上发生星蚀。设轨道高度为h，则可知

$$\sin\alpha=\frac{(2Rh+h^2)^{1/2}}{R+h},\quad \cos\alpha=\frac{R}{R+h} \tag{7.193}$$

式中，α角称为掩星角，$0°\leqslant\alpha\leqslant360°$。此例的受晒因子为

$$K_s=\frac{90°+\alpha}{180°}=\frac{1}{2}+\frac{1}{\pi}\arcsin\frac{(2Rh+h^2)^{1/2}}{R+h} \tag{7.194}$$

由以上两个特例可知，受晒情况取决于太阳、地球、卫星轨道三者之间的几何关系，如果将地球和卫星轨道向垂直于阳光的平面投影后再研究受晒问题，则问题得到简化。

设η为卫星轨道动量矩$\boldsymbol{h}_s$与地日连线（即阳光的反方向）之间的夹角，在第一特例中$\eta=0°$或180°，在第二特例中$\eta=90°$，在一般情况下为$0°\leqslant\eta\leqslant180°$。现在讨论一般情况下的受晒问题。在一般情况下，将地球和卫星轨道向垂直于阳光的平面投影，地球的投影为半径等于R的圆，而圆形卫星轨道的投影为椭圆，椭圆的中心为地心，椭圆的长半轴为$R+h$，椭圆的短半轴为$(R+h)|\cos\eta|$。图7.50a给出了两者的投影。

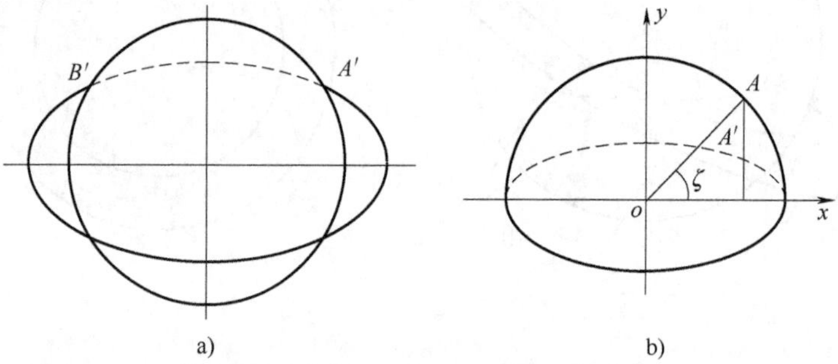

图7.50　受晒因子计算

如图7.50a所示，地影的投影方程为

$$x^2+y^2=R^2 \tag{7.195}$$

轨道的投影方程为

$$\frac{x^2}{(R+h)^2}+\frac{y^2}{[(R+h)\cos\eta]^2}=1 \tag{7.196}$$

如图7.50a所示，如椭圆与圆无交点，则卫星恒为阳光照射，$K_s=1$，这发生在椭圆短半轴大于（或等于）地球半径R时，即当下式成立时：

$$(R+h)^2\cos^2\eta\geqslant R^2 \tag{7.197}$$

即

$$\sin\eta\leqslant\frac{(2Rh+h^2)^{1/2}}{R+h}$$

由式（7.193）第一式可知，上式可写为

$$\sin\eta\leqslant\sin\alpha \tag{7.198}$$

因此当

$$\begin{cases}\eta\leqslant\alpha & (0°\leqslant\eta\leqslant90°)\\ \eta\geqslant180°-\alpha & (90°\leqslant\eta\leqslant180°)\end{cases} \tag{7.199}$$

时，$K_s=1$。

如图 7.50a 所示，如椭圆与圆有交点，则将发生星蚀，$K_s<1$。

设两者的交点为 A'和 B'，其坐标分别为 $A'(x_1, y_1)$ 和 $B(-x_1, y_1)$，将式（7.195）代入式（7.196）可得

$$\frac{R^2-y^2}{(R+h)^2}+\frac{y^2}{[(R+h)\cos\eta]^2}=1$$

即

$$\frac{(R^2-y^2)\cos^2\eta+y^2}{[(R+h)\cos\eta]^2}=1$$

由此可求得交点纵坐标 y_1（y_1 取正值）为

$$y_1=(2Rh+h^2)^{1/2}|\cot\eta| \tag{7.200}$$

对于卫星轨道投影的椭圆而言，卫星轨道本身为其大辅圆，如图 7.50b 所示，由这一关系可求得 A'和 B'所对应的卫星轨道上的 A 和 B 的纵坐标 y 为

$$y=\frac{y_1}{|\cos\eta|}=\frac{(2Rh+h^2)^{1/2}}{\sin\eta} \tag{7.201}$$

从而可求得 OA 与 x 轴的夹角 ξ 为

$$\xi=\arcsin\frac{y}{R+h}=\arcsin\frac{(2Rh+h^2)^{1/2}}{(R+h)\sin\eta}$$

将式（7.193）第一式代入上式，则有

$$\xi=\arcsin\frac{\sin\alpha}{\sin\eta} \tag{7.202}$$

由于圆轨道上的 AB 弧段为星蚀弧段，因此在一般情况下的受晒因子 K_s 为

$$K_s=\frac{1}{2}+\frac{\arcsin\dfrac{\sin\alpha}{\sin\eta}}{180°} \tag{7.203}$$

由上式可知，受晒因子的大小取决于 $\sin\alpha$ 和 $\sin\eta$。

由式（7.193）可知，卫星轨道高度 h 增大则 $\sin\alpha$ 增大，因而 K_s 增大。

下面分析影响 η 的因素。

如图 7.51 所示，P 为轨道动量矩 $\boldsymbol{h}_s$ 与地球的交点，过北极 N 和点 P 的大圆交赤道于点 Q，点 Q 与轨道升交点的角距为 90°，点 P 与北极的角距为 i，$\odot$为太阳，在球面三角形 $N\odot P$ 中，由球面三角公式可得

$$\cos\eta=\cos i\sin\delta_\odot+\sin i\cos\delta_\odot\sin(\Omega-\alpha_\odot) \tag{7.204}$$

式中，$\delta_\odot$和 $\alpha_\odot$分别为太阳的赤纬和赤经，用式（7.168）可将其换为以 θ 和 $i_\odot$表示，将式（7.168）代入式（7.204）则有

$$\begin{aligned}
\cos\eta &= \cos i\sin\delta_\odot+\sin i\cos\delta_\odot\sin(\Omega-\alpha_\odot)\\
&= \cos i\sin i_\odot\sin\theta+\sin i\cos\delta_\odot\sin\Omega\cos\alpha_\odot-\sin i\cos\delta_\odot\cos\Omega\sin\alpha_\odot\\
&= \cos i\sin i_\odot\sin\theta+\sin i\sin\Omega\cos\theta-\sin i\cos\Omega\cos\delta_\odot\tan\delta_\odot\cot i_\odot\\
&= \cos i\sin i_\odot\sin\theta+\sin i\sin\Omega\cos\theta-\sin i\cos\Omega\sin\delta_\odot\cot i_\odot\\
&= \cos i\sin i_\odot\sin\theta+\sin i\sin\Omega\cos\theta-\sin i\cos\Omega\sin i_\odot\sin\theta\cot i_\odot\\
&= \cos i\sin i_\odot\sin\theta+\sin i\sin\Omega\cos\theta-\sin i\cos i_\odot\sin\theta\cos\Omega
\end{aligned} \tag{7.205}$$

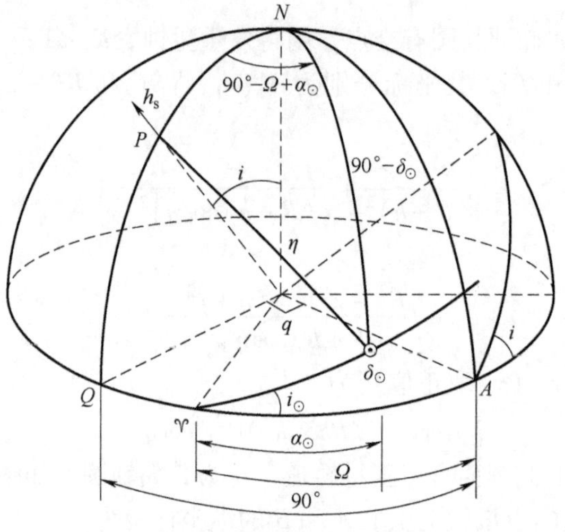

图 7.51　太阳与轨道动量矩的夹角

由式（7.203）、式（7.193）和式（7.205）可知

$$K_s = K_s(h, i, \Omega, \theta) \tag{7.206}$$

即，一般情况下受晒因子与轨道高度、轨道倾角、升交点与春分点角距及日期有关。

圆轨道卫星的受晒问题亦可仿照上节求可见弧段的图解方法，在规则网中用作图方法进行研究。在使用图解方法时，只要注意将图 7.43 所示的照明区用地影小圈代替，地影小圈是与太阳的角距为 $90° + \alpha$ 的小圈。图解方法的其他步骤均与上节相同，故不重述。

7.2.4.3　椭圆轨道的受晒因子

椭圆轨道受晒因子的计算与分析比圆轨道复杂一些，下面讨论受晒因子。

如图 7.52 所示，令地日连线矢径 $\boldsymbol{r}_{\odot}$ 与卫星的地心距矢径 $\boldsymbol{r}$ 之间的夹角为 ψ，则有

$$\cos\psi = \frac{\boldsymbol{r}_{\odot} \cdot \boldsymbol{r}}{r_{\odot} r} \tag{7.207}$$

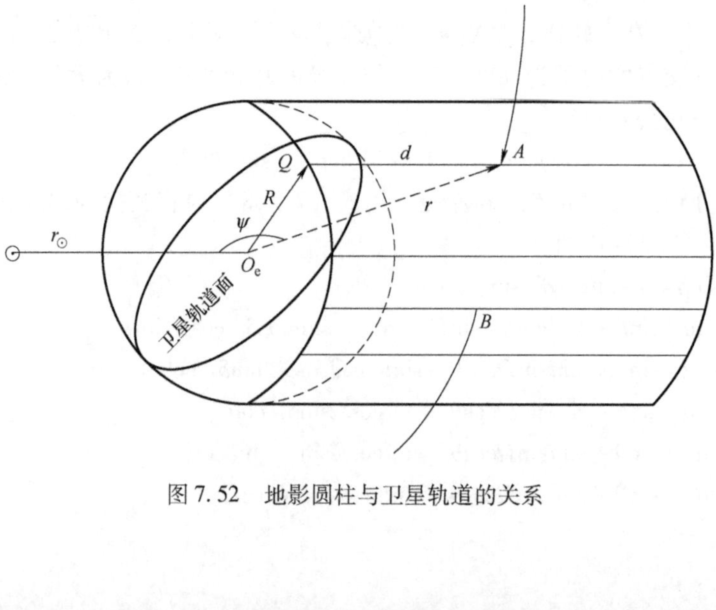

图 7.52　地影圆柱与卫星轨道的关系

卫星进入地影的必要条件为 $90°\leqslant\psi\leqslant270°$，即

$$\cos\psi\leqslant0 \tag{7.208}$$

图 7.52 还给出了卫星轨道面，地影圆柱及卫星轨道与地影圆柱的交点 A 和 B，它们分别称为进影点和出影点。

如图 7.52 所示，令 $\boldsymbol{d}^0=-\boldsymbol{r}_{\odot}^0$，对于进影点和出影点而言，$\boldsymbol{d}$ 必切于地球表面，由地心向切点 Q 所做的矢径 $\boldsymbol{R}$ 垂直于 $\boldsymbol{d}$，故 ΔO_eQA 为直角三角形，由三角公式可知，进影点（或出影点）的 ψ 角满足下式：

$$\cos\psi=-\frac{d}{r}=-\frac{(r^2-R^2)^{1/2}}{r} \tag{7.209}$$

为了求得式（7.207）进一步的表达式，引入近地点的轨道坐标系 O—$\xi\eta\zeta$，如图 7.53 所示，坐标原点为地心 O，ξ 轴与近地点矢径重合，ζ 轴与轨道动量矩矢量重合，η 轴由右手规则确定，$\xi\eta$ 平面即为轨道平面。当卫星的真近点角为 f 时，将 $\boldsymbol{r}$ 向 O_e—$\xi\eta\zeta$ 投影，则有

$$\boldsymbol{r}=r\cos f\,\boldsymbol{\xi}^0+r\sin f\,\boldsymbol{\eta}^0 \tag{7.210}$$

如图 7.53 所示，O—XYZ 为地心惯性坐标系，X 轴指向春分点，Z 轴与地轴重合，指向北极为正，Y 轴由右手规则确定，XY 平面即为赤道平面。

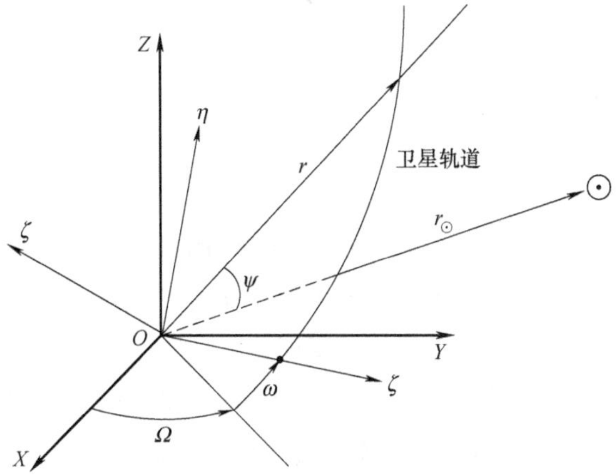

图 7.53　地日连线与地球卫星连线间的关系

将 O—XYZ 坐标系旋转三次可得 O—$\xi\eta\zeta$ 坐标系，第一次绕 Z 轴旋转 Ω 角，第二次绕导出的 X 轴旋转角 i，第三次绕导出的 Z 轴旋转角 ω，其中 Ω、i、ω 均为轨道根数。通过三次旋转可得 O—XYZ 与 O—$\xi\eta\zeta$ 坐标系的坐标变换关系为

$$\begin{bmatrix}\xi\\ \eta\\ \zeta\end{bmatrix}=\begin{bmatrix}l_1 & l_2 & l_3\\ m_1 & m_2 & m_3\\ n_1 & n_2 & n_3\end{bmatrix}\begin{bmatrix}X\\ Y\\ Z\end{bmatrix}=T(\Omega,\ i,\ \omega)\begin{bmatrix}X\\ Y\\ Z\end{bmatrix} \tag{7.211}$$

其中

$$T(\Omega,i,\omega)=\begin{bmatrix}\cos\omega & \sin\omega & 0\\ -\sin\omega & \cos\omega & 0\\ 0 & 0 & 1\end{bmatrix}\begin{bmatrix}1 & 0 & 0\\ 0 & \cos i & \sin i\\ 0 & -\sin i & \cos i\end{bmatrix}\begin{bmatrix}\cos\Omega & \sin\Omega & 0\\ -\sin\Omega & \cos\Omega & 0\\ 0 & 0 & 1\end{bmatrix}$$

$$
=\begin{bmatrix}\cos\omega & \sin\omega & 0\\ -\sin\omega & \cos\omega & 0\\ 0 & 0 & 1\end{bmatrix}\begin{bmatrix}\cos\Omega & \sin\Omega & 0\\ -\cos i\sin\Omega & \cos i\cos\Omega & \sin i\\ \sin i\sin\Omega & -\sin i\cos\Omega & \cos i\end{bmatrix}
$$

$$
=\begin{bmatrix}\cos\omega\cos\Omega-\sin\omega\cos i\sin\Omega & \cos\omega\sin\Omega+\sin\omega\cos i\cos\Omega & \sin\omega\sin i\\ -\sin\omega\cos\Omega-\cos\omega\cos i\sin\Omega & -\sin\omega\sin\Omega+\cos\omega\cos i\cos\Omega & \cos\omega\sin i\\ \sin i\sin\Omega & -\sin i\cos\Omega & \cos i\end{bmatrix}
$$

即

$$
\begin{cases}l_1=\cos\omega\cos\Omega-\sin\omega\cos i\sin\Omega\\ l_2=\cos\omega\sin\Omega+\sin\omega\cos i\cos\Omega\\ l_3=\sin\omega\sin i\\ m_1=-\sin\omega\cos\Omega-\cos\omega\cos i\sin\Omega\\ m_2=-\sin\omega\sin\Omega+\cos\omega\cos i\cos\Omega\\ m_3=\cos\omega\sin i\\ n_1=\sin i\sin\Omega\\ n_2=-\sin i\cos\Omega\\ n_3=\cos i\end{cases} \tag{7.212}
$$

$\boldsymbol{r}_\odot$在 O—XYZ 上投影为

$$
\boldsymbol{r}_\odot=r_\odot(\cos\delta_\odot\cos\alpha_\odot\boldsymbol{X}^0+\cos\delta_\odot\sin\alpha_\odot\boldsymbol{Y}^0+\sin\delta_\odot\boldsymbol{Z}^0) \tag{7.213}
$$

令

$$
\begin{cases}r_{\odot 1}=r_\odot\cos\delta_\odot\cos\alpha_\odot\\ r_{\odot 2}=r_\odot\cos\delta_\odot\sin\alpha_\odot\\ r_{\odot 3}=r_\odot\sin\delta_\odot\end{cases} \tag{7.214}
$$

将式（7.214）及式（7.211）代入式（7.213）可得$\boldsymbol{r}_\odot$在 O—$\xi\eta\zeta$ 坐标系的投影为

$$
\boldsymbol{r}_\odot=r_{\odot\xi}\boldsymbol{\xi}^0+r_{\odot\eta}\boldsymbol{\eta}^0+r_{\odot\zeta}\boldsymbol{\zeta}^0 \tag{7.215}
$$

其中

$$
\begin{cases}r_{\odot\xi}=\sum\limits_{i=1}^{3}l_i r_{\odot i}\\ r_{\odot\eta}=\sum\limits_{i=1}^{3}m_i r_{\odot i}\\ r_{\odot\zeta}=\sum\limits_{i=1}^{3}n_i r_{\odot i}\end{cases} \tag{7.216}
$$

将式（7.210）和式（7.215）代入式（7.207）可得 $\cos\psi$ 的表达式为

$$
\cos\psi=\beta_1\cos f+\beta_2\sin f \tag{7.217}
$$

其中

$$
\beta_1=\frac{r_{\odot\xi}}{r_\odot}=\beta_1(\alpha_\odot,\delta_\odot,\Omega,\omega,i)、\beta_2=\frac{r_{\odot\eta}}{r_\odot}=\beta_2(\alpha_\odot,\delta_\odot,\Omega,\omega,i) \tag{7.218}
$$

对于给定的轨道根数 i、Ω、ω 及给定的日期，β_1 和 β_2 为常数，$\cos\psi$ 只随 f 变化。

为了求得进影点和出影点的位置，将式（7.217）代入式（7.209），并注意到轨道方程为

$$r = \frac{P}{1 + e\cos f}$$

式中，P 和 e 分别为轨道半通径和偏心率，则可得进影点和出影点的角 f 应满足的方程为

$$(\beta_1 \cos f + \beta_2 \sin f)^2 = \frac{r^2 - R^2}{r^2} = 1 - R^2 \left(\frac{1 + e\cos f}{P}\right)^2$$

即

$$R^2 (1 + e\cos f)^2 + P^2 (\beta_1 \cos f + \beta_2 \sin f)^2 - P^2 = 0$$

此方程可写为

$$A_4 \cos^4 f + A_3 \cos^3 f + A_2 \cos^2 f + A_1 \cos f + A_0 = 0 \tag{7.219}$$

其中

$$\begin{cases} A_4 = \left(\dfrac{Re}{P}\right)^4 + 2\left(\dfrac{Re}{P}\right)^2 (\beta_1^2 - \beta_2^2) + (\beta_1^2 + \beta_2^2)^2 \\ A_3 = \dfrac{4}{e}\left[\left(\dfrac{Re}{P}\right)^4 + \left(\dfrac{Re}{P}\right)^2 (\beta_1^2 - \beta_2^2)\right] \\ A_2 = 6\left(\dfrac{R}{P}\right)^4 e^2 + 2\left(\dfrac{R}{P}\right)^2 (\beta_1^2 - \beta_2^2) + 2e^2\left(\dfrac{R}{P}\right)^2 (\beta_2^2 - 1) \\ \qquad + 2(\beta_2^2 - \beta_1^2)(1 - \beta_2^2) - 4\beta_1^2\beta_2^2 \\ A_1 = 4e\left[\left(\dfrac{R}{P}\right)^4 + \left(\dfrac{R}{P}\right)^2 (\beta_2^2 - 1)\right] \\ A_0 = \left(\dfrac{R}{P}\right)^4 + 2\left(\dfrac{R}{P}\right)^2 (\beta_2^2 - 1) + (\beta_2^2 - 1)^2 \end{cases} \tag{7.220}$$

由式（7.219）可解出 $\cos f$ 的四个根，但由式（7.208）和式（7.217）可知，进影点和出影点的 f 角应满足下式：

$$\cos\psi = \beta_1 \cos f + \beta_2 \sin f \leqslant 0 \tag{7.221}$$

用式（7.221）可剔除 f 的增根。如果式（7.219）无解，则卫星不进入地影。

一般情况下可求出两个 f 值，令 $f_2 > f_1$，由于卫星在地影内的真近点角之差应小于 180°，因此有

$f_2 - f_1 > 180°$，f_2 为进影点真近点角，f_1 为出影点真近点角；

$f_2 - f_1 < 180°$，f_2 为出影点真近点角，f_1 为进影点真近点角。

由 f_1 和 f_2 可求得对应的偏近点角 E_1 和 E_2，然后由开普勒方程求得对应的时间，从而求得地影内的时间 T_s，由式（7.191）可求出 K_s。

7.2.4.4 阳光与卫星体轴的夹角

将卫星看作为具有一定几何形状的刚体时，卫星受阳光照射是指卫星向阳一面为阳光照射，而被阳一面则不为阳光照射。掌握卫星作为刚体时的受晒情况，对于卫星上太阳电池的安装及卫星的防热设计等问题是很必要的。

卫星作为刚体时，卫星的姿控系统对体轴的指向加以控制。为了说明研究方法，在假设体轴对惯性空间的指向是固定的前提下，研究卫星作为刚体时的受晒情况。至于体轴指向的

其他情况，可用同样的方法进行讨论。

如图 7.54 所示，设 $O—\xi_1\eta_1\zeta_1$ 坐标系为卫星入轨点的轨道坐标系，ξ_1 轴与入轨点的地心距矢径一致，ζ_1 轴与轨道动量矩矢量方向一致，η_1 轴由右手规则确定。$O—XYZ$ 坐标系为地心惯性坐标系。两坐标系的坐标变换关系只要将式（7.211）和式（7.212）中的 ω 用 u_0 代替即可，其中

$$u_0 = \omega + f_0$$

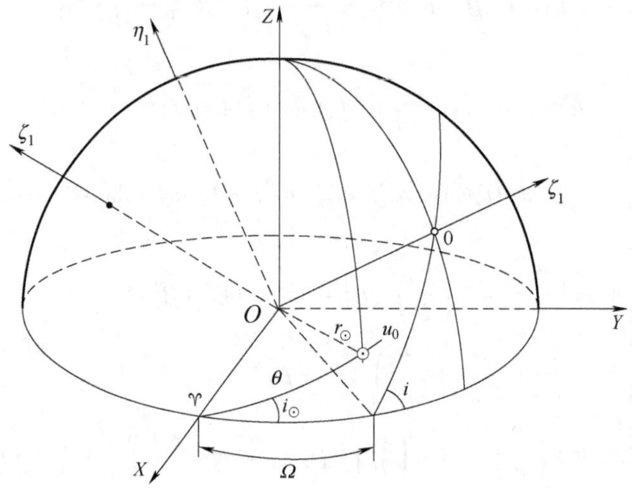

图 7.54　入轨点的轨道坐标系

式中，f_0 为卫星入轨点的真近点角，即

$$\begin{bmatrix}\xi_1\\ \eta_1\\ \zeta_1\end{bmatrix}=\begin{bmatrix}\cos u_0\cos\Omega-\sin u_0\cos i\sin\Omega & \cos u_0\sin\Omega+\sin u_0\cos i\cos\Omega & \sin u_0\sin i\\ -\sin u_0\cos\Omega-\cos u_0\cos i\sin\Omega & -\sin u_0\sin\Omega+\cos u_0\cos i\cos\Omega & \cos u_0\sin i\\ \sin i\sin\Omega & -\sin i\cos\Omega & \cos i\end{bmatrix}\begin{bmatrix}X\\ Y\\ Z\end{bmatrix}$$

（7.222）

设卫星的姿控系统使星体三轴恒与入轨点轨道坐标系三轴的指向一致，在惯性空间保持星体轴指向不变，即图 7.54 所示的 ξ_1、η_1、ζ_1 轴的指向。图中，⊙为太阳，地日连线的单位矢量 $\boldsymbol{r}_\odot^0$ 由投影关系有

$$\boldsymbol{r}_\odot^0=\cos\theta\,\boldsymbol{X}^0+\sin\theta\cos i_\odot\boldsymbol{Y}^0+\sin\theta\sin i_\odot\boldsymbol{Z}^0 \tag{7.223}$$

如 $\boldsymbol{r}_\odot^0$ 与体轴 ξ_1、η_1、ζ_1 轴的夹角分别为 α、β、γ，则由式（7.222）和式（7.223）可知

$$\begin{cases}\cos\alpha=\boldsymbol{r}_\odot^0\cdot\boldsymbol{\xi}_1^0=K_1\cos\theta+K_2\sin\theta\\ \cos\beta=\boldsymbol{r}_\odot^0\cdot\boldsymbol{\eta}_1^0=K_3\cos\theta+K_4\sin\theta\\ \cos\gamma=\boldsymbol{r}_\odot^0\cdot\boldsymbol{\zeta}_1^0=K_5\cos\theta+K_6\sin\theta\end{cases} \tag{7.224}$$

其中

$$
\begin{aligned}
\boldsymbol{r}_{\odot}^{0}\cdot\boldsymbol{\xi}_{1}^{0} &= (\cos u_0\cos\Omega-\sin u_0\cos i\sin\Omega)\cos\theta \\
&\quad+(\cos u_0\sin\Omega+\sin u_0\cos i\cos\Omega)\cos i_{\odot}\sin\theta \\
&\quad+\sin u_0\sin i\sin i_{\odot}\sin\theta \\
&=(\cos u_0\cos\Omega-\sin u_0\cos i\sin\Omega)\cos\theta \\
&\quad+[(\cos u_0\sin\Omega+\sin u_0\cos i\cos\Omega)\cos i_{\odot}+\sin u_0\sin i\sin i_{\odot}]\sin\theta \\
\boldsymbol{r}_{\odot}^{0}\cdot\boldsymbol{\eta}_{1}^{0} &= (-\sin u_0\cos\Omega-\cos u_0\cos i\sin\Omega)\cos\theta \\
&\quad+(-\sin u_0\sin\Omega+\cos u_0\cos i\cos\Omega)\cos i_{\odot}\sin\theta \\
&\quad+\cos u_0\sin i\sin i_{\odot}\sin\theta \\
&=-(\sin u_0\cos\Omega+\cos u_0\cos i\sin\Omega)\cos\theta \\
&\quad+[(-\sin u_0\sin\Omega+\cos u_0\cos i\cos\Omega)\cos i_{\odot}+\cos u_0\sin i\sin i_{\odot}]\sin\theta \\
\boldsymbol{r}_{\odot}^{0}\cdot\boldsymbol{\zeta}_{1}^{0} &= \sin i\sin\Omega\cos\theta-\sin i\cos\Omega\cos i_{\odot}\sin\theta+\cos i\sin i_{\odot}\sin\theta \\
&=\sin i\sin\Omega\cos\theta+(-\sin i\cos\Omega\cos i_{\odot}+\cos i\sin i_{\odot})\sin\theta
\end{aligned}
$$

即

$$
\begin{cases}
K_1=\cos u_0\cos\Omega-\sin u_0\cos i\sin\Omega \\
K_2=(\cos u_0\sin\Omega+\sin u_0\cos i\cos\Omega)\cos i_{\odot}+\sin u_0\sin i\sin i_{\odot} \\
K_3=-(\sin u_0\cos\Omega+\cos u_0\cos i\sin\Omega) \\
K_4=(-\sin u_0\sin\Omega+\cos u_0\cos i\cos\Omega)\cos i_{\odot}+\cos u_0\sin i\sin i_{\odot} \\
K_5=\sin i\sin\Omega \\
K_6=-\sin i\cos\Omega\cos i_{\odot}+\cos i\sin i_{\odot}
\end{cases}
\tag{7.225}
$$

对于轨道根数和入轨点 u_0 给定的轨道而言，式（7.225）中的 K_i（$i=1\sim6$）为常数，因此 $\cos\alpha$、$\cos\beta$、$\cos\gamma$ 只是 θ（春分后的日数）的函数，故阳光与体轴的夹角以一年为周期而变化。

以阳光与 ξ_1 轴的夹角为例，分析此夹角在一年中的变化情况。在式（7.224）的第一式中，令

$$
\sin\sigma=\frac{K_1}{(K_1^2+K_2^2)^{1/2}},\quad \cos\sigma=\frac{K_2}{(K_1^2+K_2^2)^{1/2}} \tag{7.226}
$$

则有

$$
\sigma=\arctan\frac{K_1}{K_2} \tag{7.227}
$$

因此式（7.224）的第一式可写为

$$
\cos\alpha=(K_1^2+K_2^2)^{1/2}\sin(\theta+\sigma) \tag{7.228}
$$

由式（7.228）可知

当 $\theta=-\sigma$ 或 $\theta=180°-\sigma$ 时，则 $\alpha=90°$或 $270°$，阳光直射 ξ_1 轴；

当 $\theta=90°-\sigma$，则 $\alpha=\arccos\ (K_1^2+K_2^2)^{1/2}$；

当 $\theta=-(90°+\sigma)$，则 $\alpha=\arccos[-(K_1^2+K_2^2)^{1/2}]$。

阳光与 ξ_1 轴夹角如图 7.55 所示，阳光不会由图中阴影线范围内的任何方向射入。

同理，可分析 $\cos\beta$、$\cos\gamma$ 在一年内的变化。

最后以绕 ξ_1 轴自旋、保持 ξ_1 轴在惯性空间指向不变的地球静止卫星为例，分析阳光在

一年中对 ξ_1 轴照射的情况。

对于静止卫星 $i=0$，由式（7.224）第三式和式（7.225）第五及第六式可知

$$\cos\gamma = \sin i_{\odot} \sin\theta$$

当 $\theta = 0°$ 和 $\theta = 180°$ 时，即春分和秋分时，阳光直射 ζ_1 轴。当 $\theta = 90°$ 时，即夏至时 $\gamma = 90° - i_{\odot} = 66.5°$ 或 $\gamma = 270° + i_{\odot} = 293.5°$。当 $\theta = 270°$ 时，即冬至时，$\gamma = 90° + i_{\odot} = 113.5°$ 或 $\gamma = 270° - i_{\odot} = 246.5°$。阳光对 ζ_1 轴照射的情况，如图 7.56 所示，阳光不会由阴影线范围内射入，因而在春分和秋分时，两个端面均不为阳光照射，在冬至和夏至时，两个端面中只有一个为阳光斜射，为提高太阳电池效率，电池应安装在卫星的侧表面上。

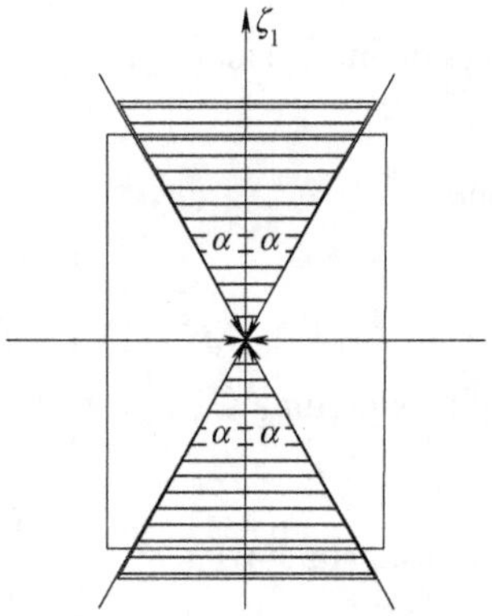

图 7.55 阳光与 ξ_1 轴的夹角

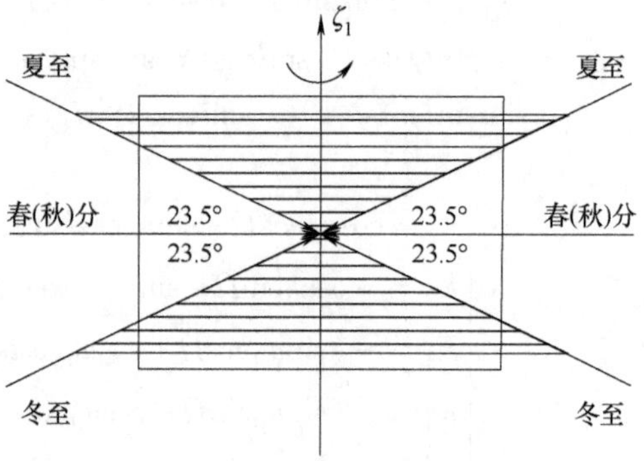

图 7.56 阳光与赤道静止卫星 ζ_1 轴的夹角

7.3 几种典型的卫星轨道设计

人造地球卫星的运行轨道直接决定了空间任务的观测几何、运行环境，往往也决定了有效载荷的性能。自 1957 年第一颗人造卫星上天以后，人类不断探索航天任务与航天器轨道之间的关系，回归轨道、太阳同步轨道、冻结轨道、逗留轨道等轨道概念不断被提出，并应用于通信、导航、侦察、气象探测等航天任务中。这些轨道独特的优势与应用经过了诸多航天任务的考验，已经在世界范围内得到了认可。

7.3.1 回归轨道

在诸多航天器中，侦察遥感卫星和导弹预警卫星承担着对热点地区的探测、预警。通信卫星要完成对特定区域的通信支持，这使得回归轨道成为航天任务中最常用到的轨道类型。地球同步轨道则是一种约束条件更为严格的特殊的回归轨道。在回归轨道上运行的卫星，每经过一个回归周期，卫星重新依次经过各地上空，这样就可以对覆盖区域进行动态监视，借以发现这段时间内目标的变化。

7.3.1.1 回归轨道的定义

在前面已经提到，回归轨道是星下点地面轨迹经过一段时间后重复出现的轨道，重复的时间间隔称为回归周期，而卫星沿轨道运行一圈的时间称为轨道周期。

地球自转和轨道平面受摄情况下的进动使得卫星轨道平面相对于地球上待定经度线在不

断旋转。其中，地球自转使得卫星轨道平面相对地球有 ω_e 的进动角速度；地球摄动，尤其是地球非球形摄动的影响，使得卫星轨道平面产生角速度为 $\dot{\Omega}$ 的进动。所以，卫星星下点运动轨迹实际上是地球自转、轨道面进动和卫星运动的合成。卫星连续两次升轨（降轨）经过赤道时，相邻的轨迹在赤道上的经度差 $\Delta\lambda$ 为

$$\Delta\lambda = T_\Omega(\omega_e - \dot{\Omega}) \tag{7.229}$$

式中，ω_e 为地球自转角速度；$\dot{\Omega}$ 为轨道交点赤经变化率（轨道面进动速度）；T_Ω 为轨道交点周期。

如选择轨道的长半轴、倾角、偏心率，使轨道周期满足 $N\Delta\lambda = D2\pi$（N、D 为正整数），卫星在运行 N 圈以后，地面轨迹第一次重复，此时回归周期为 D 天。

7.3.1.2　交点周期

交点周期是卫星在轨道上运动连续两次通过赤道面的时间间隔，即

$$T_\Omega = \frac{2\pi}{\dot{\omega} + \dot{M}} \tag{7.230}$$

顾及地球非球形摄动的影响，考虑 J_2 项，由式（5.119）可知

$$\dot{\omega} = \frac{3J_2 a_e^2}{2p^2} n\left(2 - \frac{5}{2}\sin^2 i\right)$$

$$\dot{M} = n + \frac{3J_2 a_e^2}{2p^2} n\left(1 - \frac{3}{2}\sin^2 i\right)\sqrt{1 - e^2}$$

所以，在考虑到一阶项的情况下，式（7.230）可写为

$$T_\Omega = \frac{2\pi}{n}\left\{1 + \frac{3J_2 a_e^2}{2p^2}\left[\left(\frac{5}{2}\sin^2 i - 2\right) + \sqrt{1 - e^2}\left(\frac{3}{2}\sin^2 i - 1\right)\right]\right\} \tag{7.231}$$

7.3.1.3　回归系数 Q 选择

回归轨道满足 $N\Delta\lambda = D2\pi$，卫星在回归周期 D 天运行 N 圈后完成一次回归。那么有

$$Q = \frac{N}{D} = \frac{2\pi}{T_\Omega(\omega_e - \dot{\Omega})} = I + \frac{C}{D} \tag{7.232}$$

式中，Q 为卫星回归系数；ω_e 为地球自转角速度。通常 Q 为分数，由整数部分和分数部分组成：I、C、D 均为正整数，N、D 互质且 $C < D$。这三个参数为描述回归轨道的三大要素。

（1）Q 为整数

卫星轨道的回归周期为一天（$N = 1$）。即卫星在一天内运行 Q 整圈后，星下点第1圈与第 Q 圈重合。以 $Q = 15$ 为例，如图7.57所示。

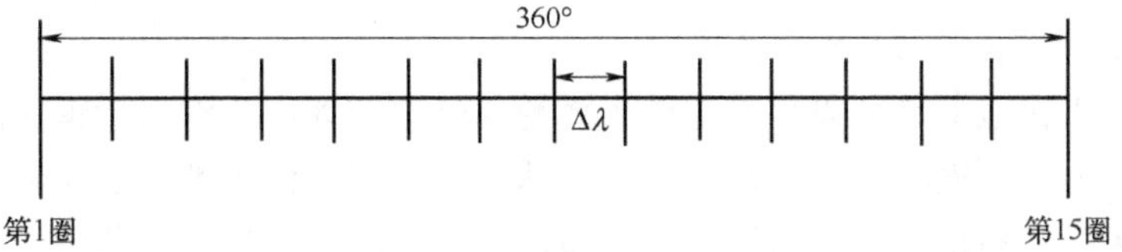

图7.57　回归系数（1）

（2）Q 为分数

卫星的回归周期取决于 N，C 决定了卫星星下点轨迹移动的方式。

以 $Q=15.2$ 为例，详细说明回归系数 Q 与轨道回归特性的关系，此时 $C=1$、$D=5$，如图 7.58 所示。

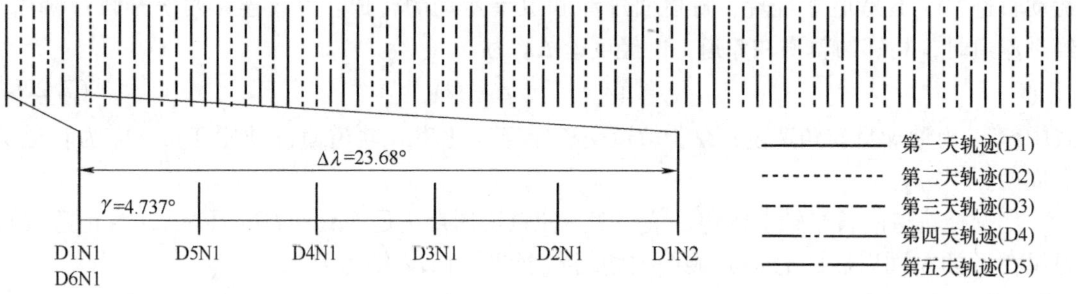

图 7.58　回归系数（2）

卫星经历 5D 时间，运行第 76 圈时，星下点轨迹与第一圈重合。如图 7.58 所示，在卫星连续两次轨迹的经度差 $\Delta\lambda$ 内（D1N1 ~ D1N2），等间隔插入了后续 4D 卫星的第一圈轨道，从左至右依次为第 5 天第 1 圈（D5N1）、第 4 天第 1 圈（D4N1）、第 3 天第 1 圈（D3N1）、第 2 天第 1 圈（D2N1）的卫星轨迹。即，5D 回归的轨道，$\Delta\lambda$ 被等分为 N 个区域，区域间隔为

$$\gamma=\frac{\Delta\lambda}{N} \tag{7.233}$$

式中，γ 为回归轨道的基本间距。回归轨道的基本间距描述的就是一个重复周期内任意相邻轨迹之间的距离。

7.3.1.4　地球静止轨道及其作用

地球静止轨道（Geostationary Earth Orbit，GEO）是一种一天绕地球运行一圈的特殊回归轨道。即，轨道周期为一天，回归周期也是一天。地球静止轨道是一条高度为 35786km、轨道倾角为 0°的圆轨道。此时，运行在地球静止轨道上的卫星相对地球表面静止，即 GEO 卫星将定点于地球赤道上空的某一个点。

事实上，GEO 卫星并非不动，它的运行速度为 3.07km/s。由于它绕地球的角速度和地球自转角速度大小相等、方向相同，因此 GEO 卫星是相对地球静止的而已。从理论上讲，地球静止轨道只有一条，在这条轨道上已经有许多卫星在运行，它们分布在不同地理经度的赤道上空。每颗 GEO 卫星的定点位置就是它进入地球静止轨道那一瞬间卫星所处的地理经度。地球静止轨道的定位精度要求很高，稍有偏差，卫星就会漂移。如果产生南北向漂移，则轨道倾角将不为 0°，此时轨道平面不与赤道平面重合，卫星每天沿纬度方向摆动一次，星下点轨迹呈现出南北向的“8”字形。

一颗地球静止轨道卫星可以覆盖地球表面约 40% 的区域，3 颗沿赤道等间距分布的地球静止轨道卫星就可以覆盖除南北极地区外的全球所有区域。由于地球静止轨道卫星相对地面不动，地球站天线极易跟踪。一般情况下，通信卫星、广播卫星和气象卫星选用这种轨道较为有利。

地球静止轨道是迄今为止应用最多的一种轨道，但是考虑地球静止轨道卫星正常工作条件限制及安全性等因素，对于受控卫星，《无线电规则》要求 GEO 卫星的位置保持精度不能大于 ±1°，则两颗 GEO 卫星间的轨道间隔就需要保持在 2°以上；1979 年又进一步要求浮

移不能大于 ±0.1°。随着航天技术水平的提高，目前可以在更小的经度范围内部署 GEO 卫星。

7.3.2　太阳同步轨道

顾名思义，太阳同步轨道同太阳密切相关。众所周知的资源卫星、气象卫星、海洋卫星等均采用太阳同步轨道，如美国的“伊克诺斯”卫星、法国的“太阳神”侦察卫星等，采用的就是太阳同步轨道。

7.3.2.1　太阳同步轨道的定义

太阳同步轨道就是卫星轨道平面的进动角速度与平太阳在赤道上移动的角速度相等的轨道。

本书第 5 章介绍了在地球非球形摄动的影响下，卫星轨道面以 $\dot{\Omega}$ 的角速度（单位为°/d）进动，如果只考虑 J_2 项影响，由式（5.119）可知

$$\dot{\Omega} = -\frac{3J_2 a_e^2}{2p^2} n\cos i = -\frac{9.97}{(1-e^2)^2}\left(\frac{a_e}{a}\right)^{3.5}\cos i \tag{7.234}$$

平太阳沿赤道作周年视运动，它连续两次经过春分点的时间间隔为一个回归年，回归年的长度为 365.2422 平太阳日。因此，平太阳在赤道上移动的角速度（单位为°/d）为

$$\frac{360}{365.2422} = 0.9856$$

根据太阳同步轨道的定义，可列出太阳同步轨道的关系式，即

$$-\frac{9.97}{(1-e^2)^2}\left(\frac{a_e}{a}\right)^{3.5}\cos i = 0.9856 \tag{7.235}$$

当轨道偏心率 $e=0$，卫星轨道为圆轨道，上式可简化为

$$-9.97\left(\frac{a_e}{a}\right)^{3.5}\cos i = 0.9856 \tag{7.236}$$

由此就可与得到太阳同步圆轨道半长轴与轨道倾角的关系。可见，太阳同步轨道倾角永远大于 90°。

7.3.2.2　太阳同步回归轨道及其应用

运行在太阳同步轨道上的卫星从同方向飞经同纬度的地方平太阳时，或者是太阳高度角相等，这就为与太阳有密切关系的卫星轨道选择提供了便利条件。如可见光侦察卫星采用太阳同步轨道，就可以保证每次升轨（或降轨）经过特定目标区域的时候，都具有较好的光照条件，从而保证较好的光学侦察效果。

太阳同步轨道的设计一般分为两步：

1）设计轨道高度。对于圆轨道来说就是设计轨道长半轴，如何设计轨道高度一般取决于卫星总体设计的覆盖要求、分辨率要求及覆盖周期的选择。当轨道高度确定以后，轨道倾角也就随之确定了。

2）设计升交点赤经。也就是说，确定适当的发射时间，使得卫星轨道与太阳的相对位置满足一定的要求。对太阳同步轨道而言，主要是满足太阳高度角的要求。

在实际应用中，更为常用的是将太阳同步轨道与回归轨道相结合，称为太阳同步回归轨道。太阳同步回归轨道的设计主要分以下三步：

1）确定轨道周期，满足回归系数 $Q=N/D$。

2）根据轨道周期，确定长半轴。

3）根据太阳同步轨道约束条件式（7.236），确定轨道倾角。

7.3.3 冻结轨道

冻结轨道也称为拱线静止轨道。冻结轨道与太阳同步轨道类似，有许多有用的性质，如冻结轨道的形状保持不变、冻结轨道的近地点幅角保持在 90°、卫星从不同方向飞越同纬度上空的高度不变。这些性质对于考察地面或进行垂直剖面内的科学测量非常有利。

7.3.3.1 冻结轨道的定义

地球的非球形摄动使得卫星轨道面在惯性空间有旋转运动，即轨道面的进动和拱线的旋转。冻结轨道是指轨道长半轴指向（拱线方向）保持不变的轨道，即偏心率和近地点幅角不变的轨道。因此，这种类型的轨道具有以下特点

$$\begin{cases}\dfrac{\mathrm{d}\omega}{\mathrm{d}t}=0\\[2ex]\dfrac{\mathrm{d}e}{\mathrm{d}t}=0\end{cases}\tag{7.237}$$

如果只考虑 J_2 项的长期摄动影响，由式（5.119）可知

$$\begin{cases}\dfrac{\mathrm{d}\omega}{\mathrm{d}t}=\dfrac{3J_2a_\mathrm{e}^2}{2p^2}n\left(2-\dfrac{5}{2}\sin^2 i\right)\\[2ex]\dfrac{\mathrm{d}e}{\mathrm{d}t}=0\end{cases}\tag{7.238}$$

如使拱线不发生转动，则由式（7.238）的第一式可知

$$i=63.43^\circ\quad 或\quad i=116.57^\circ$$

63.43°和 116.57°就称为临界倾角。

如考虑 J_2、J_3 项的影响，则

$$\begin{cases}\dfrac{\mathrm{d}\omega}{\mathrm{d}t}=-\dfrac{3nJ_3a_\mathrm{e}^3}{2a^2\ (1-e^2)^2}\left(\dfrac{5}{2}\sin^2 i-2\right)\left[1+\dfrac{J_3a_\mathrm{e}}{2J_2(1-e^2)}\left(\dfrac{\sin^2 i-e\cos^2 i}{\sin i}\right)\dfrac{\sin\omega}{e}\right]\\[2ex]\dfrac{\mathrm{d}e}{\mathrm{d}t}=\dfrac{3nJ_3a_\mathrm{e}^3\sin i}{4a^3\ (1-e^2)^2}\left(\dfrac{5}{2}\sin^2 i-2\right)\cos\omega\end{cases}\tag{7.239}$$

对上述方程组求解，可以得到，当 $i=63.43^\circ$或 $i=116.57^\circ$时，依然满足冻结轨道的条件。此外，还可以得出，如 $\omega=90^\circ$或 $\omega=270^\circ$，则 $\mathrm{d}e/\mathrm{d}t=0$，此时 i 取上述值时也可以使轨道的拱线不发生转动。

$$1+\frac{J_3a_\mathrm{e}}{2J_2(1-e^2)}\left(\frac{\sin^2 i-e\cos^2 i}{\sin i}\right)\frac{\sin\omega}{e}=0\tag{7.240}$$

7.3.3.2 冻结轨道设计流程

卫星轨道设计的目标是根据任务需求和约束条件，确定卫星的轨道参数，包括轨道倾角 i、轨道长半轴 a、偏心率 e、近地点幅角 ω、升交点赤经 Ω。临界回归椭圆轨道的设计流程如下：

1）确定轨道倾角 i。

2）采用式（7.241），根据任务目标的纬度 δ、轨道倾角 i 确定轨道的近地点幅角 ω

（见图 7.59），有

$$\sin\delta = \sin\omega\sin i \tag{7.241}$$

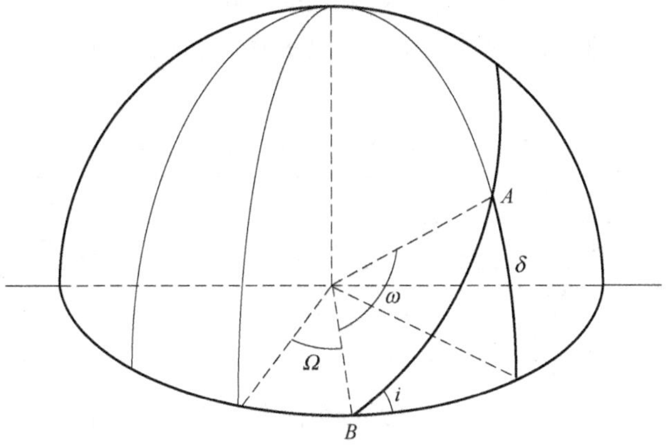

图 7.59　星下点的几何关系

3）根据任务分辨率要求和成像载荷特性，确定近地点高度 h_p。

4）根据近地点高度 h_p、远地点高度 h_a 和轨道长半轴 a、偏心率 e 的关系，加入远地点高度约束（或任务分辨率下限），确定轨道长半轴 a 和偏心率 e 的范围为

$$\begin{cases} a = \dfrac{h_a + h_p}{2} + a_e \\ e = \dfrac{h_a - h_p}{2a} \end{cases} \tag{7.242}$$

5）根据 e 的取值范围，确定回归系数 Q 的取值范围。回归系数可表示为

$$Q = \frac{n}{\left[1 + \dfrac{3J_2}{10\ (1-e^2)^{3/2}}\left(\dfrac{a_e}{a}\right)^2\right]\left[\omega_e + \dfrac{3nJ_2 a_e^2}{2a^2\ (1-e^2)^2}\cos i\right]} \tag{7.243}$$

针对备选的 Q 取值范围，确定若干对互质的 D、C 的组合形式。首先确定 D 的取值范围并适当选择 C，之后用分数 C/D 表示确定的回归系数 Q 的小数部分，形成若干备选方案。

6）根据近地点地方时计算近地点的赤经 Ω_p，确定轨道的升交点赤经 Ω。

7）对每个备选方案的目标要求满足情况进行检验，根据任务需求特点进行折中、选择。

对椭圆轨道遥感卫星而言，近地点位置的选择主要考虑地面分辨率、数据下传等因素。传感器等条件确定的情况下，轨道高度越低分辨率越高。因此，椭圆轨道区域覆盖卫星一般将近地点位置选择在重点区域上空，保证对重点目标的高分辨率覆盖。

7.3.3.3　闪电轨道及其应用

闪电轨道是一类具有冻结特性的大椭圆轨道。它的主要特点就是在北半球或南半球滞空时间长。典型代表是苏联/俄罗斯的“闪电”通信卫星系列，它们是军民两用的通信卫星系列。“闪电”卫星的轨道高度为 400～4000km，轨道倾角为 63.43°，轨道周期为 12h。

“闪电”通信卫星从 1964 年开始发射，已经发展了三代。现役的系统为第三代“闪电”卫星，同时仍有一些新一代改进型卫星在发射。整个星座由 8 颗卫星组成，轨道面间隔为 45°，为高纬度地区提供不间断通信覆盖。

7.3.4 低轨快速进入空间轨道

低轨快速进入空间轨道，目的是在尽可能短的时间内获得第一手的情报资料，以应对突发情况，及时做出反应。低轨快速进入空间轨道主要用于敏感地区的侦察，它的主要设计思想见表7.3。

表7.3 低轨快速进入空间轨道设计思想

序号	设计思想	实现方法
1	发射之后90min之内覆盖目标	首圈进入覆盖目标的轨道
2	每天重复观测	回归轨道
3	如果可能，每天观测两次	轨道复现（升、降轨各一次）

对于任意的发射场，如果不考虑发射方位角限制，都可以设计两条覆盖地球上任意一点的快速进入轨道，一条顺行，一条逆行。

在指定目标点的情况下，通过对发射方位、飞行程序的选择，设计具体轨道。

结合图7.60所示，下面以向东南方向发射圆形轨道卫星为例来说明主要设计步骤。

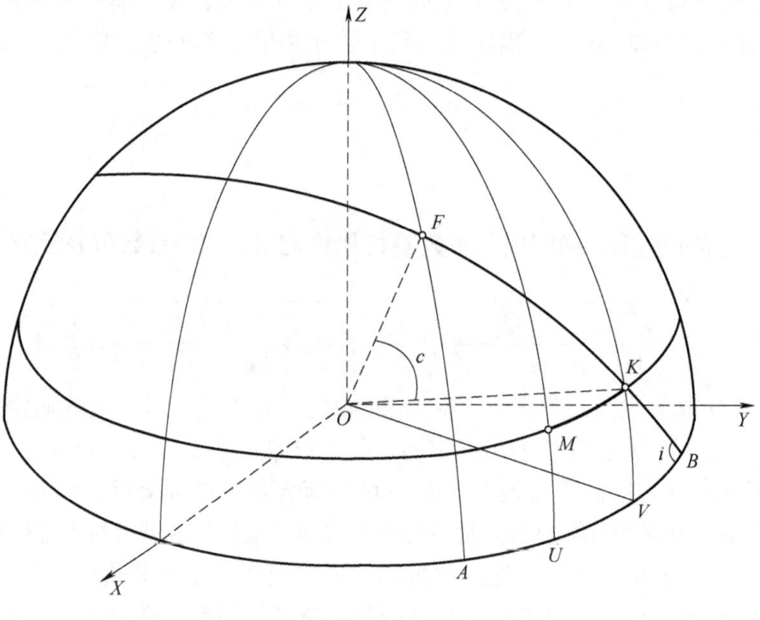

图7.60 快速进入空间轨道设计几何关系

1）设定发射点 F，获得发射点经纬度 B_0、L_0。

2）选定目标点 M，获得目标点经纬度 B_1、L_1。

3）根据观测的具体要求，包括地面成像的分辨率、回归周期等，确定回归系数 Q。

4）由式（7.232），建立第一个方程

$$F_1 = F_1(a,i) = \frac{2\pi}{T_\Omega(\omega_e - \dot{\Omega})} - Q = 0 \tag{7.244}$$

5）计算卫星过 F 至目标点所在纬线圈所用时间 ΔT_0。

在球面三角形 FAB 中，由球面三角形公式，可得弧$\overset{\frown}{AB}$对应地心角 ΔL_0，即

$$\Delta L_0 = \arcsin(\tan B_0/\tan i)$$

在球面三角形 KVB 中，由球面三角形公式，可得弧$\overset{\frown}{VB}$对应地心角 ΔL_1，即

$$\Delta L_1 = \arcsin(\tan B_1/\tan i)$$

所以，弧$\overset{\frown}{AV}$对应地心角 ΔL 为

$$\Delta L = \Delta L_0 - \Delta L_1$$

在球面三角形 FKZ 中，由球面三角形公式，可得弧$\overset{\frown}{FK}$对应地心角 c，即

$$c = \arccos\left[\cos\left(\frac{\pi}{2} - B_0\right)\cos\left(\frac{\pi}{2} - B_1\right) + \sin\left(\frac{\pi}{2} - B_0\right)\sin\left(\frac{\pi}{2} - B_1\right)\cos\Delta L\right]$$

所以，卫星自 F 至目标点所在纬线圈所用时间为

$$\Delta T_0 = \frac{c}{2\pi}T_\Omega$$

6）计算由于地球自转、轨道面进动，目标点 M 至 K 点所用时间 ΔT_1。

由以上讨论知道，弧$\overset{\frown}{UV}$对应地心角 ΔL_2 为

$$\Delta L_2 = L_0 + \Delta L_0 - L_1 - \Delta L_1$$

所以，ΔT_1 为

$$\Delta T_1 = \frac{\Delta L_2}{\omega_e - \dot{\Omega}}$$

如果要使卫星飞经 M 点上空，需要满足下式：

$$F_2 = F_2(a,i) = \Delta T_0 - \Delta T_1 = 0 \tag{7.245}$$

7）解算长半轴 a 和轨道倾角 i

联立方程式（7.244）、式（7.245），即可得一二元非线性方程组，求解即可得长半轴 a 和轨道倾角 i。

如果选择发射场为山西某地，目标点为钓鱼岛，轨道为一天 15 圈的圆回归轨道，则通过设计，得到卫星 30 天在轨运行的星下点轨迹结果，如图 7.61 所示。

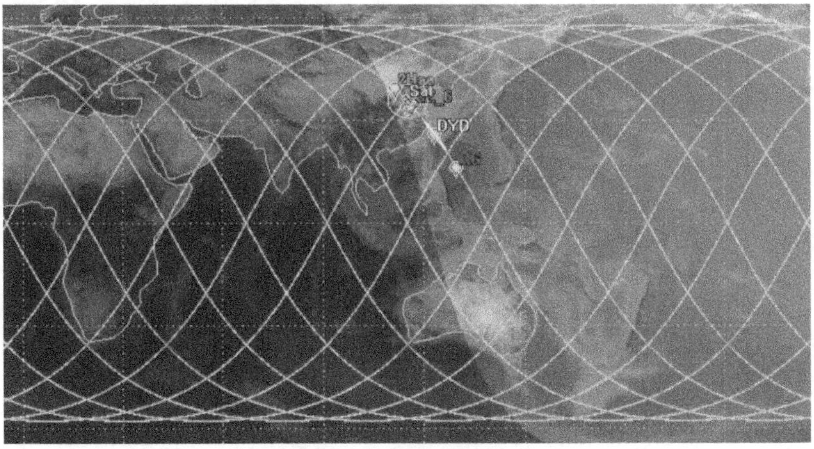

图 7.61　对钓鱼岛的快速进入轨道

快速进入空间轨道以牺牲覆盖、寿命等传统性能指标为代价，可以充分利用现有发射场资源，极大地缩短了任务响应时间，在应对紧急的空间任务上具有极大的优势。

7.4　卫星星座

在卫星应用早期，主要通过单颗卫星来完成任务。卫星是依靠地球万有引力提供向心力飞行的航天器，它始终以一定速度绕地球飞行。因此，除个别特殊的情况（如地球静止轨道卫星），卫星是不能够固定在地球某点的上空的，其覆盖区域总是随时间的变化而不断变化，并且这种变化规律严格受轨道高度和轨道倾角的制约。那么，在大多数情况下，单靠一颗卫星难以实现对全球或特定区域的不间断通信、侦察、探测目的。解决问题的一个最直接的方法就是利用多颗卫星协同工作，共同完成同一任务，这些卫星的运动在时间和空间上遵循一定的规律，使得对目标区域的覆盖能够实现补充和衔接，保证目标区域能够以任务要求的时间间隔或覆盖重数被卫星覆盖。

卫星星座（简称“星座”）是指由多颗卫星组成的，卫星轨道形成稳定的空间几何构型的，卫星之间保持固定的时空关系的，用于完成特定航天任务的卫星系统。卫星星座构成的航天系统称为卫星星座系统。从概念上讲，卫星星座属于一种分布式卫星系统，通过把多颗卫星散布到轨道上，以实现整个系统功能的扩展。

最早提出星座概念的是 Arthur C. Clarke，他于 1945 年在发表的一篇文章指出：在静止轨道上放置 3 颗卫星，可以实现全球除两极以外的覆盖，因此地球静止轨道也被称为 Clark 轨道。由 3 颗静止轨道卫星构成的星座如图 7.62 所示。但是，地球静止轨道卫星不能完全实现全球覆盖，同时，静止轨道站位比较紧张，因此，更多的应用是将卫星星座部署在低于地球静止轨道高度的广袤空间。轨道高度为 500 ~ 36000km、轨道倾角为 0 ~ 180°的圆轨道星座统称为“倾斜圆轨道星座”，是目前研究和应用最多的星座。

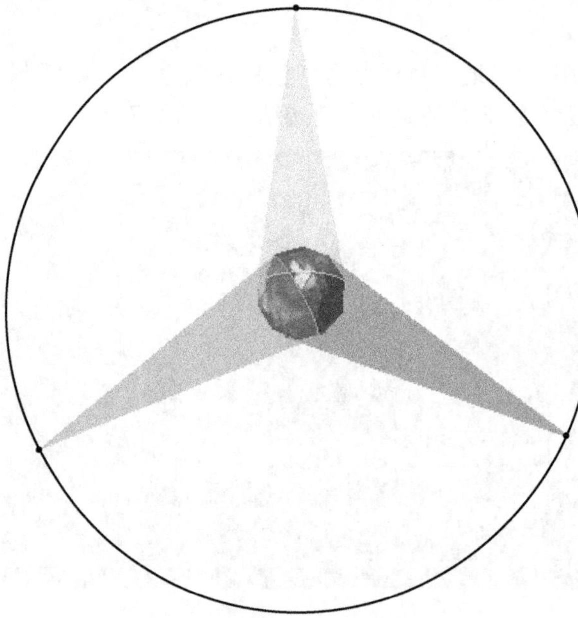

图 7.62　地球静止轨道卫星星座

可见，最初提出星座是想通过多颗卫星的组合，提供更宽广的时空覆盖范围，实际上是单颗卫星的覆盖能力扩展。早期星座理论也集中在星座构型和覆盖几何的研究上。而航天技术的进步及星座系统应用的不断深入，极大地推动了星座技术的发展。相对单颗卫星而言，星座不仅是覆盖性能的扩展，同时通过加强卫星间的协同关系以获得星座功能的突破性提升、信息获取质量的大幅度增强及任务模式的多样化，星座的工作能力远远超出单个卫星性能的简单累加。随着星座技术的不断发展与完善，多层次的协同成为卫星发展的必然趋势，这种协同将使卫星星座的功能越来越强大，发挥的作用也越来越大。

7.4.1　星座设计的原则

星座设计中的因素包括，轨道类型、轨道倾角、平面数和每个轨道面内的卫星数、轨道高度和卫星在轨道平面内的相位。下面分别讨论与设计相关的一些基本原则。

（1）设计时应避免轨道摄动造成的星座变形

为避免由于拱点进动造成的轨道变形，尽量选择圆形轨道而不是椭圆轨道，当然也可以采用冻结椭圆轨道。但是，因为冻结椭圆轨道高度是变化的，构成星座所需的有效载荷会比较复杂，会增加星座建设的成本。为了使所有卫星的交点进动相等，所有的轨道平面还必须有相同的倾角和高度。

（2）平面数和每个轨道面内的卫星数

在星座的卫星总数确定的前提下，常将较多的卫星设置在较少的轨道平面内，并且每一个轨道平面内都放置一个备用的卫星。这是为了满足星座性能台阶和节省能量。

星座设计时有一个需要考虑的重要问题，即要求星座提供不同的性能台阶，并且在个别卫星出现故障时星座仍能降级可靠运行。理想情况下，总是希望第一颗卫星入轨时就能达到一定的性能水平，随后当每一颗卫星陆续部署入轨后，系统性能不断提高。但是一般来说，星座部署完成后，再将另一颗卫星送入最终星座的每一轨道面时，系统性能不会再提高。如果一个星座共有 3 个轨道平面，发射第一颗卫星可以获得一定的性能，但是在 3 个轨道面各有一颗卫星之前，系统性能不会提高到一个新的台阶。从这个角度来看，轨道平面数较少的星座相对多轨道平面星座有明显的优点。性能不断提高到新的台阶将会有很多优势。首先，因为每颗卫星都是十分昂贵的，所以总要制造并发射一颗或两颗卫星，来检验系统方案和星座最终是否适用。如果一个星座只要部署一颗或两颗卫星就能高效运行，这对系统研制是非常有效的。其次，当有卫星失效发生时，可将同轨道平面内其他卫星重新部署；有时根据新的任务，需要对星座进行重构。当轨道平面较少时，重新部署或重构所需的能量比轨道平面较多时节省。

（3）轨道高度

卫星星座的轨道一般较高，以减少大气阻力对轨道的摄动影响，而且可为用户提供较长时间的服务。

（4）相邻轨道面内的相位

通过选择轨道平面的相对位置，确定覆盖的均匀性。

上述对星座简单的讨论表明，星座设计是复杂的，要求深入了解轨道的特性。

7.4.2 卫星环

所谓卫星环，通常是指在同一轨道上按一定间隔放置多个卫星。

如在轨道倾角 $i \leqslant 90°$，轨道高度 h 的圆轨道上等间隔地放置 K 个卫星，这些卫星就形成一个卫星环。环中每个卫星的高度相同，因而覆盖角 d 相等。当环中卫星个数 K 足够大时，则相邻卫星的覆盖区有相互重叠的部分，如图 7.63 所示。

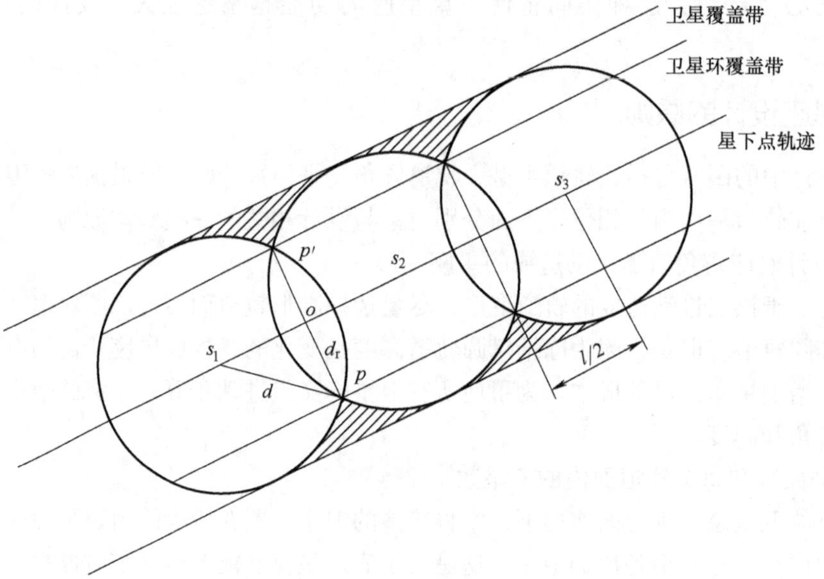

图 7.63 卫星环覆盖带

如图 7.63 所示，$s_i(i=1, 2, 3, \cdots, K)$ 为某时刻第 i 个卫星的星下点，由于环中卫星等间隔放置，故相邻的星下点之间的角距 l 为

$$l=\frac{360°}{K} \tag{7.246}$$

当 $d>l/2$ 时，相邻卫星的覆盖区有重叠部分。

如星下点轨迹上两相邻星下点的中点为 o，过中点 o 作与星下点轨迹正交的大圆弧与覆盖区的重叠部分交于点 p 和 p'，令中点 o 与点 p（或 p'）的角距为 d_r，d_r 称为重叠部分的宽度或卫星环的覆盖角。图 7.63 所示的球面直角三角形 s_1op 中有

$$\cos d_r=\frac{\cos d}{\cos\dfrac{l}{2}}=\frac{\cos d}{\cos\dfrac{180°}{K}}$$

或是

$$d_r=\arccos\frac{\cos d}{\cos\dfrac{180°}{K}} \tag{7.247}$$

由式（7.247）可知，当卫星环中卫星的个数 K 给定时，则当

$$d>\frac{180°}{K} \tag{7.248}$$

满足时，d_r 才有解，这一不等式对卫星的覆盖角 d 也就是对卫星的轨道高度 h 提出了要求。反之，当轨道高度 h 给定，d 为已知量时，则要求卫星的个数 K 满足如下不等式：

$$K > \frac{180°}{d} \tag{7.249}$$

从惯性空间看，在星下点轨迹两侧宽度为 d_r 的地区形成一覆盖带，为区别于单个卫星的覆盖带，称此覆盖带为卫星环的覆盖带。当环上各卫星沿轨道运动时，卫星环覆盖带内的地区至少为环中的一个卫星所覆盖，或是说此覆盖带内的任何地区在任何时刻至少能看见环中的一个卫星，而单个卫星的覆盖带则不能保证这一点。例如，图 7.63 所示的阴影线地区虽处于单个卫星的覆盖带内，但在图所示的这一时刻，不为环中的任何一个卫星所覆盖，或是说看不见环中的任何一个卫星，因此要注意将单个卫星的覆盖带与卫星环的覆盖带区别开来。

将式（7.134）中的 d 以 d_r 代替，则可得卫星环在无旋地球上左右侧覆盖带外沿轨迹的方程式为

$$\begin{cases}\sin\varphi_R = a_1\sin u - a_2 \\ \tan\lambda_R = b_1\tan u + b_2\sec u\end{cases} \tag{7.250}$$

和

$$\begin{cases}\sin\varphi_L = a_1\sin u + a_2 \\ \tan\lambda_L = b_1\tan u - b_2\sec u\end{cases} \tag{7.251}$$

式中，λ_R 和 λ_L 为以升交点为参考点计算的经度，且有

$$\begin{cases}a_1 = \sin i\cos d_r \\ a_2 = \cos i\sin d_r\end{cases},\quad \begin{cases}b_1 = \cos i \\ b_2 = \sin i\tan d_r\end{cases} \tag{7.252}$$

例如，卫星环的轨道倾角 $i = 54.7°$，圆轨道高度 $h = 10393\text{km}$（卫星运动周期为 6h），则环中每个卫星的覆盖角可由式（7.122）算得为 $d = 67.7°$。当环中等间隔放置 3 个卫星时，$K = 3$，由式算得 $d_r = 41°$；当环中等间隔放置 4 个卫星时，$K = 4$，则 $d_r = 57.4°$。

当 $K = 4$，$d_r = 57.4°$时，将此卫星环的参数代入式（7.250）~式（7.252），可计算出卫星环覆盖带左右侧外沿轨迹，将轨迹在墨卡托投影地图上逐点描迹，如图 7.64 所示的Ⅰ。

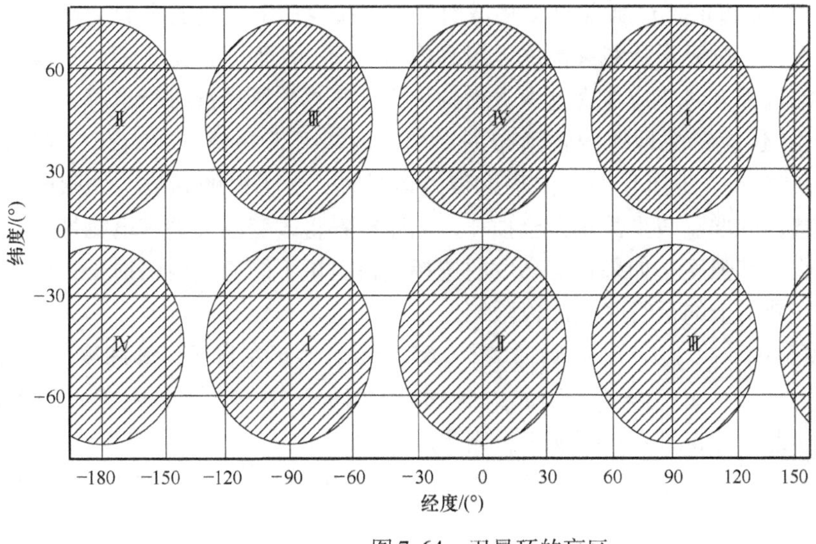

图 7.64　卫星环的盲区

如果将此覆盖带描绘在横断网上，则仿照7.2节叙述过的方法，无须写出轨迹方程式，可直接作图，如图7.65所示。

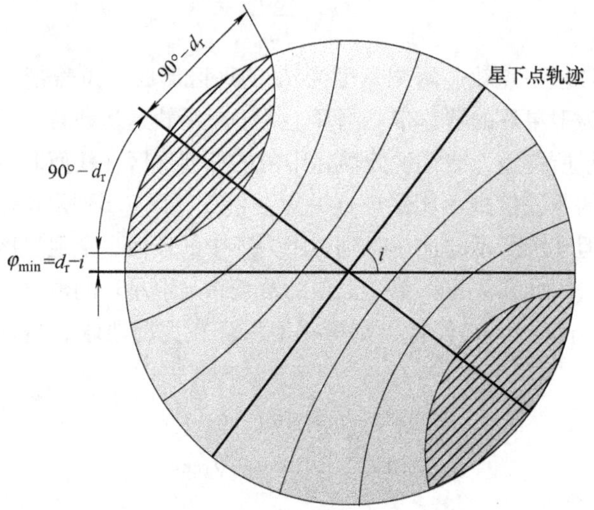

图7.65　横断网中覆盖带

卫星环覆盖带之外的地区称为卫星环的盲区，图7.64和图7.65所示的阴影区为环Ⅰ的左右两块盲区，要强调的是，这是无旋地球（或地球不动外壳）上的两块盲区。从惯性空间看，环的星下点轨迹及其盲区是不动的，但地面目标跟随地球自西向东绕地轴旋转；在盲区所占纬度范围之内的目标，则按其所在纬度的不同，一日之内总有一段或长或短的时间处于盲区之内，此时地面目标不为卫星环所覆盖。卫星环虽然可以在一日之内对全球任何一点进行覆盖，但还不能保证一日之内的任何时刻对任何地方进行覆盖。与单个卫星相比，卫星环的覆盖性能有了改善，但还不能满足本节开始提出的覆盖要求。

下面讨论有关盲区的几个问题。

1）由式（7.250）~式（7.252）可知，盲区外沿的轨迹取决于i、h和K。

2）h越小，为形成相同的d_r所需的K将增加。为了减少环中卫星的个数，则h的取值应该大一些。但h过大，则要求运载火箭能发射高轨道卫星，从而对运载火箭的运载能力提出了较高的要求。在选择h时，应考虑这两方面的因素，根据实际情况进行选择。

3）在选择h时，还应考虑地球内辐射带的影响，内辐射带约分布在南北纬40°之间，其高度约为600~10000km。卫星长期在内辐射带内运行时，受辐射的影响，太阳电池输出功率降低，半导体器件的增益减少甚至完全损坏，电磁材料将改变或失去其电磁性能，各种结构材料将减弱或丧失其强度。如果轨道高度的选择使得卫星不能避开内辐射带，则应采取预防措施或对卫星在轨道上的运行时间加以限制。

4）盲区的纬度范围取决于i、h和K。如图7.65所示，对于左盲区，其纬度范围为

$$\varphi_{Lmin}=d_r-i,\ \varphi_{Lmax}=180°-(i+d_r) \tag{7.253}$$

如果要使左盲区位于北半球，且不包括北极，则要求

$$i-d_r\leqslant 0,\ 180°-(i+d_r)<90° \tag{7.254}$$

即要求

$$90° - d_r < i \leqslant d_r \tag{7.255}$$

如式（7.255）得到了满足，则由盲区的对称性可知，右盲区必位于南半球，且不包含南极。

在图 7.65 所示的例题中，$d_r = 57.4°$、$i = 54.7°$，式（7.255）的不等式得到满足，故右左盲区分别位于南北半球且不包含南北极；由式（7.253）可知，左盲区的纬度范围为 $\varphi_{Lmin} = 2.7°$、$\varphi_{Lmax} = 67.9°$，根据对称性可知右盲区的纬度范围为 $\varphi_{Lmax} = -2.7°$、$\varphi_{Lmin} = -67.9°$。

5）每个盲区所占的经度范围。图 7.65 所示的左盲区与 $\lambda = -90°$ 成轴对称，如与 $\lambda = -90°$ 的子午线的经差为 α 的子午线与盲区外沿轨迹相切，则左盲区的经度范围为 2α。

图 7.66 中，阴影区域表示盲区，为图 7.65 所示情况的立体表示。其中，L 点为切点，N 为北极，NM 为与盲区外沿轨迹相切的子午线，P 为盲区中心。在球面直角三角形 NPL 中有

$$\sin\alpha = \frac{\cos d_r}{\sin i} \tag{7.256}$$

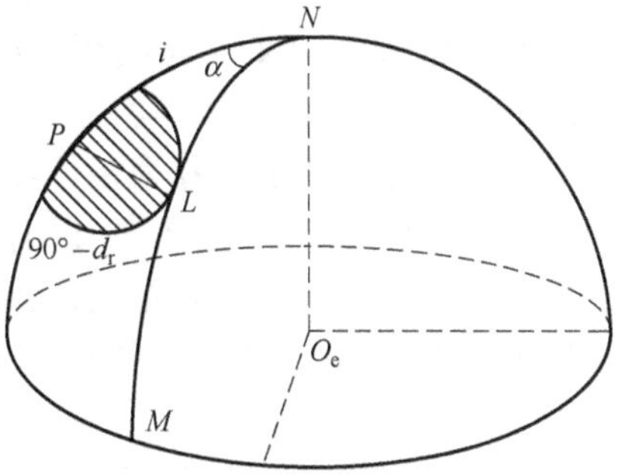

图 7.66　盲区的经度范围

因此，左盲区所占经度范围为

$$\Delta\lambda_u = 2\alpha = 2\arcsin\frac{\cos d_r}{\sin i} \tag{7.257}$$

由对称性可知，上式亦为右盲区所占经度范围的表达式。

在图 7.65 所示的例题中，$d_r = 57.4°$、$i = 54.7°$，由式（7.257）可算得每个盲区所占的经度范围 $\Delta\lambda_u = 82.62°$。

7.4.3　星座的基本构型

为了以更少的卫星满足覆盖要求，早在 20 世纪 60 年代初，国外相关机构就开展了相关的研究，多年来发表了众多的文献，关于卫星星座的设计方法、对地面的覆盖性能指标及这些指标的计算方法等都有了严格的论述。在这方面做出重要贡献的专家有英国的 J. C. Walker、美国的 L. Rider、A. H. Ballard 等。近年来，为适应通信、导航和地球观测领域的广泛需求，大量的卫星星座正在研制和开发中，尤其随着（微）小卫星技术的逐步成熟和运载发射能力的提高，卫星星座的应用正在成为许多国家相关机构的研究重点。

按照几何构型可以将常用的星座类型分为均匀对称星座、星型星座、椭圆轨道星座和混合星座。卫星编队（卫星群）也可以认为是一种特殊的星座构型，称为编队星座。

均匀对称星座也称为 Walker 类星座，由 J. Walker 提出的 δ 星座、σ 星座及 A. H. Ballard 提出的玫瑰（Rosette）星座都属于均匀对称星座。其特点是所有卫星采用高度相同、倾角相同的圆轨道；轨道平面沿赤道均匀分布；卫星在轨道平面内均匀分布；不同轨道面之间卫星相位存在一定关系。均匀对称星座常用于要求全球覆盖或纬度带覆盖。ω 星座虽然不是均匀对称星座，但是它是在 σ 星座或玫瑰星座基础上发展而来的。

7.4.3.1　δ 星座

J. Walker 提出的 δ 星座得到了普遍的承认和广泛的应用，通常称为 Walker-δ 星座。δ 星

座的特点：由相同轨道长半轴 a 的 N 个圆轨道卫星组成；P 个轨道平面于某一参考平面有相同的倾角 δ，并且按升交点（相对于参考平面的升交点）均匀分布；每个轨道平面内均匀分布 S 颗卫星，满足 $N=PS$；不同轨道平面卫星的相位保持一定关系，使得相邻轨道平面的卫星分别通过其升交点的间隔相等。

出于实用性的考虑，参考平面通常取为赤道平面，因而 δ 有轨道倾角 i。如果没有特殊说明，这里所说的 δ 星座均隐含参考平面为赤道平面。

定义星座基本单位（Pattern Unit），$U=2\pi/N$。则相邻轨道平面的升交点赤经相差为 SU；同轨道平面的相邻卫星的相位角（纬度幅角）相差 PU；当一个轨道面内的一颗卫星通过其升交点时，它东西相邻轨道面内最近一颗通过了升交点的卫星的相位角为 FU。F 为 $0\sim(P-1)$的整数，通常称为相位参数。于是，δ 星座的构型可用轨道长半轴 a、轨道倾角 i、卫星总数 N、轨道平面数 P 和相位参数 F 来唯一描述，其描述记作 $N/P/F$：i，a。

对于4/2/1：i，a 的 δ 星座，轨道面内卫星的个数为 2，轨道面内卫星的间距为 180°，$F=1$ 对应的相邻平面内卫星的相位 $\phi=90°$，见表 7.4。

表 7.4　4/2/1 的 δ 星座

轨道面	各轨道卫星	升交点赤经/(°)	纬度幅角/(°)
1	1	0	0
	2	0	180
2	1	180	90
	2	180	270

7.4.3.2　σ 星座

如果将所有 δ 星座看作一个集合，σ 星座就是其中一个子集。σ 星座区别于其他 δ 星座的特点是，所有卫星的地面轨迹重合并且这条轨线不自相交。

显然，σ 星座所有卫星的轨道都是回归轨道（地面轨迹重复）。假设卫星经过 D 天运行 M 圈之后地面轨迹开始重复（M 和 S 为互质数），为了满足地面轨迹不自相交的要求，必须使 $M-S=1$。这一要求同时也决定了可以选择的轨道周期，如 $M=2$、$D=1$，轨道周期为 12h；$M=3$、$D=2$，轨道周期为 16h，等等。

σ 星座所有卫星的地面轨迹重合在一起，形成一条类似正弦曲线的不自相交的封闭曲线。各卫星的星下点均匀分布在这条曲线上，不可能出现卫星相互靠拢的情况。因而，σ 星座的覆盖特性均匀，覆盖效率很高，是很好的星座构型。

σ 星座也属于 δ 星座，因而也可以用 $N/P/F$ 来描述。但是为了满足所有星下点轨迹重合的要求，P 和 F 可以由下式唯一的确定：

$$\begin{cases}P=\dfrac{N}{H[D,N]}\\F=\dfrac{N}{PD}(kP-D-1)\end{cases}$$

式中，运算符 $H[D,N]$ 表示取 D 和 N 的最大公因数；k 取整数使得 F 取 $0\sim(P-1)$ 之间的整数可以唯一确定。

7.4.3.3　玫瑰星座

玫瑰星座是 δ 星座中 $P=N$ 的一种特殊星座，也就是每个轨道面内只有一颗卫星的 δ 星座。星座中任意一颗卫星在天球上的位置可以用 3 个欧拉角来描述。这 3 个欧拉角分别是升交点赤经 Ω、轨道倾角 i 和相位角 u。由 N 颗卫星组成的玫瑰星座中的第 j 颗卫星的位置表示为

$$\begin{cases}\Omega_j = j(2\pi/N) \\ i_j = i \qquad\qquad j = 0,1,2,\cdots,N-1 \\ u_j = m\Omega_j + nt\end{cases} \tag{7.258}$$

式中，$m\Omega_j$ 为第 j 颗卫星的初始相位角，m 可取 $0 \sim (N-1)$ 的任意整数；n 为卫星的平均角速度，nt 是卫星的相位角随时间 t 的变化值，它们对于所有卫星相同。m 是玫瑰星座的一个重要参数，当它取 $0 \sim (N-1)$ 的不同整数时，就会产生出各种不同的玫瑰星座，其覆盖特性也各不相同。玫瑰星座的描述符可表示为（N，m）。

玫瑰星座也可以推广到更一般的情况，称为广义玫瑰星座，每一个轨道平面内包含 S 颗卫星，轨道平面数 $P = N/S$。此时，m 可取分数：$0/S$、$1/S$、$2/S$、…、$(N-1)/S$。第 j 卫星的位置表示为

$$\begin{cases}\Omega_j = j(2\pi/P) \\ i_j = i \qquad\qquad j = 0,1,2,\cdots,N-1 \\ u_j = m\Omega_j + nt\end{cases}$$

于是，广义玫瑰星座的描述符可表示为（N，P，m）。

值得注意的是，广义玫瑰星座内可能会出现卫星位置重合的情况。比如（4，2，1）星座，根据式（7.258）简单计算即可发现，第 2 颗卫星与第 0 颗卫星重合，第 3 颗卫星与第 1 颗卫星重合；再比如（18，3，1/3）星座，其第 9 颗卫星与第 0 颗卫星重合，第 10 颗卫星与第 1 颗卫星重合……

实际上，（18，3，1/3）星座是两个（9，3，1/3）星座完全重合在一起的。

进一步研究发现，当 m 的取值使 mS 与 S 有大于 1 的公因数时，广义玫瑰星座内就会出现位置重合的情况，这类星座没有使用价值。否则，广义玫瑰星座（N，P，m）可以等价于 δ 星座 $N/P/F$。其中，$F = \mathrm{Mod}(mS, P)$，Mod 是整数求余算子。

反过来，并不是所有的 δ 星座都能等价地表示为广义玫瑰星座，δ 星座是更广泛的均匀对称星座。

7.4.3.4　ω 星座

如果 σ 星座或玫瑰星座（$P = N$）的卫星总数 N 可分解因子，那么可以将该星座看作是由几个 σ 子星座或玫瑰子星座所组成。在这些星座中去掉一个子星座之后，剩下的非均匀星座就叫作 ω 星座。

在分阶段构造星座的航天任务中，星座的性能是逐渐提高的，选择合适的中间 ω 星座，可以使 δ 星座或 σ 星座的性能台阶提升，提高了星座的经济效益。

其他还有星型星座、正交星座、椭圆轨道星座、混合星座等，这里就不再介绍了，有兴趣的可以参考相关文献。至于编队星座，下面专门进行介绍。

7.5　卫星编队飞行

卫星编队飞行则可以认为是一种比较特殊的星座，它由两颗（或以上）的卫星组成，

卫星在绕地球运动的同时，主要按照轨道自然特性近距离伴随飞行，并彼此间形成特定构型的卫星群。卫星在编队运行过程中，各绕飞小卫星围绕参考卫星进行周期性的相对运动，保持较近距离，彼此密切联系，相互协调工作。与单颗卫星相比，卫星编队能够合成长得多的天线基线（虚拟天线），能够使系统的某些性能指标得到突破性的改善，可以完成某些单一卫星系统无法完成的航天任务。所以说，编队星座在整体功能上相当于一颗大的"虚拟卫星"。目前，国际上对利用小卫星进行编队飞行的研究已经涉及了对地观测、深空探测、空间科学、导航定位、通信及一系列军事活动，充分体现了该领域的巨大吸引力。

7.5.1 坐标系定义

定义合适的坐标系，是描述小卫星编队飞行运动的前提。图 7.67 给出了常用的两种坐标系。图中，c 为参考卫星；m 为绕飞卫星；$\boldsymbol{r}_c$、$\boldsymbol{r}_m$ 分别为地心至参考卫星和绕飞卫星的相对位置矢量；$\boldsymbol{r}$ 为参考卫星至绕飞卫星的相对位置矢量。

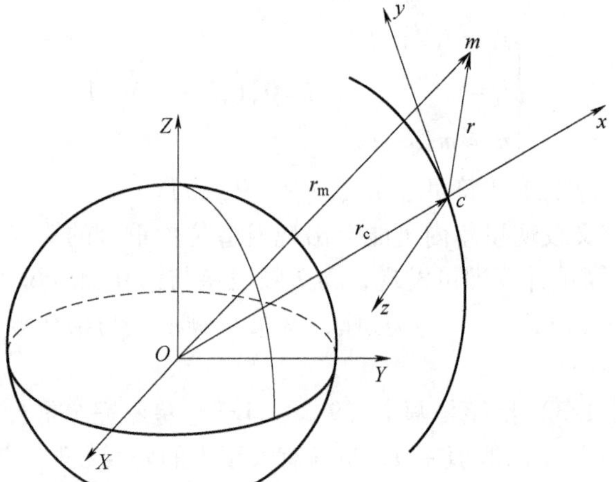

图 7.67　地心惯性坐标系和轨道坐标系

地心惯性坐标系 $O—XYZ$：原点位于地心 O，OX 轴位于赤道平面内指向春分点，OY 轴在赤道平面内由 OX 轴向东转过 90°，OZ 轴与 OX 轴和 OY 轴成右手坐标系。

轨道坐标系 $c-xyz$：原点位于参考卫星中心 c，cxy 平面在参考卫星轨道平面内，cx 轴沿地心与参考卫星的连线背向地心，cy 轴在 cxy 平面内垂直 cx 轴并指向参考卫星速度方向，cz 轴与 cx 轴、cy 轴成右手坐标系。这里的轨道坐标系在相对运动分析中广泛使用，也称为 Hill 坐标系。

7.5.2 相对运动动力学方程

在推导相对运动方程前先给出两个重要假设：参考卫星 c 与绕飞卫星 m 距离很近，与卫星到地心的距离相比为一小量；参考卫星绕地飞行为圆轨道。

7.5.2.1 相对运动动力学方程

如图 7.67 所示，参考卫星和绕飞卫星的相对位置矢量为

$$\boldsymbol{r}=\boldsymbol{r}_m-\boldsymbol{r}_c$$

在地心惯性系中，参考卫星和绕飞卫星的轨道动力学方程可表示为

$$\ddot{\boldsymbol{r}}_{\mathrm{c}}=-\frac{\mu \boldsymbol{r}_{\mathrm{c}}}{r_{\mathrm{c}}^{3}}+\boldsymbol{f}_{\mathrm{c}},\ \ddot{\boldsymbol{r}}_{\mathrm{m}}=-\frac{\mu \boldsymbol{r}_{\mathrm{m}}}{r_{\mathrm{m}}^{3}}+\boldsymbol{f}_{\mathrm{m}} \tag{7.259}$$

式中，μ 为地球引力常数；r_{c}、r_{m} 分别为参考卫星和绕飞卫星的地心距；$\boldsymbol{f}_{(\cdot)}$ 为由除地球中心引力之外的摄动力和控制力带来的加速度。

记 $\Delta\boldsymbol{f}=\boldsymbol{f}_{\mathrm{m}}-\boldsymbol{f}_{\mathrm{c}}$，则由式（7.259）可得

$$\ddot{\boldsymbol{r}}=\ddot{\boldsymbol{r}}_{\mathrm{m}}-\ddot{\boldsymbol{r}}_{\mathrm{c}}=-\left(\frac{\mu}{r_{\mathrm{m}}^{3}}\boldsymbol{r}_{\mathrm{m}}-\frac{\mu}{r_{\mathrm{c}}^{3}}\boldsymbol{r}_{\mathrm{c}}\right)+\Delta\boldsymbol{f}=\frac{\mu}{r_{\mathrm{c}}^{3}}\left[\boldsymbol{r}_{\mathrm{c}}-\left(\frac{r_{\mathrm{c}}}{r_{\mathrm{m}}}\right)^{3}\boldsymbol{r}_{\mathrm{m}}\right]+\Delta\boldsymbol{f} \tag{7.260}$$

式（7.260）为相对运动动力学方程在地心惯性系中的表达式，将其转化为在参考星轨道坐标系中的表达形式：

$$\ddot{\boldsymbol{r}}+2\boldsymbol{\omega}\times\dot{\boldsymbol{r}}+\boldsymbol{\omega}\times(\boldsymbol{\omega}\times\boldsymbol{r})+(\dot{\boldsymbol{\omega}}\times\boldsymbol{r})=\frac{\mu}{r_{\mathrm{c}}^{3}}\left[\boldsymbol{r}_{\mathrm{c}}-\left(\frac{r_{\mathrm{c}}}{r_{\mathrm{m}}}\right)^{3}\boldsymbol{r}_{\mathrm{m}}\right]+\Delta\boldsymbol{f} \tag{7.261}$$

式中，$\boldsymbol{\omega}$ 为轨道坐标系相对于惯性坐标系的转动角速度。

式（7.261）为矢量形式的相对运动精确动力学方程。

7.5.2.2　线性化的动力学方程

在轨道坐标系中，式（7.261）中各项可写为如下分量形式：

$$\boldsymbol{r}=(x\quad y\quad z)^{\mathrm{T}},\ \boldsymbol{\omega}=(0\quad 0\quad n)^{\mathrm{T}} \tag{7.262}$$

式中，$n=\sqrt{\mu/a_{\mathrm{c}}^{3}}$为参考卫星轨道平均角速度；$a_{\mathrm{c}}$ 为参考卫星轨道长半轴。参考卫星轨道为圆轨道时，$a_{\mathrm{c}}=r_{\mathrm{c}}$，此时轨道角速度保持不变，即

$$\dot{\boldsymbol{\omega}}=0,\ 2\boldsymbol{\omega}\times\dot{\boldsymbol{r}}=2(-n\dot{y}\quad n\dot{x}\quad 0)^{\mathrm{T}},\ \boldsymbol{\omega}\times(\boldsymbol{\omega}\times\boldsymbol{r})=(-n^{2}x\quad -n^{2}y\quad 0)^{\mathrm{T}} \tag{7.263}$$

参考卫星和绕飞卫星的轨道矢径可表示为

$$\boldsymbol{r}_{\mathrm{c}}=(r_{\mathrm{c}}\quad 0\quad 0)^{\mathrm{T}},\ \boldsymbol{r}_{\mathrm{m}}=(r_{\mathrm{c}}+x\quad y\quad z)^{\mathrm{T}} \tag{7.264}$$

由于编队队形尺寸远小于卫星轨道半径，相对距离与轨道半径的比值可视为小量，即 $r\ll r_{\mathrm{c}}$，因此可通过忽略二阶以上小量对式（7.261）实现线性化。

绕飞卫星地心距可表示为如下形式：

$$r_{\mathrm{m}}=\left[(r_{\mathrm{c}}+x)^{2}+y^{2}+z^{2}\right]^{1/2}=(r^{2}+r_{\mathrm{c}}^{2}+2xr_{\mathrm{c}})^{1/2}$$

即

$$\left(\frac{r_{\mathrm{c}}}{r_{\mathrm{m}}}\right)^{3}=\left(\frac{r^{2}+r_{\mathrm{c}}^{2}+2xr_{\mathrm{c}}}{r_{\mathrm{c}}^{2}}\right)^{-3/2}=\left[1+\left(\frac{r}{r_{\mathrm{c}}}\right)^{2}+\frac{2x}{r_{\mathrm{c}}}\right]^{-3/2}$$

对上式进行展开，并忽略 r/r_{c} 的二阶及其以上高阶小量，可得$\left(\frac{r_{\mathrm{c}}}{r_{\mathrm{m}}}\right)^{3}\approx 1-3\frac{x}{r_{\mathrm{c}}}$，即

$$\boldsymbol{r}_{\mathrm{c}}-\left(\frac{r_{\mathrm{c}}}{r_{\mathrm{m}}}\right)^{3}\boldsymbol{r}_{\mathrm{m}}=\boldsymbol{r}_{\mathrm{c}}-\left(1-3\frac{x}{r_{\mathrm{c}}}\right)(\boldsymbol{r}_{\mathrm{c}}+\boldsymbol{r})\approx 3\frac{x}{r_{\mathrm{c}}}\boldsymbol{r}_{\mathrm{c}}-\boldsymbol{r}=(2x\quad -y\quad -z)^{\mathrm{T}} \tag{7.265}$$

将式（7.262）~式（7.265）代入式（7.261）并整理，可得相对运动方程的分量形式

$$\begin{cases}\ddot{x}-2n\dot{y}-3n^{2}x=f_{x}\\ \ddot{y}+2n\dot{x}=f_{y}\\ \ddot{z}+n^{2}z=f_{z}\end{cases} \tag{7.266}$$

式中，f_{x}、f_{y}、f_{z} 为 $\Delta\boldsymbol{f}$ 在轨道坐标系三轴上的分量。

7.5.2.3 相对运动动力学方程的解析解

式（7.266）是一个常系数线性微分方程组，忽略摄动力项，并考虑卫星无控，则初始状态为 x_0、y_0、z_0、$\dot{x}_0$、$\dot{y}_0$、$\dot{z}_0$ 时，方程解析解为

$$\begin{cases} x(t) = \dfrac{\dot{x}_0}{n}\sin(nt) + \left(-3x_0 - \dfrac{2\dot{y}_0}{n}\right)\cos(nt) + 2\left(2x_0 + \dfrac{\dot{y}_0}{n}\right) \\ \quad = -p\cos(nt+\theta) + 2k \\ y(t) = 2\left(3x_0 + \dfrac{2\dot{y}_0}{n}\right)\sin(nt) + \dfrac{2\dot{x}_0}{n}\cos(nt) - 3(2nx_0 + \dot{y}_0)t - \left(\dfrac{2\dot{x}_0}{n} - y_0\right) \\ \quad = 2p\sin(nt+\theta) - 3nkt + l \\ z(t) = \dfrac{\dot{z}_0}{n}\sin(nt) + z_0\cos(nt) \\ \quad = s\sin(nt+\theta-\alpha) \end{cases} \tag{7.267}$$

$$\begin{cases} \dot{x}(t) = (3nx_0 + 2\dot{y}_0)\sin(nt) + \dot{x}_0\cos(nt) \\ \dot{y}(t) = 2(3nx_0 + 2\dot{y}_0)\cos(nt) - 2\dot{x}_0\sin(nt) - 3(2nx_0 + \dot{y}_0) \\ \dot{z}(t) = \dot{z}_0\cos(nt) - nz_0\sin(nt) \end{cases}$$

式中，$p = \sqrt{\left(3x_0 + \dfrac{2\dot{y}_0}{n}\right)^2 + \left(\dfrac{\dot{x}_0}{n}\right)^2}$；$s = \sqrt{\left(\dfrac{\dot{z}_0}{n}\right)^2 + z_0^2}$；$k = 2x_0 + \dfrac{\dot{y}_0}{n}$；$l = y_0 - \dfrac{2\dot{x}_0}{n}$；$\theta$ 为绕飞卫星初始相位。

7.5.3 几种典型编队构型

下面以圆星下点和空间圆编队构型为例，来说明几种编队构型及其设计变量。

7.5.3.1 圆星下点编队构型

为了使绕飞卫星真正伴随参考卫星，则绕飞卫星相对参考卫星的构型不应随时间变化漂移，即式（7.267）中 $k=0$，有

$$\dot{y}_0 = -2nx_0 \tag{7.268}$$

若希望相对运动构型在 $c-yz$ 平面的投影以参考卫星质心为中心，则要求在满足式（7.268）基础上，式（7.267）中 $l=0$，有

$$y_0 = \frac{2\dot{x}_0}{n} \tag{7.269}$$

如进一步要求绕飞卫星星下点构型为圆形时，则绕飞卫星相对于参考卫星的初始状态还要满足以下约束：

$$y^2(t) + z^2(t) = R^2$$

式中，R 为星下点构型圆半径。

即式（7.267）中 $2p=s$ 和

$$z_0 = \pm 2x_0,\ \dot{z}_0 = \pm 2\dot{x}_0 \tag{7.270}$$

由以上分析可知，如编队卫星星下点构型为以参考卫星为中心的圆形，则绕飞卫星的初始状态应满足式（7.268）~式（7.270）和表7.5给出的要求。

表 7.5　圆星下点编队构型设计变量

p/m	s/m	α/(°)	θ/(°)	l/m
$R/2$	R	$\pi/2$、$3\pi/2$	θ	0

7.5.3.2　空间圆编队构型

顾名思义，空间圆编队构型中绕飞卫星同参考卫星之间的距离保持不变，为空间圆的半径。即，满足如下约束条件：

$$x^2(t)+y^2(t)+z^2(t)=R^2$$

式中，R 为空间圆半径。

将上式求导，有

$$x\dot{x}+y\dot{y}+z\dot{z}=0 \tag{7.271}$$

因为空间圆编队属于环绕飞行，满足条件式（7.268）、式（7.269）。将式（7.268）、式（7.269）代入式（7.271），可得

$$x_0\dot{x}_0+\frac{2\dot{x}_0}{n}(-2nx_0)+z_1\dot{z}_0=0$$

即

$$3x_0\dot{x}_0=z_0\dot{z}_0 \tag{7.272}$$

对式（7.272）求导可得

$$3x_0\ddot{x}_0+3\dot{x}_0^2=z_0\ddot{z}_0+\dot{z}_0^2 \tag{7.273}$$

根据式（7.267）有 $\ddot{x}=-n^2x$、$\ddot{z}=-n^2z$，所以有

$$\ddot{x}_0=-n^2x_0 \tag{7.274}$$

$$\ddot{z}_0=-n^2z_0 \tag{7.275}$$

将式（7.274）、式（7.275）代入式（7.273），有

$$3x_0(-n^2x_0)+3\dot{x}_0^2=z_0(-n^2z_0)+\dot{z}_0^2$$

进一步整理得

$$3\dot{x}_0^2-\dot{z}_0^2=n^2(3x_0^2-z_0^2) \tag{7.276}$$

将上式两边同乘以 z_0^2，得

$$3\dot{x}_0^2z_0^2-z_0^2\dot{z}_0^2=n^2z_0^2(3x_0^2-z_0^2) \tag{7.277}$$

将式（7.272）代入式（7.277）可得

$$3\dot{x}_0^2z_0^2-(3x_0\dot{x}_0)^2=n^2z_0^2(3x_0^2-z_0^2)$$

$$3\dot{x}_0^2(z_0^2-3x_0^2)=n^2z_0^2(3x_0^2-z_0^2)$$

即

$$(3\dot{x}_0^2+n^2z_0^2)(z_0^2-3x_0^2)=0$$

式中，$(3\dot{x}_0^2+n^2z_0^2)$ 不能为零，否则初始条件中 x_0、y_0、z_0、$\dot{x}_0$、$\dot{y}_0$、$\dot{z}_0$ 均为零。所以，必须有

$$z_0^2-3x_0^2=0 \tag{7.278}$$

即

$$z_0=\pm\sqrt{3}x_0,\ \dot{z}_0=\pm\sqrt{3}\dot{x}_0 \tag{7.279}$$

最终得空间圆编队构型的设计变量见表 7.6。

表 7.6 空间圆编队构型设计变量

p/m	s/m	α/(°)	θ/(°)	l/m
$R/2$	$\sqrt{3}R/2$	$\pi/2$、$3\pi/2$	θ	0

7.5.3.3 Pendulum 编队构型

Pendulum 编队构型中 3 颗只接受雷达信号的小卫星对虚拟参考星的运动为侧向摆动，摆动中心同虚拟参考星的距离各不相同。3 颗星摆动的初始相位分别相差 120°。

Pendulum 编队构型的设计变量见表 7.7。

表 7.7 Pendulum 编队构型设计变量

卫星	p/m	s/m	α/(°)	θ/(°)	l/m
1	0	s	0	θ	l_1
2	0	s		$\theta+120$	l_2
3	0	s		$\theta+240$	l_3

表 7.7 中，s 为侧向摆动的振幅；l_1、l_2、l_3 分别为 3 颗星的摆动中心同参考卫星的距离；θ 为第一颗卫星的初始相位角。

7.5.3.4 跟飞编队构型

跟飞编队构型是一种比较简单的分布式卫星编队构型。环绕卫星和参考卫星在同一轨道上，两者之间相差一段距离。由于环绕卫星相对参考卫星的绕飞椭圆退化为一个点，所以可得到这种编队队形的设计变量见表 7.8。

表 7.8 跟飞编队构型设计变量

p/m	s/m	α/(°)	θ/(°)	l/m
0	0	0	0	l

7.5.4 编队卫星轨道设计流程

下面以圆星下点编队构型为例，来说明编队绕飞卫星轨道设计流程，如图 7.68 所示。

已知条件：参考卫星轨道根数 a、e、i、ω、Ω、M；绕飞半径 R；绕飞初始相位角 θ。

（1）由绕飞半径 R、绕飞初始相位角 θ 确定绕飞卫星初始状态

①由 R、θ 确定 $c-yz$ 平面直角坐标系中的 y_0、z_0；

②由式（7.270）确定 x_0；

③由式（7.269）确定 $\dot{x}_0$；

④由式（7.268）确定 $\dot{y}_0$；

⑤由式（7.270）确定 $\dot{z}_0$；

这样，绕飞卫星在参考坐标系 $c-xyz$ 的状态初始状态 x_0、y_0、z_0、$\dot{x}_0$、$\dot{y}_0$、$\dot{z}_0$ 就确定下来了。

（2）计算参考星在惯性坐标系位置速度

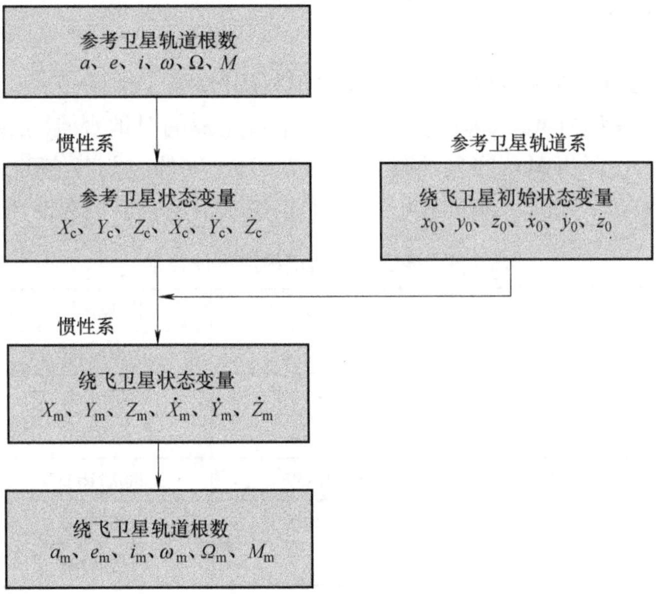

图 7.68　绕飞卫星轨道设计流程

参考本书第 4 章 4.3.4 节内容，由参考卫星轨道根数 a、e、i、ω、Ω、M，计算参考星在惯性坐标系位置速度 X_c、Y_c、Z_c、$\dot{X}_c$、$\dot{Y}_c$、$\dot{Z}_c$；

（3）把绕飞卫星位置速度转换至惯性坐标系

如图 7.67 所示，绕飞卫星位置 $\boldsymbol{r}_m$、速度矢量 $\dot{\boldsymbol{r}}_m$ 为

$$\boldsymbol{r}_m = \boldsymbol{r}_c + \boldsymbol{r}$$

$$\dot{\boldsymbol{r}}_m = \left.\frac{\mathrm{d}\boldsymbol{r}_c}{\mathrm{d}t}\right|_{\mathrm{I}} + \left(\left.\frac{\mathrm{d}\boldsymbol{r}}{\mathrm{d}t}\right|_{c} + \boldsymbol{\omega} \times \boldsymbol{r}\right)$$

其在地心惯性系下的表示可以通过轨道坐标系至地心惯性坐标系的变换矩阵 $\boldsymbol{C}_{\mathrm{I}}$ 求得，即

$$\boldsymbol{r}_m = \begin{pmatrix} X_m \\ Y_m \\ Z_m \end{pmatrix} = \begin{pmatrix} X_c \\ Y_c \\ Z_c \end{pmatrix} + \boldsymbol{C}_{\mathrm{I}} \begin{pmatrix} x_0 \\ y_0 \\ z_0 \end{pmatrix}$$

$$\dot{\boldsymbol{r}}_m = \begin{pmatrix} \dot{X}_m \\ \dot{Y}_m \\ \dot{Z}_m \end{pmatrix} = \begin{pmatrix} \dot{X}_c \\ \dot{Y}_c \\ \dot{Z}_c \end{pmatrix} + \boldsymbol{C}_{\mathrm{I}} \left[\begin{pmatrix} \dot{x}_0 \\ \dot{y}_0 \\ \dot{z}_0 \end{pmatrix} + \boldsymbol{\omega} \times \begin{pmatrix} x_0 \\ y_0 \\ z_0 \end{pmatrix} \right]$$

记 $\boldsymbol{r}_c^0 = \dfrac{\boldsymbol{r}_c}{\|\boldsymbol{r}_c\|}$、$\dot{\boldsymbol{r}}_c^0 = \dfrac{\dot{\boldsymbol{r}}_c}{\|\dot{\boldsymbol{r}}_c\|}$为参考卫星位置速度单位矢量，可得

$$\boldsymbol{C}_{\mathrm{I}} = \left[\boldsymbol{r}_c^0 \quad \frac{\boldsymbol{r}_c^0 \times \dot{\boldsymbol{r}}_c^0}{\|\boldsymbol{r}_c^0 \times \dot{\boldsymbol{r}}_c^0\|} \times \boldsymbol{r}_c^0 \quad \frac{\boldsymbol{r}_c^0 \times \dot{\boldsymbol{r}}_c^0}{\|\boldsymbol{r}_c^0 \times \dot{\boldsymbol{r}}_c^0\|} \right]$$

（4）计算绕飞卫星轨道根数

参考本书第 4 章 4.4.1 节内容，由绕飞卫星惯性系下位置速度参数，计算绕飞卫星轨道根数 a_m、e_m、i_m、ω_m、Ω_m、M_m。

7.5.5 编队设计实例

假设参考卫星运行于半径为6878.14km的圆轨道上，轨道倾角为51.5°，升交点赤经为100°，初始时刻真近点角为40°。考虑由3颗环绕卫星组成的对地观测的编队卫星群，绕飞轨道在当地水平面内的投影为5km半径的圆（见图7.69），初始时刻各绕飞卫星在cyz平面投影上的初始相位分别为0°、120°、240°（见图7.70）。编队卫星轨道根数设计结果见表7.9。

表7.9 编队卫星轨道根数设计结果

参数	参考卫星	绕飞卫星1	绕飞卫星2	绕飞卫星3
a/km	6878.140	6878.142	6878.146	6878.147
e	0	3.636×10^{-4}	3.632×10^{-4}	3.632×10^{-4}
i/(°)	51.5	51.4732	51.5410	51.4857
ω/(°)	0	39.97459	280.116037	159.90933
Ω/(°)	100	100.0408	100.0093	99.9500
f/(°)	40	0	119.9143	240.0857

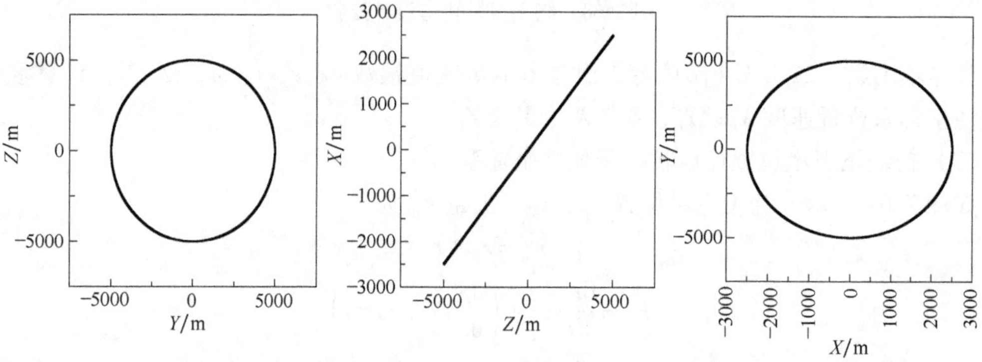

a) YZ平面投影　b) ZX平面投影　c) XY平面投影

图7.69 绕飞卫星平面投影图

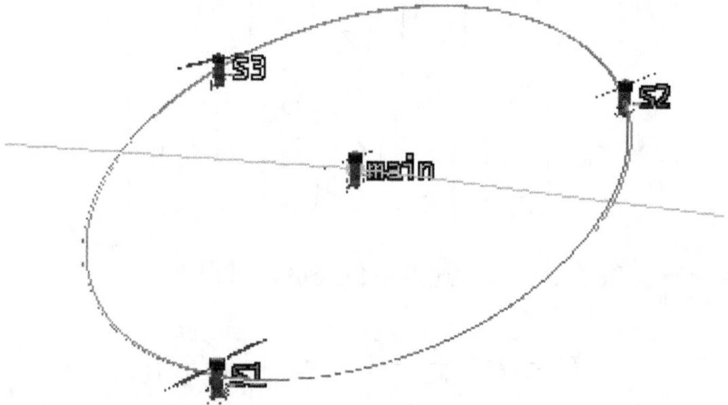

图7.70 编队飞行STK仿真结果

当然，卫星编队还有基于运动学的分析方法，有兴趣的可以查看相关文献。

第 8 章　人造地球卫星的发射

前面研究了人造地球卫星的轨道设计问题，建立了任务要求与轨道根数之间的关系，根据给定的任务，确定完成此任务所必需的轨道根数，并可将轨道根数换算成卫星入轨点的运动状态，即入轨点的时刻和此时刻卫星的位置矢量和速度矢量。

本章研究的是人造卫星的发射问题，即研究卫星由发射前相对于地球静止的初始运动状态改变为与预定的轨道根数相应的最终运动状态的飞行过程。卫星由发射点到入轨点的飞行过程称为卫星的发射段，卫星在发射段飞过的弹道称为发射段弹道。

目前通常是用多级运载火箭发射卫星。卫星作为运载火箭的有效载荷安装在头部。在动力装置和控制系统作用下，运载火箭由地面发射点起飞，按事先设计的弹道飞行。当卫星获得预定的运动状态时，动力装置关机，进行头体分离，使卫星进入预定轨道。

在发射段有一系列与运载火箭的运动规律有关的轨道力学基本问题需要研究，这些问题如下：

1）运载火箭的受力分析、运动方程式的建立与求解、运动特性分析。

2）运载火箭的级数的确定。

3）运载火箭的飞行性能、重量方程与设计参数间的依从关系、火箭设计参数的最佳选择。

4）运载火箭的飞行程序设计。

5）干扰因素对发射段弹道的影响。

6）制导方案的确定。

7）入轨点运动状态的偏差引起的轨道根数的偏差。

运载火箭与弹道导弹关系密切，运载火箭发射段的设计目的是将有效载荷送入预定轨道，而弹道导弹主动段的设计目的是将有效载荷送入通过目标的椭圆轨道，因此，运载火箭主动段与弹道导弹的主动段极为相似。这使得上述的那些问题是两者都要研究的共同问题，并且其中大部分问题的研究方法及其结论，对于两者都是适用的。

本书参考文献［33，34］详细、深入地讨论过上述的问题，本章将着重讨论运载火箭发射段与弹道导弹主动段之间存在较大差别的一些地方。

8.1　运载火箭的发射段弹道

8.1.1　发射段弹道的要求

卫星发射段弹道也就是运载火箭的弹道。发射段弹道的基本要求，是将卫星送入预定轨道。除这一基本要求外，还要考虑一系列的实际因素对发射段弹道的限制而带来的许多要求。运载火箭轨道力学的重要任务之一，就是选择适当的能满足众多要求的发射段弹道，这些要求通常包括以下几方面。

1. 能量要求

当运载火箭的有效载荷质量、结构系数（多级火箭各级的结构质量与各级初始质量之比）、发动机参数及入轨点运动状态为给定值时，由于经济方面的考虑，要求以最少的推进剂消耗将卫星送入预定轨道，推进剂消耗最少，也就是运载火箭的起飞质量最小。

能量要求还可有其他的提法，如给定运载火箭的起飞质量，要求以最少的推进剂消耗，将卫星送入轨道，从而使有效载荷的质量为最大；又如给定运载火箭的起飞质量和有效载荷质量，要求以最佳的方式利用推进剂能量，使卫星入轨时的机械能最大（卫星轨道的长半轴最大，对于圆轨道而言即轨道高度最高）等。

2. 地面测控要求

地面观测站能对整个发射段弹道进行跟踪观测，掌握其飞行情况，并对飞行情况进行控制。特别是当制导系统采用无线电制导时，这一要求更为突出。

3. 运载火箭回收的要求

运载火箭在发射段抛落的各级子火箭残骸和整流罩要落在本国国土或海上的安全区内。

4. 发动机启动次数的要求

为提高可靠性，要求各级子火箭的启动次数要少。

5. 垂直发射要求

为减少发射装置和发射准备工作的复杂性，运载火箭要求垂直发射。

6. 过载要求

运载火箭在发射段飞行中的运载不能过大，以免执行机构不能提供所需的控制力或由于过载而导致结构的破坏。

除上述要求之外，在不同的发射任务中还可能提出一些特殊的要求。

上述这些要求经常是相互矛盾的，难以同时满足，因而只能分清主次，综合考虑。在一般情况下，能量最小的要求是一项主要要求，因此在选择发射段弹道时，先按这一要求选择一条发射段弹道，然后再修改这一弹道，使其满足其他要求。

8.1.2 发射段弹道的特点

运载火箭的发射段弹道与弹道导弹主动段弹道虽有许多相同之处，但也存在一些明显的差别。在理想情况下，可以明显地看出由于两者任务的不同而带来的差别，理想情况是指不考虑地球旋转，火箭只受距离二次方反比重心引力场的引力作用，并假定发动机按瞬时冲量方式工作。

对于弹道导弹而言，其任务是将有效载荷由地面的点 O 送至地面上的目标点 T，在理想情况下，作通过点 O 和点 T 的最小能量椭圆弹道，在点 O 施加一次冲量，使有效载荷获得最小能量椭圆弹道所需的速度 V_0 即可完成任务，如图 8.1a 所示。

对于运载火箭而言，其任务为将有效载荷由地面的点 O 送至预定轨道的入轨点 2，预定轨道与地面不相交。在理想情况下，最少要施加两次冲量才能完成任务：第一次冲量在发射点施加，使有效载荷获得速度 V_0，进入一条过点 O 并在点 2 与预定轨道相交或相切的转移

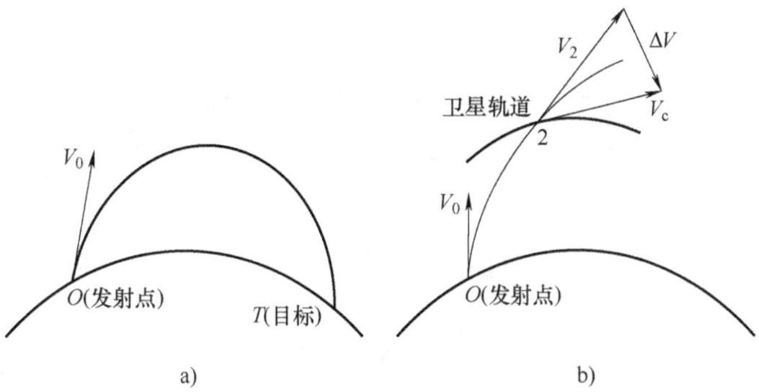

图 8.1　发射弹道导弹与发射卫星的比较

轨道；当有效载荷沿转移轨道到达 2 点时，施加第二次冲量，使有效载荷获得速度增量 $\boldsymbol{\Delta V}$ 进入预定轨道，如图 8.1b 所示。

由于发动机推力大小是有限的，实际上不可能按冲量方式工作，因此对弹道导弹主动段弹道而言，多级火箭的发动机一级接着一级连续工作的方式是实际上能够实现的“一次冲量”的方式。对于运载火箭的发射段弹道而言，由于至少要两次冲量才能完成任务。因此，实际上运载火箭发动机在发射点工作一段时间，起“第一次冲量”的作用；接着沿转移轨道向入轨点滑行，在到达入轨点之前，再一次启动发动机，使发动机工作一段时间，起“第二次冲量”的作用；当卫星能进入预定轨道时，发动机关机。发射段弹道的特点是在两段动力飞行之间有一自由滑行段。

8.1.3　理想情况下的最佳发射段弹道

在上述的理想情况下，可以求出能量最省的最佳发射段弹道的解析表达式。这一结果可作为进一步研究问题的基础。

设预定轨道是地心距为 r 的圆轨道，地球半径为 R，发射点 O 与圆轨道在同一平面内。在理想情况下，用两次冲量入轨，第一次冲量在点 O 施加，使卫星的速度由零增至 $\boldsymbol{V}_0$，$\boldsymbol{V}_0$ 的当地速度倾角 Θ_0；第一次冲量作用后，卫星沿与预定轨道交于（或切于）点 2 的椭圆转移轨道飞行；转移轨道在点 2 的速度为 $\boldsymbol{V}_2$，当地速度倾角为 Θ_2，卫星到达点 2 时施加第二次冲量 $\boldsymbol{\Delta V}_2$，这次冲量使卫星的速度由 $\boldsymbol{V}_2$ 改变为预定的圆轨道在此点应具有的速度 $\boldsymbol{V}_c$，从而使卫星入轨，如图 8.2 所示。

两次冲量使卫星获得的速度增量分别为

$$\boldsymbol{\Delta V}_1 = \boldsymbol{V}_0, \quad \boldsymbol{\Delta V}_2 = \boldsymbol{V}_c - \boldsymbol{V}_2 \tag{8.1}$$

将两次冲量的速度增量的大小相加，并将其称为特征速度 V_{ch}，则由式（8.1）可知

$$V_{ch} = |\boldsymbol{\Delta V}_1| + |\boldsymbol{\Delta V}_2| = |\boldsymbol{V}_0| + |\boldsymbol{V}_c - \boldsymbol{V}_2| \tag{8.2}$$

当转移轨道不同时，$|\boldsymbol{\Delta V}_1|$ 和 $|\boldsymbol{\Delta V}_2|$ 不同，因而 V_{ch} 不同，而 V_{ch} 是与推进剂消耗量有关的量。这是因为速度增量是由各级子火箭发动机提供的，它们提供的理想速度可由齐奥尔柯夫斯基公式计算如下：

$$V = \sum_{i=1}^{N} -u_i \ln\left(1 - \frac{\Delta m_i}{m_i}\right) \tag{8.3}$$

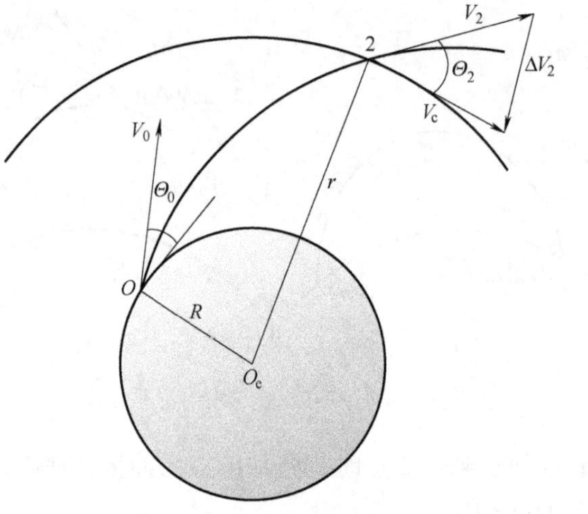

图 8.2　发射卫星时的两次冲量

式中，V 为理想速度；u_i 为第 i 级子火箭的排气速度；m_i 为第 i 级子火箭发动机工作前运载火箭质量；Δm_i 为第 i 级子火箭发动机消耗的推进剂质量；N 为火箭的级数。

当采用不同的转移轨道时，如 $N-1$ 级子火箭推进剂耗尽而 V 未达到要求的 V_{ch}，则由 N 级子火箭使 V 增加，而 V 将随 Δm_N 的增加而单调增加。当 V_{ch} 为最小值时，V 亦为最小值，Δm_N 也是最小值。因此，V_{ch} 为最小值的弹道即是能量消耗最少的弹道。

如图 8.2 所示，ΔV_2 为

$$\Delta V_2 = (V_2^2 + V_c^2 - 2V_c V_2 \cos\Theta_2)^{1/2} \tag{8.4}$$

式中，V_c 为圆轨道速度，V_c 的表达式为

$$V_c = \left(\frac{\mu}{r}\right)^{1/2} \tag{8.5}$$

式中，μ 为地球的引力常数，将式（8.4）代入式（8.2）可得

$$V_{ch} = V_0 + (V_2^2 + V_c^2 - 2V_c V_2 \cos\Theta_2)^{1/2} = V_{ch}(V_0, V_2, \Theta_2) \tag{8.6}$$

为减少上式中变量的数目，注意到对于转移轨道而言，应满足机械能守恒和动量矩守恒定理，即有

$$\begin{cases} V_2^2 = V_0^2 + 2\mu\left(\dfrac{1}{r} - \dfrac{1}{R}\right) \\ V_2 \cos\Theta_2 = \dfrac{RV_0 \cos\Theta_0}{r} \end{cases} \tag{8.7}$$

可将式（8.7）中 V_2 和 Θ_2 表为 V_0 和 Θ_0 的函数，将式（8.7）和式（8.5）代入式（8.6）则有

$$V_{ch} = V_0 + \left[V_0^2 - 2\left(\frac{\mu}{r}\right)^{1/2} \frac{RV_0 \cos\Theta_0}{r} + \mu\left(\frac{3}{r} - \frac{2}{R}\right)\right]^{1/2} = V_{ch}(V_0, \Theta_0) \tag{8.8}$$

在求双变量函数 V_{ch} 的最小值之前，先应注意由于物理条件限制，使的变量 V_0 和 Θ_0 之间存在一不等式约束。

设转移轨道远地点地心距为 r_{Ta}，由于转移轨道要连接点 O 和预定轨道，并且有 $r > R$，

在这一物理条件的限制，r_{Ta}应满足下列不等式：

$$r_{Ta} \geqslant r \tag{8.9}$$

当已知 R、V_0、Θ_0 后，转移椭圆轨道的半通径 P_T 和偏心率可按下式确定：

$$P_T = R\upsilon_0 \cos^2\Theta_0 \tag{8.10}$$

$$e_T = \sqrt{1 + \upsilon_0(\upsilon_0 - 2)\cos^2\Theta_0} \tag{8.11}$$

式中，υ_0 为点 O 的能量参数，υ_0 的表达式为

$$\upsilon_0 = \frac{RV_0^2}{\mu} \tag{8.12}$$

已知 P_T 和 e_T 后，r_{Ta}可由下式确定：

$$r_{Ta} = \frac{P_T}{1 - e_T} \tag{8.13}$$

因此，式（8.9）可表为

$$P_T \geqslant r(1 - e_T) \tag{8.14}$$

将式（8.10）及式（8.11）和（8.12）代入上式，并引入以 R 为单位的无量纲长度 n。n 定义为

$$n = \frac{r}{R} \tag{8.15}$$

则式（8.14）可表为

$$R\upsilon_0\cos^2\Theta_0 \geqslant r\left(1 - \sqrt{1 + \upsilon_0(\upsilon_0 - 2)\cos^2\Theta_0}\right)$$

即

$$\sqrt{1 + \upsilon_0(\upsilon_0 - 2)\cos^2\Theta_0} \geqslant 1 - \frac{\upsilon_0\cos^2\Theta_0}{n}$$

$$1 + \upsilon_0(\upsilon_0 - 2)\cos^2\Theta_0 \geqslant 1 - 2\frac{\upsilon_0\cos^2\Theta_0}{n} + \frac{\upsilon_0^2\cos^4\Theta_0}{n^2}$$

$$(\upsilon_0 - 2) \geqslant -\frac{2}{n} + \frac{\upsilon_0\cos^2\Theta_0}{n^2}$$

$$\upsilon_0\left(1 - \frac{\cos^2\Theta_0}{n^2}\right) \geqslant 2\left(1 - \frac{1}{n}\right)$$

$$\frac{RV_0^2}{\mu}\left(1 - \frac{\cos^2\Theta_0}{n^2}\right) \geqslant 2\left(1 - \frac{1}{n}\right)$$

$$V_0^2 \geqslant \frac{\mu}{R}\,\frac{2n(n-1)}{n^2 - \cos^2\Theta_0}$$

即

$$V_0 \geqslant \sqrt{\frac{\mu}{R}}\left(\frac{2n(n-1)}{n^2 - \cos^2\Theta_0}\right)^{1/2} \equiv V_{c0}\left[\frac{2n(n-1)}{n^2 - \cos^2\Theta_0}\right]^{1/2} \tag{8.16}$$

式中，V_{c0}为点 O 处的第一宇宙速度，即有

$$V_{c0} = \sqrt{\frac{\mu}{R}} \tag{8.17}$$

式（8.16）说明，当 Θ_0 和 n 给定后，V_0 不能太小，否则转移轨道将不与预定轨道相交（或相切）。将式（8.16）规定的 V_0 的最小值记为 V_0^*，则有

$$V_0^* = V_{\text{omin}} = V_{c0}\left[\frac{2n(n-1)}{n^2-\cos^2\Theta_0}\right]^{1/2} \tag{8.18}$$

因此，式（8.16）可表为

$$V_0 \geqslant V_0^* \tag{8.19}$$

现在来求在上式的约束下 V_{ch} 的最小值。

8.1.3.1 对于给定的 Θ_0 求特征速度的最小值 V'_{chmin}

将式（8.8）中 Θ_0 视为常数，则 $V_{\text{ch}} = V_{\text{ch}}(V_0)$，将式（8.8）右端第二项的表达式配方后，并引入记号，有

$$A = \left(\frac{\mu}{r}\right)^{1/2}\frac{R\cos\Theta_0}{r}, \quad B = \frac{\mu}{r}\left[3 - 2\frac{r}{R} - \left(\frac{R}{r}\right)^2\cos^2\Theta_0\right] \tag{8.20}$$

则式（8.8）可表为

$$V_{\text{ch}} = V_0 + [(V_0 - A)^2 + B]^{1/2} \tag{8.21}$$

下面求式（8.21）在式（8.19）的不等式约束之下的 V_{ch} 的极值。

为将式（8.19）的不等式约束变为等式约束，引入非负的松弛变量 y^2，将式（8.19）表为等式约束

$$V_0^* - V_0 + y^2 = 0 \tag{8.22}$$

通过上式将式（8.22）的自变量 V_0 换为 y^2，则有

$$V_{\text{ch}} = V_0^* + y^2 + [(V_0^* + y^2 - A)^2 + B]^{1/2} \tag{8.23}$$

由极值的必要条件可知

$$\frac{\mathrm{d}V_{\text{ch}}}{\mathrm{d}y} = 2y\left\{1 + \frac{V_0^* + y^2 - A}{[(V_0^* + y^2 - A)^2 + B]^{1/2}}\right\} = 0$$

式中，括号内的项不为零（假如为零，则 $B=0$，则 Θ_0 就固定，但不一定是给定值），故必要条件为

$$y = 0 \tag{8.24}$$

并且还有

$$\left.\frac{\mathrm{d}^2 V_{\text{ch}}}{\mathrm{d}y^2}\right|_{y=0} > 0 \tag{8.25}$$

由式（8.24）和式（8.25）可知，对于 Θ_0 为给定值的情况，如果下式成立：

$$V = V_0^* \tag{8.26}$$

则 V_{ch} 的极小值为

$$V'_{\text{chmin}} = V_0^* + [(V_0^* - A)^2 + B]^{1/2} \tag{8.27}$$

由式（8.26）可知，此式即式（8.9）取等号的情况，此时的转移轨道在远地点与预定的圆轨道相切，这种转移椭圆轨道称为“单共切”轨道。由此得出下列结论：当 Θ_0 给定时，与预定圆轨道单共切的椭圆轨道为最佳转移轨道，如图 8.3 所示的轨道 I 。

对于单共切椭圆轨道可求得第一次冲量的速度增量 $\Delta V'_1$ 和第二次冲量的速度增量 $\Delta V'_2$，以及特征速度 V'_{chmin} 的表达式如下：

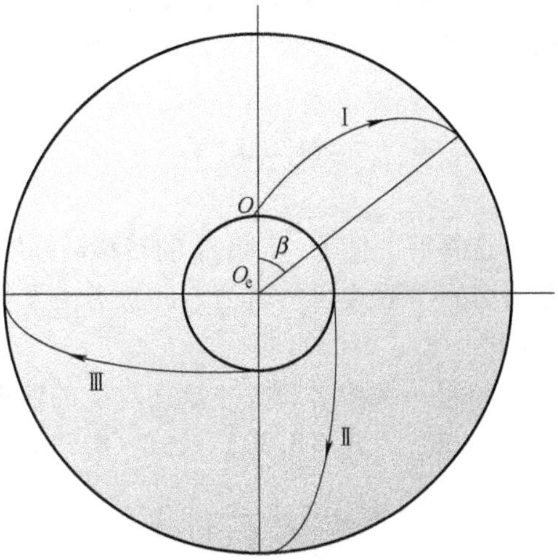

图 8.3　单共切与双共切轨道

$$\Delta V_1' = V_0 = V_{c0}\left[\frac{2n(n-1)}{n^2-\cos^2\Theta_0}\right]^{1/2} = nV_c\left[\frac{2(n-1)}{n^2-\cos^2\Theta_0}\right]^{1/2} \tag{8.28}$$

其中

$$V_c = \left(\frac{\mu}{r}\right)^{1/2} \tag{8.29}$$

式中，V_c 为点 2 处的第一宇宙速度，即预定圆轨道的轨道速度。

$$\Delta V_2' = V_c - V_2$$

由机械能守恒定理式（8.7）和式（8.28）可得

$$\begin{aligned}\Delta V_2' &= V_c - V_2 = V_c - \left[V_0^2 + 2\mu\left(\frac{1}{r}-\frac{1}{R}\right)\right]^{1/2}\\ &= V_c - \left[n^2V_c^2\frac{2(n-1)}{n^2-\cos^2\Theta_0} + 2V_c^2 - 2\frac{r}{R}V_c^2\right]^{1/2}\\ &= V_c - \left[n^2V_c^2\frac{2(n-1)}{n^2-\cos^2\Theta_0} - 2(n-1)V_c^2\right]^{1/2}\\ &= V_c\left\{1-\left[\frac{2(n-1)\cos^2\Theta_0}{n^2-\cos^2\Theta_0}\right]^{1/2}\right\}\end{aligned} \tag{8.30}$$

由式（8.28）和式（8.30）可求得

$$\begin{aligned}V_{\mathrm{chmin}}' &= nV_c\left[\frac{2(n-1)}{n^2-\cos^2\Theta_0}\right]^{1/2} + V_c\left\{1-\left[\frac{2(n-1)\cos^2\Theta_0}{n^2-\cos^2\Theta_0}\right]^{1/2}\right\}\\ &= V_c\left\{n\left[\frac{2(n-1)}{n^2-\cos^2\Theta_0}\right]^{1/2} + 1 - \left[\frac{2(n-1)\cos^2\Theta_0}{n^2-\cos^2\Theta_0}\right]^{1/2}\right\}\\ &= V_c\left\{\left[\frac{2(n-1)}{n^2-\cos^2\Theta_0}\right]^{1/2}(n-\cos\Theta_0)+1\right\}\\ &= V_c\left\{1+\left[\frac{2(n-1)(n-\cos\Theta_0)}{n+\cos\Theta_0}\right]^{1/2}\right\}\end{aligned} \tag{8.31}$$

8.1.3.2 当 Θ_0 和 V_0 均可选择时求特征速度的最小值 V_{chmin}

当 Θ_0 也可选择时，由式（8.31）可知，V'_{chmin} 随着 Θ_0 的减小而减小，故当下式成立时：

$$\Theta_0=0 \tag{8.32}$$

可使 V'_{chmin} 为最小值，此即 V_{chmin}。

因此，当 Θ_0 和 V_0 均为可选择时，使 $V_{\mathrm{ch}}=V_{\mathrm{chmin}}$ 的转移椭圆轨道为既与地球在发射点相切又与预定圆轨道在入轨点相切的“双共切”轨道，此轨道由发射到入轨要滑行半个椭圆，如图 8.3 所示的Ⅱ。

在 V_0 和 Θ_0 均可选择时，与第一次和第二次冲量相对应的速度增量 ΔV_1 和 ΔV_2 及特征速度 V_{chmin} 的表达式，可由式（8.28）、式（8.30）及式（8.31）令 $\Theta_0=0$ 求得如下：

$$\Delta V_1=nV_{\mathrm{c}}\left(\frac{2}{n+1}\right)^{1/2} \tag{8.33}$$

$$\Delta V_2=V_{\mathrm{c}}\left[1-\left(\frac{2}{n+1}\right)^{1/2}\right] \tag{8.34}$$

$$V_{\mathrm{chmin}}=V_{\mathrm{c}}\left[1+(n-1)\left(\frac{2}{n+1}\right)^{1/2}\right] \tag{8.35}$$

8.1.4 单共切与双共切轨道的讨论

如上所述，用单共切轨道发射卫星，将比用双共切轨道消耗更多的推进剂，这是不利的。但从飞行时间和滑行段的地心角 β（见图 8.3）来看，单共切轨道又优于双共切轨道，飞行时间短将带来运载火箭防热措施简化及惯性元件误差引起的入轨误差减小等好处；滑行段地心角 β 小，有可能使配置在本国国土上的测控系统对整个发射段弹道进行测量与控制。因此，在发射卫星时要结合具体情况，采用适当的弹道方案。下面来分析单共切轨道与双共切轨道的特征速度之差 ΔV_{ch}，通过分析可以了解双共切轨道比单共切轨道能节省多少能量。

对于单共切轨道，滑行段地心角 β 可由 Θ_0 决定，由于发射点的真近点角为 $180°-\beta$，入轨点真近点角为 $180°$，由弹道方程可知

$$R=\frac{P_{\mathrm{T}}}{1-e_{\mathrm{T}}\cos\beta},\quad r=\frac{P_{\mathrm{T}}}{1-e_{\mathrm{T}}} \tag{8.36}$$

注意到式（8.15）中 n 的定义，则由式（8.36）可得

$$n=\frac{1-e_{\mathrm{T}}\cos\beta}{1-e_{\mathrm{T}}}$$

解得转移轨道的偏心率 e_{T} 为

$$e_{\mathrm{T}}=\frac{n-1}{n-\cos\beta} \tag{8.37}$$

而发射点的当地速度倾角为

$$\tan\Theta_0=\frac{e_{\mathrm{T}}\sin\beta}{1-e_{\mathrm{T}}\cos\beta}=\frac{\dfrac{n-1}{n-\cos\beta}\sin\beta}{1-\dfrac{n-1}{n-\cos\beta}\cos\beta}=\frac{(n-1)\sin\beta}{n-\cos\beta-(n-1)\cos\beta}=\frac{n-1}{n}\cot\frac{\beta}{2} \tag{8.38}$$

对于给定的 n 和 β，由上式可求得 Θ_0，β 越大则 Θ_0 越小。当 $\beta=180°$时，$\Theta_0=0$，此即双共

切轨道。

单共切轨道与双共切轨道的特征速度之差 ΔV_{ch} 为

$$\Delta V_{ch}=V'_{chmin}-V_{chmin}$$

将式（8.31）和式（8.35）代入上式可得

$$\begin{aligned}\Delta V_{ch}&=V_c\left\{1+\left[\frac{2(n-1)(n-\cos\Theta_0)}{n+\cos\Theta_0}\right]^{1/2}\right\}-V_c\left[1+(n-1)\left(\frac{2}{n+1}\right)^{1/2}\right]\\&=\left(\frac{\mu}{R}\right)^{1/2}\left(\frac{R}{r}\right)^{1/2}\left\{1+\left[\frac{2(n-1)(n-\cos\Theta_0)}{n+\cos\Theta_0}\right]^{1/2}-\left[1+(n-1)\left(\frac{2}{n+1}\right)^{1/2}\right]\right\}\\&=V_{c0}\left[\frac{2(n-1)}{n}\right]^{1/2}\left[\left(\frac{n-\cos\Theta_0}{n+\cos\Theta_0}\right)^{1/2}-\left(\frac{n-1}{n+1}\right)^{1/2}\right]\\&=\Delta V_{ch}(n,\Theta_0)\end{aligned}\tag{8.39}$$

由式（8.38）知

$$\cos\Theta_0=\left[\frac{1}{1+\left(\frac{n-1}{n}\cot\frac{\beta}{2}\right)^2}\right]^{1/2}=\left[\frac{n^2}{n^2+(n-1)^2\cot^2\frac{\beta}{2}}\right]^{1/2}$$

将上式代入式（8.39）可得

$$\begin{aligned}\Delta V_{ch}&=V_{c0}\left[\frac{2(n-1)}{n}\right]^{1/2}\left[\left(\frac{n-\cos\Theta_0}{n+\cos\Theta_0}\right)^{1/2}-\left(\frac{n-1}{n+1}\right)^{1/2}\right]\\&=V_{c0}\left[\frac{2(n-1)}{n}\right]^{1/2}\left\{\left(\frac{n-\left[\frac{n^2}{n^2+(n-1)^2\cot^2\frac{\beta}{2}}\right]^{1/2}}{n+\left[\frac{n^2}{n^2+(n-1)^2\cot^2\frac{\beta}{2}}\right]^{\frac{1}{2}}}\right)^{1/2}-\left(\frac{n-1}{n+1}\right)^{1/2}\right\}\\&=V_{c0}\left[\frac{2(n-1)}{n}\right]^{1/2}\left\{\left(\frac{\left[n^2+(n-1)^2\cot^2\frac{\beta}{2}\right]^{1/2}-1}{\left[n^2+(n-1)^2\cot^2\frac{\beta}{2}\right]^{1/2}+1}\right)^{1/2}-\left(\frac{n-1}{n+1}\right)^{1/2}\right\}\end{aligned}$$

令 $c_\beta=\left[n^2+(n-1)^2\cot^2\frac{\beta}{2}\right]^{1/2}$，则有

$$\Delta V_{ch}=V_{c0}\left[\frac{2(n-1)}{n}\right]^{1/2}\left[\left(\frac{c_\beta-1}{c_\beta+1}\right)^{1/2}-\left(\frac{n-1}{n+1}\right)^{1/2}\right]\tag{8.40}$$

对于低轨道卫星，其 n 值较小，由式（8.40）可知，当 β 的数值不大时，ΔV_{ch} 的数值也并不大。也就是说，用单共切轨道发射低轨道卫星，即使 β 小，也并不比双共切轨道多消耗很多能量，但可使得飞行时间与滑行段地心角 β 大为减小，因而实际上是可行的。

例如，预定轨道为轨道高度等于 300km 的圆轨道，当 $\beta=20°$ 时，由式（8.40）可算得 $\Delta V_{ch}=0.015V_{c0}=120\text{m/s}$。

对于中高度的卫星，只要 β 稍大一些，ΔV_{ch} 的数值也不大。例如，预定轨道为轨道高度等于 2000km 的圆轨道，当 $\beta=60°$ 时，由式（8.40）可算得 $\Delta V_{ch}=0.034V_{c0}=270\text{m/s}$，但 β 由 180°减少到 60°。

对于高轨道卫星，n 的数值大，此时采用双共切轨道可节省较多的能量，虽然会带来飞行时间长及测控复杂化等问题，但这样还是值得的。

双共切轨道还可演变为有圆形停泊轨道的双共切轨道，注意到式（8.33）可改写为如下形式

$$\Delta V_1 = V_{c0} + V_{c0}\left[\left(\frac{2n}{n+1}\right)^{1/2} - 1\right] \tag{8.41}$$

式中，由于 $n>1$，故右端 $\{[2n/(n+1)]^{1/2}-1\}>0$。可以设想将第一次冲量分成两个冲量，它们均在 $\Theta=0$ 的方向施加，这两个冲量分别为

$$\begin{cases}\Delta V_{11} = V_{c0}\\ \Delta V_{12} = V_{c0}\left[\left(\dfrac{2n}{n+1}\right)^{1/2} - 1\right]\end{cases} \tag{8.42}$$

这样，虽然消耗的推进剂相等，但可使转移轨道发生变化，如图 8.3 所示的Ⅲ。在发射点 O 沿 $\Theta=0$ 的方向施加第一次冲量，使其速度增量为 ΔV_{11}，卫星进入地心距为 R 的圆轨道，这一轨道称为停泊轨道；卫星沿停泊轨道运动到任一位置时，在 $\Theta=0$ 的方向施加第二次冲量，使其速度增量为 ΔV_{12}，卫星将脱离停泊轨道进入双共切椭圆转移轨道；当卫星到达预定轨道的入轨点时，施加第三次冲量，使其速度增量为 ΔV_2，从而使卫星进入预定的地心距为 r 的圆轨道。这一方法虽未增加能量消耗，但增加了一次冲量，发动机要多启动一次，带来的好处是卫星可在预定轨道上任何一点入轨，而不是将入轨点限制在与点 O 的角距为 180°的点 2。

8.1.5 发射段弹道的几种形式

基于上述分析，发射轨道高度不同的卫星要采用不同形式的发射段弹道。考虑到推力大小为有限值，目前采用的发射段弹道大体上有以下四种形式。

8.1.5.1 直接入轨

这种形式的特点是多级火箭逐级连续工作，各级之间没有自由滑行段。当推力大小为有限值时，冲量变成了推力作用的过程。如果两次冲量之间的滑行段很短，将使得与两次冲量相对应的推力作用过程彼此衔接以致不出现滑行段。在发射低轨道卫星时，为了减少发射段的飞行时间和减少滑行段的地心角，将出现这种弹道，如图 8.4 所示。

由于发射卫星时，要求速度在弹道段有限的飞行时间内由垂直起飞时的 $\Theta=90°$，改变为入轨时的 $\Theta=0°$，所以速度倾角将迅速减少，这将使卫星在发射段达到的高度不高。当运载火箭采用液体推进剂的发动机时，这种形式的弹道用来发射轨道高度为 200～300km 的卫星；当采用固体推进剂的发动机时，由于发射段的时间缩短，这种形式的弹道只能用来发射轨道高度为 150～200km 的卫星。

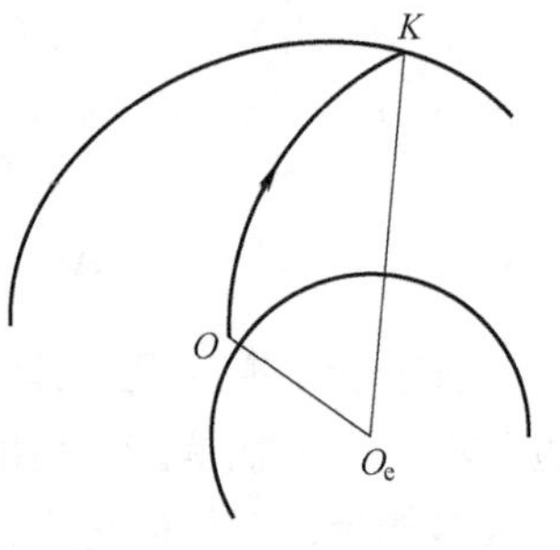

图 8.4 直接入轨

8.1.5.2 弹道滑行段入轨

这种形式的发射段弹道由三段组成，如图 8.5 所示。动力飞行段 OK（相当于第一次冲量），自由滑行段 KB，加速段 BF（相当于第二次冲量），这种形式的弹道用于发射轨道高

度为 2000km 以下的卫星。

8.1.5.3　转移轨道入轨

这种形状的发射段弹道由三段组成，如图 8.6 所示。动力飞行段 OK（相当于第一次冲量），自由滑行段 KB，加速段 BF（相当于第二次冲量），点 K 的速度倾角为 0，KB 为半个椭圆轨道，点 B 与预定轨道相切，这种形式的弹道用于发射轨道高度在 2000km 以上的卫星。

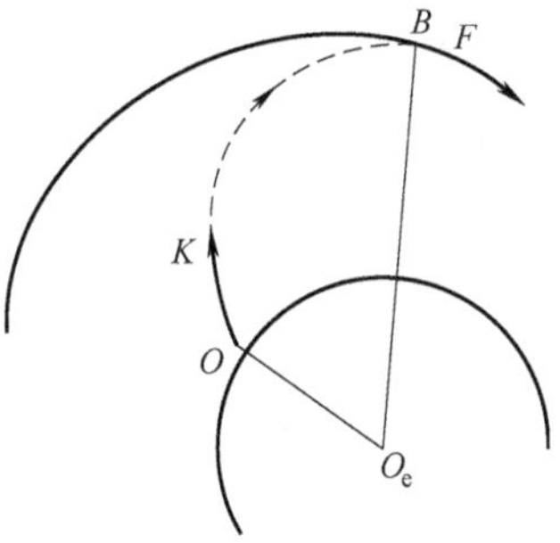

图 8.5　弹道滑行入轨

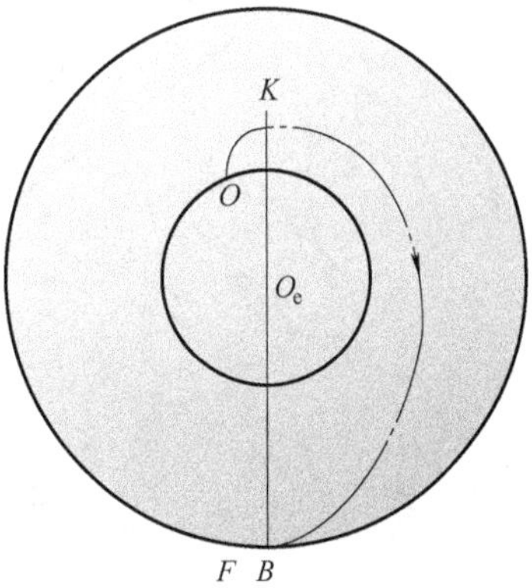

图 8.6　转移轨道入轨

8.1.5.4　停泊轨道入轨

这种形式的发射段弹道由五段组成，如图 8.7 所示。动力飞行段 OK（相当于第一次冲量），停泊轨道段 KB_1，加速段 B_1F_1（相当于第二次冲量），自由滑行段 F_1B，加速段 BF（相当于第三次冲量），在动力飞行段终点 K，使运载火箭进入离地面约 180km 的圆停泊轨道（高度过低则气动阻力影响严重，高度过高则由于发动机工作时间的限制而无法达到），在停泊轨道上可任意选择点 B_1，入轨点 B 与点 B_1 的角距 180°，这种形式的弹道用于发射高轨道卫星，虽多一加速段，但增加了入轨点选择的灵活性。

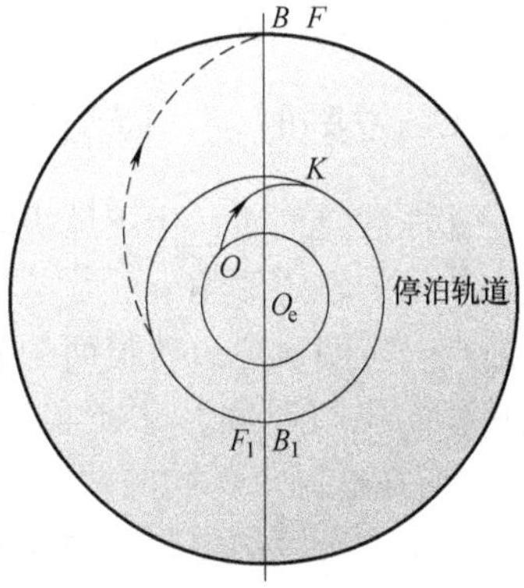

图 8.7　停泊轨道入轨

8.2　非共面发射

上面讨论的是发射点 O 在预定轨道的轨道面内，发射段弹道与预定轨道共面的情况，由于实际条件的限制，使得发射点 O 不在预定轨道的轨道面内时，则要进行非共面发射。

如图 8.8 所示，设预定轨道为 Ⅰ 面内的圆轨道，发射点 O 不在 Ⅰ 面内，为将卫星送入预定轨道，在发射点 O 施加第一次冲量，使卫星进入与预定轨道切于入轨点 2 的转移轨道，转移轨道的轨道面 Ⅱ 与平面 Ⅰ 有一交角 α，因而转移轨道的在点 2 的速度 $\boldsymbol{V}_2$ 不在平面 Ⅰ 内，如预定轨道上点 2 的速度 $\boldsymbol{V}_c$，则第二次冲量应使卫星获得速度增量 $\Delta\boldsymbol{V}_2$，当满足下式时：

$$\Delta\boldsymbol{V}_2 = \boldsymbol{V}_c - \boldsymbol{V}_2 \tag{8.43}$$

卫星可进入预定轨道。

由三角关系可知 $\Delta\boldsymbol{V}_2$ 的大小为

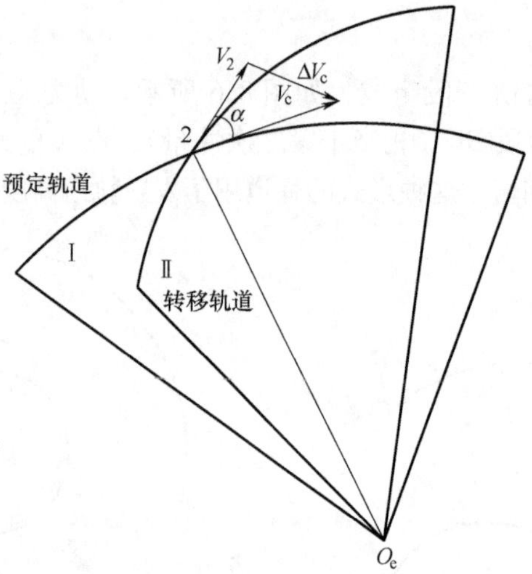

图 8.8　非共面发射

$$\Delta V_2 = (V_2^2 + V_c^2 - 2V_2 V_c \cos\alpha)^{1/2} \tag{8.44}$$

当 V_2 和 V_c 为给定值时，ΔV_2 随 α 的增加而增加，当 $\alpha = 0$ 时，即为共面发射情况，因此非共面发射要比共面发射消耗更多的能量。

在下面这两种情况下，要进行非共面发射。

8.2.1　发射时刻、降交点地方时和发射窗口

从惯性空间看，当不计摄动时，预定轨道的轨道面是固定的，而发射点随地球旋转。当预定轨道的轨道倾角 i 不为零，且发射点的赤纬 δ 小于或等于轨道倾角 i 时，在一日之内，发射点只有两次穿过轨道面的机会。当机会出现时，如用瞬时冲量发射低轨道卫星，忽略轨道转移的飞行时间，才能实现共面发射。由于地球旋转，在一日之内只有两次“穿过时刻”，而在这两个不同的“穿过时刻”发射卫星，其发射方位角是不同的。对于一发射场而言，由于安全区的限制和测控网配置情况等因素，一般是难以进行全方位发射，故在一日之内通常只能有一次共面发射的机会。

事实上，发动机的推力有限，运载火箭发射卫星并不是按冲量方式工作，这就需要采用非共面发射方式。

下面以在经度为 λ_1、纬度为 B_1 的中国某地点 F 向西南方向发射太阳同步轨道卫星为例，来说明降交点地方平时和发射时刻的关系。

假设发射时刻为北京时间 t，飞行 Δt_1 小时后卫星在北半球入轨，入轨点有经纬度 λ_r、B_r；然后，卫星在轨飞行 Δt_2 小时到达经度为 λ_2 的降交点，此时降交点地方平时为 t_2。

由于北京时间采用东经 120°经线的地方平时，所以，当发射时刻为北京时间 t 时，经度为 λ_1 的点 F 地方平时 t_1 为

$$t_1 = t + \frac{\lambda_1 - 120}{360} \times 24$$

卫星飞行至降交点时，点 F 地方平时 t_1' 为

$$t_1' = t_1 + \Delta t_1 + \Delta t_2$$

此时，经度为 λ_2 的降交点地方平时 t_2 与经度为 λ_1 的点 F 地方平时 t_1' 存在如下关系：

$$t_1' - t_2 = \frac{\lambda_1 - \lambda_2}{360} \times 24$$

将上述 t_1' 表达式代入可得

$$t + \frac{\lambda_1 - 120}{360} \times 24 + \Delta t_1 + \Delta t_2 - t_2 = \frac{\lambda_1 - \lambda_2}{360} \times 24$$

即发射时刻北京时间 t 与经度为 λ_2 的降交点地方平时 t_2 有如下关系：

$$t - t_2 = \frac{\lambda_1 - \lambda_2}{360} \times 24 - \frac{\lambda_1 - 120}{360} \times 24 - \Delta t_1 - \Delta t_2 = \frac{120 - \lambda_2}{360} \times 24 - \Delta t_1 - \Delta t_2 \tag{8.45}$$

所以有以下结论：

1）卫星由纬线圈 B_1 飞行至纬线圈 B_r 的时间通常小于 Δt_1，所以需要进行非共面发射。

2）式（8.45）给出了发射时刻北京时间 t 与经度为 λ_2 的降交点地方平时 t_2 的关系。同样可知，当已知降交点地方平时 t_2，便可计算出理论的发射时刻 t。

另外，为了增加发射卫星的灵活性，往往要求在理论的发射时刻附近一段时间间隔内仍能将卫星送入轨道，这也要求进行非共面发射。非共面发射虽要消耗较多的能量，但可在理论的发射时刻附近获得一段将卫星送入轨道的时间间隔，这段时间间隔称为发射窗口。

8.2.2　发射点纬度、发射方位角和轨道倾角的关系

从惯性空间看，如发射点赤纬为 δ，发射方位角为 A，假设发射过程是瞬时完成的，则共面发射时，如图 7.20 所示及式（2.44）第五式，卫星的轨道倾角 i 为

$$i = \arccos(\cos\delta\sin A) \tag{8.46}$$

例如，发射 $i=0°$ 的赤道卫星时，只有当发射点在赤道上，并且发射方位角为 90°时，才能进行共面发射，否则要进行非共面发射。图 8.9 给出了共面发射的另一种特殊情况。

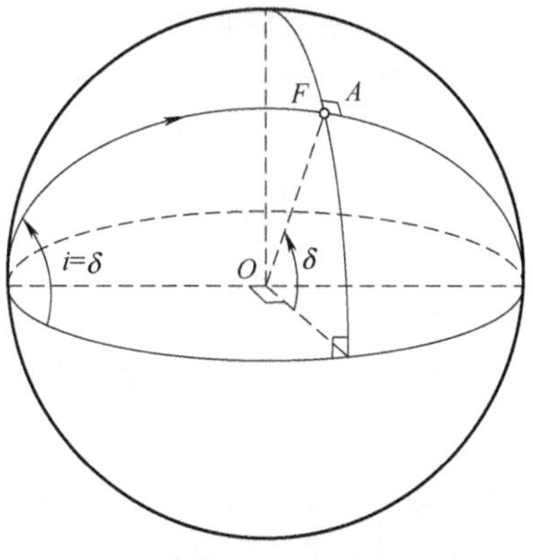

图 8.9　$A=90°$、$i=\delta$ 时的共面发射

由式（8.46）可知，如发射方位角无任何限制，即能进行 $0° \leqslant A \leqslant 360°$ 的全方位发射时，对于赤纬为 δ 的发射场，进行共面发射的轨道倾角范围为

$$|\delta| \leqslant i \leqslant 180° - |\delta| \tag{8.47}$$

实际上由于发射场安全区和测控网配置等因素的限制，不能进行全方位发射，发射方位角存在如下限制：

$$A_0 \leqslant A \leqslant A_1 \tag{8.48}$$

假如令

$$\alpha_1 = (\sin A)_{\max}, \quad \beta_1 = (\sin A)_{\min} \tag{8.49}$$

则由式（8.46）可知，在赤纬为δ的发射场进行共面发射时，其轨道倾角i的范围为

$$\arccos(\alpha_1 \cos\delta) \leqslant i \leqslant \arccos(\beta_1 \cos\delta) \tag{8.50}$$

例如，美国西靶场（34.5°N，120.6°W），发射方位角限制为$170° \leqslant A \leqslant 300°$，则$\alpha_1 = 0.174$、$\beta_1 = -1$，由式（8.50）可知，共面发射的轨道倾角范围为$81.8° \leqslant i \leqslant 145.4°$，这一靶场可用于共面发射近极卫星。又例如美国东靶场（28.5°N，80.6°W），发射方位角限制为$45° \leqslant A \leqslant 115°$，则$\alpha_1 = 1$、$\beta_1 = 0.707$，由式（8.50）可知，共面发射的轨道倾角范围为$28.5° \leqslant i \leqslant 52°$，这一靶场可用于共面发射低倾角卫星。

当预定轨道倾角在允许范围之外时，只有进行非共面发射，才能将卫星送入预定轨道。

8.3 运载火箭发射弹道的优化设计

上面研究了理想情况下的发射段弹道，理想情况的一个重要假设是发动机按冲量方式工作，冲量方式工作的特点是在施加冲量时，运载火箭瞬时获得一速度增量而其位置不变。因此，只有发动机工作时间越短，则实际情况越接近这一假设。对于发射段的单共切或双共切轨道，由于第二次冲量相对应的速度增量很小，发动机工作时间不长，故可近似认为满足冲量假设，但对第一次则不然，故必须对冲量假设加以修正，即应考虑推力大小为有限值时的情况。

设O—XYZ为发射惯性坐标系，O为发射点，OY为发射点垂线，向上为正，OX轴在发射点水平面内与正北方向的夹角为发射方位角，XOY平面为发射平面，OZ轴由右手规则确定；运载火箭的质心为O_1，O_1X_1轴为火箭的纵轴，O_1X_1轴的姿态角用偏航角ψ和俯仰角φ表示，将O_1与O重合，将O—XYZ坐标系旋转两次，第一次绕OZ轴旋转俯仰角φ，第二次绕导出的Y轴旋转偏航角ψ即可得O_1X_1轴，如图8.10所示。

运载火箭发动机通常沿纵轴安装，控制姿态角即可控制推力的方向，运载火箭控制系统控制姿态角φ、ψ使其按事先规定的程序角变化，即

$$\varphi = \varphi_{pr}(t), \quad \psi = \psi_{pr}(t)$$

式中，φ_{pr}和ψ_{pr}分别为俯仰程序角和偏航程序角。通过程序控制使推力方向按预定规律变化，从而使运载火箭按规定弹道飞行，因此通过飞行程序设计即可设计飞行弹道。例如，在不考虑地球旋转时，要将弹道控制在发射平面内，则使

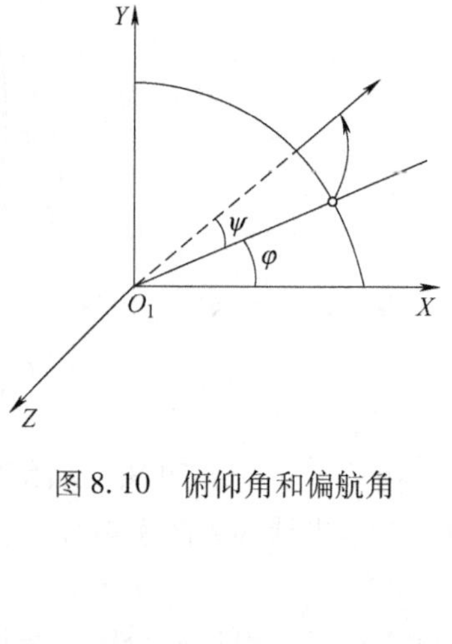

图8.10 俯仰角和偏航角

$$\psi_{pr} = 0$$

这样，程序设计就成为俯仰程序$\varphi_{pr}(t)$的问题，而在冲量假设下，第一次冲量程序为

$$\varphi_{pr} = \Theta_0$$

但在推力大小有限时，这一结论要随之改变。

8.3.1　发射弹道的工程设计方法

弹道设计在运载火箭总体设计中起着极其重要的作用，它贯穿于总体设计的全过程，火箭的总体方案、设计参数、作战性能和飞行方案等都与飞行弹道密切相关。

弹道设计主要解决的问题包括，研究运载火箭飞行性能与总体设计参数和弹道设计参数之间的关系；研究各种发射条件对射程和精度的影响，确定设计指标；根据给定的弹道设计参数，选择合理的飞行程序，进行制导任务规划和目标区环境的适应性检验等。其中，飞行程序选择问题是弹道设计的核心问题之一，而飞行程序选择又与各弹道段上的控制参数变化规律密切相关，因此飞行程序设计实质上就是探讨控制参数随时间变化规律的问题。

通常，弹道设计有两种方法，即最优弹道设计方法和工程设计方法。前者固然可以采用极值原理求得满足性能指标和终端条件要求的优化弹道，但计算复杂，计算工作量较大；后者则是根据极大值理论求得的控制参数和工作实践经验，寻找控制参数的近似函数关系，通过调整控制参数和数值积分的方法设计弹道。显然，工程设计方法尽管不是最优弹道，但计算方法比较简单，因此该方法在弹道设计中得到广泛的应用。

8.3.1.1　运载火箭运动方程

考虑地球为旋转椭球，采用标准大气模型，在发射坐标系内建立运载火箭三自由度质点弹道模型，即

$$\begin{cases}\dot{\boldsymbol{V}} = \dot{\boldsymbol{W}} + \boldsymbol{g} - \boldsymbol{a}_{\mathrm{e}} - \boldsymbol{a}_{\mathrm{c}} + \boldsymbol{a}_{\mathrm{k}} \\ \dot{\boldsymbol{\rho}} = \boldsymbol{V}\end{cases} \tag{8.51}$$

式中，$\boldsymbol{V}$ 为发射系下飞行速度；$\boldsymbol{\rho}$ 为发射系下位置坐标；$\dot{\boldsymbol{W}}$ 为运载火箭的视加速度；$\boldsymbol{g}$ 为地球引力加速度；$\boldsymbol{a}_{\mathrm{e}}$ 为牵连加速度；$\boldsymbol{a}_{\mathrm{c}}$ 为哥氏加速度；$\boldsymbol{a}_{\mathrm{k}}$ 为附加哥氏加速度。各加速度分别描述如下：

地球引力加速度为

$$\boldsymbol{g} = g_r \boldsymbol{r}^0 + g_\omega \boldsymbol{\omega}_{\mathrm{e}}^0$$

式中

$$\begin{cases}g_r = g_r + g_{\phi r} = -\dfrac{GM}{r^2}\left[1 + J\left(\dfrac{a_{\mathrm{e}}}{r}\right)^2 (1 - 5\sin^2\phi)\right] \\ g_\omega = -2\dfrac{GM}{r^2} J\left(\dfrac{a_{\mathrm{e}}}{r}\right)^2 \sin\phi\end{cases}$$

式中，GM 为地球引力常数；$J = \dfrac{3}{2}J_2$，J_2 为地球重力场二阶带谐系数；a_{e} 为地球半径，ϕ 为地心纬度。

牵连加速度为

$$\boldsymbol{a}_{\mathrm{e}} = \boldsymbol{\omega}_{\mathrm{e}} \times (\boldsymbol{\omega}_{\mathrm{e}} \times \boldsymbol{r})$$

哥氏加速度为

$$\boldsymbol{a}_{\mathrm{c}} = 2\boldsymbol{\omega}_{\mathrm{e}} \times \boldsymbol{V}$$

附加哥氏加速度为

$$\boldsymbol{a}_{\mathrm{k}} = \boldsymbol{F}_{\mathrm{k}}/m, \quad \boldsymbol{F}_{\mathrm{k}} = -2\dot{m}\boldsymbol{\omega}_{\mathrm{T}} \times \boldsymbol{\rho}_{\mathrm{e}}$$

式中，$\boldsymbol{\omega}_{\mathrm{T}}$ 为箭体相对于惯性坐标系的转动角速度矢量；$\boldsymbol{\rho}_{\mathrm{e}}$ 为质心到喷口出口中心点距离。

运载火箭的视加速度与作用在箭体上的外力密切相关，根据运载火箭在飞行过程中的动力学特性，其视加速度可以描述为

$$\dot{\boldsymbol{W}}=\frac{1}{m}(\boldsymbol{P}+\boldsymbol{F}_{\mathrm{c}}+\boldsymbol{R})$$

式中，m 为运载火箭的质量；$\boldsymbol{P}$ 为发动机推力；$\boldsymbol{F}_{\mathrm{c}}$ 为控制力；$\boldsymbol{R}$ 为作用在运载火箭上的空气动力。

工程设计方法的基本思想即是根据选定飞行程序的要求，给定攻角 $\alpha(t)$ 或俯仰程序角 $\varphi_{\mathrm{c}x}(t)$，积分方程式（8.51）。对于给定的攻角 $\alpha(t)$ 或俯仰程序角 $\varphi_{\mathrm{c}x}(t)$，进行适当调整后就可以选择出合乎要求的飞行程序。

8.3.1.2 俯仰程序的工程选择方法

为减小大气层飞行段作用于运载火箭上的气动载荷，减小其飞行速度的气动阻力损失及攻角损失，那么第一级飞行弹道采用重力转弯弹道，即在火箭垂直起飞后不久，各分系统工作达到稳定状态后，实行程序转弯；在飞行速度接近跨音速段之前，控制火箭按零攻角飞行，直到一级发动机接近关闭为止。当一级发动机关闭时，一般来说，火箭已基本飞出稠密大气层，此时箭体所受的空气动力很小，那么根据其在飞行过程中的受力情况，在进行第二级飞行弹道设计时，可不计气动载荷对弹道的影响，而主要考虑使载荷达到预定的入轨状态。为提高火箭的稳定性，在发动机启动、关机及级间分离前后，要求火箭保持常值程序角飞行，并尽量减小飞行攻角，另外所设计出的程序俯仰角变化规律应尽量简单，以便于控制制导系统的实现。基于上述考虑，以二级运载火箭为例，通常采用如下飞行程序：

$$\varphi_{\mathrm{c}x}(t)=\begin{cases}\dfrac{\pi}{2} & 0\leqslant t<t_1\\ \alpha(t)+\theta & t_1\leqslant t<t_3\\ \varphi_1 & t_3\leqslant t<t_4\\ \varphi_1+\dot{\varphi}_{\mathrm{c}x}(t-t_4) & t_4\leqslant t<t_5\\ \varphi_2 & t\geqslant t_5\end{cases}\tag{8.52}$$

式中，$\alpha(t)$ 为攻角；θ 为弹道倾角。

下面分别介绍式（8.52）中每段程序的选择方法。

（1）垂直飞行段，$0\leqslant t<t_1$

在这一段 $\alpha=0$，$\varphi=\varphi_{\mathrm{c}x}=\theta=\dfrac{\pi}{2}$。

垂直起飞能克服倾斜发射的缺点，使发射设备简单，只需要结构简单的发射台，同时也使火箭起飞时刻保持稳定。垂直起飞段的时间应合理选择，t_1 时间过长，会增大速度的重力损失，并且使得转弯时因速度过大而需要较大的法向力。但如果垂直段时间 t_1 过短，那么很可能发动机还未达到额定工作状态，控制系统的执行元件还不能产生足够大的控制力，从而影响弹道性能。因此，通常垂直段至少需要保持延续到发动机进入额定工作状态的时刻，此时控制机构也能正常地控制转弯。初步设计时 t_1 可根据垂直上升时间与火箭推重比 $1/\nu_0$ 的经验关系曲线确定，或者近似为

$$t_1=\sqrt{40\Big/\left(\frac{1}{\nu_0}-1\right)}\tag{8.53}$$

初步确定后再试算加以修正最后确定。

(2) 转弯段，$t_1 \leqslant t < t_3$

转弯段前期（$t_1 \sim t_2$）为有攻角的转弯，根据要求应在气动力急剧变化的跨音速之前结束，以减小气动载荷和气动干扰。故可在对应于马赫数 $M(t_2)=0.7\sim0.8$ 时使攻角收缩为零。在以后的整个大动压段（$t_2 \sim t_3$）只依靠重力的法向分量缓慢地转弯，即重力转弯。转弯结束时刻 t_3 则对应运载火箭的程序转弯时刻截止时间或中近程火箭的最小射程的关机时间。

确定这一段的飞行程序时，根据对攻角的实际要求，攻角的变化规律可由下述经验关系式确定：

1)

$$\alpha(t)=\begin{cases}-\alpha_m \sin^2 f(t) & t_1 \leqslant t < t_2 \\ 0 & t_2 \leqslant t < t_3\end{cases} \tag{8.54}$$

其中

$$f(t)=\frac{\pi(t-t_1)}{K(t_2-t_1)+(t-t_1)}, \quad K=\frac{t_m-t_1}{t_2-t_m}$$

式中 α_m 为音速段上攻角绝对值的最大值；t_m 为攻角达到极值 α_m 的时间。

2)

$$\alpha(t)=-4\alpha_m Z(1-Z) \tag{8.55}$$

其中

$$Z=e^{-a(t-t_1)} \tag{8.56}$$

式中，α_m 为音速段上攻角绝对值的最大值；a 为选取的某一常数值。

由式（8.55）所给 $\alpha(t)$ 的关系式可以看出，$\alpha(t)$ 是开始迅速地达到负极值，然后绝对值开始变小，以指数速率趋于零，趋于零的速度由参数 a 决定。

$\alpha(t)$ 对 t 的导数为

$$\frac{d\alpha(t)}{dt}=-4\alpha_m(1-2Z)\frac{dZ}{dt}$$

由 $\frac{d\alpha(t)}{dt}=0$，即得 $Z=\frac{1}{2}$，代入式（8.56），从而可由攻角达到极值的时间 t_m 求得参数 a，即

$$a=\frac{\ln 2}{t_m-t_1}\approx\frac{0.6931}{t_m-t_1} \tag{8.57}$$

(3) 常值程序段，$t_3 \leqslant t < t_4$

该段由两部分组成，包括一级瞄准段（常值）和二级初始飞行时一个时间不长的常值程序段。二级常值程序段的设置主要是为了便于一二级分离和减小分离时干扰对火箭运动的影响，同时使二级发动机达到额定工作状态。

(4) 等斜率转弯段，$t_4 \leqslant t < t_5$

设置该段，主要是考虑到需要在主动段关机点能够达到给定的俯仰程序角 φ_2。

(5) $t \geqslant t_5$

进入二级瞄准段，采用常值程序角，提高火箭稳定性。

8.3.1.3 弹道优化模型

8.3.1.3.1 性能指标

弹道的优化设计是挖掘运载火箭的潜力，以提高其使用价值的重要手段。优化的目的通常为选择一组控制参数 $\boldsymbol{u}$，使运载火箭所获得的某一个（单目标）或几个（多目标）设计指标达到极值。这些设计指标当然因任务而有差异。它可以是发射卫星时给定入轨条件下的最大有效载荷，或者是给定载荷下的最大椭圆轨道，又可以是发射导弹时一定条件下的最大射程等。所有这些要求达到极值的量，就是飞行程序优化问题中的目标函数，它们是多维控制参数 $\boldsymbol{u}$ 的单值函数。

用 J 表示目标函数，则有如下性能指标：

$$J = J(\boldsymbol{u}) \tag{8.58}$$

值得注意的是，如果目标有 m 个，即 J_i（$i=1,\cdots,m$），则需要引入权系数，即根据这些目标的重要程度，分别乘以相应的权因子 a_i（$i=1,\cdots,m$），使其综合成单一的目标函数来处理，即

$$\begin{cases} J = \sum\limits_{i=1}^{m} a_i J_i \\ a_i \geqslant 0 \\ \sum\limits_{i=1}^{m} a_i = 1 \end{cases} \tag{8.59}$$

8.3.1.3.2 优化控制参数

采用上述飞行程序飞行时，选取其中变量和射击方位角 A_0 作为待优化参数，因此可得控制参数为

$$\boldsymbol{u} = \left[A_0, \alpha_{\mathrm{m}}, t_{\mathrm{m}}, \dot{\varphi}_{cx}, t_4\right]^{\mathrm{T}} \tag{8.60}$$

8.3.1.3.3 约束条件

运载火箭的飞行环境非常复杂，涉及诸多实际问题，弹道设计时必须综合考虑诸多实际约束。这里主要考虑其过程条件约束和终端约束。

（1）入轨点约束

运载火箭载荷在一定条件下飞行，按照飞行任务需要，要求终端弹道参数满足一定的条件，对于卫星发射来说，通常有长半轴 a_{f}、轨道倾角 i_{f} 与偏心率 e_{f} 的要求，即

$$a(t_{\mathrm{f}}) = a_{\mathrm{f}},\quad i(t_{\mathrm{f}}) = i_{\mathrm{f}},\quad e(t_{\mathrm{f}}) = e_{\mathrm{f}}$$

同时，升交点赤经等又可以转化为对入轨点经纬度的约束，即

$$L(t_{\mathrm{f}}) = L_{\mathrm{f}},\quad \phi(t_{\mathrm{f}}) = \phi_{\mathrm{f}}$$

其中，L_{f}、ϕ_{f} 分别表示目标经、纬度。

（2）控制参数约束

考虑到工程可实现性，控制参数应满足一定的约束条件。例如，α_{m} 是控制火箭初期攻角转弯的关键参数，如 α_{m} 过大，则转弯幅度大，终端高度小而速度大；如 α_{m} 较小，则转弯幅度小，终端高度大而速度小；$\dot{\varphi}_{cx}$ 是控制俯仰程序角下压的参数，基于控制系统的要求，一般其大小不超过 10°/s。因此，控制参数要满足一定约束条件，即

$$u_{\min} \leqslant u \leqslant u_{\max}$$

（3）动压约束

动压极值主要取决于热防护材料强度与控制铰链力矩。从防热系统设计来讲，火箭表面均采用耐高温绝热材料，以保证火箭飞行过程中内部结构所受到的加热量最小和在高温加热时应保持应有的气动外形。这些材料直接面对来流作用，因此，动压必须限制在一定的范围内，以确保表面绝热材料结构不受破坏。控制铰链力矩随动压的增加而增大，动压也应保持不超过控制操纵面所要求的最大铰链力矩所允许的动压。同时，对动压加以限制也可以在一定程度上保证火箭侧向飞行稳定。

因此，为了满足运载火箭的结构设计和控制要求，相应的动压 q 约束为

$$q = \frac{1}{2}\rho V^2 \leqslant C_{\mathrm{q}}$$

式中，C_{q} 为给定常数。

（4）法向过载约束

法向过载最大值主要取决于火箭的结构强度和箭载设备的承受范围。为了满足结构设计要求，相应的法向过载 n_y 约束为

$$|n_y(t)| = \left|\frac{P\sin\alpha + Y}{mg}\right| \leqslant C_{\mathrm{n}}$$

式中，C_{n} 为给定常数。

以上只是部分约束或限制条件，根据任务不同，约束条件也会有差异，如需要各级残骸落区约束、飞行试验时关机点高度的约束及气动热的约束等。它们可统一表示为等式约束和不等式约束，即

$$\begin{cases} h_j(\boldsymbol{u}) = 0 & j = 1, \cdots, p \\ g_k(\boldsymbol{u}) \leqslant 0 & k = 1, \cdots, q \end{cases} \tag{8.61}$$

8.3.1.4　弹道优化算法

运载火箭弹道优化设计是一类终端时刻自由、终端状态固定且带有路径约束的多阶段、非线性最优控制问题。求解最优控制问题的数值方法很多，一般分为直接法和间接法两种。间接法根据极小值原理，将最优控制问题转化为求解两点边值问题，其解的精度高，但存在协态变量初值高度敏感且难以准确估计的问题；直接法不引入协态变量和协态方程，将静态最优技术直接用于轨迹最优控制，即采用离散化方法将连续的轨迹优化转化为参数优化，然后采用非线性规划算法求解，可以克服间接法对初值高度敏感的缺点。这里通过选择程序角和飞行中的控制参数作为优化变量，将轨迹优化转化为参数优化，利用非线性规划理论与方法求解。对于求解非线性规划问题，共轭梯度法、拟牛顿法、单纯形法和序列二次规划（SQP）方法都是有效的工具。SQP 方法对原问题的近似中包含了二阶导数信息，因而在具有全局收敛性的同时保持了局部超 1 次收敛性，是当今求解光滑的非线性规划问题最优秀的算法之一。

针对固体运载火箭主动段弹道优化问题，需要结合型号特点、工程背景进行控制参数的初值 $\boldsymbol{u}_0$ 的设置，然后利用 SQP 算法收敛速度快、精度高的特点，搜索得到满足精度要求的最优解 $\boldsymbol{u}^*$。

8.3.1.4.1　SQP 算法基本原理

SQP 算法的基本思想是在给定的近似点处通过二次近似逐渐得到一个更好的迭代点，这

需要通过求解二次规划子问题得到，在当前迭代点处算法通过求解一系列的二次规划子问题，使得迭代点逐步接近原优化命题的最优点，算法最终收敛到最优解。

设f、c分别为目标函数、等式约束和不等式约束，且均二次连续可微，则非线性规划问题（P）可表示为

$$\begin{cases}\min & f(x)\\ \text{s. t.} & c_i(x)=0 \quad i=1,2,\cdots,m_e\\ & c_j(x)\leqslant 0 \quad j=m_e+1,m_e+2,\cdots,m\end{cases}$$

对于问题（P），SQP方法通过序列地求解一系列的二次规划子问题来逐步逼近原问题的最优解，在迭代点x^k处，与上式相对应的二次规划子问题（QP）可表示为

$$\begin{cases}\min & \frac{1}{2}d^{\mathrm{T}}B^k d+\nabla f(x^k)^{\mathrm{T}}d\\ \text{s. t.} & \nabla c_i(x^k)^{\mathrm{T}}d+c_i(x^k)=0 \quad i=1,2,\cdots,m_e\\ & \nabla c_j(x^k)^{\mathrm{T}}d+c_j(x^k)\leqslant 0 \quad j=m_e+1,m_e+2,\cdots,m\end{cases}$$

式中，d为搜索方向；$\nabla f(x^k)$、$\nabla c_i(x^k)$ 分别为函数$f(x)$、$c(x)$ 在x^k处的梯度；B^k矩阵为拉格朗日（Lagrange）函数的黑塞（Hessian）矩阵的良好近似。

为了使SQP算法便于实现，需要解决两个问题：①矩阵B^k的修正；②QP子问题的可行性。关于矩阵B^k的修正，一方面，B^k应为Lagrange函数的Hessian阵的良好近似；另一方面，矩阵B^k应该保持对称正定性，使得相应的QP子问题是一个严格凸二次规划问题。Powell在1977年利用截断BFGS修正方法将矩阵B^k近似表示为

$$B^{k+1}=B^k+\frac{\tilde{y}^k(\tilde{y}^k)^{\mathrm{T}}}{(\tilde{y}^k)^{\mathrm{T}}s^k}-\frac{B^k s^k(s^k)^{\mathrm{T}}B^k}{(s^k)^{\mathrm{T}}B^k s^k}$$

式中

$$s^k=x^{k+1}-x^k$$

$$\tilde{y}^k=\begin{cases}y^k & (s^k)^{\mathrm{T}}y^k\geqslant 0.2(s^k)^{\mathrm{T}}B^k s^k\\ \theta^k y^k+(1-\theta^k)B^k s^k & \text{其他}\end{cases}$$

$$y^k=\nabla f(x^{k+1})-\nabla f(x^k)+\sum_{i=1}^{m}\lambda_i^{k+1}[\nabla c_i(x^{k+1})-\nabla c_i(x^k)]$$

$$\theta^k=\frac{0.8(s^k)^{\mathrm{T}}B^k s^k}{(s^k)^{\mathrm{T}}B^k s^k-(s^k)^{\mathrm{T}}y^k}$$

与SQP相关的第2个问题是子问题的可行性。如果初始点取的不恰当，即使原问题可行，也会导致子问题不可行。为此，引入松弛变量ξ_i、η_i、ζ_i，考虑以下的二次规划问题：

$$\begin{aligned}\min \quad & \frac{1}{2}d^{\mathrm{T}}B^k d+\nabla f(x^k)^{\mathrm{T}}d+r\left[\sum_{i=1}^{m_e}(\xi_i+\eta_i)+\sum_{i=m_e+1}^{m}\zeta_i\right]\\ \text{s. t.} \quad & \nabla c_i(x^k)^{\mathrm{T}}d+c_i(x^k)+\xi_i-\eta_i=0 \quad i=1,2,\cdots,m_e\\ & \nabla c_j(x^k)^{\mathrm{T}}d+c_j(x^k)-\zeta_i\leqslant 0 \quad j=m_e+1,m_e+2,\cdots,m\\ & \xi_i\geqslant 0,\eta_i\geqslant 0 \quad i=1,2,\cdots,m_e\\ & \zeta_i\geqslant 0 \quad j=m_e+1,m_e+2,\cdots,m\end{aligned}$$

但在某些情况下，由于收敛缓慢会丧失 SQP 算法应有的局部超 1 次收敛性，这种现象由 Maratos 于 1978 年指出，故称为 Maratos 效应。为解决这个问题，可采用 3 类方法，分别为看门狗（Watchdog）技术、二阶校正步技巧及光滑效应函数法。

8.3.1.4.2　弹道优化流程

运载火箭弹道优化流程框图如图 8.11 所示。

1）选定一组合理的控制参数初值 $\boldsymbol{u}_0$。

2）根据初始条件，利用四阶龙格-库塔方法积分运动方程组得到状态变量。

3）通过给定的终端约束模型和过程约束模型得出相应的等式与不等式约束，并计算目标函数值。

4）采用 SQP 算法进行迭代计算，得到优化解 $\boldsymbol{u}^*$，每寻优一次，控制量与状态量的数值便得到更新。

5）判断收敛条件是否满足精度要求，如不满足，$\boldsymbol{u}^* \Rightarrow \boldsymbol{u}_0$，转至步骤 2）继续进行迭代；如满足，则优化过程结束，得到最优解。

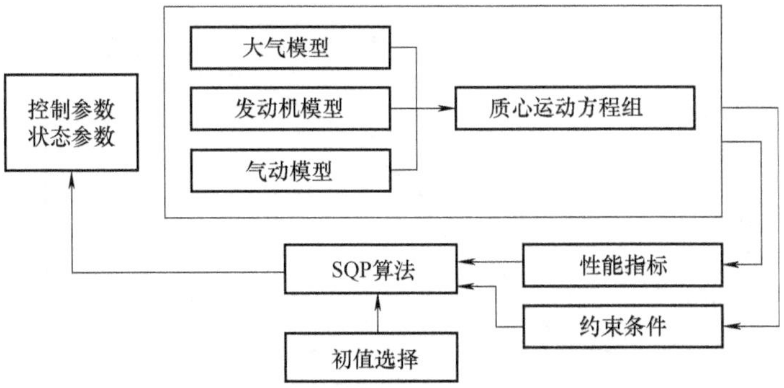

图 8.11　运载火箭弹道优化流程框图

8.3.1.5　发射弹道优化设计实例

假设一经过朝鲜平壤的地点 C 和中国的地点 F 的低轨快速进入空间卫星轨道，轨道平均轨道根数：长半轴为 7009.878312km，轨道倾角为 138.60826°，偏心率为 0，升交点赤经为 0.75°，真近点角为 0°，近地点幅角为 0°。待发射卫星星下点轨迹如图 8.12 所示。

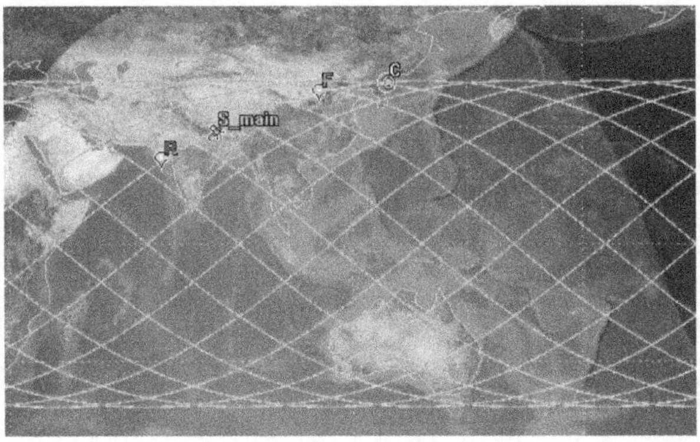

图 8.12　待发射卫星星下点轨迹

现在用某型运载火箭在 F 地实施发射，发射弹道设计结果如下。

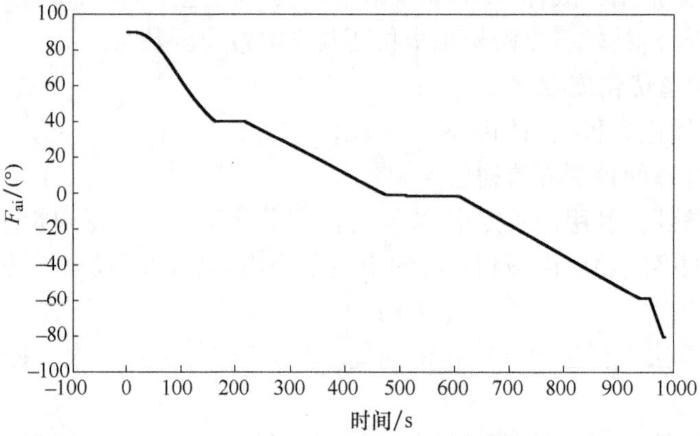

图 8.13　俯仰程序角曲线

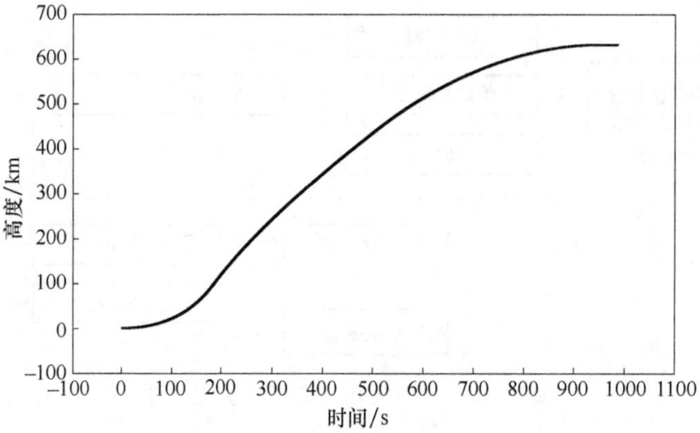

图 8.14　高度曲线

如图 8.15 所示，入轨点瞬时轨道根数与发射轨道反算的轨道根数之差非常小。其中，长半轴偏差小于 0.1m，轨道倾角偏差小于 2×10^{-5}°，偏心率偏差小于 10^{-5}，表明发射弹道设计具有良好的优化效果。图 8.16、图 8.17 给出了用 STK 对发射弹道设计结果做的二维、三维仿真。其中，图 8.17 所示的发射段运载火箭正在飞行过程中，当火箭飞行至入轨点时，由于地球自转等因素作用，卫星轨道和发射弹道就会在该点重合。

卫星分离点有关参数

序号	名称	代号	单位	卫星要求		发射轨道设计值
				平均轨道根数	瞬时轨道根数	
1	入轨时刻	t	s	—	—	986.398762
2	半长轴	a	km	7009.878312	7011.521627	7011.521535
3	轨道倾角	i	°	138.608260	138.600640	138.600621
4	偏心率	e	—	0.000000	0.000682	0.000675

图 8.15　入轨点轨道根数

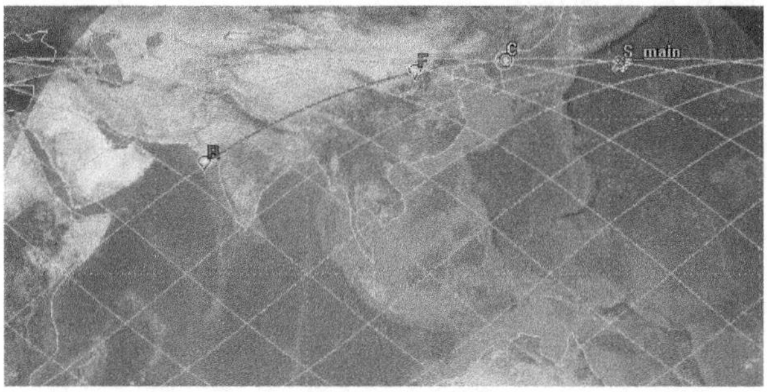

图 8.16　发射轨道设计结果 STK 二维仿真

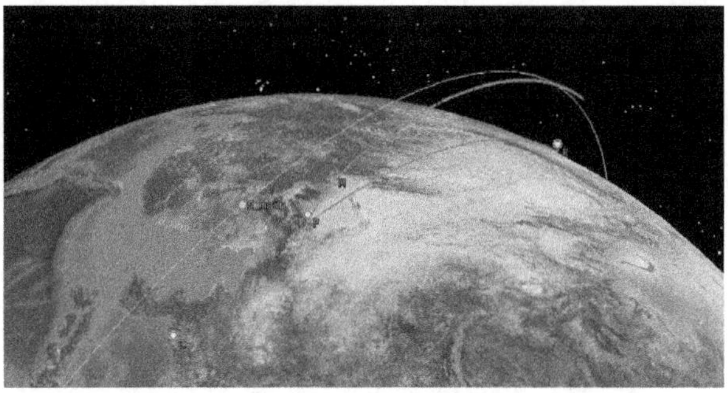

图 8.17　发射轨道设计结果 STK 三维仿真

8.3.2　大气层外的火箭运动方程

设预定轨道为圆轨道，发射点 O 与圆轨道共面，运载火箭为三级火箭，运载火箭的发射段弹道由三段组成：OK 为动力飞行段，KA 为滑行段，AF 为加速段。OK 又可分为两段：OK_1 为第一级子火箭的飞行弹道；K_1K 为第二级子火箭的飞行弹道，这段弹道位于大气层之外。AF 段为第三级子火箭的飞行弹道，这段弹道的飞行时间很短，近似认为符合冲量假设，如图 8.18 所示。

第一级子火箭在稠密大气层中飞行，其俯仰程序受到很多因素的限制，如垂直起飞、过载要求等，通常要用工程方法选择其准优程序，前面已详细地讨论过相关方法。当 OK_1 段的俯仰程序给定后，在地心惯性坐标系中可获得第一级子火箭关机时的运动状态参数，其坐标为 X_{K_1}和 Y_{K_1}，速度为 V_{XK_1}和 V_{YK_1}。

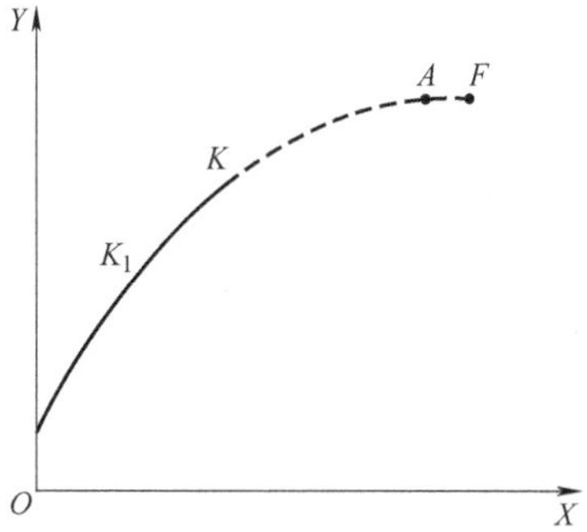

图 8.18　发射段弹道

在下述假设下研究运载火箭在大气层外的运动及 K_1K 段俯仰程序的设计。

1）不考虑地球旋转，火箭在真空中飞行，重力场为重力加速度 g 取常值的平行引力场。

2）在 K_1K 段火箭发动机推力 P 为常数，推进剂秒耗量 $\dot{m}$ 为常数，发动机工作时间为定值，设 t 是以第一级子火箭发动机开始工作时刻为零时刻所计量的时间，第一级和第二级子火箭发动机关机时刻 t_{K_1} 和 t_K 均为定值。

3）第二级子火箭的初始运动状态参数为 t_{K_1}、X_{K_1}、Y_{K_1}、V_{XK_1}、V_{YK_1}、m_{K_1}，前五个参数与第一级子火箭关机时的参数相同，m_{K_1} 为第一级子火箭分离后的运载火箭质量，在 K_1K 段任一时刻 t 的火箭质量为

$$m = m_{K_1} - \dot{m}(t - t_{K_1}) \tag{8.62}$$

在上述假设中，由于取消了冲量假设，因而比理想情况更接近实际。

在上述假设下，设运载火箭的俯仰程序为 $\varphi=\varphi(t)$，推力为 P，则 K_1K 段运动方程为

$$\begin{cases} \dot{V}_X = \dfrac{P\cos\varphi}{m} \\ \dot{V}_Y = \dfrac{P\sin\varphi}{m} - g \\ \dot{X} = V_X \\ \dot{Y} = V_Y \end{cases} \tag{8.63}$$

初始条件为 $t=t_{K_1}$、$X=X_{K_1}$、$Y=Y_{K_1}$、$V_X=V_{XK_1}$、$V_Y=V_{YK_1}$、$m=m_{K_1}$。

对上述运动方程积分后可得关机点 K 的运动状态参数为

$$\begin{cases} V_{XK} = V_{XK_1} + \displaystyle\int_{t_{K_1}}^{t_K} \frac{P\cos\varphi(t)}{m}\mathrm{d}t \\ V_{YK} = V_{YK_1} - g(t_K - t_{K_1}) + \displaystyle\int_{t_{K_1}}^{t_K} \frac{P\sin\varphi(t)}{m}\mathrm{d}t \\ X_K = X_{K_1} + V_{XK_1}(t_K - t_{K_1}) + \displaystyle\int_{t_{K_1}}^{t_K} \frac{P\cos\varphi(t)(t_K - t)}{m}\mathrm{d}t \\ Y_K = Y_{K_1} + V_{YK_1}(t_K - t_{K_1}) - \dfrac{g(t_K - t_{K_1})^2}{2} + \displaystyle\int_{t_{K_1}}^{t_K} \frac{P\sin\varphi(t)(t_K - t)}{m}\mathrm{d}t \end{cases} \tag{8.64}$$

滑行段 KA 的运动方程为

$$\begin{cases} \dot{V}_X = 0 \\ \dot{V}_Y = -g \\ \dot{X} = V_X \\ \dot{Y} = V_Y \end{cases} \tag{8.65}$$

由于 A 为滑行段顶点，故 A 点运动状态参数为

$$\begin{cases} V_{XA} = V_{XK} \\ V_{YA} = 0 \\ X_A = X_K + \dfrac{V_{XK}V_{YK}}{g} \\ Y_A = Y_K + \dfrac{V_{YK}^2}{2g} \end{cases} \tag{8.66}$$

由式（8.64）和式（8.66）可知，取不同的 $\varphi=\varphi(t)$，则点 A 的运动状态参数将相应地变化，因此可选择 $\varphi=\varphi(t)$ 使点 A 的运动状态参数满足某种最优指标。

8.3.3　大气层外的最优俯仰程序

在这里讨论选择 $\varphi=\varphi(t)$，使点 A 的运动状态参数满足两种最优指标。

8.3.3.1　第一种指标

第一种指标为选择 $\varphi=\varphi(t)$ 使

$$\begin{cases}V_{XA}=V_{XK}\text{为常数}\\ Y_A=Y_{A\max}\end{cases}\tag{8.67}$$

由式（8.66）第四式可知，上式的第二式可改写为

$$-Y_A=-\frac{2gY_K+V_{YK}^2}{2g}\text{为最小}\tag{8.68}$$

引入

$$-Y_A^*=-\left\{Y_{K_1}+\int_{t_{K_1}}^{t_K}V_Y\left(1+\frac{\dot V_Y}{g}\right)\mathrm{d}t\right\}=-\left(Y_K+\frac{V_{YK}^2}{2g}\right)-\frac{V_{YK_1}^2}{2g}\tag{8.69}$$

由于 V_{YK_1} 为常数，故上式可等价为

$$-Y_A^*\ \text{为最小}$$

由于 Y_{K_1} 为常数，故上式可等价为

$$J=-\int_{t_{K_1}}^{t_K}V_Y\left(1+\frac{\dot V_Y}{g}\right)\mathrm{d}t=\int_{t_{K_1}}^{t_K}F(V_Y,\dot V_Y)\,\mathrm{d}t\ \text{为最小}\tag{8.70}$$

其中

$$F=-\left(V_Y+\frac{V_Y\dot V_Y}{g}\right)\tag{8.71}$$

这是一个固定时间，左端点固定，右端点 V_{YK} 可变的求泛函 J 的极值的问题。

作辅助函数 F^* 为

$$F^*=-\left(V_Y+\frac{V_Y\dot V_Y}{g}\right)+\lambda_1\left(\dot V_X-\frac{P\cos\varphi}{m}\right)+\lambda_2\left(\dot V_Y-\frac{P\sin\varphi}{m}+g\right)=F^*(\dot V_X,V_Y,\dot V_Y,\varphi)\tag{8.72}$$

则 J 的极值满足下列欧拉—拉格朗日方程为

$$\begin{cases}\dfrac{\partial F^*}{\partial V_X}-\dfrac{\mathrm{d}}{\mathrm{d}t}\left(\dfrac{\partial F^*}{\partial \dot V_X}\right)=0\\[2ex] \dfrac{\partial F^*}{\partial V_Y}-\dfrac{\mathrm{d}}{\mathrm{d}t}\left(\dfrac{\partial F^*}{\partial \dot V_Y}\right)=0\\[2ex] \dfrac{\partial F^*}{\partial \varphi}-\dfrac{\mathrm{d}}{\mathrm{d}t}\left(\dfrac{\partial F^*}{\partial \dot\varphi}\right)=0\end{cases}\tag{8.73}$$

将式（8.72）分别对 $\dot V_X$、$\dot V_Y$、$\dot\varphi$ 求偏导后代入式（8.73），有

$$\frac{\partial F^*}{\partial V_Y}-\frac{\mathrm{d}}{\mathrm{d}t}\left(\frac{\partial F^*}{\partial \dot V_Y}\right)=-1-\frac{\dot V_Y}{g}-\frac{\mathrm{d}}{\mathrm{d}t}\left(-\frac{V_Y}{g}+\lambda_2\right)=-1-\dot\lambda_2$$

即可得

$$\begin{cases}\dot{\lambda}_1 = 0 \\ \dot{\lambda}_2 = -1 \\ \lambda_1 \sin\varphi = \lambda_2 \cos\varphi\end{cases} \tag{8.74}$$

由式（8.74）可解得

$$\begin{cases}\lambda_1 = \lambda_{1K_1} \\ \lambda_2 = \lambda_{2K_1} - (t - t_{K_1}) \\ \tan\varphi = \dfrac{\lambda_2}{\lambda_1} = \dfrac{\lambda_{2K_1} - (t - t_{K_1})}{\lambda_{1K_1}}\end{cases} \tag{8.75}$$

将式（8.75）中的常数 λ_{1K_1} 和 λ_{2K_1} 表示为

$$\begin{cases}\tan\varphi_{K_1} = \dfrac{\lambda_{2K_1}}{\lambda_{1K_1}} \\ c = \dfrac{1}{\lambda_{1K_1}}\end{cases} \tag{8.76}$$

则可由式（8.75）第三式求得最佳俯仰程序 $\varphi(t)$ 的正切函数为时间的线性函数，其表达式为

$$\tan\varphi = \tan\varphi_{K_1} - c(t - t_{K_1}) \tag{8.77}$$

由式（8.77）可知

$$\sin\varphi = \frac{\tan\varphi_{K_1} - c(t - t_{K_1})}{\{1 + [\tan\varphi_{K_1} - c(t - t_{K_1})]^2\}^{1/2}} \tag{8.78}$$

和

$$\cos\varphi = \frac{1}{\{1 + [\tan\varphi_{K_1} - c(t - t_{K_1})]^2\}^{1/2}} \tag{8.79}$$

式中，常数 $\tan\varphi_{K_1}$ 和 c 要由端点条件确定。

第一个端点条件为 V_{YK} 自由，因此横截条件为

$$\left.\frac{\partial F^*}{\partial \dot{V}_Y}\right|_{t = t_K} = 0 \tag{8.80}$$

由上式可求得

$$\lambda_{2K} = \frac{V_{YK}}{g} \tag{8.81}$$

将式（8.81）代入式（8.75）第二式可得

$$\frac{V_{YK}}{g} = \lambda_{2K_1} - (t_K - t_{K_1}) = \frac{\tan\varphi_{K_1}}{c} - (t_K - t_{K_1})$$

将上式及式（8.78）代入式（8.64）第二式可得 c 与 $\tan\varphi_{K_1}$ 应满足的第一个方程为

$$\frac{\tan\varphi_{K_1}}{c} = \frac{V_{YK_1}}{g} + \int_{t_{K_1}}^{t_K} \frac{P[\tan\varphi_{K_1} - c(t - t_{K_1})]}{mg}\{1 + [\tan\varphi_{K_1} - c(t - t_{K_1})]^2\}^{-1/2}\mathrm{d}t \tag{8.82}$$

第一个端点条件为 V_{XK} 为常数，将式（8.78）代入式（8.64）第一式，可得 c 与 $\tan\varphi_{K_1}$ 应满足的第二个方程为

$$V_{XK} - V_{XK_1} = \int_{t_{K_1}}^{t_K} \frac{P}{m}\{1 + [\tan\varphi_{K_1} - c(t - t_{K_1})]^2\}^{-1/2}\mathrm{d}t \tag{8.83}$$

将式（8.82）和式（8.83）联立求解，解出 c 与 $\tan\varphi_{K_1}$后，代入式（8.77）即可求得最佳俯仰程序的具体表达式。

8.3.3.2　第二种指标

第一种指标为选择 $\varphi = \varphi(t)$ 使

$$\begin{cases} Y_A = H \text{ 为常数} \\ V_{XA} = V_{XK} \text{为最大} \end{cases} \tag{8.84}$$

引入

$$\int_{t_{K_1}}^{t_K} V_Y\left(1 + \frac{\dot{V}_Y}{g}\right)\mathrm{d}t = H - \left(Y_{K_1} + \frac{V_{YK_1}^2}{2g}\right) = H^* \text{ 为常数} \tag{8.85}$$

上式为等周条件约束，将其改写为

$$\int_{t_{K_1}}^{t} V_Y\left(1 + \frac{\dot{V}_Y}{g}\right)\mathrm{d}t = H^*(t) \tag{8.86}$$

因而有

$$V_Y\left(1 + \frac{\dot{V}_Y}{g}\right) - \dot{H}^*(t) = 0 \tag{8.87}$$

因此第二种指标可认为在有式（8.87）的约束时，使

$$-(V_{XK} - V_{XK_1}) = \int_{t_{K_1}}^{t_K} -\dot{V}_X\mathrm{d}t \text{ 为最小}$$

因而 V_{XK_1}为常数，故上式等价为

$$J = \int_{t_{K_1}}^{t_K} -\dot{V}_X\mathrm{d}t \text{ 为最小} \tag{8.88}$$

这是一个时间固定，左端点固定，右端点 V_{XK}和 V_{YK}自由，并有等周条件约束下的泛函 J 求极值的问题。

作辅助函数 F^*，即

$$\begin{aligned} F^* &= -\dot{V}_X + \lambda_1\left(\dot{V}_X - \frac{P\cos\varphi}{m}\right) + \lambda_2\left(\dot{V}_Y - \frac{P\sin\varphi}{m} + g\right) + \lambda_3\left[V_Y\left(1 + \frac{\dot{V}_Y}{g}\right) - \dot{H}^*(t)\right] \\ &= F^*(\dot{V}_X, V_Y, \dot{V}_Y, \varphi, \dot{H}^*) \end{aligned} \tag{8.89}$$

J 的极值应满足下列欧拉—拉格朗日方程，即

$$\begin{cases} \dfrac{\partial F^*}{\partial V_X} - \dfrac{\mathrm{d}}{\mathrm{d}t}\left(\dfrac{\partial F^*}{\partial \dot{V}_X}\right) = 0 \\ \dfrac{\partial F^*}{\partial V_Y} - \dfrac{\mathrm{d}}{\mathrm{d}t}\left(\dfrac{\partial F^*}{\partial \dot{V}_Y}\right) = 0 \\ \dfrac{\partial F^*}{\partial H^*} - \dfrac{\mathrm{d}}{\mathrm{d}t}\left(\dfrac{\partial F^*}{\partial \dot{H}^*}\right) = 0 \\ \dfrac{\partial F^*}{\partial \varphi} - \dfrac{\mathrm{d}}{\mathrm{d}t}\left(\dfrac{\partial F^*}{\partial \dot{\varphi}}\right) = 0 \end{cases} \tag{8.90}$$

对式（8.89）求相应的偏导数后代入式（8.90），由上述方程第三式可知 $\dot{\lambda}_3 = 0$，由第二式

知有

$$\frac{\partial F^*}{\partial V_Y}-\frac{\mathrm{d}}{\mathrm{d}t}\left(\frac{\partial F^*}{\partial \dot{V}_Y}\right)=\lambda_3\left(1+\frac{\dot{V}_Y}{g}\right)-\frac{\mathrm{d}}{\mathrm{d}t}\left(\lambda_2+\lambda_3\frac{V_Y}{g}\right)$$

$$=\lambda_3\left(1+\frac{\dot{V}_Y}{g}\right)-\left(\dot{\lambda}_2+\lambda_3\frac{\dot{V}_Y}{g}+\dot{\lambda}_3\frac{V_Y}{g}\right)=\lambda_3-\dot{\lambda}_2-\dot{\lambda}_3\frac{V_Y}{g}=0$$

将 $\dot{\lambda}_3=0$ 代入上式可得

$$\dot{\lambda}_2=\lambda_3$$

即

$$\begin{cases}\dot{\lambda}_1=0\\ \dot{\lambda}_2=\lambda_3\\ \dot{\lambda}_3=0\\ \lambda_1\sin\varphi=\lambda_2\cos\varphi\end{cases}\tag{8.91}$$

由上式可求得

$$\begin{cases}\lambda_1\ \text{为常数}\\ \lambda_3\ \text{为常数}\\ \lambda_2=\lambda_{2K_1}+\lambda_3(t-t_{K_1})\\ \tan\varphi(t)=\dfrac{\lambda_{2K_1}+\lambda_3(t-t_{K_1})}{\lambda_1}\end{cases}\tag{8.92}$$

由式（8.92）第四式可知，最优俯仰程序 $\varphi(t)$ 的正切函数为时间的线性函数。其中包含的常数 λ_1、λ_3、λ_{2K_1}要由端点条件及等周约束条件确定。

第一个端点条件为 V_{XK}自由，由横截条件可知，有

$$\left.\frac{\partial F^*}{\partial \dot{V}_X}\right|_{t=t_K}=0$$

由上式可求得

$$\lambda_1=1\tag{8.93}$$

第一个端点条件为 V_{YK}自由，由横截条件可知

$$\left.\frac{\partial F^*}{\partial \dot{V}_Y}\right|_{t=t_K}=0$$

由上式可求得

$$\frac{V_{YK}}{g}=-\frac{\lambda_{2K}}{\lambda_3}=-\frac{\lambda_{2K_1}}{\lambda_3}-(t-t_{K_1})\tag{8.94}$$

将式（8.94）代入式（8.64）第二式，并注意到

$$\sin\varphi=\frac{\lambda_{2K_1}+\lambda_3(t-t_{K_1})}{\{1+[\lambda_{2K_1}+\lambda_3(t-t_{K_1})]^2\}^{1/2}}$$

则可得 λ_{2K_1}和 λ_3 应满足的第一个方程为

$$-\frac{\lambda_{2K_1}}{\lambda_3}-\frac{V_{YK_1}}{g}=\int_{t_{K_1}}^{t_K}\frac{P[\lambda_{2K_1}+\lambda_3(t-t_{K_1})]}{mg\{1+[\lambda_{2K_1}+\lambda_3(t-t_{K_1})]^2\}^{1/2}}\mathrm{d}t\tag{8.95}$$

确定常数的第三个方程为等周条件约束方程式（8.85），将其写为

$$H = Y_K + \frac{V_{YK}^2}{2g}$$

将式（8.94）代入上式后可得

$$H - \frac{g}{2}\left[\frac{\lambda_{2K_1}}{\lambda_3} + (t - t_{K_1})\right]^2 = Y_K$$

再将式（8.64）第四式代入上式则有

$$H - \frac{g}{2}\left[\frac{\lambda_{2K_1}}{\lambda_3} + (t - t_{K_1})\right]^2 - Y_{K_1} - V_{YK_1}(t_K - t_{K_1}) + \frac{g(t_K - t_{K_1})^2}{2}$$

$$= \int_{t_{K_1}}^{t_K} \frac{P[\lambda_{2K_1} + \lambda_3(t - t_{K_1})](t_K - t)}{m\{1 + [\lambda_{2K_1} + \lambda_3(t - t_{K_1})]^2\}^{1/2}}\mathrm{d}t \tag{8.96}$$

由式（8.95）和（8.96）联立可求解解出 λ_{2K_1}和 λ_3，将其代入式（8.92）第四式，并注意到式（8.93）后可得最佳俯仰程序为

$$\tan\varphi(t) = \lambda_{2K_1} + \lambda_3(t - t_{K_1}) \tag{8.97}$$

如令 $t = t_{K_1}$时的俯仰程序角为 φ_{K_1}，则由式（8.97）可知

$$\tan\varphi_{K_1} = \lambda_{2K_1}$$

因此有

$$\tan\varphi(t) = \tan\varphi_{K_1} + \lambda_3(t - t_{K_1}) \tag{8.98}$$

8.4　运载火箭的飞行性能估算

飞行性能估算是运载火箭初步设计阶段提出的一个实际问题。初步设计的主要任务之一是确立运载火箭的设计参数。为完成这一任务，对于给定的设计参数，要求能在一定的精度范围（如相对误差不超过5%）内，快速地计算出运载火箭的飞行性能，即要求给出有效地进行弹道计算的简化方法。

弹道计算的简化方法有两类：一类是对运动微分方程进行简化，即根据实际情况，忽略对飞行性能影响不显著的次要因素，做出合理的假设，建立简化的描述运载火箭运动的微分方程组，从而使计算简化；另一类是对运动微分方程组的解进行简化，即利用电子计算机进行大量的精确弹道计算，然后对计算结果进行分析并进行数据拟合，得出近似的经验公式。下面研究的性能估算方法是综合上述两类近似方法而得出的便于使用的方法。

在性能估算中，根据受力情况的不同，将发射段弹道分为大气层段和真空段。第一级子火箭的关机高度一般在60km左右，故认为第一级子火箭工作时，运载火箭在大气层中飞行，第一级子火箭关机后，运载火箭即进入真空段飞行。

下面讨论的是运载火箭真空段的性能估算，由于二级以上的各级子火箭工作时的性能估算方法完全相同，故以第二级为例进行讨论，结果可推广到其余各级。

8.4.1　假设和原始数据

在性能估算中，根据实际情况，做出下列假设，并指出性能估算中要用到的原始数据。

8.4.1.1 坐标系

设发射段弹道为平面弹道，在性能估算中使用两种惯性坐标系，如图8.19所示，地球为半径等于 R 的圆球。

一种是发射惯性坐标系 $X_1O_eY_1$，坐标原点与地心 O_e 重合；Y_1 轴为地心与发射点的连线，向上为正；X_1 轴在弹道平面内垂直于 Y_1 轴，指向运动方向为正。第一级子火箭的性能估算在此坐标系内进行。

另一种是级惯性坐标系 XO_eY，原点与地心重合；Y 轴为地心与该级起点 O 的连线，向上为正；X 轴在弹道平面内垂直于 Y 轴，指向运动方向为正。各级的性能估算分别在该级惯性坐标系内运行。

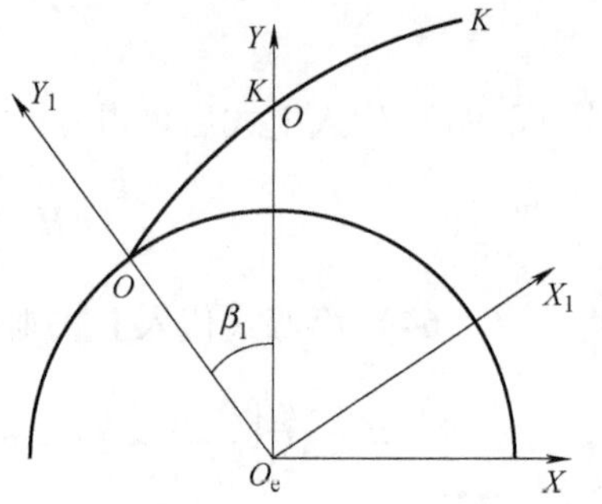

图8.19 发射点和级的地心惯性坐标系

对于任一待估算级的起点均称为 O，并规定此时刻为零时刻；任一待估算的级的关机点均称为 K，时刻为 t_K。

8.4.1.2 质量、推力、比推力

待估算级的初始质量 m_0、关机时质量 m_K，真空推力 P_v、真空比推力 P_{spv}、推进剂质量秒消耗量 $\dot{m}$ 为已知量（$\dot{m}$ 取正值）。

8.4.1.3 引力加速度

由于飞行性能对飞行过程中地心距变化而引起的引力变化不敏感，故在引力加速度计算中取地心距 r 为常值 r^*。r^* 是待估算级的弹道地心距的平均值，经大量计算后，将 r^* 的取值归结为按下述公式计算所得的值；

$$r^* = r_0 + t_K\left[V_0 + g_0P_{spv}\left(1 + \frac{\mu_K\ln\mu_K}{1+\mu_K}\right) - \frac{g_0t_K}{2}\right]K^*\sin\theta_0 \tag{8.99}$$

式中，系数 K^* 为

$$K^* = \frac{0.0163}{[1-\mu_K(1-\ln\mu_K)]\mu_K\nu_0} \tag{8.100}$$

式中，g_0 为地面重力加速度的平均值，$g_0 = 9.81\text{m/s}^2$；r_0、V_0 为该级的初始地心距和速度；θ_0 为该级的初始速度倾角，即该级的初始速度矢量与 X 轴的夹角；$\mu_K = m_K/m_0$ 称为该级的结构比，$\nu_0 = m_0g_0/P_v$ 为该级的初始重推比，式（8.99）中的 V_0、θ_0 按后面叙述的方法确定。

在此假设下，引力加速度的大小为常值，并按下式计算：

$$g^* = g_0\left(\frac{R}{r^*}\right)^2 \tag{8.101}$$

引力加速度的方向指向地心。

8.4.1.4 俯仰角

设运载火箭在飞行中的俯仰角与规定的俯仰程序角相等，并令下式：

$$\begin{cases}\varphi^* = 90° - \varphi \\ \varphi^* = \varphi_0^* + \dot{\varphi}^*t\end{cases} \tag{8.102}$$

式中，φ^* 为余程序角；φ_0^* 为该级的初始余程序角。此角在级惯性坐标系中计算，即前一级关机时的余程序角减去前一级的射程角的值，故 φ_0^* 为一已知量，$\dot{\varphi}^*$ 为常值余程序角速度。

此常数要在计算飞行性能过程中用试探法确定，当此常数使发射段终点的速度倾角符合入轨要求时，则此常数为所求值。后面会进一步研究此常数的确定方法。

8.4.1.5　运动参数的初始值

由于第一级子火箭的飞行时间不长，可以不考虑地球旋转的影响，但从第二级为火箭开始工作到卫星入轨这一段的飞行时间长，有必要考虑地球旋转对飞行性能的影响，这一影响通过改变第二级子火箭的初始速度矢量来加以考虑。其计算方法如下：

设第一级子火箭的性能估算在 $X_{\mathrm{I}}O_{e}Y_{\mathrm{I}}$ 坐标系中进行，通过性能估算获得关机点 K 的不考虑地球旋转的运动状态参数 $X_{\mathrm{I}K}$、$Y_{\mathrm{I}K}$、$V^{*}_{X\mathrm{I}K}$、$V^{*}_{Y\mathrm{I}K}$，由下式可将这些参数表示为另一种形式：

$$\begin{cases} V^{*}_{\mathrm{I}K} = (V^{*2}_{X\mathrm{I}K} + V^{*2}_{Y\mathrm{I}K})^{1/2} \\ \theta^{*}_{\mathrm{I}K} = \arctan \dfrac{V^{*}_{Y\mathrm{I}K}}{V^{*}_{X\mathrm{I}K}} \\ r_{\mathrm{I}K} = (X^{2}_{\mathrm{I}K} + Y^{2}_{\mathrm{I}K})^{1/2} \\ \beta_{\mathrm{I}K} = \arctan \dfrac{X_{\mathrm{I}K}}{Y_{\mathrm{I}K}} \end{cases} \tag{8.103}$$

式中，$V^{*}_{\mathrm{I}K}$ 和 $\theta^{*}_{\mathrm{I}K}$ 分别为不考虑地球旋转时的速度和速度倾角；$r_{\mathrm{I}K}$ 为地心距；$\beta_{\mathrm{I}K}$ 为射程角。

将第一级子火箭关机点参数换算为 $XO_{e}Y$ 坐标系中的值则有

$$\begin{cases} \theta^{*}_{0} = \theta^{*}_{\mathrm{I}K} + \beta_{\mathrm{I}K} \\ V^{*}_{X0} = V^{*}_{\mathrm{I}K}\cos\theta^{*}_{0} \\ V^{*}_{Y0} = V^{*}_{\mathrm{I}K}\sin\theta^{*}_{0} \\ X_{0} = 0 \\ Y_{0} = r_{0} \end{cases} \tag{8.104}$$

在考虑地球旋转时，应在此时刻的速度矢量上附加一由地球旋转引起的牵连速度，即可求得火箭相对于级惯性坐标系的绝对速度。牵连速度的方向垂直于 Y 轴并指向东方，牵连速度的大小近似取为发射点的值，如发射点地心纬度为 φ_{L}，发射方位角为 A，地球旋转角速度为 ω_{e}，则牵连速度的大小为 $R\omega_{e}\cos\varphi_{\mathrm{L}}$。将向东的牵连速度分解为 $XO_{e}Y$ 平面内的分量和垂直于此平面的分量，则这两个分量分别为 $R\omega_{e}\cos\varphi_{\mathrm{L}}\sin A$ 和 $R\omega_{e}\cos\varphi_{\mathrm{L}}\cos A$。后一分量使火箭偏离 $XO_{e}Y$ 平面，对 $XO_{e}Y$ 平面内的运动参数影响不大，故估算飞行性能时，略去这一分量。

在考虑了地球旋转影响后，在第一级子火箭关机点，即第二级子火箭开始工作时，在 $XO_{e}Y$ 坐标系中的运动状态参数为

$$\begin{cases} X_{0} = 0 \\ Y_{0} = r_{0} \\ V_{X0} = V^{*}_{X0} + R\omega_{e}\cos\varphi_{\mathrm{L}}\sin A \\ V_{Y0} = V^{*}_{Y0} \\ V_{0} = (V^{2}_{X0} + V^{2}_{Y0})^{1/2} \\ \theta_{0} = \arctan \dfrac{V_{Y0}}{V_{X0}} \end{cases} \tag{8.105}$$

由于第一级子火箭在大气层中飞行，俯仰角可认为与速度倾角相等（即攻角为零），因此在第一级子火箭关机时可认为初始余程序角 φ_0^* 为

$$\varphi_0^* = 90^\circ - \theta_0^* \tag{8.106}$$

8.4.2 真空段运动方程及其求解

对于第二级及其以上各级运载火箭，可分别在各自的级惯性坐标系 XO_eY 中建立其运动方程。在前述假设下，其运动方程为

$$\begin{cases}\ddot{X} = \dfrac{P_v\sin(\varphi_0^* + \dot{\varphi}^* t)}{m} - \dfrac{g^* X}{r^*} \\ \ddot{Y} = \dfrac{P_v\cos(\varphi_0^* + \dot{\varphi}^* t)}{m} - \dfrac{g^* Y}{r^*}\end{cases} \tag{8.107}$$

初始条件为 $t=0$，$X=0$，$Y=r_0$，$\dot{X}=V_{X0}$，$\dot{Y}=V_{Y0}$，$m=m_0$，在式（8.107）中的 r^*、g^* 可由式（8.99）和式（8.100）求得。

为了将上式的解用设计参数表示，引入下列设计参数：

$$\text{真空比推力 } P_{spv} = \frac{P_v}{\dot{m}g_0} = \frac{P_v}{\dot{G}} \tag{8.108}$$

$$\text{重推比 } \nu_0 = \frac{m_0 g_0}{P_v} = \frac{G_0}{P_v} \tag{8.109}$$

$$\text{结构比 } \mu = \frac{m}{m_0} = 1 - \frac{t}{P_{spv}\nu_0} \tag{8.110}$$

在求解式（8.107）时，用 μ 代替 t 作自变量，由式（8.110）可知

$$t = P_{spv}\nu_0(1-\mu) \tag{8.111}$$

$$\mathrm{d}t = -P_{spv}\nu_0\mathrm{d}\mu \tag{8.112}$$

由式（8.111）可知，有

$$\varphi^* = \varphi_0^* + \dot{\varphi}^* t = \varphi_0^* + \dot{\varphi}^* P_{spv}\nu_0(1-\mu) = \varphi_0^* + P_{spv}\nu_0\dot{\varphi}^* - P_{spv}\nu_0\dot{\varphi}^*\mu = \eta + \xi\mu \tag{8.113}$$

其中

$$\begin{cases}\eta = \varphi_0^* + P_{spv}\nu_0\dot{\varphi}^* \\ \xi = -P_{spv}\nu_0\dot{\varphi}^*\end{cases} \tag{8.114}$$

将式（8.112）和式（8.113）代入式（8.107），并令

$$X'' = \frac{\mathrm{d}^2X}{\mathrm{d}\mu^2},\quad Y'' = \frac{\mathrm{d}^2Y}{\mathrm{d}\mu^2} \tag{8.115}$$

则有

$$\begin{cases}X'' + \dfrac{P_{spv}^2\nu_0^2 g^* X}{r^*} = \dfrac{g_0 P_{spv}^2\nu_0\sin(\eta+\xi\mu)}{\mu} \\ Y'' + \dfrac{P_{spv}^2\nu_0^2 g^* Y}{r^*} = \dfrac{g_0 P_{spv}^2\nu_0\cos(\eta+\xi\mu)}{\mu}\end{cases} \tag{8.116}$$

令

$$\begin{cases}\omega = P_{\text{spv}}\nu_0\left(\dfrac{g^*}{r^*}\right)^{1/2}\\ \zeta = g_0 P_{\text{spv}}^2\nu_0\end{cases}\tag{8.117}$$

则有

$$\begin{cases}X'' + \omega^2 X = \dfrac{\zeta\sin(\eta+\xi\mu)}{\mu}\\ Y'' + \omega^2 Y = \dfrac{\zeta\cos(\eta+\xi\mu)}{\mu}\end{cases}\tag{8.118}$$

上式为两个相互独立的二阶常系数线性微分方程，可求出其解析表达式。由解析解可得 K 点的运动状态参数为

$$\begin{cases}X_K = \dfrac{\zeta}{\omega}\left\{I(\omega) + \dfrac{V_{X0}\sin[\omega(1-\mu_K)]}{g_0P_{\text{spv}}}\right\}\\ \dot{X}_K = -g_0P_{\text{spv}}R(\omega) + V_{X0}\cos[\omega(1-\mu_K)]\\ Y_K = \dfrac{\zeta}{\omega}\left\{I(z) + \dfrac{V_{Y0}\sin[\omega(1-\mu_K)]}{g_0P_{\text{spv}}}\right\} + r_0\cos[\omega(1-\mu_K)]\\ \dot{Y}_K = -g_0P_{\text{spv}}\left\{R(z) + \left[\dfrac{r_0\omega\sin[\omega(1-\mu_K)]}{\zeta}\right]\right\} + V_{Y0}\cos[\omega(1-\mu_K)]\end{cases}\tag{8.119}$$

其中

$$\begin{cases}I(\omega) = C\sin(\omega\mu_K) - D\cos(\omega\mu_K)\\ R(\omega) = C\cos(\omega\mu_K) + D\sin(\omega\mu_K)\\ I(z) = A\sin(\omega\mu_K) - B\cos(\omega\mu_K)\\ R(z) = A\cos(\omega\mu_K) + B\sin(\omega\mu_K)\end{cases}\tag{8.120}$$

而

$$\begin{cases}A = \dfrac{E\cos\eta - F\sin\eta}{2}\\ B = \dfrac{G\sin\eta + H\cos\eta}{2}\\ C = \dfrac{E\sin\eta + F\cos\eta}{2}\\ D = \dfrac{-G\cos\eta + H\sin\eta}{2}\\ E = \mathrm{Ci}[(\xi+\omega)\mu_K] - \mathrm{Ci}(\xi+\omega) + \{\mathrm{Ci}[(\xi-\omega)\mu_K] - \mathrm{Ci}(\xi-\omega)\}\\ F = \mathrm{Si}[(\xi+\omega)\mu_K] - \mathrm{Si}(\xi+\omega) + \{\mathrm{Si}[(\xi-\omega)\mu_K] - \mathrm{Si}(\xi-\omega)\}\\ G = \mathrm{Ci}[(\xi+\omega)\mu_K] - \mathrm{Ci}(\xi+\omega) - \{\mathrm{Ci}[(\xi-\omega)\mu_K] - \mathrm{Ci}(\xi-\omega)\}\\ H = \mathrm{Si}[(\xi+\omega)\mu_K] - \mathrm{Si}(\xi+\omega) - \{\mathrm{Si}[(\xi-\omega)\mu_K] - \mathrm{Si}(\xi-\omega)\}\end{cases}\tag{8.121}$$

式中，$\mathrm{Si}(u)$ 和 $\mathrm{Ci}(u)$ 分别为正弦积分和余弦积分，即

$$\begin{cases}\mathrm{Si}(u) = \displaystyle\int_0^u \frac{\sin\sigma}{\sigma}\mathrm{d}\sigma\\ \mathrm{Ci}(u) = -\displaystyle\int_u^\infty \frac{\cos\sigma}{\sigma}\mathrm{d}\sigma\end{cases}\tag{8.122}$$

式中，Si(u) 为奇函数；Ci(u) 为偶函数。其数值可由有关的函数表查得。

对于已知设计参数 P_{spv}、ν_0、μ_K 和俯仰程序参数 φ_0^*、$\dot{\varphi}^*$ 及运动初始条件 X_0、Y_0、V_{X0}、V_{Y0}的某级火箭，用上面的公式可求得其关机点参数 X_K、Y_K、V_{XK}、V_{YK}，并可求得

$$\begin{cases} V_K = (V_{XK}^2 + V_{YK}^2)^{1/2} \\ r_K = (X_K^2 + Y_K^2)^{\frac{1}{2}} \\ h_K = r_K - R \\ \beta_K = \arctan \dfrac{X_K}{Y_K} \\ \Theta_K = \arcsin \dfrac{\boldsymbol{r}_K \cdot \boldsymbol{V}_K}{r_K V_K} = \arcsin \dfrac{X_K V_{XK} + Y_K V_{YK}}{r_K V_K} \\ \theta_K = \Theta_K - \beta_K \end{cases} \tag{8.123}$$

式中，Θ_K 为当地速度倾角；θ_K 为速度倾角。

最后讨论 $\dot{\varphi}^*$ 的选择问题，关机点参数 V_K、Θ_K、h_K 是 $\dot{\varphi}^*$ 的函数，为使卫星进入预定轨道，对最后级的关机点参数有特定的要求。例如，为进入圆轨道，要求最后级的关机点参数满足 V_K 等于圆轨道速度，$\Theta_K = 0$，h_K 等于轨道高度，因此要根据特定的要求选择 $\dot{\varphi}^*$，使要求得到满足（或主要要求得到满足）。

通常，$\dot{\varphi}^*$ 在 0 ~ 0.2°/s 的范围内变化，在选择 $\dot{\varphi}^*$ 时，要用迭代法求解，一般经过三次迭代即可求得合适的 $\dot{\varphi}^*$ 值。

8.4.3 第二级火箭性能估算举例

假设用两级液体推进剂运载火箭将卫星送入高度为 185.20km 的圆轨道，已知发射点地心纬度 $\varphi_{\text{L}} = 28.22°$，发射方位角 $A = 110°$，通过第一级运载火箭的性能估算，已知关机点在 $XO_{\text{e}}Y$ 坐标系中的运动状态参数为 $V_0^* = 2007.08\text{m/s}$，$\theta_0^* = \varphi_0 = 30.0°$、$X_0 = 0$、$Y_0 = 6428\text{km}$，$\beta_{\text{I}K} = 0.5°$。已知第二级运载火箭的设计参数 $\nu_0 = 1/0.9205$，$\mu_K = 1/4.136$，$P_{\text{spv}} = 425\text{s}$，$t_K = 350.07\text{s}$。要求估算第二级运载火箭关机点的飞行性能。

首先，由式（8.105）求出考虑地球旋转后的第二级运载火箭的初始运动状态参数，有

$$V_{X0} = V_0^* \cos\theta_0^* + R\omega_{\text{e}}\cos\varphi_{\text{L}}\sin A = 2122.85\text{m/s}$$

$$V_{Y0} = V_0^* \sin\theta_0^* = 1003.54\text{m/s}$$

$$\theta_0 = \arctan \frac{V_{Y0}}{V_{X0}} = 25.3°$$

$$V_0 = (V_{X0}^2 + V_{Y0}^2)^{1/2} = 2348.10\text{m/s}$$

由式（8.106）求得

$$\varphi_0^* = 90° - \theta_0^* = 60°$$

由式（8.99）~式（8.101）求得

$$K^* = 0.15$$

$$r^* = 6493.46\text{km}$$

$$g^* = 9.44\text{m/s}^2$$

然后，猜测 $\dot{\varphi}^* = 0.10°/\text{s}$，由式（8.114）和式（8.117）求出

$$\eta = \varphi_0^* + P_{spv}\nu_0\dot{\varphi}^* = 1.853\text{rad}$$
$$\xi = -P_{spv}\nu_0\dot{\varphi}^* = -0.806\text{rad}$$
$$\zeta = g_0 P_{spv}^2\nu_0 = 1.924 \times 10^6\text{m}$$
$$\omega = P_{spv}\nu_0\left(\frac{g^*}{r^*}\right)^{1/2} = 0.557$$

由于

$$\xi + \omega = -0.2491, \quad \xi - \omega = -1.3625$$
$$(\xi + \omega)\mu_K = -0.0602, \quad (\xi - \omega)\mu_K = -0.3295$$

由 Ci(u) 和 Si(u) 的函数表（见表 8.1）可查得数据。

表 8.1　Ci(u) 和 Si(u) 的函数表

u	Ci(u)	Si(u)
-0.2491	-0.8281	-0.2483
-0.0602	-2.2331	-0.0603
-1.3625	0.4569	-1.2295
-0.3295	-0.5601	-0.3275

将其代入式（8.121）可得

$$E = -2.4221, \quad F = 1.0902$$
$$G = -0.3881, \quad H = -0.7141$$
$$A = -0.1862, \quad B = -0.0869$$
$$C = -1.3149, \quad D = -0.3970$$

由式（8.120）可得

$$I(z) = 0.0612, \quad R(z) = -0.1962$$
$$I(\omega) = 0.2169, \quad R(\omega) = -1.3563$$

由式（8.119）和式（8.123）可算得第二级运载火箭关机点参数为

$$X_K = 1470.88\text{km}$$
$$Y_K = 6416.20\text{km}$$
$$h_K = 211.53\text{km}$$
$$V_{XK} = 7589.10\text{m/s}$$
$$V_{YK} = -1441.99\text{m/s}$$
$$V_K = 7725.04\text{m/s}$$
$$\Theta_K = 2.15°$$
$$\beta_K = 12.91°$$

而对于给定的圆轨道，要求的入轨点参数为

$$V_K = 7796.97\text{m/s}$$
$$h_K = 185.20\text{km}$$
$$\Theta_K = 0°$$

两者比较后可知，$\dot{\varphi}^* = 0.10°/\text{s}$ 的猜测值过小，以致估算的关机点参数 Θ_K 和 h_K 过大，

V_K 过小，故应改变 $\dot{\varphi}^*$ 的取值，调整 $\dot{\varphi}^*$ 的原则是认为关机点参数近似与 $\dot{\varphi}^*$ 呈线性关系。

最后改变 $\dot{\varphi}^*$ 的取值，使关机点参数符合要求（见表 8.2），下面给出 $\dot{\varphi}^*$ 的调整过程。

表 8.2　关机点参数选取

$\dot{\varphi}^*/(°/s)$	h_K/km	V_K/(m/s)	Θ_K/(°)
0.10	211.53	7725.04	2.15
0.11	198.53	7777.46	0.65
0.1143	185.69	7799.41	0.01

与预定圆轨道的运动状态参数比较可知，取 $\dot{\varphi}^* = 0.1143°/s$ 是合适的。

当 $\dot{\varphi}^* = 0.1143°/s$ 时，第二级运载火箭在 XO_eY 坐标系中关机点参数按上述方法算得为

$$X_K = 1479.51\text{km}$$
$$Y_K = 6387.72\text{km}$$
$$V_{XK} = 7599.77\text{m/s}$$
$$V_{YK} = -1753.37\text{m/s}$$
$$\beta_K = 13.05°$$
$$\varphi_K = 90° - \varphi_K^* = -10.01°$$

第二级运载火箭的速度损失为

$$\Delta V_L = -g_0 P_{spv} \ln\mu_K - (V_K - V_0) = 461.86\text{m/s}$$

两级运载火箭的总射程角为

$$\beta = \beta_{\text{I}K} + \beta_K = 0.5° + 13.05° = 13.55°$$

下面将第二级运载火箭的运动参数的近似解与计算机算得的精确解进行比较，见表 8.3。其中起始点参数的近似解是由大气层段的性能估算求得的。

表 8.3　第二级运载火箭的运动参数的近似解和精确解

	V_0/(m/s)	θ_0/(°)	h_0/km	$\beta_{\text{I}K}$/(°)	$\dot{\varphi}^*/(°/s)$	V_K/(m/s)	Θ_K/(°)	h_K/km	β/(°)
近似解	2348.1	25.30	56.89	0.5	0.1143	7799.41	0.01	185.69	18.55
精确解	2348.5	25.55	54.68	0.52	0.1180	7796.97	0	185.20	18.52

由比较可知，性能估算的近似解有较高的精度，可供弹道初步设计使用。

8.5　入轨点运动状态参数偏差与卫星轨道根数偏差的关系

由于运载火箭的制导系统存在方法误差与工具误差，因此入轨点的运动状态参数不可避免地要偏离预定值，从而使得轨道根数偏离预定值。在制导系统的设计与分析及运载火箭的飞行试验等实际问题中，要求掌握入轨点运动状态参数偏差与卫星轨道根数偏差之间的关系。

在一般情况下，运动状态参数偏差为小量，在研究上述问题时，可采用线性化方法；但在某些特殊情况下，必须用非线性化方法。

8.5.1　轨道根数与入轨点运动状态参数的关系

设卫星在已知的 t 时刻入轨，其运动状态用下述参数描述：

r 为地心距，δ 为赤纬，V 为速度，α 为赤经，Θ 为当地速度倾角，A 为方位角。它们决定了卫星的轨道根数 a、e、i、Ω、ω 和 τ。根据实际问题的需要，a 和 e 这两个根数也可用近地点地心距 r_p 和远地点地心距 r_a 及半通径 P 这三个参数中的任何两个代替。τ 可用 t^* 代替，t^* 定义为

$$t^* = t - \tau \tag{8.124}$$

运动状态参数与轨道根数的关系可写成下列形式：

a、e、t^* 为轨道面的根数，因而只与 r、V、Θ 有关，其关系为

$$\begin{cases} a = \dfrac{r}{2 - v} \\ e = [1 + v(v-2)\cos^2\Theta]^{1/2} \\ P = a(1 - e^2) = rv\cos^2\Theta \\ r_a = \dfrac{P}{1-e} = r\dfrac{1 + [1 + v(v-2)\cos^2\Theta]^{1/2}}{2 - v} \\ r_p = \dfrac{P}{1+e} = r\dfrac{1 - [1 + v(v-2)\cos^2\Theta]^{1/2}}{2 - v} \\ t^* = n(E - e\sin E) \\ n = \left(\dfrac{a^3}{\mu}\right)^{-1/2} \\ e\sin E = [v(2-v)]^{1/2}\sin\Theta \\ e\cos E = 1 - \dfrac{r}{a} = v - 1 \\ E = \arctan\dfrac{[v(2-v)]^{1/2}\sin\Theta}{v - 1} \\ v = \dfrac{rV^2}{\mu} \end{cases} \tag{8.125}$$

i 和 Ω 为描述轨道面在惯性空间中位置的根数，故与 δ、α、A 有关，其关系为

$$\begin{cases} i = \arccos(\cos\delta\sin A) \qquad 0 \leqslant i \leqslant \pi \\ \Omega = \alpha - \alpha_s \\ \alpha_s = \arctan(\sin\delta\tan A) \end{cases} \tag{8.126}$$

式中，α_s 为入轨点赤经与升交点赤经之差。

ω 为描述近地点在轨道面内位置的根数，其关系为

$$\begin{cases} \omega = u - f \\ e\sin f = v\sin\Theta\cos\Theta \\ e\cos f = v^2\cos^2\Theta - 1 \\ f = \arctan\dfrac{v\sin\Theta\cos\Theta}{v^2\cos^2\Theta - 1} \\ \sin u = \dfrac{\sin\delta}{\sin i} \\ \cos u = \cot A\cot i \\ u = \arctan(\tan\delta\sec A) \end{cases} \tag{8.127}$$

式中，u 为轨道面内入轨点与升交点的角距；f 为入轨点的真近点角。

式（8.125）~（8.127）是下面讨论问题的基础。

8.5.2 误差系数矩阵

令

$$\boldsymbol{Y}=\begin{pmatrix} a \\ e \\ t^{*} \\ i \\ \Omega \\ \omega \end{pmatrix},\quad \boldsymbol{X}=\begin{pmatrix} r \\ V \\ \Theta \\ \delta \\ \alpha \\ A \end{pmatrix} \tag{8.128}$$

当 $\boldsymbol{Y}$ 为预定值 $\boldsymbol{Y}^{**}$ 时，则 $\boldsymbol{X}$ 为预定值 $\boldsymbol{X}^{**}$，它们的关系为

$$\boldsymbol{Y}^{**}=\boldsymbol{Y}(\boldsymbol{X}^{**}) \tag{8.129}$$

令

$$\begin{cases}\Delta\boldsymbol{Y}=\boldsymbol{Y}-\boldsymbol{Y}^{**} \\ \Delta\boldsymbol{X}=\boldsymbol{X}-\boldsymbol{X}^{**}\end{cases} \tag{8.130}$$

式中，$\Delta\boldsymbol{Y}$ 和 $\Delta\boldsymbol{X}$ 分别为 $\boldsymbol{Y}$ 和 $\boldsymbol{X}$ 对预定值的偏差，当偏差不大时，用线性化方法可求得

$$\Delta\boldsymbol{Y}=\left.\frac{\partial\boldsymbol{Y}}{\partial\boldsymbol{X}}\right|_{\boldsymbol{X}=\boldsymbol{X}^{**},\boldsymbol{Y}=\boldsymbol{Y}^{**}}\Delta\boldsymbol{X} \tag{8.131}$$

式中，$(\partial\boldsymbol{Y}/\partial\boldsymbol{X})$ 为 6×6 矩阵，矩阵中各元素为运动状态参数偏差引起的轨道根数偏差，故此矩阵称为误差系数矩阵。其展开形式为

$$\frac{\partial\boldsymbol{Y}}{\partial\boldsymbol{X}}=\begin{bmatrix}
\frac{\partial a}{\partial r} & \frac{\partial a}{\partial V} & \frac{\partial a}{\partial\Theta} & \frac{\partial a}{\partial\delta} & \frac{\partial a}{\partial\alpha} & \frac{\partial a}{\partial A} \\
\frac{\partial e}{\partial r} & \frac{\partial e}{\partial V} & \frac{\partial e}{\partial\Theta} & \frac{\partial e}{\partial\delta} & \frac{\partial e}{\partial\alpha} & \frac{\partial e}{\partial A} \\
\frac{\partial t^{*}}{\partial r} & \frac{\partial t^{*}}{\partial V} & \frac{\partial t^{*}}{\partial\Theta} & \frac{\partial t^{*}}{\partial\delta} & \frac{\partial t^{*}}{\partial\alpha} & \frac{\partial t^{*}}{\partial A} \\
\frac{\partial i}{\partial r} & \frac{\partial i}{\partial V} & \frac{\partial i}{\partial\Theta} & \frac{\partial i}{\partial\delta} & \frac{\partial i}{\partial\alpha} & \frac{\partial i}{\partial A} \\
\frac{\partial\Omega}{\partial r} & \frac{\partial\Omega}{\partial V} & \frac{\partial\Omega}{\partial\Theta} & \frac{\partial\Omega}{\partial\delta} & \frac{\partial\Omega}{\partial\alpha} & \frac{\partial\Omega}{\partial A} \\
\frac{\partial\omega}{\partial r} & \frac{\partial\omega}{\partial V} & \frac{\partial\omega}{\partial\Theta} & \frac{\partial\omega}{\partial\delta} & \frac{\partial\omega}{\partial\alpha} & \frac{\partial\omega}{\partial A}
\end{bmatrix} \tag{8.132}$$

下面用偏导数的方法导出矩阵中的各元素。

对式（8.125）第一式和最后一式求偏导数，由于 $a=a(r,V)$，故可得

$$\frac{\partial a}{\partial r}=\frac{1}{2-v}+\frac{r}{(2-v)^2}\frac{V^2}{\mu}=\frac{2-v}{(2-v)^2}+\frac{v}{(2-v)^2}=\frac{2}{(2-v)^2}=2\left(\frac{a}{r}\right)^2$$

$$\frac{\partial a}{\partial V}=\frac{r}{(2-v)^2}\frac{\partial v}{\partial V}=\frac{r}{(2-v)^2}\frac{2rV}{\mu}=2\left(\frac{r}{2-v}\right)^2\frac{1}{rV}\frac{rV^2}{\mu}=2v\frac{a}{r}\frac{a}{V}$$

即

$$\begin{cases}\dfrac{\partial a}{\partial r}=2\left(\dfrac{a}{r}\right)^2\\ \dfrac{\partial a}{\partial V}=2v\dfrac{a}{r}\dfrac{a}{V}\\ \dfrac{\partial a}{\partial \Theta}=\dfrac{\partial a}{\partial \delta}=\dfrac{\partial a}{\partial \alpha}=\dfrac{\partial a}{\partial A}=0\end{cases}\tag{8.133}$$

对式（8.125）第二式求偏导数，由于 $e=e(r,V,\Theta)$，故可得

$$\frac{\partial e}{\partial r}=\frac{1}{2}\frac{1}{[1+v(v-2)\cos^2\Theta]^{\frac{1}{2}}}(2v-2)\cos^2\Theta\frac{V^2}{\mu}=\frac{v(v-1)\cos^2\Theta}{er}$$

$$\frac{\partial e}{\partial V}=\frac{1}{2}\frac{1}{[1+v(v-2)\cos^2\Theta]^{\frac{1}{2}}}(2v-2)\cos^2\Theta\frac{\partial v}{\partial V}=\frac{(v-1)\cos^2\Theta}{e}\frac{2rV}{\mu}$$

$$=\frac{(v-1)\cos^2\Theta}{eV}\frac{2rV^2}{\mu}=\frac{2v(v-1)\cos^2\Theta}{eV}$$

$$\frac{\partial e}{\partial \Theta}=-\frac{1}{2}\frac{1}{[1+v(v-2)\cos^2\Theta]^{\frac{1}{2}}}v(v-2)2\cos\Theta\sin\Theta=\frac{-v(v-2)\sin2\Theta}{2e}$$

即

$$\begin{cases}\dfrac{\partial e}{\partial r}=\dfrac{v(v-1)\cos^2\Theta}{er}\\ \dfrac{\partial e}{\partial V}=\dfrac{2v(v-1)\cos^2\Theta}{eV}\\ \dfrac{\partial e}{\partial \Theta}=\dfrac{-v(v-2)\sin2\Theta}{2e}\\ \dfrac{\partial e}{\partial \delta}=\dfrac{\partial e}{\partial \alpha}=\dfrac{\partial e}{\partial A}=0\end{cases}\tag{8.134}$$

对式（8.126）第一式求偏导数，由于 $i=i(\delta,A)$，故可得

$$\frac{\partial i}{\partial \delta}=-\frac{1}{\sqrt{1-(\cos\delta\sin A)^2}}(-\sin\delta\sin A)=\frac{\sin\delta\sin A}{\sin i}$$

$$\frac{\partial i}{\partial A}=-\frac{1}{\sqrt{1-(\cos\delta\sin A)^2}}\cos\delta\cos A=-\frac{\cos\delta\cos A}{\sin i}$$

即

$$\begin{cases}\dfrac{\partial i}{\partial \delta}=\dfrac{\sin\delta\sin A}{\sin i}\\ \dfrac{\partial i}{\partial A}=-\dfrac{\cos\delta\cos A}{\sin i}\\ \dfrac{\partial i}{\partial r}=\dfrac{\partial i}{\partial V}=\dfrac{\partial i}{\partial \Theta}=\dfrac{\partial i}{\partial \alpha}=0\end{cases}\tag{8.135}$$

对式（8.126）第二式和第三式求偏导数，由于 $\Omega=\Omega(\alpha,\delta,A)$，故可得

$$\frac{\partial\Omega}{\partial\delta}=-\frac{1}{1+(\sin\delta\tan A)^2}\cos\delta\tan A=-\frac{\cos\delta\sin A\cos A}{\cos^2A+\sin^2\delta\sin^2A}$$

$$=-\frac{\cos\delta\sin A\cos A}{1-\sin^2A+\sin^2\delta\sin^2A}=-\frac{\cos\delta\sin A\cos A}{1-\cos^2\delta\sin^2A}=-\frac{\sin2A\cos\delta}{2\sin^2i}$$

$$\frac{\partial\Omega}{\partial\alpha}=1$$

$$\frac{\partial\Omega}{\partial A}=-\frac{1}{1+(\sin\delta\tan A)^2}\sin\delta\frac{1}{\cos^2A}=-\frac{\sin\delta}{\cos^2A+\sin^2\delta\sin^2A}=-\frac{\sin\delta}{\sin^2i}$$

即

$$\begin{cases}\dfrac{\partial\Omega}{\partial\delta}=-\dfrac{\sin2A\cos\delta}{2\sin^2i}\\ \dfrac{\partial\Omega}{\partial\alpha}=1\\ \dfrac{\partial\Omega}{\partial A}=-\dfrac{\sin\delta}{\sin^2i}\\ \dfrac{\partial\Omega}{\partial r}=\dfrac{\partial\Omega}{\partial V}=\dfrac{\partial\Omega}{\partial\Theta}=0\end{cases}\tag{8.136}$$

对式（8.125）第六式和第七式求偏导数，由于 $t^*=t^*(a,e,E)$，又由第十式可知 $E=E(r,V,\Theta)$，故有

$$\xi_1=\frac{\partial t^*}{\partial a}=(E-e\sin E)\frac{\partial n}{\partial a}=(E-e\sin E)\frac{\partial n}{\partial a}\frac{3}{2}\left(\frac{a}{\mu}\right)^{1/2}=(E-e\sin E)\frac{\partial n}{\partial a}\frac{3}{2}\left(\frac{a^3}{\mu}\right)^{1/2}\frac{1}{a}=\frac{3t^*}{2a}$$

$$\xi_2=\frac{\partial t^*}{\partial e}=-n\sin E=-n\frac{e\sin E}{e}=-n\frac{[v(2-v)]^{1/2}\sin\Theta}{e}$$

$$\xi_3=\frac{\partial t^*}{\partial E}=n(1-e\cos E)=n(2-v)=\frac{nr}{a}$$

即

$$\begin{bmatrix}\dfrac{\partial t^*}{\partial r}\\ \dfrac{\partial t^*}{\partial V}\\ \dfrac{\partial t^*}{\partial\Theta}\end{bmatrix}=\begin{bmatrix}\dfrac{\partial a}{\partial r} & \dfrac{\partial e}{\partial r} & \dfrac{\partial E}{\partial r}\\ \dfrac{\partial a}{\partial V} & \dfrac{\partial e}{\partial V} & \dfrac{\partial E}{\partial V}\\ 0 & \dfrac{\partial e}{\partial\Theta} & \dfrac{\partial E}{\partial\Theta}\end{bmatrix}\begin{bmatrix}\xi_1\\ \xi_2\\ \xi_3\end{bmatrix}\tag{8.137a}$$

其中

$$\begin{cases}\xi_1=\dfrac{\partial t^*}{\partial a}=\dfrac{3t^*}{2a}\\ \xi_2=\dfrac{\partial t^*}{\partial e}=-n\dfrac{[v(2-v)]^{1/2}\sin\Theta}{e}\\ \xi_3=\dfrac{\partial t^*}{\partial E}=\dfrac{nr}{a}\end{cases}\tag{8.137b}$$

对式（8.125）第十式求偏导数可得

$$\frac{\partial E}{\partial r}=\frac{1}{1+\left\{\frac{[v(2-v)]^{1/2}\sin\Theta}{v-1}\right\}^2}\left\{\frac{1}{2}\frac{\sin\Theta}{[v(2-v)]^{\frac{1}{2}}(v-1)}(2-2v)-\frac{[v(2-v)]^{1/2}\sin\Theta}{(v-1)^2}\right\}\frac{\partial v}{\partial r}$$

$$=-\frac{1}{1+\left\{\frac{[v(2-v)]^{1/2}\sin\Theta}{v-1}\right\}^2}\left\{\frac{[v(2-v)]^{1/2}\sin\Theta}{v(2-v)}+\frac{[v(2-v)]^{1/2}\sin\Theta}{(v-1)^2}\right\}\frac{v}{r}$$

$$=-\frac{1}{1+\left\{\frac{[v(2-v)]^{1/2}\sin\Theta}{v-1}\right\}^2}[v(2-v)]^{1/2}\sin\Theta\left[\frac{1}{v(2-v)}+\frac{1}{(v-1)^2}\right]\frac{v}{r}$$

$$=-\frac{1}{1+\left\{\frac{[v(2-v)]^{1/2}\sin\Theta}{v-1}\right\}^2}[v(2-v)]^{1/2}\sin\Theta\frac{(v-1)^2+v(2-v)}{v(2-v)(v-1)^2}\frac{v}{r}$$

$$=-\frac{1}{1+\left\{\frac{[v(2-v)]^{1/2}\sin\Theta}{v-1}\right\}^2}[v(2-v)]^{1/2}\sin\Theta\frac{1}{v(2-v)(v-1)^2}\frac{v}{r}$$

$$=-\frac{1}{(v-1)^2+v(2-v)\sin^2\Theta}\frac{\sin\Theta}{[v(2-v)]^{1/2}}\frac{v}{r}$$

$$=-\frac{1}{v^2-2v+1+2v\sin^2\Theta-v^2\sin^2\Theta}\frac{\sin\Theta}{[v(2-v)]^{1/2}}\frac{v}{r}$$

$$=-\frac{1}{1+v(v-2)\cos^2\Theta}\frac{\sin\Theta}{[v(2-v)]^{1/2}}\frac{v}{r}$$

$$=-\left(\frac{v}{2-v}\right)^{1/2}\frac{\sin\Theta}{re^2}$$

$$\frac{\partial E}{\partial V}=\frac{1}{1+\left\{\frac{[v(2-v)]^{1/2}\sin\Theta}{v-1}\right\}^2}\left\{\frac{1}{2}\frac{\sin\Theta}{[v(2-v)]^{1/2}(v-1)}(2-2v)-\frac{[v(2-v)]^{1/2}\sin\Theta}{(v-1)^2}\right\}\frac{\partial v}{\partial V}$$

$$=-\frac{1}{1+v(v-2)\cos^2\Theta}\frac{\sin\Theta}{[v(2-v)]^{1/2}}\frac{2rV}{\mu}$$

$$=-\frac{1}{1+v(v-2)\cos^2\Theta}\frac{\sin\Theta}{[v(2-v)]^{1/2}}\frac{2v}{V}$$

$$=-2\left(\frac{v}{2-v}\right)^{1/2}\frac{\sin\Theta}{Ve^2}$$

$$\frac{\partial E}{\partial\Theta}=\frac{1}{1+\left\{\frac{[v(2-v)]^{1/2}\sin\Theta}{v-1}\right\}^2}\frac{[v(2-v)]^{1/2}\cos\Theta}{v-1}$$

$$=\frac{1}{1+\left\{\frac{[v(2-v)]^{1/2}\sin\Theta}{v-1}\right\}^2}\frac{(v-1)[v(2-v)]^{1/2}\cos\Theta}{(v-1)^2}$$

$$=\frac{(v-1)[v(2-v)]^{1/2}\cos\Theta}{1+v(v-2)\cos^2\Theta}$$

$$=\frac{(v-1)[v(2-v)]^{1/2}\cos\Theta}{e^2}$$

即

$$
\begin{cases}
\dfrac{\partial E}{\partial r}=-\left(\dfrac{v}{2-v}\right)^{1/2}\dfrac{\sin\Theta}{re^2}\\
\dfrac{\partial E}{\partial V}=-2\left(\dfrac{v}{2-v}\right)^{1/2}\dfrac{\sin\Theta}{Ve^2}\\
\dfrac{\partial E}{\partial \Theta}=\dfrac{(v-1)[v(2-v)]^{1/2}\cos\Theta}{e^2}
\end{cases}
\tag{8.137c}
$$

将式（8.137b）、式（8.137c）和式（8.133）、式（8.134）代入式（8.137a）可得

$$
\begin{aligned}
\frac{\partial t^*}{\partial r}&=\frac{\partial a}{\partial r}\xi_1+\frac{\partial e}{\partial r}\xi_2+\frac{\partial E}{\partial r}\xi_3\\
&=2\left(\frac{a}{r}\right)^2\frac{3t^*}{2a}+\frac{v(v-1)\cos^2\Theta}{er}\left\{-n\frac{[v(2-v)]^{1/2}\sin\Theta}{e}\right\}-\left(\frac{v}{2-v}\right)^{1/2}\frac{\sin\Theta}{re^2}\frac{nr}{a}\\
&=3t^*\frac{\left(\dfrac{a}{r}\right)^2}{a}-n\sin\Theta\frac{v(v-1)[v(2-v)]^{1/2}\cos^2\Theta+\left(\dfrac{v}{2-v}\right)^{1/2}\dfrac{r}{a}}{re^2}
\end{aligned}
$$

$$
\begin{aligned}
\frac{\partial t^*}{\partial V}&=\frac{\partial a}{\partial V}\xi_1+\frac{\partial e}{\partial V}\xi_2+\frac{\partial E}{\partial V}\xi_3\\
&=2v\frac{a}{r}\frac{a}{V}\frac{3t^*}{2a}+\frac{2v(v-1)\cos^2\Theta}{eV}\left\{-n\frac{[v(2-v)]^{1/2}\sin\Theta}{e}\right\}-2\left(\frac{v}{2-v}\right)^{1/2}\frac{\sin\Theta}{Ve^2}\frac{nr}{a}\\
&=3t^*\frac{a}{r}\frac{v}{V}-2n\sin\Theta\frac{v(v-1)[v(2-v)]^{1/2}\cos^2\Theta+\left(\dfrac{v}{2-v}\right)^{1/2}\dfrac{r}{a}}{Ve^2}
\end{aligned}
$$

$$
\begin{aligned}
\frac{\partial t^*}{\partial \Theta}&=\frac{\partial a}{\partial \Theta}\xi_1+\frac{\partial e}{\partial \Theta}\xi_2+\frac{\partial E}{\partial \Theta}\xi_3\\
&=\frac{-v(v-2)\sin2\Theta}{2e}\left\{-n\frac{[v(2-v)]^{1/2}\sin\Theta}{e}\right\}+\frac{(v-1)[v(2-v)]^{1/2}\cos\Theta}{e^2}\frac{nr}{a}\\
&=[v(2-v)]^{1/2}n\cos\Theta\frac{v(v-2)\sin^2\Theta+(v-1)\dfrac{r}{a}}{e^2}
\end{aligned}
$$

即

$$
\begin{cases}
\dfrac{\partial t^*}{\partial r}=3t^*\dfrac{\left(\dfrac{a}{r}\right)^2}{a}-n\sin\Theta\dfrac{v(v-1)[v(2-v)]^{1/2}\cos^2\Theta+\left(\dfrac{v}{2-v}\right)^{1/2}\dfrac{r}{a}}{re^2}\\
\dfrac{\partial t^*}{\partial V}=3t^*\dfrac{a}{r}\dfrac{v}{V}-2n\sin\Theta\dfrac{v(v-1)[v(2-v)]^{1/2}\cos^2\Theta+\left(\dfrac{v}{2-v}\right)^{1/2}\dfrac{r}{a}}{Ve^2}\\
\dfrac{\partial t^*}{\partial \Theta}=[v(2-v)]^{1/2}n\cos\Theta\dfrac{v(v-2)\sin^2\Theta+(v-1)\dfrac{r}{a}}{e^2}
\end{cases}
\tag{8.137d}
$$

对式（8.127）求偏导数，由于$f=f(r,V,\Theta)$，$u=u(\delta,A)$，故有

$$
\begin{cases}
\dfrac{\partial \omega}{\partial r}=-\dfrac{\partial f}{\partial r}\\
\dfrac{\partial \omega}{\partial V}=-\dfrac{\partial f}{\partial V}\\
\dfrac{\partial \omega}{\partial \Theta}=-\dfrac{\partial f}{\partial \Theta}\\
\dfrac{\partial \omega}{\partial \delta}=\dfrac{\partial u}{\partial \delta}\\
\dfrac{\partial \omega}{\partial a}=0\\
\dfrac{\partial \omega}{\partial A}=\dfrac{\partial u}{\partial A}
\end{cases}
\tag{8.138a}
$$

由式（8.127）第三式，以及有

$$
\frac{r}{a}=2-v=\frac{1-e^2}{1+e\cos f},\quad \sin 2\Theta=\frac{2e\sin f}{v}
$$

经化简整理后可得

$$
\begin{cases}
\dfrac{\partial f}{\partial r}=-\dfrac{v\sin 2\Theta}{2re^2}\\
\dfrac{\partial f}{\partial V}=-\dfrac{v\sin 2\Theta}{Ve^2}\\
\dfrac{\partial f}{\partial \Theta}=2+\dfrac{P-r}{ae^2}
\end{cases}
\tag{8.138b}
$$

由式（8.127）第七式可得

$$
\frac{\partial u}{\partial \delta}=\cos^2 u\sec A\,\frac{1}{\cos^2\delta}=\left(\frac{\cos A}{\sin A}\,\frac{\cos i}{\sin i}\right)^2\frac{1}{\cos A}\,\frac{1}{\cos^2\delta}=\frac{\cos A}{\sin^2 i}\left(\frac{\cos i}{\sin A\cos\delta}\right)^2=\frac{\cos A}{\sin^2 i}
$$

$$
\frac{\partial u}{\partial A}=\cos^2 u\tan\delta\sec^2 A\sin A=\left(\frac{\cos A}{\sin A}\right)^2\cot^2 i\tan\delta\,\frac{1}{\cos^2 A}\sin A=\frac{\cot^2 i\tan\delta}{\sin A}
$$

即

$$
\begin{cases}
\dfrac{\partial u}{\partial \delta}=\dfrac{\cos A}{\sin^2 i}\\
\dfrac{\partial u}{\partial A}=\dfrac{\cot^2 i\tan\delta}{\sin A}
\end{cases}
\tag{8.138c}
$$

将式（8.138b）、式（8.138c）代入式（8.138a）可得

$$
\begin{cases}
\dfrac{\partial \omega}{\partial r}=\dfrac{v\sin 2\Theta}{2re^2}\\
\dfrac{\partial \omega}{\partial V}=\dfrac{v\sin 2\Theta}{Ve^2}\\
\dfrac{\partial \omega}{\partial \Theta}=-\left(2+\dfrac{P-r}{ae^2}\right)\\
\dfrac{\partial \omega}{\partial \delta}=\dfrac{\cos A}{\sin^2 i}\\
\dfrac{\partial \omega}{\partial a}=0\\
\dfrac{\partial \omega}{\partial A}=\dfrac{\cot^2 i\tan\delta}{\sin A}
\end{cases}
\tag{8.138d}
$$

至此已求出误差系数矩阵的全部元素，元素表达式右端的运动状态参数均为预定值。

应该指出的是，上述误差系数有一些不能用于圆轨道。因圆轨道的近地点为不定值，故 $\partial t^*/\partial r$、$\partial t^*/\partial V$、$\partial t^*/\partial\Theta$、$\partial\omega/\partial r$、$\partial\omega/\partial V$、$\partial\omega/\partial\Theta$ 本质上是不确定的。在圆轨道情况下，$\partial\omega/\partial\delta$、$\partial\omega/\partial A$ 可理解为 $\partial u/\partial\delta$、$\partial u/\partial A$，其余系数在圆轨道情况下是确定的，从表达式看，圆轨道情况下，似乎 $\partial e/\partial r$、$\partial e/\partial V$、$\partial e/\partial\Theta$ 是不定的，但注意到对圆轨道而言，$e=\upsilon-1=0$，$\upsilon=1$，$\Theta=0$，因而有

$$\begin{cases}\dfrac{\partial e}{\partial r}=\pm\dfrac{1}{r}\\[2mm]\dfrac{\partial e}{\partial V}=\pm\dfrac{2}{V}\\[2mm]\dfrac{\partial e}{\partial\Theta}=\pm 1\end{cases}\tag{8.139}$$

式中，右端正负号说明不论 r、V、Θ 增加或减小，e 均增加。

还应注意的是，对于圆或近圆轨道，偏心率 e 为零或为小量，如果用线性化方法计算 e 的偏差，则有

$$\Delta e=\frac{\partial e}{\partial r}\Delta r+\frac{\partial e}{\partial V}\Delta V+\frac{\partial e}{\partial\Theta}\Delta\Theta\tag{8.140}$$

式（8.140）因略去了高阶项而带来较大的误差，为减小误差，应考虑非线性影响，即用求差法或计及高阶项的公式来计算 Δe。

对于圆轨道，其预定的入轨点运动状态参数为

$$\upsilon=1,\quad \Theta=0,\quad V=V_c,\quad r=r_c$$

当用求差法时，则有

$$\Delta e=[1+(1+\Delta\upsilon)(\Delta\upsilon-1)\cos^2\Theta]^{1/2}\tag{8.141}$$

注意到如下公式：

$$\Delta\upsilon=\frac{\partial\upsilon}{\partial r}\Delta r+\frac{\partial\upsilon}{\partial V}\Delta V=\frac{\upsilon}{r}\Delta r+2\,\frac{\upsilon}{V}\Delta V$$

并且 $\upsilon=1$，式（8.141）中作如下近似：

$$\Delta\upsilon=\frac{\Delta r}{r_c}+\frac{2\Delta V}{V_c},\quad \cos^2\Delta\Theta=1-\Delta\Theta^2$$

则可得求差法计算 Δe 的公式为

$$\begin{aligned}\Delta e&=[1+(1+\Delta\upsilon)(\Delta\upsilon-1)\cos^2\Theta]^{1/2}\\&=[1+(1+\Delta\upsilon)(\Delta\upsilon-1)(1-\Delta\Theta^2)]^{1/2}\\&=[1+(\Delta\upsilon^2-1)(1-\Delta\Theta^2)]^{1/2}\\&=[1+\Delta\upsilon^2-1+\Delta\Theta^2]^{1/2}\\&=[\Delta\upsilon^2+\Delta\Theta^2]^{1/2}\end{aligned}$$

即

$$\Delta e=\left[\left(\frac{\Delta r}{r_c}+\frac{2\Delta V}{V_c}\right)^2+\Delta\Theta^2\right]^{1/2}\tag{8.142}$$

式（8.142）为非线性的计算公式。

对于近圆轨道也可按类似方法处理，对于入轨点为近地点的预定偏心率为 e 的近圆轨

道，其预定的入轨点运动参数为

$$V=V_{\mathrm{p}},\quad r=r_{\mathrm{p}},\quad \Theta=0$$

仿照圆轨道的公式可得

$$\Delta e=\left[\left(e+\frac{\Delta r}{r_{\mathrm{p}}}+\frac{2\Delta V}{V_{\mathrm{p}}}\right)^{2}+\Delta\Theta^{2}\right]^{1/2}-e \tag{8.143}$$

8.5.3 近地点高度和远地点高度对入轨点 r、V、Θ 偏差的敏感性分析

当已知入轨点运动状态参数的偏差时，由误差系数矩阵可计算出由其引起的轨道根数的偏差。反之，当给定预定轨道根数的偏差容许时，则可由误差系数矩阵求出对入轨点运动状态参数的经度要求，下面通过一个例题来说明后一问题。

设要求发射近地点和远地点预定高度分别为 $h_{\mathrm{p}}=500\mathrm{km}$ 和 $h_{\mathrm{a}}=600\mathrm{km}$ 的近圆轨道卫星。考虑到近地点高度将影响卫星的寿命，远地点高度将影响卫星的地面分辨率，根据任务要求提出近地点和远地点高度的容许偏差为

$$\Delta h_{\mathrm{p}}\geqslant-75\mathrm{km},\quad \Delta h_{\mathrm{a}}\leqslant 75\mathrm{km}$$

即限定轨道高度范围为

$$h_{\mathrm{p}}\geqslant 425\mathrm{km},\quad h_{\mathrm{a}}\leqslant 675\mathrm{km}$$

为了满足这一要求，求入轨点运动状态参数偏差 Δr、ΔV、$\Delta\Theta$ 的容许范围。

入轨点为预定轨道的近地点，入轨点的预定运动状态参数为

$$r_{\mathrm{p}}=6870\mathrm{km},\quad V_{\mathrm{p}}=7.645\mathrm{km/s},\quad \Theta_{\mathrm{p}}=0^{\circ}$$

当参数有偏差 Δr、ΔV、$\Delta\Theta$，由下式：

$$h_{\mathrm{p}}=a(1-e)-R,\quad h_{\mathrm{a}}=a(1+e)-R \tag{8.144}$$

求得

$$\begin{cases}\Delta h_{\mathrm{p}}=\dfrac{r_{\mathrm{p}}}{a}\left(\dfrac{\partial a}{\partial r}\Delta r+\dfrac{\partial a}{\partial V}\Delta V\right)-a\Delta e\\[2ex]\Delta h_{\mathrm{a}}=\dfrac{r_{\mathrm{a}}}{a}\left(\dfrac{\partial a}{\partial r}\Delta r+\dfrac{\partial a}{\partial V}\Delta V\right)+a\Delta e\end{cases} \tag{8.145}$$

式中，$\partial a/\partial r$ 和 $\partial a/\partial V$ 为近地点的值；Δe 应考虑非线性影响。将式（8.133）前两式及式（8.143）代入式（8.145），并注意到 $\boldsymbol{v}_{\mathrm{p}}=1+e$，则有

$$\begin{cases}\dfrac{\Delta h_{\mathrm{p}}}{a}=2\dfrac{\Delta r}{r_{\mathrm{p}}}+2(1+e)\dfrac{\Delta V}{V_{\mathrm{p}}}-\left[\left(e+\dfrac{\Delta r}{r_{\mathrm{p}}}+\dfrac{2\Delta V}{V_{\mathrm{p}}}\right)^{2}+\Delta\Theta^{2}\right]^{1/2}+e\\[2ex]\dfrac{\Delta h_{\mathrm{a}}}{a}=2\dfrac{r_{\mathrm{a}}}{r_{\mathrm{p}}}\dfrac{\Delta r}{r_{\mathrm{p}}}+2(1+e)\dfrac{r_{\mathrm{a}}}{r_{\mathrm{p}}}\dfrac{\Delta V}{V_{\mathrm{p}}}+\left[\left(e+\dfrac{\Delta r}{r_{\mathrm{p}}}+\dfrac{2\Delta V}{V_{\mathrm{p}}}\right)^{2}+\Delta\Theta^{2}\right]^{1/2}-e\end{cases} \tag{8.146}$$

对式（8.146）分别令 $\Delta V=0$ 和 $\Delta r=0$ 两种情况进行讨论。

8.5.3.1 当 $\Delta V=0$ 时

在式（8.146）的第二式中引入近似 $r_{\mathrm{a}}/r_{\mathrm{p}}=1$，则有

$$\begin{cases}\left(e+\dfrac{\Delta r}{r_{\mathrm{p}}}\right)^{2}+\Delta\Theta^{2}=\left(2\dfrac{\Delta r}{r_{\mathrm{p}}}+e-\dfrac{\Delta h_{\mathrm{p}}}{a}\right)^{2}\\[2ex]\left(e+\dfrac{\Delta r}{r_{\mathrm{p}}}\right)^{2}+\Delta\Theta^{2}=\left(-2\dfrac{\Delta r}{r_{\mathrm{p}}}+e+\dfrac{\Delta h_{\mathrm{a}}}{a}\right)^{2}\end{cases} \tag{8.147}$$

将式（8.147）展开并配方，令

$$\begin{cases} A_1 = \dfrac{e + \dfrac{\Delta h_p}{a}}{3} \\ B_1 = \dfrac{e - \dfrac{2\Delta h_p}{a}}{3} \\ A_2 = e + \dfrac{\Delta h_a}{3a} \\ B_2 = e + \dfrac{2\Delta h_a}{3a} \end{cases} \tag{8.148}$$

则式（8.147）可写为

$$\begin{cases} \Delta\Theta^2 = 3\left[\left(\dfrac{\Delta r}{r_p} + B_1\right)^2 - A_1^2\right] \\ \Delta\Theta^2 = 3\left[\left(\dfrac{\Delta r}{r_p} - B_2\right)^2 - A_2^2\right] \end{cases} \tag{8.149}$$

将式（8.149）第一式两段除以 A_1^2，第二式两段除以 A_2^2，则可得

$$\begin{cases} \dfrac{1}{A_1}\left(\dfrac{\Delta r}{r_p} + B_1\right)^2 - \left(\dfrac{\Delta\Theta}{\sqrt{3}A_1}\right)^2 = 1 \\ \dfrac{1}{A_2}\left(\dfrac{\Delta r}{r_p} - B_2\right)^2 - \left(\dfrac{\Delta\Theta}{\sqrt{3}A_2}\right)^2 = 1 \end{cases} \tag{8.150}$$

由式（8.150）可知，对于给定的 a、e、Δh_a、Δh_p，当 $\Delta V = 0$ 时，容许的运动参数偏差 $\Delta r/r_p$、$\Delta\Theta$ 为双曲线所包围的范围。

8.5.3.2 当 $\Delta r = 0$ 时

在式（8.146）中引入近似关系式 $(1+e)=1$，$(r_a/r_p)(1+e)=1$，则式（8.146）变为

$$\begin{cases} \left(e + \dfrac{2\Delta V}{r_p}\right)^2 + \Delta\Theta^2 = \left(2\dfrac{\Delta V}{r_p} + e - \dfrac{\Delta h_p}{a}\right)^2 \\ \left(e + \dfrac{2\Delta V}{r_p}\right)^2 + \Delta\Theta^2 = \left(-2\dfrac{\Delta V}{r_p} + e + \dfrac{\Delta h_a}{a}\right)^2 \end{cases} \tag{8.151}$$

将式（8.151）展开并集项，令

$$\begin{cases} C_1 = \dfrac{\dfrac{\Delta h_p}{a} - 2e}{4} \\ D_1 = \dfrac{2\Delta h_p}{a} \\ C_2 = \dfrac{\Delta h_a}{4a} \\ D_2 = 2\left(2e + \dfrac{\Delta h_a}{3a}\right) \end{cases} \tag{8.152}$$

则式（8.151）可写为

$$\begin{cases}\Delta\Theta^2 = 2D_1\left(\dfrac{\Delta V}{V_p} - C_1\right)\\\Delta\Theta^2 = -2D_2\left(\dfrac{\Delta V}{V_p} - C_2\right)\end{cases} \tag{8.153}$$

由式（8.153）可知，对于给定的 a、e、Δh_a、Δh_p，当 $\Delta r = 0$ 时，容许的运动参数偏差 $\Delta V/V_p$、$\Delta\Theta$ 为双曲线所包围的范围。

第 9 章 轨道机动的冲量方法

自然界的天体一般都具有较大的质量，人们难以改变其运动轨道，而航天飞行器的质量比较小，人们能干扰其运动，使轨道发生预期的变化。

随着航天技术的发展，对航天飞行任务提出了越来越多复杂的要求，因而要求航天飞行器的运动轨道是可以控制的。即，要求航天飞行器在运动过程中能改变轨道从而完成给定的任务。

航天飞行器在控制系统作用下使其轨道发生有意的改变称为轨道机动。或者说，轨道机动是指沿已知轨道运动的航天飞行器改变为沿另一条要求的轨道运动。已知的轨道称为初轨道（或称停泊轨道），要求的轨道称为终轨道（或称预定轨道）。目前，对航天飞行器可控飞行轨道的研究已形成一个新的研究领域，成为天体力学的一个新分支，这个分支称为应用天体力学。

轨道机动系统的组成，如图 9.1 所示。

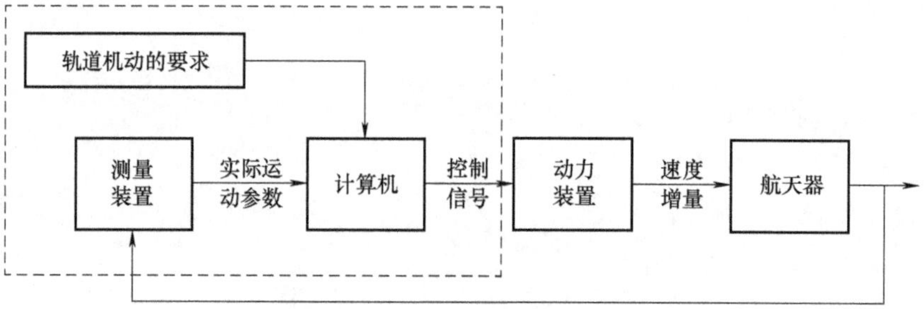

图 9.1　轨道机动系统的组成

动力装置提供轨道机动所需的推力，动力装置一般为具有多次点火启动能力的火箭发动机。

测量装置用来测量航天器的实际运动参数。

计算机输入的为航天器的实际运动参数和轨道机动要求。在计算机中由轨道机动根数计算出航天器在某一时刻运动参数的预期值，将同一时刻的运动参数的实际值与预期值进行比较后，求出此时刻应提供的速度增量的大小和方向。据此形成航天器的姿态控制与动力装置的控制信号，姿控系统和动力装置按控制信号工作，控制航天器完成预定的轨道机动。

测量装置和计算机安装在航天器上，也可安装在地面测控站（图 9.1 所示虚线部分表示的安装在地面测控站）。在后一种情况下，控制信号由地面测控站发出，由航天器接收，航天器的姿控系统和动力装置按接收的信号工作，这一做法可以减少航天器上安装的设备，但降低了轨道机动的灵活性。

当采用火箭发动机作为轨道机动系统的动力装置时，由于火箭发动机能提供较大的推力，因而短时间工作即可使航天器获得所需的速度增量。故在初步讨论轨道机动问题时，假设发动机按冲量方式工作，即在航天器位置不发生变化的情况下，使航天器的速度发射瞬时变化。这一假设可使问题得到简化，为更深入的研究提供必要的基础。

冲量方法研究的主要问题如下：

（1）轨道调整

轨道调整是指对轨道参数进行微小的改变。例如，入轨时由于精度不够而进行的轨道捕获（轨道改正），以及为了抵消摄动影响而使轨道根数保持设计值的轨道保持。

（2）轨道改变

轨道改变是指在一次大冲量作用下使轨道根数有大的改变。这时初轨道和终轨道应该有交点，冲量在交点上施加。例如，轨道拦截就属于轨道改变问题。

（3）轨道转移

轨道转移是指初轨道和终轨道没有交点，从初轨道到终轨道至少需要施加两次冲量的变轨问题。例如，发射地球静止轨道卫星，通常要把卫星先送入较低的停泊轨道，然后再转移到静止轨道；又如交会对接，也是把跟踪航天器转移到目标航天器轨道并进行会和。

9.1　轨道调整

轨道调整的目的，一般是为了进行轨道捕获与轨道保持。

在发射卫星时，由于不可避免的入轨误差，使卫星的轨道根数对标称值有较小的偏差。为了消除入轨偏差，使卫星获得标称的轨道根数而进行的轨道机，动称为轨道捕获。

在卫星入轨后，由地面测控站对卫星进行精确地轨道测量与轨道改进，求出实际轨道与标称轨道根数之差，由轨道机动方法确定出捕获程序。捕获程序包括火箭发动机的点火次数、工作时间、工作点在轨道上的位置等。然后，地面测控站发出相应的指令，卫星上的控制系统接收并执行这些指令，对卫星施加推力冲量，改变其运动状态，完成轨道捕获。

完成轨道捕获后，卫星在运行过程中由于受到各种摄动因素的作用，轨道根数也将产生偏差。当偏差积累到一定的数值时，为消除这些偏差而进行的轨道机动称为轨道保持。轨道保持按类似轨道捕获的方法进行。

轨道调整的特点是轨道机动所需的速度增量不大，即终轨道与初轨道的轨道根数之差为小量。轨道调整包含了小偏差情况下的轨道改变与轨道转移这两种轨道机动形式。

在研究轨道调整时，建立轨道坐标系 $O—XYZ$，坐标原点 O 与卫星质心重合；X 轴与径向重合，向上为正；Y 轴在轨道面内与周向重合，顺卫星运动方向为正；Z 轴由右手规则确定，如图 9.2 所示。

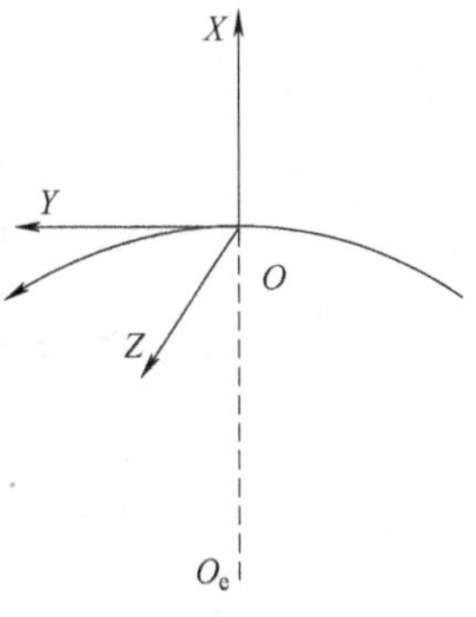

图 9.2　轨道坐标系

由式（5.59）可知

$$
\begin{cases}
\dfrac{\mathrm{d}a}{\mathrm{d}t}=\dfrac{2a^2[e(\sin f)a_\mathrm{r}+(1+e\cos f)a_\mathrm{t}]}{(\mu P)^{1/2}} \\
\dfrac{\mathrm{d}e}{\mathrm{d}t}=\dfrac{r[\sin f(1+e\cos f)a_\mathrm{r}+(2\cos f+e+e\cos^2 f)a_\mathrm{t}]}{(\mu P)^{1/2}} \\
\dfrac{\mathrm{d}\omega}{\mathrm{d}t}=\dfrac{r[-\cos f(1+e\cos f)a_\mathrm{r}+\sin f(2+e\cos f)a_\mathrm{t}]}{(\mu P)^{1/2}}-\cos i\dfrac{\mathrm{d}\Omega}{\mathrm{d}t} \\
\dfrac{\mathrm{d}\Omega}{\mathrm{d}t}=\dfrac{r(\sin u)a_\mathrm{h}}{\sin i(\mu P)^{1/2}} \\
\dfrac{\mathrm{d}i}{\mathrm{d}t}=\dfrac{r(\cos u)a_\mathrm{h}}{(\mu P)^{1/2}} \\
\dfrac{\mathrm{d}M}{\mathrm{d}t}=\dfrac{(P\cos f-2re)a_\mathrm{r}-(P+r)(\sin f)a_\mathrm{t}}{(\mu P)^{1/2}}+\left(\dfrac{\mu}{a^3}\right)^{1/2}
\end{cases}
\tag{9.1}
$$

当火箭发动机按冲量方式工作时，设冲量使航天器获得的速度增量在 O—XYZ 坐标系三轴上的分量分别为 ΔV_X、ΔV_Y、ΔV_Z，则由式（9.1）可知，冲量使轨道根数产生的瞬时变化为

$$
\begin{cases}
\Delta a=\dfrac{2a^2[e\sin f\Delta V_X+(1+e\cos f)\Delta V_Y]}{(\mu P)^{1/2}} \\
\Delta e=\dfrac{r[\sin f(1+e\cos f)\Delta V_X+(2\cos f+e+e\cos^2 f)\Delta V_Y]}{(\mu P)^{1/2}} \\
\Delta\omega=\dfrac{r[-\cos f(1+e\cos f)\Delta V_X+\sin f(2+e\cos f)\Delta V_Y]}{(\mu P)^{1/2}}-\cos i\Delta\Omega \\
\Delta\Omega=\dfrac{r\sin u\Delta V_Z}{\sin i(\mu P)^{1/2}} \\
\Delta i=\dfrac{r\cos u\Delta V_Z}{(\mu P)^{1/2}} \\
\Delta M=\dfrac{(P\cos f-2re)\Delta V_X-(P+r)\sin f\Delta V_Y}{(\mu P)^{1/2}}
\end{cases}
\tag{9.2}
$$

令 $\mathrm{d}a$、$\mathrm{d}e$、…、$\mathrm{d}M$ 为实际轨道根数对标称轨道根数的偏差，它们是已知量。如令 Δa、Δe、…、ΔM 为轨道根数的修正量，即为 $-\mathrm{d}a$、$-\mathrm{d}e$、…、$-\mathrm{d}M$，则式（1.2）右端中的 ΔV_X、ΔV_Y、ΔV_Z 为修正偏差应施加的速度增量。

由式（9.2）可知，轨道面内的速度增量 ΔV_X 和 ΔV_Y 可用来修正 a、e、ω 和 M 的偏差，而 ΔV_Z 可用来修正 Ω、i、ω 的偏差。

下面来讨论一些典型的轨道调整问题。

9.1.1 轨道周期调整及推进剂消耗

对地观察卫星的轨道运动周期 T_0 影响其对地面的覆盖情况及轨道面的进动角速度等，当 T_0 偏离标称值而有偏差 $\mathrm{d}T_0$ 时，要进行轨道调整以修正这一偏差。

轨道运动周期为

$$
T_0=2\pi\left(\frac{a^3}{\mu}\right)^{1/2}
$$

可知，T_0 只与轨道长半轴 a 有关，当轨道运动周期有小偏差 $\mathrm{d}T_0$ 时，则相应地轨道长半轴的偏差为

$$\mathrm{d}T_0 = 3\pi\left(\frac{a}{\mu}\right)^{1/2}\mathrm{d}a = 2\pi\left(\frac{a^3}{\mu}\right)^{1/2}\frac{3}{2a}\mathrm{d}a = T_0\,\frac{3}{2a}\mathrm{d}a$$

即

$$\frac{\mathrm{d}a}{a} = \frac{2}{3}\,\frac{\mathrm{d}T_0}{T_0} \tag{9.3}$$

轨道长半轴的修正量 Δa 为

$$\Delta a = -\mathrm{d}a \tag{9.4}$$

将上式代入式（9.2）第一式可得

$$-\frac{1}{3}\,\frac{\mathrm{d}T_0}{T_0} = \frac{a[e\sin f\Delta V_X + (1 + e\cos f)\Delta V_Y]}{(\mu P)^{1/2}} \tag{9.5}$$

如卫星的纵平面与轨道面重合，安装在纵平面内的发动机提供的瞬时速度增量为 $\boldsymbol{\Delta V}$，在 O—XYZ 坐标系中，$\boldsymbol{\Delta V}$ 与 Y 轴的夹角为 φ，规定 φ 角顺时针方向为正，则有

$$\Delta V_X = \Delta V\sin\varphi,\quad \Delta V_Y = \Delta V\cos\varphi \tag{9.6}$$

将式（9.6）代入式（9.5），并令

$$F(f,\varphi) = e\sin f\sin\varphi + (1 + e\cos f)\cos\varphi \tag{9.7}$$

则有

$$-\frac{1}{3}\,\frac{\mathrm{d}T_0}{T_0} = \frac{aF(f,\varphi)\Delta V}{(\mu P)^{1/2}} \tag{9.8}$$

上式说明，修正周期偏差所需的 ΔV 为真近点角 f（即发动机在轨道上的工作点的位置）和角 φ（即 $\boldsymbol{\Delta V}$ 方向）的函数。当 f 和 φ 均可选择时，则在消除周期偏差的同时还可提出使消除偏差所需的速度增量 ΔV 为最小的要求，即能量最省的要求。

在式（9.8）中，由于 ΔV 恒大于零，因此当 $\mathrm{d}T_0 < 0$ 时，如 $F = F_{\max}$，则 $\Delta V = \Delta V_{\min}$；当 $\mathrm{d}T_0 > 0$ 时，如 $F = F_{\min}$，则 $\Delta V = \Delta V_{\min}$。为求 $\Delta V = \Delta V_{\min}$，应求 $F = F_{\max}$ 和 $F = F_{\min}$。

对于给定的 f，由式（9.7）可知

$$\frac{\partial F}{\partial \varphi} = e\sin f\cos\varphi - (1 + e\cos f)\sin\varphi \tag{9.9}$$

求 F 极值的必要条件为上式等于零，故可得

$$\tan\varphi = \frac{e\sin f}{1 + e\cos f}$$

而椭圆轨道在 f 时的当地速度倾角 Θ 为

$$\tan\Theta = \frac{V_X}{V_Y} = \frac{e\sin f}{1 + e\cos f}$$

因此极值的必要条件为

$$\tan\varphi = \tan\Theta \tag{9.10}$$

即必要条件为

$$\varphi = \Theta \quad 或 \quad \varphi = \pi + \Theta \tag{9.11}$$

由式（9.9）可知

$$\frac{\partial^2 F}{\partial \varphi^2} = -\cos\varphi\left[e\sin f\tan\varphi + (1+e\cos f)\cos\varphi\right]$$

将式（9.10）代入上式并注意到式（9.126），则有

$$\begin{aligned}\frac{\partial^2 F}{\partial \varphi^2} &= -\cos\varphi\left[e\sin f\tan\varphi + (1+e\cos f)\right]\\ &= -\cos\varphi\left[e\sin f\tan\Theta + (1+e\cos f)\right]\\ &= -\cos\varphi\left[e\sin f\frac{\sin f}{1+e\cos f} + (1+e\cos f)\right]\\ &= -\cos\varphi\left[e\frac{\sin^2 f + (1+e\cos f)^2}{1+e\cos f}\right]\end{aligned}$$

由上式可知，$\partial^2 F/\partial\varphi^2$ 的符号取决于 $\cos\varphi$，即

$$\varphi = \Theta, \quad \cos\varphi > 0, \quad \partial^2 F/\partial\varphi^2 < 0, \quad F = F_{\max}$$

$$\varphi = \pi + \Theta, \quad \cos\varphi < 0, \quad \partial^2 F/\partial\varphi^2 > 0, \quad F = F_{\min}$$

因此，对于任意给定的发动机在轨道上的工作点，当发动机沿此点的轨道切线方向提供速度增量时，可以节省能量，即当 $\mathrm{d}T_0 < 0$ 时，$\Delta\boldsymbol{V}$ 应与速度方向相同；当 $\mathrm{d}T_0 > 0$ 时，$\Delta\boldsymbol{V}$ 应与速度方向相反。

将式（9.10）代入式（9.8），可得 f 给定时 ΔV 的极小值，此极小值称为局部极小值，记为 $\Delta V_{\min}^*$，即

$$\begin{aligned}\Delta V_{\min}^* &= \frac{1}{3}\frac{(\mu P)^{1/2}}{a}\frac{1}{|\cos\varphi|}\left|\frac{1}{e\sin f\dfrac{e\sin f}{1+e\cos f} + (1+e\cos f)}\right|\left|\frac{\mathrm{d}T_0}{T_0}\right|\\ &= \frac{(\mu P)^{1/2}(1+e\cos f)}{3a(1+e^2+2e\cos f)\,|\cos\varphi|}\left|\frac{\mathrm{d}T_0}{T_0}\right|\end{aligned}$$

对上式考虑到

$$|\cos\varphi| = \frac{1}{\sqrt{1+\tan^2\varphi}} = \frac{1}{\sqrt{1+\left(\dfrac{e\sin f}{1+e\cos f}\right)^2}} = \frac{1+e\cos f}{\sqrt{1+e^2+2e\cos f}}$$

因而有

$$\Delta V_{\min}^* = \frac{(\mu P)^{1/2}}{3a(1+e^2+2e\cos f)^{1/2}}\left|\frac{\mathrm{d}T_0}{T_0}\right| \tag{9.12}$$

局部极小值点 $\Delta V_{\min}^*$ 是 f 的函数，如发动机在轨道上的工作点还可选择，即 f 还可选择时，可选择 f 使 $\Delta V_{\min}^*$ 为最小值，这一最小值为全局最小值，记为 $\Delta V_{\min}$。由式（9.12）可直接看出，当 $f=0$ 时，可得

$$\Delta V_{\min} = \frac{(\mu P)^{1/2}}{3a(1+e)}\left|\frac{\mathrm{d}T_0}{T_0}\right| \tag{9.13}$$

因此，在调整轨道周期时，能量最省的方案是在轨道的近地点沿当地水平线方向施加速度增量，由式（9.13）可知，此时的速度增量表达式为

$$\Delta V_Y = \frac{-(\mu P)^{1/2}}{3a(1+e)}\frac{\mathrm{d}T_0}{T_0} \tag{9.14}$$

当卫星的姿控系统可使卫星的纵轴保持与当地水平线一致时，则沿卫星纵轴的正向和反向各安装一台发动机，当卫星飞过近地点时，启动相应的发动机（由 $\mathrm{d}T_0$ 的符号决定），使

发动机工作一段时间 Δt，即可完成周期调整的任务。Δt 由齐奥尔科夫斯基公式求得为

$$\Delta t = \frac{m_0}{\dot{m}}\left(1 - e^{-\frac{|\Delta V_Y|}{u_e}}\right) \tag{9.15}$$

同样，由式（9.15）也可以求出发动机的质量消耗 Δm 为

$$\Delta m = \dot{m}\Delta t$$

式中，m_0 为发动机工作前的卫星质量；$\dot{m}$ 为发动机的质量秒消耗量，取为正值；u_e 为发动机的排气速度。

例如，人造卫星的标称轨道根数为 $a = 6670\text{km}$，$e = 0.015$，相应的轨道周期的标称值为 $T_0 = 5421\text{s}$，如大气阻力摄动使得卫星飞行一周的周期偏差 $\mathrm{d}T_0/T_0 = -7.5\times10^{-5}$，由式（9.14）可知，在近地点周向冲量消除周期误差，则每圈所需的速度增量为

$$\Delta V_Y = \frac{-(\mu P)^{1/2}}{3a(1+e)}\frac{\mathrm{d}T_0}{T_0} = 0.19\text{m/s}$$

式中，ΔV_Y 为正值，说明速度增量沿周向的正方向施加。

9.1.2　轨道长半轴 a 和偏心率 e 的调整

对地观察卫星的覆盖情况与卫星的轨道运动周期有关，而地面分辨率的均匀性则与偏心率有关，因此往往要求同时对两者进行调整。

9.1.2.1　第一种方法

第一种方法是用 ΔV_X 和 ΔV_Y，对 a 和 e 进行调整。考虑椭圆轨道的关系式，有

$$h = (\mu P)^{1/2},\quad \frac{P}{r} = 1 + e\cos f,\quad P = a(1-e^2)$$

令

$$\begin{cases} A = e\sin f\Delta V_X + \dfrac{P}{r}\Delta V_Y & ① \\ E = \sin f\Delta V_X + \left[\left(1+\dfrac{r}{P}\right)\cos f + \dfrac{r}{P}e\right]\Delta V_Y & ② \end{cases} \tag{9.16}$$

则由式（9.2）的前两式可得

$$\begin{cases} A = -0.5\dfrac{h}{a}\dfrac{\mathrm{d}a}{a} \\ E = -\dfrac{h}{a}\dfrac{\mathrm{d}e}{1-e^2} \end{cases} \tag{9.17}$$

当 a 和 e 的偏差 $\mathrm{d}a$ 和 $\mathrm{d}e$ 已知时，A 和 E 为已知量，为消除 a 和 e 的偏差，在一给定的 f 值施加速度增量为 ΔV_X 和 ΔV_Y 的冲量，则由式（9.16）的②×e－①得（当 $\sin f\neq0$）

$$\begin{aligned} eE - A &= \left[\left(1+\frac{r}{P}\right)e\cos f + \frac{r}{P}e^2 - \frac{P}{r}\right]\Delta V_Y \\ &= \left[\left(1+\frac{r}{P}\right)e\cos f + \frac{r}{P}e^2 - (1+e\cos f)\right]\Delta V_Y \\ &= \left[\frac{r}{P}\left(\frac{P}{r}-1\right) + \frac{r}{P}e^2 - 1\right]\Delta V_Y \\ &= \left(\frac{r}{P}e^2 - \frac{r}{P}\right)\Delta V_Y \\ &= -\frac{r}{a}\Delta V_Y \end{aligned}$$

即

$$\Delta V_Y = -\frac{r}{a}(eE - A)$$

将上式代入式（9.16）①得

$$A = e\sin f \Delta V_X - \frac{P}{r}\frac{r}{a}(eE - A)$$

$$\Delta V_X = \frac{A + \frac{P}{r}\frac{r}{a}(eE - A)}{e\sin f}$$

即

$$\begin{cases} \Delta V_X = \dfrac{A + \frac{P}{r}\frac{r}{a}(eE - A)}{e\sin f} \\ \Delta V_Y = -\dfrac{r}{a}(eE - A) \end{cases} \tag{9.18}$$

因此进行轨道调整所需的速度增量的大小 ΔV 和 ΔV 的方向角 φ 为

$$\begin{cases} \Delta V = (\Delta V_X^2 + \Delta V_Y^2)^{1/2} \\ \varphi = \arctan \dfrac{\Delta V_X}{\Delta V_Y} \end{cases} \tag{9.19}$$

如令

$$\begin{cases} \dfrac{P}{r} = Q \\ \dfrac{a(eE - A)}{P} = C \\ C[2A - C(1 - e^2)] = D \end{cases} \tag{9.20}$$

则由式（9.18）可知

$$\Delta V_X^2 = \frac{(A + CQ^2)^2}{e^2 - (Q - 1)^2}$$

$$\Delta V_Y^2 = C^2 Q^2$$

将上式代入式（9.19）第一式则有

$$\begin{aligned} \Delta V^2 &= \frac{(A + CQ^2)^2}{e^2 - (Q - 1)^2} + C^2 Q^2 \\ &= \frac{A^2 + 2ACQ^2 + C^2Q^4 + e^2C^2Q^2 - C^2Q^2 + 2C^2Q^3 - C^2Q^4}{e^2 - 1 + 2Q - Q^2} \\ &= \frac{A^2 + 2ACQ^2 + e^2C^2Q^2 - C^2Q^2 + 2C^2Q^3}{e^2 - 1 + 2Q - Q^2} \\ &= \frac{A^2 + C[2A - C(1 - e^2)]Q^2 + 2C^2Q^3}{e^2 - 1 + 2Q - Q^2} \\ &= \frac{A^2 + CDQ^2 + 2C^2Q^3}{e^2 - 1 + 2Q - Q^2} = \Delta V^2(Q) \end{aligned} \tag{9.21}$$

由式（9.21）可知，进行轨道调整所需的速度增量 ΔV 是 Q 的函数，也就是 f 的函数。由于

Q 可以选择，故可以选择发动机在轨道上的工作点，使轨道调整所需的速度增量为最小，$\Delta V=\Delta V_{\min}$的必要条件可写为

$$\frac{\mathrm{d}(\Delta V^2)}{\mathrm{d}Q}=0 \tag{9.22}$$

将式（9.21）对 Q 求导后，由式（9.22）可知，必要条件为 Q 的四次代数方程，一般要进行数值求解，求出 Q 的正实根。当 Q 有两个以上正实根时，要由充分条件求出所需的 Q，这里不详细讨论。

9.1.2.2　第二种方法

第二种方法是只用周向冲量的速度增量 ΔV_Y 调整 a 和 e。当卫星姿控系统可保持卫星纵轴与当地水平线一致时，则沿纵轴安装的一对推力方向相反的火箭发动机，在卫星轨道上任一点均可提供周向速度增量 ΔV_Y，用 ΔV_Y 调整 a 和 e 可以简化推力方向的控制，即式（9.19）的第二式恒有 $\varphi=0°$或 $\varphi=180°$。

在此情况下，式（9.16）成为

$$\begin{cases}A=\dfrac{P}{r}\Delta V_Y\\[2ex] E=\left[\left(1+\dfrac{r}{P}\right)\cos f+\dfrac{r}{P}e\right]\Delta V_Y\end{cases} \tag{9.23}$$

式中，ΔV_Y 和 f 为两个变量，求解式（9.23）即可求得调整 a 和 e 时的发动机在轨道上的工作点及所需的速度增量。

如令

$$K=\frac{\dfrac{\Delta e}{1-e^2}}{\dfrac{\Delta a}{a}} \tag{9.24}$$

则以式（9.23）第一式除第二式，并注意到有

$$\cos f=\frac{1}{e}\left(\frac{P}{r}-1\right)=\frac{1}{e}(Q-1) \tag{9.25}$$

并根据式（9.17）可得

$$\frac{1}{2K}=\frac{\dfrac{P}{r}}{\left(1+\dfrac{r}{P}\right)\cos f+\dfrac{r}{P}e}=\frac{Q^2}{(Q+1)\dfrac{1}{e}(Q-1)+e}=\frac{eQ^2}{Q^2-1+e^2}$$

即

$$(1-2Ke)Q^2=1-e^2$$

由于 Q 恒大于零，故有

$$Q=\left(\frac{1-e^2}{1-2Ke}\right)^{1/2} \tag{9.26}$$

式（9.26）有解的条件为

$$K\leqslant\frac{1}{2e} \tag{9.27}$$

并且求得的 Q 值，按其定义应满足

$$1-e \leqslant Q \leqslant 1+e \tag{9.28}$$

将式（9.26）代入式（9.28）可求得

$$-\frac{1}{1-e} \leqslant K \leqslant \frac{1}{1+e} \tag{9.29}$$

考虑到

$$\frac{1}{1+e} \leqslant \frac{1}{2e}$$

因此当 K 值满足式（9.29）时，则在轨道上任一点均可作为发动机的工作点。发动机工作点的位置可由式（9.26）解出 Q 后，代入式（9.25），求得其 f 值。调整 a 和 e 的速度增量 ΔV_Y 可由式（9.23）求得为

$$\Delta V_Y = \frac{A}{Q} = -0.5\frac{h}{a}\frac{\frac{\mathrm{d}a}{a}}{Q} \tag{9.30}$$

例如，一人造卫星的标称轨道根数为 $a=6670\mathrm{km}$，$e=0.015$，大气阻力使得 a 和 e 的每周的偏差量为 $\mathrm{d}a/a=-5\times10^{-5}$ 和 $\mathrm{d}e=-4.5\times10^{-5}$，由式（9.24）可求得 $K=0.90$。由式（9.29）可知，K 值应为 $-1.015\sim0.985$，故 $K=0.90$ 满足要求，因而在轨道上存在同时调整 a 和 e 的工作点。由式（9.26）可求得工作点的 Q 值为 1.014，将此 Q 值代入式（9.25）可求得工作点的 f 值为 29.35°或 335.65°，由式（9.30）可求得

$$\Delta V_Y = 0.196\mathrm{m/s}$$

那么速度增量沿周向的正方向。

9.1.2.3 第三种方法

第三种方法是用周向速度增量分别对 a 和 e 进行调整。当不能满足式（9.29）时，则上述的一次冲量对 a 和 e 不能同时进行调整，这时要采用多次冲量对 a 和 e 进行调整。用多次冲量对 a 和 e 进行调整有可能使消耗的能量小于一次冲量时消耗的能量，为此就要研究用周向速度增量分别对 a 和 e 进行调整的方法。

如标称轨道为近圆轨道，其偏心率 e 很小，可以略去 e^2 的项，当只使用 ΔV_Y 时，由式（9.2）的第一式和第二式可知有

$$\Delta a = \frac{2a^2[e\sin f\Delta V_X + (1+e\cos f)\Delta V_Y]}{(\mu P)^{1/2}} = \frac{2a^2(1+e\cos f)\Delta V_Y}{\left[\frac{\mu}{a^3}a^3a(1-e^2)\right]^{1/2}} \doteq \frac{2(1+e\cos f)\Delta V_Y}{n}$$

$$\begin{aligned}
\Delta e &= \frac{r[\sin f(1+e\cos f)\Delta V_X + (2\cos f + e + e\cos^2 f)\Delta V_Y]}{(\mu P)^{1/2}} \\
&= \frac{r(2\cos f + e + 2e\cos^2 f - e\cos^2 f)\Delta V_Y}{\left[\frac{\mu}{a^3}a^3a(1-e^2)\right]^{1/2}} \\
&\doteq \frac{r}{a}\frac{(2\cos f + e + 2e\cos^2 f - e\cos^2 f)\Delta V_Y}{na} \\
&= \frac{1-e^2}{1+e\cos f}\frac{2\cos f + e + 2e\cos^2 f - e\cos^2 f}{na}\Delta V_Y \\
&\doteq \frac{1}{1+e\cos f}\frac{2\cos f(1+e\cos f) + e\sin^2 f}{na}\Delta V_Y
\end{aligned}$$

即

$$\begin{cases} n\Delta a = 2(1+e\cos f)\Delta V_Y \\ na\Delta e = \left(2\cos f + \dfrac{e\sin^2 f}{1+e\cos f}\right)\Delta V_Y \end{cases} \tag{9.31}$$

式中，n 为轨道平均角速度。

用 ΔV_Y 先对 e 然后再对 a 进行调整。

由式（9.31）第二式可知，在单独对 e 进行调整时，将发动机的工作点选择在 $f=0°$ 或 180°时，可使能量最省，此时所需的周向速度增量 ΔV_{Yc} 为

$$\Delta V_{Yc} = \pm \frac{na\Delta e}{2} \tag{9.32}$$

式中，正号对应 $f=0°$；负号对应于 $f=180°$。

当 e 调整后，再调整 a，此时 a 需要的调整量为 Δa^*，它包括两部分：一部分是原来需要的调整量；另一部分是由于调整 e 而引起的 a 的偏差要加以修正，这部分调整量为 $-(\mathrm{d}a)_e$，由式（9.31）可知为

$$\frac{\Delta a}{a\Delta e} = \frac{2(1+e\cos f)}{\left(2\cos f + \dfrac{e\sin^2 f}{1+e\cos f}\right)}$$

因此有

$$\Delta a^* = \Delta a - (\mathrm{d}a)_e = \Delta a + (-e \pm 1)a\Delta e \tag{9.33}$$

式中，负号对应调整 e 时工作点为 $f=0°$；正号对应于 $f=180°$。由式（9.33）可知，当 Δa 与 Δe 同号时，可选择 $f=0°$，异号式则取 $f=180°$。这样，在调整 e 时，已对 a 进行了部分需要的调整，可以节省能量。

在调整 a 时，将发动机工作点选在 $f=0°$ 和 $f=180°$，在这两点发动机各工作一次，每次的周向速度增量相等。令其周向速度增量为 ΔV_{Ya}^*，由式（9.31）第二式可知，这样调整 a 则 e 不发生变化，由式（9.31）第一式可知，ΔV_{Ya}^* 应为

$$\Delta V_{Ya}^* = \frac{n\Delta a^*}{4} \tag{9.34}$$

这样，用周向速度增量对 a 和 e 分别进行调整时，共需要两次冲量。

当 Δa 与 Δe 同号时，第一次冲量 ΔV_{Y1} 在 $f=0°$ 施加，第二次冲量 ΔV_{Y2} 在 $f=180°$ 施加，且有

$$\begin{cases} \Delta V_{Y1} = n\dfrac{a\Delta e + \dfrac{\Delta a^*}{2}}{2} = n\dfrac{\Delta a + (1-e)a\Delta e}{4} \\ \Delta V_{Y2} = n\dfrac{\Delta a^*}{4} = n\dfrac{\Delta a - (1+e)a\Delta e}{4} \end{cases} \tag{9.35}$$

两次冲量的特征速度为 V_{ch}，其表达式为

$$V_{ch} = |\Delta V_{Y1}| + |\Delta V_{Y2}| = na\frac{\dfrac{|\Delta a|}{a} - e|\Delta e|}{2} = (\mu a)^{1/2}\frac{\dfrac{|\Delta a|}{a} - e|\Delta e|}{2} \tag{9.36}$$

当 Δa 与 Δe 异号时，第一次冲量 ΔV_{Y1} 在 $f=180°$ 施加，第二次冲量 ΔV_{Y2} 在 $f=0°$ 施加，

且有

$$\begin{cases} \Delta V_{Y1} = n\dfrac{-a\Delta e + \dfrac{\Delta a^*}{2}}{2} = n\dfrac{\Delta a - (1+e)a\Delta e}{4} \\ \Delta V_{Y2} = n\dfrac{\Delta a^*}{4} = n\dfrac{\Delta a + (1-e)a\Delta e}{4} \end{cases} \tag{9.37}$$

两次冲量的特征速度为 V_{ch}，其表达式为

$$V_{ch} = |\Delta V_{Y1}| + |\Delta V_{Y2}| = na\frac{\dfrac{|\Delta a|}{a} + e|\Delta e|}{2} = (\mu a)^{1/2}\frac{\dfrac{|\Delta a|}{a} + e|\Delta e|}{2} \tag{9.38}$$

在前面已经讨论过的用单次冲量调整 a 和 e 的例子中，如用两次冲量进行调整，由于 Δa 和 Δe 同号；第一次冲量在 $f=0°$施加第二次冲量在 $f=180°$施加，这时的 ΔV_{Y1}、ΔV_{Y2}、V_{ch}可由式（9.35）和式（9.36）算得，为

$$\Delta V_{Y1} = 0.182\text{m/s}$$
$$\Delta V_{Y2} = 0.008\text{m/s}$$
$$V_{ch} = 0.190\text{m/s}$$

由计算结果可知，在本例中两次冲量消耗的能量略小于单次冲量消耗的能量。

9.1.3 Ω 和 i 的调整

由式（9.2）的第四和第五式可知

$$\begin{cases} \Delta\Omega = \dfrac{r\sin u\Delta V_Z}{\sin i(\mu P)^{1/2}} \\ \Delta i = \dfrac{r\cos u\Delta V_Z}{(\mu P)^{1/2}} \end{cases} \tag{9.39}$$

由式（9.39）可知，垂直轨道面的 Z 方向的速度增量可对 Ω 和 i 进行调整，并且在 $u=0°$或 $u=180°$施加冲量，可以单独调整 i 而不引起 Ω 的变化；在 $u=90°$或 $u=270°$施加冲量，可以单独调整 Ω 而不引起 i 的变化。

对于圆轨道而言，由式（9.39）可知，单独调整 $\Delta\Omega$ 和 Δi 所需的速度增量 $\Delta V_{Z\Omega}$和 ΔV_{Zi}分别为

$$\begin{cases} \dfrac{\Delta V_{Z\Omega}}{V_c} = \sin i\Delta\Omega \\ \dfrac{\Delta V_{Zi}}{V_c} = \Delta i \end{cases} \tag{9.40}$$

式中，V_c 为圆轨道速度。当 $\Delta V_{Z\Omega}$和 ΔV_{Zi}为正值时，速度增量与 Z 同向，反之则反向。由于卫星上携带的燃料有限，因而只能提供有限的速度增量，如 $|\Delta V_{Z\max}| \leqslant 0.01$。那么单独调整 i 时，Δi 的调整范围只有 $\pm 0.57°$。单独调整 Ω 时，Ω 的调整范围与 i 有关，当 i 小时调整范围较大，如 $i=70°$，则 $\Delta\Omega$ 的调整范围只有 $\pm 0.61°$。因此，对于一般的应用技术卫星，Ω 和 i 的调整范围不大。

对于椭圆（或圆）轨道卫星，如存在 $\Delta\Omega$ 和 Δi，由式（9.39）可知，在对 Ω 和 i 进行

调整时，发动机的工作点 u 和速度增量 ΔV_Z 这两个量可以选择，因而可以用一次冲量对 Ω 和 i 同时进行调整。以式（9.39）第二式除第一式，可求得发动机的工作点的 u 值为

$$u=\arctan\left(\sin i\frac{\Delta\Omega}{\Delta i}\right) \tag{9.41}$$

由式（9.39）可求得 ΔV_Z 为

$$\Delta V_Z=\frac{(\mu P)^{1/2}\Delta i}{r\cos\left[\arctan\left(\sin i\frac{\Delta\Omega}{\Delta i}\right)\right]} \tag{9.42}$$

例如，一太阳同步圆轨道卫星，其标称轨道根数为 $a=6670\text{km}$，$e=0.015$，$i=96.64°$，$\omega=0°$。由于入轨误差使 i 的实际值为 96.5°，为使卫星进行太阳同步而进行轨道调整，在轨道调整时既可调整 Ω 也可调整 i 使之能进行太阳同步，分别计算如下：

当只调整 Ω 时，发动机工作点 $u=90°$，为进行太阳同步，参考本书式（7.153），则 Ω 的每日修正量为

$$\Delta\Omega=9.97\left(\frac{a_e}{a}\right)^{3.5}\frac{\cos 96.64°-\cos 96.5°}{(1-e^2)^2}=-0.0206$$

因此，每日所需的速度增量为

$$\Delta V_{Z\Omega}=\left(\frac{\mu}{P}\right)^{1/2}\sin i\Delta\Omega=-2.76\text{m/s}$$

当调整 i 时，则 i 的修正量 $\Delta i=0.14°$，在 $u=0°$施加冲量，调整 i 所需的速度增量为

$$\Delta V_{Zi}=\left(\frac{\mu}{P}\right)^{1/2}(1+e)\Delta i=19.17\text{m/s}$$

不论调整 a 和 e 还是调整 Ω，在施加冲量后还将引起 ω 的变化。不过对于近圆轨道的对地观察卫星，ω 的变化对完成任务的影响不大，故不加考虑。

9.2　轨道改变

当初轨道与终轨道相交时，在交点处施加一次冲量可使航天器由初轨道改变为沿终轨道运动。与轨道调整问题不同的是，在这里并不要求初终轨道根数之差为小量，研究的是在椭圆轨道范围内初终轨道根数之差为任意值的情况。

轨道改变可分为共面轨道改变与非共面轨道改变。非共面轨道改变又可分为改变轨道面与一般非共面轨道改变两种情况。下面分别进行讨论。

9.2.1　共面轨道改变

航天器在已知轨道根数为 a_{I}、e_{I}、τ_{I}、ω_{I}、Ω_{I} 的初轨道 I 上运动，t 时刻的运动状态参数为 $\boldsymbol{r}_{\text{I}}$ 和 $\boldsymbol{V}_{\text{I}}$。其中，$\boldsymbol{r}_{\text{I}}$ 为航天器的地心距矢量，$\boldsymbol{V}_{\text{I}}$ 为航天器在地心惯性坐标系中的速度矢量。$\boldsymbol{r}_{\text{I}}(t)$ 和 $\boldsymbol{V}_{\text{I}}(t)$ 可由轨道计算给出，也可由航天器或地面上的测量装置通过测量计算给出，故 $\boldsymbol{r}_{\text{I}}(t)$ 和 $\boldsymbol{V}_{\text{I}}(t)$ 为已知量。

t 时刻在初轨道的轨道面内施加冲量获得速度增量 $\Delta\boldsymbol{V}$，航天器改变为沿与初轨道 I 共面的终轨道Ⅱ运动，由于施加冲量后航天器的运动状态参数为

$$\begin{cases} \boldsymbol{r}_{\mathrm{II}} = \boldsymbol{r}_{\mathrm{I}} = \boldsymbol{r} \\ \boldsymbol{V}_{\mathrm{II}} = \boldsymbol{V}_{\mathrm{I}} + \Delta \boldsymbol{V} \end{cases} \tag{9.43}$$

式中，$\Delta \boldsymbol{V}$ 的大小和方向这两个参数可以选择，因而可使Ⅱ轨道的轨道面内的根数 a_{II}、e_{II}、τ_{II}、ω_{II} 中的两个为给定值。

a_{II}、e_{II}、τ_{II}、ω_{II} 与 $\boldsymbol{r}$ 和 $\boldsymbol{V}_{\mathrm{II}}$ 的关系为

$$\begin{cases} a_{\mathrm{II}} = \dfrac{r}{2 - v_{\mathrm{II}}} \\ e_{\mathrm{II}} = [1 + v_{\mathrm{II}}(v_{\mathrm{II}} - 2)\cos^2\Theta_{\mathrm{II}}]^{1/2} \\ \tan f_{\mathrm{II}} = \dfrac{v_{\mathrm{II}} \sin\Theta_{\mathrm{II}} \cos\Theta_{\mathrm{II}}}{v_{\mathrm{II}} \cos^2\Theta_{\mathrm{II}} - 1} \\ \tan \dfrac{E_{\mathrm{II}}}{2} = \left(\dfrac{1 - e_{\mathrm{II}}}{1 + e_{\mathrm{II}}}\right)^{1/2} \tan \dfrac{f_{\mathrm{II}}}{2} \\ \tau_{\mathrm{II}} = t - \left(\dfrac{a^3}{\mu}\right)(E_{\mathrm{II}} - e_{\mathrm{II}} \sin E_{\mathrm{II}}) \\ \omega_{\mathrm{II}} = u_{\mathrm{II}} - f_{\mathrm{II}} = u_{\mathrm{I}} - f_{\mathrm{II}} = \omega_{\mathrm{I}} + (f_{\mathrm{I}} - f_{\mathrm{II}}) \end{cases} \tag{9.44}$$

式中，Θ_{II} 为 $\boldsymbol{V}_{\mathrm{II}}$ 的当地速度倾角；f_{II} 为真近点角；E_{II} 为偏近点角；u_{II} 为变轨点与升交点的角距；v_{II} 为能量参数，其表达式为

$$v_{\mathrm{II}} = \frac{rV_{\mathrm{II}}^2}{\mu} \tag{9.45}$$

在式（9.45）中，如令

$$\Delta\omega_{\mathrm{II}} = \omega_{\mathrm{II}} - \omega_{\mathrm{I}}、\Delta f_{\mathrm{II}} = f_{\mathrm{II}} - f_{\mathrm{I}}$$

则式（9.44）的最后一式可写为

$$\Delta\omega_{\mathrm{II}} = -\Delta f_{\mathrm{II}} \tag{9.46}$$

在式（9.44）中，r、V_{I}、Θ_{I}、f_{I}、ω_{I} 为已知量，为分析问题方便起见，可将其表示为

$$\begin{cases} a_{\mathrm{II}} = a_{\mathrm{II}}(v_{\mathrm{II}}) \\ e_{\mathrm{II}} = e_{\mathrm{II}}(v_{\mathrm{II}}, \Theta_{\mathrm{II}}) \\ \tau_{\mathrm{II}} = \tau_{\mathrm{II}}(v_{\mathrm{II}}, \Theta_{\mathrm{II}}) \\ \Delta\omega_{\mathrm{II}} = \Delta\omega_{\mathrm{II}}(v_{\mathrm{II}}, \Theta_{\mathrm{II}}) \end{cases} \tag{9.47}$$

式中，v_{II}、Θ_{II} 为两个可以选择的参数。如由轨道机动的任务要求给定 a_{II}、e_{II}、τ_{II}、ω_{II} 这四个根数中的任意两个，则由式（9.47）可找到与之相应的两个代数方程，求解代数方程即可求得要求的 v_{II}、Θ_{II}。不过，一般情况下方程的求解是比较麻烦的。求得 v_{II} 和 Θ_{II} 后，$\boldsymbol{V}_{\mathrm{II}}$ 的大小由下式给出：

$$V_{\mathrm{II}} = \left(\frac{\mu v_{\mathrm{II}}}{r}\right)^{1/2} \tag{9.48}$$

$\boldsymbol{V}_{\mathrm{II}}$ 的方向由 Θ_{II} 确定。

为了求得 $\Delta \boldsymbol{V}$ 的大小和方向，将 $\boldsymbol{V}_{\mathrm{I}}$ 和 $\boldsymbol{V}_{\mathrm{II}}$ 向轨道坐标系的 X 轴和 Y 轴投影，如图 9.3 所示。

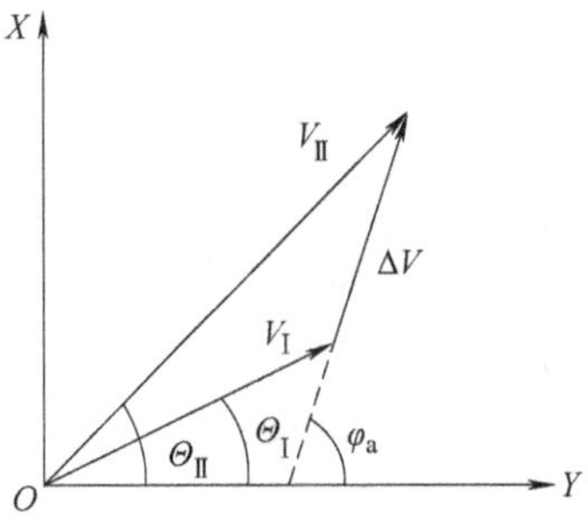

图 9.3　$\Delta \boldsymbol{V}$ 的大小和方向

投影后可得

$$\begin{cases}\Delta V_X = V_{\text{Ⅱ}}\sin\Theta_{\text{Ⅱ}} - V_{\text{Ⅰ}}\sin\Theta_{\text{Ⅰ}} \\ \Delta V_Y = V_{\text{Ⅱ}}\cos\Theta_{\text{Ⅱ}} - V_{\text{Ⅰ}}\cos\Theta_{\text{Ⅰ}}\end{cases} \tag{9.49}$$

$\Delta \boldsymbol{V}$ 的大小为

$$\Delta V = (\Delta V_X^2 + \Delta V_Y^2)^{1/2} = V_{\text{Ⅰ}}\left[1 - 2\frac{V_{\text{Ⅱ}}}{V_{\text{Ⅰ}}}\cos\Delta\Theta + \left(\frac{V_{\text{Ⅱ}}}{V_{\text{Ⅰ}}}\right)^2\right]^{1/2} \tag{9.50}$$

其中

$$\Delta\Theta = \Theta_{\text{Ⅱ}} - \Theta_{\text{Ⅰ}} \tag{9.51}$$

$\Delta \boldsymbol{V}$ 的方向由 φ_a 确定如下：

$$\varphi_a = \arctan\frac{\Delta V_X}{\Delta V_Y} = \arctan\frac{V_{\text{Ⅱ}}\sin\Theta_{\text{Ⅱ}} - V_{\text{Ⅰ}}\sin\Theta_{\text{Ⅰ}}}{V_{\text{Ⅱ}}\cos\Theta_{\text{Ⅱ}} - V_{\text{Ⅰ}}\cos\Theta_{\text{Ⅰ}}} \tag{9.52}$$

在共面轨道改变中，变轨要求还可以以其他形式提出。例如，在 $a_{\text{Ⅱ}}$、$e_{\text{Ⅱ}}$、$\tau_{\text{Ⅱ}}$、$\omega_{\text{Ⅱ}}$ 四个根数中，使一个根数为给定值，另一个要求为在变轨过程中使 $\Delta V = \Delta V_{\min}$，即变轨花费的能量最少，作为一个特例，要求以最少的能量消耗获得给定的长半轴 $a_{\text{Ⅱ}}$。在这一问题中，由于 r、$a_{\text{Ⅰ}}$、$a_{\text{Ⅱ}}$ 给定，由式（9.44）第一式可知，即 r、$V_{\text{Ⅰ}}$、$V_{\text{Ⅱ}}$ 为已知值，由式（9.50）立即可看到

$$\Delta\Theta = 0\text{ 时，}\quad \Delta V = \Delta V_{\min}$$

即 $\Theta_{\text{Ⅱ}} = \Theta_{\text{Ⅰ}}$ 时，变轨能量最省。这一结论与上节调整轨道长半轴时得出的结论是一致的。

【轨道改变例 1】设航天器在 $r = 6570\text{km}$ 的圆轨道上飞行，如任务要求航天器改变为沿下述轨道Ⅱ运动：

1）近地距为 $r_p = 6570\text{km}$ 的抛物线轨道。

2）近地距为 $r_p = 6570\text{km}$，远地距 $r_a = 384400\text{km}$（地月平均距离）的椭圆轨道。

分别求出变轨所需的 $\Delta \boldsymbol{V}$。

在第一种情况下，变轨要求有两个：第一个要求能量最省，即 $\Delta\Theta = 0$，又由于轨道Ⅰ为圆轨道，则 $\Theta_{\text{Ⅱ}} = 0$；第二个要求为抛物线轨道，即 $e_{\text{Ⅱ}} = 1$。由式（9.44）第二式可知

$$v_{\text{Ⅱ}} = 2$$

由式（9.48）可知

$$V_{\text{Ⅱ}} = \left(\frac{2\mu}{r}\right)^{1/2}$$

因此有

$$\Delta V = V_{\mathrm{II}} - V_{\mathrm{I}} = (\sqrt{2}-1)\left(\frac{\mu}{r}\right)^{1/2} = 3.23\mathrm{km/s}$$

$\Delta \boldsymbol{V}$ 的方向沿 Y 轴正向（$\varphi_a = 0$）。

在第一种情况下，变轨要求有两个：第一个要求能量最省，即 $\Delta\Theta = 0$，又由于轨道Ⅰ为圆轨道，则 $\Theta_{\mathrm{II}} = 0$；第二个要求 a_{II} 为

$$a_{\mathrm{II}} = \frac{r_a + r_p}{2}$$

由式（9.44）第一式可知

$$v_{\mathrm{II}} = 2 - \frac{r_p}{a_{\mathrm{II}}}$$

由式（9.48）可知

$$V_{\mathrm{II}} = \left[\frac{2\mu}{r_p}\left(1 - \frac{r_p}{r_a + r_p}\right)\right]^{1/2}$$

因此有

$$\Delta V = V_{\mathrm{II}} - V_{\mathrm{I}} = \left(\frac{\mu}{r_p}\right)^{1/2}\left[\left(\frac{2r_a}{r_a + r_p}\right)^{1/2} - 1\right] = 3.13\mathrm{km/s}$$

$\Delta \boldsymbol{V}$ 的方向沿 Y 轴正向（$\varphi_a = 0$）。

比较以上两种情况可知，发射脱离地球重力场而成为太阳系人造行星的航天器与发射飞向月球的航天器所需的能量相当接近。

【轨道改变例2】人造卫星沿初轨道Ⅰ运动，轨道Ⅰ的根数 $a_{\mathrm{I}} = 3R$（R 为地球半径），$e_{\mathrm{I}} = 0.5$。轨道机动任务要求卫星在轨道Ⅰ的远地点施加冲量进行变轨，变轨后沿终轨道Ⅱ运动，Ⅱ的轨道根数为 $a_{\mathrm{II}} = 4R$，$e_{\mathrm{II}} = 0.5$。求变轨所需的速度增量 $\Delta \boldsymbol{V}$。

在本例中，变轨要求有两个，即轨道Ⅱ的 a_{II} 和 e_{II} 为给定值，根据式（9.44）第一、二式及下式：

$$r = a(1 - e\cos E)$$

可知，在Ⅰ的远地点（$E = 180°$）变轨时，变轨后卫星应有的运动状态参数为

$$r = a_{\mathrm{I}}(1 + e_{\mathrm{I}}) = 4.5R$$

$$V_{\mathrm{II}} = \left[\frac{\mu}{r_a}\left(2 - \frac{r_p}{a_{\mathrm{II}}}\right)\right]^{1/2} = 3.49\mathrm{km/s}$$

$$\cos\Theta_{\mathrm{II}} = \pm\left[\frac{e_{\mathrm{II}}^2 - 1}{v_{\mathrm{II}}(v_{\mathrm{II}} - 2)}\right]^{1/2} = \pm\left[\frac{e_{\mathrm{II}}^2 - 1}{\frac{rV_{\mathrm{II}}^2}{\mu}\left(\frac{rV_{\mathrm{II}}^2}{\mu} - 2\right)}\right]^{1/2} = \pm\mu\left[\frac{1 - e_{\mathrm{II}}^2}{rV_{\mathrm{II}}^2(2\mu - rV_{\mathrm{II}}^2)}\right]^{1/2}$$

由上式可求得 Θ_{II} 的四个解分别记为

$$\Theta_{\mathrm{II}1} = 29.23°, \quad \Theta_{\mathrm{II}2} = -29.23°, \quad \Theta_{\mathrm{II}3} = 150.37°, \quad \Theta_{\mathrm{II}4} = -150.37°$$

式中，$\Theta_{\mathrm{II}3}$、$\Theta_{\mathrm{II}4}$ 这两个解对应卫星沿轨道Ⅱ的运动方向与沿轨道Ⅰ的运动方向相反，此时变轨所需能量大，故不可取。对应 $\Theta_{\mathrm{II}1}$、$\Theta_{\mathrm{II}2}$ 这两个解各有一条终轨道，因此，这是一个多解问题。

变轨前人造卫星的运动参数为

$$V_{\mathrm{I}}=\left[\frac{\mu}{r}\left(2-\frac{r}{a_{\mathrm{I}}}\right)\right]^{1/2}=\left[\frac{\mu}{r}\left(2-\frac{1-e_{\mathrm{I}}^2}{1+e_{\mathrm{I}}\cos f}\right)\right]^{1/2}=\left[\frac{\mu(1+e_{\mathrm{I}}\cos f)}{a_{\mathrm{I}}(1-e_{\mathrm{I}}^2)}\left(2-\frac{1-e_{\mathrm{I}}^2}{1+e_{\mathrm{I}}\cos f}\right)\right]^{1/2}$$

即得远地点变轨时有

$$V_{\mathrm{I}}=\left[\frac{\mu(1-e_{\mathrm{I}})}{a_{\mathrm{I}}(1+e_{\mathrm{I}})}\right]^{1/2}=2.64\mathrm{km/s}$$

$$\Theta_{\mathrm{I}}=0$$

将 V_{I}、V_{II} 和 $\Delta\Theta$ 代入式（9.50）和式（9.52）则有

$$\Delta V=[(V_{\mathrm{II}}\cos\Theta_{\mathrm{II}}-V_{\mathrm{I}})^2+V_{\mathrm{II}}^2\sin^2\Theta_{\mathrm{II}}]^{1/2}$$

$$\varphi_{\mathrm{a}}=\arctan\left(\frac{V_{\mathrm{II}}\sin\Theta_{\mathrm{II}}}{V_{\mathrm{II}}\cos\Theta_{\mathrm{II}}-V_{\mathrm{I}}}\right)$$

对于 $\Theta_{\mathrm{II}1}$、$\Theta_{\mathrm{II}2}$ 这两个解，ΔV 相同，但 φ_{a} 不同，有

$$\Delta V=1.75\mathrm{km/s},\quad \varphi_{\mathrm{a1}}=76.61°,\quad \varphi_{\mathrm{a2}}=-76.61°$$

由式（9.44）第三式可知变轨点在轨道Ⅱ上的真近点角 f_{II} 为

$$f_{\mathrm{II}}=\arctan\frac{\boldsymbol{v}_{\mathrm{II}}\sin\Theta_{\mathrm{II}}\cos\Theta_{\mathrm{II}}}{\boldsymbol{v}_{\mathrm{II}}\cos^2\Theta_{\mathrm{II}}-1}$$

将 $\Theta_{\mathrm{II}1}$、$\Theta_{\mathrm{II}2}$ 代入上式，分别可得

$$f_{\mathrm{II}1}=131.73°,\quad f_{\mathrm{II}2}=228.27°$$

轨道Ⅱ的拱线相对轨道Ⅰ的拱线共有 ±48.27°的漂移，图 9.4 给出了这两条终轨道。

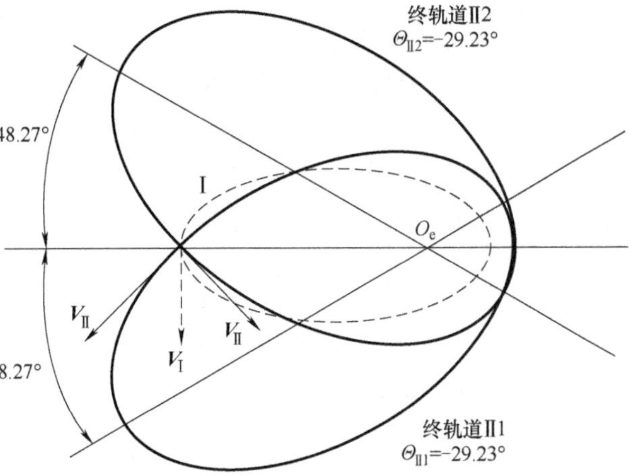

图 9.4　两条冲量相等的终轨道

9.2.2　改变轨道面的变轨

改变轨道面的变轨一方面要求为

$$\begin{cases}r_{\mathrm{I}}=r_{\mathrm{II}}=r\\ V_{\mathrm{I}}=V_{\mathrm{II}}=V\\ \Theta_{\mathrm{I}}=\Theta_{\mathrm{II}}=\Theta\end{cases}\tag{9.53}$$

另一方面要求是 $\boldsymbol{V}_{\mathrm{I}}$ 与 $\boldsymbol{V}_{\mathrm{II}}$ 之间的夹角为 α，α 的大小随 $\Delta\boldsymbol{V}$ 的大小而变化，如图 9.5 所示。

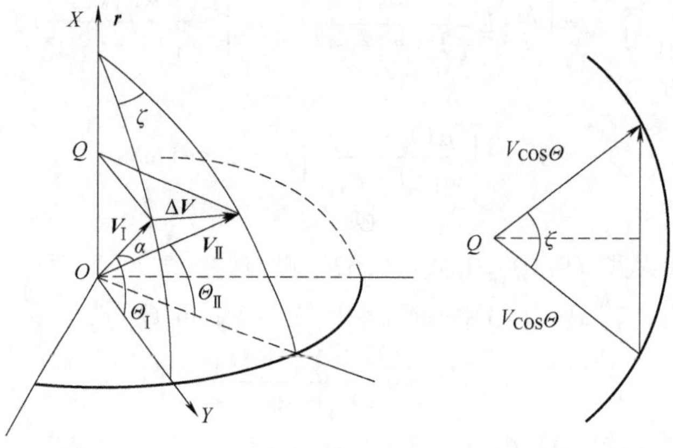

图 9.5　改变轨道面的变轨

由变轨要求可知，一方面由式（9.53）可得

$$
\begin{aligned}
a_{Ⅰ} = a_{Ⅱ}, \quad e_{Ⅰ} = e_{Ⅱ} \\
\tau_{Ⅰ} = \tau_{Ⅱ}, \quad f_{Ⅰ} = f_{Ⅱ}
\end{aligned}
\tag{9.54}
$$

另一方面，如图 9.5 所示，$\boldsymbol{r}_Ⅰ$ 和 $\boldsymbol{V}_Ⅰ$ 决定了轨道Ⅰ的轨道面，$\boldsymbol{r}_Ⅱ$ 和 $\boldsymbol{V}_Ⅱ$ 决定了轨道Ⅱ的轨道面。两轨道面之间的夹角为 ξ，即角 α 使得轨道Ⅰ和Ⅱ的轨道面在变轨点的交角为 ξ，规定角 ξ 从轨道Ⅰ的轨道面起绕变轨点的 X 轴逆时针旋转为正。

由图 9.5 所示的几何关系可知

$$
\Delta V = 2V\cos\Theta\sin\frac{\xi}{2} \tag{9.55}
$$

$$
\Delta V = 2V\sin\frac{\alpha}{2} \tag{9.56}
$$

比较式（9.55）和式（9.56）可知

$$
\sin\frac{\alpha}{2} = \cos\Theta\sin\frac{\xi}{2} \tag{9.57}
$$

由式（9.57）可知，在一般情况下 α 与 ξ 不等，只有在 $\Theta = 0$ 时，两者才相等。

ξ 角与轨道Ⅰ和Ⅱ的轨道面的关系如图 9.6 所示。

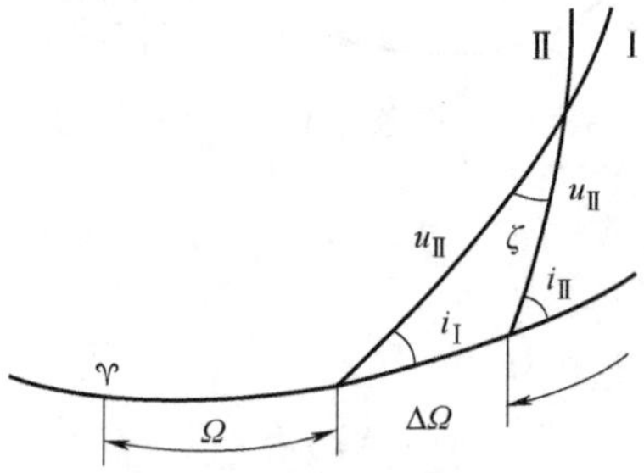

图 9.6　轨道夹角与轨道倾角

令

$$
\Delta\Omega = \Omega_Ⅱ - \Omega_Ⅰ、\Delta i = i_Ⅱ - i_Ⅰ \tag{9.58}
$$

由式（9.54）可知

$$\Delta\omega=\omega_{\mathrm{II}}-\omega_{\mathrm{I}}=u_{\mathrm{II}}-u_{\mathrm{I}} \tag{9.59}$$

如图 9.6 所示，由球面三角公式可知

$$\begin{cases}\cos i_{\mathrm{II}}=\cos i_{\mathrm{I}}\cos\xi-\sin i_{\mathrm{I}}\sin\xi\cos u_{\mathrm{I}}\\ \sin\Delta\Omega=\sin u_{\mathrm{I}}\dfrac{\sin\xi}{\sin i_{\mathrm{II}}}\\ \Delta\omega=\arcsin\dfrac{\sin i_{\mathrm{I}}\sin u_{\mathrm{I}}}{\sin i_{\mathrm{II}}}-u_{\mathrm{I}}\end{cases} \tag{9.60}$$

在改变轨道面的变轨中，只有 ξ 这个参数可以选择，因而在 i_{II}、Ω_{II}、ω_{II} 这三个参数中，只能使一个参数通过改变轨道面的变轨与预定值相等。对于给定的预定值，在式（9.60）中，求解相应的方程，即可求得 ξ。

由式（9.60）可知，如将变轨点选在 $u_{\mathrm{I}}=0°$ 或 $u_{\mathrm{I}}=180°$，则变轨时将改变 i_{I} 而 Ω_{I} 与 ω_{I} 不变，且 $\Delta i=\pm\xi$，正号对应于变轨点为 $u_{\mathrm{I}}=0°$，负号对应于 $u_{\mathrm{I}}=180°$。

由式（9.60）可知，如 ξ 为小量，近似认为 $\cos\xi=1$、$\sin\xi=\xi$，则当变轨点选在 $u_{\mathrm{I}}=90°$ 或 $u_{\mathrm{I}}=270°$ 时，则 $\Delta i=0$、$\Delta\omega=0$。当 ξ 使 Ω 的变化亦为小量时，近似认为 $\sin\Delta\Omega=\Delta\Omega$，则有 $\Delta\Omega=\pm\xi/\sin i_{\mathrm{I}}$，正号对应于变轨点 $u_{\mathrm{I}}=90°$，负号对应于 $u_{\mathrm{I}}=270°$。

以上这些结果与上节轨道调整中得到的结论是一致的。

当 ξ 确定后，结合图 9.5 所示，将 $\boldsymbol{\Delta V}$ 向变轨点轨道坐标系三轴投影可得

$$\begin{cases}\Delta V_X=0\\ \Delta V_Y=2V\cos\Theta\sin\dfrac{\xi}{2}\left[-\cos\left(\dfrac{\pi-\xi}{2}\right)\right]=-2V\cos\Theta\sin^2\dfrac{\xi}{2}=V\cos\Theta(\cos\xi-1)\\ \Delta V_Z=2V\cos\Theta\sin\dfrac{\xi}{2}\sin\left(\dfrac{\pi-\xi}{2}\right)=V\cos\Theta\sin\xi\end{cases} \tag{9.61}$$

因而有

$$\Delta V=(\Delta V_X^2+\Delta V_Y^2+\Delta V_Z^2)^{1/2}=2V\cos\Theta\sin\frac{\xi}{2} \tag{9.62}$$

为了描述 $\boldsymbol{\Delta V}$ 的方向引入俯仰角 φ_{a} 和偏航角 ψ_{a}，如图 9.7 所示，图中所示的 φ_{a} 与 ψ_{a} 均为正值。

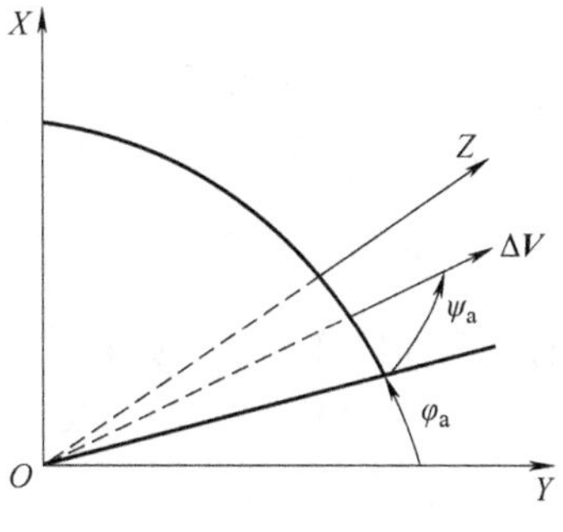

图 9.7　$\boldsymbol{\Delta V}$ 的俯仰角与程序角

由于有

$$\begin{cases}\Delta V_X = \Delta V\cos\psi_a \sin\varphi_a \\ \Delta V_Y = \Delta V\cos\psi_a \cos\varphi_a \\ \Delta V_Z = \Delta V\sin\psi_a\end{cases} \tag{9.63}$$

因而有

$$\begin{cases}\varphi_a = \arctan\dfrac{\Delta V_X}{\Delta V_Y} \\ \psi_a = \arctan\dfrac{\Delta V_Z\cos\varphi_a}{\Delta V_Y}\end{cases} \tag{9.64}$$

将式（9.61）代入式（9.64），则可得改变轨道面变轨时的 φ_a 和 ψ_a 为

$$\begin{cases}\varphi_a = 0° \\ \psi_a = 90° + \dfrac{\xi}{2}\end{cases} \tag{9.65}$$

9.2.3 非共面轨道改变的一般情况

一般情况下非共面轨道改变的变轨要求，一方面为下式：

$$\boldsymbol{r}_{\mathrm{I}} = \boldsymbol{r}_{\mathrm{II}} = \boldsymbol{r}, \quad V_{\mathrm{I}} \neq V_{\mathrm{II}}, \quad \Theta_{\mathrm{I}} \neq \Theta_{\mathrm{II}}$$

另一方面是，$\boldsymbol{V}_{\mathrm{I}}$ 与 $\boldsymbol{V}_{\mathrm{II}}$ 不在同一轨道面内，如图 9.8 所示。图中，$\boldsymbol{V}_{\mathrm{I}}$ 和 $\boldsymbol{V}_{\mathrm{II}}$ 分别为变轨前后的速度矢量，$\Delta\boldsymbol{V}$ 为变轨所需的速度增量。

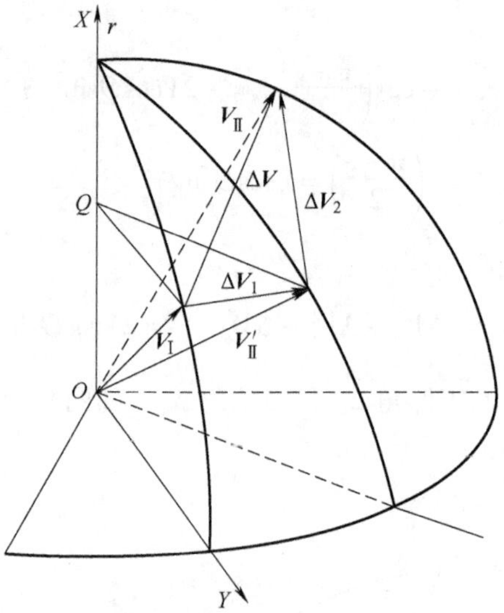

图 9.8　非共面轨道改变的一般情况

在 $\boldsymbol{r}$ 与 $\boldsymbol{V}_{\mathrm{II}}$ 决定的终轨道Ⅱ的轨道面内作 $\boldsymbol{V}'_{\mathrm{II}}$，使 $\boldsymbol{V}'_{\mathrm{II}}$ 的大小与 $\boldsymbol{V}_{\mathrm{I}}$ 的大小相等，$\boldsymbol{V}'_{\mathrm{II}}$ 的速度倾角与 Θ_{I} 相等，则 $\Delta\boldsymbol{V}$ 分解为 $\Delta\boldsymbol{V}_1$ 和 $\Delta\boldsymbol{V}_2$，其表达式为

$$\begin{cases}\Delta\boldsymbol{V}_1 = \boldsymbol{V}'_{\mathrm{II}} - \boldsymbol{V}_{\mathrm{I}} \\ \Delta\boldsymbol{V}_2 = \boldsymbol{V}_{\mathrm{II}} - \boldsymbol{V}'_{\mathrm{II}}\end{cases} \tag{9.66}$$

由前面的讨论可知，$\Delta \boldsymbol{V}_1$ 为改变轨道面所需的速度增量，$\Delta \boldsymbol{V}_2$ 为轨道面改变后，在终轨道Ⅱ轨道面内进行共面轨道改变所需的速度增量。因此，一般情况下的非共面轨道改变可看作前述两种轨道改变的综合。

选择 $\Delta \boldsymbol{V}_1$ 可使终轨道Ⅱ的 i_{II} 和 Ω_{II} 中的一个与预定值相等，选择 $\Delta \boldsymbol{V}_2$ 可使 a_{II}、e_{II} 和 τ_{II} 中的两个与预定值相等。由于 ω_{II} 同时受 $\Delta \boldsymbol{V}_1$ 和 $\Delta \boldsymbol{V}_2$ 的影响，为使 ω_{II} 与预定值相等，则要同时考虑 $\Delta \boldsymbol{V}_1$ 和 $\Delta \boldsymbol{V}_2$ 的影响。当由轨道机动任务确定了终轨道的上述三个轨道根数后，可由相应的代数方程解出 $\boldsymbol{V}_{\mathrm{II}}$、$\Theta_{\mathrm{II}}$ 和 ξ。

为了求得 $\Delta \boldsymbol{V}$ 的大小与方向，将 $\boldsymbol{V}_{\mathrm{II}}$ 和 $\boldsymbol{V}_{\mathrm{I}}$ 分别向变轨点的轨道坐标系投影，则可得

$$\begin{cases}\Delta V_X = V_{\mathrm{II}}\sin\Theta_{\mathrm{II}} - V_{\mathrm{I}}\sin\Theta_{\mathrm{I}}\\ \Delta V_Y = V_{\mathrm{II}}\cos\Theta_{\mathrm{II}}\cos\xi - V_{\mathrm{I}}\cos\Theta_{\mathrm{I}}\\ \Delta V_Z = V_{\mathrm{II}}\cos\Theta_{\mathrm{II}}\sin\xi\end{cases} \tag{9.67}$$

从而可得 $\Delta \boldsymbol{V}$ 的大小与方向为

$$\begin{cases}\Delta V = (\Delta V_X^2 + \Delta V_Y^2 + \Delta V_Z^2)^{1/2}\\ \varphi_{\mathrm{a}} = \arctan\dfrac{\Delta V_X}{\Delta V_Y}\\ \psi_{\mathrm{a}} = \arctan\dfrac{\Delta V_Z\cos\varphi_{\mathrm{a}}}{\Delta V_Y}\end{cases} \tag{9.68}$$

在发射地球静止卫星时，使卫星由轨道倾角不为零的大椭圆转移轨道（初轨道Ⅰ）进入地球静止圆轨道（终轨道Ⅱ）的变轨，就是非共面轨道改变一般情况的一个例子。这次变轨施加的冲量既要改变轨道倾角，又要使轨道圆化。

设大椭圆转移轨道的轨道倾角为 $i_{\mathrm{I}}=45°$，此轨道的拱线在赤道面内且 $\omega_{\mathrm{I}}=0$，其近点距 $r_{\mathrm{pI}}=6570\mathrm{km}$，$r_{\mathrm{aI}}=42164\mathrm{km}$（终轨道Ⅱ的地心距）的变轨，在远地点施加冲量进入地球静止圆轨道Ⅱ，其轨道根数为 $a_{\mathrm{II}}=r_{\mathrm{aI}}$、$e_{\mathrm{II}}=0$、$i_{\mathrm{II}}=0$，求变轨所需的 $\Delta \boldsymbol{V}$。

由Ⅱ轨道的轨道根数可知，变轨后的卫星运动状态参数为

$$r_{\mathrm{II}} = r_{\mathrm{I}} = r_{\mathrm{aI}} = 42164\mathrm{km}$$

$$V_{\mathrm{II}} = \left(\frac{\mu}{r_{\mathrm{aI}}}\right)^{1/2} = 3.07\mathrm{km/s}$$

$$\Theta_{\mathrm{II}} = 0$$

由于变轨点 $u_{\mathrm{I}}=180°$，且 $i_{\mathrm{II}}=0$，$i_{\mathrm{I}}=45°$，由式（9.60）第一式可知

$$\xi = 45°$$

变轨前卫星的运动状态参数为

$$V_{\mathrm{I}} = \left(\frac{\mu}{r_{\mathrm{aI}}}v_{\mathrm{I}}\right)^{1/2} = \left[\frac{\mu}{r_{\mathrm{aI}}}\left(2-\frac{r_{\mathrm{aI}}}{a_{\mathrm{II}}}\right)\right]^{1/2}$$

$$= \left[\frac{2\mu}{r_{\mathrm{aI}}}\left(1-\frac{r_{\mathrm{aI}}}{r_{\mathrm{aI}}+r_{\mathrm{pI}}}\right)\right]^{1/2} = \left[\frac{2\mu r_{\mathrm{pI}}}{r_{\mathrm{aI}}(r_{\mathrm{aI}}+r_{\mathrm{pI}})}\right]^{1/2} = 1.60\mathrm{km/s}$$

$$\Theta_{\mathrm{I}} = 0$$

由式（9.67）可知

$$\Delta V_X = 0$$

$$\Delta V_Y = V_{\text{II}} \cos\Theta_{\text{II}} \cos\xi - V_{\text{I}} = 0.57\text{km/s}$$

$$\Delta V_Z = V_{\text{II}} \sin\xi = 2.17\text{km/s}$$

由式（9.68）可知

$$\Delta V = (\Delta V_X^2 + \Delta V_Y^2 + \Delta V_Z^2)^{1/2} = 2.24\text{km/s}$$

$$\varphi_a = 0$$

$$\psi_a = \arctan \frac{\Delta V_Z}{\Delta V_Y} = 75.26°$$

图 9.9 给出了在变轨点轨道坐标系的 YZ 平面内（垂直于赤道平面）的变轨前后的速度改变情况。

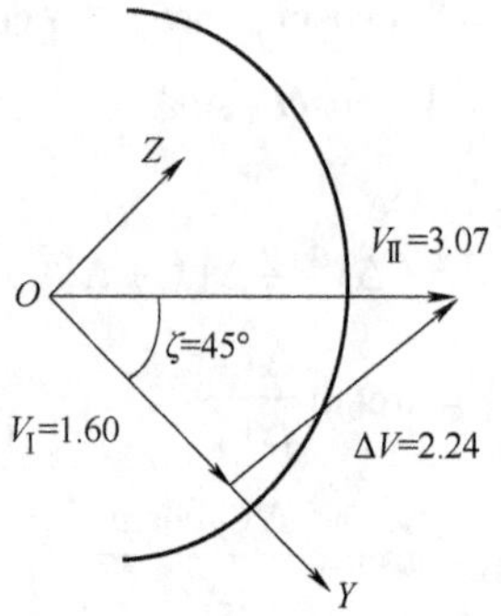

图 9.9　一次冲量改变轨道面并使轨道面圆化

实际上，在施加这次冲量后，由于各种误差因素的影响，卫星不能进入地球静止轨道，而只能进入与其临近的准同步轨道，然后要进行定点捕获，使其定点在给定经度的位置上。

9.2.4　共面椭圆轨道的单次冲量最优轨道改变

如已知以地心 O_e 作为公共焦点的两椭圆轨道Ⅰ和Ⅱ，其半通径 P_{I} 和 P_{II} 及偏心率 e_{I} 和 e_{II} 均为已知量，它们拱线之间的交角 ω 可以改变，卫星在轨道Ⅰ和Ⅱ上运动时，绕地心旋转的方向相同，如图 9.10 所示，轨道 ω 为地心到轨道Ⅰ与Ⅱ的近地点连线的夹角，从轨道Ⅱ的拱线量起，顺卫星旋转方向为正，图 9.10 所示的 ω 为负值。

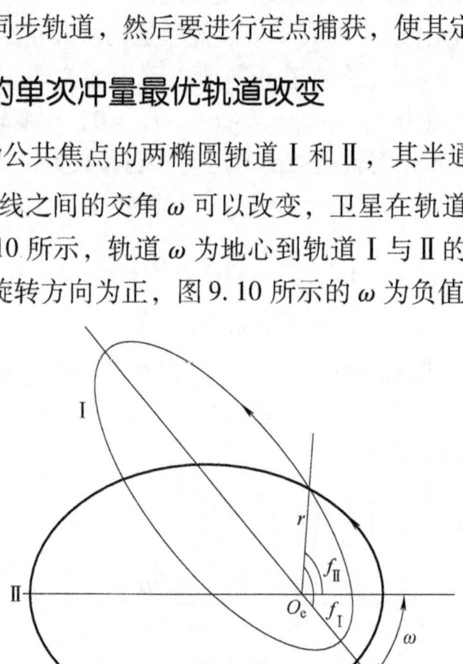

图 9.10　两共面相交椭圆

如两椭圆轨道有交（切）点，则在交（切）点处施加单次冲量，即可使卫星由一轨道改变为另一轨道运动。由于两轨道的交点随 ω 改变而改变，因而要研究速度增量最小的最优轨道改变。

9.2.4.1　两共面椭圆轨道相交（切）的条件

对Ⅰ、Ⅱ椭圆轨道而言，如有交（切）点，令交点处的地心距和真近点角分别为 r_{I}、f_{I} 和 r_{II}、f_{II}，则有

$$\begin{cases} r_{\mathrm{I}} = r_{\mathrm{II}} = r \\ f_{\mathrm{II}} = f_{\mathrm{I}} + \omega \end{cases} \tag{9.69}$$

故可将相交（切）条件表为

$$\frac{P_{\mathrm{II}}}{1 + e_{\mathrm{II}}\cos f_{\mathrm{II}}} = \frac{P_{\mathrm{I}}}{1 + e_{\mathrm{I}}\cos(f_{\mathrm{II}} - \omega)} \tag{9.70}$$

令

$$\begin{cases} A = P_{\mathrm{II}} e_{\mathrm{I}} \\ B = P_{\mathrm{I}} e_{\mathrm{II}} \\ \Delta P = P_{\mathrm{II}} - P_{\mathrm{I}} \end{cases} \tag{9.71}$$

则式（9.70）可表为

$$\begin{aligned} \Delta P &= P_{\mathrm{I}} e_{\mathrm{II}} \cos f_{\mathrm{II}} - P_{\mathrm{II}} e_{\mathrm{I}} \cos(f_{\mathrm{II}} - \omega) \\ &= B\cos f_{\mathrm{II}} - A(\cos f_{\mathrm{II}}\cos\omega + \sin f_{\mathrm{II}}\sin\omega) \\ &= (B - A\cos\omega)\cos f_{\mathrm{II}} - A\sin\omega\sin f_{\mathrm{II}} \end{aligned} \tag{9.72}$$

令

$$\begin{cases} C = \left[(B - A\cos\omega)^2 + A^2\sin^2\omega\right]^{1/2} = C(\omega) \\ \sin\psi = \dfrac{A\sin\omega}{C} \\ \cos\psi = \dfrac{B - A\cos\omega}{C} \\ \psi = \arctan\dfrac{A\sin\omega}{B - A\cos\omega} = \psi(\omega) \end{cases} \tag{9.73}$$

则式（9.72）可表为

$$\frac{\Delta P}{C} = \cos(f_{\mathrm{II}} + \psi) \tag{9.74}$$

因而相交条件可表为

$$\left(\frac{\Delta P}{C}\right)^2 \leqslant 1 \tag{9.75}$$

将式（9.73）第一式代入式（9.75），则相交条件为

$$\Delta P^2 \leqslant A^2 + B^2 - 2AB\cos\omega \tag{9.76}$$

式（9.76）的等号成立时，由式（9.75）和式（9.74）可知

$$\sin(f_{\mathrm{II}} + \psi) = 0$$

将上式展开得

$$\sin f_{\mathrm{II}}\cos\psi + \cos f_{\mathrm{II}}\sin\psi = 0$$

将式（9.73）第二和第三式代入则有

$$\sin f_{\mathrm{II}}(B-A\cos\omega)+\cos f_{\mathrm{II}}A\sin\omega=0$$

即

$$\sin f_{\mathrm{II}}[B-A\cos(f_{\mathrm{II}}-f_{\mathrm{I}})]+\cos f_{\mathrm{II}}A\sin(f_{\mathrm{II}}-f_{\mathrm{I}})=0$$

$$\sin f_{\mathrm{II}}(B-A\cos f_{\mathrm{II}}\cos f_{\mathrm{I}}-A\sin f_{\mathrm{II}}\sin f_{\mathrm{I}})+A\cos f_{\mathrm{II}}(\sin f_{\mathrm{II}}\cos f_{\mathrm{I}}-\cos f_{\mathrm{II}}\sin f_{\mathrm{I}})=0$$

$$B\sin f_{\mathrm{II}}-A\sin f_{\mathrm{I}}\sin^2 f_{\mathrm{II}}-A\sin f_{\mathrm{I}}\cos^2 f_{\mathrm{II}}=0$$

即

$$\frac{\sin f_{\mathrm{II}}}{A}=\frac{\sin f_{\mathrm{I}}}{B}$$

将式（9.71）代入，可得

$$\frac{\sin f_{\mathrm{II}}}{P_{\mathrm{II}}e_{\mathrm{I}}}=\frac{\sin f_{\mathrm{I}}}{P_{\mathrm{I}}e_{\mathrm{II}}}$$

即

$$e_{\mathrm{I}}\frac{\sin f_{\mathrm{I}}}{\dfrac{P_{\mathrm{I}}}{r}}=e_{\mathrm{II}}\frac{\sin f_{\mathrm{II}}}{\dfrac{P_{\mathrm{II}}}{r}}$$

由式（9.126）第二、三式可知

$$\tan\Theta_{\mathrm{I}}=\tan\Theta_{\mathrm{II}}$$

式中，Θ_{I} 和 Θ_{II} 分别为轨道Ⅰ和Ⅱ在交点处的速度倾角，上式说明轨道Ⅰ与Ⅱ相切。

因此式的等号成立时，轨道Ⅰ与Ⅱ相切，不等号成立时，轨道Ⅰ与Ⅱ相交。

由式（9.76）可知，如轨道Ⅱ椭圆的拱线不变，绕地心旋转轨道Ⅰ椭圆的拱线改变 ω，当满足下式时：

$$\cos\omega\leqslant\frac{A^2+B^2-\Delta P^2}{2AB}$$

两椭圆存在交（切）点，故此时 ω 的取值范围为

$$\omega_1^*\leqslant\omega\leqslant\omega_2^* \tag{9.77}$$

其中

$$\begin{cases}\omega_1^*=\arccos\dfrac{A^2+B^2-\Delta P^2}{2AB}\\[2ex]\omega_2^*=360^\circ-\arccos\dfrac{A^2+B^2-\Delta P^2}{2AB}\end{cases} \tag{9.78}$$

当 ω 在取值范围内取定值时，由式（9.74）可求得此 ω 值时交点的 f_{II} 为

$$\begin{cases}f_{\mathrm{II}1}=\arccos\dfrac{\Delta P}{C}-\psi\\[2ex]f_{\mathrm{II}2}=360^\circ-\left(\arccos\dfrac{\Delta P}{C}-\psi\right)\end{cases} \tag{9.79}$$

如 ω 在取值范围内变化，即可求出交点的 f_{II} 取值范围。求出 f_{II} 后，由式（9.69）可求出相应的 f_{I}。

当旋转椭圆轨道Ⅰ使轨道Ⅰ与Ⅱ相交时，如求得交点之一的 f_{II} 值。由式（9.70）可确定此交点的 $\cos f_{\mathrm{I}}$ 的值，这对应 f_{I} 的两个解。这两个解对称于Ⅰ的拱线，即一个交点为 $0^\circ\leqslant$

$f_{\mathrm{I}1} \leqslant 180°$，另一个交点为 $180° \leqslant f_{\mathrm{I}2} \leqslant 360°$。对于前者交点处的速度倾角 $\Theta_{\mathrm{I}1} > 0°$，而后者 $\Theta_{\mathrm{I}2} < 0°$。这两个解对应于不同的 ω 值，如有下式：

$$f_{\mathrm{I}1} = f_{\mathrm{II}} - \omega_1, \quad f_{\mathrm{I}2} = f_{\mathrm{II}} - \omega_2$$

由于 $f_{\mathrm{I}2} = 360° - f_{\mathrm{I}1}$，因此可知

$$\omega_2 = 2(f_{\mathrm{II}} - 180°) - \omega_1$$

图 9. 11 给出了通过 $f_{\mathrm{II}} = 90°$ 的两个椭圆轨道 I_1 与 I_2，它们的 ω 值不同。

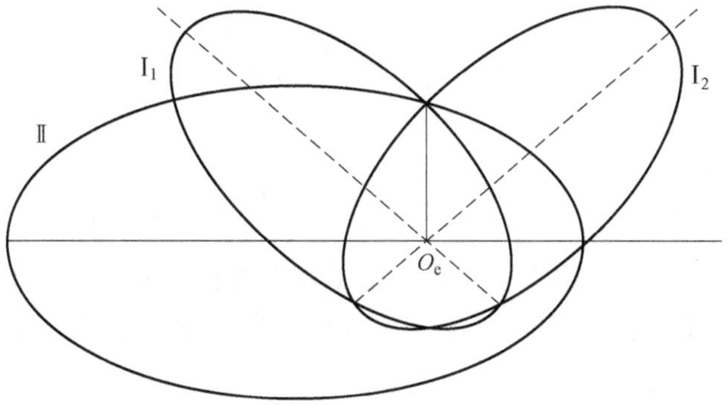

图 9. 11　通过同一点的两相交椭圆

9. 2. 4. 2　共面相交椭圆单次冲量的最优轨道改变

首先，考虑两椭圆交点给定的情况，如已知交点在轨道Ⅱ上的真近点角为 f_{II}，这时有 I_1 与 I_2 两个椭圆通过此点，如图 9. 11 所示。在 I_1 或 I_2 上进行轨道改变所需的速度增量不同，现在要找出速度增量小的轨道改变，这是两者取一的局部（交点给定）最优问题。对于椭圆轨道Ⅱ，交点的速度 V_{II} 和速度倾角 Θ_{II} 为已知量，对于 I_1 和 I_2，由于交点对称于拱线，故交点的速度 V_{I} 相同，速度倾角 $\Theta_{\mathrm{I}1} = -\Theta_{\mathrm{I}2}$，而在交点处变轨的速度增量 ΔV 为

$$\Delta V^2 = V_{\mathrm{II}}^2 + V_{\mathrm{I}}^2 - 2V_{\mathrm{II}}V_{\mathrm{I}}\cos(\Theta_{\mathrm{II}} - \Theta_{\mathrm{I}}) \tag{9.80}$$

式中，$\Theta_{\mathrm{I}1}$ 和 $\Theta_{\mathrm{I}2}$ 分别为对应 I_1 和 I_2 的 Θ_{I}，如 $0° < f_{\mathrm{II}} < 180°$，则 $\Theta_{\mathrm{II}} > 0°$，因而当 $\Theta_{\mathrm{I}} > 0°$ 时的 ΔV^2 值小于 $\Theta_{\mathrm{I}} < 0°$ 的 ΔV^2 值。故在 I_1 和 I_2 两个椭圆轨道中，应在交点为 $0° < f_{\mathrm{II}} < 180°$ 的轨道 Ⅰ 上变轨，即应在图 9. 11 所示的 I_1 变轨。同理，如 $180° < f_{\mathrm{II}} < 360°$，则应在交点为 $180° < f_{\mathrm{I}} < 360°$ 的轨道 Ⅰ 上变轨。

其次考虑一个特殊情况，如 $\omega = 0$ 包含在 ω 的取值范围 $[\omega_1^*, \omega_2^*]$ 内，且 $\omega = 0$ 时，轨道 Ⅰ 和 Ⅱ 在近地点相切。现在讨论在 ω 的取值范围内应在何处变轨，可使变轨所需的速度增量为最小。

将式（9. 80）改写为

$$\Delta V^2 = (V_{\mathrm{II}} - V_{\mathrm{I}})^2 + 4V_{\mathrm{I}}V_{\mathrm{II}}\sin^2\frac{\Theta_{\mathrm{II}} - \Theta_{\mathrm{I}}}{2} \tag{9.81}$$

如在 $\omega = 0$ 的切点处变轨，由于 $\Theta_{\mathrm{II}} - \Theta_{\mathrm{I}} = 0$，故上式右端第二项为最小值。又由机械能守恒可知

$$V^2 = \mu\left(\frac{2}{r} - \frac{1}{a}\right)$$

即

$$V_{\mathrm{II}}^2 - V_{\mathrm{I}}^2 = \mu\left(\frac{1}{a_{\mathrm{I}}} - \frac{1}{a_{\mathrm{II}}}\right) = 常数$$

$$(V_{\mathrm{II}} - V_{\mathrm{I}})(V_{\mathrm{II}} + V_{\mathrm{I}}) = 常数$$

在轨道Ⅰ和Ⅱ的近地点处 $V_{\mathrm{II}} + V_{\mathrm{I}}$ 为最大值，故 $V_{\mathrm{II}} - V_{\mathrm{I}}$ 为最小值，因而在 $\omega = 0$ 的切点处变轨，式（9.81）右端第一项亦为最小值。故在 $\omega = 0$ 时，两近地点相切的轨道改变为全局最优。利用下式：

$$V = \sqrt{\mu\left(\frac{2}{r} - \frac{1}{a}\right)} = \sqrt{\frac{\mu}{P}(1 + 2\cos f + e^2)}$$

可得近地点处变轨有

$$\Delta V_{\min}^2 = \left[\left(\frac{\mu}{P_{\mathrm{II}}}\right)^{1/2}(1 + e_{\mathrm{II}}) - \left(\frac{\mu}{P_{\mathrm{I}}}\right)^{1/2}(1 + e_{\mathrm{I}})\right]^2$$

应该指出的是，还有一种特殊情况是轨道Ⅰ和Ⅱ椭圆在远地点相切（在近地点处则不能相切）时，在所讨论的情况下，在远地点的轨道改变仍为全局最优。除这两种情况外，两相切椭圆在切点处的轨道改变并非全局最优。

最后来讨论一般情况下的全局最优问题，将式（9.80）表示为

$$\Delta V^2 = V_{\mathrm{II}}^2 + V_{\mathrm{I}}^2 - 2V_{\mathrm{II}}V_{\mathrm{I}}(\cos\Theta_{\mathrm{II}}\cos\Theta_{\mathrm{I}} - \sin\Theta_{\mathrm{II}}\sin\Theta_{\mathrm{I}}) \tag{9.82}$$

考虑到下式：

$$\begin{cases} V_i^2 = \mu\left(\dfrac{2}{r} - \dfrac{1}{a_i}\right) \\ V_i\cos\Theta_i = \dfrac{(\mu P_i)^{1/2}}{r} \\ V_i\sin\Theta_i = [V_i^2(1 - \cos^2\Theta_i)]^{1/2} = \left[\mu\left(\dfrac{2}{r} - \dfrac{1}{a_i}\right) - \dfrac{\mu P_i}{r^2}\right]^{1/2} \end{cases} \tag{9.83}$$

式中，$i = \mathrm{I}、\mathrm{II}$。由前面的讨论可知，$V_{\mathrm{II}}\sin\Theta_{\mathrm{II}}$ 应与 $V_{\mathrm{I}}\sin\Theta_{\mathrm{I}}$ 同号，故式（9.83）最后一式开方后取正值，将式（9.83）代入式（9.82），故可将式（9.82）表示为 $1/r$ 的单变量函数，为简化公式和便于计算，令

$$\begin{cases} F = P_{\mathrm{II}}\dfrac{\Delta V^2}{\mu} \\ \dfrac{P_{\mathrm{II}}}{\mu} = \xi \\ \dfrac{P_{\mathrm{I}}}{P_{\mathrm{II}}} = P_{\mathrm{r}} \\ \dfrac{P_{\mathrm{II}}}{a_{\mathrm{I}}} = \alpha_{\mathrm{I}} \\ \dfrac{P_{\mathrm{II}}}{a_{\mathrm{II}}} = \alpha_{\mathrm{II}} \end{cases} \tag{9.84}$$

式中，F 和 ξ 为变量，其余为常量。将式（9.83）和式（9.84）代入式（9.82），经整理后可得

$$F = P_{\mathrm{II}}\frac{\Delta V^2}{\mu} = -(P_{\mathrm{r}})^{1/2}\xi^2 + 4\xi - (\alpha_1 + \alpha_2) + [P_{\mathrm{r}}\xi^4 - 2(1 + P_{\mathrm{r}})\xi^3 + (4 + \alpha_2 P_{\mathrm{r}} + \alpha_1)\xi^2 - 2(\alpha_1 + \alpha_2)\xi + \alpha_1\alpha_2]^{1/2} \tag{9.85}$$

式中，F 为 ξ 的单变量函数，虽可由极值的必要条件 $\mathrm{d}F/\mathrm{d}\xi = 0$ 和充分条件求出使 F 取极小值的 ξ 值，但这将导致高次代数方程的求解及解的结果是否为极小值的判断，比较麻烦。因而可用数值方法直接由式（9.85）求出 F 的最小值。考虑下式：

$$\frac{P_{\mathrm{II}}}{\mu} = \xi = 1 + e_{\mathrm{II}}\cos f_{\mathrm{II}}$$

由上式及前面讨论的 f_{II} 的取值范围先求出 ξ 的取值范围，在此范围内求 F 得最小值，则可求的 ξ 和 $\Delta V_{\min}^2$。

9.3　轨道转移

航天器沿初轨道Ⅰ运动，终轨道Ⅱ既可与初轨道Ⅰ共面也可不公面，但终轨道Ⅱ与初轨道Ⅰ不相交（切），航天器由轨道Ⅰ改变为沿轨道Ⅱ运动的轨道机动称为轨道转移。显然，至少需要两次冲量才能使航天器完成轨道转移。

轨道转移是轨道力学的一个研究专题，许多文献研究过多种情况下的轨道转移问题，在这里只就轨道转移的一些基本情况进行讨论。

9.3.1　共面圆轨道的最优转移轨道

设以地心为中心的共面圆轨道Ⅰ和Ⅱ，其半径分别为 r_1 和 r_2，航天器由初轨道Ⅰ运动，进行轨道转移后，使航天器沿终轨道Ⅱ运动，如 $r_2 > r_1$ 则称为向外转移，而 $r_2 < r_1$ 称为向内转移，至少要施加两次冲量才能完成轨道转移。

9.3.1.1　两次冲量的最优转移

航天器在轨道Ⅰ上的点 1 时，已知其运动参数为 $\boldsymbol{r}_1$、$\boldsymbol{V}_{\mathrm{I}}$，如图 9.12 所示，在此点时间第一次冲量，使航天器获得速度增量 $\Delta\boldsymbol{V}_1$，速度改变为 $\boldsymbol{V}_{\mathrm{T1}}$，故有

$$\boldsymbol{V}_{\mathrm{T1}} = \boldsymbol{V}_{\mathrm{I}} + \Delta\boldsymbol{V}_1 \tag{9.86}$$

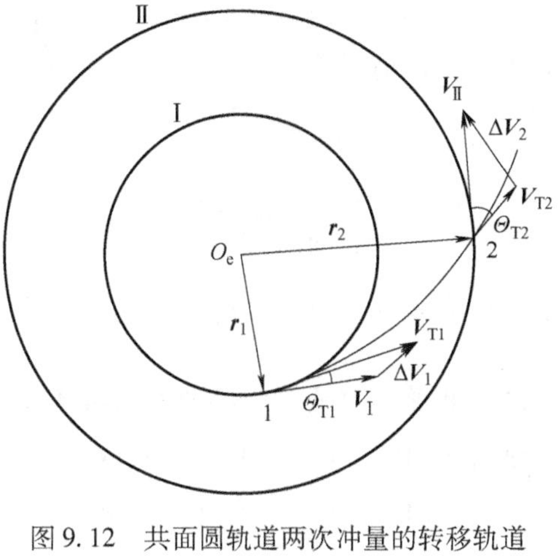

图 9.12　共面圆轨道两次冲量的转移轨道

施加第一次冲量后，航天器改变为沿转移轨道 T 飞行，T 与Ⅱ的交点为2，已知Ⅱ在点2的运动状态参数为 $\boldsymbol{r}_2$、$\boldsymbol{V}_{\text{Ⅱ}}$，$T$ 在点2的运动状态参数为 $\boldsymbol{r}_2$、$\boldsymbol{V}_{\text{T2}}$，在点2施加第二次冲量使航天器改变为沿轨道Ⅱ运动。如第二次冲量的速度增量为 $\Delta\boldsymbol{V}_2$，则有

$$\boldsymbol{V}_{\text{Ⅱ}} = \boldsymbol{V}_{\text{T2}} + \Delta\boldsymbol{V}_2 \tag{9.87}$$

因此，完成轨道转移的特征速度 V_{ch} 为

$$V_{\text{ch}} = |\Delta\boldsymbol{V}_1| + |\Delta\boldsymbol{V}_2| \tag{9.88}$$

最优轨道转移就是要求完成轨道转移所需的燃料消耗最少，即要求

$$V_{\text{ch}} = V_{\text{chmin}}$$

为求出最优转移轨道，先找出所有能使航天器完成轨道转移的轨道族，然后从中求出最优轨道。在讨论中假定为向外转移，向内转移可用同样的方法讨论。

设转移轨道 T 的偏心率为 e_{T}，半通径为 P_{T}，则轨道上任一点的地心距为

$$r = \frac{P_{\text{T}}}{1 + e_{\text{T}}\cos f_{\text{T}}}$$

向外转移时，由于 $r_2 > r_1$，因而有

$$\begin{cases} \dfrac{P_{\text{T}}}{r_1} \leqslant 1 + e_{\text{T}} \\[2ex] \dfrac{P_{\text{T}}}{r_2} \geqslant 1 - e_{\text{T}} \end{cases} \tag{9.89}$$

式（9.89）的两个不等式给出了可能的转移轨道的 e_{T} 与 P_{T} 应满足的关系式。

用 r_1 将 P_{T} 和 r_2 无量纲化，即令

$$\begin{cases} q_{\text{T}} = \dfrac{P_{\text{T}}}{r_1} \\[2ex] n_{\text{T}} = \dfrac{r_2}{r_1} \end{cases} \tag{9.90}$$

则式（9.89）可表为

$$\begin{cases} q_{\text{T}} \leqslant 1 + e_{\text{T}} \\ q_{\text{T}} \geqslant (1 - e_{\text{T}})n_{\text{T}} \end{cases} \tag{9.91}$$

式中，n_{T} 为已知量，如图9.13所示，以 q_{T} 为横坐标轴、e_{T} 为纵坐标给出了式（9.91）给出的 e_{T} 和 q_{T} 的取值范围。图9.13所示的斜线为 $q_{\text{T}} = 1 + e_{\text{T}}$、$q_{\text{T}} = (1 - e_{\text{T}})\ n_{\text{T}}$ 所描述的线，这两条斜线交于点 M，其坐标 q_{TM} 和 e_{TM} 为

$$\begin{cases} q_{\text{TM}} = \dfrac{2n_{\text{T}}}{n_{\text{T}} + 1} \\[2ex] e_{\text{TM}} = \dfrac{n_{\text{T}} - 1}{n_{\text{T}} + 1} \end{cases} \tag{9.92}$$

由式（9.91）和椭圆轨道应有 $e_{\text{T}} < 1$ 可知，e_{T} 和 q_{T} 的取值范围为图9.13所示的阴影部分。

由式（9.86）和式（9.87）可知，两次冲量的速度增量 ΔV_1 和 ΔV_2 分别为

$$\begin{cases} \Delta V_1 = (V_{\text{Ⅰ}}^2 + V_{\text{T1}}^2 - 2V_{\text{Ⅰ}}V_{\text{T1}}\cos\Theta_{\text{T1}})^{1/2} \\ \Delta V_2 = (V_{\text{Ⅱ}}^2 + V_{\text{T2}}^2 - 2V_{\text{Ⅱ}}V_{\text{T2}}\cos\Theta_{\text{T2}})^{1/2} \end{cases} \tag{9.93}$$

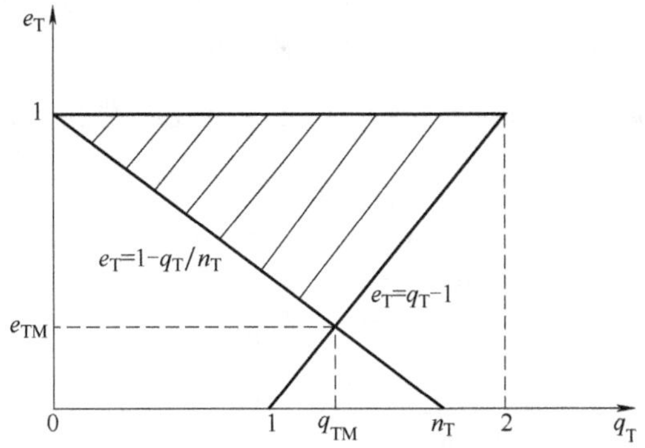

图 9.13　e_T 和 q_T 的取值范围

式中，Θ_{T1} 和 Θ_{T2} 分别为转移轨道 T 在点 1 和点 2 的速度倾角。

对于转移轨道 T，由机械能守恒和动量矩守恒定理有

$$\begin{cases} V_{T1}^2 = \dfrac{\mu}{r_1}\left(2 - \dfrac{1-e_T^2}{q_T}\right) \\ V_{T2}^2 = \dfrac{\mu}{n_T r_1}\left[2 - \dfrac{n_T}{q_T}(1-e_T^2)\right] \\ V_{T1}\cos\Theta_{T1} = \left(\dfrac{\mu}{r_1}\right)^{1/2} q_T^{1/2} \\ V_{T2}\cos\Theta_{T2} = \left(\dfrac{\mu}{r_1}\right)^{1/2} \dfrac{q_T^{1/2}}{n_T} \end{cases} \tag{9.94}$$

将式（9.94）代入式（9.93），并注意到轨道 Ⅰ 和 Ⅱ 为圆轨道，则有

$$V_{\mathrm{I}} = \left(\frac{\mu}{r_1}\right)^{1/2}, \quad V_{\mathrm{II}} = \left(\frac{\mu}{r_2}\right)^{1/2} = \left(\frac{\mu}{r_1}\right)^{1/2}\left(\frac{r_1}{r_2}\right)^{1/2} = \frac{V_{\mathrm{I}}}{n_T^{1/2}}$$

因而有

$$\Delta V_1 = \left[V_{\mathrm{I}}^2 + \frac{\mu}{r_1}\left(2 - \frac{1-e_T^2}{q_T}\right) - 2V_{\mathrm{I}}\left(\frac{\mu}{r_1}\right)^{1/2} q_T^{1/2}\right]^{1/2} = V_{\mathrm{I}}\left[3 - 2q_T^{1/2} - \frac{1-e_T^2}{q_T}\right]^{1/2}$$

$$\Delta V_2 = \left\{\left(\frac{V_{\mathrm{I}}}{n_T^{1/2}}\right)^2 + \frac{\mu}{n_T r_1}\left[2 - \frac{n_T}{q_T}(1-e_T^2)\right] - 2\frac{V_{\mathrm{I}}}{n_T^{1/2}}\left(\frac{\mu}{r_1}\right)^{1/2}\frac{q_T^{1/2}}{n_T}\right\}^{1/2}$$

$$= V_{\mathrm{I}}\left(\frac{3}{n_T} - \frac{1-e_T^2}{q_T} - 2\frac{1}{n_T^{1/2}}\frac{q_T^{1/2}}{n_T}\right)^{1/2} = V_{\mathrm{I}}\left[\frac{3}{n_T} - \frac{1-e_T^2}{q_T} - \frac{2\left(\dfrac{q_T}{n_T}\right)^{1/2}}{n_T}\right]^{1/2}$$

即

$$\begin{cases} \Delta V_1 = V_{\mathrm{I}}\left[3 - 2q_T^{1/2} - \dfrac{1-e_T^2}{q_T}\right]^{1/2} \\ \Delta V_2 = V_{\mathrm{I}}\left[\dfrac{3}{n_T} - \dfrac{1-e_T^2}{q_T} - \dfrac{2\left(\dfrac{q_T}{n_T}\right)^{1/2}}{n_T}\right]^{1/2} \end{cases} \tag{9.95}$$

对于给定的 q_T，由式（9.95）可直接观察出 ΔV_1 和 ΔV_2 均随 e_T 的减小而减小，如图 9.13 所示，ΔV_1 和 ΔV_2 同时在阴影线下边界达到最小值。

再来分析下边界。随着 q_T 的变化，ΔV_1 和 ΔV_2 变化的情况，有如下的下边界方程：

$$e_T = 1 - \frac{q_T}{n_T} \tag{9.96}$$

将式（9.96）代入式（9.95）后可知

$$\Delta V_1 = V_I\left[3 - 2q_T^{1/2} - \frac{1-e_T^2}{q_T}\right]^{1/2} = V_I\left[3 - 2q_T^{1/2} - \frac{1-\left(1-\frac{q_T}{n_T}\right)^2}{q_T}\right]^{1/2}$$

$$= V_I\left[3 - 2q_T^{1/2} - \frac{2\frac{q_T}{n_T} - \left(\frac{q_T}{n_T}\right)^2}{q_T}\right]^{1/2} = V_I\left(3 - 2q_T^{1/2} - 2\frac{1}{n_T} + \frac{q_T}{n_T^2}\right)^{1/2}$$

则有

$$\frac{d\Delta V_1}{dq_T} = V_I\frac{1}{2}\frac{-\frac{1}{q_T^{1/2}} + \frac{1}{n_T}}{\left(3 - 2q_T^{1/2} - 2\frac{1}{n_T} + \frac{q_T}{n_T^2}\right)^{1/2}}$$

如图 9.13 所示，$n_T > q_{TM} > 1$，则 $q_T < q_{TM}$ 时上式中分子小于零。

$$\Delta V_2 = V_I\left[\frac{3}{n_T} - \frac{1-\left(1-\frac{q_T}{n_T}\right)^2}{q_T} - \frac{2\left(\frac{q_T}{n_T}\right)^{1/2}}{n_T}\right]^{1/2} = V_I\left[\frac{3}{n_T} - 2q_T^{1/2} - 2\frac{1}{n_T} - \frac{2\left(\frac{q_T}{n_T}\right)^{1/2}}{n_T}\right]^{1/2}$$

则有

$$\frac{d\Delta V_2}{dq_T} = V_I\frac{1}{2}\frac{-\frac{1}{q_T^{1/2}}(1 + n_T^{3/2})}{\left[\frac{3}{n_T} - 2q_T^{1/2} - 2\frac{1}{n_T} - \frac{2\left(\frac{q_T}{n_T}\right)^{1/2}}{n_T}\right]^{1/2}}$$

显然

当 $q_T < q_{TM}$ 时，
$$\frac{d\Delta V_1}{dq_T} < 0,\quad \frac{d\Delta V_2}{dq_T} < 0$$

另一个方程下边界为

$$e_T = q_T - 1 \tag{9.97}$$

将式（9.97）代入式（9.95）后可知

$$\Delta V_1 = V_I\left[3 - 2q_T^{1/2} - \frac{1-e_T^2}{q_T}\right]^{1/2} = V_I\left[3 - 2q_T^{1/2} - \frac{1-(q_T-1)^2}{q_T}\right]^{1/2}$$

$$= V_I\left[3 - 2q_T^{1/2} - \frac{2q_T - (q_T)^2}{q_T}\right]^{1/2} = V_I(1 - 2q_T^{1/2} + q_T)^{1/2}$$

$$\frac{\mathrm{d}\Delta V_1}{\mathrm{d}q_{\mathrm{T}}}=V_{\mathrm{I}}\frac{1}{2}\frac{-\frac{1}{q_{\mathrm{T}}^{1/2}}+1}{(1-2q_{\mathrm{T}}^{1/2}+q_{\mathrm{T}})^{1/2}}$$

由 $q_{\mathrm{TM}}>1$，则 $q_{\mathrm{T}}>q_{\mathrm{TM}}$时上式中分子大于零。

$$\Delta V_2=V_{\mathrm{I}}\left[\frac{3}{n_{\mathrm{T}}}-\frac{1-(q_{\mathrm{T}}-1)^2}{q_{\mathrm{T}}}-\frac{2\left(\frac{q_{\mathrm{T}}}{n_{\mathrm{T}}}\right)^{1/2}}{n_{\mathrm{T}}}\right]^{1/2}=V_{\mathrm{I}}\left[\frac{3}{n_{\mathrm{T}}}-2+q_{\mathrm{T}}-\frac{2\left(\frac{q_{\mathrm{T}}}{n_{\mathrm{T}}}\right)^{1/2}}{n_{\mathrm{T}}}\right]^{1/2}$$

则

$$\frac{\mathrm{d}\Delta V_2}{\mathrm{d}q_{\mathrm{T}}}=V_{\mathrm{I}}\frac{1}{2}\frac{1-\frac{1}{q_{\mathrm{T}}^{1/2}n_{\mathrm{T}}^{3/2}}}{\left[\frac{3}{n_{\mathrm{T}}}-2+q_{\mathrm{T}}-\frac{2\left(\frac{q_{\mathrm{T}}}{n_{\mathrm{T}}}\right)^{1/2}}{n_{\mathrm{T}}}\right]^{1/2}}$$

即

当 $q_{\mathrm{T}}>q_{\mathrm{TM}}$时，$$\frac{\mathrm{d}\Delta V_1}{\mathrm{d}q_{\mathrm{T}}}>0,\quad \frac{\mathrm{d}\Delta V_2}{\mathrm{d}q_{\mathrm{T}}}>0$$

因此，图 9.13 所示的点 M 即为 $V_{\mathrm{ch}}=V_{\mathrm{chmin}}$的点。

由式（9.96）和式（9.97）可知，对于点 M 有

$$q_{\mathrm{TM}}=(1-e_{\mathrm{TM}})n_{\mathrm{TM}}$$
$$q_{\mathrm{TM}}=1+e_{\mathrm{TM}}$$

或

$$P_{\mathrm{TM}}=r_2(1-e_{\mathrm{TM}})$$
$$P_{\mathrm{TM}}=r_1(1+e_{\mathrm{TM}})$$

将 $P_{\mathrm{T}}=a_{\mathrm{T}}(1-e_{\mathrm{T}}^2)$ 代入上两式，则有

$$r_2=a_{\mathrm{TM}}(1+e_{\mathrm{TM}})$$
$$r_1=a_{\mathrm{TM}}(1-e_{\mathrm{TM}})$$

上式说明，当点 1 和点 2 分别为转移轨道的近地点和远地点时，则此轨道为最优转移轨道，因而最优转移轨道为在近地点和远地点分别与圆轨道 Ⅰ 和 Ⅱ 相切的双共切椭圆轨道。这一轨道首先由霍曼（Hohmann）提出，一般称为霍曼转移轨道，如图 9.14 所示。

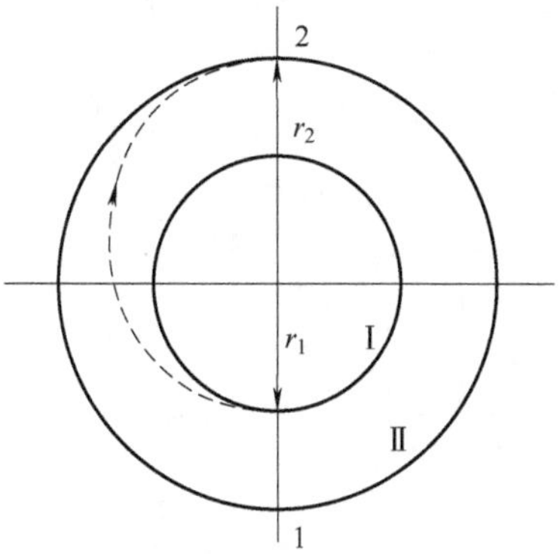

图 9.14　共面圆轨道间的霍曼转移轨道

由式（9.92）可得最优转移轨道半通径 P_{TM} 和偏心率 e_{TM} 为

$$P_{TM}=\frac{2r_1 n_T}{n_T+1}$$

$$e_{TM}=\frac{n_T-1}{n_T+1}$$

由上式可求得最优转移轨道在点 1 和点 2 的运动状态参数为

$$V_{T1}^2=\frac{\mu}{r_1}\left(2-\frac{1-e_T^2}{q_T}\right)=V_I^2\left[2-\frac{1-\left(\frac{n_T-1}{n_T+1}\right)^2}{\frac{2n_T}{n_T+1}}\right]=V_I^2\left[2-\frac{(n_T+1)^2-(n_T-1)^2}{2n_T(n_T+1)}\right]$$

$$=V_I^2\left[2-\frac{4n_T}{2n_T(n_T+1)}\right]=V_I^2\left(2-\frac{2}{n_T+1}\right)=V_I^2\frac{2n_T}{n_T+1}$$

$$V_{T2}^2=\frac{\mu}{n_T r_1}\left[2-\frac{n_T}{q_T}(1-e_T^2)\right]=V_I^2\frac{1}{n_T}\left[2-n_T\frac{1-\left(\frac{n_T-1}{n_T+1}\right)^2}{\frac{2n_T}{n_T+1}}\right]$$

$$=V_I^2\frac{1}{n_T}\left[2-n_T\frac{(n_T+1)^2-(n_T-1)^2}{2n_T(n_T+1)}\right]$$

$$=V_I^2\frac{1}{n_T}\left[2-n_T\frac{4n_T}{2n_T(n_T+1)}\right]=V_I^2\frac{1}{n_T}\left[2-\frac{2n_T}{(n_T+1)}\right]=V_I^2\frac{2}{n_T(n_T+1)}$$

即

$$\begin{cases}V_{T1}=V_I\left(\dfrac{2n_T}{n_T+1}\right)^{1/2}\\V_{T2}=V_I\left[\dfrac{2}{n_T(n_T+1)}\right]^{1/2}\\\Theta_{T1}=\Theta_{T2}=0\end{cases}\tag{9.98}$$

点 1 和 2 的速度增量 ΔV_1 和 ΔV_2 为

$$\Delta V_1=V_I\left[3-2q_T^{1/2}-\frac{1-e_T^2}{q_T}\right]^{1/2}=V_I\left[3-2\left(\frac{2n_T}{n_T+1}\right)^{1/2}-\frac{1-\left(\frac{n_T-1}{n_T+1}\right)^2}{\frac{2n_T}{n_T+1}}\right]^{1/2}$$

$$=V_I\left[3-2\left(\frac{2n_T}{n_T+1}\right)^{1/2}-\frac{(n_T+1)^2-(n_T-1)^2}{2n_T(n_T+1)}\right]^{1/2}$$

$$=V_I\left[3-2\left(\frac{2n_T}{n_T+1}\right)^{1/2}-\frac{4n_T}{2n_T(n_T+1)}\right]^{1/2}$$

$$=V_I\left[3-2\left(\frac{2n_T}{n_T+1}\right)^{1/2}-\frac{2}{n_T+1}\right]^{1/2}=V_I\left[1+2-2\left(\frac{2n_T}{n_T+1}\right)^{1/2}-\frac{2}{n_T+1}\right]^{1/2}$$

$$=V_I\left[1-2\left(\frac{2n_T}{n_T+1}\right)^{1/2}+\frac{2n_T}{n_T+1}\right]^{1/2}=V_I\left[\left(\frac{2n_T}{n_T+1}\right)^{1/2}-1\right]$$

$$\Delta V_2 = V_{\mathrm{I}}\left[\frac{3}{n_{\mathrm{T}}} - \frac{1-e_{\mathrm{T}}^2}{q_{\mathrm{T}}} - \frac{2\left(\frac{q_{\mathrm{T}}}{n_{\mathrm{T}}}\right)^{1/2}}{n_{\mathrm{T}}}\right]^{1/2} = V_{\mathrm{I}}\left[\frac{3}{n_{\mathrm{T}}} - \frac{1-\left(\frac{n_{\mathrm{T}}-1}{n_{\mathrm{T}}+1}\right)^2}{\frac{2n_{\mathrm{T}}}{n_{\mathrm{T}}+1}} - \frac{2\left(\frac{2}{n_{\mathrm{T}}+1}\right)^{1/2}}{n_{\mathrm{T}}}\right]^{1/2}$$

$$= V_{\mathrm{I}}\left[\frac{3}{n_{\mathrm{T}}} - \frac{4n_{\mathrm{T}}}{2n_{\mathrm{T}}(n_{\mathrm{T}}+1)} - \frac{2}{n_{\mathrm{T}}}\left(\frac{2}{n_{\mathrm{T}}+1}\right)^{1/2}\right]^{1/2}$$

$$= V_{\mathrm{I}}\left[\frac{2}{n_{\mathrm{T}}} + \frac{1}{n_{\mathrm{T}}} - \frac{4n_{\mathrm{T}}}{2n_{\mathrm{T}}(n_{\mathrm{T}}+1)} - \frac{2}{n_{\mathrm{T}}}\left(\frac{2}{n_{\mathrm{T}}+1}\right)^{1/2}\right]^{1/2}$$

$$= V_{\mathrm{I}}\left[\frac{1}{n_{\mathrm{T}}} + \frac{2}{n_{\mathrm{T}}(n_{\mathrm{T}}+1)} - \frac{2}{n_{\mathrm{T}}}\left(\frac{2}{n_{\mathrm{T}}+1}\right)^{1/2}\right]^{1/2} = V_{\mathrm{I}}\left\{n_{\mathrm{T}}^{-1/2} - \left[\frac{2}{n_{\mathrm{T}}(n_{\mathrm{T}}+1)}\right]^{1/2}\right\}$$

即

$$\begin{cases} \Delta V_1 = V_{\mathrm{I}}\left[\left(\frac{2n_{\mathrm{T}}}{n_{\mathrm{T}}+1}\right)^{1/2} - 1\right] \\ \Delta V_2 = V_{\mathrm{I}}\left\{n_{\mathrm{T}}^{-1/2} - \left[\frac{2}{n_{\mathrm{T}}(n_{\mathrm{T}}+1)}\right]^{1/2}\right\} \end{cases} \tag{9.99}$$

因此，最优转移轨道的特征速度 V_{ch} 为

$$\begin{aligned} V_{\mathrm{ch}} = \Delta V_1 + \Delta V_2 &= V_{\mathrm{I}}\left[\left(\frac{2n_{\mathrm{T}}}{n_{\mathrm{T}}+1}\right)^{1/2} - 1\right] + V_{\mathrm{I}}\left\{n_{\mathrm{T}}^{-1/2} - \left[\frac{2}{n_{\mathrm{T}}(n_{\mathrm{T}}+1)}\right]^{1/2}\right\} \\ &= V_{\mathrm{I}}\left[\left(\frac{2n_{\mathrm{T}}}{n_{\mathrm{T}}+1}\right)^{1/2}(1-n_{\mathrm{T}}^{-1}) + n_{\mathrm{T}}^{-1/2} - 1\right] \end{aligned} \tag{9.100}$$

最优转移轨道虽然能量最省，但完成轨道转移所需的时间较长，即需要转移轨道的半个周期才能完成轨道转移。

9.3.1.2　三次冲量的转移轨道

由式（9.100）可知，在两次冲量的假设下，最优转移轨道的特征速度是 $V_{\mathrm{ch}}/V_{\mathrm{I}}$ 是 n_{T} 的单变量函数。通过对特征速度随 n_{T} 变化规律的分析，可以引申出三次冲量转移轨道的概念。

由于 V_{ch} 由 ΔV_1 和 ΔV_2 两部分组成，分别进行分析。

$$\begin{aligned} \frac{\mathrm{d}\Delta V_1}{\mathrm{d}n_{\mathrm{T}}} &= V_{\mathrm{I}}\frac{1}{2}\left(\frac{2n_{\mathrm{T}}}{n_{\mathrm{T}}+1}\right)^{-1/2}\left[\frac{2}{n_{\mathrm{T}}+1} - \frac{2n_{\mathrm{T}}}{(n_{\mathrm{T}}+1)^2}\right] = V_{\mathrm{I}}\frac{1}{2}\left(\frac{n_{\mathrm{T}}+1}{2n_{\mathrm{T}}}\right)^{1/2}\frac{2}{(n_{\mathrm{T}}+1)^2} \\ &= \frac{\sqrt{2}}{2}V_{\mathrm{I}}\,n_{\mathrm{T}}^{-1/2}(n_{\mathrm{T}}+1)^{-3/2} \end{aligned} \tag{9.101}$$

由式（9.101）可知，$\mathrm{d}\Delta V_1/\mathrm{d}n_{\mathrm{T}} > 0$，故 ΔV_1 随 n_{T} 增大而单调增加，但由于 n_{T} 越大则 $\mathrm{d}\Delta V_1/\mathrm{d}n_{\mathrm{T}}$ 越小，故随着 n_{T} 的增加，ΔV_1 的增长将缓慢。当 n_{T} 很大时，ΔV_1 可近似认为接近于一常数，因而 V_{T1} 亦接近常数，转移轨道的动量矩也接近于一常数，特别当 $n_{\mathrm{T}}\to\infty$，则有

$$\Delta V_1 \to V_{\mathrm{I}}(\sqrt{2}-1)$$

$$V_{\mathrm{T1}} \to \sqrt{2}$$

$$P_{\mathrm{T}} \to 2r_1$$

即当 $n_T\to\infty$ 时，与轨道 I 共切的转移轨道接近抛物线轨道。

由式（9.99）第二式可知

$$\frac{d\Delta V_2}{dn_T}=V_I\left\{-\frac{1}{2}n_T^{-3/2}+\frac{1}{2}\left[\frac{2}{n_T(n_T+1)}\right]^{-1/2}\frac{2}{[n_T(n_T+1)]^2}(2n_T+1)\right\}$$

$$=V_I\left\{-\frac{1}{2}n_T^{-3/2}+\frac{1}{2}\frac{2^{1/2}}{[n_T(n_T+1)]^{3/2}}(2n_T+1)\right\}$$

$$=0.5V_I\,n_T^{-3/2}\left[\frac{2^{1/2}}{(n_T+1)^{3/2}}(2n_T+1)-1\right]$$

$$=0.5V_I\,n_T^{-3/2}\left[\left(\frac{2}{n_T+1}\right)^{1/2}\frac{2n_T+1}{n_T+1}-1\right]$$

$$=0.5V_I\,n_T^{-3/2}\left[\left(\frac{2}{n_T+1}\right)^{1/2}\left(1+\frac{n_T}{n_T+1}\right)-1\right]$$

即

$$\frac{d\Delta V_2}{dn_T}=0.5V_I\,n_T^{-3/2}\left[\left(\frac{2}{n_T+1}\right)^{1/2}\left(1+\frac{n_T}{n_T+1}\right)-1\right] \tag{9.102}$$

令上式为零，可解得

$$n_T=5.879$$

$$\Delta V_2=\Delta V_{2\max}=0.190V_I$$

因而有

$$n_T<5.879,\quad \frac{d\Delta V_2}{dn_T}>0$$

$$n_T>5.879,\quad \frac{d\Delta V_2}{dn_T}<0$$

故 ΔV_2 随着 n_T 的增加而增加，当 $n_T=5.879$ 时达到极大值，以后随 n_T 的增加而减小，特别是

$$\text{当 } n_T\to\infty \text{ 时，}\quad \Delta V_2\to 0$$

这是因为 $n_T\to\infty$ 时，II 的圆轨道速度 $V_{II}\to 0$，T 趋近抛物线时，$V_{T2}\to 0$，故 $\Delta V_2\to 0$。

由以上分析可知，当 n_T 很大时，随着 n_T 的增加，ΔV_1 的变化甚微，而 ΔV_2 减小，因而 V_{ch}减小，事实上由式（9.100）可知

$$\frac{d\Delta V_{ch}}{dn_T}=\frac{2^{1/2}}{2}V_I\,n_T^{-1/2}(n_T+1)^{-3/2}+0.5V_I\,n_T^{-3/2}\left[\left(\frac{2}{n_T+1}\right)^{1/2}\left(1+\frac{n_T}{n_T+1}\right)-1\right]$$

$$=\frac{1}{2}V_I\,n_T^{-1/2}2^{1/2}\left\{(n_T+1)^{-3/2}+\frac{1}{n_T}\left[\left(\frac{1}{n_T+1}\right)^{1/2}+\left(\frac{1}{n_T+1}\right)^{1/2}\frac{n_T}{n_T+1}-2^{-1/2}\right]\right\}$$

$$=V_I(2n_T)^{-1/2}\left[(n_T+1)^{-3/2}+\frac{1}{n_T}\left(\frac{1}{n_T+1}\right)^{1/2}+(n_T+1)^{-3/2}-\frac{2^{-1/2}}{n_T}\right]$$

$$=V_I(2n_T)^{-1/2}\left[2(n_T+1)^{-3/2}+\frac{(n_T+1)^{-1/2}-2^{-1/2}}{n_T}\right]$$

即

$$\frac{d\Delta V_{ch}}{dn_T}=V_I(2n_T)^{-1/2}\left[2(n_T+1)^{-3/2}+\frac{(n_T+1)^{-1/2}-2^{-1/2}}{n_T}\right] \tag{9.103}$$

令式（9.103）的中括号内的项为零可解得

$$n_T = 15.582$$

因而有

$$n_T < 15.582,\quad \frac{d\Delta V_{ch}}{dn_T} > 0$$

$$n_T = 15.582,\quad \frac{d\Delta V_{ch}}{dn_T} = 0$$

$$n_T > 15.582,\quad \frac{d\Delta V_{ch}}{dn_T} < 0$$

图 9.15 给出了 $\Delta V_1/V_{\mathrm{I}}$、$\Delta V_2/V_{\mathrm{I}}$、$V_{ch}/V_{\mathrm{I}}$ 随 n_T 变化的曲线。为放大细节，图 9.15 所示的横轴取 $\log n_T$。

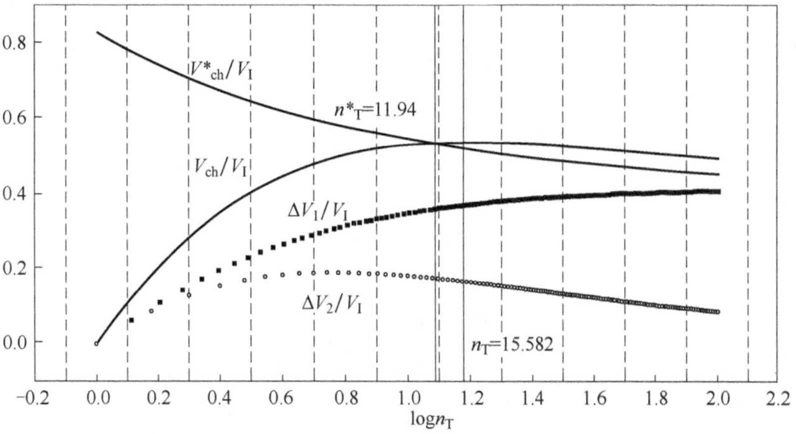

图 9.15　V_{ch}/V_{I}、V_{ch}^*/V_{I} 与 $\Delta V/V_{\mathrm{I}}$ 曲线

由于 n_T 很大时，V_{ch} 反而减小，故可假想在轨道 Ⅰ 和 Ⅱ 之间轨道转移按以下方式进行。

如在轨道 Ⅱ 之外有一个 $r_{\mathrm{III}} \to \infty$ 的圆轨道，在轨道 Ⅰ 上的点 1 施加第一次冲量，使航天器沿与轨道 Ⅰ 和 Ⅲ 双共切的转移轨道 T_1 飞行；当航天器弹道与轨道 Ⅲ 相切的切点 3 时，施加第二次冲量，使航天器沿与轨道 Ⅲ 和 Ⅱ 双共切的转移轨道 T_2 飞行；当航天器到达与轨道 Ⅱ 共切的切点 2 时，施加第三次冲量，使航天器进入轨道 Ⅱ。这称为三次冲量的无穷远转移，如图 9.16 所示。

三次冲量的速度增量分别为 ΔV_1^*、ΔV_2^*、ΔV_3^*，其表达式为

$$\Delta V_1^* \to V_{\mathrm{I}}(\sqrt{2}-1)$$

$$\Delta V_2^* \to 0$$

$$\Delta V_3^* \to V_{\mathrm{I}} \frac{\sqrt{2}-1}{n_T^{1/2}}$$

三次冲量的特征速度 V_{ch}^* 为

$$V_{ch}^* \to V_{\mathrm{I}}(\sqrt{2}-1)(1+n_T^{-1/2}) \tag{9.104}$$

图 9.15 给出了 V_{ch}^*/V_{I} 随 n_T 变化的曲线，此曲线与两次冲量的 V_{ch}/V_{I} 随 n_T 变化的曲线交于

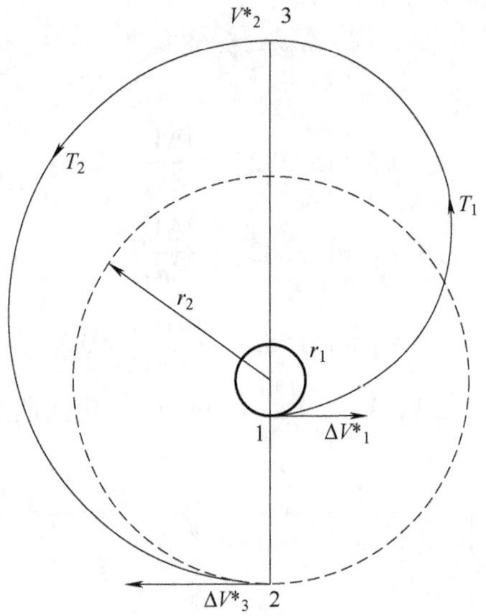

图 9.16　三次冲量的转移轨道

n_T^*，此处的 n_T^* 为

$$n_T^* = 11.94 \tag{9.105}$$

且

$$\frac{V_{ch}}{V_I} = \frac{V_{ch}^*}{V_I} = 0.534$$

因此

$n_T^* < 11.94$，$V_{ch} < V_{ch}^*$，两次冲量优于三次冲量

$n_T^* > 11.94$，$V_{ch} > V_{ch}^*$，三次冲量优于两次冲量

当 $n_T > 11.94$ 时，虽然三次冲量轨道转移更省能量，但转移时间大为增加，并且第二次冲量在很远处施加，此时航天器的速度很小，冲量的微小误差将严重地改变航天器的轨道。总之，三次冲量将使轨道转移的过程复杂化，因而在实用上要考虑这些不利因素。

9.3.2　惠特克定理与连线速度一致性

在进一步讨论轨道转移之前，先讨论本节的内容，这一方面是因为在后面的讨论中要用到本节的结论，另一方面是因为本节给出了航天器沿轨道运动时一些值得注意的性质，这些性质可用于研究其他问题。

9.3.2.1　惠特克（Whittack）定理

当航天器沿圆锥曲线运动时，如将任一时刻 t 的速度 $\boldsymbol{V}$ 沿垂直于拱线和周线作非正交分解，令其分量分别为 V_l 和 V_n，如图 9.17 所示。

如图 9.17 所示，有

$$\begin{cases} V_l = \dfrac{V_X}{\sin(180° - f)} = \dfrac{V_X}{\sin f} \\ V_n = V_Y + \dfrac{V_X}{\tan(180° - f)} = V_Y - \dfrac{V_X}{\tan f} \end{cases} \tag{9.106}$$

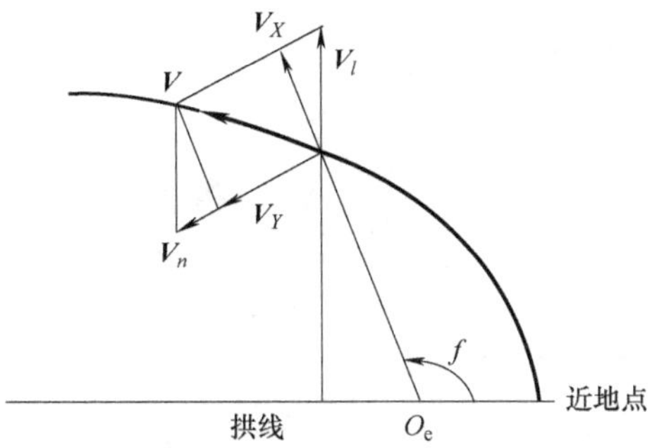

图 9.17　速度沿周向和垂直拱线的分解

式中，V_X 和 V_Y 分别为 $\boldsymbol{V}$ 沿径向和周向作正交分解时的分量，故有

$$V_X = \left(\frac{\mu}{P}\right)^{1/2} e\sin f$$

$$V_Y = \left(\frac{\mu}{P}\right)^{1/2} (1 + e\cos f)$$

代入式（9.106），则有

$$\begin{cases} V_l = \dfrac{1}{\sin f}\left(\dfrac{\mu}{P}\right)^{1/2} e\sin f = \left(\dfrac{\mu}{P}\right)^{1/2} e \\ V_n = V_Y + \dfrac{V_X}{\tan(180° - f)} = \left(\dfrac{\mu}{P}\right)^{1/2}(1 + e\cos f)\dfrac{1}{\tan f}\left(\dfrac{\mu}{P}\right)^{1/2} e\sin f = \left(\dfrac{\mu}{P}\right)^{1/2} \end{cases} \tag{9.107}$$

式（9.107）说明，航天器沿轨道运动时的速度的两个分量 V_l 和 V_n，在轨道上任一点均保持常值，其大小由式（9.107）确定，这就是惠特克定理。

9.3.2.2　轨道上任意两点的速度差矢量的性质

设在一个已知的圆锥曲线轨道上有任意两点 1 和 2，其真近点角分别为 f_1 和 f_2，其地心距矢量分别为 $\boldsymbol{r}_1$ 和 $\boldsymbol{r}_2$，这两点的周向单位矢量分别为 $\boldsymbol{Y}_1^0$ 和 $\boldsymbol{Y}_2^0$，航天器在这两点的速度分别为 $\boldsymbol{V}_1$ 和 $\boldsymbol{V}_2$。

由惠特克定理可知

$$\boldsymbol{V}_1 = \boldsymbol{V}_l + V_n \boldsymbol{Y}_1^0$$

$$\boldsymbol{V}_2 = \boldsymbol{V}_l + V_n \boldsymbol{Y}_2^0$$

因此有

$$\boldsymbol{V}_1 - \boldsymbol{V}_2 = V_n(\boldsymbol{Y}_1^0 - \boldsymbol{Y}_2^0) \tag{9.108}$$

由于 $\boldsymbol{Y}_1^0$ 和 $\boldsymbol{Y}_2^0$ 分别垂直于 $\boldsymbol{r}_1$ 和 $\boldsymbol{r}_2$，如令 $\boldsymbol{\beta}^0$ 为真近点角等于 $f_1 + \Delta f/2$ 时的地心距单位矢量，即 $\boldsymbol{r}_1$ 和 $\boldsymbol{r}_2$ 的夹角的二等分线的单位矢量，（见图 9.18），则有

$$\boldsymbol{Y}_1^0 - \boldsymbol{Y}_2^0 = 2\sin\frac{\Delta f}{2}\boldsymbol{\beta}^0 \tag{9.109}$$

将式（9.109）代入式（9.108），则有

$$\boldsymbol{V}_1 - \boldsymbol{V}_2 = 2\left(\frac{\mu}{P}\right)^{1/2}\sin\frac{\Delta f}{2}\boldsymbol{\beta}^0 \tag{9.110}$$

或是

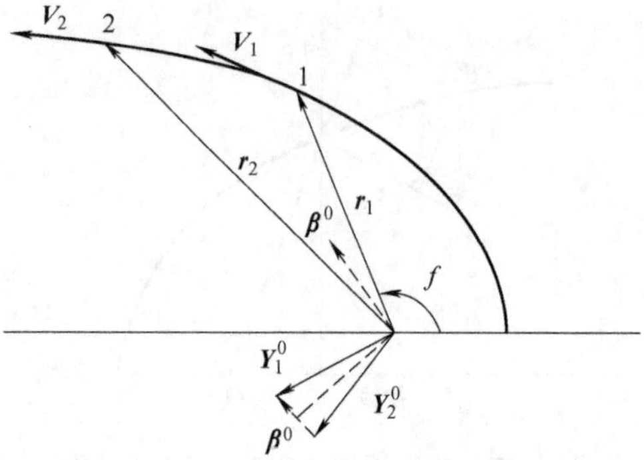

图 9.18　轨道上任意两点速度差的方向

$$V_1 - V_2 = \frac{2\mu\sin\frac{\Delta f}{2}\boldsymbol{\beta}^0}{h} \tag{9.111}$$

式中，h 为轨道动量矩，$P = h^2/\mu$。

式（9.111）给出了轨道上任意两点速度差矢量的性质，即速度矢量差的方向与这两点地心距夹角的二等分线矢量的方向一致，其大小与 $\sin(\Delta f/2)$ 成正比。

9.3.2.3　连线速度一致性

如点 1 和 2 的地心距矢径 $\boldsymbol{r}_1$ 和 $\boldsymbol{r}_2$ 的夹角不等于 180°，作这两点连线的弦矢量 $\boldsymbol{c}$，即

$$\boldsymbol{c} = \boldsymbol{r}_2 - \boldsymbol{r}_1 \tag{9.112}$$

令 $\boldsymbol{r}_1^0$、$\boldsymbol{r}_2^0$、$\boldsymbol{c}^0$ 分别为 $\boldsymbol{r}_1$、$\boldsymbol{r}_2$、$\boldsymbol{c}$ 的单位矢量，如图 9.19 所示。

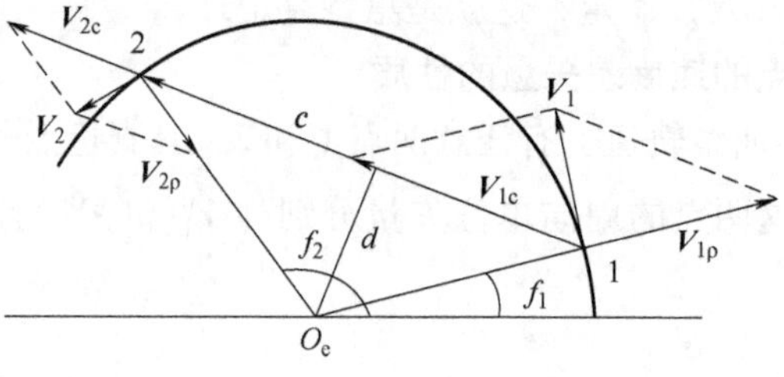

图 9.19　连线速度一致性

将 $\boldsymbol{V}_1$ 和 $\boldsymbol{V}_2$ 分别沿点 1 和 2 的径向和弦向作非正交分解，则有

$$\begin{cases} \boldsymbol{V}_1 = V_{1c}\boldsymbol{c}^0 + V_{1\rho}\boldsymbol{r}_1^0 \\ \boldsymbol{V}_2 = V_{2c}\boldsymbol{c}^0 - V_{2\rho}\boldsymbol{r}_2^0 \end{cases} \tag{9.113}$$

连线速度一致性是指以下三式成立：

$$\begin{cases} V_{1c} = V_{2c} = V_c \\ V_{1\rho} = V_{2\rho} = V_\rho \\ V_c V_\rho = \dfrac{\mu\tan\dfrac{\Delta f}{2}}{d} \end{cases} \tag{9.114}$$

式中，d 为地心 O_e 到弦的垂直距离。

式（9.114）的证明如下：

由动量矩守恒定理可知

$$V_{1c}d = V_{2c}d = h$$

因而式（9.114）得证，且其中 V_c 为

$$V_c = \frac{h}{d} \tag{9.115}$$

由式（9.113）和式（9.114）第一式可得

$$\boldsymbol{V}_1 - \boldsymbol{V}_2 = V_{1\rho}\boldsymbol{r}_1^0 + V_{2\rho}\boldsymbol{r}_2^0$$

将式（9.111）代入上式可得

$$V_{1\rho}\boldsymbol{r}_1^0 + V_{2\rho}\boldsymbol{r}_2^0 = \frac{2\mu\sin\frac{\Delta f}{2}\boldsymbol{\beta}^0}{h} \tag{9.116}$$

由于 $V_{1\rho}\boldsymbol{r}_1^0$ 与 $V_{2\rho}\boldsymbol{r}_2^0$ 的夹角为 Δf，而 $\boldsymbol{\beta}^0$ 与 $\boldsymbol{r}_1^0$ 的夹角为 $\Delta f/2$，如图 9.20 所示，ΔABC 为等腰三角形，因而式（9.114）第二式得证。

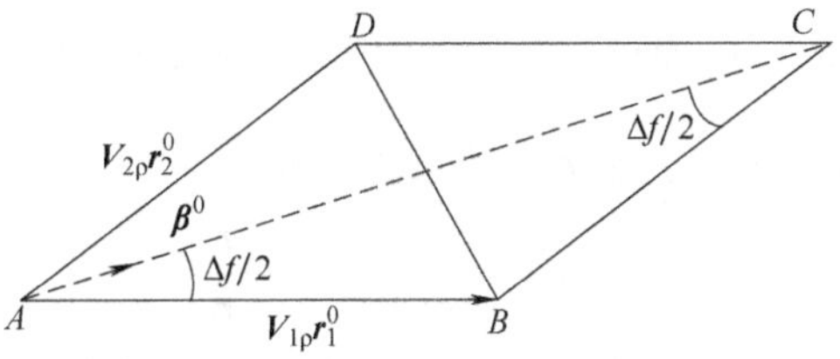

图 9.20　$\boldsymbol{V}_{1\rho}$ 和 $\boldsymbol{V}_{2\rho}$ 的几何关系

将式（9.114）第二式代入式（9.116），则有

$$V_\rho(\boldsymbol{r}_1^0 + \boldsymbol{r}_2^0) = \frac{2\mu\sin\frac{\Delta f}{2}\boldsymbol{\beta}^0}{h}$$

而

$$\boldsymbol{r}_1^0 + \boldsymbol{r}_2^0 = 2\cos\frac{\Delta f}{2}\boldsymbol{\beta}^0$$

因而有

$$V_\rho = \frac{\mu\tan\frac{\Delta f}{2}}{h} \tag{9.117}$$

将式（9.115）代入式（9.117），则可得

$$V_c V_\rho = \frac{\mu\tan\frac{\Delta f}{2}}{d}$$

因而式（9.114）第三式得证。

应该指出，连线速度一致性不能用于 $\Delta f = 180°$。

9.3.3　共面椭圆轨道的最优转移轨道一

以地心为公共焦点的初椭圆轨道Ⅰ和终椭圆轨道Ⅱ，如轨道Ⅰ和Ⅱ在同一个平面内，已

知轨道Ⅰ和Ⅱ的偏心率和半通径分别为e_{I}、P_{I}和e_{II}、P_{II}，并已知两椭圆轨道拱线间夹角为ω，设点1和2分别为轨道Ⅰ和Ⅱ上的两个给定点，且$\boldsymbol{r}_1$和$\boldsymbol{r}_2$之间的夹角Δf不等于180°。在点1施加一次冲量，航天器沿转移轨道T运动，T与轨道Ⅱ交于点2；在点2施加第二次冲量，航天器沿轨道Ⅱ运动，如图9.21所示。求两次冲量的特征速度最小的最优转移轨道。

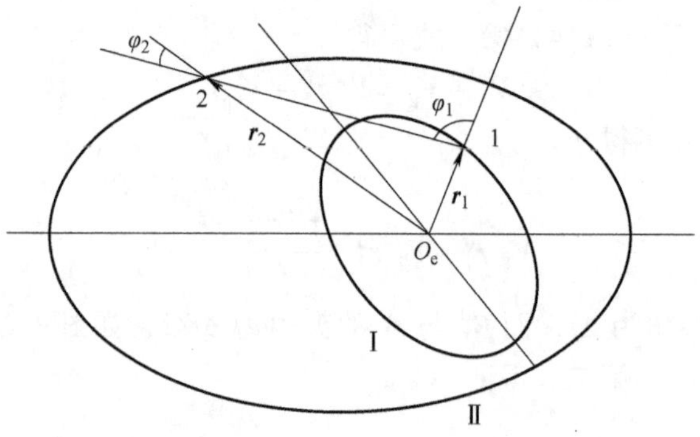

图9.21 椭圆轨道Ⅰ、Ⅱ上两定点间的轨道转移

如图9.21所示，引入了单位矢量$\boldsymbol{r}_1^0$、$\boldsymbol{r}_2^0$、$\boldsymbol{c}^0$，即

$$\boldsymbol{r}_1^0=\frac{\boldsymbol{r}_1}{r_1},\quad \boldsymbol{r}_2^0=\frac{\boldsymbol{r}_2}{r_2},\quad \boldsymbol{c}^0=\frac{\boldsymbol{r}_2-\boldsymbol{r}_1}{|\boldsymbol{r}_2-\boldsymbol{r}_1|}$$

并令φ_1和φ_2分别为$\boldsymbol{r}_1^0$与$\boldsymbol{c}^0$和$\boldsymbol{r}_2^0$与$\boldsymbol{c}^0$之间的夹角，由于基本三角形为已知三角形，故φ_1和φ_2为已知量。

设通过点1和2的转移轨道T在这两点的速度分别为$\boldsymbol{V}_{\mathrm{T1}}$和$\boldsymbol{V}_{\mathrm{T2}}$，轨道Ⅰ和Ⅱ在这两点的速度分别为$\boldsymbol{V}_{\mathrm{I}1}$和$\boldsymbol{V}_{\mathrm{II}2}$，将$\boldsymbol{V}_{\mathrm{I}1}$和$\boldsymbol{V}_{\mathrm{T1}}$向$\boldsymbol{r}_1^0$、$\boldsymbol{c}^0$分解，由连线速度一致性可知

$$\boldsymbol{V}_{\mathrm{T1}}=V_{\mathrm{T1c}}\boldsymbol{c}^0+V_{\mathrm{T1\rho}}\boldsymbol{r}_1^0 \tag{9.118}$$

由于$\boldsymbol{V}_{\mathrm{I}1}$和$\boldsymbol{r}_1^0$、$\boldsymbol{c}^0$为已知矢量，故有

$$\boldsymbol{V}_{\mathrm{I}1}=V_{\mathrm{I}1\mathrm{c}}\boldsymbol{c}^0+V_{\mathrm{I}1\rho}\boldsymbol{r}_1^0 \tag{9.119}$$

其中

$$\begin{cases}V_{\mathrm{I}1\mathrm{c}}=\boldsymbol{V}_{\mathrm{I}1}\cdot\boldsymbol{c}^0\\ V_{\mathrm{I}1\rho}=\boldsymbol{V}_{\mathrm{I}1}\cdot\boldsymbol{r}_1^0\end{cases} \tag{9.120}$$

同理，将$\boldsymbol{V}_{\mathrm{II}2}$和$\boldsymbol{V}_{\mathrm{T2}}$向$\boldsymbol{r}_2^0$、$\boldsymbol{c}^0$分解后有

$$\begin{cases}\boldsymbol{V}_{\mathrm{T2}}=V_{\mathrm{T2c}}\boldsymbol{c}^0-V_{\mathrm{T2\rho}}\boldsymbol{r}_2^0\\ \boldsymbol{V}_{\mathrm{II}2}=V_{\mathrm{II}2\mathrm{c}}\boldsymbol{c}^0+V_{\mathrm{II}2\rho}\boldsymbol{r}_2^0\end{cases} \tag{9.121}$$

其中

$$\begin{cases}V_{\mathrm{II}2\mathrm{c}}=\boldsymbol{V}_{\mathrm{II}2}\cdot\boldsymbol{c}^0\\ V_{\mathrm{II}2\rho}=\boldsymbol{V}_{\mathrm{II}2}\cdot\boldsymbol{r}_2^0\end{cases} \tag{9.122}$$

由式（9.118）~式（9.122）可知第一次冲量和第二次冲量的速度增量ΔV_1和ΔV_2为

$$\begin{aligned}\Delta V_1&=[(V_{\mathrm{T1c}}-V_{\mathrm{I}1\mathrm{c}})^2+(V_{\mathrm{T1\rho}}-V_{\mathrm{I}1\rho})^2+2(V_{\mathrm{T1c}}-V_{\mathrm{I}1\mathrm{c}})(V_{\mathrm{T1\rho}}-V_{\mathrm{I}1\rho})\cos\varphi_1]^{1/2}\\&=\Delta V_1(V_{\mathrm{T1c}},V_{\mathrm{T1\rho}})\end{aligned} \tag{9.123}$$

$$\begin{aligned}\Delta V_2 &= [(V_{\mathrm{T2c}}-V_{\mathrm{II2c}})^2+(V_{\mathrm{T2\rho}}+V_{\mathrm{II2\rho}})^2-2(V_{\mathrm{II2c}}-V_{\mathrm{T2c}})(V_{\mathrm{T2\rho}}+V_{\mathrm{II2\rho}})\cos\varphi_2]^{1/2}\\ &=\Delta V_2(V_{\mathrm{T2c}},V_{\mathrm{T2\rho}})\end{aligned} \tag{9.124}$$

由连线速度一致性可知，V_{T1c}、$V_{\mathrm{T1\rho}}$、V_{T2c}、$V_{\mathrm{T2\rho}}$这四个变量要满足式（9.114）给出的三个关系式，因此这四个变量中只有一个是独立的变量，如取 V_{Tc}为独立变量，则由式（9.123）和式（9.124）可知，特征速度可表为

$$\begin{aligned}V_{\mathrm{ch}}=\Delta V_1+\Delta V_2=&\left[(V_{\mathrm{Tc}}-V_{\mathrm{I1c}})^2+\left(\frac{\mu\tan\frac{\Delta f}{2}}{V_{\mathrm{Tc}}d}-V_{\mathrm{I1\rho}}\right)^2\right.\\&\left.+2(V_{\mathrm{Tc}}-V_{\mathrm{I1c}})\left(\frac{\mu\tan\frac{\Delta f}{2}}{V_{\mathrm{Tc}}d}-V_{\mathrm{I1\rho}}\right)\cos\varphi_1\right]^{1/2}\\&+\left[(V_{\mathrm{Tc}}-V_{\mathrm{II2c}})^2+\left(\frac{\mu\tan\frac{\Delta f}{2}}{V_{\mathrm{Tc}}d}+V_{\mathrm{II2\rho}}\right)^2\right.\\&\left.-2(V_{\mathrm{II2c}}-V_{\mathrm{Tc}})\left(\frac{\mu\tan\frac{\Delta f}{2}}{V_{\mathrm{Tc}}d}+V_{\mathrm{II2\rho}}\right)\cos\varphi_2\right]^{1/2}\\=&V_{\mathrm{ch}}(V_{\mathrm{Tc}})\end{aligned} \tag{9.125}$$

由于 V_{ch}为 V_{Tc}的单变量函数，如令 $\mathrm{d}V_{\mathrm{ch}}/\mathrm{d}V_{\mathrm{Tc}}=0$ 可求得最优转移轨道的必要条件，但这要求解高次代数方程才能得出满足必要条件的 V_{Tc}。因此，为了避免求解高次代数方程，可直接由式（9.125）进行数值计算，直接求出特征速度的最小值 V_{chmin}及其对应的 V_{Tc}。

由最优转移轨道的必要条件可以引申出必要条件的几何解释，这对于分析问题是有帮助的。

最优转移轨道的必要条件为特征速度 V_{ch}的变分 δV_{ch}为零，即

$$\delta V_{\mathrm{ch}}=\delta[(\Delta\boldsymbol{V}_1\cdot\Delta\boldsymbol{V}_1)^{1/2}+(\Delta\boldsymbol{V}_2\cdot\Delta\boldsymbol{V}_2)^{1/2}]=0 \tag{9.126}$$

由于

$$\begin{cases}\Delta\boldsymbol{V}_1=\boldsymbol{V}_{\mathrm{T1}}-\boldsymbol{V}_{\mathrm{I1}}\\ \Delta\boldsymbol{V}_2=\boldsymbol{V}_{\mathrm{II2}}-\boldsymbol{V}_{\mathrm{T2}}\end{cases} \tag{9.127}$$

由式（9.126）和式（9.127）可得必要条件为

$$\Delta\boldsymbol{V}_1^0\cdot\delta\boldsymbol{V}_{\mathrm{T1}}=\Delta\boldsymbol{V}_2^0\cdot\delta\boldsymbol{V}_{\mathrm{T2}} \tag{9.128}$$

式中，$\Delta\boldsymbol{V}_1^0$ 和 $\Delta\boldsymbol{V}_2^0$ 为 $\Delta\boldsymbol{V}_1$ 和 $\Delta\boldsymbol{V}_2$ 的单位矢量。

由于有

$$\begin{cases}\delta\boldsymbol{V}_{\mathrm{T1}}=\delta V_{\mathrm{T1c}}\boldsymbol{c}^0+\delta V_{\mathrm{T1\rho}}\boldsymbol{r}_1^0\\ \delta\boldsymbol{V}_{\mathrm{T2}}=\delta V_{\mathrm{T2c}}\boldsymbol{c}^0-\delta V_{\mathrm{T2\rho}}\boldsymbol{r}_2^0\end{cases} \tag{9.129}$$

由式（9.114）可得以下三个关系式：

$$\begin{cases}\delta V_{\mathrm{T1c}}=\delta V_{\mathrm{T2c}}=\delta V_{\mathrm{Tc}}\\ \delta V_{\mathrm{T1\rho}}=\delta V_{\mathrm{T2\rho}}=\delta V_{\mathrm{T\rho}}\\ \dfrac{\delta V_{\mathrm{Tc}}}{V_{\mathrm{Tc}}}=-\dfrac{\delta V_{\mathrm{T\rho}}}{V_{\mathrm{T\rho}}}\end{cases} \tag{9.130}$$

由式（9.130）最后一式可知，在点1，$\delta\boldsymbol{V}_{T1}$与$\boldsymbol{V}_{T1\rho}-\boldsymbol{V}_{T1c}$平行；在2点，$\delta\boldsymbol{V}_{T2}$与$\boldsymbol{V}_{T2\rho}-\boldsymbol{V}_{T2c}$平行。图9.22给出了点1的情况，点2也可同理给出。

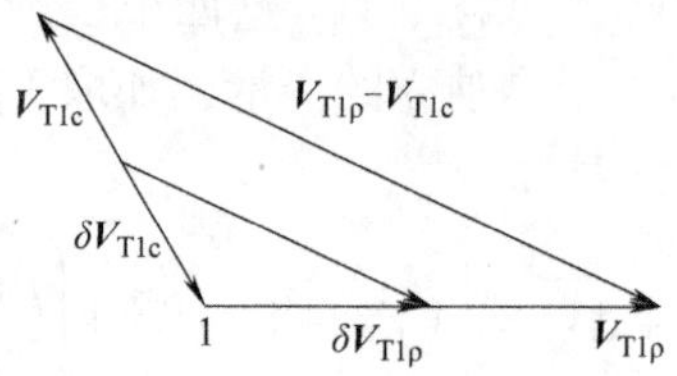

图9.22　$\delta\boldsymbol{V}_{T1}$与$\boldsymbol{V}_{T1\rho}-\boldsymbol{V}_{T1c}$相平行

因此，有以下关系式：

$$\frac{\delta V_{T1}}{|\boldsymbol{V}_{T1\rho}-\boldsymbol{V}_{T1c}|}=\frac{\delta V_{T1\rho}}{V_{T1\rho}}=\frac{\delta V_{T2\rho}}{V_{T2\rho}}=\frac{\delta V_{T2}}{|\boldsymbol{V}_{T2\rho}-\boldsymbol{V}_{T2c}|} \tag{9.131}$$

由图9.22所示及式（9.128）、式（9.131）可知，式（9.128）可写为

$$\Delta\boldsymbol{V}_1^0\cdot(\boldsymbol{V}_{T1\rho}-\boldsymbol{V}_{T1c})=\Delta\boldsymbol{V}_2^0\cdot(\boldsymbol{V}_{T2\rho}-\boldsymbol{V}_{T2c}) \tag{9.132}$$

式（9.132）说明最优转移轨道的必要条件为，转移轨道在变轨点的速度的径向和弦向分量的矢量差在变轨点的速度增量方向上有相等的投影。

由式（9.132）可知，当$\Delta f\neq180°$时，如转移轨道在变轨点与轨道Ⅰ和轨道Ⅱ相切（即双共切转移轨道），在一般情况下，这不是最优转移轨道，这是因为对于双共切轨道必有

$$\Delta\boldsymbol{V}_1^0=\boldsymbol{V}_{T1}^0,\quad \Delta\boldsymbol{V}_2^0=\boldsymbol{V}_{T2}^0$$

将上式代入式（9.132）则有

$$\frac{\boldsymbol{V}_{T1}}{V_{T1}}\cdot(\boldsymbol{V}_{T1\rho}-\boldsymbol{V}_{T1c})=\frac{\boldsymbol{V}_{T2}}{V_{T2}}\cdot(\boldsymbol{V}_{T2\rho}-\boldsymbol{V}_{T2c})$$

即

$$\frac{V_{Tc}^2-V_{T\rho}^2}{V_{T1}}=\frac{V_{Tc}^2-V_{T\rho}^2}{V_{T2}}$$

上式只有在$V_{T1}=V_{T2}$时才能成立，由椭圆轨道的对称性可知，只有在双共切椭圆轨道的切点点1和点2的地心距相等时才成立。因而，在一般情况下，双共切转移轨道不是最优转移轨道。

9.3.4　共面椭圆轨道的最优转移轨道二

上节在连线速度一致性的基础上研究了共面椭圆轨道之间的两次冲量最优转移轨道，由于连线速度一致性不能用于点1与2之间的夹角Δf等于180°的情况，本节就研究这一情况。已知初轨道Ⅰ的$e_{Ⅰ}$、$P_{Ⅰ}$，Ⅱ轨道的$e_{Ⅱ}$、$P_{Ⅱ}$，以及轨道Ⅰ与Ⅱ拱线间的夹角ω，如图9.23所示（图中ω为正），给定轨道Ⅰ上的点1，其真近点角$f_{Ⅰ1}$，轨道Ⅱ上的点2，点2与点1的夹角$\Delta f=180°$，因此，点2在轨道Ⅱ上的真近点角$f_{Ⅱ2}$为

$$f_{Ⅱ2}=f_{Ⅰ1}+\omega+180° \tag{9.133}$$

求在点1和点2各施加一次冲量时的特征速度最小的最优转移轨道。

9.3.4.1　$\Delta f=180°$的局部最优转移轨道的必要条件和充分条件

仿照上节求最优转移轨道的必要条件的方法可知，在本节讨论的情况中，对于ω和点1及点2，在给定时间的局部最优转移轨道的必要条件仍为式（9.128），即

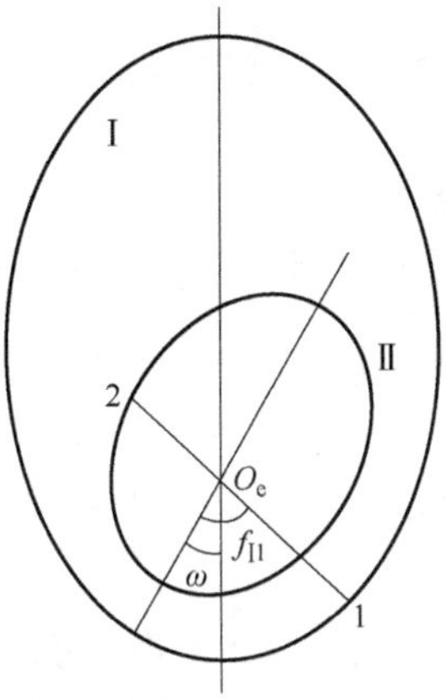

图 9.23　共面椭圆轨道间的共线转移

$$\Delta \boldsymbol{V}_1^0 \cdot \delta \boldsymbol{V}_{T1} = \Delta \boldsymbol{V}_2^0 \cdot \delta \boldsymbol{V}_{T2} \tag{9.134}$$

但此时的转移轨道为通过 $\Delta f=180°$的点 1 和 2 的椭圆轨道，因而转移轨道在这两点的速度变分 $\delta \boldsymbol{V}_{T1}$、$\delta \boldsymbol{V}_{T2}$不同于上节。

首先，研究椭圆轨道上给定 $\Delta f=180°$的两点时，这两点速度间的关系。如点 1 的真近点角为 f_1，点 2 的真近点角为 $f_2=f_1+180°$，则这两点的径向速度为

$$\begin{cases} V_{1X}=\left(\dfrac{\mu}{P}\right)^{1/2} e\sin f_1 \\ V_{2X}=\left(\dfrac{\mu}{P}\right)^{1/2} e\sin f_2=-V_{1X} \end{cases} \tag{9.135}$$

由动量矩守恒定理可知这两点的周向速度 V_{1Y}和 V_{2Y}应满足

$$V_{1Y}r_1=V_{2Y}r_2=h \tag{9.136}$$

将式（9.135）和式（9.136）代入机械能守恒定理

$$V_{1X}^2+V_{1Y}^2-\frac{2\mu}{r_1}=V_{2X}^2+V_{2Y}^2-\frac{2\mu}{r_2}$$

则可求得

$$\left(\frac{h}{r_1}\right)^2-\frac{2\mu}{r_1}=\left(\frac{h}{r_2}\right)^2-\frac{2\mu}{r_2}$$

$$h^2\left(\frac{1}{r_1}-\frac{1}{r_2}\right)\left(\frac{1}{r_1}+\frac{1}{r_2}\right)=2\mu\left(\frac{1}{r_1}-\frac{1}{r_2}\right)$$

$$h=\left(\frac{2\mu r_1 r_2}{r_1+r_2}\right)^{1/2}$$

即

$$\begin{cases} V_{1Y}=\left[\dfrac{2\mu r_2}{r_1(r_1+r_2)}\right]^{1/2} \\ V_{2Y}=\left[\dfrac{2\mu r_1}{r_2(r_1+r_2)}\right]^{1/2} \end{cases} \tag{9.137}$$

将式（9.137）代入式（9.136）可得半通径 P 为

$$P=\frac{h^2}{\mu}=\frac{2r_1r_2}{r_1+r_2} \tag{9.138}$$

即椭圆轨道上共线的两点，其速度的径向分量大小相等方向相反，周向分量（及半通径）只与 r_1 和 r_2 有关。

其次，分析式（9.134）中的 $\delta\boldsymbol{V}_{\mathrm{T1}}$ 和 $\delta\boldsymbol{V}_{\mathrm{T2}}$。由于转移轨道上 $\Delta f=180°$的两点给定，由式（9.137）可知，这两点速度的周向分量为常数，因而有

$$\begin{cases}\delta\boldsymbol{V}_{\mathrm{T1}}=\delta V_{\mathrm{T}X1}\boldsymbol{X}_1^0\\ \delta\boldsymbol{V}_{\mathrm{T2}}=\delta V_{\mathrm{T}X2}\boldsymbol{X}_2^0\end{cases}\tag{9.139}$$

式中，$\boldsymbol{X}_1^0$、$\boldsymbol{X}_2^0$ 分别为点 1 和 2 的径向单位矢量。由式（9.135）可知

$$\delta V_{\mathrm{T}X1}=-\delta V_{\mathrm{T}X2}\tag{9.140}$$

将式（9.139）和式（9.140）代入式（9.134）可得最优转移轨道的必要条件为

$$\Delta\boldsymbol{V}_1^0\cdot\boldsymbol{X}_1^0=-\Delta\boldsymbol{V}_2^0\cdot\boldsymbol{X}_2^0\tag{9.141}$$

令速度增量与当地径向之间的夹角为 γ，则式（9.141）可写为

$$\cos\gamma_1=-\cos\gamma_2\tag{9.142}$$

由式（9.142）可知

$$\gamma_2=180°\pm\gamma_1\tag{9.143}$$

由于速度增量与当地周向间的夹角为姿态角 φ_{a}，而

$$\varphi_{\mathrm{a}}=90°-\gamma$$

因此，式（9.143）可写为

$$\begin{cases}\varphi_{\mathrm{a1}}=180°+\varphi_{\mathrm{a2}}\\ \varphi_{\mathrm{a1}}=-\varphi_{\mathrm{a2}}\end{cases}\tag{9.144}$$

即

$$\sin\varphi_{\mathrm{a1}}=-\sin\varphi_{\mathrm{a2}}\tag{9.145}$$

由必要条件式（9.145）可知，当轨道Ⅰ与Ⅱ的拱线不重合时（$\omega\neq0°$和 $\omega\neq180°$），在 $\Delta f=180°$的情况下，与椭圆轨道Ⅰ、Ⅱ双共切的转移轨道一般不是最优转移轨道，这是因为转移轨道在两点的速度倾角 Θ_{T1} 和 Θ_{T2} 为

$$\begin{cases}\tan\Theta_{\mathrm{T1}}=\dfrac{r_1e_{\mathrm{T}}\sin f_{\mathrm{T1}}}{P_{\mathrm{T}}}\\ \tan\Theta_{\mathrm{T2}}=-\dfrac{r_2e_{\mathrm{T}}\sin f_{\mathrm{T1}}}{P_{\mathrm{T}}}=-\dfrac{r_2}{r_1}\tan\Theta_{\mathrm{T1}}\end{cases}$$

而在一般情况下，$r_1\neq r_2$，故有

$$\Theta_{\mathrm{T1}}\neq-\Theta_{\mathrm{T2}}$$

双共切轨道的 $\Delta\boldsymbol{V}_1^0$ 和 $\Delta\boldsymbol{V}_2^0$ 的姿态角 φ_{a1} 和 φ_{a2} 为

$$\varphi_{\mathrm{a1}}=\Theta_{\mathrm{T1}}\quad\text{或}\quad\varphi_{\mathrm{a1}}=180°+\Theta_{\mathrm{T1}}$$
$$\varphi_{\mathrm{a2}}=\Theta_{\mathrm{T2}}\quad\text{或}\quad\varphi_{\mathrm{a2}}=180°+\Theta_{\mathrm{T2}}$$

因为在一般情况下 $\Theta_{\mathrm{T1}}\neq-\Theta_{\mathrm{T2}}$，故有

$$\sin\varphi_{\mathrm{a1}}\neq-\sin\varphi_{\mathrm{a2}}$$

因此，在一般情况下，双共切转移轨道不满足必要条件，只有在 $r_1=r_2$ 时，$\Theta_{\mathrm{T1}}=-\Theta_{\mathrm{T2}}$，这时才满足必要条件。

由必要条件式（9.145）可知，当椭圆轨道Ⅰ与Ⅱ共拱线（$\omega=0°$或 $\omega=180°$）时，如

转移轨道也与轨道Ⅰ和Ⅱ的共拱线，并在拱点（近地点和远地点）处与轨道Ⅰ和Ⅱ相切，这种双共切转移轨道由于在变轨点有

$$\sin\varphi_{a1}=\sin\varphi_{a2}=0$$

因此必要条件式（9.145）得到满足。

满足必要条件的轨道不一定就是最优转移轨道，为此要考察 V_{ch} 的二阶变分 $\delta^2 V_{ch}$。

由于

$$V_{ch}=(\Delta\boldsymbol{V}_1\cdot\Delta\boldsymbol{V}_1)^{1/2}+(\Delta\boldsymbol{V}_2\cdot\Delta\boldsymbol{V}_2)^{1/2}$$

注意到式（9.127）、式（9.128），故有

$$\delta V_{ch}=\frac{\Delta\boldsymbol{V}_1\cdot\delta\boldsymbol{V}_{T1}}{\Delta V_1}-\frac{\Delta\boldsymbol{V}_2\cdot\delta\boldsymbol{V}_{T2}}{\Delta V_2}$$

对于 $\Delta f=180°$ 的情况，将式（9.139）和式（9.140）代入，则有

$$\begin{aligned}\delta V_{ch}&=\frac{\Delta\boldsymbol{V}_1\cdot\delta V_{TX1}\boldsymbol{X}_1^0}{\Delta V_1}-\frac{\Delta\boldsymbol{V}_2\cdot\delta V_{TX2}\boldsymbol{X}_2^0}{\Delta V_2}=\frac{\Delta\boldsymbol{V}_1\cdot\delta V_{TX1}\boldsymbol{X}_1^0}{\Delta V_1}+\frac{\Delta\boldsymbol{V}_2\cdot\delta V_{TX1}\boldsymbol{X}_2^0}{\Delta V_2}\\&=\delta V_{TX1}\left(\frac{\Delta\boldsymbol{V}_1\cdot\boldsymbol{X}_1^0}{\Delta V_1}+\frac{\Delta\boldsymbol{V}_2\cdot\boldsymbol{X}_2^0}{\Delta V_2}\right)\end{aligned}$$

由上式可求得二阶变分 $\delta^2 V_{ch}$ 为

$$\begin{aligned}\delta^2 V_{ch}=&\delta^2 V_{TX1}(\Delta\boldsymbol{V}_1^0\cdot\boldsymbol{X}_1^0+\Delta\boldsymbol{V}_2^0\cdot\boldsymbol{X}_2^0)+\delta V_{TX1}\left[\frac{\delta(\Delta\boldsymbol{V}_1)\cdot\boldsymbol{X}_1^0}{\Delta V_1}+\frac{\delta(\Delta\boldsymbol{V}_2)\cdot\boldsymbol{X}_2^0}{\Delta V_2}\right]\\&-\delta V_{TX1}\left[\frac{(\Delta\boldsymbol{V}_1\cdot\boldsymbol{X}_1^0)\delta(\Delta V_1)}{\Delta V_1}+\frac{(\Delta\boldsymbol{V}_2\cdot\boldsymbol{X}_2^0)\delta(\Delta V_1)}{\Delta V_2}\right]\end{aligned}$$

将以下关系代入上式：

$$\begin{aligned}&\delta(\Delta\boldsymbol{V}_1)=\delta V_{TX1}\boldsymbol{X}_1^0\\&\delta(\Delta\boldsymbol{V}_2)=\delta V_{TX1}\boldsymbol{X}_2^0\\&\delta(\Delta\boldsymbol{V}_1)\cdot\boldsymbol{X}_1^0=\delta V_{TX1}\\&\delta(\Delta\boldsymbol{V}_2)\cdot\boldsymbol{X}_2^0=\delta V_{TX1}\\&\delta(\Delta V_1)=\delta V_{TX1}(\Delta\boldsymbol{V}_1^0\cdot\boldsymbol{X}_1^0)\\&\delta(\Delta V_2)=\delta V_{TX1}(\Delta\boldsymbol{V}_2^0\cdot\boldsymbol{X}_2^0)\end{aligned}$$

则可得

$$\begin{aligned}\delta^2 V_{ch}=&\delta^2 V_{TX1}(\Delta\boldsymbol{V}_1^0\cdot\boldsymbol{X}_1^0+\Delta\boldsymbol{V}_2^0\cdot\boldsymbol{X}_2^0)\\&+(\delta V_{TX1})^2\{(\Delta V_1^{-1}+\Delta V_2^{-1})[1-(\Delta\boldsymbol{V}_1^0\cdot\boldsymbol{X}_1^0)^2]\}\end{aligned}\tag{9.146}$$

将必要条件式（9.141）代入式（9.146），并注意到 $(\Delta\boldsymbol{V}_1^0\cdot\boldsymbol{X}_1^0)^2\leqslant 1$，从而可知满足必要条件的轨道必使

$$\delta^2 V_{ch}\geqslant 0$$

因此，除 $\Delta\boldsymbol{V}_1$ 与 $\boldsymbol{X}_1^0$ 共线的特殊情况不能确定外，其余满足必要条件的轨道为使特征速度最小的局部最优转移轨道。

9.3.4.2　$\Delta f=180°$ 的局部最优转移轨道的特征速度

当轨道Ⅰ和Ⅱ拱线夹角 ω 为给定值，点 1 与 2 为轨道Ⅰ与Ⅱ上两给定点，它们的夹角

$\Delta f=180°$，这时下列各量为已知量，即

$$\begin{cases} V_{\mathrm{I}1X}=\left(\dfrac{\mu}{P_1}\right)^{1/2}e_{\mathrm{I}}\sin f_{\mathrm{I}1} \\ V_{\mathrm{II}1X}=\left(\dfrac{\mu}{P_{\mathrm{II}}}\right)^{1/2}e_{\mathrm{II}}\sin(f_{\mathrm{I}1}+\omega) \\ V_{\mathrm{I}1Y}=\dfrac{(\mu P_1)^{1/2}}{r_1} \\ V_{\mathrm{II}2Y}=\dfrac{(\mu P_{\mathrm{II}})^{1/2}}{r_2} \\ V_{\mathrm{T}1Y}=\left[\dfrac{2\mu r_2}{r_1(r_1+r_2)}\right]^{1/2} \\ V_{\mathrm{T}2Y}=\left[\dfrac{2\mu r_1}{r_2(r_1+r_2)}\right]^{1/2} \end{cases}$$

令

$$\begin{cases} \Delta V_{1Y}=V_{\mathrm{T}1Y}-V_{\mathrm{I}1Y} \\ \Delta V_{2Y}=V_{\mathrm{II}2Y}-V_{\mathrm{T}2Y} \end{cases}$$

由最优转移轨道的必要条件式可知，φ_{a1}与φ_{a2}应满足

$$\tan\varphi_{a1}=\tan\varphi_{a2} \tag{9.147}$$

或（9.144）

$$\tan\varphi_{a1}=-\tan\varphi_{a2} \tag{9.148}$$

由于

$$\begin{cases} \tan\varphi_{a1}=\dfrac{V_{\mathrm{T}1X}-V_{\mathrm{I}1X}}{\Delta V_{1Y}} \\ \tan\varphi_{a2}=\dfrac{V_{\mathrm{II}2X}-V_{\mathrm{T}2X}}{\Delta V_{2Y}} \end{cases} \tag{9.149}$$

将式（9.149）代入式（9.147）和式（9.148），并注意到式（9.141），故对于式（9.147），ΔV_{1Y}与ΔV_{2Y}异号，对于式（9.148），ΔV_{1Y}与ΔV_{2Y}同号，因而可得最优转移轨道的特征速度V_{ch}为

$$\begin{aligned} V_{ch}&=|\Delta V_1|+|\Delta V_2| \\ &=[(|\Delta V_{1Y}|+|\Delta V_{2Y}|)^2+(\Delta V_{\mathrm{I}1X}+\Delta V_{\mathrm{II}2Y})^2]^{1/2} \end{aligned} \tag{9.150}$$

9.3.4.3 $\Delta f=180°$的全局最优转移轨道

由式（9.150）可知，局部最优转移轨道的特征速度可归结为ω和$f_{\mathrm{I}1}$的函数，即

$$V_{ch}=V_{ch}(\omega,f_{\mathrm{I}1}) \tag{9.151}$$

当ω和$f_{\mathrm{I}1}$变化时，可在各局部最优转移轨道中求出全局最优转移轨道，全局最优转移轨道的必要条件为

$$\frac{\partial V_{ch}^2}{\partial\omega}=0,\quad \frac{\partial V_{ch}^2}{\partial f_{\mathrm{I}1}}=0 \tag{9.152}$$

经过较为冗长的推导（这里不给出推导）可知，当满足以下条件时：

$$f_{I1}=0° \quad 或 \quad 180° \tag{9.153}$$

$$\omega=0° \quad 或 \quad 180° \tag{9.154}$$

式（9.152）得到满足。式（9.153）和式（9.154）为全局最优的必要条件，但满足必要条件的轨道不一定是特征速度最小的最优转移轨道。为求得最优转移轨道，应进一步研究充分条件，但充分条件的讨论也很冗长，在这里直接给出结论如下：全局最优转移轨道 T、初轨道Ⅰ、终轨道Ⅱ三者应共拱线，并且全局最优轨道在其远地点处与轨道Ⅰ、Ⅱ两轨道中地心距最大的远地点相切，其近地点与轨道Ⅰ、Ⅱ两轨道中另一轨道的近地点（或远地点）相切。图 9.24 所示的轨道 A 均为全局最优轨道，轨道 B 虽满足全局最优轨道的必要条件，但不是全局最优轨道，轨道 B 满足局部最优轨道的必要条件，它们是局部最优轨道。

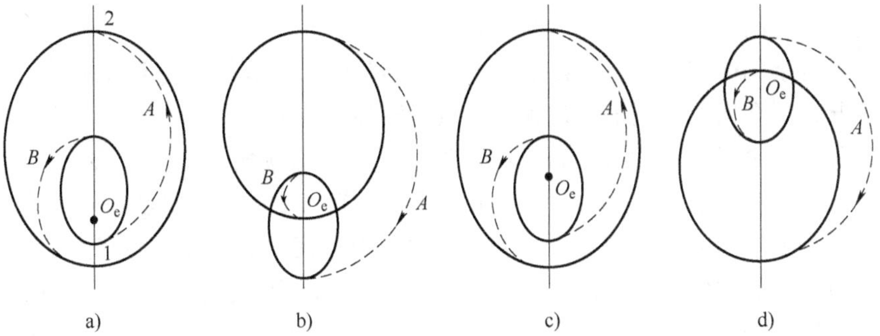

图 9.24　共面椭圆轨道间的共线转移

以图 9.24a 所示的全局最优转移为例，计算其特征速度，此时，全局最优转移轨道在轨道Ⅰ的近地点 1 处与轨道Ⅰ相切，在轨道Ⅱ的远地点 2 处与轨道Ⅱ相切，此双切线椭圆轨道的长半轴 a_T 为

$$a_T=\frac{r_1+r_2}{2} \tag{9.155}$$

因此有

$$V_{T1}=\left(\frac{\mu v_{T1}}{r_1}\right)^{1/2}=\left[\frac{\mu}{r_1}\left(2-\frac{r_1}{a_T}\right)\right]^{1/2}=\left[\frac{\mu}{r_1}\left(2-\frac{2r_1}{r_1+r_2}\right)\right]^{1/2}$$

$$=\left(\frac{\mu}{r_1}\frac{r_2}{\frac{r_1+r_2}{2}}\right)^{1/2}=\left(\frac{\mu}{r_1}\frac{r_2}{a_T}\right)^{1/2}=\left(\frac{\mu}{r_1}\frac{\frac{P_T}{1+e_T\cos 180°}}{\frac{P_T}{1-e_T^2}}\right)^{1/2}=\left[\frac{\mu}{r_1}(1+e_T)\right]^{1/2}$$

$$V_{T2}=\left(\frac{\mu v_{T2}}{r_2}\right)^{1/2}=\left[\frac{\mu}{r_2}\left(2-\frac{r_2}{a_T}\right)\right]^{1/2}=\left[\frac{\mu}{r_2}\left(2-\frac{2r_2}{r_1+r_2}\right)\right]^{1/2}$$

$$=\left(\frac{\mu}{r_2}\frac{r_1}{\frac{r_1+r_2}{2}}\right)^{1/2}=\left(\frac{\mu}{r_2}\frac{r_1}{a_T}\right)^{1/2}=\left(\frac{\mu}{r_2}\frac{\frac{P_T}{1+e_T\cos 0°}}{\frac{P_T}{1-e_T^2}}\right)^{1/2}=\left[\frac{\mu}{r_2}(1-e_T)\right]^{1/2}$$

式中，e_T 为转移椭圆轨道的偏心率，而

$$V_{\mathrm{I}1} = \left[\frac{\mu}{r_1}(1 + e_{\mathrm{I}})\right]^{1/2}$$

$$V_{\mathrm{II}1} = \left[\frac{\mu}{r_2}(1 + e_{\mathrm{II}})\right]^{1/2}$$

因而有

$$\begin{aligned} V_{\mathrm{ch}} &= (V_{\mathrm{T}1} - V_{\mathrm{I}1}) + (V_{\mathrm{II}1} - V_{\mathrm{T}2}) \\ &= \left(\frac{\mu}{r_1}\right)^{1/2}\left[(1+e_{\mathrm{T}})^{1/2} - (1+e_{\mathrm{I}})^{1/2}\right] + \left(\frac{\mu}{r_2}\right)^{1/2}\left[(1-e_{\mathrm{II}})^{1/2} - (1-e_{\mathrm{T}})^{1/2}\right] \end{aligned} \tag{9.156}$$

9.3.5 非共面圆轨道的最优转移轨道

当初轨道Ⅰ与终轨道Ⅱ的轨道倾角不同时，两轨道面不重合，航天器沿轨道Ⅰ运动改变为沿终轨道Ⅱ运动的轨道机动称为非共面轨道转移。非共面轨道在一般情况下的最优转移轨道是一个较为复杂的研究课题，超出了本书讨论的范围。本节只讨论非共面最优转移轨道的一种特殊情况，即在发射静止卫星过程中的轨道转移问题。

在发射静止卫星时，在发射段结束后，航天器沿轨道倾角为 i_1、地心距为 r_1 的低高度圆形初始停泊轨道Ⅰ运动，轨道转移段要使航天器由轨道Ⅰ改变为沿轨道倾角等于零、地心距为 r_2 的圆形地球静止终轨道Ⅱ运动，这是非共面圆轨道之间的轨道转移问题。

假如轨道Ⅰ与Ⅱ共面，则共面圆轨道之间的霍曼转移为最优转移轨道，此时的两次冲量只用于改变轨道半径，并可使改变轨道半径所需的特征速度为最小值。当轨道Ⅰ与Ⅱ不共面时的两次冲量除用于改变轨道半径外还要使轨道倾角由 i_1 改变为零，这时，为使改变轨道半径花费的能量为最小，仍然采用双共切转移轨道，但要在此基础上考虑使改变轨道倾角花费的能量也为最小。

在非共面情况下，轨道Ⅰ与Ⅱ的轨道面交线在赤道面内，双共切转移轨道 T 的拱线应与这一交线重合，T 与轨道Ⅰ与Ⅱ分别相切于赤道上空的点 1 和 2，点 1 和 2 分别为 T 的近地点和远地点，如图 9.25 所示。在非共面情况下，T 的轨道倾角 i_{T} 可取不同值。i_{T} 的取值不同，则改变轨道面所需的能量不同。例如，$i_{\mathrm{T}} = i_1$，即 T 与Ⅰ共面，这时第一次冲量不改变轨道倾角，只是使航天器进入转移轨道，第二次冲量则既改变轨道面又使轨道圆化。在这两种情况下，完成轨道转移所需的特征速度不同，前者的特征速度要小于后者，因此应该选择 i_{T}，使完成轨道转移所需的特征速度为最小值。

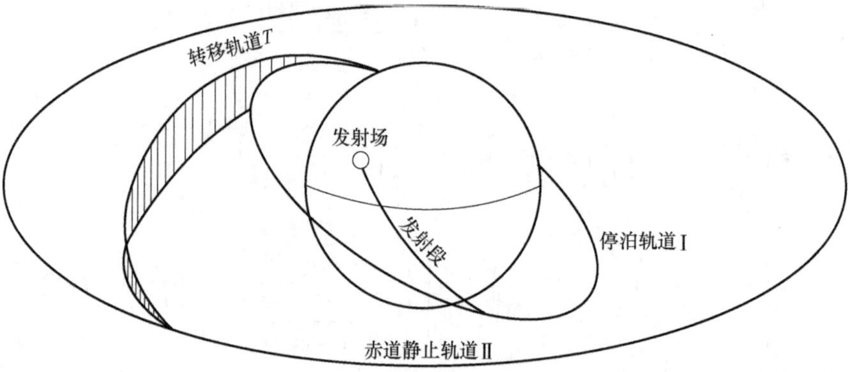

图 9.25　非共面轨道转移示意图

考虑一般情况，取 $i_T = i_1 + \Delta i$，即轨道 T 与 Ⅰ 的轨道面倾角之差（即轨道面夹角）为 Δi。这样，第一次冲量应使轨道面改变 Δi，第二次冲量应使轨道面改变 i_T，即改变 $i_1 + \Delta i$。

在一般情况下，第一次冲量的速度增量 ΔV_1 和第二次冲量的速度增量 ΔV_2 分别为

$$\Delta V_1 = (V_{\mathrm{I}}^2 + V_{T1}^2 - 2V_{\mathrm{I}} V_{T1} \cos\Delta i)^{1/2} \tag{9.157}$$

$$\Delta V_2 = [V_{\mathrm{II}}^2 + V_{T2}^2 - 2V_{\mathrm{II}} V_{T2} \cos(i_1 + \Delta i)]^{1/2} \tag{9.158}$$

式中，V_{I} 和 V_{II} 分别为 Ⅰ 和 Ⅱ 的圆轨道速度，故有

$$\begin{cases} V_{\mathrm{I}} = \left(\dfrac{\mu}{r_1}\right)^{1/2} \\ V_{\mathrm{II}} = \left(\dfrac{\mu}{r_2}\right)^{1/2} = \dfrac{V_{\mathrm{I}}}{n_T^{1/2}} \end{cases} \tag{9.159}$$

而有

$$n_T = \frac{r_2}{r_1} \tag{9.160}$$

式中，V_{T1} 和 V_{T2} 分别为双共切轨道 T 的近地点和远地点速度，由式（9.98）可知

$$V_{T1} = V_{\mathrm{I}} \left(\frac{2n_T}{n_T + 1}\right)^{1/2}$$

$$V_{T2} = V_{\mathrm{I}} \left(\frac{2n_T^{-1}}{n_T + 1}\right)^{1/2}$$

对于式（9.157）和式（9.158），代入下式：

$$\cos x = 1 - 2\sin^2 \frac{x}{2}$$

并令

$$\begin{cases} \alpha_1 = \dfrac{V_{T1}}{V_{\mathrm{I}}} = \left(\dfrac{2n_T}{n_T + 1}\right)^{1/2} \\ \beta_1 = (\alpha_1 - 1)^2 \\ \alpha_2 = n_T^{-1/2} \dfrac{V_{T2}}{V_{\mathrm{I}}} = n_T^{-1} \left(\dfrac{2}{n_T + 1}\right)^{1/2} \\ \beta_2 = \left(n_T^{-1/2} - \dfrac{V_{T2}}{V_{\mathrm{I}}}\right)^2 = \dfrac{(1 - n_T \alpha_2)^2}{n_T} \end{cases} \tag{9.161}$$

则有

$$\begin{aligned} \Delta V_1 &= (V_{\mathrm{I}}^2 + V_{T1}^2 - 2V_{\mathrm{I}} V_{T1} \cos\Delta i)^{1/2} \\ &= \left[V_{\mathrm{I}}^2 + V_{\mathrm{I}}^2 \frac{2n_T}{n_T + 1} - 2V_{\mathrm{I}} V_{\mathrm{I}} \left(\frac{2n_T}{n_T + 1}\right)^{1/2} \left(1 - 2\sin^2 \frac{\Delta i}{2}\right)\right]^{1/2} \\ &= V_{\mathrm{I}} \left[1 + \frac{2n_T}{n_T + 1} - 2\left(\frac{2n_T}{n_T + 1}\right)^{1/2} + 4\left(\frac{2n_T}{n_T + 1}\right)^{1/2} \sin^2 \frac{\Delta i}{2}\right]^{1/2} \\ &= V_{\mathrm{I}} \left[\left(\left(\frac{2n_T}{n_T + 1}\right)^{1/2} - 1\right)^2 + 4\left(\frac{2n_T}{n_T + 1}\right)^{1/2} \sin^2 \frac{\Delta i}{2}\right]^{1/2} \end{aligned}$$

$$\Delta V_2 = [V_{\mathrm{II}}^2 + V_{\mathrm{T2}}^2 - 2V_{\mathrm{II}}V_{\mathrm{T2}}\cos(i_1+\Delta i)]^{1/2}$$

$$= \left\{\left(\frac{V_{\mathrm{I}}}{n_{\mathrm{T}}^{\frac{1}{2}}}\right)^2 + \left[V_{\mathrm{I}}\left(\frac{2n_{\mathrm{T}}^{-1}}{n_{\mathrm{T}}+1}\right)^{1/2}\right]^2 - 2\frac{V_{\mathrm{I}}}{n_{\mathrm{T}}^{1/2}}V_{\mathrm{I}}\left(\frac{2n_{\mathrm{T}}^{-1}}{n_{\mathrm{T}}+1}\right)^{1/2}\left[1-2\sin^2\frac{i_1+\Delta i}{2}\right]\right\}^{1/2}$$

$$= V_{\mathrm{I}}\left\{\frac{1}{n_{\mathrm{T}}} + \left[\left(\frac{2n_{\mathrm{T}}^{-1}}{n_{\mathrm{T}}+1}\right)^{1/2}\right]^2 - 2\frac{1}{n_{\mathrm{T}}^{1/2}}\left(\frac{2n_{\mathrm{T}}^{-1}}{n_{\mathrm{T}}+1}\right)^{1/2} + 4\frac{1}{n_{\mathrm{T}}^{1/2}}\left(\frac{2n_{\mathrm{T}}^{-1}}{n_{\mathrm{T}}+1}\right)^{1/2}\sin^2\frac{i_1+\Delta i}{2}\right\}^{1/2}$$

$$= V_{\mathrm{I}}\left[\left(n_{\mathrm{T}}^{-1/2} - \frac{2n_{\mathrm{T}}^{-1}}{n_{\mathrm{T}}+1}\right)^2 + 4n_{\mathrm{T}}^{-1}\left(\frac{2}{n_{\mathrm{T}}+1}\right)^{1/2}\sin^2\frac{i_1+\Delta i}{2}\right]^{1/2}$$

即

$$\frac{\Delta V_1}{V_{\mathrm{I}}} = \left(\beta_1 + 4\alpha_1\sin^2\frac{\Delta i}{2}\right)^{1/2} \tag{9.162}$$

$$\frac{\Delta V_2}{V_{\mathrm{I}}} = \left(\beta_2 + 4\alpha_2\sin^2\frac{i_1+\Delta i}{2}\right)^{1/2} \tag{9.163}$$

因而特征速度与 V_{I} 的比值为

$$\frac{V_{\mathrm{ch}}}{V_{\mathrm{I}}} = \left(\beta_1 + 4\alpha_1\sin^2\frac{\Delta i}{2}\right)^{1/2} + \left(\beta_2 + 4\alpha_2\sin^2\frac{i_1+\Delta i}{2}\right)^{1/2} \tag{9.164}$$

由式（9.164）可知特征速度为 Δi 的函数，特别是当 Δi 为零时，则轨道 T 与 I 共面，将此时的特征速度记为 V_{ch}^*，则由式（9.164）可知

$$\frac{V_{\mathrm{ch}}^*}{V_{\mathrm{I}}} = \beta_1^{1/2} + \left(\beta_2 + 4\alpha_2\sin^2\frac{i_1}{2}\right)^{1/2} \tag{9.165}$$

式（9.164）中，由于 V_{ch} 为 Δi 的单变量函数，故令 $\mathrm{d}V_{\mathrm{ch}}/\mathrm{d}\Delta_i=0$，可求得 V_{ch} 取极值的必要条件为

$$\frac{\mathrm{d}\left(\frac{V_{\mathrm{ch}}}{V_{\mathrm{I}}}\right)}{\mathrm{d}\Delta i} = \frac{1}{2}\frac{4\alpha_1\sin\frac{\Delta i}{2}\cos\frac{\Delta i}{2}}{\left(\beta_1+4\alpha_1\sin^2\frac{\Delta i}{2}\right)^{1/2}} + \frac{1}{2}\frac{4\alpha_2\sin\frac{i_1+\Delta i}{2}\cos\frac{i_1+\Delta i}{2}}{\left(\beta_2+4\alpha_2\sin^2\frac{i_1+\Delta i}{2}\right)^{1/2}}$$

$$= \frac{\alpha_1\sin\Delta i}{\left(\beta_1+4\alpha_1\sin^2\frac{\Delta i}{2}\right)^{1/2}} + \frac{\alpha_2\sin(i_1+\Delta i)}{\left(\beta_2+4\alpha_2\sin^2\frac{i_1+\Delta i}{2}\right)^{1/2}} = 0 \tag{9.166}$$

或是将必要条件写为

$$\left(\beta_2+4\alpha_2\sin^2\frac{i_1+\Delta i}{2}\right)^{1/2}\alpha_1\sin\Delta i + \left(\beta_1+4\alpha_1\sin^2\frac{\Delta i}{2}\right)^{1/2}\alpha_2\sin(i_1+\Delta i) = 0 \tag{9.167}$$

用数值方法求解式（9.167）可求得使上式成立的 Δi_{m}。

将 Δi_{m} 代入式（9.162）和式（9.163）可求得 $(\Delta V_1/V_{\mathrm{I}})_{\mathrm{m}}$ 和 $(\Delta V_2/V_{\mathrm{I}})_{\mathrm{m}}$，由式（9.166）可求得

$$\frac{\mathrm{d}^2\left(\frac{V_{\mathrm{ch}}}{V_{\mathrm{I}}}\right)}{\mathrm{d}\Delta i^2} = \frac{\left(\frac{\Delta V_1}{V_{\mathrm{I}}}\right)^2\alpha_1\cos\Delta i - \alpha_1^2\sin^2\Delta i}{\left(\frac{\Delta V_1}{V_{\mathrm{I}}}\right)^3} + \frac{\left(\frac{\Delta V_2}{V_{\mathrm{I}}}\right)^2\alpha_2\cos(i_1+\Delta i) - \alpha_2^2\sin^2(i_1+\Delta i)}{\left(\frac{\Delta V_2}{V_{\mathrm{I}}}\right)^3} \tag{9.168}$$

将 Δi_m、$(\Delta V_1/V_{\mathrm{I}})_m$ 和 $(\Delta V_2/V_{\mathrm{I}})_m$ 代入上式可判断二阶导数的符号，从而确定 Δi_m 是否使 V_{ch} 取极小值，如 Δi_m 使 V_{ch} 取极小值，则 $\Delta i=0$ 的转移轨道不是最优转移轨道，式（9.165）中的 V_{ch}^* 不是最小特征速度。

例如，航天器由轨道高度为 400km 的圆形初始停泊轨道Ⅰ向圆形地球静止轨道Ⅱ转移，$i_{\mathrm{I}}=30°$、$i_{\mathrm{II}}=0°$。此时 $n_T=6.23$，由式（9.161）可求得 $\alpha_1=1.3128$、$\beta_1=0.0978$、$\alpha_2=0.0844$、$\beta_2=0.0361$，将其代入式（9.167），通过数值方法解的 $\Delta i_m=-2.33°$，将其代入式（9.162）和式（9.163）可求得

$$\left(\frac{\Delta V_1}{V_{\mathrm{I}}}\right)_m=0.3162,\quad \left(\frac{\Delta V_2}{V_{\mathrm{I}}}\right)_m=0.2330$$

将其代入式（9.168）可得 $d^2(V_{ch}/V_{\mathrm{I}})/d\Delta i^2>0$，因而 Δi_m 为使 $V_{ch}=V_{chmin}$ 的解，此时 $V_{ch}/V_{\mathrm{I}}=0.5492$。而由式（9.165）可知，$V_{ch}^*/V_{\mathrm{I}}=0.5550$，因此 $\Delta i=0$ 比 $\Delta i_m=-2.33°$ 要多损失 44.5m/s 的特征速度。

9.4　轨道拦截

在轨道改变问题中，有时并不直接给出对终轨道Ⅱ的轨道根数的要求，而是以飞行任务的形式给出变轨的要求。这就要先将飞行任务的要求转化为对终轨道Ⅱ的轨道根数的要求，然后按前述方法求出变轨所需的 $\boldsymbol{\Delta V}$。

拦截问题，就是以飞行任务的形式给出变轨要求的典型情况。

如航天器在 $t=t_1$ 时刻位于初轨道Ⅰ上的点 1，已知其位置和速度矢量分别为 $\boldsymbol{r}_1$ 和 $\boldsymbol{V}_{\mathrm{I}}$，设空间中有一给定点 2，其位置矢量 $\boldsymbol{r}_2$ 为已知量。飞行任务要求航天器在 t_1 时刻变轨，并使变轨后的终轨道Ⅱ通过给定点 2，这样，当航天器沿轨道Ⅱ运动可命中点 2，故这一飞行任务称为拦截问题，如图 9.26 所示。

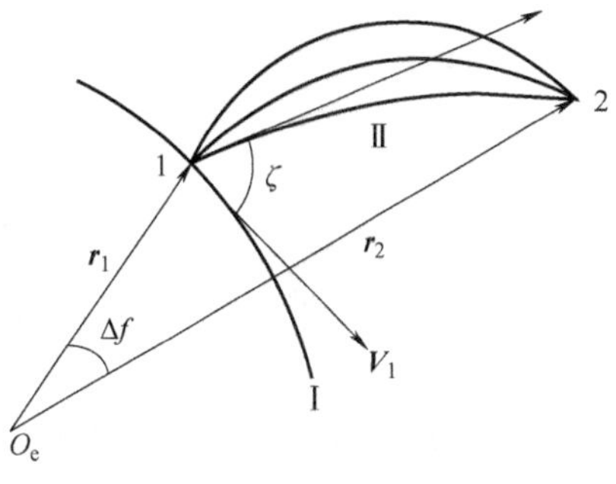

图 9.26　通过 2 点的轨道族

由于终轨道Ⅱ的轨道面通过 $\boldsymbol{r}_1$ 和 $\boldsymbol{r}_2$ 决定的平面，因而变轨的第一个要求是在变轨点使轨道面改变 ξ 角，规定 ξ 角从轨道Ⅰ面量起，绕 $\boldsymbol{r}_1^0$ 轴逆时针方向旋转为正。由于 $\boldsymbol{r}_1$ 和 $\boldsymbol{r}_2$ 及 $\boldsymbol{V}_{\mathrm{I}}$ 为已知量，故 ξ 可如下述算出。

设轨道Ⅰ和Ⅱ的动量矩单位矢量分别为 $\boldsymbol{Z}_{\mathrm{I}}^0$ 和 $\boldsymbol{Z}_{\mathrm{II}}^0$，则有

$$\boldsymbol{Z}_{\mathrm{I}}^0=\frac{\boldsymbol{r}_1\times\boldsymbol{V}_{\mathrm{I}}}{|\boldsymbol{r}_1\times\boldsymbol{V}_{\mathrm{I}}|}$$

$$\boldsymbol{Z}_{\mathrm{II}}^0=\frac{\boldsymbol{r}_1\times\boldsymbol{r}_2}{|\boldsymbol{r}_1\times\boldsymbol{r}_2|}\tag{9.169}$$

式中，角 ξ 为 $\boldsymbol{Z}_{\mathrm{I}}^0$ 与 $\boldsymbol{Z}_{\mathrm{II}}^0$ 的夹角，故有

$$\cos\xi=\boldsymbol{Z}_{\mathrm{I}}^0\cdot\boldsymbol{Z}_{\mathrm{II}}^0\tag{9.170}$$

角 ξ 可求得为

$$\xi=\arccos(\boldsymbol{Z}_{\mathrm{I}}^0\cdot\boldsymbol{Z}_{\mathrm{II}}^0)\tag{9.171}$$

飞行任务要求终轨道Ⅱ通过点 1 和 2，但满足这一要求的轨道有无穷多条，因此飞行任务还要提出其他要求使终轨道Ⅱ成为唯一确定的轨道。这通常是从由点 1 飞到点 2 的飞行时间或在点 1 处变轨所需能量最小这两方面提出要求，这一要求即是变轨的第二个要求。

如要求航天器在 t_1 时刻变轨，使终轨道Ⅱ通过点 2，并要求变轨所需的速度增量 $\Delta V=\Delta V_{\min}$，这时轨道Ⅱ是唯一确定的，这称为最小能量拦截问题。

如要求航天器在 t_1 时刻变轨，使终轨道Ⅱ通过点 2，并要求航天器由点 1 飞到点 2 的时间 Δt 为给定值，这时轨道Ⅱ是唯一确定的（当 Δt 大于轨道Ⅱ的轨道运动周期时，轨道Ⅱ不是唯一的，但这里不讨论这一情况，只讨论 Δt 小于轨道Ⅱ的轨道运动周期的情况），这称为固定时间拦截问题。

9.4.1 最小能量拦截轨道

本节讨论最小能量拦截问题，在讨论时先导出包括最小能量拦截轨道在内的所有通过点 1 和 2 两点的椭圆轨道应满足的方程，然后由最小能量要求找出需要的轨道。

通过点 1 和 2 两点的所有椭圆轨道的偏心率 e_{II} 和半通径 P_{II} 应满足下述的关系（在下面的推导中为方便计略去下标Ⅱ）。

轨道Ⅱ通过地心距矢量分别为 $\boldsymbol{r}_1$ 和 $\boldsymbol{r}_2$ 的两点，因而两矢量的夹角即为轨道Ⅱ上点 2 与点 1 的真近点之差 Δf，由于 $\boldsymbol{r}_1$ 和 $\boldsymbol{r}_2$ 为已知量，故 Δf 为已知量，Δf 可如下述求出。

由于

$$\cos\Delta f=\frac{\boldsymbol{r}_1\cdot\boldsymbol{r}_2}{r_1r_2},\quad \sin\Delta f=\frac{|\boldsymbol{r}_1\times\boldsymbol{r}_2|}{r_1r_2}$$

故有

$$\Delta f=\arctan\frac{|\boldsymbol{r}_1\times\boldsymbol{r}_2|}{\boldsymbol{r}_1\cdot\boldsymbol{r}_2}\tag{9.172}$$

由于轨道Ⅱ通过点 1 和 2，故有

$$\begin{cases}P=r_1(1+e\cos f_1)\\P=r_2(1+e\cos f_2)=r_2[1+e\cos(f_1+\Delta f)]=r_2(1+e\cos f_1\cos\Delta f-e\sin f_1\sin\Delta f)\end{cases}\tag{9.173}$$

消去式（9.173）中 f_1，即可求得 e 与 P 的关系。为此，注意到

$$\cos^2(f_1+\Delta f)=\cos^2f_1\cos^2\Delta f+\sin^2f_1\sin^2\Delta f-2\sin f_1\cos f_1\sin\Delta f\cos\Delta f$$

将上式右端加减 $\sin^2\Delta f\cos^2f_1$，整理如下：

$$\begin{aligned}\cos^2f_2&=\cos^2f_1\cos^2\Delta f-\sin^2\Delta f\cos^2f_1+\sin^2f_1\sin^2\Delta f+\sin^2\Delta f\cos^2f_1-2\sin f_1\cos f_1\sin\Delta f\cos\Delta f\\&=\sin^2\Delta f+\cos^2f_1\cos^2\Delta f-\sin f_1\cos f_1\sin\Delta f\cos\Delta f-\sin^2\Delta f\cos^2f_1-\sin f_1\cos f_1\sin\Delta f\cos\Delta f\\&=\sin^2\Delta f+\cos f_1\cos\Delta f(\cos f_1\cos\Delta f-\sin f_1\sin\Delta f)-\sin\Delta f\cos f_1(\sin\Delta f\cos f_1+\cos\Delta f\sin f_1)\\&=\sin^2\Delta f+\cos f_1\cos\Delta f\cos f_2-\cos f_1\sin\Delta f\sin f_2\\&=\sin^2\Delta f+2\cos f_1\cos\Delta f\cos f_2-\cos f_1(\cos\Delta f\cos f_2+\sin\Delta f\sin f_2)\\&=\sin^2\Delta f+2\cos f_1\cos\Delta f\cos f_2-\cos^2f_1\end{aligned}$$

可得三角恒等式，即

$$\cos^2f_2-2\cos f_1\cos\Delta f\cos f_2+\cos^2f_1-\sin^2\Delta f=0\tag{9.174}$$

将式（9.173）的第一式中的 $\cos f_1$ 和第二式中的 $\cos f_2$ 代入式（9.174），然后两端同乘 $e^2 r_1^2 r_2^2$，则可消去 f_1 和 f_2，求得 e 和 P 之间的函数关系，为了得到无量纲化的表达式，用 r_1 将长度无量纲化，即令

$$\begin{cases} Q_{\mathrm{II}} = \dfrac{P}{r_1} \\ m = \dfrac{r_2}{r_1} \end{cases} \tag{9.175}$$

则可得 e_{II} 和 Q_{II} 的关系为

$$\left[\frac{1}{e}\left(\frac{P}{r_2}-1\right)\right]^2 - 2\frac{1}{e}\left(\frac{P}{r_1}-1\right)\frac{1}{e}\left(\frac{P}{r_2}-1\right)\cos\Delta f + \left[\frac{1}{e}\left(\frac{P}{r_1}-1\right)\right]^2 - \sin^2\Delta f = 0$$

$$e_{\mathrm{II}}^2 \sin^2\Delta f = \left(\frac{P}{r_2}\right)^2 - 2\frac{P}{r_2} + 1 - 2\left(\frac{P}{r_1}\frac{P}{r_2} - \frac{P}{r_1} - \frac{P}{r_2} + 1\right)\cos\Delta f + \left(\frac{P}{r_1}\right)^2 - 2\frac{P}{r_1} + 1$$

$$\begin{aligned} e_{\mathrm{II}}^2 \sin^2\Delta f &= \left(\frac{Q_{\mathrm{II}}}{m}\right)^2 - 2\frac{Q_{\mathrm{II}}}{m} + 1 - 2\left(Q_{\mathrm{II}}\frac{Q_{\mathrm{II}}}{m} - Q_{\mathrm{II}} - \frac{Q_{\mathrm{II}}}{m} + 1\right)\cos\Delta f + Q_{\mathrm{II}}^2 - 2Q_{\mathrm{II}} + 1 \\ &= \left(\frac{1}{m^2} - \frac{2\cos\Delta f}{m} + 1\right)Q_{\mathrm{II}}^2 - \left(\frac{2-2\cos\Delta f}{m} - 2\cos\Delta f + 2\right)Q_{\mathrm{II}} + 2 - 2\cos\Delta f \end{aligned}$$

$$e_{\mathrm{II}}^2 \sin^2\Delta f = \left(\frac{1}{m^2} - \frac{2\cos\Delta f}{m} + 1\right)Q_{\mathrm{II}}^2 - 2\left(\frac{1}{m}+1\right)(1-\cos\Delta f)Q_{\mathrm{II}} + 2(1-\cos\Delta f)$$

$$e_{\mathrm{II}}^2 \sin^2\Delta f = \left(\frac{1}{m^2} - \frac{2\cos\Delta f}{m} + 1\right)Q_{\mathrm{II}}^2 - 4\left(\frac{1}{m}+1\right)\sin^2\frac{\Delta f}{2}Q_{\mathrm{II}} + 4\sin^2\frac{\Delta f}{2}$$

$$e_{\mathrm{II}}^2 = \left(\frac{1}{m^2} - \frac{2\cos\Delta f}{m} + 1\right)\frac{1}{\sin^2\Delta f}Q_{\mathrm{II}}^2 - 4\left(\frac{1}{m}+1\right)\frac{\sin^2\dfrac{\Delta f}{2}}{4\sin^2\dfrac{\Delta f}{2}\cos^2\dfrac{\Delta f}{2}}Q_{\mathrm{II}} + 4\frac{\sin^2\dfrac{\Delta f}{2}}{4\sin^2\dfrac{\Delta f}{2}\cos^2\dfrac{\Delta f}{2}}$$

即

$$e_{\mathrm{II}}^2 = c_2 Q_{\mathrm{II}}^2 + c_1 Q_{\mathrm{II}} + c_0 \tag{9.176}$$

式中，c_2、c_1、c_0 为常数，其表达式为

$$\begin{cases} c_2 = \left(1 - \dfrac{2\cos\Delta f}{m} + \dfrac{1}{m^2}\right)\csc^2\Delta f \\ c_1 = -\left(\dfrac{1}{m}+1\right)\sec^2\dfrac{\Delta f}{2} \\ c_0 = \sec^2\dfrac{\Delta f}{2} \end{cases} \tag{9.177}$$

现在来讨论由最小能量要求 $\Delta V = \Delta V_{\min}$ 确定轨道Ⅱ的 P_{II} 的方法，为使推导不过于复杂，假设初轨道Ⅰ为圆轨道，则在点 1 变轨所需的速度增量 ΔV 为

$$\Delta V^2 = V_{\mathrm{II}}^2 + V_{\mathrm{I}}^2 - 2V_{\mathrm{II}}\cos\Theta_{\mathrm{II}} V_{\mathrm{I}}\cos\xi \tag{9.178}$$

式中，V_{I} 和 ξ 为已知量，轨道Ⅰ为圆轨道，则有

$$V_{\mathrm{I}} = \left(\frac{\mu}{r_{\mathrm{I}}}\right)^{1/2} \tag{9.179}$$

而 V_{II} 和 Θ_{II} 为变轨后的轨道Ⅱ的运动参数，用机械能守恒和动力矩守恒定理式（8.7），可

将其用 e_{II} 和 Q_{II} 表示，即

$$V_{\mathrm{II}}^2=\frac{\mu}{r_{\mathrm{I}}}v_{\mathrm{II}}=\frac{\mu}{r_{\mathrm{I}}}\left(2-\frac{r_{\mathrm{I}}}{\frac{P}{1-e_{\mathrm{II}}^2}}\right)=V_{\mathrm{I}}^2\left(2-\frac{1-e_{\mathrm{II}}^2}{Q_{\mathrm{II}}}\right)$$

$$V_{\mathrm{II}}\cos\Theta_{\mathrm{II}}=\frac{(\mu P)^{1/2}}{r_{\mathrm{I}}}=V_{\mathrm{I}}\sqrt{Q_{\mathrm{II}}}$$

将上式代入式（9.178）可得

$$\frac{\Delta V}{V_{\mathrm{I}}}=\left[3-\frac{1-e_{\mathrm{II}}^2}{Q_{\mathrm{II}}}-2(Q_{\mathrm{II}})^{1/2}\cos\xi\right]^{1/2}$$

将 e_{II} 和 Q_{II} 之间的关系式（9.176）代入上式，则 ΔV 可表为 Q_{II} 的单变量函数，其表达式为

$$\begin{aligned}\frac{\Delta V}{V_{\mathrm{I}}}&=\left[3-\frac{1-c_2Q_{\mathrm{II}}^2-c_1Q_{\mathrm{II}}-c_0}{Q_{\mathrm{II}}}-2(Q_{\mathrm{II}})^{1/2}\cos\xi\right]^{1/2}\\&=\left[3+c_1+c_2Q_{\mathrm{II}}+\frac{c_0-1}{Q_{\mathrm{II}}}-2(Q_{\mathrm{II}})^{1/2}\cos\xi\right]^{1/2}\end{aligned}\tag{9.180}$$

使 $\Delta V=\Delta V_{\min}$ 的必要条件为

$$\frac{\mathrm{d}\Delta V}{\mathrm{d}Q_{\mathrm{II}}}=0$$

将式（9.180）对 Q_{II} 求导，求得必要条件为

$$c_2-\frac{c_0-1}{Q_{\mathrm{II}}^2}-\frac{\cos\xi}{(Q_{\mathrm{II}})^{1/2}}=0$$

令

$$Y=\frac{1}{(Q_{\mathrm{II}})^{1/2}}\tag{9.181}$$

则有

$$(1-c_0)Y^4-\cos\xi Y+c_2=0$$

或

$$Y^4+P_1Y+Q_1=0\tag{9.182}$$

其中

$$\begin{cases}P_1=-\dfrac{\cos\xi}{1-c_0}=\cos\xi\cot^2\dfrac{\Delta f}{2}\\[2ex]Q_1=\dfrac{c_2}{1-c_0}=\dfrac{\left(1-\dfrac{2\cos\Delta f}{m}+\dfrac{1}{m^2}\right)\csc^2\Delta f}{1-\sec^2\dfrac{\Delta f}{2}}=\dfrac{-\sec^4\dfrac{\Delta f}{2}\left(1-\dfrac{2\cos\Delta f}{m}+\dfrac{1}{m^2}\right)}{4}\end{cases}\tag{9.183}$$

由式（9.183）可知

当 $-90°\leqslant\xi\leqslant 90°$ 时，$P_1\geqslant 0$

当 $90°<\xi<270°$ 时，$P_1<0$

由于

$$\left(1-\frac{1}{m}\right)^2\leqslant 1-\frac{2\cos\Delta f}{m}+\frac{1}{m^2}\leqslant\left(1+\frac{1}{m}\right)^2$$

因而有 $Q_1<0$。由笛卡尔符号法则可知，式（9.182）有一个正实根，由 Y 的物理意义可知其为正值，因而由式（9.182）求得的正根即为所求。下面讨论式（9.182）的求解方法，考虑到 $90°<\xi<270°$变轨能量过大，故将讨论限于 $-90°\leqslant\xi\leqslant 90°$的情况，即 $P_1\geqslant 0$ 的情况。

先做一个系数与 P_1 和 Q_1 有关的三次代数方程如下：

$$Z^3+aZ+b=0 \tag{9.184}$$

其中

$$a=-4Q_1,\quad b=-P_1^2 \tag{9.185}$$

由于 $a>0$，$b<0$，故式（9.184）的判别式 Δ 为

$$\Delta=\left(\frac{b}{2}\right)^2+\left(\frac{a}{3}\right)^2>0$$

因此，式（9.184）有一个实根和两个复根，且由笛卡尔符号法则可知，此实根必为正根，注意到

$$\Delta=\left(\frac{b}{2}\right)^2\left(1+\frac{4a^2}{27b^2}\right)>\left(\frac{b}{2}\right)^2$$

因而有

$$\sqrt{\Delta}>-\frac{b}{2}$$

由卡尔丹公式可求得此正根 R^* 为

$$R^*=\left(-\frac{b}{2}+\Delta^{\frac{1}{2}}\right)^{1/3}+\left(-\frac{b}{2}-\Delta^{\frac{1}{2}}\right)^{1/3}$$

将式（9.185）代入上式则有

$$R^*=\left(\frac{P_1^2}{2}\right)^{1/3}\left\{\left[1+\left(1-\frac{256Q_1^3}{27P_1^4}\right)^{1/2}\right]^{1/3}+\left[1-\left(1-\frac{256Q_1^3}{27P_1^4}\right)^{1/2}\right]^{1/3}\right\} \tag{9.186}$$

如令

$$\zeta=\frac{R^*-\dfrac{P_1}{R^{*\,1/2}}}{2},\quad \eta=\frac{R^*+\dfrac{P_1}{R^{*\,1/2}}}{2} \tag{9.187}$$

不难验证式（9.182）可改写为

$$(Y^2+R^{*\,1/2}Y+\zeta)(Y^2-R^{*\,1/2}Y+\eta)=0$$

注意到 $R^*>0$，而 $\zeta\eta=Q_1<0$，因此当 $P_1\geqslant 0$ 时，由式（9.187）第二式可知 $\eta>0$，故有 $\zeta<0$，从而可得

$$R^*-4\eta<0,\quad R^*-4\zeta>0$$

因此，当 $P_1\geqslant 0$ 时，式（9.182）的实根为

$$Y^2+R^{*\,1/2}Y+\zeta=0 \tag{9.188}$$

的解，由于 $Y>0$，故由式（9.188）可解得 Y 为

$$Y=\frac{R^{*\,1/2}}{2}\left[\left(1-\frac{4\zeta}{R^*}\right)^{1/2}-1\right] \tag{9.189}$$

式（9.189）求得 Y 值即为满足极值必要条件的解。

为判断 Y 值是否满足充分条件，由式（9.180）求出 $\mathrm{d}^2\Delta V/\mathrm{d}Q_{\mathrm{II}}^2$，并将必要条件的解代

入后可知，二阶导数的正负号与 $(c_0-1)Y^3+\cos\xi/4$ 的正负号相同。当 Y 为正值时，二阶导数显然为正值，因此由式（9.189）求得的 Y 值满足变轨能量最小的要求。

由式（9.189）求出 Y 后，可按下列步骤求出最小能量变轨的 $\Delta\boldsymbol{V}$：

1）由式（9.181）和式（9.175）求出 Q_{II} 和 P_{II}。

2）由式（9.172）求出 Δf。

3）由式（9.176）求出 e_{II}。

4）由式（9.173）的第一和第二式求出 $f_{\mathrm{II}1}$，应特别注意 $f_{\mathrm{II}1}$ 的象限。

5）由以下两式分别求出 V_{II} 和 Θ_{II}

$$V_{\mathrm{II}}=\left[\mu\left(\frac{2}{r_1}-\frac{1-e_{\mathrm{II}}^2}{P_{\mathrm{II}}}\right)\right]^{1/2},\quad \Theta_{\mathrm{II}}=\arctan\frac{r_1e_{\mathrm{II}}\sin f_{\mathrm{II}1}}{P_{\mathrm{II}}}$$

6）由式（9.171）求出 ξ。

7）由式（9.67）求出 ΔV_X、ΔV_Y、ΔV_Z。

8）由式（9.68）求出 ΔV、φ_{a}、ψ_{a}。

9.4.2 固定时间拦截轨道

在拦截问题中如要求航天器在给定时间 Δt 内沿终轨道Ⅱ由给定点 1 飞到给定点 2，这称为固定时间拦截问题。本节与上节研究的问题的差别在于用固定时间要求代替最小能量要求。为了求得变轨所需 $\Delta\boldsymbol{V}$，关键在于求出变轨点处轨道Ⅱ满足固定时间要求的 $\boldsymbol{V}_{\mathrm{II}}$，这是一个微分方程的两点边值问题。因为航天器在距离二次方反比地球重力场中的运动微分方程为

$$\frac{\mathrm{d}^2\boldsymbol{r}}{\mathrm{d}t^2}=-\frac{\mu\boldsymbol{r}}{r^3}$$

固定时间拦截问题的端点条件为 $t=t_1$，$\boldsymbol{r}=\boldsymbol{r}_1$ 和 $t_2=t_1+\Delta t$，$\boldsymbol{r}=\boldsymbol{r}_2$，在此端点条件下解运动微分方程求 $t=t_1$ 时的 $\boldsymbol{V}_1$，故为微分方程的两点边值问题。在天体力学中也有类似问题，如由测量设备测得天体在 t_1 时刻的位置矢量 $\boldsymbol{r}_1$，在 $t_2=t_1+\Delta t$ 时刻的位置矢量为 $\boldsymbol{r}_2$，要求确定此天体的二体轨道根数，这称为定轨问题。由于固定时间拦截问题与定轨问题是类似的，因此天体力学中解决定轨问题的方法可用于解决本节研究的问题。

下面来讨论用于解决固定时间拦截问题的一些方法。

9.4.2.1 海利克（Herrick）方法

因为讨论是对轨道Ⅱ进行的，为方便起见，省略下标Ⅱ。

由于航天器的终轨道Ⅱ通过点 1 和 2，由轨道方程可得

$$r_1=\frac{P}{1+e\cos f_1}=r_1(P,e,f_1) \tag{9.190}$$

$$r_2=\frac{P}{1+e\cos(f_1+\Delta f)}=r_2(P,e,f_1) \tag{9.191}$$

又由于轨道Ⅱ在给定时间间隔 Δt 内通过点 1 和 2，由开普勒方程可知，有

$$\Delta t=\left(\frac{a^3}{\mu}\right)^{1/2}(M_2-M_1)=\Delta t(P,e,f_1) \tag{9.192}$$

式中，a 为长半轴，是 e 和 P 的函数；M_1 和 M_2 分别为轨道Ⅱ在点 1 和 2 的平近点角，它们

是 e 和 f_1 的函数。

在式（9.190）~式（9.192）这三个方程中，r_1、r_2、Δt 为已知量，由这三个方程解出 e、P、f_1 即可确定终轨道Ⅱ，因此不能写出解的表达式，故要进行迭代求解。Herrick 方法是迭代解法中的方法之一。这一方法的想法是给出半通径的猜测值 P，通过一套公式计算出相应的 Δt_g，当 Δt_g 与给定的 Δt 不等时，则修正猜测值 P，重复计算，直到满足下式：

$$|\Delta t_g - \Delta t| \leqslant \varepsilon$$

式中，ε 为给定的精度要求。迭代过程的终值即为所求的轨道要素值，下面给出由 P 计算 Δt_g 的一套计算公式。

将猜测的半通径记为 P，由轨道方程可得

$$\begin{cases} e\cos f_1 = \dfrac{P}{r_1} - 1 \\ e\cos f_2 = \dfrac{P}{r_2} - 1 \end{cases} \tag{9.193}$$

由

$$e\cos f_1 = e\cos(f_2 - \Delta f) = e\cos f_2 \cos\Delta f + e\sin f_2 \sin\Delta f$$
$$e\cos f_2 = e\cos(f_1 + \Delta f) = e\cos f_1 \cos\Delta f - e\sin f_1 \sin\Delta f$$

可得

$$\begin{cases} e\sin f_1 = \dfrac{e\cos f_1 \cos\Delta f - e\cos f_2}{\sin\Delta f} \\ e\sin f_2 = \dfrac{e\cos f_1 - e\cos f_2 \cos\Delta f}{\sin\Delta f} \end{cases} \tag{9.194}$$

由式（9.193）和式（9.194）可得

$$\begin{cases} f_1 = \arctan \dfrac{e\sin f_1}{e\cos f_1} \\ f_2 = \arctan \dfrac{e\sin f_2}{e\cos f_2} \\ e = [(e\cos f_1)^2 + (e\sin f_1)^2]^{1/2} \end{cases} \tag{9.195}$$

由于

$$\begin{cases} \sin E_1 = r_1 \sin f_1 \dfrac{(1-e^2)^{1/2}}{P} \\ \cos E_1 = r_1 \dfrac{e + \cos f_1}{P} \end{cases} \tag{9.196}$$

和

$$\begin{cases} \sin E_2 = r_2 \sin f_2 \dfrac{(1-e^2)^{1/2}}{P} \\ \cos E_2 = r_2 \dfrac{e + \cos f_2}{P} \end{cases} \tag{9.197}$$

从而求得

$$\begin{cases}E_1 = \arctan\dfrac{(1-e^2)^{1/2}\sin f_1}{e+\cos f_1}\\[2ex] E_2 = \arctan\dfrac{(1-e^2)^{1/2}\sin f_2}{e+\cos f_2}\end{cases} \tag{9.198}$$

已知 E_1、E_2 和 e，由

$$\begin{cases}a = \dfrac{P}{1-e^2}\\ M_1 = E_1 - e\sin E_1\\ M_2 = E_2 - e\sin E_2\end{cases} \tag{9.199}$$

可求得 Δt 的猜测值，将其记为 Δt_g，则有

$$\Delta t_g = \left(\frac{a^3}{\mu}\right)^{1/2}(M_2 - M_1) \tag{9.200}$$

9.4.2.2 哥德（Godal）方法

Godal 方法也是一种迭代解法，在考察这一方法之前，本节会给出椭圆轨道的 10 个公式。虽然在 Godal 方法中只用到其中一部分，但考虑到这些公式在其他方面的应用，故在此一并给出。

由于有

$$a(\cos E - e) = r\cos f$$

将

$$\cos f = 2\cos^2\frac{f}{2} - 1 \tag{9.201}$$

代入后，可得

$$r + a(\cos E - e) = 2r\cos^2\frac{f}{2} \tag{9.202}$$

将

$$\cos^2\frac{f}{2} = 1 - \sin^2\frac{f}{2}$$

代入上式右端可得

$$r - a(\cos E - e) = 2r\sin^2\frac{f}{2} \tag{9.203}$$

将

$$r = a(1 - e\cos E)$$

代入式（9.202）和式（9.203）左端可得

$$[a(1-e)]^{1/2}\cos\frac{E}{2} = r^{1/2}\cos\frac{f}{2} \tag{9.204}$$

$$[a(1+e)]^{1/2}\sin\frac{E}{2} = r^{1/2}\sin\frac{f}{2} \tag{9.205}$$

如以下标 1 和 2 表示椭圆上任意两点，则有

$$\cos\left(\frac{f_2 \mp f_1}{2}\right) = \cos\frac{f_2}{2}\cos\frac{f_1}{2} \pm \sin\frac{f_2}{2}\sin\frac{f_1}{2}$$

将式（9.204）和式（9.205）代入上式，则有

$$\cos\left(\frac{f_2-f_1}{2}\right)=\cos\frac{f_2}{2}\cos\frac{f_1}{2}+\sin\frac{f_2}{2}\sin\frac{f_1}{2}$$
$$=\left[\frac{a(1-e)}{r_2}\right]^{1/2}\cos\frac{E_2}{2}\left[\frac{a(1-e)}{r_1}\right]^{1/2}\cos\frac{E_1}{2}+\left[\frac{a(1+e)}{r_2}\right]^{1/2}\sin\frac{E_2}{2}\left[\frac{a(1+e)}{r_1}\right]^{1/2}\sin\frac{E_1}{2}$$
$$=\frac{a\left(\cos\frac{E_2}{2}\cos\frac{E_1}{2}+\sin\frac{E_2}{2}\sin\frac{E_1}{2}\right)-ae\left(\cos\frac{E_2}{2}\cos\frac{E_1}{2}-\sin\frac{E_2}{2}\sin\frac{E_1}{2}\right)}{(r_1r_2)^{1/2}}$$
$$=\frac{a\cos\left(\frac{E_2-E_1}{2}\right)-ae\cos\left(\frac{E_2+E_1}{2}\right)}{(r_1r_2)^{1/2}} \tag{9.206}$$

$$\cos\left(\frac{f_2+f_1}{2}\right)=\cos\frac{f_2}{2}\cos\frac{f_1}{2}-\sin\frac{f_2}{2}\sin\frac{f_1}{2}$$
$$=\left[\frac{a(1-e)}{r_2}\right]^{1/2}\cos\frac{E_2}{2}\left[\frac{a(1-e)}{r_1}\right]^{1/2}\cos\frac{E_1}{2}-\left[\frac{a(1+e)}{r_2}\right]^{1/2}\sin\frac{E_2}{2}\left[\frac{a(1+e)}{r_1}\right]^{1/2}\sin\frac{E_1}{2}$$
$$=\frac{a\left(\cos\frac{E_2}{2}\cos\frac{E_1}{2}-\sin\frac{E_2}{2}\sin\frac{E_1}{2}\right)-ae\left(\cos\frac{E_2}{2}\cos\frac{E_1}{2}+\sin\frac{E_2}{2}\sin\frac{E_1}{2}\right)}{(r_1r_2)^{1/2}}$$
$$=\frac{a\cos\left(\frac{E_2+E_1}{2}\right)-ae\cos\left(\frac{E_2-E_1}{2}\right)}{(r_1r_2)^{1/2}} \tag{9.207}$$

将式（9.207）两端乘 e 与式（9.206）相加，以及将式（9.206）两端乘 e 与式（9.207）相加后，分别可得

$$e\cos\left(\frac{f_2+f_1}{2}\right)=P\frac{\cos\left(\frac{E_2-E_1}{2}\right)}{(r_1r_2)^{1/2}}-\cos\left(\frac{f_2-f_1}{2}\right) \tag{9.208}$$

$$e\cos\left(\frac{f_2-f_1}{2}\right)=P\frac{\cos\left(\frac{E_2+E_1}{2}\right)}{(r_1r_2)^{1/2}}-\cos\left(\frac{f_2+f_1}{2}\right) \tag{9.209}$$

由于

$$r_1=a(1-e\cos E_1)$$
$$r_2=a(1-e\cos E_2)$$

将以上式（9.208）和式（9.209）相加可得

$$\frac{r_1+r_2}{a}=2\left[1-e\cos\left(\frac{E_2+E_1}{2}\right)\cos\left(\frac{E_2-E_1}{2}\right)\right] \tag{9.210}$$

由于有

$$1+e\cos f_1=\frac{P}{r_1}$$
$$1+e\cos f_2=\frac{P}{r_2}$$

将以上两式相加可得

$$P\frac{r_1+r_2}{r_1r_2}=2\left[1+e\cos\left(\frac{f_2+f_1}{2}\right)\cos\left(\frac{f_2-f_1}{2}\right)\right] \tag{9.211}$$

将式（9.207）改写为

$$\cos\left(\frac{E_2+E_1}{2}\right)=\frac{\cos\left(\frac{E_2-E_1}{2}\right)-(r_1r_2)^{1/2}\frac{\cos\left(\frac{f_2-f_1}{2}\right)}{a}}{e} \tag{9.212}$$

代入式（9.210）则有

$$\frac{r_1+r_2}{a}=2\left\{1-\left[\cos\left(\frac{E_2-E_1}{2}\right)-(r_1r_2)^{1/2}\frac{\cos\left(\frac{f_2-f_1}{2}\right)}{a}\right]\cos\left(\frac{E_2-E_1}{2}\right)\right\}$$

$$\frac{r_1+r_2}{a}-2(r_1r_2)^{1/2}\frac{\cos\left(\frac{E_2-E_1}{2}\right)\cos\left(\frac{f_2-f_1}{2}\right)}{a}=2\sin^2\left(\frac{E_2-E_1}{2}\right)$$

即

$$\frac{1}{a}=\frac{2\sin^2\left(\frac{E_2-E_1}{2}\right)}{r_1+r_2-2(r_1r_2)^{1/2}\cos\left(\frac{E_2-E_1}{2}\right)\cos\left(\frac{f_2-f_1}{2}\right)} \tag{9.213}$$

将式（9.208）代入式（9.211）可得

$$P\frac{r_1+r_2}{r_1r_2}=2\left\{1+\left[P\frac{\cos\left(\frac{E_2-E_1}{2}\right)}{(r_1r_2)^{1/2}}-\cos\left(\frac{f_2-f_1}{2}\right)\right]\cos\left(\frac{f_2-f_1}{2}\right)\right\}$$

$$P\left[\frac{r_1+r_2}{r_1r_2}-\frac{2\cos\left(\frac{E_2-E_1}{2}\right)\cos\left(\frac{f_2-f_1}{2}\right)}{(r_1r_2)^{1/2}}\right]=2\sin^2\left(\frac{f_2-f_1}{2}\right)$$

即

$$P=\frac{2r_1r_2\sin^2\left(\frac{f_2-f_1}{2}\right)}{r_1+r_2-2(r_1r_2)^{1/2}\cos\left(\frac{f_2-f_1}{2}\right)\cos\left(\frac{E_2-E_1}{2}\right)} \tag{9.214}$$

式（9.204）~式（9.214）即为椭圆轨道的10个公式。

Godal 方法的想法是引入变量 Z 为

$$Z=\frac{E_2-E_1}{2} \tag{9.215}$$

然后，建立 Δt 与 Z 的函数关系，解出 Z 后再求出在给定时间间隔 Δt 通过给定点1和2的椭圆轨道要素。为此，将式（9.215）代入式（9.213），则有

$$a=\frac{r_1+r_2-2(r_1r_2)^{1/2}\cos Z\cos\frac{\Delta f}{2}}{2\sin^2 Z} \tag{9.216}$$

式中，r_1、r_2、Δf 为已知量，故式（9.216）建立了 a 与 Z 的关系，为了化简，令

$$B=\frac{r_1+r_2}{2(r_1r_2)^{1/2}\cos\frac{\Delta f}{2}} \tag{9.217}$$

则式（9.216）可写为

$$a=(B-\cos Z)(r_1r_2)^{1/2}\frac{\cos\frac{\Delta f}{2}}{\sin^2 Z} \tag{9.218}$$

再考虑到由开普勒方程有

$$\begin{aligned}\Delta t&=\left(\frac{a^3}{\mu}\right)^{1/2}[(E_2-E_1)-e(\sin E_2-\sin E_1)]\\&=\left(\frac{a^3}{\mu}\right)^{1/2}\left[2Z-2e\cos\left(\frac{E_2+E_1}{2}\right)\sin Z\right]\end{aligned} \tag{9.219}$$

将式（9.218）和式（9.212）代入式（9.219），为了化简，令

$$A=2\mu^{-1/2}(r_1r_2)^{3/4}\cos^{3/2}\frac{\Delta f}{2} \tag{9.220}$$

并注意到

$$(r_1r_2)^{1/2}\cos\frac{\Delta f}{2}=\left[(r_1r_2)^{1/2}\cos\frac{\Delta f}{2}\right]^{3/2\cdot 2/3}=\left(\mu^{1/2}\frac{A}{2}\right)^{2/3}$$

则有

$$\begin{aligned}\Delta t&=\left(\frac{a^3}{\mu}\right)^{1/2}\left\{2Z-2\left[\cos\left(\frac{E_2-E_1}{2}\right)-(r_1r_2)^{\frac{1}{2}}\frac{\cos\left(\frac{f_2-f_1}{2}\right)}{a}\right]\sin Z\right\}\\
&=\left(\frac{a^3}{\mu}\right)^{1/2}\left\{2Z-2\left[\cos Z-(r_1r_2)^{\frac{1}{2}}\frac{\cos\frac{\Delta f}{2}}{a}\right]\sin Z\right\}\\
&=\left\{\frac{\left[(B-\cos Z)(r_1r_2)^{1/2}\frac{\cos\frac{\Delta f}{2}}{\sin^2 Z}\right]^3}{\mu}\right\}^{1/2}\left\{2Z-2\left[\cos Z-(r_1r_2)^{1/2}\frac{\cos\frac{\Delta f}{2}}{(B-\cos Z)(r_1r_2)^{1/2}\frac{\cos\frac{\Delta f}{2}}{\sin^2 Z}}\right]\sin Z\right\}\\
&=(B-\cos Z)^{3/2}\left\{\frac{\left[(r_1r_2)^{1/2}\cos\frac{\Delta f}{2}\frac{1}{\sin^2 Z}\right]^3}{\mu}\right\}^{1/2}\left\{2Z-2\left[\cos Z-\frac{\sin^2 Z}{(B-\cos Z)}\right]\sin Z\right\}\\
&=(B-\cos Z)^{3/2}\left\{\frac{\left[\left(\mu^{\frac{1}{2}}\frac{A}{2}\right)^{2/3}\frac{1}{\sin^2 Z}\right]^3}{\mu}\right\}^{1/2}\left\{2Z-2\left[\cos Z-\frac{\sin^2 Z}{(B-\cos Z)}\right]\sin Z\right\}\\
&=(B-\cos Z)^{3/2}\frac{1}{2}A\frac{1}{\sin^3 Z}\left\{Z-\sin 2Z+2\frac{\sin^3 Z}{(B-\cos Z)}\right\}\\
&=A(B-\cos Z)^{1/2}\left\{\frac{(2Z-\sin 2Z)(B-\cos Z)}{2\sin^3 Z}+1\right\}\end{aligned}$$

即

$$\Delta t = A(B-\cos Z)^{1/2}\left\{\frac{(2Z-\sin 2Z)(B-\cos Z)}{2\sin^3 Z}+1\right\} \tag{9.221}$$

式（9.221）即为 Godal 方法需要的 $\Delta t=\Delta t(Z)$。由于该超越方程不能写出解的表达式，故对于给定的 Δt 可用迭代法（如牛顿迭代法）进行数值求解。

求出 Z 后，即 Z 代入式（9.218）和式（9.214）可求出 a 和 P。其中式（9.214）可化简为

$$P=\frac{(r_1r_2)^{1/2}\sin^2\frac{\Delta f}{2}}{(B-\cos Z)\cos\frac{\Delta f}{2}} \tag{9.222}$$

9.4.2.3 高斯（Gauss）方法

Gauss 方法是一个经典方法，在此方法中引入变量 Y，Y 定义为

$$Y=\frac{(\mu P)^{1/2}\Delta t}{r_1r_2\sin\Delta f} \tag{9.223}$$

由式（9.223）可知，Y 为航天器由点 1 飞到点 2 过程中地心矢径扫过的椭圆面积与点 1、点 2 和地心三点组成的三角形面积之比。

由式（9.215）和式（9.214）可知

$$P=\frac{2r_1r_2\sin^2\frac{\Delta f}{2}}{r_1+r_2-2(r_1r_2)^{1/2}\cos Z\cos\frac{\Delta f}{2}} \tag{9.224}$$

将式（9.223）代入式（9.224），并令

$$\begin{cases} l=\dfrac{r_1+r_2}{4(r_1r_2)^{1/2}\cos\frac{\Delta f}{2}}-\dfrac{1}{2} \\ m^2=\dfrac{\mu\Delta t^2}{\left[2(r_1r_2)^{1/2}\cos\frac{\Delta f}{2}\right]^3} \end{cases} \tag{9.225}$$

即

$$\mu P\left(\frac{\Delta t}{r_1r_2\sin\Delta f}\right)^2=\mu\left(\frac{\Delta t}{r_1r_2\sin\Delta f}\right)^2\frac{2r_1r_2\sin^2\frac{\Delta f}{2}}{r_1+r_2-2(r_1r_2)^{1/2}\cos Z\cos\frac{\Delta f}{2}}$$

$$\mu P\left(\frac{\Delta t}{r_1r_2\sin\Delta f}\right)^2=\mu\left(\frac{\Delta t}{r_1r_2\sin\Delta f}\right)^2\frac{1}{4(r_1r_2)^{1/2}\cos\frac{\Delta f}{2}}\frac{2r_1r_2\sin^2\frac{\Delta f}{2}}{\dfrac{r_1+r_2}{4(r_1r_2)^{\frac{1}{2}}\cos\frac{\Delta f}{2}}-\dfrac{\cos Z}{2}}$$

$$\mu P\left(\frac{\Delta t}{r_1r_2\sin\Delta f}\right)^2=\mu\left(\frac{\Delta t}{r_1r_2\sin\Delta f}\right)^2\frac{1}{4(r_1r_2)^{1/2}\cos\frac{\Delta f}{2}}\frac{2r_1r_2\sin^2\frac{\Delta f}{2}}{\dfrac{r_1+r_2}{4(r_1r_2)^{\frac{1}{2}}\cos\frac{\Delta f}{2}}-\dfrac{1-2\sin^2\frac{Z}{2}}{2}}$$

$$\mu P\left(\frac{\Delta t}{r_1 r_2 \sin\Delta f}\right)^2=\frac{\mu\Delta t^2}{r_1 r_2 2\cos^2\frac{\Delta f}{2}}\frac{1}{4(r_1 r_2)^{1/2}\cos\frac{\Delta f}{2}}\frac{1}{\frac{r_1+r_2}{4(r_1 r_2)^{1/2}\cos\frac{\Delta f}{2}}-\frac{1}{2}+\sin^2\frac{Z}{2}}$$

$$\mu P\left(\frac{\Delta t}{r_1 r_2 \sin\Delta f}\right)^2=\frac{\mu\Delta t^2}{\left[2(r_1 r_2)^{1/2}\cos^2\frac{\Delta f}{2}\right]^3}\frac{1}{\frac{r_1+r_2}{4(r_1 r_2)^{1/2}\cos\frac{\Delta f}{2}}-\frac{1}{2}+\sin^2\frac{Z}{2}}$$

即

$$Y^2=\frac{m^2}{l+\sin^2\frac{Z}{2}} \tag{9.226}$$

由式（9.213）和式（9.214）及式（9.215）可得

$$\frac{1}{a}=\frac{P\sin^2 Z}{r_1 r_2\sin^2\frac{\Delta f}{2}} \tag{9.227}$$

将式（9.223）中的 P 表为 Y 的函数则有

$$P=\frac{(Yr_1 r_2\sin\Delta f)^2}{\mu\Delta t^2} \tag{9.228}$$

将式（9.228）代入式（9.227）可得

$$\frac{1}{a}=\frac{(Yr_1 r_2\sin\Delta f)^2}{\mu\Delta t^2}\frac{\sin^2 Z}{r_1 r_2\sin^2\frac{\Delta f}{2}}=r_1 r_2\frac{\left(2Y\sin Z\cos\frac{\Delta f}{2}\right)^2}{\mu\Delta t^2} \tag{9.229}$$

再注意到将式（9.212）代入式（9.219）可得

$$\begin{aligned}\Delta t&=\left(\frac{a^3}{\mu}\right)^{1/2}\left\{2Z-2\left[\cos\left(\frac{E_2-E_1}{2}\right)-(r_1 r_2)^{\frac{1}{2}}\frac{\cos\left(\frac{f_2-f_1}{2}\right)}{a}\right]\sin Z\right\}\\&=\left(\frac{a^3}{\mu}\right)^{1/2}\left\{2Z-2\left[\cos Z-(r_1 r_2)^{\frac{1}{2}}\frac{\cos\frac{\Delta f}{2}}{a}\right]\sin Z\right\}\\&=\left(\frac{a^3}{\mu}\right)^{1/2}\left\{2Z-\sin 2Z+\frac{2(r_1 r_2)^{1/2}\sin Z\cos\frac{\Delta f}{2}}{a}\right\}\end{aligned}$$

即

$$\left(\frac{\mu}{a^3}\right)^{1/2}\Delta t=2Z-\sin 2Z+\frac{2(r_1 r_2)^{1/2}\sin Z\cos\frac{\Delta f}{2}}{a} \tag{9.230}$$

由式（9.230）和式（9.229）消去 a，则可得未知量 Y 和 Z 的第二个关系式为

$$\left\{\mu\left[r_1 r_2\frac{\left(2Y\sin Z\cos\frac{\Delta f}{2}\right)^2}{\mu\Delta t^2}\right]^3\right\}^{1/2}\Delta t=2Z-\sin 2Z+2(r_1 r_2)^{1/2}\sin Z\cos\frac{\Delta f}{2}r_1 r_2\frac{\left(2Y\sin Z\cos\frac{\Delta f}{2}\right)^2}{\mu\Delta t^2}$$

$$Y^3\mu^{\frac{1}{2}}\left(\frac{r_1r_2}{\mu\Delta t^2}\right)^{\frac{3}{2}}\left(2\sin Z\cos\frac{\Delta f}{2}\right)^3\Delta t=2Z-\sin 2Z+Y^2(r_1r_2)^{\frac{3}{2}}\left(2Y\sin Z\cos\frac{\Delta f}{2}\right)^3\frac{1}{\mu\Delta t^2}$$

$$Y^3(r_1r_2)^{3/2}\left(2\sin Z\cos\frac{\Delta f}{2}\right)^3\frac{1}{\mu\Delta t^2}=2Z-\sin 2Z+Y^2(r_1r_2)^{\frac{3}{2}}\left(2Y\sin Z\cos\frac{\Delta f}{2}\right)^3\frac{1}{\mu\Delta t^2}$$

$$Y^3-Y^2=\frac{2Z-\sin 2Z}{(r_1r_2)^{3/2}\left(2\sin Z\cos\frac{\Delta f}{2}\right)^3\frac{1}{\mu\Delta t^2}}=\frac{2Z-\sin 2Z}{\sin^3 Z}\frac{\mu\Delta t^2}{\left[2(r_1r_2)^{1/2}\cos\frac{\Delta f}{2}\right]^3}$$

即

$$Y^3-Y^2=m^2\frac{2Z-\sin 2Z}{\sin^3 Z}\tag{9.231}$$

将 Y 和 Z 的两个关系式式（9.226）和式（9.231）联立求解可求出 Y 和 Z，求解时仍要用迭代方法，求得 Y 和 Z 后，代入式（9.228）和式（9.229）可求得 P 和 a，因为式（9.222）的分母中出现了减法运算，因此用式（9.228）求 P 比用式（9.224）好，这可避免有效数字的损失。

不论用何种方法求出在 Δt 内通过点 1 和 2 的终轨道Ⅱ的要素 a_{II} 和 P_{II} 后，按上节最后所述的步骤可求出变轨所需的 ΔV_X、ΔV_Y、ΔV_Z 及 ΔV 和 φ_a、ψ_a。

9.4.3 椭圆轨道兰伯特飞行时间定理

固定时间拦截问题除上节所述的解法外，还可用本节所述的兰伯特（Lambert）飞行时间定理解决这一问题。

设航天器由给定点 1 沿椭圆轨道飞至给定点 2，已知这两点的地心距及其夹角分别为 r_1、r_2 和 Δf，由 r_1、r_2 和连接 1 与 2 的弦构成的三角形称为基本三角形，如图 9.27 所示。这是一个已知三角形，令其边长之和之半为 S，则有

$$S=\frac{r_1+r_2+c}{2}\tag{9.232}$$

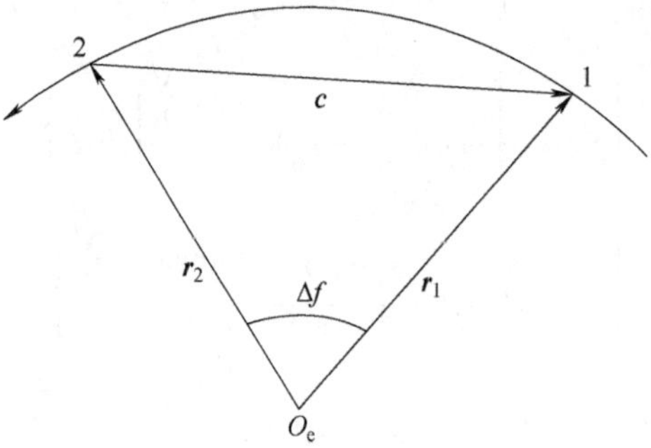

图 9.27　基本三角形

航天器由点 1 飞至点 2 的时间 Δt 由式（9.219）可知为

$$\Delta t=\left(\frac{a^3}{\mu}\right)^{1/2}\left[(E_2-E_1)-2e\cos\left(\frac{E_2+E_1}{2}\right)\sin\left(\frac{E_2-E_1}{2}\right)\right]\tag{9.233}$$

式中，E_1、E_2 分别为点 1 和点 2 的偏近点角，且规定

$$E_2 > E_1 \tag{9.234}$$

如果在式（9.233）中将 $\cos\left(\dfrac{E_2+E_1}{2}\right)$、$E_2-E_1$ 视为参数，则可记为

$$\Delta t = \Delta t\left[a, E_2-E_1, e\cos\left(\frac{E_2+E_1}{2}\right)\right] \tag{9.235}$$

以椭圆轨道的中心 O 为原点建立直角坐标系 $O\xi\eta$。其中，$O\xi$ 轴与 $E=0$ 的地心距矢量重合，$O\eta$ 轴与 $E=90°$的地心距矢量重合，如图 9.28 所示。

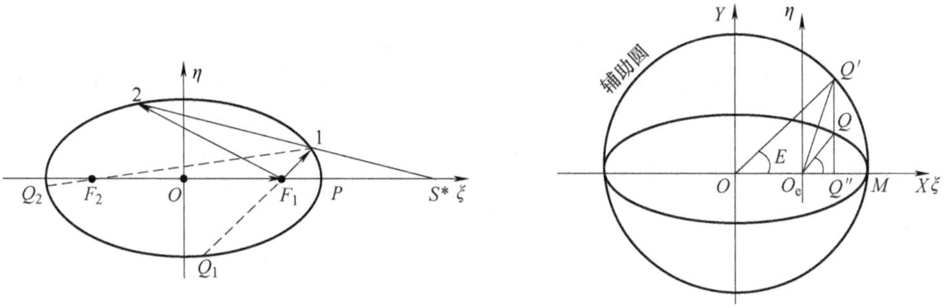

图 9.28　$O\xi\eta$ 坐标系及 $O_e\xi\eta$ 坐标系

在直角坐标系中，椭圆方程为$\dfrac{x^2}{a^2}+\dfrac{y^2}{b^2}=1$，现作线性变换，令

$$x = x', \quad y=\frac{b}{a}y'$$

则椭圆方程变为圆方程，有

$$x'^2+y'^2=a^2$$

由椭圆轨道的几何关系可知（注意，下式中的 $\boldsymbol{r}$ 定义于图 9.28b 所示的 $O_e\xi\eta$ 坐标系）

$$x = OQ''-OO_e = a\cos E - ae = a(\cos E - e)$$

$$y=\frac{b}{a}y'=\frac{b}{a}a\sin E = a(1-e^2)^{1/2}\sin E$$

即

$$\boldsymbol{r}=a[(\cos E-e)\boldsymbol{\xi}^0+(1-e^2)^{1/2}\sin E\boldsymbol{\eta}^0] \tag{9.236}$$

在基本三角形中，令

$$\boldsymbol{c}=\boldsymbol{r}_1-\boldsymbol{r}_2 \tag{9.237}$$

将式（9.237）代入式（9.236），则有

$$\begin{aligned}
c^2 &= \boldsymbol{c}\cdot\boldsymbol{c} = a^2[(\cos E_1-\cos E_2)^2+(1-e^2)(\sin E_1-\sin E_2)^2]\\
&=4a^2\left[\sin^2\frac{E_1-E_2}{2}\sin^2\frac{E_1+E_2}{2}+(1-e^2)\sin^2\frac{E_1-E_2}{2}\cos^2\frac{E_1+E_2}{2}\right]\\
&=4a^2\sin^2\frac{E_1-E_2}{2}\left[\sin^2\frac{E_1+E_2}{2}+(1-e^2)\cos^2\frac{E_1+E_2}{2}\right]\\
&=4a^2\sin^2\frac{E_1-E_2}{2}\left(1-e^2\cos^2\frac{E_1+E_2}{2}\right)
\end{aligned}$$

即

$$c^2 = \boldsymbol{c} \cdot \boldsymbol{c} = 4a^2\sin^2\frac{E_2 - E_1}{2}\left(1 - e^2\cos^2\frac{E_1 + E_2}{2}\right) \tag{9.238}$$

由 $r = a(1 - e\cos E)$ 可得

$$r_1 + r_2 = a(1 - e\cos E_1 + 1 - e\cos E_2) = 2a\left(1 - e\cos\frac{E_2 - E_1}{2}\cos\frac{E_1 + E_2}{2}\right) \tag{9.239}$$

由式（9.238）和式（9.239）可知，$e\cos[(E_1 + E_2)/2]$ 和 $E_2 - E_1$ 原则上可表示为 a、c、$r_1 + r_2$ 的函数，即式（9.233）可表为

$$\Delta t = \Delta t(a, r_1 + r_2, c) \tag{9.240}$$

由于 $\boldsymbol{r}_1$、$\boldsymbol{r}_2$ 已知，所以 $r_1 + r_2$、c 为已知量，因而飞过椭圆上两定点的时间 Δt 只与长半轴 a 有关，而与椭圆的描述形状的参数 e 无关，这是椭圆轨道的一个特性。

为了求得式（9.240）中 Δt 与 a 之间的具体表达式，令式（9.233）中有

$$\begin{cases} \cos\dfrac{\psi + \sigma}{2} = e\cos\dfrac{E_1 + E_2}{2} \\ \psi - \sigma = E_2 - E_1 \end{cases} \tag{9.241}$$

由式（9.241）及式（9.234）可知

$$0 \leqslant \psi + \sigma \leqslant 2\pi, \quad 0 \leqslant \psi - \sigma \leqslant 2\pi$$

由以上两不等式可知 ψ 和 σ 的取值范围为

$$\begin{cases} 0 \leqslant \psi \leqslant 2\pi \\ -\pi \leqslant \sigma \leqslant \pi \end{cases} \tag{9.242}$$

将式（9.241）代入式（9.233），则有

$$\begin{aligned} \Delta t &= \left(\frac{a^3}{\mu}\right)^{1/2}\left(\psi - \sigma - 2\cos\frac{\psi + \sigma}{2}\cos\frac{\psi - \sigma}{2}\right) \\ &= \left(\frac{a^3}{\mu}\right)^{1/2}[\psi - \sigma - (\cos\psi + \cos\sigma)] \\ &= \left(\frac{a^3}{\mu}\right)^{1/2}[(\psi - \cos\psi) - (\sigma - \cos\sigma)] \end{aligned} \tag{9.243}$$

式中，ψ 和 σ 为满足式（9.238）和式（9.239）的解，即 ψ 和 σ 为联立方程

$$\begin{aligned} c^2 &= 4a^2\sin^2\frac{E_2 - E_1}{2}\left(1 - e^2\cos^2\frac{E_1 + E_2}{2}\right) \\ &= 4a^2\sin^2\frac{\psi - \sigma}{2}\left(1 - \cos^2\frac{\psi + \sigma}{2}\right) \\ &= 4a^2\sin^2\frac{\psi - \sigma}{2}\sin^2\frac{\psi + \sigma}{2} \\ &= a^2(\cos\psi - \cos\sigma)^2 \end{aligned}$$

$$\begin{aligned} \frac{r_1 + r_2}{2a} &= 1 - e\cos\frac{E_2 - E_1}{2}\cos\frac{E_1 + E_2}{2} = 1 - \cos\frac{\psi + \sigma}{2}\cos\frac{\psi - \sigma}{2} \\ &= 1 - \frac{\cos\psi + \cos\sigma}{2} \end{aligned}$$

注意到式（9.234），即可得联立方程

$$\begin{cases}\dfrac{c}{a}=\cos\sigma-\cos\psi\\ \dfrac{r_1+r_2}{2a}=1-\dfrac{\cos\psi+\cos\sigma}{2}\end{cases}\tag{9.244}$$

的解，由式（9.244）不难解得

$$\cos\psi=1-\frac{r_1+r_2+c}{2a}=1-\frac{S}{a}$$

$$\cos\sigma=1+\frac{c-r_1-r_2}{2a}=1-\frac{S-c}{a}$$

或写为

$$\begin{cases}\sin^2\dfrac{\psi}{2}=\dfrac{S}{2a}\\ \sin^2\dfrac{\sigma}{2}=\dfrac{S-c}{2a}\end{cases}\tag{9.245}$$

由上式可知，只有在下式成立时，ψ 才有解：

$$2a\geqslant S\tag{9.246}$$

即对于给定的基本三角形，要求通过点 1 和 2 的椭圆的长半轴 a 满足下式：

$$a\geqslant\frac{S}{2}\tag{9.247}$$

即，通过这两点的椭圆长半轴的最小值 $a_{\min}$ 为

$$a_{\min}=\frac{S}{2}=\frac{r_1+r_2+c}{4}\tag{9.248}$$

$a=a_{\min}$ 的椭圆称为最小能量椭圆，当 $a<a_{\min}$ 时，航天器不能由点 1 飞至点 2。

将式（9.248）代入式（9.245），则有

$$\begin{cases}\sin^2\dfrac{\psi}{2}=\dfrac{a_{\min}}{a}\\ \sin^2\dfrac{\sigma}{2}=K\dfrac{a_{\min}}{a}\end{cases}\tag{9.249}$$

其中

$$K=1-\frac{c}{S}=\frac{r_1+r_2-c}{r_1+r_2+c}<1\tag{9.250}$$

如令

$$\begin{cases}\sin\dfrac{\alpha}{2}=\left(\dfrac{a_{\min}}{a}\right)^{1/2}\\ \sin\dfrac{\beta}{2}=\left(\dfrac{Ka_{\min}}{a}\right)^{1/2}\end{cases}\tag{9.251}$$

则由式（9.245）和式（9.251）可知，ψ 和 σ 的解可写为

$$\begin{cases}\psi=\alpha,\quad \psi=2\pi-\alpha\\ \sigma=\beta,\quad \sigma=-\beta\end{cases}\tag{9.252}$$

式中，$0<\beta<\alpha\leqslant\pi$。

因此将式（9.252）代入式（9.243）可得兰伯特飞行时间定理如下：

$$\mu^{1/2}\Delta t = a^{3/2}[(\alpha - \sin\alpha) - (\beta - \sin\beta)] \tag{9.253a}$$

$$\mu^{1/2}\Delta t = a^{3/2}[2\pi - (\alpha - \sin\alpha) - (\beta - \sin\beta)] \tag{9.253b}$$

$$\mu^{1/2}\Delta t = a^{3/2}[(\alpha - \sin\alpha) + (\beta - \sin\beta)] \tag{9.253c}$$

$$\mu^{1/2}\Delta t = a^{3/2}[2\pi - (\alpha - \sin\alpha) + (\beta - \sin\beta)] \tag{9.253d}$$

兰伯特飞行时间定理可用来解决以下两类问题：第一类问题是椭圆参数为已知量，求飞过点 1 和 2 这两定点的时间 Δt；第二类问题是已知飞过点 1 和 2 两定点的时间 Δt，求通过两定点的椭圆的参数。固定时间拦截即此类问题。下面分别进行讨论。

为解决第一类问题，需要寻找根据已知条件判断如何使用式（9.253）中所包含的 4 个公式的原则。

如将点 1 和 2 的连线延长与拱线交于点 S^*，为确定 S^* 的位置，注意到连线上任一点对椭圆中心的矢量方程为（见图 9.28a）

$$\boldsymbol{r} = ae\boldsymbol{\xi}^0 + \boldsymbol{r}_2 + (\boldsymbol{r}_2 - \boldsymbol{r}_1)\lambda, \quad -\infty < \lambda < \infty \tag{9.254}$$

令点 O 与 S^* 的距离为 s^*，令 O 与 S^* 的矢量为

$$\boldsymbol{r}_{s^*} = s^*\boldsymbol{\xi}^0 \tag{9.255}$$

将式（9.254）和式（9.236）代入上式可得

$$\begin{aligned}\boldsymbol{r}_{s^*} = s^*\boldsymbol{\xi}^0 &= ae\boldsymbol{\xi}^0 + a[(\cos E_2 - e)\boldsymbol{\xi}^0 + (1-e^2)^{1/2}\sin E_2\boldsymbol{\eta}^0] \\ &\quad + \{a[(\cos E_2 - e)\boldsymbol{\xi}^0 + (1-e^2)^{1/2}\sin E_2\boldsymbol{\eta}^0] - a[(\cos E_1 - e)\boldsymbol{\xi}^0 + (1-e^2)^{1/2}\sin E_1\boldsymbol{\eta}^0]\}\lambda\end{aligned}$$

即

$$\begin{cases} s^* = ae + a(\cos E_2 - e) + a\lambda(\cos E_2 - \cos E_1) \\ a(1-e^2)^{1/2}\sin E_2 + a\lambda(1-e^2)^{1/2}(\sin E_2 - \sin E_1) = 0 \end{cases}$$

由上式第二式可知

$$\lambda = -\frac{\sin E_2}{\sin E_2 - \sin E_1}$$

代入第一式

$$\begin{aligned} s^* &= ae + a(\cos E_2 - e) - a\frac{\sin E_2}{\sin E_2 - \sin E_1}(\cos E_2 - \cos E_1) \\ &= a\cos E_2 - a\frac{\sin E_2}{\sin E_2 - \sin E_1}(\cos E_2 - \cos E_1) \\ &= a\frac{\cos E_2\sin E_2 - \cos E_2\sin E_1 - \sin E_2\cos E_2 + \sin E_2\cos E_1}{\sin E_2 - \sin E_1} \\ &= a\frac{\sin(E_2 - E_1)}{\sin E_2 - \sin E_1} = a\frac{2\sin\dfrac{E_2 - E_1}{2}\cos\dfrac{E_2 - E_1}{2}}{2\cos\dfrac{E_2 + E_1}{2}\sin\dfrac{E_2 - E_1}{2}} = a\frac{\cos\dfrac{E_2 - E_1}{2}}{\cos\dfrac{E_2 + E_1}{2}} \end{aligned}$$

即

$$\begin{cases} \lambda = -\dfrac{\sin E_2}{\sin E_2 - \sin E_1} \\ s^* = a\dfrac{\cos\dfrac{E_2 - E_1}{2}}{\cos\dfrac{E_2 + E_1}{2}} \end{cases} \tag{9.256}$$

椭圆的实焦点 F_1（地心）、虚焦点 F_2、近地点 P 到 S^* 的距离分别为 F_1S^*、F_2S^*、PS^*，这些距离向右度量为正，它们分别为

$$F_1S^* = s^* - ae = a\frac{\cos\dfrac{E_2-E_1}{2}}{\cos\dfrac{E_2+E_1}{2}} - ae = a\frac{\cos\dfrac{E_2-E_1}{2} - e\cos\dfrac{E_2+E_1}{2}}{\cos\dfrac{E_2+E_1}{2}}$$

$$F_2S^* = s^* + ae = a\frac{\cos\dfrac{E_2-E_1}{2}}{\cos\dfrac{E_2+E_1}{2}} + ae = a\frac{\cos\dfrac{E_2-E_1}{2} + e\cos\dfrac{E_2+E_1}{2}}{\cos\dfrac{E_2+E_1}{2}}$$

$$PS^* = s^* - a = a\frac{\cos\dfrac{E_2-E_1}{2}}{\cos\dfrac{E_2+E_1}{2}} - a = a\frac{\cos\dfrac{E_2-E_1}{2} - \cos\dfrac{E_2+E_1}{2}}{\cos\dfrac{E_2+E_1}{2}}$$

将式（9.241）代入上式，则有

$$\frac{F_1S^*}{PS^*} = \frac{\cos\dfrac{E_2-E_1}{2} - e\cos\dfrac{E_2+E_1}{2}}{\cos\dfrac{E_2-E_1}{2} - \cos\dfrac{E_2+E_1}{2}} = \frac{\cos\dfrac{\psi-\sigma}{2} - \cos\dfrac{\psi+\sigma}{2}}{\cos\dfrac{E_2-E_1}{2} - \cos\dfrac{E_2+E_1}{2}}$$

$$= \frac{\sin\dfrac{\psi}{2}\sin\dfrac{\sigma}{2}}{\sin\dfrac{E_2}{2}\sin\dfrac{E_1}{2}}$$

$$\frac{F_2S^*}{PS^*} = \frac{\cos\dfrac{E_2-E_1}{2} + e\cos\dfrac{E_2+E_1}{2}}{\cos\dfrac{E_2-E_1}{2} - \cos\dfrac{E_2+E_1}{2}} = \frac{\cos\dfrac{\psi-\sigma}{2} + \cos\dfrac{\psi+\sigma}{2}}{\cos\dfrac{E_2-E_1}{2} - \cos\dfrac{E_2+E_1}{2}}$$

$$= \frac{\cos\dfrac{\psi}{2}\cos\dfrac{\sigma}{2}}{\sin\dfrac{E_2}{2}\sin\dfrac{E_1}{2}}$$

即

$$\begin{cases} \dfrac{F_1S^*}{PS^*} = \dfrac{\sin\dfrac{\psi}{2}\sin\dfrac{\sigma}{2}}{\sin\dfrac{E_2}{2}\sin\dfrac{E_1}{2}} \\[2ex] \dfrac{F_2S^*}{PS^*} = \dfrac{\cos\dfrac{\psi}{2}\cos\dfrac{\sigma}{2}}{\sin\dfrac{E_2}{2}\sin\dfrac{E_1}{2}} \end{cases} \tag{9.257}$$

根据 ψ、σ 和 E_1 的取值范围可知 $\sin(\psi/2)$、$\cos(\sigma/2)$、$\sin(E_1/2)$ 恒为正。由于航天器可沿两个相反的方向由点 1 飞至点 2，即由点 1 飞至点 2 即可绕过近地点，也可不绕过近

地点。由于 $E_2 - E_1 > 0$，绕过近地点时 $2\pi \leqslant E_2 \leqslant 4\pi$，不绕过近地点时 $0 \leqslant E_2 \leqslant 2\pi$，因此，$E_2$ 的取值范围为 $0 \leqslant E_2 \leqslant 4\pi$，故 $\sin(E_2/2)$ 可正可负。

将点 1、2 两点的连线与由点 1 飞至点 2 经过的椭圆弧段所围成的图形称为弓形，作点 1 与 F_2 的连线与点 1 与 F_1 的连线，它们分别交椭圆于 Q_2 与 Q_1（见图 9.28）。

先考虑航天器不绕过近地点由点 1 飞至点 2 的情况，根据弓形对实焦点的包含情况，可分为三种，这三种情况都有 $\sin(E_2/2) > 0$。

1）当点 2 在点 1 到 Q_2 的弧段上

此时有

$$\Delta f \leqslant 180°，且弓形不包含 F_1 和 F_2$$

由于 S^* 在点 P 之右或在 F_2 之左，故有 $F_1S^*/PS^* > 0$、$F_2S^*/PS^* > 0$。注意到 $\sin(\psi/2)$、$\cos(\sigma/2)$、$\sin(E_1/2)$ 恒为正，且 $0 < \beta < \alpha \leqslant \pi$，则由式（9.257）可知 $\sin(\sigma/2) > 0$、$\cos(\psi/2) > 0$，故可得 $\sigma = \beta$、$\psi = \alpha$，这对应式（9.253a）。

2）当点 2 在点 Q_2 到 Q_1 的弧段上

此时有

$$\Delta f \leqslant 180°，且弓形包含 F_2 不包含 F_1$$

由于 S^* 在 F_1 与 F_2 之间，故有 $F_1S^*/PS^* > 0$、$F_2S^*/PS^* < 0$。由式（9.257）可知，$\sin(\sigma/2) > 0$、$\cos(\psi/2) < 0$，故可得 $\sigma = \beta$、$\psi = 2\pi - \alpha$，这对应式（9.253b）。

3）当点 2 在点 Q_1 到 1 的弧段上

此时有

$$\Delta f \geqslant 180°，且弓形包含 F_1 和 F_2$$

由于 S^* 在 F_1 与 P 之间，故有 $F_1S^*/PS^* < 0$、$F_2S^*/PS^* < 0$。由式（9.257）可知，$\sin(\sigma/2) < 0$、$\cos(\psi/2) < 0$，故可得 $\sigma = -\beta$、$\psi = 2\pi - \alpha$，这对应式（9.253d）。

再考虑航天器绕过近地点由点 1 飞至点 2 的情况，根据弓形对虚实焦点的包含情况，也可分为三种情况，这三种情况都有 $\sin(E_2/2) < 0$，其中有两种与上述的（1）和（3）相同，只有一种与上述情况不同，下面进行介绍。

4）当点 2 在点 Q_1 到 Q_2 的弧段上

此时有

$$\Delta f \geqslant 180°，且弓形包含 F_1 不包含 F_2$$

由于 S^* 在 F_1 与 F_2 之间，故有 $F_1S^*/PS^* > 0$、$F_2S^*/PS^* < 0$。由式（9.257）可知，$\sin(\sigma/2) < 0$、$\cos(\psi/2) < 0$，故可得 $\sigma = -\beta$、$\psi = \alpha$，这对应式（9.253c）。

综合以上讨论的结果，可得第一类问题的判断准则见表 9.1。

表 9.1　第一类问题的判断准则

	Δf	弓　形	公　式
a	≤180°	不含 F_1 和 F_2	式（9.253a）
b		含 F_2 不含 F_1	式（9.253b）
c	≥180°	含 F_1 不含 F_2	式（9.253c）
d		含 F_1 和 F_2	式（9.253d）

对于给定的条件，根据上表中的弓形准则可以选择适当的公式求解第一类问题。

第二类问题的已知量是由点 1 飞至点 2 的时间 Δt 及基本三角形，要求确定椭圆轨道要素 a 和 P，由于椭圆轨道要素为未知量，故虚焦点 F_2 的位置不能确定，因此，对于给定的 Δt，不能用弓形准则确定式（9.253a）~式（9.253d）四个公式中应使用的公式，这就需要寻找另外的判断准则。

如将式（9.253a）~式（9.253d）四个公式对应的时间分别记为 Δt_a、Δt_b、Δt_c、Δt_d，并注意到椭圆轨道的运动周期 T_0 为

$$T_0 = 2\pi\left(\frac{a^3}{\mu}\right)^{1/2}$$

因而式（9.253）表为

$$\begin{cases}\Delta t_d = T_0 - \Delta t_a \\ \Delta t_b = T_0 - \Delta t_c\end{cases} \tag{9.258}$$

由于 Δt_a 与 Δt_d 之和为轨道周期，假如 Δt_a 表示的是航天器在椭圆轨道上沿 $\Delta f \leqslant 180°$的方向由点 1 飞至点 2 的时间，则 Δt_d 表示的是沿 $\Delta f \geqslant 180°$的相反方向由点 1 飞至点 2 的时间，Δt_b 与 Δt_c 之间的关系也是这样。这说明对于给定的长半轴 a 有两个椭圆可以通过点 1 和 2，这两个椭圆的半通径 P 不等，因而 Δt_a 不等于 Δt_b。正是由于通过点 1 和 2 的椭圆的这种不唯一性，需要寻找一个正确使用兰伯特飞行时间定理中四个公式的判断准则。

注意到随着 a 的减小，在 $a = a_{min}$ 的特殊情况下，通过点 1 和 2 的椭圆轨道是唯一的，这是因为通过两定点的最小能量椭圆只有一个，如令沿最小能量椭圆由点 1 飞至点 2 的时间为 Δt_m，由式（9.251）可知，对于最小能量椭圆有 $a = a_{min} = S/2$，则有

$$\begin{cases}\alpha_m = \pi \\ \beta_m = 2\arcsin(K^{1/2})\end{cases} \tag{9.259}$$

将式（9.259）代入式（9.253a）和式（9.253b）则有

$$\Delta t_m = \Delta t_{ma} = \Delta t_{mb} = \left(\frac{S^3}{2\mu}\right)\frac{\pi - (\beta_m - \sin\beta_m)}{2} \tag{9.260}$$

由于最小能量椭圆的唯一性，故式（9.260）中的 Δt_{am}与 Δt_{bm}相等。

为了将 $a \neq a_{min}$时的 Δt_a 与 Δt_m 进行比较，式（9.253a）写成如下形式：

$$\Delta t_a = \left(\frac{a^3}{\mu}\right)^{1/2}\int_\beta^\alpha (1 - \cos\zeta)\,d\zeta$$

如令

$$\frac{\zeta}{2} = \arcsin\left(\frac{r}{2a}\right)^{1/2}$$

由式（9.245）可知，其中 $S - c \leqslant r \leqslant S$，因而有

$$\Delta t_a = \left(\frac{a^3}{\mu}\right)^{1/2}\int_{S-c}^{S} 2\,\frac{r}{2a}2\,\frac{1}{\left(1-\dfrac{r}{2a}\right)^{1/2}}\,\frac{1}{2}\,\frac{1}{r^{1/2}}\,\frac{1}{(2a)^{1/2}}dr = \left(\frac{a^3}{\mu}\right)^{1/2}\int_{S-c}^{S}\frac{2r^{1/2}}{\left[\mu\left(2-\dfrac{r}{a}\right)\right]^{1/2}}dr$$

在上式中积分限为给定值，被积函数将随 a 的增加而减小，因此，Δt_a 将随 a 的增加而减小，故有

$$\begin{cases}\Delta t_{\mathrm{a}} \leqslant \Delta t_{\mathrm{m}} \\ \dfrac{\mathrm{d}\Delta t_{\mathrm{a}}}{\mathrm{d}a} \leqslant 0\end{cases} \tag{9.261}$$

同理，将 $a \neq a_{\min}$ 时的 Δt_{c} 与 Δt_{m} 进行比较后可知

$$\begin{cases}\Delta t_{\mathrm{c}} \leqslant \Delta t_{\mathrm{m}} \\ \dfrac{\mathrm{d}\Delta t_{\mathrm{c}}}{\mathrm{d}a} \leqslant 0\end{cases} \tag{9.262}$$

由于运动周期 T_0 随着 a 的增加而增加，因此由式（9.253b）和式（9.253d）及式（9.261）和式（9.262）可知

$$\begin{cases}\Delta t_{\mathrm{d}} \geqslant \Delta t_{\mathrm{m}} \\ \Delta t_{\mathrm{b}} \geqslant \Delta t_{\mathrm{m}}\end{cases} \tag{9.263}$$

这样，对于给定的 Δt 和基本三角形，首先，将 Δt 与 Δt_{m} 进行比较，可以判断出应使用兰伯特飞行时间定理四个公式中的哪两个公式；然后，再将 Δf 与 180°进行比较，即可寻找出应使用的那个公式，表 9.2 给出了判断准则。

由选择出来的公式，注意到式（9.251），用迭代方法求出 a，为求半通径 P，注意到由式（9.213）和式（9.214）可得

$$P = \frac{2r_1 r_2 \sin^2 \dfrac{\Delta f}{2}}{2a\sin^2 \dfrac{\Delta E}{2}} \tag{9.264}$$

在基本三角形中由半角公式可知

$$\sin \frac{\Delta f}{2} = \left[\frac{(S-r_1)(S-r_2)}{r_1 r_2}\right]^{1/2} \tag{9.265}$$

再考虑到由式（9.244）第一式和式（9.241）可得

$$\left(\frac{c}{a}\right)^2 = 4\sin^2 \frac{\sigma-\psi}{2}\sin^2 \frac{\sigma+\psi}{2} = 4\sin^2 \frac{\sigma+\psi}{2}\sin^2 \frac{\Delta E}{2} \tag{9.266}$$

将式（9.265）和（9.266）代入式（9.264）可得

$$P = \frac{r_1 r_2 \sin^2 \dfrac{\Delta f}{2}}{a\sin^2 \dfrac{\Delta E}{2}} = r_1 r_2 \frac{\dfrac{(S-r_1)(S-r_2)}{r_1 r_2}}{a\dfrac{\left(\dfrac{c}{a}\right)^2}{4\sin^2 \dfrac{\sigma+\psi}{2}}} = \frac{4a(S-r_1)(S-r_2)}{c^2}\sin^2 \frac{\sigma+\psi}{2} \tag{9.267}$$

将推导弓形准则时得出的 ψ 与 σ 和 α 与 β 的关系代入上式后可知，有

$$P = \frac{4a(S-r_1)(S-r_2)}{c^2}\sin^2 \frac{\alpha+\beta}{2}，\text{对应 a 和 d} \tag{9.268a}$$

$$P = \frac{4a(S-r_1)(S-r_2)}{c^2}\sin^2 \frac{\alpha-\beta}{2}，\text{对应 b 和 c} \tag{9.268b}$$

P 的计算公式见表 9.2。

图 9.29 给出了表 9.1 和表 9.2 所示的四种情况。

表 9.2　*P* 的判断准则

	Δf	Δt	
a	$\leqslant 180°$	$\leqslant \Delta t_m$	$\mu^{1/2}\Delta t = a^{3/2}[(\alpha-\sin\alpha)-(\beta-\sin\beta)]$ $P=\dfrac{4a(S-r_1)(S-r_2)}{c^2}\sin^2\dfrac{\alpha+\beta}{2}$
b		$\geqslant \Delta t_m$	$\mu^{1/2}\Delta t = a^{3/2}[2\pi-(\alpha-\sin\alpha)-(\beta-\sin\beta)]$ $P=\dfrac{4a(S-r_1)(S-r_2)}{c^2}\sin^2\dfrac{\alpha-\beta}{2}$
c	$\geqslant 180°$	$\leqslant \Delta t_m$	$\mu^{1/2}\Delta t = a^{3/2}[(\alpha-\sin\alpha)+(\beta-\sin\beta)]$ $P=\dfrac{4a(S-r_1)(S-r_2)}{c^2}\sin^2\dfrac{\alpha-\beta}{2}$
d		$\geqslant \Delta t_m$	$\mu^{1/2}\Delta t = a^{3/2}[2\pi-(\alpha-\sin\alpha)+(\beta-\sin\beta)]$ $P=\dfrac{4a(S-r_1)(S-r_2)}{c^2}\sin^2\dfrac{\alpha+\beta}{2}$

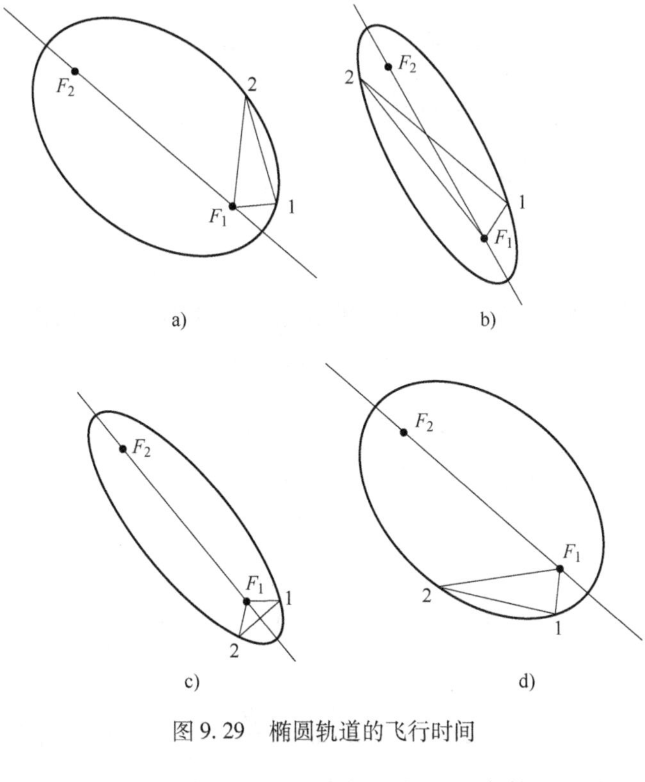

图 9.29　椭圆轨道的飞行时间

对于固定时间拦截问题，由已知的 Δt 及基本三角形的参数，按表 9.2 所示的判断准则选用公式，求出 a 和 P；然后，按 9.4.1 节最后列出的步骤求出变轨所需的 ΔV_X、ΔV_Y、ΔV_Z 和 ΔV、φ_a、ψ_a。

9.4.4　广义拦截问题

在上节的固定时间拦截问题中，核心问题是由给定的 Δt 确定出通过空间两给定点的椭圆轨道，本节在此基础上，将这一问题推广为广义拦截问题。

对于给定的 Δt，通过空间两给定点的椭圆是唯一确定的，因此，此椭圆轨道平面内的四个轨道要素是确定的。或是说，此椭圆轨道要满足四个独立的约束条件，这四个约束条件可以不用轨道要素而用与之等价的形式给出。

如在给定点点 1 和点 2 的轨道坐标系分别为 $1X_1Y_1$ 和 $2X_2Y_2$，如图 9.30 所示。

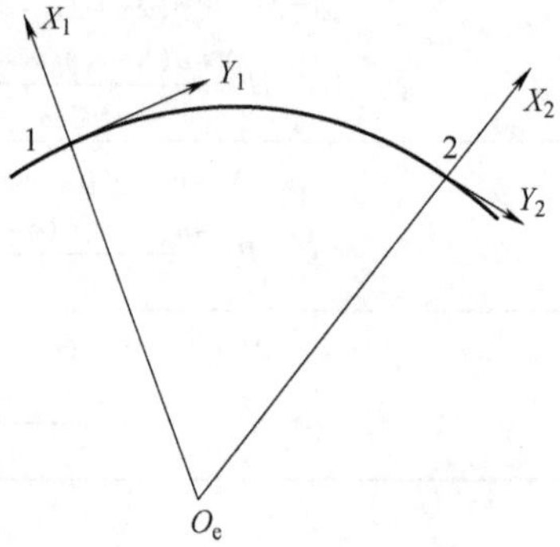

图 9.30　点 1 和点 2 的轨道坐标系

由于通过两给定点的轨道要满足机械城守恒定理，因此第一个约束条件可写为

$$V_{X1}^2+V_{Y1}^2-\frac{2\mu}{r_1}=V_{X2}^2+V_{Y2}^2-\frac{2\mu}{r_2}=-\frac{\mu}{a}$$

也可记为

$$F_1(V_{X1},V_{Y1},V_{X2},V_{Y2},r_1,r_2)=0 \tag{9.269}$$

由于通过两定点的轨道要满足动量矩守恒定理，因此第二个约束条件可写为

$$r_1V_{Y1}=r_2V_{Y2}=h$$

也可记为

$$F_2(V_{Y1},V_{Y2},r_1,r_2)=0 \tag{9.270}$$

由于通过两定点的轨道要满足轨道方程，因而有

$$e\cos f_1=\frac{P}{r_1}-1$$

$$e\cos f_2=e\cos(f_1+\Delta f)=\frac{P}{r_2}-1$$

因而有

$$\frac{P}{r_2}-1=e\cos f_1\cos\Delta f-e\sin f_1\sin\Delta f=\left(\frac{P}{r_1}-1\right)\cos\Delta f-e\sin f_1\sin\Delta f$$

将

$$P=\frac{h^2}{\mu}=r_1^2\frac{V_{Y1}^2}{\mu},\quad V_{X1}=\left(\frac{\mu}{P}\right)^{1/2}e\sin f_1$$

代入后可得

$$\frac{P}{r_2}-1=\left(\frac{P}{r_1}-1\right)\cos\Delta f-V_{X1}\left(\frac{P}{\mu}\right)^{\frac{1}{2}}\sin\Delta f$$

$$\frac{P}{r_2}-\frac{P}{r_1}\cos\Delta f=1-\cos\Delta f-V_{X1}\left(\frac{P}{\mu}\right)^{1/2}\sin\Delta f$$

$$r_1^2\frac{V_{Y1}^2}{\mu}\left(\frac{1}{r_2}-\frac{1}{r_1}\cos\Delta f\right)=1-\cos\Delta f-V_{X1}\frac{r_1V_{Y1}}{\mu}\sin\Delta f$$

$$r_1\frac{V_{Y1}^2}{\mu}\left(\frac{r_1}{r_2}-\cos\Delta f\right)=1-\cos\Delta f-V_{X1}\frac{r_1V_{Y1}}{\mu}\sin\Delta f$$

则第三个约束条件为

$$V_{Y1}^2\left(\frac{r_1}{r_2}-\cos\Delta f\right)+V_{X1}V_{Y1}\sin\Delta f=\mu\frac{1-\cos\Delta f}{r_1}$$

也可记为

$$F_3(V_{X1},V_{Y1},r_1,r_2,\Delta f)=0 \tag{9.271}$$

由于通过两给定点的椭圆轨道要满足兰伯特飞行时间定理，由式（9.240）可知

$$\Delta t=\Delta t(a,r_1+r_2,c)$$

再考虑到式（9.269），则第四个约束条件可记为

$$F_4(V_{X2},V_{Y2},r_1,r_2,\Delta f)=0$$

或

$$F_4(V_{X1},V_{Y1},r_1,r_2,\Delta f)=0 \tag{9.272}$$

在约束条件应满足的式（9.269）~式（9.272）这四个代数方程中，共有8个变量，即V_{X1}、V_{Y1}、r_1、V_{X2}、V_{Y2}、r_2、Δf、Δt。固定时间拦截问题是在这8个变量中，将r_1、r_2、Δf、Δt这四个取为常值，然后求解四个约束条件的代数方程，求出其余量。从广义上说，在8个变量中可以任意给定4个，然后求解约束方程，求出其余四个量，这就将固定时间拦截问题推广到更普遍的情况。

广义拦截问题是指在V_{X1}、V_{Y1}、r_1、V_{X2}、V_{Y2}、r_2、Δf、Δt这8个量中，任意取4个量[不能取r_1、r_2、V_{Y1}、V_{Y2}，因为它们要满足式（9.270）]，求出其余的4个量。广义拦截问题可将许多实际的飞行任务包含在这一模型中。

下面举一些例子来说明广义拦截问题所包含的实际飞行任务。

弹道导弹或卫星自由飞行的轨道计算是给定r_1、V_{X1}、V_{Y1}、Δf，求解约束方程，从而求得$r_2(f)$、$V_{X2}(f)$、$V_{Y2}(f)$、$\Delta t(f)$，其中$f=f_1+\Delta f$；或是给定r_1、V_{X1}、V_{Y1}、Δt，求解约束方程，从而求得$r_2(t)$、$V_{X2}(t)$、$V_{Y2}(t)$、$\Delta f(t)$，其中$t=t_1+\Delta t$。轨道计算问题为椭圆轨道的初值问题，初值问题可包含在广义拦截问题中。

弹道导弹的自由飞行射程问题为已知r_1、V_{X1}、V_{Y1}、r_2，求解约束方程，从而求得射程Δf。

以上两例是在8个量中，将4个量取为给定值的情况，这只是广义拦截问题的一种形式。另一种形式是在给定的条件中，包含4个量的某种函数关系。

本章第4节的最小能量拦截问题为已知r_1、r_2、Δf，第四个已知关系以函数形式给出。设在点1航天器变轨前速度为V_{X10}、V_{Y10}、V_{Z10}，变轨后速度为V_{X1}、V_{Y1}，要求最小能量变轨，即

$$\Delta V^2=(V_{X1}-V_{X10})^2+(V_{Y1}-V_{Y10})^2+V_{Z10}^2\text{为最小}$$

上式可写为

$$G(V_{X1}, V_{Y1})\text{为最小}$$

这就是以函数形式给出的第 4 个已知关系，弹道导弹在自由飞行时的最小能量分导问题也可归结为这一模型。

弹道导弹主动段终点的最佳速度倾角问题，是在广义拦截问题中已知 r_1、r_2，其余两个已知关系为函数关系，即

$$V_{X1}^2 + V_{Y1}^2\text{为常数}$$

$$\Delta f\text{为最大}$$

如上所述，广义拦截问题提供了包括椭圆轨道的初值和边值问题在内的许多实际问题的普遍方法。

第 10 章 轨道机动的制导方法

在前面轨道机动的讨论中，假设火箭发动机按冲量方式工作，航天器瞬时即可获得轨道机动所需的速度增量，当推力很大而作用时间很短时，这是一个很好的近似。但实际上推力的大小有限，为了获得所需的速度增量，推力要作用一段时间。一般说来，冲量假设可在初步研究问题时加以采用，在进一步研究问题时，则应考虑推力为有限值的情况。

航天器在有限推力作用下的运动方程为

$$\frac{\mathrm{d}\boldsymbol{V}}{\mathrm{d}t} = -\frac{\mu \boldsymbol{r}}{r^3} + \boldsymbol{a}_{\mathrm{T}}$$

其中

$$a_{\mathrm{T}} = \frac{P_{\mathrm{T}}}{m} = \frac{m u_{\mathrm{e}}}{m_0\left(1 - \frac{\dot{m}}{m_0}t\right)}$$

式中，a_{T} 为推力加速度的大小；P_{T} 为火箭发动机的推力；u_{e} 为排气速度；$\dot{m}$ 为燃料秒耗量（取为正值）；m 为航天器质量；m_0 为初始质量；t 为时间。本章的讨论认为 P_{T} 取常数，即常推力情况，在火箭发动机工作过程中，随着燃料消耗的增加，a_{T} 将逐渐增大，但因航天器携带的用于轨道机动的燃料是有限的，其质量比 m_0 小很多，因此在讨论中近似认为 a_{T} 为常量。

轨道机动制导方法要研究在推力为有限值的情况下，为了保证航天器完成给定的轨道机动任务，应如何确定 $\boldsymbol{a}_{\mathrm{T}}$ 在轨道机动过程中的方向及推力的作用时间，并在这一过程中满足某些给定的性能指标。例如以下指标：

1）在完成给定的轨道机动过程中消耗的燃料最少，即推力作用的时间最短。

2）当火箭发动机固定安装在航天器体轴上时，要求 $\boldsymbol{a}_{\mathrm{T}}$ 在轨道机动过程中旋转的角速度小于限定值，以免超过航天器的姿态机动能力。

3）其他根据实际情况提出的性能指标或综合性能指标。

本章以航天器在大气层外的交会技术为背景，用比较初等的方法研究轨道机动的制导问题。即，在有限推力作用下，利用拦截制导和末制导来实现交会。

本章研究的拦截制导方法和末制导方法也可用于其他类似的问题。

10.1 正弦制导方法与 Q 制导方法

如已知 t 时刻航天器的速度矢量和位置矢量为 $\boldsymbol{V}$ 和 $\boldsymbol{r}$，$\boldsymbol{V}$ 和 $\boldsymbol{r}$ 由轨道测量或轨道计算提供。空间有一定点，已知其位置矢量为 $\boldsymbol{r}_{\mathrm{T}}$，在有限推力情况，要求航天器进行轨道机动，在给定时刻 T^*，使得

$$\boldsymbol{r}(T^*) = \boldsymbol{r}_\mathrm{T} \tag{10.1}$$

完成这一轨道机动的制导称为拦截制导，$\boldsymbol{Q}$ 制导方法为拦截制导的一种方法。

10.1.1 正弦制导方法

先研究发动机按冲量方式工作时的制导方法，即正弦制导方法。

在 t 时刻，由于 $\boldsymbol{r}$ 和 $\boldsymbol{r}_\mathrm{T}$ 均为已知，并要求在给定的 T^* 时刻对目标点 $\boldsymbol{r}_\mathrm{T}$ 进行拦截，因而可由本书第 4 章的固定时间拦截问题求得拦截所需的自由飞行轨道。此轨道在 t 时刻的速度 $\boldsymbol{V}_\mathrm{r}$ 称为需要速度，$\boldsymbol{V}_\mathrm{r}$ 为已知量，而 t 时刻的实际速度亦为已知量，故可求得

$$\boldsymbol{V}_\mathrm{d} = \boldsymbol{V}_\mathrm{r} - \boldsymbol{V} \tag{10.2}$$

$\boldsymbol{V}_\mathrm{d}$ 称为速度增益，如图 10.1 所示。

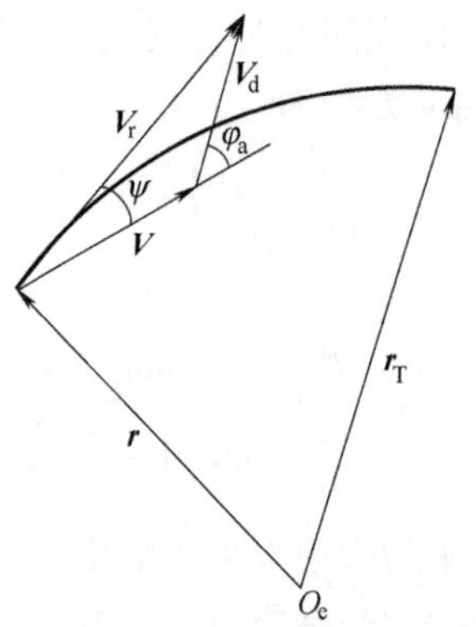

图 10.1　正弦制导方法

从冲量观点看，在 t 时刻使 $\boldsymbol{a}_\mathrm{T}$ 与 $\boldsymbol{V}_\mathrm{d}$ 重合，并施加冲量使航天器获得要求的速度增益，则航天器进入拦截轨道，从而完成轨道机动任务。

如图 10.1 所示，$\boldsymbol{V}_\mathrm{d}$ 在 $\boldsymbol{V}$ 与 $\boldsymbol{V}_\mathrm{r}$ 决定的平面内，而 $\boldsymbol{V}_\mathrm{r}$ 与 $\boldsymbol{V}$ 的夹角 ψ 为已知量，因而有

$$\left(\frac{V_\mathrm{d}}{V}\right)^2 = 1 + \left(\frac{V_\mathrm{r}}{V}\right)^2 - 2\frac{V_\mathrm{r}}{V}\cos\psi \tag{10.3}$$

$$\frac{V_\mathrm{d}}{V}\sin\varphi_\mathrm{a} = \frac{V_\mathrm{r}}{V}\sin\psi \tag{10.4}$$

由以上式（10.3）和式（10.4）可求得 V_d 和 φ_a。V_d 为速度增益，决定了发动机工作时间。φ_a 为 $\boldsymbol{a}_\mathrm{T}$ 的姿态角，由于 φ_a 可由式（10.4）求出。故其称为正弦制导方法。

10.1.2 Q 制导方法

由于实际上推力为有限值，不能按冲量方式工作，但可设想将正弦制导方法推广到有限推力的情况。

在有限推力作用的每一时刻 t，由轨道测量装置提供此刻航天器的速度矢量和位置矢量。然后，由已知的 $\boldsymbol{r}(t)$、$\boldsymbol{r}_\mathrm{T}(t)$ 及（T^*-t），通过星载计算机实时解算固定时间拦截问题，给出此时可得需要速度 $\boldsymbol{V}_\mathrm{r}(t)$，再由式（10.2）求得 $\boldsymbol{V}_\mathrm{d}(t)$。已知 $\boldsymbol{V}_\mathrm{d}$ 后，使 $\boldsymbol{a}_\mathrm{T}$ 与 $\boldsymbol{V}_\mathrm{d}$ 方向一致（也可以不一致），保证在 $\boldsymbol{a}_\mathrm{T}$ 作用下使 $|\boldsymbol{V}_\mathrm{d}|$ 减小，在每一选定的步长中重复上述过程，

直到 $|\boldsymbol{V}_{d}|=0$ 时，使发动机关机。发动机关机后，航天器作自由运动，直至完成拦截目标点的任务。

与冲量假设情况下不同的是当推力为有限值时，每一时刻 t 的 $\boldsymbol{a}_{T}$ 不一定要与 $\boldsymbol{V}_{d}$ 方向一致，只要在 $\boldsymbol{a}_{T}$ 作用下能使 $|\boldsymbol{V}_{d}|$ 逐渐减小为零即能完成制导任务。因而在推力为有限值时，要根据给定的指标（如燃料消耗最少），确定每一时刻 $\boldsymbol{a}_{T}$ 的姿态角，下面来讨论这一问题。

设在 t 时刻航天器的速度矢量为 $\boldsymbol{V}$，位置矢量为 $\boldsymbol{r}$，需要速度矢量为 $\boldsymbol{V}_{r}$，在 $t_1=t+\mathrm{d}t$ 时刻，航天器以速度 $\boldsymbol{V}$ 运动到点 p，此时的速度矢量为 $\boldsymbol{V}_1$，位置矢量为 $\boldsymbol{r}_1$，由固定拦截时间算得的需要速度为 $\boldsymbol{V}_{r1}$，如图 10.2 所示。

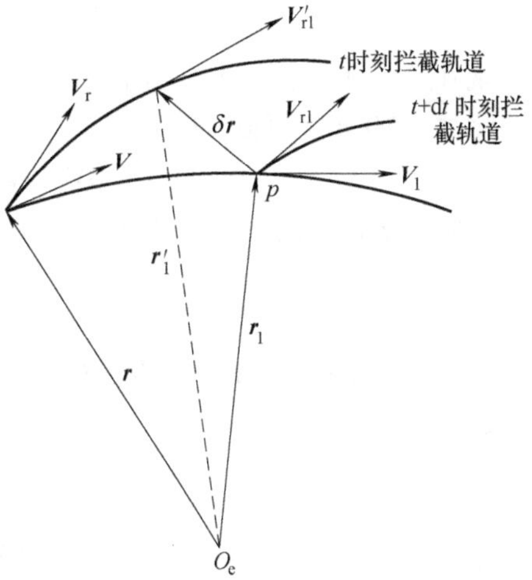

图 10.2　需要速度随时间的变化

在 $\mathrm{d}t$ 时间内，航天器的速度变化 $\mathrm{d}\boldsymbol{V}$ 和需要速度变化 $\mathrm{d}\boldsymbol{V}_{r}$ 分别为

$$\mathrm{d}\boldsymbol{V}=\boldsymbol{V}_1-\boldsymbol{V} \tag{10.5}$$

$$\mathrm{d}\boldsymbol{V}_{r}=\boldsymbol{V}_{r1}-\boldsymbol{V}_{r} \tag{10.6}$$

式中，$\mathrm{d}\boldsymbol{V}_{r}$ 可分为两部分。第一部分是假想航天器沿 t 时刻的自由飞行轨道运动时，其速度在 $\mathrm{d}t$ 时间内的变化 $\Delta\boldsymbol{V}_{r}$，令 $\boldsymbol{V}'_{r1}$ 为 t 时刻自由飞行轨道在 $t+\mathrm{d}t$ 时刻的速度，则有

$$\Delta\boldsymbol{V}_{r}=\boldsymbol{V}'_{r1}-\boldsymbol{V}_{r} \tag{10.7}$$

另一部分是 t_1 时刻和 t 时刻的自由飞行轨道的需要速度在同一时刻 t_1 的差值，这一差值称为等时变分 $\delta\boldsymbol{V}_{r}$，即

$$\delta\boldsymbol{V}_{r}=\boldsymbol{V}_{r1}-\boldsymbol{V}'_{r1} \tag{10.8}$$

将式（10.8）和式（10.7）代入式（10.6），则有

$$\mathrm{d}\boldsymbol{V}_{r}=\boldsymbol{V}_{r1}-\boldsymbol{V}'_{r1}+\boldsymbol{V}'_{r1}-\boldsymbol{V}_{r}=\Delta\boldsymbol{V}_{r}+\delta\boldsymbol{V}_{r} \tag{10.9}$$

由式（10.9）可知

$$\frac{\mathrm{d}\boldsymbol{V}_{r}}{\mathrm{d}t}=\frac{\Delta\boldsymbol{V}_{r}}{\mathrm{d}t}+\frac{\delta\boldsymbol{V}_{r}}{\mathrm{d}t}$$

而由式（10.7）的意义可知

$$\frac{\Delta\boldsymbol{V}_{r}}{\mathrm{d}t}=\boldsymbol{g} \tag{10.10}$$

因而有

$$\frac{\mathrm{d}\boldsymbol{V}_{r}}{\mathrm{d}t}=\boldsymbol{g}+\frac{\delta\boldsymbol{V}_{r}}{\mathrm{d}t} \tag{10.11}$$

由式（10.2）可知

$$\frac{\mathrm{d}\boldsymbol{V}_{d}}{\mathrm{d}t}=\frac{\mathrm{d}\boldsymbol{V}_{r}}{\mathrm{d}t}-\frac{\mathrm{d}\boldsymbol{V}}{\mathrm{d}t} \tag{10.12}$$

将式（10.11）及

$$\frac{\mathrm{d}\boldsymbol{V}}{\mathrm{d}t}=\boldsymbol{g}+\boldsymbol{a}_{T} \tag{10.13}$$

代入式（10.12）可得

$$\frac{\mathrm{d}\boldsymbol{V}_{\mathrm{d}}}{\mathrm{d}t}=\frac{\delta\boldsymbol{V}_{\mathrm{r}}}{\mathrm{d}t}-\boldsymbol{a}_{\mathrm{T}} \tag{10.14}$$

现在进一步分析等式变分 $\delta\boldsymbol{V}_{\mathrm{r}}$。

将式（10.8）写成

$$\delta\boldsymbol{V}_{\mathrm{r}}=\boldsymbol{V}_{\mathrm{r1}}(\boldsymbol{r}_1)-\boldsymbol{V}'_{\mathrm{r1}}(\boldsymbol{r}_1+\delta\boldsymbol{r}) \tag{10.15}$$

式中，$\delta\boldsymbol{r}$ 为 $\boldsymbol{r}$ 的等时变分。将上式右端最后一项展开，并只取其线性项，则有

$$\boldsymbol{V}'_{\mathrm{r1}}(\boldsymbol{r}_1+\delta\boldsymbol{r})=\boldsymbol{V}'_{\mathrm{r1}}(\boldsymbol{r}_1)+\left(\frac{\delta\boldsymbol{V}'_{\mathrm{r1}}}{\delta\boldsymbol{r}}\right)\delta\boldsymbol{r}$$

式中，$(\delta\boldsymbol{V}'_{\mathrm{r1}}/\delta\boldsymbol{r})$ 为 3×3 矩阵；$\delta\boldsymbol{r}$ 为列矢量。由于需要速度只取决于 $\boldsymbol{r}$、$\boldsymbol{r}_{\mathrm{T}}$ 和 T^*-t，故有

$$\boldsymbol{V}_{\mathrm{r1}}(\boldsymbol{r}_1)=\boldsymbol{V}'_{\mathrm{r1}}(\boldsymbol{r}_1)$$

因而可得

$$\delta\boldsymbol{V}_{\mathrm{r}}=-\left(\frac{\delta\boldsymbol{V}'_{\mathrm{r1}}}{\delta\boldsymbol{r}}\right)\delta\boldsymbol{r} \tag{10.16}$$

式中，$\delta\boldsymbol{r}$ 为 $\boldsymbol{r}$ 的等时变分，故有

$$\delta\boldsymbol{r}=\boldsymbol{r}'_1-\boldsymbol{r}_1 \tag{10.17}$$

令

$$\boldsymbol{r}'_1=\boldsymbol{r}+\mathrm{d}\boldsymbol{r}'_1,\quad \boldsymbol{r}_1=\boldsymbol{r}+\mathrm{d}\boldsymbol{r}_1$$

因而式（10.17）可表为

$$\delta\boldsymbol{r}=\mathrm{d}\boldsymbol{r}'_1-\mathrm{d}\boldsymbol{r}_1 \tag{10.18}$$

将式（10.18）代入式（10.16），则有

$$\delta\boldsymbol{V}_{\mathrm{r}}=-\frac{\delta\boldsymbol{V}'_{\mathrm{r1}}}{\delta\boldsymbol{r}}(\mathrm{d}\boldsymbol{r}'_1-\mathrm{d}\boldsymbol{r}_1)$$

上式两端除以 Δt，取 $\Delta t\to0$ 的极限值，并注意到取 $\Delta t\to0$ 得极限值时（需要速度只取决于 $\boldsymbol{r}$、$\boldsymbol{r}_{\mathrm{T}}$ 和 T^*-t）

$$\frac{\delta\boldsymbol{V}'_{\mathrm{r1}}}{\delta\boldsymbol{r}}=\frac{\delta\boldsymbol{V}_{\mathrm{r}}}{\delta\boldsymbol{r}}$$

$$\frac{\delta\boldsymbol{r}}{\mathrm{d}t}=\frac{\mathrm{d}\boldsymbol{r}'_1}{\mathrm{d}t}-\frac{\mathrm{d}\boldsymbol{r}_1}{\mathrm{d}t}=\boldsymbol{V}_{\mathrm{r}}-\boldsymbol{V}=\boldsymbol{V}_{\mathrm{d}}$$

则有

$$\frac{\delta\boldsymbol{V}_{\mathrm{r}}}{\mathrm{d}t}=-\frac{\delta\boldsymbol{V}_{\mathrm{r}}}{\delta\boldsymbol{r}}\boldsymbol{V}_{\mathrm{d}} \tag{10.19}$$

式中，$\boldsymbol{V}_{\mathrm{d}}$ 理解为列矢量，并将 $(\delta\boldsymbol{V}_{\mathrm{r}}/\delta\boldsymbol{r})$ 记为 $\boldsymbol{Q}$，$\boldsymbol{Q}$ 为 3×3 矩阵，其展开的形式为

$$\boldsymbol{Q}=\frac{\delta\boldsymbol{V}_{\mathrm{r}}}{\delta\boldsymbol{r}}=\begin{bmatrix}\dfrac{\delta V_{\mathrm{r}X}}{\delta X} & \dfrac{\delta V_{\mathrm{r}X}}{\delta Y} & \dfrac{\delta V_{\mathrm{r}X}}{\delta Z}\\ \dfrac{\delta V_{\mathrm{r}Y}}{\delta X} & \dfrac{\delta V_{\mathrm{r}Y}}{\delta Y} & \dfrac{\delta V_{\mathrm{r}Y}}{\delta Z}\\ \dfrac{\delta V_{\mathrm{r}Z}}{\delta X} & \dfrac{\delta V_{\mathrm{r}Z}}{\delta Y} & \dfrac{\delta V_{\mathrm{r}Z}}{\delta Z}\end{bmatrix} \tag{10.20}$$

式中，X、Y、Z 和 $V_{\mathrm{r}X}$、$V_{\mathrm{r}Y}$、$V_{\mathrm{r}Z}$ 分别为位置矢量 $\boldsymbol{r}$ 和需要速度矢量 $\boldsymbol{V}_{\mathrm{r}}$ 在地心惯性坐标系三

轴上的分量。

将式（10.19）代入式（10.14）可得 $\boldsymbol{Q}$ 制导方法的制导方程为

$$\frac{\mathrm{d}\boldsymbol{V}_{\mathrm{d}}}{\mathrm{d}t}+\boldsymbol{Q}\boldsymbol{V}_{\mathrm{d}}=-\boldsymbol{a}_{\mathrm{T}} \tag{10.21}$$

式中，对于给定的初始条件 $t=0$、$V_{\mathrm{d}}=V_{\mathrm{d0}}$，可选择 $\boldsymbol{a}_{\mathrm{T}}$ 的姿态角，使得当 $t=t_{\mathrm{K}}$ 时，$V_{\mathrm{d}}=0$，并满足某些指标，例如 $t_{\mathrm{K}}=\min$，则选择的 $\boldsymbol{a}_{\mathrm{T}}$ 即为所求的制导方案。

按式（10.21）确定制导方案时，困难在于 $\boldsymbol{Q}$ 矩阵的求取。因为 $\boldsymbol{V}_{\mathrm{r}}=\boldsymbol{V}_{\mathrm{r}}(\boldsymbol{r},\boldsymbol{r}_{\mathrm{T}},\ T^*-t)$ 的函数关系比较复杂，并且 t 时刻的 $\boldsymbol{r}$ 与 t 以前各时刻的 $\boldsymbol{a}_{\mathrm{T}}$ 有关，故 $\delta\boldsymbol{V}_{\mathrm{r}}/\mathrm{d}t$ 的计算存在困难。当 $\boldsymbol{Q}$ 的表达式比较简单时，则 $\boldsymbol{Q}$ 制导方法是一种很好的制导方法。

假如，在确定制导方案时，自由飞行的拦截轨道满足重力场为常值平行力场的假设，则 $\boldsymbol{Q}$ 矩阵有简单的表达式，在常值平行引力场的假设下，自由飞行的拦截轨道满足下式：

$$\boldsymbol{r}_{\mathrm{T}}=\boldsymbol{r}(t)+\boldsymbol{V}_{\mathrm{r}}(T^*-t)+\frac{\boldsymbol{g}(T^*-t)^2}{2} \tag{10.22}$$

由式（10.22）可知，此时的 $\boldsymbol{Q}$ 矩阵为

$$\boldsymbol{Q}=\frac{\delta\boldsymbol{V}_{\mathrm{r}}}{\delta\boldsymbol{r}}=-\frac{1}{T^*-t}\boldsymbol{I} \tag{10.23}$$

式中，$\boldsymbol{I}$ 为 3×3 矩阵。

将式（10.23）代入式（10.21），则有

$$\frac{\mathrm{d}\boldsymbol{V}_{\mathrm{d}}}{\mathrm{d}t}=\frac{\boldsymbol{V}_{\mathrm{d}}}{T^*-t}-\boldsymbol{a}_{\mathrm{T}} \tag{10.24}$$

两端点乘 $\boldsymbol{V}_{\mathrm{d}}$ 后有

$$(T^*-t)\mathrm{d}(V_{\mathrm{d}}^2)=2[V_{\mathrm{d}}^2-(T^*-t)\boldsymbol{a}_{\mathrm{T}}\cdot\boldsymbol{V}_{\mathrm{d}}]\mathrm{d}t \tag{10.25}$$

将式（10.25）两端从 t 到发动机关机时刻 t_{K} 进行积分，并注意到当 $t=t_{\mathrm{K}}$ 时，$V_{\mathrm{d}}=0$，则式（10.25）左端为

$$\begin{aligned}\int_t^{t_{\mathrm{K}}}(T^*-t)\mathrm{d}V_{\mathrm{d}}^2&=(T^*-t)V_{\mathrm{d}}^2\Big|_t^{t_{\mathrm{K}}}+\int_t^{t_{\mathrm{K}}}V_{\mathrm{d}}^2\mathrm{d}t\\&=-(T^*-t)V_{\mathrm{d}}^2+\int_t^{t_{\mathrm{K}}}V_{\mathrm{d}}^2\mathrm{d}t\end{aligned}$$

因而式（10.25）可表为

$$(T^*-t)V_{\mathrm{d}}^2=\int_t^{t_{\mathrm{K}}}[2(T^*-t)(\boldsymbol{a}_{\mathrm{T}}\cdot\boldsymbol{V}_{\mathrm{d}})-V_{\mathrm{d}}^2]\mathrm{d}t \tag{10.26}$$

对于给定的时间 t，式（10.26）左端为定值，当右端的被积函数取最大值时，则 t_{K} 为最小，因此，在式（10.26）中，当取下式：

$$\boldsymbol{a}_{\mathrm{T}}\cdot\boldsymbol{V}_{\mathrm{d}}=a_{\mathrm{T}}V_{\mathrm{d}} \tag{10.27}$$

则 t_{K} 为最小，故在常值平行引力场假设下，当 $\boldsymbol{a}_{\mathrm{T}}$ 恒与 $\boldsymbol{V}_{\mathrm{d}}$ 的方向相同时，则可使 $V_{\mathrm{d}}=0$，并使消耗的燃料最少。

10.2　速度增益制导方法

在一般情况下，航天器在距离二次方反比重力场中沿拦截轨道自由飞行时由于 $\boldsymbol{Q}$ 矩阵

不易计算，故可用速度增益制导方法确定 $\boldsymbol{a}_\mathrm{T}$ 及发动机的关机时刻。

将式（10.13）代入式（10.12）可得

$$\frac{\mathrm{d}\boldsymbol{V}_\mathrm{d}}{\mathrm{d}t}=\frac{\mathrm{d}\boldsymbol{V}_\mathrm{r}}{\mathrm{d}t}-\boldsymbol{g}-\boldsymbol{a}_\mathrm{T} \tag{10.28}$$

式中，$\mathrm{d}\boldsymbol{V}_\mathrm{r}/\mathrm{d}t$ 可在航天器飞行过程中由星载计算机直接进行计算，而不似上节那样将其分为两部分讨论，在计算时取 t_1 和 t 时刻的两条自由飞行拦截轨道，求出各自的需要速度 $\boldsymbol{V}_\mathrm{r}(t)$ 和 $\boldsymbol{V}_\mathrm{r}(t_1)$，然后按下式求得 $\mathrm{d}\boldsymbol{V}_\mathrm{r}/\mathrm{d}t$ 的近似值为

$$\frac{\mathrm{d}\boldsymbol{V}_\mathrm{r}}{\mathrm{d}t}=\frac{\boldsymbol{V}_\mathrm{r}(t_1)-\boldsymbol{V}_\mathrm{r}(t)}{t_1-t} \tag{10.29}$$

因而在式（10.28）右端的 $\mathrm{d}\boldsymbol{V}_\mathrm{r}/\mathrm{d}t$ 和 $\boldsymbol{g}$ 为已知量，令

$$\boldsymbol{b}=\frac{\mathrm{d}\boldsymbol{V}_\mathrm{r}}{\mathrm{d}t}-\boldsymbol{g} \tag{10.30}$$

故式（10.28）可写为

$$\frac{\mathrm{d}\boldsymbol{V}_\mathrm{d}}{\mathrm{d}t}=\boldsymbol{b}-\boldsymbol{a}_\mathrm{T} \tag{10.31}$$

在速度增益制导方法中，从上式出发，确定 $\boldsymbol{a}_\mathrm{T}$。

确定 $\boldsymbol{a}_\mathrm{T}$ 的原则是要求 $\mathrm{d}\boldsymbol{V}_\mathrm{d}/\mathrm{d}t$ 能有效消除 $\boldsymbol{V}_\mathrm{d}$，这样，$\boldsymbol{a}_\mathrm{T}$ 应满足下列必要条件：

$$\frac{\mathrm{d}\boldsymbol{V}_\mathrm{d}}{\mathrm{d}t}\cdot\boldsymbol{V}_\mathrm{d}<0 \tag{10.32}$$

将式（10.31）代入上式，则有

$$\boldsymbol{a}_\mathrm{T}\cdot\boldsymbol{i}_\mathrm{d}>\boldsymbol{b}\cdot\boldsymbol{i}_\mathrm{d} \tag{10.33}$$

式中，$\boldsymbol{i}_\mathrm{d}$ 为 $\boldsymbol{V}_\mathrm{d}$ 的单位矢量，下面用图 10.3 来说明根据上式确定 $\boldsymbol{a}_\mathrm{T}$ 的原则。

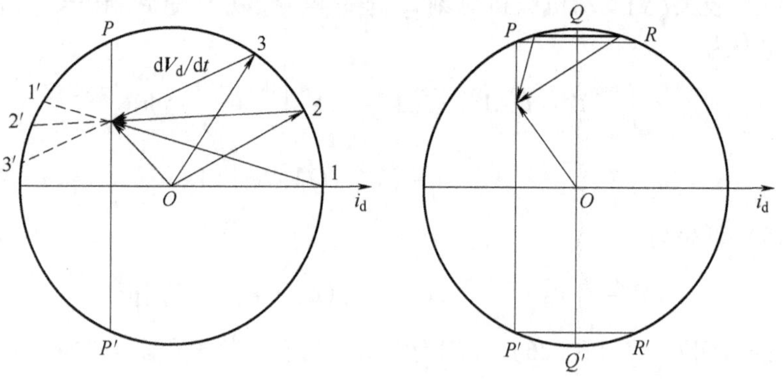

图 10.3　$\boldsymbol{b}$、$\boldsymbol{a}_\mathrm{T}$ 与 $\mathrm{d}\boldsymbol{V}_\mathrm{d}/\mathrm{d}t$ 的关系

由于 $\boldsymbol{b}$、$\boldsymbol{V}_\mathrm{d}$、$\boldsymbol{a}_\mathrm{T}$ 为已知，并且发动机的推力大小可以选择，使得 $a_\mathrm{T}>|\boldsymbol{b}|$，在任一时刻 $\boldsymbol{b}$ 与 $\boldsymbol{i}_\mathrm{d}$ 构成一平面，在此平面内以 O 为圆心，a_T 为半径作一圆，并以 O 为起点做出 $\boldsymbol{b}$ 与 $\boldsymbol{i}_\mathrm{d}$ 矢量，矢量 $\boldsymbol{b}$ 必在圆内。

过 $\boldsymbol{b}$ 的端点可作无穷多条直线，每一直线与圆有两个交点，这些交点各自位于过 $\boldsymbol{b}$ 的端点而垂直于 $\boldsymbol{i}_\mathrm{d}$ 的直线 PP' 的两侧（图 10.3 所示的 1 与 1′，2 与 2′等）。过点 O 向这些点作矢量，矢量即为 $\boldsymbol{a}_\mathrm{T}$。由式（10.31）可知，由圆上的点向 $\boldsymbol{b}$ 的端点所做的矢量即为 $\mathrm{d}\boldsymbol{V}_\mathrm{d}/\mathrm{d}t$。

如图10.3所示，有以下两点：

1）PP'右侧的圆上点所决定的$\boldsymbol{a}_T$能满足式（10.33），而包括P和P'的左侧的圆上点不能满足式（10.33）。

2）过P和P'分别作平行于$\boldsymbol{i}_d$的直线与圆交于R和R'，则$\overset{\frown}{PR}$与$\overset{\frown}{R'P'}$均对称于圆的中心线QQ'。虽然在这两段圆弧内所取的对称于QQ'的点均可满足式（10.33），但由于QQ'的右侧圆上的点所对应的$\mathrm{d}\boldsymbol{V}_d/\mathrm{d}t$比左侧点能更有效地消除$\boldsymbol{V}_d$，故在确定$\boldsymbol{a}_T$的方向上，不取左侧点。也就是说，在式（10.33）中附加一加强的条件，即

$$\boldsymbol{a}_T \cdot \boldsymbol{i}_d > 0 \tag{10.34}$$

令

$$q = \boldsymbol{a}_T \cdot \boldsymbol{i}_d \tag{10.35}$$

则确定$\boldsymbol{a}_T$的必要条件改变为

$$q > \boldsymbol{b} \cdot \boldsymbol{i}_d \text{ 且 } q > 0 \tag{10.36}$$

为了将圆上满足上式的点与一变量建立一一对应的关系，图10.4给出了与$\boldsymbol{b}$重合的直线l；然后将圆上满足式（10.36）的点作平行$\boldsymbol{i}_d$的直线，这些直线与l线相交；再作O到交点的矢量，令矢量为$\gamma\boldsymbol{b}$，γ为一变量。这样，满足式（10.36）的圆上点与γ建立了一一对应的关系。

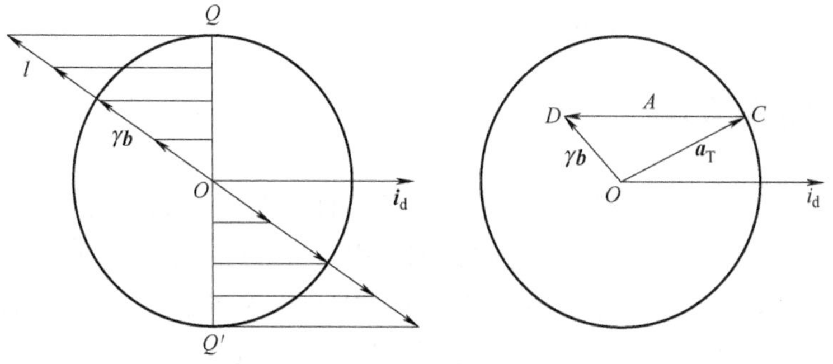

图10.4 γ的确定

γ的取值范围有以下两种情况：

$\boldsymbol{b} \cdot \boldsymbol{i}_d \leqslant 0$时，要求$q > 0$；

$\boldsymbol{b} \cdot \boldsymbol{i}_d > 0$时，要求$q > \boldsymbol{b} \cdot \boldsymbol{i}_d$。

由三角形的比例关系可知，当$q > 0$，则有

$$\gamma^2 < \frac{a_T^2}{b^2 - (\boldsymbol{b} \cdot \boldsymbol{i}_d)^2}$$

或

$$|\gamma| < \left[\frac{a_T^2}{b^2 - (\boldsymbol{b} \cdot \boldsymbol{i}_d)^2}\right]^{1/2} \tag{10.37}$$

当$q > \boldsymbol{b} \cdot \boldsymbol{i}_d$，由$q > \boldsymbol{b} \cdot \boldsymbol{i}_d$知$\gamma\boldsymbol{b}$在圆内，则有

$$a_T^2 - (\boldsymbol{a}_T \cdot \boldsymbol{i}_d)^2 > a_T^2 - (\boldsymbol{b} \cdot \boldsymbol{i}_d)^2 \geqslant \gamma^2[b^2 - (\boldsymbol{b} \cdot \boldsymbol{i}_d)^2]$$

即

$$\gamma^2 < \frac{a_T^2 - (\boldsymbol{b} \cdot \boldsymbol{i}_d)^2}{b^2 - (\boldsymbol{b} \cdot \boldsymbol{i}_d)^2}$$

或

$$|\gamma| < \left[\frac{a_T^2 - (\boldsymbol{b} \cdot \boldsymbol{i}_d)^2}{b^2 - (\boldsymbol{b} \cdot \boldsymbol{i}_d)^2}\right]^{1/2} \tag{10.38}$$

显然式（10.38）的取值范围小于式（10.37）的取值范围。

通过上述讨论，可得出确定 $\boldsymbol{a}_T$ 的制导方法为 $\boldsymbol{a}_T$ 应满足下式：

$$(\gamma\boldsymbol{b} - \boldsymbol{a}_T) \times \boldsymbol{i}_d = 0 \tag{10.39}$$

式中，γ 的取值范围可由式（10.38）确定。式（10.39）称为速度增益制导方法或叉乘制导方法，这一制导方法不但能有效地消除 $\boldsymbol{V}_d$，并且公式中有一可选择的变量 γ。当 γ 取不同值时，对应有不同的推力加速度方向，例如以下两个：

$\gamma = 0$，$\boldsymbol{a}_T$ 与 $\boldsymbol{V}_d$ 方向一致；

$\gamma = 1$，$\boldsymbol{a}_T$ 使 $\mathrm{d}\boldsymbol{V}_d/\mathrm{d}t$ 与 $\boldsymbol{V}_d$ 方向相反。

因此，选择 γ 则可在消除 $\boldsymbol{V}_d$ 的过程中满足某些给定的指标。

由式（10.39）和图 10.4 所示的几何关系可知，有

$$\boldsymbol{a}_T = \gamma\boldsymbol{b} - \boldsymbol{A} = \gamma\boldsymbol{b} - \{\gamma(\boldsymbol{b} \cdot \boldsymbol{i}_d) - [\boldsymbol{a}_T^2 + \gamma^2(\boldsymbol{b} \cdot \boldsymbol{i}_d)^2 - \gamma^2 b^2]^{1/2}\}\boldsymbol{i}_d \tag{10.40}$$

当 γ 给定后，上式右端均为已知量，从而可计算出 $\boldsymbol{a}_T$。

“阿波罗”宇宙飞船飞行控制系统采用了过速度增益制导方法。

10.3 交会制导方法

当航天器沿拦截轨道机动到目标航天器附近，两者的距离为 ρ_0，两者的绝对速度差 V_0 小于某一数值时，即可开始末制导。在拦截制导中，目标航天器的位置 $\boldsymbol{r}_T(T^*)$ 是由轨道计算给出的，航天器的位置速度是由航天器上的惯性测量装置给出的，这些都会有误差，再加上制导的方法误差等，使得航天器不能精确地拦截目标航天器。即使不考虑这些误差，假定航天器能精确拦截目标航天器，但两者之间的绝对速度差也会使得航天器不能与目标航天器交会。因此末制导的任务主要有两个：第一是利用航天器上安装的测量装置，如星载雷达，捕获和跟踪目标航天器，消除拦截制导带来的误差；第二是利用航天器上安装的火箭发动机对航天器进行制动，减少航天器与目标航天器之间的绝对速度差，末制导开始时的距离 ρ_0 取决于星载测量装置的作用距离，而 V_0 取决于末制导的制动能力，如取 $\rho_0 = 15 \sim 20\text{km}$，$V_0 = 150 \sim 300\text{m/s}$，通过末制导时的相对距离小于 100m，绝对速度差减小为 $V_K = 2 \sim 3\text{m/s}$，则可近似认为实现了交会。如果要使航天器和目标航天器对接在一起飞行，则还需要进行停靠与对接，这些问题就不在此讨论了。

末制导方法与制导系统采用的设备密切相关，下面就一种具体设备的末制导系统，说明末制导的基本原理。

10.3.1 末制导系统

安装在航天器上的末制导系统由星载雷达、速率陀螺、计算装置、常推力可多次启动的小推力火箭发动机、姿态控制系统等组成。

设航天器星体坐标系为 $O—\xi\eta\zeta$，O 为航天器质心，ξ 轴为滚动轴，η 轴为俯仰轴，ζ 轴为偏航轴，三轴分别与航天器的惯性主轴重合，如图 10.5 所示。

星载雷达安装在 ξ 轴的反方向上，雷达轴线始终在这一方向，由星体绕质心运动使雷达在一定范围内搜索目标航天器，一旦捕获目标航天器，则姿控系统保证雷达轴线始终对准目标航天器，并可测量出航天器与目标航天器之间的相对距离 ρ 及相对距离变化率 $\dot{\rho}$。

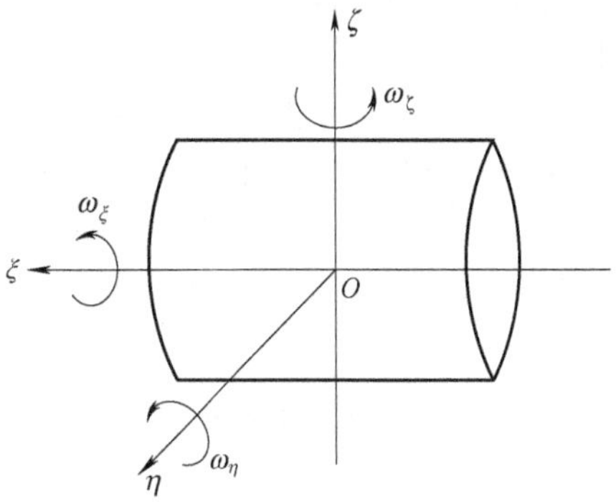

图 10.5　星体坐标系 $O—\xi\eta\zeta$

速率陀螺分别安装在 ξ、η、ζ 轴上，它们可以分别测量出星体相对于惯性空间的旋转角速度 $\boldsymbol{\omega}$ 在三轴上的分量 ω_ξ、ω_η、ω_ζ。

在 ξ 轴上安装一台用于制动的发动机，发动机提供与 ξ 正向一致的推力；在 η 和 ζ 轴上各安装一对推力方向相反的发动机，可分别提供 η 轴和 ζ 轴方向相同和相反的推力加速度，发动机可瞬时启动（瞬时获得额定推力）和关闭（瞬时推力下降为零）。

计算装置可完成必需的计算。

姿控系统可完成要求的姿控任务。

这一系统有三个独立的提供发动机推力加速度的通道，可分别对 ξ、η、ζ 方向的质心运动进行控制。

10.3.2　坐标系与运动方程

设 O 为航天器质心，O_{II} 为目标航天器质心，$\boldsymbol{r}_1$ 和 $\boldsymbol{r}_2$ 分别为它们的地心距矢量，如图 10.6 所示。

在地心惯性坐标系 $O_e—XYZ$ 中，两航天器的运动方程分别为

$$\begin{cases}\dfrac{d^2\boldsymbol{r}_2}{dt^2} = -\dfrac{\mu\boldsymbol{r}_2}{r_2^3}\\[2ex]\dfrac{d^2\boldsymbol{r}_1}{dt^2} = -\dfrac{\mu\boldsymbol{r}_1}{r_1^3}+\boldsymbol{a}_T\end{cases}\tag{10.41}$$

式中，$\boldsymbol{a}_T$ 为航天器的推力加速度。

由于末制导系统采用星载雷达作为测量装置，根据这一特点建立视线坐标系。

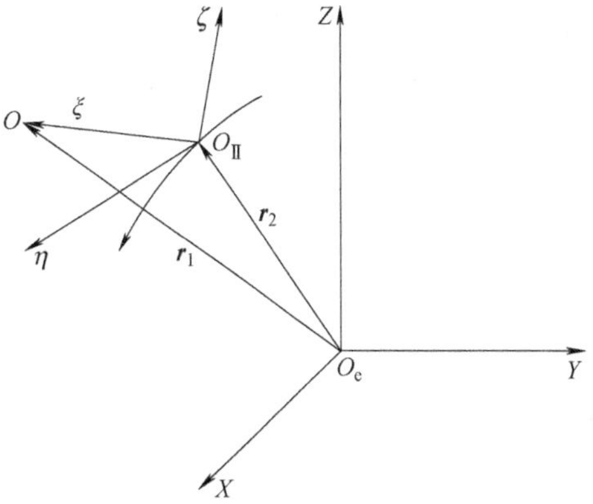

图 10.6　视线坐标系 $O_{\mathrm{II}}—\xi\eta\zeta$

视线坐标系 $O_{\mathrm{II}}—\xi\eta\zeta$ 的坐标原点目标航天器的质心 O_{II} 固连，跟随它作轨道运动，由 O_{II} 向 O 所做的连线为 ξ 轴；ξ 轴为从目标航天器观察航天器的视线，这一视线与航天器上的雷达轴线重合，但方向相反；由于雷达轴线始终对准目标航天器，故 $O_{\mathrm{II}}\xi$ 轴与星体坐标系的 $O\xi$ 轴重合。视线坐标系的 $O_{\mathrm{II}}\zeta$ 与 $O_{\mathrm{II}}\eta$ 规定它们分别与星体坐标系的 $O\zeta$ 与 $O\eta$ 平行。这样，在星载雷达轴线始终对准目标航天器的条件下，

视线坐标系即为原点在 O_{II}，但其三轴分别与星体坐标系相应的三轴相平行且指向一致的动坐标系。

由于 O 与 O_{II} 在惯性坐标系中运动，因而 $O_{\mathrm{II}}—\xi\eta\zeta$ 坐标系在惯性坐标系中旋转。星体坐标系 $O—\xi\eta\zeta$ 也以相同的角速度 $\boldsymbol{\omega}$ 旋转。$\boldsymbol{\omega}$ 在 $O—\xi\eta\zeta$ 三轴上的分量 ω_ξ、ω_η、ω_ζ 可分别由三个速率陀螺测出。下面来分析由测得的 ω_η、ω_ζ 及 $\dot{\rho}$ 可计算出两航天器的绝对速度差 $\boldsymbol{V}$。

航天器与目标航天器的距离为 $\boldsymbol{\rho}$，则有

$$\boldsymbol{\rho} = \boldsymbol{r}_1 - \boldsymbol{r}_2 \tag{10.42}$$

将两航天器的绝对速度差记为 $\boldsymbol{V}$，则有

$$\boldsymbol{V} = \frac{\mathrm{d}\boldsymbol{\rho}}{\mathrm{d}t} \tag{10.43}$$

将 $\boldsymbol{V}$ 在 $O_{\mathrm{II}}—\xi\eta\zeta$ 上的三分量记为

$$\boldsymbol{V} = V_\xi \boldsymbol{\xi}^0 + V_\eta \boldsymbol{\eta}^0 + V_\zeta \boldsymbol{\zeta}^0 \tag{10.44}$$

在 $O_{\mathrm{II}}—\xi\eta\zeta$ 坐标系中观察，则有

$$\boldsymbol{V} = \frac{\mathrm{d}\boldsymbol{\rho}}{\mathrm{d}t} = \frac{\mathrm{d}(\rho\boldsymbol{\xi}^0)}{\mathrm{d}t} = \frac{\delta\rho}{\mathrm{d}t}\boldsymbol{\xi}^0 + \boldsymbol{\omega}\times\boldsymbol{\rho} \tag{10.45}$$

式中，$\boldsymbol{\omega}$ 为 $O_{\mathrm{II}}—\xi\eta\zeta$ 的旋转角速度，故有

$$\boldsymbol{\omega} = \omega_\xi \boldsymbol{\xi}^0 + \omega_\eta \boldsymbol{\eta}^0 + \omega_\zeta \boldsymbol{\zeta}^0 \tag{10.46}$$

将式（10.46）代入式（10.45），并令

$$\frac{\delta\rho}{\mathrm{d}t} = \dot{\rho} \tag{10.47}$$

$\dot{\rho}$ 为在 $O_{\mathrm{II}}—\xi\eta\zeta$ 内雷达测得的相对距离变化率，则式（10.45）可写为

$$\begin{aligned}\boldsymbol{V} &= \dot{\rho}\boldsymbol{\xi}^0 + \boldsymbol{\omega}\times(\rho\boldsymbol{\xi}^0)\\ &= \dot{\rho}\boldsymbol{\xi}^0 + \rho(\omega_\xi\boldsymbol{\xi}^0 + \omega_\eta\boldsymbol{\eta}^0 + \omega_\zeta\boldsymbol{\zeta}^0)\times\boldsymbol{\xi}^0\\ &= \dot{\rho}\boldsymbol{\xi}^0 - \rho\omega_\eta\boldsymbol{\zeta}^0 + \rho\omega_\zeta\boldsymbol{\eta}^0\end{aligned} \tag{10.48}$$

由于 $\boldsymbol{V}$ 与 ω_ζ 和 ω_η 有关，而与 ω_ξ 无关，考虑到 ω_η 与 ω_ζ 均与视线 $\boldsymbol{\xi}^0$ 垂直，故 $\boldsymbol{\omega}$ 的这两个分量是描述视线旋转角速度的两个分量。视线旋转角速度亦称视线转率，记为 $\boldsymbol{\omega}_{\mathrm{L}}$，则有

$$\boldsymbol{\omega}_{\mathrm{L}} = \omega_\eta \boldsymbol{\eta}^0 + \omega_\zeta \boldsymbol{\zeta}^0 \tag{10.49}$$

其大小为

$$\omega_{\mathrm{L}} = (\omega_\eta^2 + \omega_\zeta^2)^{1/2} \tag{10.50}$$

在式（10.48）中，记有

$$\boldsymbol{V}_{\mathrm{n}} = \omega_\zeta\rho\boldsymbol{\eta}^0 - \omega_\eta\rho\boldsymbol{\zeta}^0 \tag{10.51}$$

则由式（10.49）可知

$$\boldsymbol{V}_{\mathrm{n}} = \boldsymbol{\omega}_{\mathrm{L}}\times\boldsymbol{\rho} \tag{10.52}$$

其大小为

$$V_{\mathrm{n}} = \omega_{\mathrm{L}}\rho \tag{10.53}$$

由于 $\boldsymbol{V}_{\mathrm{n}}$ 垂直于 $\boldsymbol{\xi}^0$，故称为“法向”速度，而将式（10.48）中的 $\dot{\rho}\boldsymbol{\xi}^0$ 称为纵向速度。

末制导的目的之一是要使两航天器的绝对速度差趋于零，通过上述分析可知，也就是要使纵向速度和法向速度都趋于零，而法向速度趋向零即是使视线转率趋向零或是 ω_η 与 ω_ζ 同时趋于零。

现在来建立末制导的运动方程。

由式（10.41）可知，两航天器的绝对加速度之差为

$$\frac{\mathrm{d}^2\boldsymbol{\rho}}{\mathrm{d}t^2}=\frac{\mathrm{d}^2\boldsymbol{r}_1}{\mathrm{d}t^2}-\frac{\mathrm{d}^2\boldsymbol{r}_2}{\mathrm{d}t^2}=\mu\left(-\frac{\boldsymbol{r}_1}{r_1^3}+\frac{\boldsymbol{r}_2}{r_2^3}\right)+\boldsymbol{a}_\mathrm{T} \tag{10.54}$$

由于末制导在两航天器相距很近时进行，故它们之间的引力差可以略去，因而式（10.54）可写为

$$\frac{\mathrm{d}^2\boldsymbol{\rho}}{\mathrm{d}t^2}=\boldsymbol{a}_\mathrm{T} \tag{10.55}$$

在 O_{II}—$\xi\eta\zeta$ 坐标系内观察，则有

$$\frac{\mathrm{d}^2\boldsymbol{\rho}}{\mathrm{d}t^2}=\frac{\delta^2\boldsymbol{\rho}}{\mathrm{d}t^2}+2\boldsymbol{\omega}\times\frac{\delta\boldsymbol{\rho}}{\mathrm{d}t}+\boldsymbol{\omega}\times(\boldsymbol{\omega}\times\boldsymbol{\rho})+\dot{\boldsymbol{\omega}}\times\boldsymbol{\rho}=\boldsymbol{a}_\mathrm{T} \tag{10.56}$$

式中，$\delta^2\boldsymbol{\rho}/\mathrm{d}t^2$ 和 $\delta\boldsymbol{\rho}/\mathrm{d}t$ 分别为航天器在 O_{II}—$\xi\eta\zeta$ 坐标系内的相对加速度和相对速度，即

$$\begin{cases}\dfrac{\delta^2\boldsymbol{\rho}}{\mathrm{d}t^2}=\ddot{\rho}\boldsymbol{\xi}^0\\[2ex]\dfrac{\delta\boldsymbol{\rho}}{\mathrm{d}t}=\dot{\rho}\boldsymbol{\xi}^0\end{cases} \tag{10.57}$$

式中，$\dot{\boldsymbol{\omega}}$ 和 $\boldsymbol{\omega}$ 分别为在 O_{II}—$\xi\eta\zeta$ 坐标系的角加速度与角速度，即

$$\begin{cases}\dot{\boldsymbol{\omega}}=\dot{\omega}_\xi\boldsymbol{\xi}^0+\dot{\omega}_\eta\boldsymbol{\eta}^0+\dot{\omega}_\zeta\boldsymbol{\zeta}^0\\\boldsymbol{\omega}=\omega_\xi\boldsymbol{\xi}^0+\omega_\eta\boldsymbol{\eta}^0+\omega_\zeta\boldsymbol{\zeta}^0\end{cases} \tag{10.58}$$

将式（10.57）和式（10.58）代入式（10.56），则有

$$\begin{aligned}
&\frac{\delta^2\boldsymbol{\rho}}{\mathrm{d}t^2}+2\boldsymbol{\omega}\times\frac{\delta\boldsymbol{\rho}}{\mathrm{d}t}+\boldsymbol{\omega}\times(\boldsymbol{\omega}\times\boldsymbol{\rho})+\dot{\boldsymbol{\omega}}\times\boldsymbol{\rho}\\
&=\ddot{\rho}\boldsymbol{\xi}^0+2(\omega_\xi\boldsymbol{\xi}^0+\omega_\eta\boldsymbol{\eta}^0+\omega_\zeta\boldsymbol{\zeta}^0)\times\dot{\rho}\boldsymbol{\xi}^0\\
&\quad+(\omega_\xi\boldsymbol{\xi}^0+\omega_\eta\boldsymbol{\eta}^0+\omega_\zeta\boldsymbol{\zeta}^0)\times[(\omega_\xi\boldsymbol{\xi}^0+\omega_\eta\boldsymbol{\eta}^0+\omega_\zeta\boldsymbol{\zeta}^0)\times\rho\boldsymbol{\xi}^0]\\
&\quad+(\dot{\omega}_\xi\boldsymbol{\xi}^0+\dot{\omega}_\eta\boldsymbol{\eta}^0+\dot{\omega}_\zeta\boldsymbol{\zeta}^0)\times\rho\boldsymbol{\xi}^0\\
&=\ddot{\rho}\boldsymbol{\xi}^0-2\omega_\eta\dot{\rho}\boldsymbol{\zeta}^0+2\omega_\zeta\dot{\rho}\boldsymbol{\eta}^0\\
&\quad+(\omega_\xi\boldsymbol{\xi}^0+\omega_\eta\boldsymbol{\eta}^0+\omega_\zeta\boldsymbol{\zeta}^0)\times(-\omega_\eta\rho\boldsymbol{\zeta}^0+\omega_\zeta\rho\boldsymbol{\eta}^0)\\
&\quad-\dot{\omega}_\eta\rho\boldsymbol{\zeta}^0+\dot{\omega}_\zeta\rho\boldsymbol{\eta}^0\\
&=\ddot{\rho}\boldsymbol{\xi}^0-2\omega_\eta\dot{\rho}\boldsymbol{\zeta}^0+2\omega_\zeta\dot{\rho}\boldsymbol{\eta}^0\\
&\quad+\omega_\xi\omega_\eta\rho\boldsymbol{\eta}^0-\omega_\eta\omega_\eta\rho\boldsymbol{\xi}^0+\omega_\xi\omega_\zeta\rho\boldsymbol{\zeta}^0-\omega_\zeta\omega_\zeta\rho\boldsymbol{\xi}^0\\
&\quad-\dot{\omega}_\eta\rho\boldsymbol{\zeta}^0+\dot{\omega}_\zeta\rho\boldsymbol{\eta}^0\\
&=(\ddot{\rho}-\omega_\eta\omega_\eta\rho-\omega_\zeta\omega_\zeta\rho)\boldsymbol{\xi}^0\\
&\quad+(2\omega_\zeta\dot{\rho}+\omega_\xi\omega_\eta\rho+\dot{\omega}_\zeta\rho)\boldsymbol{\eta}^0\\
&\quad+(-2\omega_\eta\dot{\rho}+\omega_\xi\omega_\zeta\rho-\dot{\omega}_\eta\rho)\boldsymbol{\zeta}^0\\
&=\boldsymbol{a}_\mathrm{T}
\end{aligned}$$

即

$$\begin{cases}\ddot{\rho}-\rho(\omega_\eta^2+\omega_\zeta^2)=a_\xi\\ \rho\dot{\omega}_\zeta+2\dot{\rho}\omega_\zeta+\rho\omega_\eta\omega_\xi=a_\eta\\ -\rho\dot{\omega}_\eta-2\omega_\eta\dot{\rho}+\rho\omega_\zeta\omega_\xi=a_\zeta\end{cases} \tag{10.59}$$

式（10.59）的三个方程中有四个未知数 ρ、ω_ξ、ω_η、ω_ζ，因而方程的解是不定的。究其原因是在定义 O_{II}—$\xi\eta\zeta$ 坐标系时，规定 $O_{\mathrm{II}}\zeta$ 和 $O_{\mathrm{II}}\eta$ 分别于定 $O\zeta$ 和 $O\eta$ 平行，而 $O\zeta$ 和 $O\eta$ 的运动规律并未给定，因而使式（10.59）的解不定。为使式（10.59）有定解可以规定

$$\omega_\xi=0 \tag{10.60}$$

或是

$$\omega_\eta=0 \tag{10.61}$$

或是

$$\omega_\zeta=0 \tag{10.62}$$

当然任何一种规定都要求硬件能保证实现这一规定，即由硬件保证 O—$\xi\eta\zeta$ 的运动符合上述规定。式（10.61）和式（10.62）的规定将导致“导引平面”的制导方法，在这里将不讨论这种情况，而只讨论在 $\omega_\xi=0$ 规定下的制导方法。

将式（10.60）代入式（10.59），则有

$$\begin{cases}\ddot{\rho}-\rho(\omega_\eta^2+\omega_\zeta^2)=a_\xi\\ \rho\dot{\omega}_\zeta+2\dot{\rho}\omega_\zeta=a_\eta\\ -\rho\dot{\omega}_\eta-2\omega_\eta\dot{\rho}=a_\zeta\end{cases} \tag{10.63}$$

对于式（10.63），当发动机工作时，近似认为推力加速度的三个分量为常量，即忽略由于发动机工作引起的航天器的质量变化。

由式（10.63）可知，对于给定的 a_ξ、a_η、a_ζ 并已知初始时刻 t_0 的运动状态参数 $\rho=\rho_0$、$\omega_\zeta=\omega_{\zeta0}$、$\omega_\eta=\omega_{\eta0}$ 和 $\dot{\rho}=\dot{\rho}_0$，也就是已知 t_0 时刻的 ρ_0 和 $\boldsymbol{V}$ 在 O_{II}—$\xi\eta\zeta$ 三轴上的分量，即

$$\begin{cases}V_{\xi0}=\dot{\rho}_0\\ V_{\eta0}=\omega_{\zeta0}\rho_0\\ V_{\zeta0}=-\omega_{\eta0}\rho_0\end{cases} \tag{10.64}$$

则可由式（10.63）解出 $\rho(t)$、$\dot{\rho}(t)$、$\omega_\zeta(t)$、$\omega_\eta(t)$ 或 $\rho(t)$、$V_\xi(t)$、$V_\eta(t)$、$V_\zeta(t)$，所得的解是唯一确定的。

10.3.3 运动方程的自由解

在研究末制导方法之前，先研究不进行末制导时，航天器的运动情况，即在 $a_\xi=a_\eta=a_\zeta=0$ 情况下的自由运动，在此基础上引出应采取的末制导方法。

在自由运动情况下，式（10.63）可写为

$$\begin{cases}\dfrac{\mathrm{d}^2\rho}{\mathrm{d}t^2}=\rho(\omega_\eta^2+\omega_\zeta^2)\\ \dfrac{\mathrm{d}(\rho^2\omega_\zeta)}{\mathrm{d}t}=0\\ \dfrac{\mathrm{d}(\rho^2\omega_\eta)}{\mathrm{d}t}=0\end{cases} \tag{10.65}$$

在 $t=0$，$\dot{\rho}=\dot{\rho}_0$，$\rho=\rho_0$，$\omega_\eta=\omega_{\eta 0}$，$\omega_\zeta=\omega_{\zeta 0}$的初始条件下，由式（10.65）后两式可解得

$$\begin{cases}\omega_\zeta=\omega_{\zeta 0}\left(\dfrac{\rho_0}{\rho}\right)^2\\ \omega_\eta=\omega_{\eta 0}\left(\dfrac{\rho_0}{\rho}\right)^2\end{cases}\tag{10.66}$$

由式（10.50）可知，由式（10.66）可得

$$\omega_{\mathrm{L}}=\omega_{\mathrm{L}0}\left(\frac{\rho_0}{\rho}\right)^2\tag{10.67}$$

其

$$\omega_{\mathrm{L}0}=(\omega_{\eta 0}^2+\omega_{\zeta 0}^2)^{\frac{1}{2}}\tag{10.68}$$

由式（10.67）可知，在自由飞行情况下，视线转率 ω_{L} 与 ρ^{-2} 成正比，随着 ρ 的减小，ω_{L} 将迅速增大。

在式（10.65）第一式中，注意到

$$\frac{\mathrm{d}}{\mathrm{d}t}=\dot{\rho}\,\frac{\mathrm{d}}{\mathrm{d}\rho}$$

并将式（10.66）和式（10.67）代入，则有

$$\frac{\mathrm{d}^2\rho}{\mathrm{d}t^2}=\frac{\mathrm{d}\dot{\rho}}{\mathrm{d}t}=\dot{\rho}\,\frac{\mathrm{d}\dot{\rho}}{\mathrm{d}\rho}=\frac{1}{2}\,\frac{\mathrm{d}\dot{\rho}^2}{\mathrm{d}\rho}=\rho(\omega_\eta^2+\omega_\zeta^2)=\rho\left(\frac{\rho_0}{\rho}\right)^4\omega_{\mathrm{L}0}^2=\omega_{\mathrm{L}0}^2\rho_0^4\rho^{-3}=-\omega_{\mathrm{L}0}^2\rho_0^4\,\frac{1}{2}\,\frac{\mathrm{d}\rho^{-2}}{\mathrm{d}\rho}$$

即

$$\mathrm{d}\dot{\rho}^2=-\omega_{\mathrm{L}0}^2\rho_0^4\mathrm{d}\rho^{-2}$$

两端积分后，并注意到

$$V_{\mathrm{n}0}=\omega_{\mathrm{L}0}\rho_0$$

则可得

$$\dot{\rho}^2-\dot{\rho}_0^2=-\omega_{\mathrm{L}0}^2\rho_0^4(\rho^{-2}-\rho_0^{-2})$$

$$\begin{aligned}\dot{\rho}^2&=\dot{\rho}_0^2-\omega_{\mathrm{L}0}^2\rho_0^4(\rho^{-2}-\rho_0^{-2})=\dot{\rho}_0^2\left[1+\frac{\omega_{\mathrm{L}0}^2\rho_0^4}{\dot{\rho}_0^2}\,\frac{1}{\rho_0^2}\left(1-\frac{\rho_0^2}{\rho^2}\right)\right]\\&=\dot{\rho}_0^2\left[1+\frac{\omega_{\mathrm{L}0}^2\rho_0^2}{\dot{\rho}_0^2}\left(1-\frac{\rho_0^2}{\rho^2}\right)\right]=\dot{\rho}_0^2\left[1+\left(\frac{V_{\mathrm{n}0}}{\dot{\rho}_0}\right)^2\left(1-\frac{\rho_0^2}{\rho^2}\right)\right]\end{aligned}$$

即

$$\dot{\rho}=\dot{\rho}_0\left\{1+\left(\frac{V_{\mathrm{n}0}}{\dot{\rho}_0}\right)^2\left[1-\left(\frac{\rho_0}{\rho}\right)^2\right]\right\}^{1/2}\tag{10.69}$$

由式（10.69）可知，$\dot{\rho}$ 随 ρ 的减小而减小，且当有下式时：

$$\rho=\frac{V_{\mathrm{n}0}\rho_0}{(V_{\mathrm{n}0}^2+\dot{\rho}_0^2)^{1/2}}\tag{10.70}$$

$\dot{\rho}=0$。

自由运动的物理意义可解释如下：

如以目标航天器的质心为原点取一坐标轴在惯性空间指向不变的平移坐标系，在此坐标系内观察航天器的运动。由于略去了两航天器之间的引力差且无推力作用，因而绝对速度差不变，在此坐标系内观察，航天器将以初始绝对速度差沿直线运动，如图 10.7 所示。

在平移坐标系中，航天器不受外力作用，因而对原点 O_{II} 的动量矩守恒，故有

$$V_{n0}\rho_0 = V_n\rho$$

而

$$V_n = \omega_L\rho$$

因而可得

$$\omega_L = \omega_{L0}\left(\frac{\rho_0}{\rho}\right)^2$$

与式（10.67）一致。

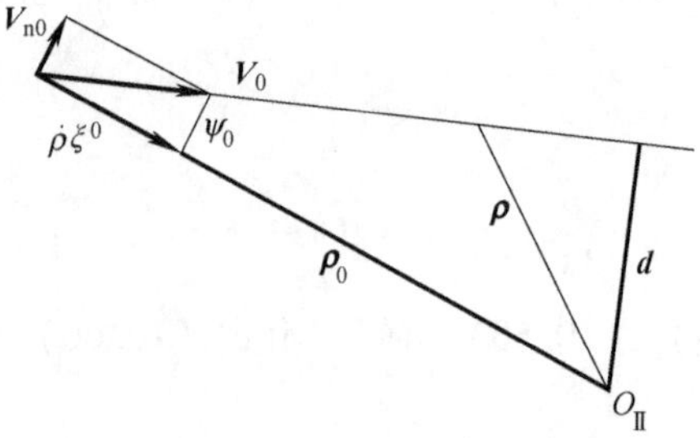

图 10.7　平移坐标系内的相对运动轨道

航天器沿直线运动，在初始时刻，如雷达视线与此直线的夹角为 ψ_0，如图 10.7 所示，有

$$\tan\psi_0 = \frac{V_{n0}}{\dot{\rho}_0}$$

当航天器沿直线运动到离 O_{II} 的距离为最小值时，如令此距离为 d，如图 10.7 所示，有

$$d = \rho_0\sin\psi_0 = \rho_0(1+\cot^2\psi_0)^{1/2} = \frac{V_{n0}\rho_0}{(V_{n0}^2+\dot{\rho}_0^2)^{1/2}}$$

这时视线与绝对速度差垂直，因而 $\dot{\rho}=0$，这与式（10.70）的结果是一致的。

由上述物理景象分析可知，当绝对速度差的方向不对准目标航天器时，则存在 V_n，故有视线转率，从而使得航天器不能拦截目标航天器，出现一失误距离 d。因此，要使视线转率为零，也就是使绝对速度差的方向对准目标航天器，从平移坐标观察，航天器沿对准的直线拦截目标航天器。

10.4　末制导方法

由自由运动的讨论可知，为了进行交会，末制导一方面要消除视线转率，另一方面还要使视线方向上的相对速率 $\dot{\rho}$ 减小为交会要求的 $\dot{\rho}_K$。由前述的设想的制导系统方案可知，航天器的质心运动可由 ξ、η、ζ 三个通道分别进行控制，因而可安排 ξ 通道进行纵向制动，η 和 ζ 通道进行法向制导，分别控制 ω_η 和 ω_ζ。顺序上先进行法向制导，当法向制导将视线转率减小到给定值，再进行纵向制动，这是一种可能的制导方法。这样的顺序安排，是因为视线转率随 ρ 减小增加得很快，故首先要抑制其增长。此外，还考虑如先进行制动，则由于 $\dot{\rho}$ 而增长了整个末制导的时间。

10.4.1　法向制导

法向制导的目的在于将视线转率控制在给定范围内，法向制导由 η 和 ζ 通道分别进行。

由式（10.63）的后两式可知，在 a_η 和 a_ζ 作用下的相对运动方程为

$$\begin{cases}\dot{\omega}_\zeta = \dfrac{a_\eta - 2\dot{\rho}\omega_\zeta}{\rho} \\[2ex] \dot{\omega}_\eta = \dfrac{-a_\zeta - 2\dot{\rho}\omega_\eta}{\rho}\end{cases} \tag{10.71}$$

为了消除 ω_ζ 和 ω_η，应使 $\dot{\omega}_\zeta$ 和 $\dot{\omega}_\eta$ 与之反号。对于式（10.70），注意到 $\rho>0$ 和 $\dot{\rho}<0$，

则法向制导应满足

$$\begin{cases}\operatorname{sgn}(a_\eta) = -\operatorname{sgn}(\omega_\zeta)\\ \operatorname{sgn}(a_\zeta) = \operatorname{sgn}(\omega_\eta)\end{cases} \tag{10.72}$$

和

$$\begin{cases}|a_\eta| > |2\dot{\rho}\omega_\zeta|\\ |a_\zeta| > |2\dot{\rho}\omega_\eta|\end{cases} \tag{10.73}$$

随着末制导的进行，$|\dot{\rho}|$ 和 $|\omega_\eta|$ 及 $|\omega_\zeta|$ 将逐渐减少，因而有

$$\begin{cases}|2\dot{\rho}\omega_\zeta|_{\max} = |2\dot{\rho}_0\omega_{\zeta 0}|\\ |2\dot{\rho}\omega_\eta|_{\max} = |2\dot{\rho}_0\omega_{\eta 0}|\end{cases}$$

如令

$$\begin{cases}K_\eta = \left|\dfrac{2\dot{\rho}_0\omega_{\zeta 0}}{a_\eta}\right|\\ K_\zeta = \left|\dfrac{2\dot{\rho}_0\omega_{\eta 0}}{a_\zeta}\right|\end{cases} \tag{10.74}$$

则式（10.73）可写为

$$\begin{cases}K_\eta < 1\\ K_\zeta < 1\end{cases} \tag{10.75}$$

式（10.75）给出了末制导系统中 η 和 ζ 方向安装的发动机推力应满足的要求，K_η 和 K_ζ 越小，则视线转率消除得越快。

由式（10.71）可知

$$\begin{cases}\dfrac{\mathrm{d}(\rho^2\omega_\zeta)}{\mathrm{d}t} = a_\eta\rho\\ \dfrac{\mathrm{d}(\rho^2\omega_\eta)}{\mathrm{d}t} = -a_\zeta\rho\end{cases} \tag{10.76}$$

将

$$\frac{\mathrm{d}}{\mathrm{d}t} = \dot{\rho}\frac{\mathrm{d}}{\mathrm{d}\rho}$$

代入式（10.76），则有

$$\begin{cases}\rho^2\omega_\zeta - \rho_0^2\omega_{\zeta 0} = a_\eta\displaystyle\int_{\rho_0}^{\rho}\frac{\rho\mathrm{d}\rho}{\dot{\rho}}\\ \rho^2\omega_\eta - \rho_0^2\omega_{\eta 0} = -a_\zeta\displaystyle\int_{\rho_0}^{\rho}\frac{\rho\mathrm{d}\rho}{\dot{\rho}}\end{cases} \tag{10.77}$$

因进行法向控制时不进行纵向制动，故有

$$\dot{\rho} = \dot{\rho}^* \text{为常数}$$

则式（10.77）可化简为

$$\begin{cases}\omega_\zeta = \left(\dfrac{\rho_0}{\rho}\right)^2\omega_{\zeta 0} + \dfrac{a_\eta}{2\dot{\rho}^*}\left[1 - \left(\dfrac{\rho_0}{\rho}\right)^2\right]\\ \omega_\eta = \left(\dfrac{\rho_0}{\rho}\right)^2\omega_{\eta 0} - \dfrac{a_\zeta}{2\dot{\rho}^*}\left[1 - \left(\dfrac{\rho_0}{\rho}\right)^2\right]\end{cases} \tag{10.78}$$

当法向制导满足式（10.72）和式（10.75）给出的条件时，由上式可知，在 a_η 和 a_ζ 作用下，$|\omega_\zeta|$ 和 $|\omega_\eta|$ 将减小。

由于发动机推力为常值，因而 $|\omega_\zeta|$ 和 $|\omega_\eta|$ 的大小不变，为使 $|\omega_\zeta|$ 和 $|\omega_\eta|$ 将在 a_η 和 a_ζ 作用下由 $|\omega_{\zeta 0}|$ 和 $|\omega_{\eta 0}|$ 减小为给定值 $|\omega_{\zeta K}|$ 和 $|\omega_{\eta K}|$，可以控制的是发动机的启动和关机的时刻。因此，法向制导要给出发动机的开关曲线。

以 a_η 为例，当 $|\omega_\zeta|$ 的测量值大于或等于要求的 $|\omega_{\zeta K}|$ 时，由式（10.72）决定启动那一个发动机，当发动机启动后，$|\omega_\zeta|$ 将按式（10.78）第一式给出的规律减小。原则上应在 $|\omega_\zeta|=0$ 时关机，但实际上由于存在测量误差，因而规定 $|\omega_\zeta| \leqslant |\omega_{\zeta c}|$ 时关机。$|\omega_{\zeta c}|$ 为一小量，由测量精度确定其数值。当发动机关机后，由于 $|\omega_\zeta|$ 不严格为零，因而 $|\omega_\zeta|$ 将按式（10.66）第一式的规律增长，当增长到 $|\omega_\zeta| \geqslant |\omega_{\zeta K}|$ 时，再启动发动机，重复上述过程。到末制导结束，可以保证 $|\omega_\zeta| \leqslant |\omega_{\zeta K}|$。

$\omega_{\zeta K}$ 和 $\omega_{\zeta c}$ 与 ρ 的函数关系称为开关曲线，开关曲线可有各种各样的形式，图 10.8 给出了最简单的直线型管曲线。当末制导的初始条件为（ρ_0，$\omega_{\zeta 0}$）时，图 10.8 所示的（ρ_0，ρ_1）和（ρ_2，ρ_3）为发动机启动的工作段，而在（ρ_1，ρ_2）和（ρ_3，ρ_K）为发动机关闭，航天器自由运动的滑行段。

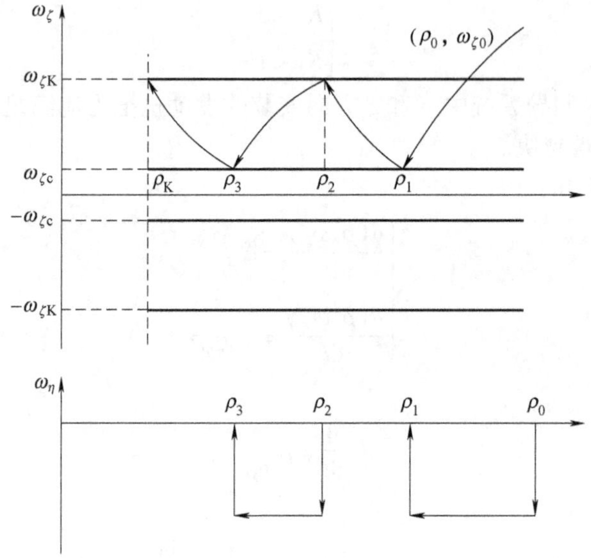

图 10.8　开关曲线

末制导中的法向制导方法，最终可归结为恰当地选择开关曲线的形式。当按选择的开关曲线进行制导时，既能使给定的交会条件得到满足，又能使制导过程中的某些性能指标得到满足，如使发动机开关的次数最少、燃料消耗最少等。通常，开关曲线要通过大量的数字仿真，才能恰当地选择。

10.4.2　纵向制导

纵向制导的目的是要对航天器进行制动，使 $|\dot{\rho}|$ 减小为 $|\dot{\rho}_K|$。

由式（10.59）第一式可知

$$\ddot{\rho}=\rho(\omega_\eta^2+\omega_\zeta^2)+a_\xi$$

由于在进行纵向制导之前已经进行了法向制导，故可近似认为上式右端的第一项为零，因而有

$$\ddot{\rho}=a_\xi \tag{10.79}$$

对于给定的初始条件 $t=0$ 时，$\rho=\rho_0$，$\dot{\rho}=\dot{\rho}_0$，由式（10.79）可解得

$$\dot{\rho}=-[\dot{\rho}_0^2+2a_\xi(\rho-\rho_0)]^{1/2} \tag{10.80}$$

一种可能的纵向制动方案是使纵向发动机工作一次即可完成任务。假如令发动机在 $\rho=\rho_s$ 时启动进行制动，要求在 $\rho=\rho_K$ 时，$\dot{\rho}=\dot{\rho}_K$，其中 ρ_K 为末制导结束时两航天器之间距离的要求值，$\dot{\rho}_K$ 为此时 $\dot{\rho}$ 的要求值，由式（10.80）可解得

$$\rho_s=\rho_K+\frac{\dot{\rho}_K^2-\dot{\rho}_0^2}{a_\xi} \tag{10.81}$$

由式（10.81）可算出，当 $\rho=\rho_s$ 时启动发动机，当 $\rho=\rho_K$ 时关机，即可完成纵向制导任务。

例如，航天器的初始运动状态为 $\rho_0=15\text{km}$，$\dot{\rho}_0=150\text{m/s}$，$\omega_{\zeta0}=\omega_{\eta0}=10^{-2}/\text{s}$，采用上述的末制导方案进行末制导，在末制导结束时达到 $\rho_K=100\text{m}$，$\dot{\rho}_K=-2\text{m/s}$，$|\omega_{\zeta K}|=|\omega_{\eta K}|=5\times10^{-3}/\text{s}$，从而完成交会任务。

参考文献

[1] 同济大学数学系. 高等数学：上册 [M]. 7版. 北京：高等教育出版社，2014.
[2] 同济大学数学系. 高等数学：下册 [M]. 7版. 北京：高等教育出版社，2014.
[3] 刘延柱、杨海兴、朱本华. 理论力学 [M]. 3版. 北京：高等教育出版社，2010.
[4] 孙培先. 球面图学与空间角度计算 [M]. 东营：石油大学出版社，1991.
[5] 夏一飞，黄天衣. 球面天文学 [M]. 南京：南京大学出版社，1995.
[6] 许其凤. 空间大地测量学 [M]. 北京：解放军出版社，2001.
[7] SEEBER G. 卫星大地测量学 [M]. 赖锡安，游新兆，邢灿飞，等译. 北京：地震出版社，1998.
[8] 朱华统. 常用大地坐标系及其变换 [M]. 北京：解放军出版社，1990.
[9] 孙达，蒲英霞. 地图投影 [M]. 南京：南京大学出版社，2012.
[10] 黄珹，刘林. 参考坐标系及航天应用 [M]. 北京：电子工业出版社，2015.
[11] 王永刚，刘玉文. 军事卫星及应用概论 [M]. 北京：国防工业出版社，2003.
[12] 肖峰. 球面天文学与天体力学基础 [M]. 长沙：国防科技大学出版社，1989.
[13] 肖峰. 人造地球卫星轨道摄动理论 [M]. 长沙：国防科技大学出版社，1997.
[14] 易照华. 天体力学基础 [M]. 南京：南京大学出版社，1993.
[15] 刘林. 天体力学方法 [M]. 南京：南京大学出版社，1998.
[16] 刘林. 人造地球卫星轨道力学 [M]. 北京：高等教育出版社，1992.
[17] 刘林. 航天器轨道理论 [M]. 北京：国防工业出版社，2000.
[18] 任萱. 人造地球卫星轨道力学 [M]. 长沙：国防科技大学出版社，1988.
[19] 郗晓宁，王威，高玉东. 近地航天器轨道基础 [M]. 长沙：国防科技大学出版社，2003.
[20] 张守信. 外弹道测量与卫星轨道测量基础 [M]. 北京：国防工业出版社，1992.
[21] 赵钧. 航天器轨道动力学 [M]. 哈尔滨：哈尔滨工业大学出版社，2011.
[22] 张洪波. 航天器轨道力学理论与方法 [M]. 北京：国防工业出版社，2015.
[23] 于小红，张雅声，李智. 发射弹道与轨道基础 [M]. 北京：国防工业出版社，2007.
[24] 章仁为. 卫星轨道姿态动力学与控制 [M]. 北京：北京航空航天出版社，1998.
[25] 张雅声，徐艳丽，周海俊. 空间特殊轨道理论与设计方法 [M]. 北京：国防工业出版社，2015.
[26] 黄福铭，杨小芹，谭炜. 太阳同步轨道设计与控制 [M]. 北京：国防工业出版社，2015.
[27] 范丽. 卫星星座一体化优化设计研究 [D]. 长沙：国防科技大学，2006.
[28] 张育林，范丽，张艳，等. 卫星星座理论与设计 [M]. 北京：科学出版社，2008.
[29] 张育林，曾国强，王兆魁，等. 分布式卫星系统理论及应用 [M]. 北京：科学出版社，2008.
[30] 胡敏，黄勇，李小将. 卫星编队飞行协同控制及仿真 [M]. 北京：国防工业出版社，2016.
[31] 杨乐平，朱彦伟，黄涣. 航天器相对运动轨迹规划与控制 [M]. 北京：国防工业出版社，2010.
[32] 袁建平，李俊峰，和兴锁，等. 航天器相对运动轨道动力学 [M]. 北京：中国宇航出版社，2013.
[33] 刘鲁华，孟云鹤，安雪滢. 航天器相对运动轨道动力学与控制 [M]. 北京：中国宇航出版社，2013.
[34] 贾沛然，陈克俊，何力. 远程火箭弹道学 [M]. 长沙：国防科技大学出版社，1993.
[35] 赵文策，高家智，等. 运载火箭弹道与控制理论基础 [M]. 北京：机械工业出版社，2020.
[36] 唐国金，罗亚中，雍恩米. 航天器轨迹优化理论、方法及应用 [M]. 北京：科学出版社，2012.
[37] 袁建平，和兴锁，等. 航天器轨道机动动力学 [M]. 北京：中国宇航出版社，2010.

[38] 汤国建，张洪波，郑伟，等. 小推力轨道机动动力学与控制 [M]. 北京：科学出版社，2013.
[39] 丁溯泉，张波，刘世勇. STK 在航天任务仿真分析中的应用 [M]. 北京：国防工业出版社，2011.
[40] 丁溯泉，张波，刘世勇，等. STK 使用技巧及载人航天工程应用 [M]. 北京：国防工业出版社，2016.
[41] 徐福祥，林华宝，侯深渊，等. 卫星工程概论 [M]. 北京：中国宇航出版社，2003.